2018年北京林业大学研究生课程建设项目
（项目编号：3006040）资助

风景园林专业综合实习指导书
——北美篇

■魏　民　张晋石　陈彤春　等编著

风景园林

中国建筑工业出版社

图书在版编目（CIP）数据

风景园林专业综合实习指导书. 北美篇 / 魏民等编著. --北京：中国建筑工业出版社，2021.10
ISBN 978-7-112-26787-3

Ⅰ.①风… Ⅱ.①魏… Ⅲ.①园林设计－实习－北美洲－高等学校－教学参考资料 Ⅳ.①TU986.2

中国版本图书馆CIP数据核字（2021）第211103号

责任编辑：杜 洁 李玲洁
责任校对：张 颖

风景园林专业综合实习指导书——北美篇
魏 民 张晋石 陈彤春 等编著
*
中国建筑工业出版社出版、发行（北京海淀三里河路9号）
各地新华书店、建筑书店经销
北京建筑工业印刷厂印刷
*
开本：787毫米×1092毫米 1/16 印张：31½ 字数：729千字
2022年3月第一版 2022年3月第一次印刷
定价：99.00元
ISBN 978-7-112-26787-3
（37980）

《风景园林专业综合实习指导书——北美篇》

编　委　会

主　编　魏　民　张晋石　陈彤春

编　委（以姓氏笔画为序）

丁欣然　马　骏　王　畅　王文博　王芊月　王秀瑶　王希阳　王沛永
王晓霖　甘　露　毛熠天　方　茗　尹一涵　石金荣　叶雅慧　付甜甜
冯　尧　权　薇　吕方舟　朱德铭　向宇欣　庄　媛　刘　伟　刘丹丹
刘红秀　刘香君　孙昕悦　严浩君　李昕晨　杨　柳　杨　峥　余多丽
肖　予　张　茵　张　媛　张丹丹　张丹阳　张玉竹　张龙洋　张红卫
张若彤　张诣卓　张晋石　张婧雅　陈彤春　陈怡如　陈简村　武　颖
罗　乐　赵　迪　赵　敏　赵雨璇　赵润江　郝培尧　胡宗辉　贾彬利
徐桐雨　徐逍逸　郭屹岩　郭佳琪　唐艺林　唐鸣镝　涂宇倩　黄潇以
龚子艺　崔庆伟　崔晶晶　梁艺馨　董梦宇　韩欣凌　程　璐　谢婉月
路　斌　薛　雷　鞠　鑫　魏　民

前　言

实践教学不仅是使学生获得感性认识和掌握风景园林规划设计的基本程序、基本方法、基本技术的必要教学环节，其更深刻的内涵是通过综合实习教学，培养学生学会从科学与艺术、社会与经济、自然与文化等不同角度去构建风景园林规划设计思维，掌握各国、各地、各类、各尺度、各层次风景园林范例的构思表达、造景理法、工程措施等多方面的知识与技能，使学生在课堂所建立的专业知识体系得到梳理、整合与巩固，最大程度的感知各类规划设计场地的实景空间，提升学生对规划设计作品的理解力和延伸力。

编写组在2008年、2014年和2015年相继完成了国内篇、欧洲篇以及园林树木识别与应用篇的编写。时隔5年，为了应对全球化与国际化的研学教育趋势，开始编写以美国和加拿大两国为研学目的地的实习指导书。本书依据区位条件、交通组织、项目类型等多方面的要求，对北美地区大量优秀规划设计项目进行梳理与筛选，并在美国东海岸的北南向、美国西海岸的南北向和加拿大的西东向，形成三条实习线路。全书覆盖国家公园、国家游径、植物园、城市绿道、城市公共空间、校园绿地、社区景观、主题景区等多重尺度与多种类型，力求为国际研学课程建立基础的素材与实践引导。

本书以图纸清晰和文字精练为宗旨，舍去实景照片与大量效果图纸，强调平面图纸对于空间信息的表达与认知。同时，通过图纸与实习过程中的实景空间对照，锻炼实习者在空间分析与设计表达等多方面的思维与提炼能力。由于项目涉及大尺度的国家公园、主题景区以及跨区域游径等类型，因此本书部分图纸采取电子引图的方式，以提升图纸空间表达与识别的效果。

本书的编写工作，由来自北京林业大学、天津大学、华南农业大学、北京交通大学、华中农业大学、北京第二外国语学院、河北农业大学、河北建筑工程学院等多所高校的教师共同编写完成。编写的过程中，不仅编者为文字的凝练与图纸的描绘付出了大量精力与汗水，同时也得到了很多设计师、专家的帮助与指点，在此对各位的辛勤工作与无私付出表示衷心的感谢！

由于编者学识和对资料的学习与理解深度所限，不妥和错误之处，恳请广大师生及业内同行指教。

目　录

美国西海岸

加拿大

北美植被及园林植物概述

北美区域一般包括加拿大、格陵兰岛、圣皮埃尔、密克隆群岛和美国本土（包含佛罗里达群岛和阿留申群岛），约 1800 万 km^2。北美植被主要有三个特征：

一是北部具有明显的纬向地带性结构。北美大陆北部，大致在北纬 47° ~ 50° 以北，地面起伏不大，水热条件从北向南逐步变异，相应的植被类型也都是南北更替、东西延伸、呈带状分布的，具有明显的纬向地带性结构特征。从北向南的更替序列为：冰原—苔原—针叶林。

二是东、西部植被类型结构的对立。从针叶林以南，大致以西经 95° 为界，东部和西部不仅各有其主要植被类型，而且它们的排列图式又处于相对的局面。在东部植被类型从北向南依次为温带针阔叶混交林—亚热带常绿林。然而，在西部地区大部分属于半干旱或干旱气候，植被类型则以草原、荒漠为主，它们的分布排列与东部截然不同。

三是西部高山地区具有垂直分布结构。北美西部，除水平地带更替的植被类型外，高度较大、气候具有垂直变化的山地，还存在植被类型的垂直分布结构。垂直图谱既与山地高度和坡向有关，又受制于纬度，南北有异。例如，北纬 40° 以北，大致以山地针叶林—山地草甸、山地苔原—永久冰雪带由下至上更替；在具有亚热带夏干气候的沿海山脉地带，山地海拔不高，以硬叶常绿林和灌木—山地针叶林—山地草甸更替。总体上北美大陆植被类型由北到南分别为：苔原—北方针叶林—针阔叶混交林—落叶阔叶林—常绿落叶阔叶混交林。美国和加拿大占据绝大部分植被区域并具有明显的代表性。

一、美国

（一）美国的地理和植物概况

美国国土总面积为约为 937 万 km^2，本土植物包括约 17000 种维管植物。美国拥有世界上最多样的温带植物区系之一，仅与中国相当。

尽管美国大部分地区为温带气候，但阿拉斯加却拥有广阔的北极地区，佛罗里达州的南部和夏威夷（包括高山）拥有热带地区，还有西部和西北部的一些高山区域。美国的海岸线与三大海洋接壤。除此之外，美国与加拿大和墨西哥有着很长的边界，并且相对靠近巴哈马，古巴和其他加勒比海岛屿以及最东边的亚洲，这里有雨林也有世界上最干旱的沙漠。这些各种各样的地理因素造成了美国植物区系的丰富性和多样性。

美国的植被类型包括亚热带常绿阔叶林，温带落叶阔叶林以及阿拉斯加地区的冰带苔藓植被。美国的本土植物也非常丰富，给世界提供了许多园艺和农业方面的资源，其中大部分是观赏植物，例如欧洲山茱萸、紫荆花、山月桂、柏树、木兰和刺槐，现在这些植物都种植在全球范围的温带地区内；除此之外，还有各种食用植物，例如蓝莓、黑莓、蔓越莓、山核桃等。

（二）美国的森林

美国自 16 世纪中期以来，已砍伐了大约 120 万 km^2 的森林，主要用于 19 世纪的农业。目前，全美国约有 1/3 被森林覆盖，约 240 万 km^2 为商业用材林，占国土面积 26.1%，另外 91 万 km^2 为国家森林，占国土面积 9.9%。在过去的 100 年中，森林总面积一直相对稳定。东部森林占地约 154 万 km^2，除了南部沿海地区的针叶林和人工林，主要是阔叶

（74%）。相比之下，大约145万km^2的西部森林主要是针叶林（78%）。

（三）美国城市的园林植物应用

由于多样的自然和气候条件，美国植物的种类也较为丰富。如数十种不同的松类、冷杉类、铁杉类、枫类、榆类和橡树类等著名的景观树种，还有像北美鹅掌楸、槲树类等极具特色的树种。适合作为灌木的园林植物种类可能有上千种，其中许多具有独特的美感。比如杜鹃花属、山月桂等。而草本观赏植物种类也同样较丰富，例如一枝黄花、钓钟柳、耧斗菜属等。尽管美国植物资源较丰富，但一些美国最好的花园植物品种仍然来自于欧洲的苗圃，例如英国产的紫菀和德国产的金鸡菊。

美国的园林是在特定的社会和自然条件下形成的。无论是在美国的东部、中部或西部的城市里，街道上或公园里，都可以看到英国式、荷兰式的园林，还有就是中国式和日本式的庭院。总的来说仍以欧洲园林风格为主。由于美国地域较大，以下将分别从加州园林，佛罗里达和路易斯安纳园林和美国中西部园林三个方面进行介绍其园林植物特点。

（1）加州园林植物应用

加州西临太平洋，境内纵贯喀斯喀特和内华达二条山脉。属地中海气候型，冬天为雨季，而夏季甚旱，雨量由北向南逐减。气候温和，少见霜雪。自然植被，除北部有松柏类森林外，中部连同南部形成一个硬叶林区，在偏北地区出现常绿栎林，偶有针阔混交林，而南部一种相当于地中海马基群落的沙巴拉群落（北美夏旱灌丛）的灌木群落占优势。加州人居大部分沿山而建，园林也是人工景观与自然植被景观相融合。

加州的园林植物景观保留了当地自然植物群落的丰富种类，如栎属和松柏类均有大量种类。重要的灌木有鼠李科的美洲茶属、杜鹃花科的熊果属和蔷薇科大量种类，还有针状叶、厚叶、具刺的常绿硬叶林种类，结合世界各地的引种形成特色景观，也有与果树结合进行庭园绿化。

加州的绿化植物种类繁多，以常绿植物为主，兼有落叶种类。常绿树种有红杉、巨杉、柏木、加州香柏、美国侧柏、雪松、大西洋雪松、荷花玉兰、香樟、金钱松、黑松、台湾相思、红千层、多种桉树、加州朱缨花、加拿大紫荆、大叶女贞、海桐、银桦、油橄榄、木麻黄、茶花、大叶南洋杉、意大利石松、加州棕、大蒲葵、散尾葵、棕榈等，热带、亚热带的榕树、垂叶榕、橡胶榕、旅人蕉也在南部沿海有栽培。落叶种类常见有悬铃木、地中海黄连木、美州白蜡树、美国白栎、枫香、薄壳山核桃、水核桃、糖槭、北美鹅掌楸、紫薇、落叶杜鹃、美州椴、樱花、郁李、棠梨。美国的“国花”月季，各地大量种植，拥有上万个不同品种的月季和众多的月季园。而草本花卉如水仙、洋水仙、倒吊金钟、郁金香、萱草等遍地生长。加州“州花”花菱草成为庭园和街道绿化的常见花卉，色彩明丽。

加州城市公共绿地的植物应用多以稀树草地为主，在草地上散布有独立高大乔木，常见种类有红杉、巨杉、雪松、大叶南洋杉、栎树、加州棕等，也有灌丛、花丛。道路绿化带方面，加州高速公路特别多，以二板三带为主，而市内、区间道路有二板三带及一板二带的绿化形式。路旁绿化以乔木树种为主，最常见的为悬铃木，其次有地中海黄连木、棠梨、红胶木、枫香、薄壳山核桃、广玉兰、银桦、红叶李、相思树、紫薇、椴树等。在南加州圣地亚哥、洛杉矶及三藩市海边也有榕树、垂叶榕、印度橡皮榕、散尾葵、蒲葵、刺桐、羊蹄甲等亚热带种类。行道旁乔木间亦配植灌丛、花丛及地被花卉草本，形成较完整的绿化带。而住宅周围绿地形式各异、多姿多彩。乔木常见有栎类、美国鹅掌楸、金钱松、红杉、柏木、海桐、猫尾木、樱花、油橄榄、雪松、桉树等（敖惠修等，2006）。

（2）佛罗里达州和路易斯安那州园林植物应用

佛罗里达州从客观上讲与加利福尼亚州大致相同，但也有重要的区分特征。佛罗里达州位于南面，由于受到热带洋流的影响，棕榈和其他亚热带植物生长旺盛，景观个性突出。

就现代园艺而言，佛罗里达州和加利福尼亚州的确是相似的，例如柑橘类的水果都种植在大型的商业种植园中。两州最受欢迎的观赏植物基本上也一致，包括：六道木、栀子花、木槿、鼠刺属、三角梅等植物。

在佛罗里达州的松柏类植物中，池杉作为沼泽地带的重要绿化树种，竹柏、罗汉松常作绿篱用，大叶南洋杉、异叶南洋杉、意大利柏木、长叶松等都是园林绿地中优美的园景树。在丛林中除松柏类外，多见桂叶栎、弗吉尼亚栎等栎及高山榕，印度橡皮榕等榕类。绿地中的观花灌木很多，如木兰科的广玉兰、含笑、美国鹅掌楸等，蔷薇科的海棠、桂樱、山楂等；豆科的海红豆、羊蹄甲及加拿大紫荆等；芸香科的九里香和柑橘属的多种，山茶科的许多山茶品种，茶梅等均大量栽植于城市的道路旁（陈有民，1993）。

路易斯安纳州是一个海湾州，以新奥尔良为中心。新奥尔良是一个有着悠久历史的古老城市，具有一些佛罗里达州的风格，有很多低矮的沼泽地，宽阔的河流，茂密的原生丛林和亚热带植物。新奥尔良的传统花园备受赞誉，主要是因为花园中的木兰，栀子等植物尤其突出。虽然整个新奥尔良地区的开发较少，但仍然魅力十足，游客众多。

（3）美国中西部园林植物应用

中美洲的大平原地区，在美国被称为“中西部”。中西部地区土壤肥沃，园林和园艺事业发达。中西部本地的植物种类繁多，并具有一定的观赏价值。无论是落基山脉附近的开阔的平原，还是伊利诺伊州和印第安纳州的大草原，林地中一定夹杂着大量丰盈的草地。在整个地区，树木和灌木沿着河道生长，形成带状标志。沿着带状边界，你可以看到野苹果、李子、山楂、欧洲山茱萸、紫荆等数十种非常美丽的物种。因此，当地丰富的自然资源和地理环境也给设计师很多灵感。

值得一提的是芝加哥的景观设计师延斯·詹森（Jens Jensen）坚定不移地倡导利用本土景观和本土植物材料，并坚持发展中西部园林的本土风格。许多人也因对广阔平原和草坪的热爱，试图在公共土地和家庭花园中保留这种景观，这种风格被称为“大草原风格”。简洁大方的乔木 - 草坪搭配给人留下深刻的美国印象之一。美国康涅狄格州的奥尔科草坪公园自 1885 年开始研究优良草坪的草种，他们从数千个个体中选育了剪股颖属和羊茅属中等数十个优秀品种。所有这些自然环境和人文底蕴都激励着当地居民更加投入园林园艺事业（唐学山，1989）。

二、加拿大

（一）加拿大的地理和植物概况

加拿大为北美海陆兼备国，面积为 998 万 km^2，居世界第二位。大约有 4100 种维管束植物原产于加拿大，植物区系丰富多样。

加拿大的自然地貌差异显著，加拿大东部为低矮的拉布拉多高原，东南部是有大量湖泊和河流，形成的河谷则地势平坦，多盆地。西部为科迪勒拉山系的落基山脉，多数山峰海拔在4000m以上。北极群岛地区，多系丘陵低山，受极地气候影响冰雪覆盖。中部为大平原和劳伦琴低高原，面积占国土的一半左右。

加拿大的气候类型和植被类型也是多种多样的，因受西风影响，大部分地区属大陆性温带针叶林气候。东部气温稍低，南部气候适中，西部气候温和湿润，北部为寒带苔原气候。北极群岛终年严寒。总的来说，从安大略省南部温暖的温带阔叶林到加拿大北部寒冷的北极平原，从西海岸的湿润温带雨林到干旱的沙漠，荒地和苔原平原，植物多样性较广泛。

加拿大北方林区或寒温带针叶林区主要是各种耐寒树种，包括云杉、冷杉、松属、落叶松属、杨属、桦木属等，以及许多高大灌木和草本植物。在太平洋沿岸区域则分布有黄杉属、铁杉属、黄柏等乔木，灌木包括白珠树、美洲大树莓、越橘等；还有海岸边各种耐盐碱的植被，如沙丘草、野豌豆、乌饭树、白珠树等。东部的温带植被分布着大量的落叶、阔叶树种，如黑栎、红栎、白栎还有山核桃、铁木、山毛榉、松属和花楸属等。草原植被多为耐寒的多年生草本植物，不同土质适宜的植物也不同，如针茅、短芒豪猪草、须芒草、灯芯草、碱茅、短芒大麦草等。从亚拉巴马州到魁北克，加拿大百合、林地百合在潮湿的草地和灌木丛中生长。

（二）加拿大的森林

加拿大是世界第二大面积的国家，拥有的森林或其他林地占其土地的40%。加拿大的森林总面积占世界的约10%。加拿大的森林遍布全国大部分地区。

加拿大的森林可以划分为8个分区，分别为落叶林地区、阿卡迪亚区、北方森林区、山地森林区、哥伦比亚森林区、亚高山森林区、大湖区/圣劳伦斯森林区和沿海森林地区。落叶林地区是加拿大最大的本土植物家园。而阿卡迪亚区常见的树种有：山毛榉、红橡、白榆、黑云杉、冷杉、加拿大桦、糖枫等，这些树种在亚高山和北方森林地区也很常见。北方森林区具备丰富的自然资源。环绕着北极圈以南的地球北半球，这片主要由针叶林组成的绿色地毯约有1660万km^2，约占地球森林面积的三分之一。山地森林地区常见的树木有道格拉斯冷杉，黑松和颤杨等。亚高山森林地区横跨落基山脉，从海岸到艾伯塔省的高地。松树、恩格曼云杉和高山冷杉都是亚高山地区的特色树。大湖区/圣劳伦斯森林区的树木是针阔混交，代表树种有赤松、黄桦和铁杉等。沿海森林地区是为针叶树地区，如道格拉斯冷杉、锡特卡云杉、异叶铁杉和西部红柏等大量分布和种植。

（三）加拿大城市的园林植物应用

加拿大气候宜人，特别是在新斯科舍省、新不伦瑞克省、魁北克省、安大略省和西部省份较稠密地区，非常适合园艺事业和各种文化的发展。加拿大的夏天虽然比美国佛罗里达州的夏天短，但温暖合适的温度能让各种植物流行和生长，包括苹果、梨、李子、桃子等水果；各种森林和观赏树木；当然还有多年生草本植物，例如芍药、鸢尾、飞燕草等。

法国是最早在加拿大造园的欧洲国家。早在1630年，法国植物学家在魁北克省建造了一些花园，作为收集加拿大本土植物的中转园。这些土生的植物在园中培育后，装船运往欧洲的植物园。这种类型的花园主要分布于蒙特利尔市和魁北克市一带，大部分建成于17世纪后期到18世纪早期。源于英国的浪漫主义和维多利亚造园风格，于19世纪后期传入加拿大的大部分地区，英国移民者给加拿大带来了他们的传统造园手法，强调在园中大量种植适于本土气候的一年生、多年生草花和开花灌木。19世纪，美国风景园林领域的先驱人奥姆斯特德（Olmsted）也成为加拿大风景园林领域的知名人物，如蒙特利尔市皇家山地公园（1874—1877年）采用了综合的设计视角和贴近自然的设计手法，关注公园多岩石和丘陵的特征和相对应的植物种类（西西利亚·潘妮等人，2004）。

加拿大土地广袤，各地的园林植物与其生态环境密切相关，从广义上讲，加拿大的陆地区域可分为15个生态区，不同生态区的植物都有其特色和特点。以下做简要介绍：

（1）北极山脉区。沿着努纳武特和拉布拉多的东北边缘，这个生态区是加拿大最荒凉的地区之一。冬天漫长而黑暗，生长季节短。几乎没有什么植物可以生长，仅有北极黑云杉、北极柳、羊胡子草、嵩草、挪威虎耳草、蒲、覆盆子等少量植物景观。

（2）北极北部区。努纳武特以北和西北地区的大部分群岛都包括在北极北部区。这是该国最寒冷，最干旱的地区，遍布大部分北极岛。冬夜持续数天甚至数月，降水非常少，因此该地区可以归类为北极沙漠。整个区域都位于林线上方，因此在此处找不到完整的林地。植物也较少但自然景观很独特，如挪威虎耳草、冰岛罂粟、繁缕、矮毛茛等。

（3）北极南部区。北极南部地区横跨西北大陆和魁北克省大部分地区的北部边缘，南部与林木边界，北部与北部北极生态系统接壤。低温，低降水和强风。低矮的植物更容易生存，例如矮桦、北极柳、白云杉、黑云杉、美洲落叶松等。

（4）泰加平原区。以西部的麦肯齐河为中心，西面是山脉，东面是北极，南面是北方森林。该区的代表是针叶林平原，夏季短而凉爽，冬季长而寒冷。平原上的树木包括纸桦、柳属、颤杨、落叶松、桤木属、白云杉、杨属、黑松、斑克松、矮桦、黑云杉和香脂冷杉等。灌木和草本植物包括：蔷薇属、熊果、林木贼、莎草、羊胡子草和蓝莓等。

（5）泰加地盾区。从北极以南的泰加平原向东延伸，中途被哈得孙湾和哈得孙平原打断，但随后一直延伸到大西洋。年平均温度略低于冰点，夏季短，冬季长。湿地、森林、草地和灌木丛错落有致。乔木包括黑云杉、班克松、绿桤木、颤杨和矮桦等。灌木包括拉布拉多茶树、熊果、杨梅和醋栗等。草本植物包括莎草、羊胡子草和林奈花等。

（6）北方地盾区。覆盖着从艾伯塔省到纽芬兰的大片地带，包括北方平原，混合林平原和大西洋海域。北部一般是针叶树，而南方的阔叶树更多，在南部的生态区可以找到加拿大黄桦和糖枫等适应温暖环境的树种。沼泽和湿地是北方地盾区中物种最多样化的地区，占土地的五分之一。包括白云杉、黑云杉、美洲落叶松、颤杨、白松、赤松、班克松、红枫、加拿大铁杉、美国黑樱、斑点桤木、纸桦和白桦等。灌木和草本植物包括蓝莓、小石楠、莎草、越橘、蔓越莓、睡莲和香蒲等。

（7）大西洋生态区。包括新斯科舍省，新不伦瑞克省和爱德华王子岛以及加斯佩半岛。

其气候受到大西洋的强烈影响，夏季和冬季均较凉爽。针叶树如云杉属、赤松、班克松、北美香柏、美洲落叶松、加拿大铁杉和铁杉等。落叶乔木包括加拿大黄桦、白桦、糖枫、红枫、山毛榉、美国黑樱、胡桃木、铁木、美洲椴树、美国榆和北美红栎等。草本植物也很丰富，包括紫罗兰、羽扇豆、捕蝇草等。

（8）混合林平原。沿魁北克市 - 温莎边界延伸，包括安大略省南部人口稠密的地区。该区是最小的生态区，但有加拿大一半人口。冬季凉爽，夏季温暖。景观及森林树种较丰富，包括白松、赤松、东部铁杉、黑云杉、美国圆柏、金钟柏、糖枫、红枫、银枫、北美红栎、白栎、北美圆柏、美国榆、加拿大黄桦、纸桦、黑核桃木、美国黑胡桃、颤杨、美洲黑杨、美国梧桐、尖头木兰、山核桃和红果桑等。

多伦多就属于混合林平原区，在多伦多街道上常用的绿化树种有：黑槭、红槭、银白槭、糖枫等槭属植物，秋色叶景观非常绚烂。除此之外，光叶七叶树、美洲朴、美国肥皂荚、北美鹅掌楸、尖头木兰和美国紫树等都是该地适宜的园林绿化树种。

（9）北方平原区。北方平原区位于艾伯塔省的中心，向东延伸至萨斯喀彻温省的中心。其年平均气温约为冰点，夏天短而温暖，冬天寒冷。优势树种包括白云杉、黑云杉、班克松、美洲落叶松、白桦树、颤杨和山地赤杨等。

（10）草原生态区。草原生态区覆盖了艾伯塔省，马尼托巴省和萨斯喀彻温省的南部。主要的景观及森林植物包括白云杉、黑云杉、香脂冷杉、美洲落叶松、水桦、颤杨、鼠尾草、沙棘、美国银浆果、银浆果、旱地莎草、黑山楂、油木、野生羽扇豆和香蒲等。

埃德蒙顿市属于草原生态区，北部是北方平原。尽管埃德蒙顿市的树种丰富多样，但该地区原生树种相对较少。早期树木种类非常有限，稀疏的草地中散布着白杨、桦木和云杉。通过不断引种，如银枫、糖枫、银杏、橡树、洋白蜡、美洲榆、蓝粉云杉等，埃德蒙顿市已经向多样化的城市森林的转型，埃德蒙顿园艺协会在其中发挥了很重要的作用。

（11）泰加山脉区。包含了加拿大落基山脉的最北端，还有一些最高的瀑布、最深的峡谷和最荒芜的河流。山脉阻挡了大部分降水，冬天寒冷，夏天很短。一年中地面积雪持续6–8个月。植物景观相对少，包括纸桦、高山冷杉、黑云杉、白云杉、颤杨等树木及飞燕草、勿忘我等草本植物。

（12）北部山脉区。包括南部的育空地区和不列颠哥伦比亚省北部。该地冬季平均温度为 –18℃，而夏季短时的平均温度为 10℃，降水量也少。主要的景观及森林植物包括白云杉、黑云杉、恩格曼云杉、纸桦、高山冷杉、黑松、白皮松、颤杨、白桦和阿拉斯加桦树等。

（13）太平洋海洋生态区。位于不列颠哥伦比亚省的海岸及其与阿拉斯加的边界。夏季平均温度为 13℃，冬季平均为 –1.5℃；温度差异比其他地区小。主要的景观及森林植物包括北美乔柏、阿拉斯加扁柏、西部铁杉、高山铁杉、黑松、花旗松、恩格曼云杉、臭菘、越橘、卡里普索兰花等。

（14）山脉生态区。覆盖了不列颠哥伦比亚省南部的大部分地区和艾伯塔省西南部的一些地区。该区是所有生态区中最具有多样性的，其北部的年平均温度为 0.5℃，南部为 7.5℃。主要的景观及森林植物包括恩格曼云杉、高山冷杉、黑松、加州山松、颤杨、西部铁杉、落基山圆柏、桦木、黑云杉、白云杉和西部落叶松等。

（15）哈得孙平原区。沿哈得孙湾的南部边缘从马尼托巴延伸到魁北克。该地夏季平均温度为 11℃，但冬季平均温度低至 –18℃。该地的一些特色景观及森林植物是黑云杉、白云杉、美洲落叶松、纸皮桦、颤杨、北拉布拉多茶、黑越橘、蓝莓、野莓等。

（罗乐　陈简村　编写）

风景
园林

美国东海岸

波士顿公园

Boston Common

1. 位置规模

波士顿公园（Boston Common）位于波士顿市中心，面积23.88hm^2，是波士顿自由之路的南端起点，也是波士顿城最为核心的地方。

2. 项目类型

城市公园

3. 设计师 / 团队

小奥姆斯特德（F.L. Olmsted. Jr）

4. 实习时长

2 小时

5. 历史沿革

波士顿公园最早的历史记录见于1634年，最初是供士兵操练、居民放养奶牛、游戏以及散步等的户外场所，以后逐步演变为一座公园，是整个美国年代最久的公园。

波士顿公园所在地曾数易其主。它最初是在波士顿定居的第一位欧洲人威廉·布莱克顿（William Blexton）的私人领土，后来被卖给了马萨诸塞湾殖民地的清教徒创始人。1630年间，这里是许多人家放牛的地方，后来由于太多的人在这里养牛，造成了过度畜牧。1646—1670年，畜牧一度被限制，直到1830年，市长哈里松·格雷·奥蒂斯（Harrison Gray Otis）颁布法令禁止在这块土地上养牛。在美国革命以前，波士顿公园曾用做英军军营（列克星敦战役前夕）。1965年，一百人聚集在波士顿公园，抗议越南战争。第二次抗议发生在1969年10月15日，有10万人参加。

1910—1913年，与父亲同名的小奥姆斯特德（F.L. Olmsted. Jr）全面改造了波士顿公园，在公园中设计了自然式布局的大树和大草坪，任人自由漫步，展现了一派田园风光。

今天的波士顿公园有多种用途，它是人们在市中心休息锻炼和放松娱乐的一块宝地，如举办演唱会、举行抗议活动、打垒球、滑冰等。1996年，公园中的音乐台被重新装修，现在主要用于音乐会，集会与演讲。2007年总统普选集会中，奥巴马（Obama）和竞争对手德瓦尔·帕特里克（Deval Patrick）在这里演讲；2017年，言论自由游行在此举行。

6. 实习概要

波士顿公园被普遍认为是美国最古老的公共公园，它在军事、政治史、自然保护、风景园林、雕塑以及娱乐等方面的重要性值得考察，是波士顿最舒适的公园之一。波士顿公园的主要特色是为居民提供游戏散步的户外空间。公园主入口附近的管理处展示了一幅地图，标明了波士顿公园、公共花园和联邦大道之间的关系。

波士顿公园中有一个体量不大的管理处，一座1877年建设的南北战争纪念碑——“海员、战士纪念碑”（Soldiers and Sailors Monument），一座音乐亭，一处面积较大的儿童涉水池和中央墓地。

海员、战士纪念碑的碑文是：“献给在陆地和海洋上为美利坚合众国全面废除奴隶制和维护宪法而为国捐躯的波士顿人，城市满怀感激之情建设了这座纪念碑，愿他们的榜样世代流传。”

音乐亭全名为帕克曼音乐亭（Parkman Bandstand），是1912年为纪念乔治·F·帕克曼（George.F.Parkman）而建，帕克曼曾经给这座城市留下了500万美元用于维护波士顿的公园。现在，公园职工乐队常在节假日免费为游客在此演奏。

涉水池叫做青蛙池（Frog Pond），是夏季最受公众欢迎的地方，青蛙池附近有几尊绅士般的青蛙先生，为公园增添了一些趣味。

7. 实习备注

最佳游玩季节：5–10月

开放时间：周一－周日，7:00–21:00

价格门票：免费

著名景点：帕克曼音乐亭

（王畅　编写）

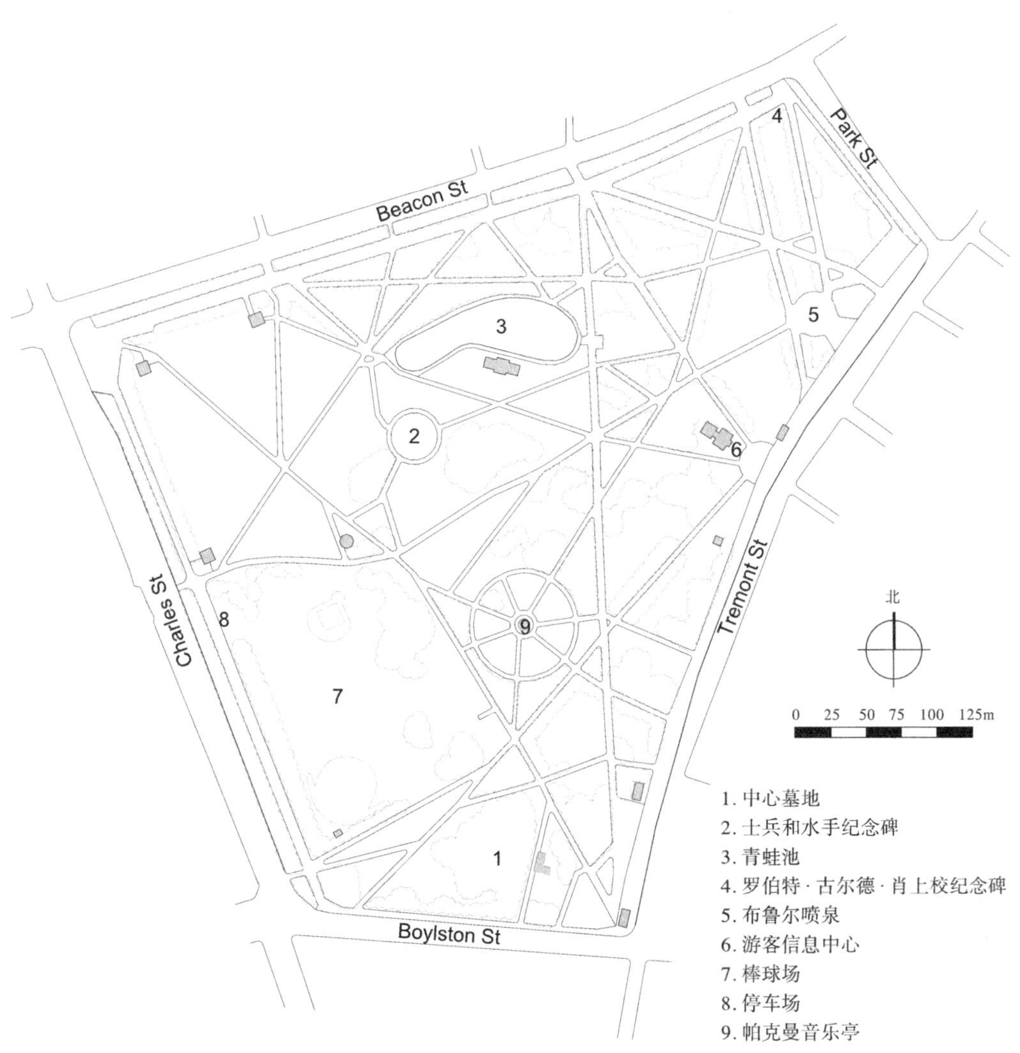

波士顿公园平面图

公共花园
Public Garden

1. 位置规模

波士顿的公共花园（Public Garden）位于马萨诸塞州波士顿市阿灵顿街（Arlington Street）和联邦大道（Commonwealth Avenne），花园靠近波士顿市中心，与波士顿公园毗邻，占地 9.71hm^2。

2. 项目类型

城市公园

3. 设计师 / 团队

霍勒斯 · 格雷（Horace Gray）

4. 实习时长

1–1.5 小时

5. 历史沿革

直到 19 世纪初，公共花园的基址还是一片盐碱沼泽地，可供人们钓鱼、溜冰。1837 年，慈善园艺家霍勒斯 · 格雷请求在这片土地上建立美国第一座公共植物园，波士顿市议会本想将这块地出售，格雷在市议会反对派的协助下，最终成功将这块地保留成为花园，并于 1839 年，在这块填海得来的土地上建立了波士顿公共花园。多年来，它已经成为重要雕塑的展示场所，它以天鹅船往来于池塘而闻名遐迩。1970 年，非营利性公民倡导团体“公共花园和普通民众之友”成立，该团体与市长和波士顿市公园局合作，保护和改善波士顿公共花园。目前，该团体有 2500 多名成员和许多志愿者，志愿者们制作了一份小册子，详细介绍了公园的历史。1987 年，它被誉为美国国家历史地标。

6. 实习概要

公共花园是美国第一个公共植物园，是以维多利亚时代园丁艺术为特色的公园，风格非常华丽。人们在花园里设计了充满活力的花卉图案，并运用了杂交和繁殖植物的新技术，在花园中布置了色彩缤纷的花架，可以看到一年生植物和温室植物以及进口的奇异树木。在早期，一些人抱怨说彩色植物的不自然，组合过于艳丽，品位不佳。而现在，波士顿称公共花园是它最吸引人的地方之一。

公共花园的中央有一条贯穿全园的法式中轴线，园内花团锦簇，树影斑驳，宛如一片风光旖旎的绿洲。公园的主要组成部分是一个 2.43hm^2 的池塘，池塘最深处的深度不超过 1m。在温暖的季节，该池塘是许多鸭子以及天鹅的家，池塘中央有一座铁人行天桥，夏天有脚踏天鹅船穿梭其间。坐“天鹅船”是公园中最受欢迎的活动之一，坐船活动于 1877 年开始运营一直到今天，游客只需支付少量的费用，就可以坐在后部装饰有白色天鹅的船上，欣赏池塘及岸边美景。而在冬季，池水很容易结冰，1879 年，波士顿市议会通过了一项命令，允许游客冬季在池塘滑冰，直到今天，池塘上仍有一家官方的溜冰场。由于公共花园的植物和园艺起源，植物种植是花园的独特之处。花园中的花卉种植品种非常繁多，包括玫瑰和各种开花灌木，从春季中期到初秋，每个季节都会有不同的花朵，这些花卉由富兰克林公园（Franklin Park）经营的 14 个温室提供幼苗。公共花园最美丽的季节莫过于春季，百花绽放，搭配园里种植的郁金香，五颜六色，非常美丽。公共花园种有各种各样的本地树木和引进树木，其中最著名的是泻湖沿岸的垂柳，以及遍及花园小径的欧美榆树、栗子、红杉、欧洲山毛榉、银杏树和一棵加州红杉。公园中繁多的植物种类和浪漫的氛围，吸引了很多公民在此举办婚礼。

在花园的景观中有许多纪念碑，尤其是雕像。最著名的是乔治·华盛顿（George Washington）的马术雕像，位于阿灵顿街入口，联邦大道购物中心（Commonwealth Ave Mall）对面；同时，花园东北部设置了一组根据童话故事《给鸭子让路》创作的雕塑，二者都是孩子的最爱，并已成为波士顿的象征。

7. 实习备注

开放时间：全天

预约途径：无需预约，免费

最佳游览时间：春季

（王畅　编写）

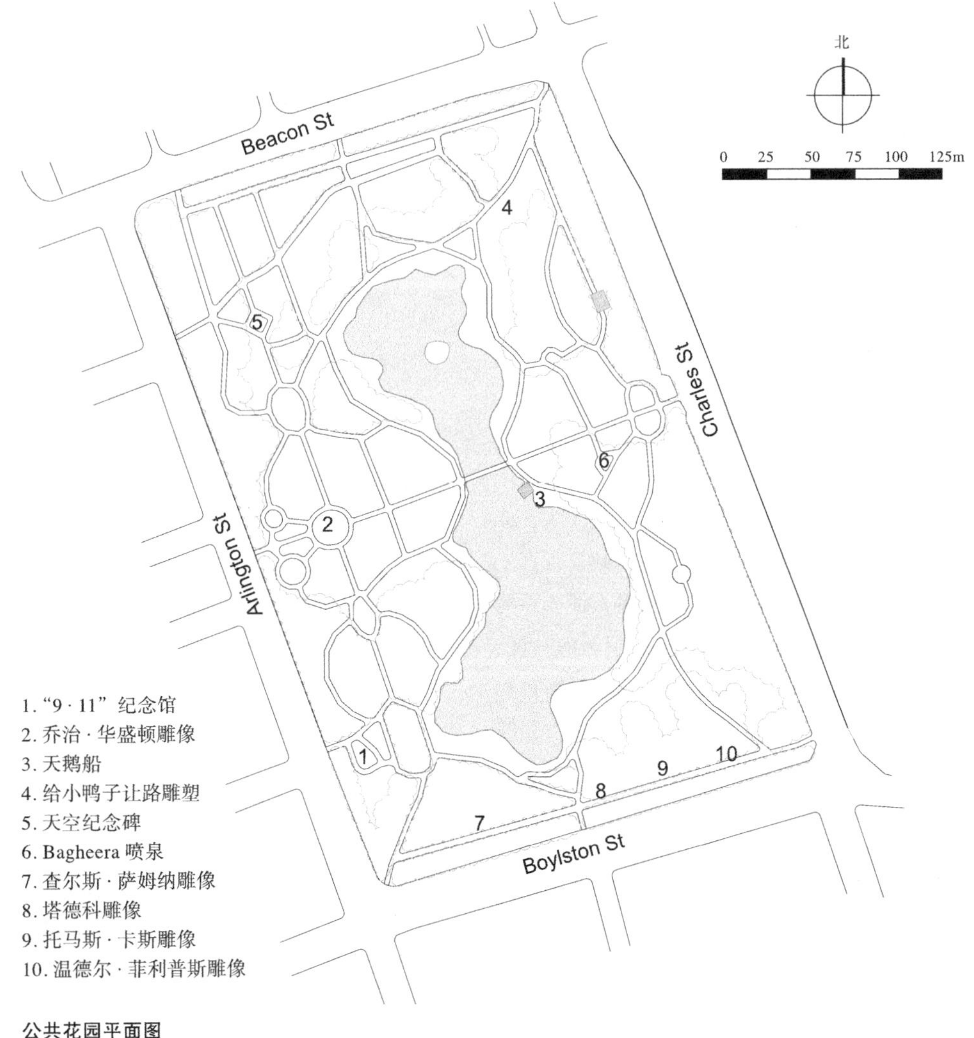

公共花园平面图

联邦大道
Commonwealth Avenue

1. 位置规模

联邦大道（Commonwealth Avenue）是美国马萨诸塞州波士顿市和牛顿市的一条重要街道，它开始于波士顿公共花园的西部边缘，并继续向西穿过伯克利街、克拉伦登街、达特茅斯街，一直向西延伸到后湾，是30号公路的一部分。林荫道宽约60m，长约2.4km，中间有30多米宽的街心绿带，两侧的住宅都面向大道，使街心绿带构成社区的活动中心。

2. 项目类型

线性公园

3. 设计师 / 团队

奥姆斯特德（Olmsted）

4. 实习时长

0.5–1 小时

5. 历史沿革

1858年州政府在后湾开始填海造地，当时查尔斯河边肮脏杂乱，为提高地价，州政府决定在这块土地上建设一条笔直的中央大道，命名为联邦大道。1861—1870年间，政府以高于成本3倍的价格出售土地，许多富人涌入后湾建造私宅，使后湾成为一处富人聚居的社区。19世纪80年代末，在波士顿公园系统即将竣工时，奥姆斯特德和公园委员会把这条街心绿带向西延伸了100多米，形成联系波士顿公共花园和波士顿公园系统新建部分的绿色纽带。

6. 实习概要

“联邦大道”也称“联邦大道林荫路”，是绿宝石项链最狭窄的一环，连接了波士顿公共花园与后湾沼泽。

林荫路两侧是行车单行道，虽然车辆不断，但街道安静，环境清洁。最引人注目的是大道两旁林立的保存完好的19世纪公寓楼，低调而雅致。公寓楼下繁花璀璨，枝叶繁茂，绿意蓬勃，充满着生机与活力。小巧的花坛充满了闲情雅韵，满是对生活的细腻与用心。

林荫道中央每隔一定距离就有一处纪念当地杰出人物或集体的雕像或纪念碑，是将散步、小憩和缅怀英烈结合于一体的好地方。联邦大道购物中心是主要雕像的所在地，这些雕像是多年来建设波士顿的历史人物的塑像，从阿灵顿街（Arlington st）附近的亚历山大·汉密尔顿（Alexander Hamilton）一直到查尔斯盖特东区（Charlesgate East）的雷夫·埃里克森（Leif Eriksson），建成了一系列的纪念碑。从公共花园开始向西走，可以按顺序看到以下雕像：

（1）1887年由安妮·惠特尼（Anne Whitney）雕刻的纽芬兰岛的第一个欧洲发现者雷夫·埃里克森（Leif Ericson）雕像。

（2）1973年由伊维特·康帕尼翁（Yvette Compagnion）雕刻的阿根廷前总统多明戈·福斯蒂诺·萨米恩托·阿尔巴拉辛（Domigo Faustino Sarmiento Albarracin）雕像。

（3）由梅勒迪斯·贝格曼（Meredith Bergmann）在2003年雕刻的波士顿妇女纪念雕像。

（4）1982年由佩内洛普·詹克斯（Penelope

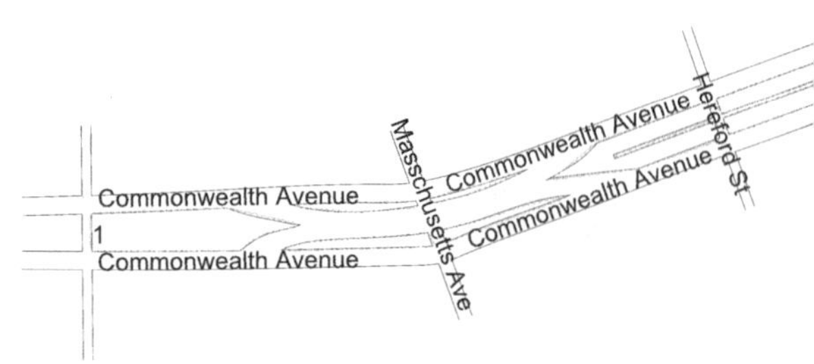

Jencks）雕刻的海军历史学家和作家塞缪尔·艾略特·莫里森（Samuel Eliot Morison）雕像。

（5）由欧文·莱维·华纳（Owen Levi Warner）雕刻的废奴主义者兼记者威廉·劳埃德·加里森（William Lloyd Garrison）雕像。

（6）为了纪念在1972年旺多姆酒店（Vendome Hotel）大火中遇难的9名消防员，由西奥多·克劳森（Theodore Clausen）与景观设计师彼得·怀特（Peter White）雕刻的旺多姆酒店火灾纪念雕塑（Vendome Hotel Fire Memorial）。

（7）由亨利·哈得孙·基特森（Henry Hudson Kitson）和西奥·艾丽斯·拉格尔斯·基特森（Theo Alice Ruggles Kitson）雕刻的帕特里克·科林斯（Patick Conins）的半身像，描绘了波士顿前市长帕特里克·科林斯。

（8）1875年马丁·米尔莫尔（Martin Milmore）雕刻的约翰·格洛弗（John Glover，革命战争士兵的雕像）的雕像。

（9）1865年威廉·里默（William Rimmer）雕刻的《联邦主义者论文》的合著者亚历山大·汉密尔顿，这是第一个放置在购物中心的雕像，在这以后，更多的纪念碑随之而来，建造雕像成了传统。

设计师认为联邦大道是一条长廊，人们可以沿着长廊走下去，欣赏早期历史，它给人们带来了除了建筑以外的东西，让人们从一天的工作中得到休息，为人们提供一个可以反思的地方。

7. 实习备注

开放时间：全天

预约途径：无需预约，免费

（王畅　编写）

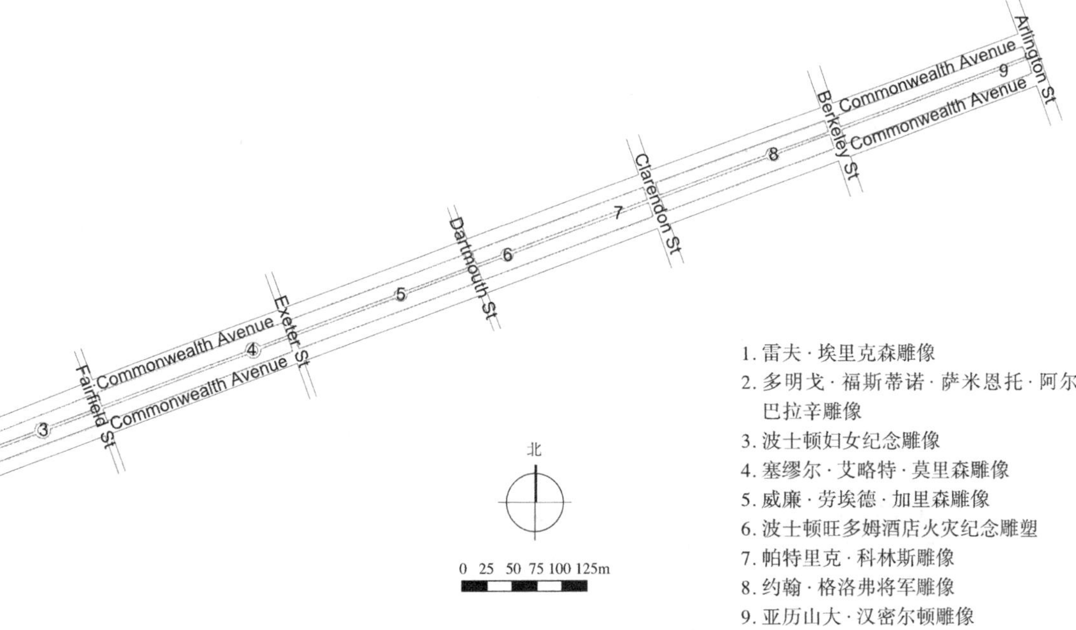

联邦大道平面图

后湾沼泽地
Back Bay Fens

1. 位置规模

后湾沼泽（Back Bay Fens）简称为The Fens，占地60hm^2，是美国马萨诸塞州（Massachusetts）波士顿市（Boston）的一个大型公园，绿宝石项链公园系统的一个组成部分。

2. 项目类型

生态绿地

3. 设计师 / 团队

奥姆斯特德（Olmsted）、亚瑟·阿萨赫尔·瑟特尔夫（Arthur Shurcliff，奥尔姆斯特德的门生）

4. 实习时长

2小时

5. 历史沿革

在19世纪的填土工程将其改造成可建造土地之前，后湾实际上是一个海湾，位于波士顿和剑桥之间，查尔斯河（Charles River）从西边流入。1913年在地铁建设中发现在欧洲人到达之前，美洲原住民在这里建造了鱼堰。1814年，波士顿和罗克斯伯里磨坊公司（Roxbury Mill Corporation）被特许建造了一座磨坊大坝（Milldam）。

1879年，奥姆斯特德担任波士顿公园系统风景建筑师，他的第一项工作就是结合浑河（Muddy River）下游的环境改造，把原先堆放垃圾、污浊不堪的后湾沼泽地开发成一座公园。这座公园面积60hm^2，是新建公园系统的起点，也是美国19世纪英式风景园林运动的典范。奥姆斯特德通过设计，将沼泽地定期更换水体，与之前相比水质显著改善。1910年，克雷格大桥上修建了一个堤坝，把查尔斯河从大西洋海潮和淡水隔开。最终后湾成为淡水泻湖，定期通过查尔斯河流域的排水进行更新。

不久之后，著名的景观设计师亚瑟·阿萨赫尔·瑟特尔夫增加了詹姆斯·凯莱赫玫瑰花园（James P.Kelleher Rose Garden）、运动场等新功能，并采用了20世纪20年代–20世纪30年代流行的更为正式的景观风格。

1941年，在美国卷入第二次世界大战爆发时，公民们在后湾地区设计了一个花园，名为胜利花园。虽然这些花园在当时很普遍，但现在后湾公园一直运营至今的只剩胜利花园，并成为今天一个备受重视的花卉和蔬菜社区花园。

1983年，后湾沼泽地被誉为波士顿地标。

6. 实习概要

这座公园是美国19世纪英式风景园林运动的典范：弯曲顺畅的流水、朴素浪漫的石桥、自由散植的大树、随风摇曳的芦苇，给城市带来一派乡野风光，处处体现出奥姆斯特德风景建设的指导思想——“无为”，即顺应自然。奥姆斯特德认为，一个情趣淡漠的公园委员会能做的最好的事，就是对公园无所作为，因为“无为”不仅无伤大雅，而且能强化景色，但在公园中乱伐乱建，往往会造成几代人难以纠正的遗憾。正是由于后湾沼泽地的环境较少受到人类活动的干扰，如今人们仍可倚桥栏杆静观清流，缘小径蜿蜒漫步，卧草地悠然读书，闭双目聆听鸟鸣。

顺着后湾沼泽地驱车南行，有树木繁茂的三段首尾相连的公园路，通往公园系统的其余部分，既不干扰公园系统的内部活动，又能使车辆如处园林之中，即使无暇下车的过客，也能步移境迁享受奥姆斯特德精心创作的车外美景。

在该公园中，理查德·D·帕克胜利花园

(Richard. D. Park) 是公园中现存的最后一个花园，现今的胜利花园是以理查德·D·帕克的名字命名的，他曾经在1941年在这里工作，直到1975年去世为止。多亏了他的努力，位于芬维大街（Fenway Street）的胜利花园现在已经成为第二次世界大战之后美国仅存的社区花园之一。从1941年该公园建立直到今天，仍是芬维社区以及整个美国园林的核心部分，今天，帕克胜利花园是居民的领地，可以种植自己的蔬菜或鲜花。

7. 实习备注

开放时间：全天

预约途径：无需预约，免费

（王畅　编写）

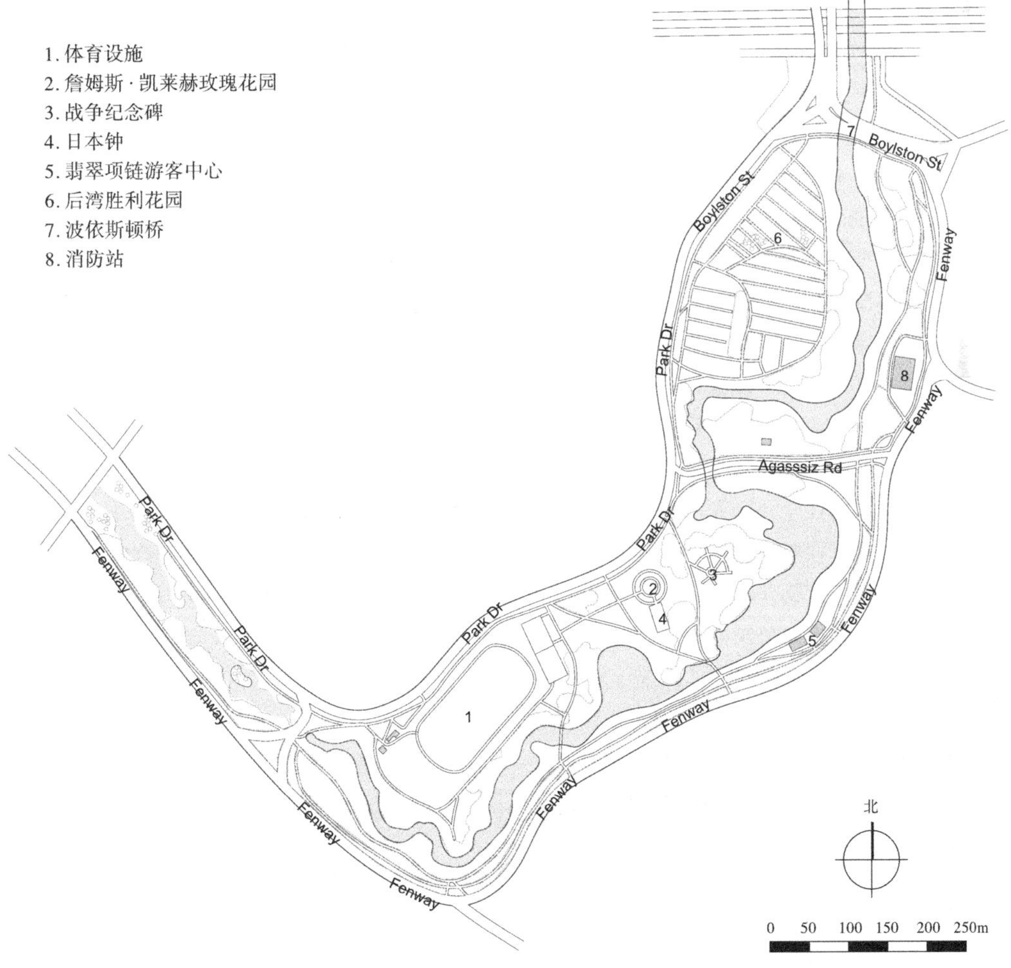

后湾沼泽地平面图

河道景区
The Riverway

1. 位置规模

河道景区（The Riverway）是波士顿和布鲁克莱恩之间的边界，是一个占地 13.76hm^2 的狭窄公园，沿着蜿蜒曲折的浑河河道延伸。

2. 项目类型

线形公园（滨河绿带）

3. 设计师 / 团队

奥姆斯特德（Olmsted）

4. 实习时长

1 小时

5. 历史沿革

浑河是波士顿市和布鲁克莱恩镇的界河，1885—1895 年间，波士顿市和布鲁克莱恩市政府根据奥姆斯特德的设计方案分别购置了两岸的土地、整治河道、广植树木、修建石桥和沿河小道，统称浑河改造工程。河道上游较宽，被称为奥姆斯特德公园（Olmsted Park）；下游较窄，被称为河道景区。除水面外，主要就是供人们沿河散步、骑马、骑车的小道。和后湾沼泽地一样，这个完全人造的景区经过多年天然培育，几乎回归了自然。

最初，奥姆斯特德并没有被要求为这个地区设计一个公园，他向公园委员会提出改造河道景区的建议，认为这是对沼泽区进行公共卫生改善工作的延续。如今，这条河道为步行、骑车者和公园道路上的通勤者提供了风景如画的景色。这是一个宁静而又活跃的线性公园，是今天绿道运动的完美典范。

6. 实习概要

河道景区是翡翠项链完全人造的部分之一，公园拥有超过 100000 个种植园。在河道景区几乎没有原始景观保留下来，它们都是经过设计和建造的。正如弗雷德里克·劳·奥姆斯特德（Frederick Law Olmsted）所描述的："就像后海湾的沼泽一样，河道景区的目标是双重的：将这条原本是开放下水道的河流，从一个公害变成社区资产，改善水流和蓄水能力，并创建一个线性公园。"奥姆斯特德改变了河流的路线，巧妙地塑造河岸，进行种植设计，在只有几百英尺宽的森林景观中创造了一条隐蔽的淡水溪流。

河道景区是奥姆斯特德的公园系统沿着线性绿带的第一个景观，今天我们也可以在这里看到设计师最初的设想。公园分为两个部分，北部的部分——泻湖（现在的西尔斯停车场），是河道和沼泽之间的过渡地带。目前，该地区正在疏浚，以恢复原来的奥姆斯特德泻湖的设计和功能。第二段是最长的，从公园路到荷兰路。它包括教堂人行桥、马道人行桥、朗伍德大道车辆桥、遮蔽和工具屋"圆屋"，以及布鲁克林大道大桥（也称为布鲁克林大道涵洞）。

河道景区也是翡翠项链中一些最美丽的桥梁的所在地，许多桥梁由 HH Richardson（HH Richardson 是著名的 19 世纪建筑师）公司设计，这些桥梁包括历史悠久的马道人行桥以及教堂人行桥。

7. 实习备注

开放时间：全天

预约途径：无需预约，免费

（王畅　编写）

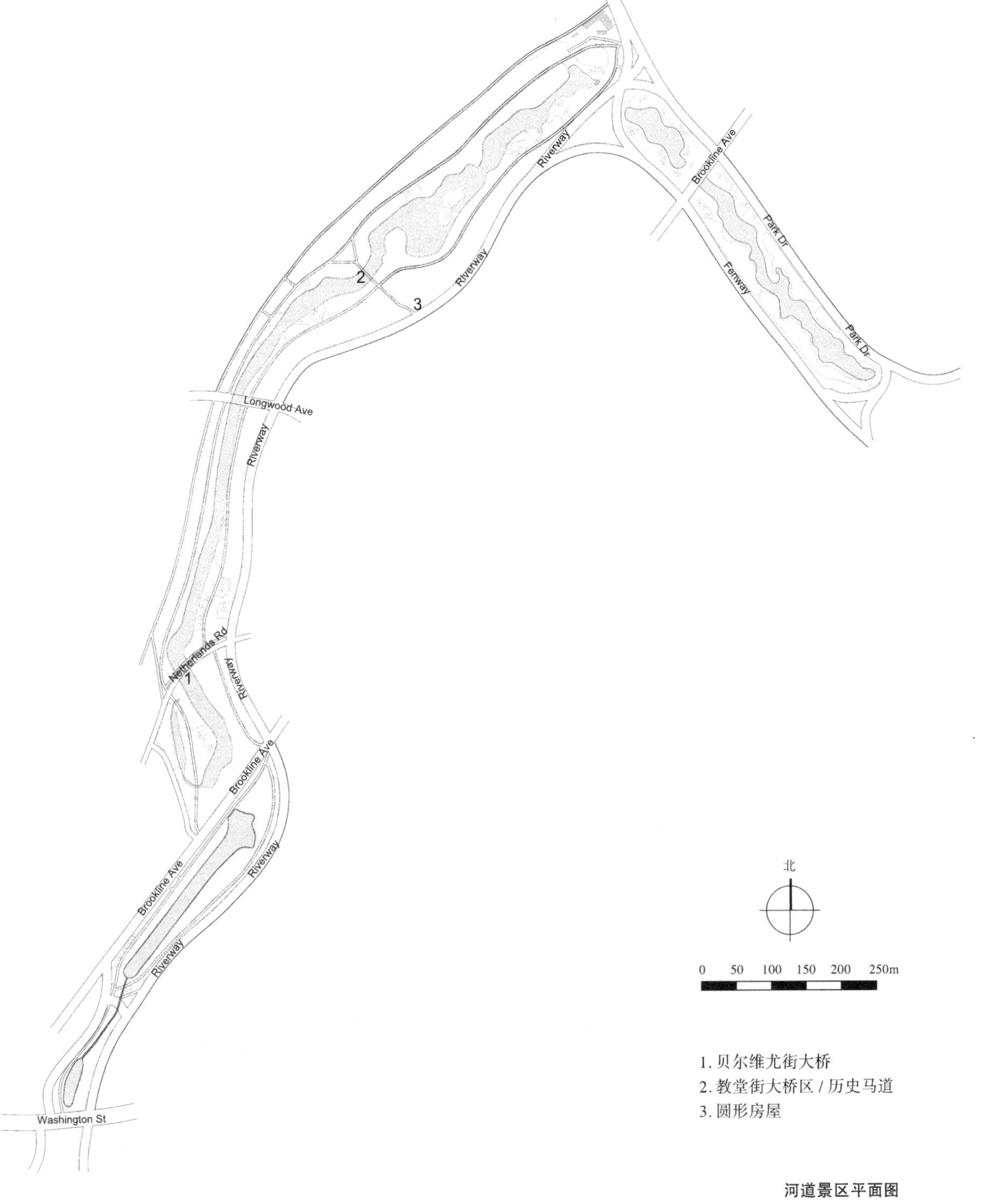

1. 贝尔维尤街大桥
2. 教堂街大桥区 / 历史马道
3. 圆形房屋

河道景区平面图

奥姆斯特德公园

Olmsted Park

1. 位置规模

奥姆斯特德公园（Olmsted Park）是位于马萨诸塞州的波士顿和布鲁克林的一个线性公园，是连接波士顿翡翠项链的公园和公园路的一部分。该公园拥有翡翠项链第二大历史森林区，占地 6.88hm^2，浑河和莱弗雷特池塘（Leverett Pond）形成了波士顿市和布鲁克林镇之间的边界。

2. 项目类型

线形公园 – 河道

3. 设计师 / 团队

奥姆斯特德（Olmsted）

4. 实习时长

1.5 小时

5. 历史沿革

奥姆斯特德公园是浑河治理改造项目的一部分，公园建设用地是在 1881—1894 年之间从私有财产所有者那里购买的。1893 年，奥姆斯特德在沃德和柳树池塘之间创建了七个"自然历史"池塘，用于自然历史学会的教育计划，这几个池塘在 19 世纪的最后几年被填平。在 1980 年代中期，浑河治理改造项目作为马萨诸塞州奥姆斯特德历史景观保护计划的一部分，英联邦拨款超过 100 万美元，用于修复河道景区和奥姆斯特德公园。在 1997—1998 年间，奥姆斯特德总体规划由社区发展整体拨款资助实施。1983—1984 年，乔治 · 亨德森基金会（George B. Henderson Foundation）向马萨诸塞州奥姆斯特德公园协会提供的拨款，恢复了柳树池塘和沃德池塘的行人天桥。

1989 年翡翠项链公园总体规划完成后，奥姆斯特德公园进行了一些改进：1997 年，里佛代尔公园路（Riverdale Parkway）改为自行车和步行道；位于布鲁克林的阿勒顿街（Allerton Avenue）脚下的阿勒顿远眺台被重建；人行天桥的重建；沃兹池塘（Ward's Pond）南端修建了一条木板路。

奥尔姆斯特德公园的整体规划包括布鲁克林村（Brookline Village）附近的沼泽中的莱弗里特池塘（Leverett Pond），因此，该公园最初名为莱弗里特公园（Leverett Park）。1900 年，为纪念它的设计师奥姆斯特德，将它改名为奥姆斯特德公园，该公园被当地人称为奥姆斯特德帽子上的羽毛 。

6. 实习概要

奥尔姆斯特德公园由一连串风景如画的淡水池塘组成，池塘与迷人的天然树林和草地交替，公园大致可分为两部分。公园南部毗邻牙买加池塘，包括运动场和 3 个池塘，这 3 个池塘从南到北依次为：沃德池塘、小柳树池塘、莱弗里特池塘，它们由一条小河将彼此串联起来。公园的北段位于 9 号公路上方，是一条狭窄的走廊，浑河的河水从这里流入查尔斯河。公园的北部边缘连接着后海湾和密什山（Mission Hill）社区的西部边缘。该公园距离朗伍德医学和学术区很近，而且交通便利，是一条步行和骑自行车的热门路线，人们可以体验沿途的小径、林地和莱弗里特池塘的风景。

如今，奥姆斯特德公园成为当地居民休闲娱乐的好去处。在温暖的夏夜，奥姆斯特德公园中广阔的草地是一个充满活力的社区球赛现场，居民们在如今的黛西球场（Daisy Field）上欢快地打球，而沃德的池塘仍然是一片宁静的保护区。

7. 实习备注

开放时间：全天

预约途径：无需预约，免费

（王畅　编写）

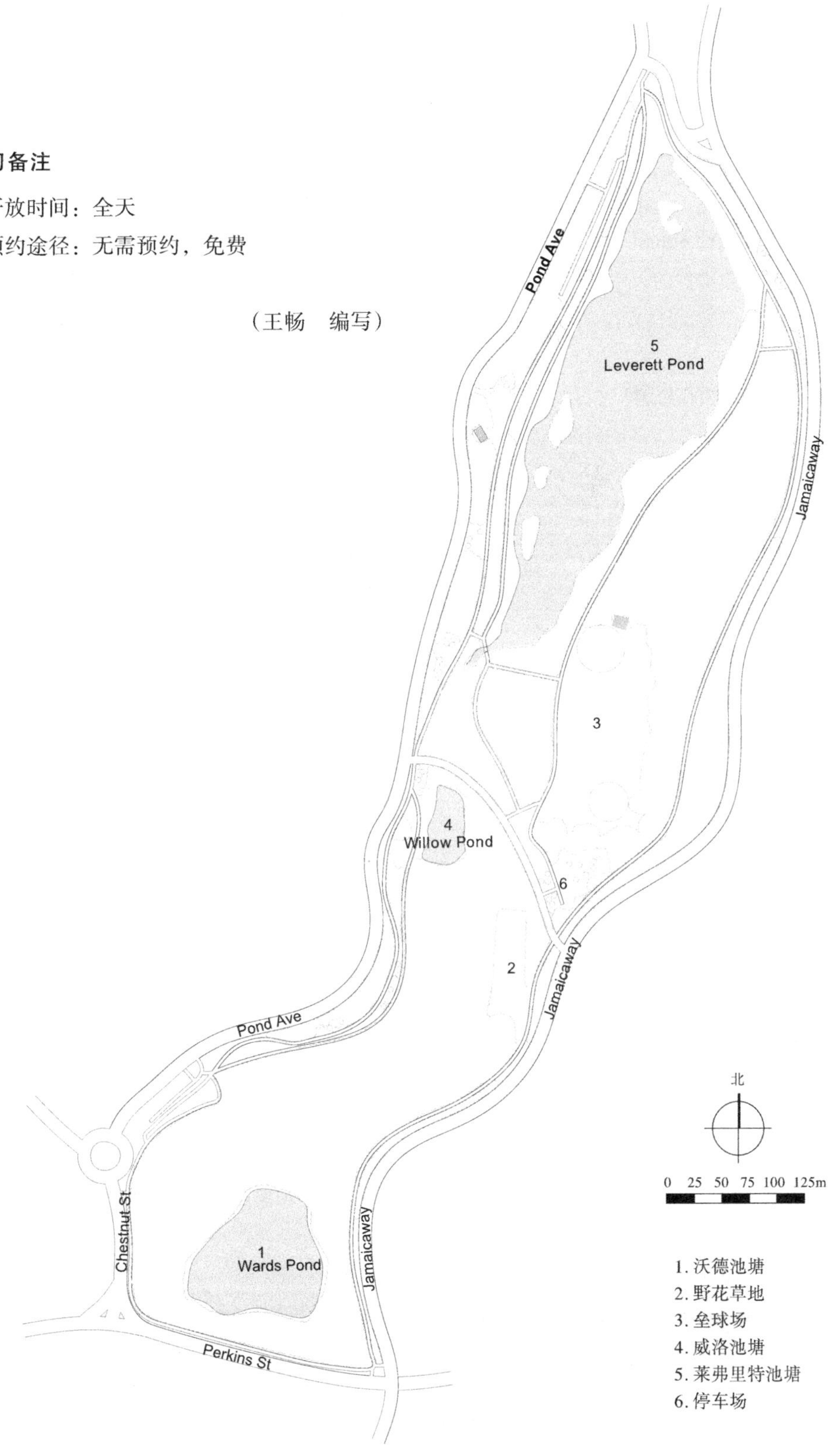

奥姆斯特德公园平面图

杰梅卡公园

Jamaica Park

1. 位置规模

杰梅卡公园（Jamaica Park）以杰梅卡湖为中心，总面积约 50hm^2，杰梅卡湖是波士顿面积最大、水质最好的天然湖泊。

2. 项目类型

城市公园（湖心公园）

3. 设计师 / 团队

奥姆斯特德（Olmsted）

4. 实习时长

2 小时

5. 历史沿革

杰梅卡公园始建于 1890 年，由著名景观设计师奥姆斯特德设计。杰梅卡湖曾是波士顿地区冬天最大的天然溜冰场，但 1929 年由于冰层开裂，不得不疏散正在冰上的 5 万人，近年来，池塘不再允许滑冰。奥姆斯特德在公园中保存了大部分现有植被，将树木分组，在场地中增加道路，种植灌木，增加场地当中的公共空间，提高人对于场地的使用率。 今天，波士顿人涌向杰梅卡公园参加音乐会，儿童节目、戏剧表演、划船、帆船、钓鱼、跑步和骑自行车。

6. 实习概要

根据美国地质勘探局的说法，杰梅卡这个名字源于一个印度名字。杰梅卡湖是一个纯净的冰川水壶洞，它是浑河的源头，流入下游的查尔斯河，池塘和公园位于波士顿的杰梅卡平原附近，靠近布鲁克莱恩的边界。池塘面积约 28hm^2，中心深度为 16m，使其成为波士顿最大的淡水水体，是该地区最大的天然淡水水体，也是翡翠项链中最大的水体。奥姆斯特德对杰梅卡湖非常着迷，他称“杰梅卡湖的倒影和摇曳的半明半暗的灯光非常美丽”。奥姆斯特德在设计时对杰梅卡湖的改动很少，以突出其自然之美；同时，奥姆斯特德保留了大部分现有的植被，包括一排松树，以其“Pinebank”的名字命名，目的是保护场地的自然特色，使其可供公众使用。

奥姆斯特德创造了一个环绕着池塘的步行系统和延续骑行的路径，以便为公民提供城市生活的休闲场所。骑行系统与后湾沼泽地（Back Bay Fens）、浑河公园（Muddy River Park）和富兰克林公园（Franklin Park）相连，与公园大道平行；杰梅卡车道与河道景区和林荫道相连接；珀金斯街（Perkins Street）和帕克曼大道（Parkman Drive）环绕池塘进行交通运输，形成完整的交通系统。

今天，池塘周围 2.5km 的游步道是家庭散步，慢跑者和步行者的最爱，游客可以通过许可证捕鱼，Sugar Bowl 上方的田野是当地居民家人一起野餐或玩耍的理想场所。在波士顿的免费活动中，公园里受欢迎的夏日星期日吸引家人和朋友到风景秀丽的派恩班克海角进行户外周日晚会、音乐会和电影。10 月末 11 月初，一年一度的万圣节带来了数千人，其中一些人穿着万圣节服装，在杰梅卡池塘周围散步，他们的灯笼再次创造出奥姆斯特德所描述的“倒影和摇曳的半明半暗的灯光”。

7. 实习备注

开放时间：全天

门票：免费

最佳游玩时间：万圣节

（王畅　编写）

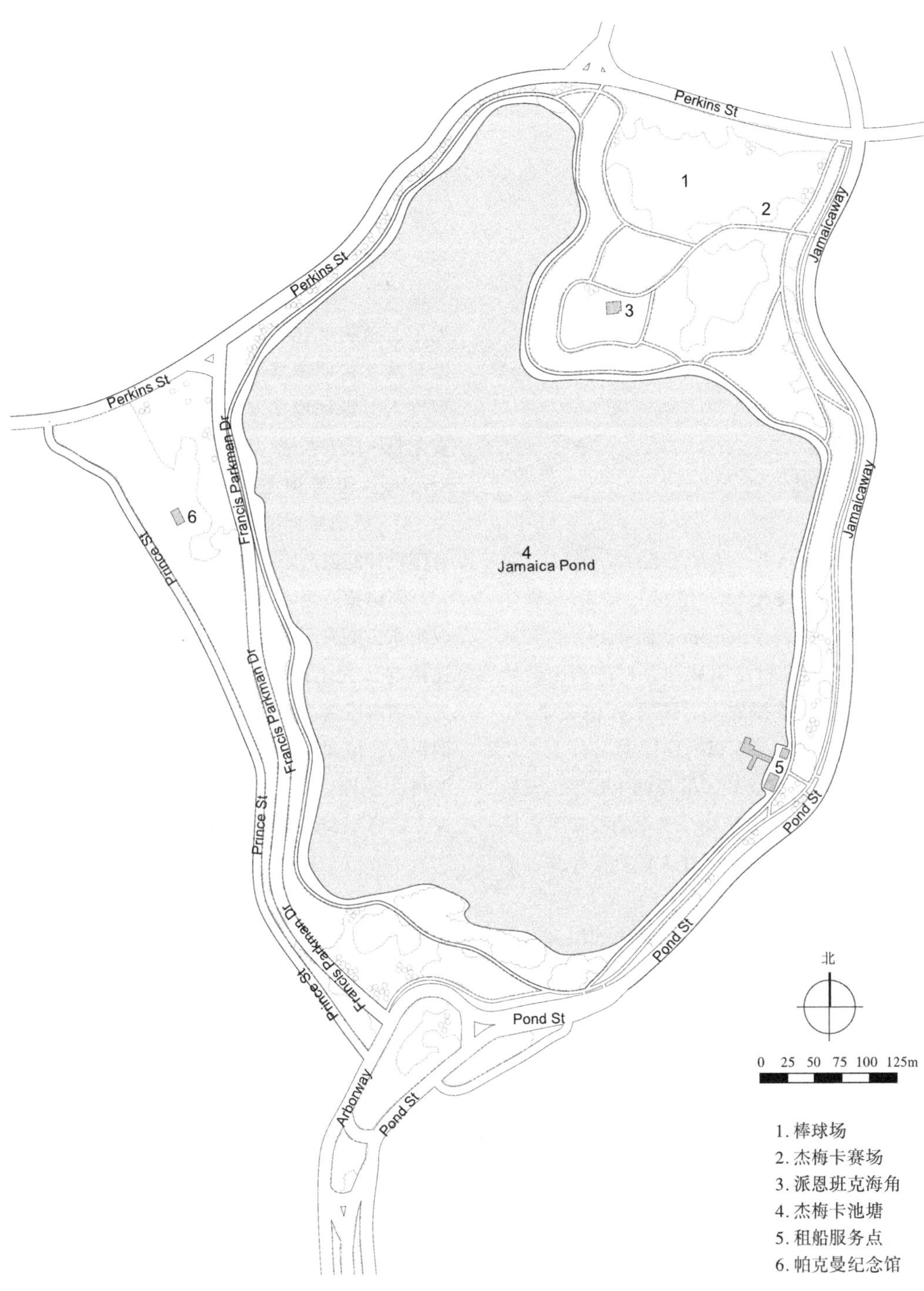
Perkins St
1
2
Jamaicaway
Perkins St
3
Perkins St
Francis Parkman Dr
6
Prince St
4
Jamaica Pond
Jamaicaway
Francis Parkman Dr
5
Pond St
Prince St
Pond St
Francis Parkman Dr
Prince St
Pond St
Arborway
Pond St
北
0 25 50 75 100 125m
1. 棒球场
2. 杰梅卡赛场
3. 派恩班克海角
4. 杰梅卡池塘
5. 租船服务点
6. 帕克曼纪念馆

杰梅卡公园平面图

阿诺德树木园 / 植物园
Arnold Arboretum

1. 位置规模

阿诺德树木园 / 植物园（Arnold Arboretum）位于美国马萨诸塞州波士顿市，面积 107hm^2。

2. 项目类型

主题公园

3. 设计师 / 团队

设计单位：奥姆斯特德（Olmsted）

项目委托：哈佛大学（Harvard University）

4. 实习时长

3–3.5 小时

5. 历史沿革

1842 年，波士顿一位富裕的商人科学家本杰明 · 布西（Benjamin Boosey，1757—1842）将他的乡村庄园和部分财产捐赠给哈佛大学，用于教授农业、园艺和相关学科。1872 年，哈佛大学在捐赠庄园的基址上，成立了阿诺德植物园，建园的目的主要是出于教学和科研的需要，在植物分类学的框架下，揭示植物种属之间的关系，让人能直接体验书本上学不到的东西。

植物园是哈佛大学的一个私人部门，1882 年，这块土地被租给波士顿市，并被纳入"翡翠项链"公园体系。根据与市政府的协议，哈佛大学获得了一份为期 1000 年的物业租约，哈佛大学作为受托人，直接负责植物园的开发、维护和运营。

6. 实习概要

哈佛大学阿诺德植物园是位于牙买加平原和马萨诸塞州波士顿罗斯林德尔地区的植物园，1872 年建立，由奥姆斯特德设计。

阿诺德植物园是一个当代的由藤本和灌木组成的花园，在景观设计师与研究家的共同努力下，这个花园体现了科学性与公众性的演变。植物园沿用传统的园艺展示方法——花坛与花台，形成一个 1.42hm^2 的不规则形状的坡地，为人群聚散、科普教育以及日常娱乐等活动提供了一种现代的、非常便捷的场所。通过地形、植物文化、植物习性的综合设计，并结合文字说明来展示植物，这项设计在很大程度上继承和发扬了阿诺德植物园首任园长查尔斯 · 斯普拉格 · 萨俊特（Charles Sprague Sargent）和美国景观设计之父弗雷德里克 · 劳 · 奥姆斯特德（Frederick Law Olmsted）合作设计的遗产。

阿诺德植物园是主要的植物研究中心，以收集东方观赏乔木和灌木闻名。在 265hm^2 的连绵起伏的土地上，种植着 6000 多种树木、灌木和木质藤，品种来自世界各地，有着极高的审美价值和科研价值。其中最重要的是东方樱桃、连翘、百合、忍冬、栎、木兰、针叶树、矮常绿树和亚洲树种。园内还建有收藏超过 130 万个标本、超过 10 万册藏书的图书馆以及一个 43000 平方英尺（3994.83m^2）的先进的研究中心，为哈佛大学及世界各地的研究学者提供服务。标本主要来自东亚和新几内亚，出版物中最著名的有《阿诺德植物园杂志》（*Journal of the Arnold Arboretum*）和《阿诺德》（*Arnoldia*）研究报告。

阿诺德植物园一年 365 天每天全天免费对外开放，每年 5 月的第二个周日为"丁香花周日"，这是植物园一年中唯一可野餐的一天，各地的游人都会聚集于此来享受美味的野餐。

7. 实习备注

开放时间：全天

预约途径：无需预约

最佳游玩时间：5月

（王畅　编写）

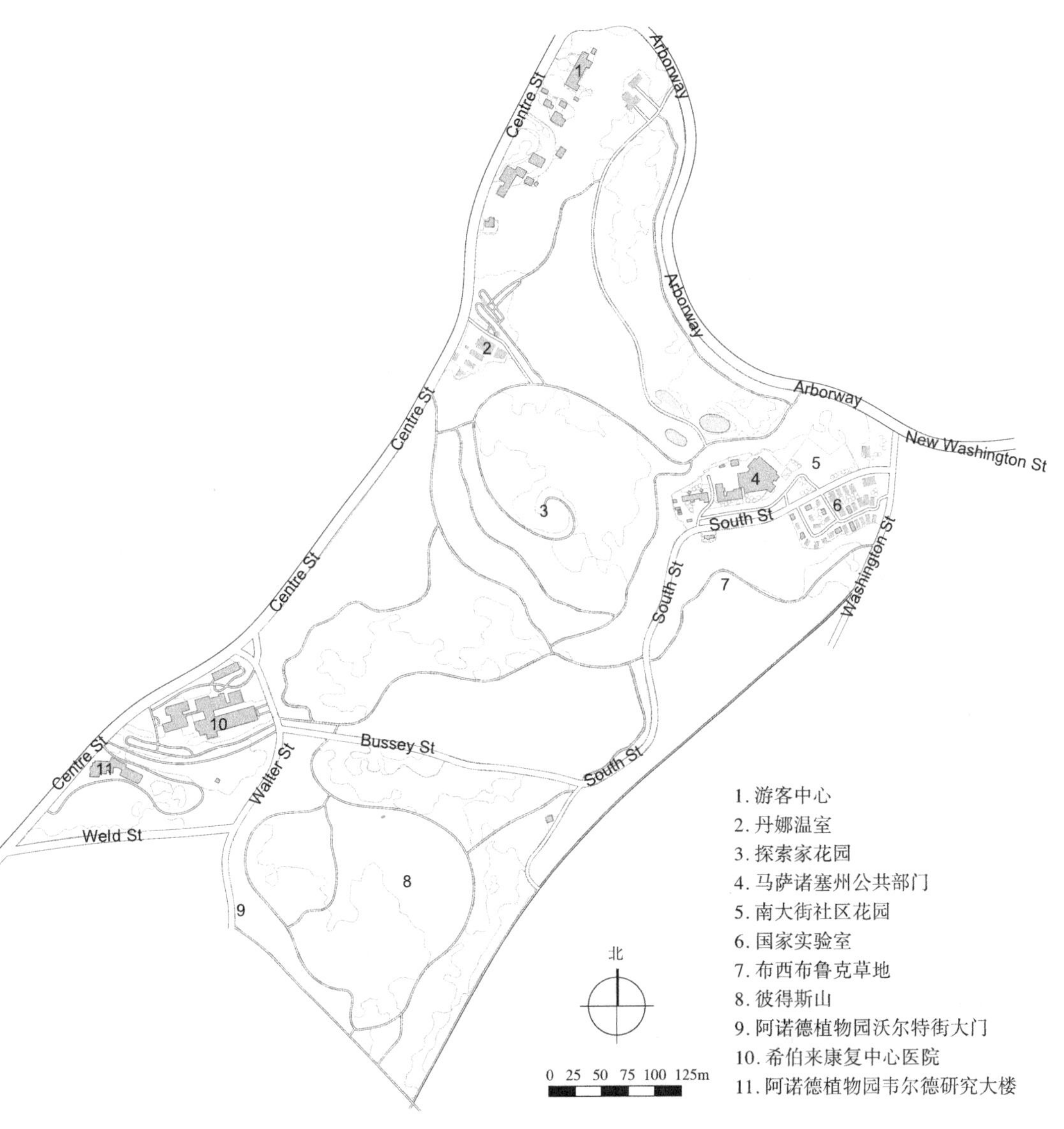

阿诺德树木园/植物园平面图

富兰克林公园
Franklin Park

1. 位置规模

富兰克林公园（Franklin Park）位于美国马萨诸塞州波士顿市牙买加平原，面积 $210hm^2$，是波士顿最大的公园。由于它位于公园系统的末端，波士顿人把它喻为翡翠项链的“护身符（Hope Diamond）”。

2. 项目类型

城市公园

3. 设计师 / 团队

奥姆斯特德（Olmsted）

4. 实习时长

3–4 小时

5. 历史沿革

富兰克林公园建于1884年，被认为是19世纪的乡村公园，是弗雷德里克·劳·奥姆斯特德（Frederick Law Olmsted）设计的翡翠项链中最大和最后的组成部分。富兰克林公园以前被称为西罗克斯伯里公园（West Roxbury Park），后来更名为波士顿出生、成长的美国著名政治家和科学家本杰明·富兰克林（Benjamin Franklin，1706—1790）的名字。

6. 实习概要

1884年，奥姆斯特德在着手设计时就明确提出，该公园的“主要目的是向公众提供一个规模巨大、朴素宁静、欣赏乡野、数目繁多的地方，作为对应和陪衬，园路要具有野性，要崎岖、如画、适应森林环境的外表”。公园汇集了田园风光、林地保护区、活跃的休闲和运动区。

1886年，奥姆斯特德提出的设计方案把公园分为4部分：

（1）乡村公园区（Country Park）面积约占总面积的2/3。他要求在这部分“不建建筑、不设置装饰性种植、不以奇取胜、不进行科普活动，这些事只宜在公共花园和植物园做……”

（2）野趣区（Wilderness）是一片面积约 $40hm^2$ 的林地，该区域是为了让人们回想起1630年的波士顿自然地貌，中心的高地供游客眺望和野餐。

（3）游戏区（Playstead）是供学龄儿童游戏和举行纪念活动的场所，为此，公园建造过程中平整了地形，去除了大量岩石，种植了草皮。

（4）迎候区（Greeting）有规则式的公园入口和散步地段，但是，在公园建设初期许多其他设施并没有建设。

尽管奥姆斯特德原希望游客能通过漫游、跑步、野餐、打网球、骑马等户外活动充分享受大自然的美景，而后人似乎总喜欢“再做些什么”。于是，在当时未建成的迎候区建设了动物园，乡村公园区的大草坪变成了高尔夫球场，游戏区变成了运动场。不过细心的人如今还能在这里找到当年设计的原物，并在总体上领悟奥姆斯特德原设计的良苦用心。

7. 实习备注

开放时间：全天

门票：免费

（王畅　编写）

Walnut Ave
Pier Point Rd
Sigourney St
Playstead Rd
Seaver St
Forest Hills St
Circuit Dr
Scarboro Pond
Morton St
American Legion Hwy
Blue Hill Avenue
北
0 50 100 150 200 250m
1. 游乐场
2. 白色体育馆
3. 富兰克林公园动物园
4. 停车场
5. ATM 取款机
6. 高尔夫球场
7. 斯卡布罗湖
8. 乔尔马斯特山地野餐区
9. 99 级台阶和埃利科特拱门
10. 沙特克树林野餐
11. 富兰克林公园网球场
12. 莱缪尔沙特克综合医院

富兰克林公园平面图

唐纳喷泉
Tanner Fountain

1. 位置规模

唐纳喷泉（Tanner Fountain）位于哈佛大学校园内的人行道路交叉口处，其北面是一个科技中心，人流穿梭汇集于此。该景观由 159 块花岗岩不规则排列组成直径约为 18.3m 的圆形石阵，石阵的中央是一座雾喷泉。

2. 项目类型

校园景观

3. 设计师 / 团队

彼得·沃克（Peter Walker），1932 年生，当代国际知名景观设计师，“极简主义”设计代表人物，美国景观设计师协会（ASLA）理事，美国注册景观设计师协会（CLARB）认证景观设计师，美国城市设计学院成员，美国设计师学院荣誉奖获得者，美国景观设计师协会城市设计与规划奖获得者。

4. 实习时长

0.5 小时

5. 历史沿革

唐纳喷泉是彼得·沃克 1984 年设计的作品，是极简主义的代表。

6. 实习概要

唐纳喷泉是彼得·沃克 1984 年设计的作品，是极简主义的代表。自 1984 年以来，唐纳喷泉一直是哈佛大学校园中最受欢迎的地方，也是将景观定位为艺术，将景观设计师定位为艺术家的象征。设计师彼得·沃克受当时哈佛大学校长德里克·博克（Derrick Bok）邀请设计一个持久的公共水景，他试图挑战传统：这里不会有水池、层叠的水或喷泉；它不会是它所在地的唯一焦点；他希望无论水是开着还是关着，唐纳喷泉都能是受人欢迎的一处景观。

唐纳喷泉在 2008 获得美国景观设计协会专业设计奖－地标奖，评委会对它的评语是：这个作品是景观设计师创作公共雕塑品的早期典范之一，它开创了职业先河，在经受得住时间检验的同时，保留了全部原创思想。这个设计易于大众亲近，以一种非传统的形式表现喷泉景观，呈现四季的变化，它已深深扎根于人们的记忆中。

圆形石阵跨越了草地和混凝土道路，包围着两棵已有的树木。石身的一部分被埋于地下，这些石块就像是慢慢的顺势蔓延到草地中的一样，在绿草间大树下延伸，自然融合得就像是从环境中自然生长出来的。159 块花岗岩采自于 20 世纪初期的农场，唤起对英格兰拓荒者的记忆。

石阵中心处设有水池，石头更加密集，有 32 个喷嘴。春、夏、秋三季，水雾像云一样在石上舞蹈，模糊了石头的边界。白天阳光的反射令水雾产生彩虹；晚上水雾在灯光的控制下发出神秘的光。冬天当水雾冻结时，利用建筑的供热系统喷雾。当喷泉完全静止时，则成为白雪优雅表演的舞台。

这个喷泉属于雾喷泉，从池中腾腾而起的水雾覆盖在柏油路，草坪上和树木周围。这些水雾是从 32 个喷管中喷出的，虚无缥缈的雾给整个校园增添奇幻色彩。整个喷泉优雅独特，为来往行人和学生增添了富有动态的景观。

所有季节，唐纳喷泉都在被高强度的使用着。各样的活动因唐纳喷泉开展，这些活动又相应的强化了喷泉的存在。

这个由天然石块和雾喷泉构成的简单、质朴透着原始的神秘美感的唐纳喷泉，使这一小片地方从周遭的匆忙嘈杂中分离出来，形成了一个相对静谧的空间：

（1）每块石头大约1.22m长、0.61m宽、0.61m高，经计算正好可以被用作石椅或石桌。

（2）具有空间划分的作用。159块天然石块从周围纷繁的公共空间中划分围合出这样一块18.3m直径的圆形静空间，而雾喷泉又以柔和的方式阻隔了直径方向上相互对视的目光，使这里更显私密，增加了实用性。

（3）从物质的角度而言，首先作为水景的存在，其功能之一是吸引别人观赏它本身的特殊形态：欣赏雾气在空中悬浮不动的静、随风飘移时的轻逸和闹中取静的迷蒙。感受它与周围其他要素共同作用产生的变化，去感受那被它沁润的石块潮湿的表面与外围干燥石块的坚毅沧桑的外形之间的对比；感受阳光下细雾中美丽的虹；同时它的迷雾朦胧改变了人们观察对方、观察世界的方式。

（4）从精神的角度而言，雾喷泉的细腻、朦胧与天然石块的粗糙、质朴的原始美感共同组合而成的这个空间，试图给予人们一种特别的相互交流以及与世界交流的方式。

7. 实习备注

开放时间：全天

预约途径：无需预约

（王畅　编写）

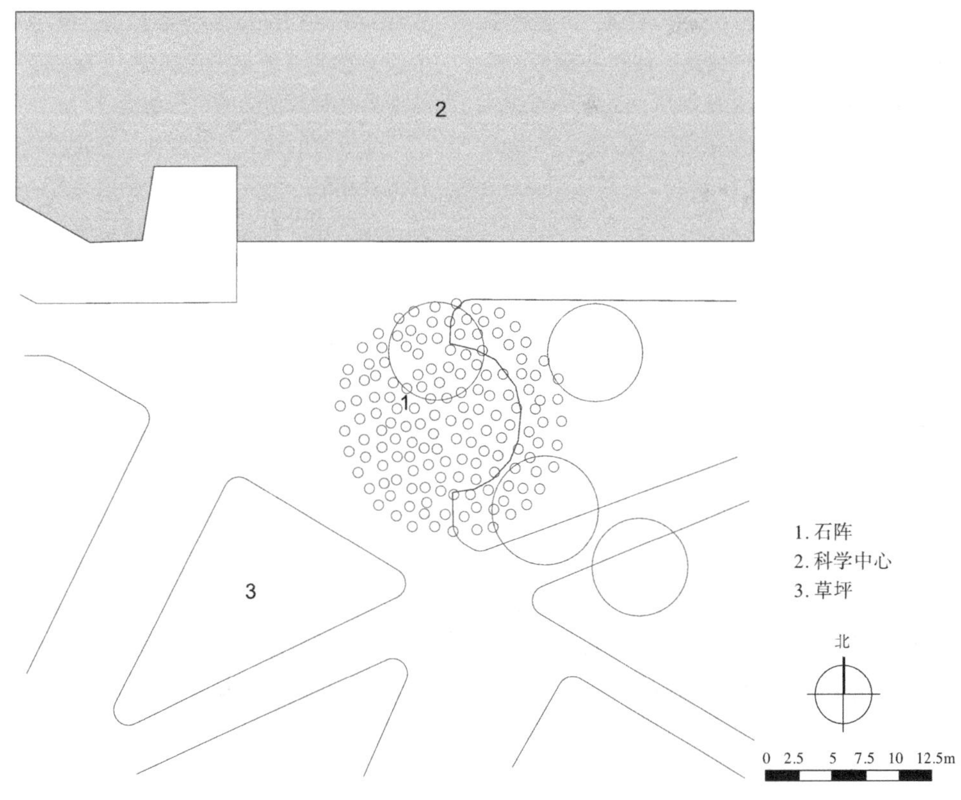

唐纳喷泉平面图

哈佛园

Harvard Yard

1. 位置规模

马萨诸塞州剑桥哈佛大学校园（Harvard University）占地面积 9.1hm^2，由铁栅栏或砖墙包围起来，总共有 27 处大门。该处历史悠久，旁边有诸多建筑物，包括哈佛广场，哈佛大学新生宿舍，博物馆，哈佛大学纪念教堂、教学楼、科学中心，还有哈佛大学校长办公楼。

2. 项目类型

校园景观

3. 设计师 / 团队

哈佛园（Harvard Yard）中的大学礼堂由查尔斯·布尔芬奇（Charles Bulfinch）于 1813 年设计，塞弗尔大厅（Sever Hall）由理查森（H. H. Richardson）于 1878—1880 年设计，哈佛园部分室外空间由查尔斯·麦金（Charles McKim）、威廉·卢瑟福·米德（William Rutherford Mead）和斯坦福·怀特（Stanford White）设计。

4. 实习时长

1–1.5 小时

5. 历史沿革

哈佛园是校园最古老、最标志性的部分，这是一个 10hm^2 的田园式绿地，与旁边的城市风貌相互呼应。

这个庭院最初是一个奶牛牧场，形成于 19 世纪初。约翰·托尔顿·柯克兰（John Thorton Kirkland）在 1810—1828 年的总统任期内，开始对该院子进行改善，在院子里铺设草坪、修建小路、种植榆树和松树林。1813 年，建筑师查尔斯·布尔芬奇设计了大学大厅，形成了庭院的空间布局和视觉的连贯性。哈佛园的一部分现在被称为旧庭院，这里坐落着许多大一新生的宿舍楼以及马萨诸塞楼，后者的历史可追溯至 1720 年，是美国历史第二悠久的大学建筑，哈佛大学的校长办公室就在这座典雅的建筑内。

6. 实习概要

哈佛园中包含大部分的新生宿舍、哈佛最重要的图书馆、纪念教堂、若干间教室、部门大楼以及文理学院院长、哈佛学院院长和哈佛大学校长的办公室。哈佛园中宽阔的中心草坪是威登图书馆，纪念教堂，大学大厅，塞弗尔大厅（Sever Hall）的中心景观，其中塞弗尔大厅被称为“周年庆祝剧院”，是一年一度的毕业典礼和其他会的举行场所。

哈佛园的建筑风格简朴，形式各异但大小和体量相似，形成围绕庭院的四合院的空间形式。这些建筑和大树的树冠营造了一种封闭的感觉，而铺设的对角线道路将开阔的草坪一分为二，形成倾斜的轴线和延伸的视野。在春夏两季，校园内绿草如茵、树木葱茏，与建筑的红砖形成鲜明对比，显得分外美丽，学生们散布于园内五颜六色的庭院椅上，一起探讨课程；金秋来临，公园内满眼尽是灿烂的红褐色；而在隆冬时节，白雪营造出浪漫的氛围。

7. 实习备注

开放时间：全天

预约途径：无需预约

（王畅　编写）

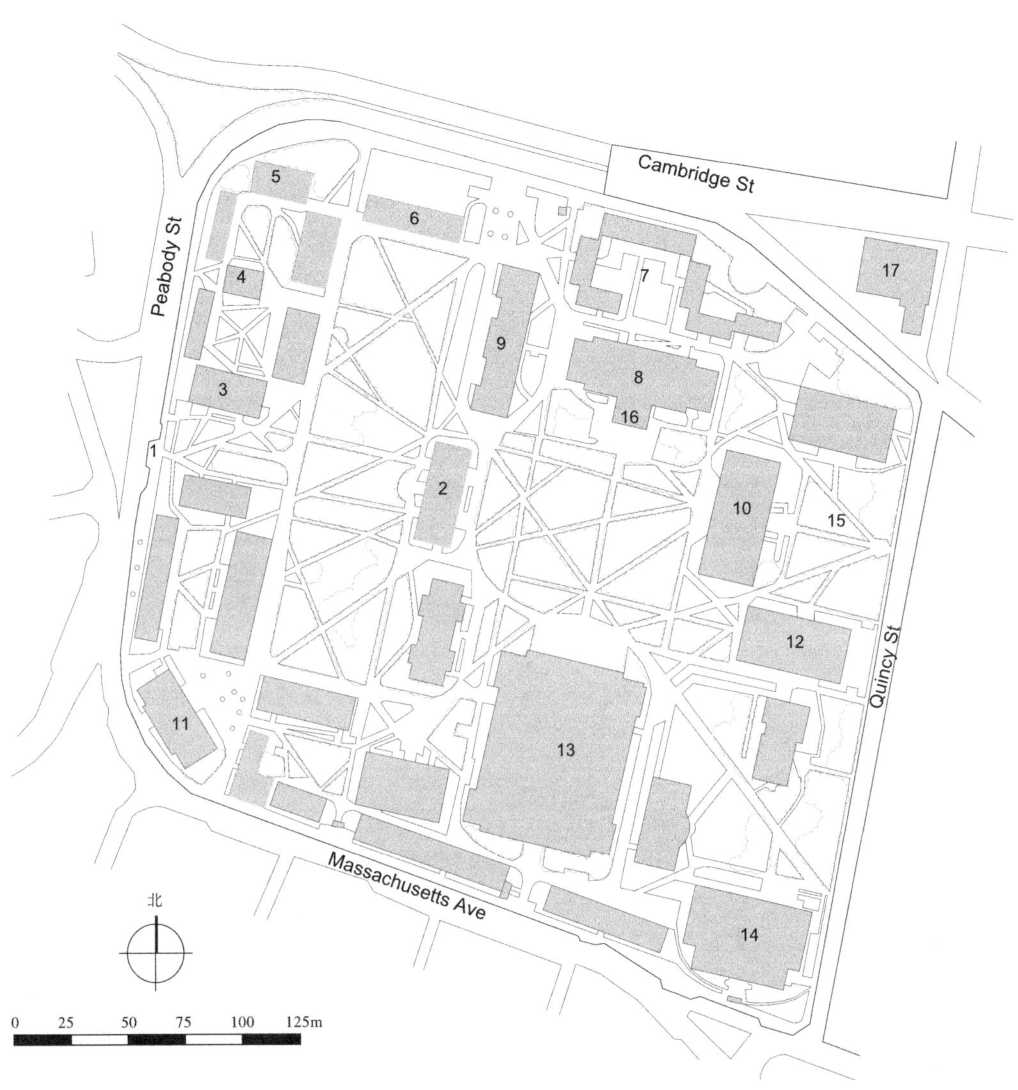

1. 约翰斯顿门	6. Holworthy 大厅	11. 学生支持协会	16. 周年庆祝剧院
2. 约翰哈佛雕像	7. 加拿大馆	12. 爱默生大厅	17. 消防站
3. 哈佛礼堂	8. 纪念教堂	13. 怀德纳图书馆	
4. 小教堂	9. 学生公寓	14. 拉蒙特图书馆	
5. 菲利普斯 · 布鲁克斯的房子	10. 大学图书馆	15. 四边形公园	

哈佛园平面图

查尔斯滨河公园

Charles River Esplanade

1. 位置规模

查尔斯滨河公园（Charles River Esplanade）位于波士顿斯托罗大道（Storrow Dr.）上。

2. 项目类型

带状滨水公园

3. 设计师 / 团队

亚瑟·舒尔克利夫（Arthur Shurcliff）是美国著名景观设计师。美国景观设计从奥姆斯特德时代到第二次世界大战前后走向成熟，这半个世纪里发生的世界大战、经济危机等事件，以及科学、技术、社会、文化的飞速发展，改变了人与环境的关系，进而景观学专业也在发生着变化，亚瑟·舒尔克利夫是这个过渡时期的景观设计师之一。

4. 实习时长

1.5–3 小时

5. 历史沿革

查尔斯河源自霍普金顿，是麻省东部的一条长约 192km 的河流，向东北方向流过 23 个镇、市后在波士顿注入大西洋。查尔斯滨河公园是波士顿“翡翠项链”的一部分，公园呈带状，长约 2km，南北最宽处不过 100m，过去为波士顿防洪堤，防洪堤的建设于 1910 年完工，是查尔斯河大坝建设的一部分。这一带狭长的土地属于波士顿后湾和灯塔山社区（美国波士顿一处古老的高级住宅区）的一部分。

1936 年，景观设计师亚瑟·舒尔克利夫对河岸进行了扩建，并设计了滨河景观。20 世纪 50 年代初，河流、后湾和灯塔山片区的大部分公园因为缺乏管理而荒废，舒尔克利夫和他的儿子西德尼接受聘任，重新设计从波士顿大学桥到查尔斯河大坝的滨河景观。

1941 年，贝壳剧院（Hatch Shell）——公园户外音乐会剧场建成，贝壳剧院附近的一座人行天桥以波士顿流行音乐一位传奇指挥家——亚瑟·菲德勒（Arthur Fiedler）命名。公园种的世纪喷泉（Centennial Fountain）位于达特茅斯街（Dartmouth Street）与斯托罗泻湖（Storrow Lagoon）的交界处，喷泉为了庆祝波士顿大都会公园体系诞生 100 周年而建。

在 20 世纪 60 年代，查尔斯滨河公园与布莱顿的赫托公园（Herter Park）以及其他上游公园构成完整的公园体系，体系中设有保罗·达德利（Paul Dudley）白色自行车道。公园环路长 29km，为人们骑行、轮滑和跑步等提供休闲空间。

查尔斯滨河公园是美国城市公园体系的核心，也是国际公认的区域公园规划模式。公园最大的特点即源于自然，人工痕迹与自然基底完美结合，自然资源丰富，公园内的象征战争的炮台雕塑体现了波士顿的历史和文化，是城市的历史记忆，公园毗邻至少 12 个城市社区，它包括一系列令人眼花缭乱的历史和自然资源，包括 2 座水坝、457m 长的花岗石海堤、29km 长的公园道、17 座桥梁、12 个较小的公园、1.4hm^2 的沼泽地、超过 51km 的小路、9 个公共登船平台、19 个船坞和 20 个娱乐设施，到了每年的 3、4 月份，河畔漫天飞舞的樱花成为波士顿一道靓丽的风景线。

6. 实习概要

公园整体结构流畅、功能多样，如画的风景让人心情舒畅，公园中沿河分布着可供观赏河畔景色的休憩空间，此外，舒尔克利夫设计的斯托罗泻湖可供游船航行和冬季滑冰。

公园的设计同时考虑到群体与个体的需

求。随着时代的发展，整个公园的服务设施建设越发注重以人为本的原则。

查尔斯滨湖公园的建成体现了对历史的尊重，也体现了功能性景观与遗址景观的完美融合。设计通过历史内涵体现自身公园特色，保留和再现历史不仅是对景观设计师协调能力的挑战，也增强对游客的吸引力，同时也避免了具有纪念意义的景观风貌消失。

7. 实习备注

开放时间：全天

官方网址 https://esplanade.org/

（黄潇以　编写）

邮政广场公园

Norman B. Leventhal Park

1. 位置规模

邮政广场公园（Norman B. Leventhal Park）位于波士顿市中心，面积 0.69hm^2。

2. 项目类型

城市公园

3. 设计师 / 团队

霍尔沃森设计伙伴公司（Halvorson Design Partnership,Inc.）

Halvorson Design 是一家总部位于波士顿的设计公司，服务范围广泛，为公共、私人和客户机构提供专业的景观建筑设计、场地规划和城市设计服务。自 1980 年成立以来，该公司的景观设计作品和城市开放空间规划设计引起诸多共鸣和启发。该公司对细节的把控、想象力和可持续性设计等方面赢得了全国声誉，这些设计能够适应环境不断的变化并保有自身的设计内涵。

4. 实习时长

20–40 分钟

5. 历史沿革人

邮局广场前身为波士顿邮局总部广场。邮局广场位于波士顿金融街（Financial District）的中心地带，在 18 世纪，邮局广场区是服务于海运绳索制造商的所在地，在这些绳索工程被火烧毁之后，19 世纪中期建成了一个住宅区。1874 年，Nathaniel Bradlee 在广场上设计建造了人寿保险公司大楼。1945 年，人寿保险公司大楼被拆除，建造了第一个邮政局广场停车场，所有车库于 1954 年完工。然而很长一段时间里 3 号停车区域由于缺乏管理堆满了垃圾，环境严重恶化，最终导致很多周围的建筑都将大门改到了背对这个停车区的方向。对于当时的人来说，这个车库已经成了波士顿市中心的污点。景观杂志甚至将它称作“狰狞的建筑，波士顿金融区的恶灵”。

1980 年初期，该问题开始得到改观。波士顿建筑商茨罗·利文撒尔（Norman B. Leventhal）在 3 号停车区旁建了一家豪华的酒店。不久，利文撒尔决定解决金融区的环境问题，他聚集几位波士顿最有商业头脑的人，共同提出一个开创性的办法：即投资建造一个附有地下停车场的公园。得到技术和法律支持后，在 1983 年成立了“邮局广场友谊公司”，同时他们成立了私人基金以筹得地下车库和公园的设计和建造资金，日后依靠停车收入来维护管理公园。

邮局广场地下车库于 1990 年 10 月 1 日建成，车库最深挖至地下 80 英尺（24m），是当时波士顿最深的挖掘点之一。地上公园于 1992 年 6 月完工，并向公众免费开放。1997 年 9 月 16 日，公园正式更名为 Norman B. Leventhal。

6. 实习概要

公园占地 0.69hm^2，该设计力图营建一个向公共开放的新市区绿地，设计包含了丰富的细节和视觉变化，融合了该地区建筑的风貌，是城市建筑密集区公园建设的典范，并为周边其他公园的建设提供了创新理念。设计方案严格遵循了客户的期望，如要求公园 50% 为硬质铺装，同时满足丰富的植物设计。

公园被设计成一个花园。最突出的景观特征是开放的草坪被大型落叶乔木环绕。身处公园中可以清晰地看到周围的街道，公园入口的焦点轴引起了人们的好奇心并吸引了许多人。矮墙既是道路的边缘，也是休息的座椅，为在公园停留的人们而设计的，公园道路和大草坪外周边开阔的视野，使得路人可以欣赏公园内部的美景。这些半开敞的边缘创造了围合感与归属感。

在公园里广场两端均设有焦点景观元素。北广场设有雕塑家霍华德·本（Howard Ben Tré）建造的雕塑喷泉。广场两端由花园网格连接，并设有一个遮荫长廊。遮荫长廊形成了中央草坪背景同时也是一个舞台兼活动空间。公园特色建筑设立在南广场：玻璃和铜结构的花园馆、全年开放的咖啡馆和地下人行通道。这些位于公园南部的建筑可以接纳很多游客，广场上来来往往的人群以上班族居多。

邮局广场友谊公司的总经理帕梅拉（Pamela Messenger）经常提到“城市需要标志性的地方，邮政广场公园必定是这样的一个地方：它是一个设计能经受时间考验的很好的例子。”

如今，邮政广场公园是一个亲密而友好的公园，深受许多办公室职员、消费者、游客和城市居民的喜爱。它是波士顿市中心为人们提供种愉悦、高品质、归属感、舒适等多种感受的重要的公共空间。

7. 实习备注

开放时间：全天

（黄潇以　编写）

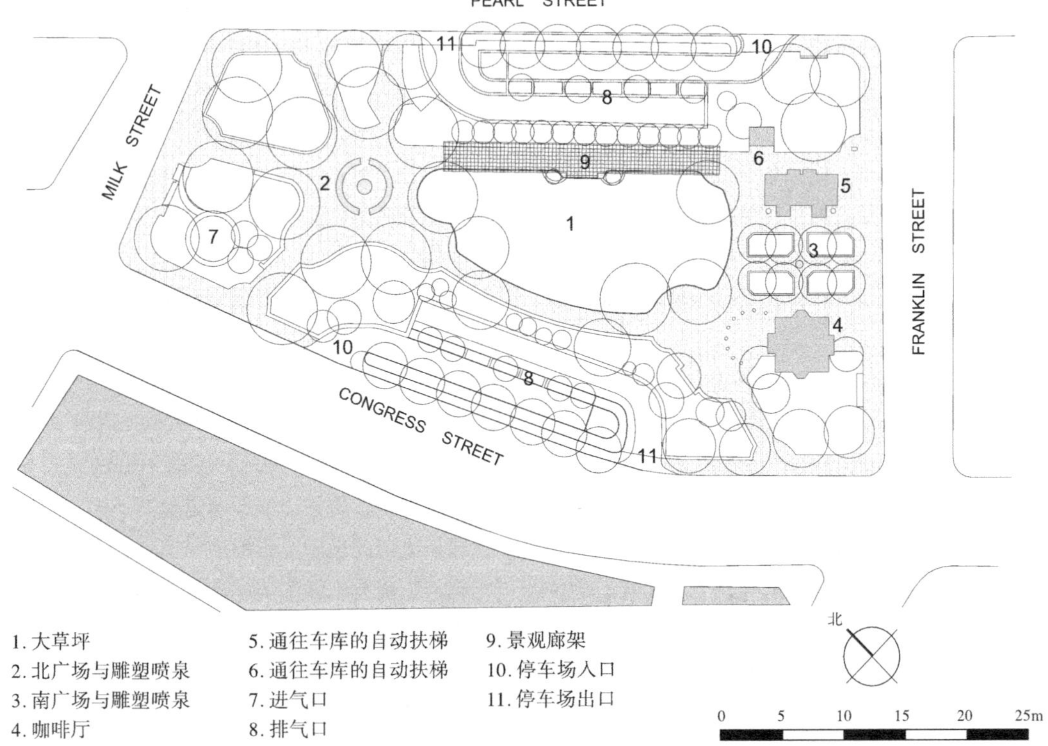

邮政广场公园平面图

（图片来源：引自谷歌地图，根据邮政公园官网平面图摹绘）

肯尼迪绿道

Rose Kennedy Greenway

1. 位置规模

肯尼迪绿道（Rose Kennedy Greenway）位于波士顿市中心，长约2.4km。

2. 项目类型

带状公园

3. 设计师 / 团队

北端公园：华莱士·弗洛伊德（Wallace Floyd Design Group）+ 古斯塔夫森（Gustafson Partners）。

古斯塔夫森（Gustafson）因其独特且具有人文内涵的雕塑景观而享有盛誉。强烈的设计内涵为人们日常生活的喧嚣提供了慰藉，也提供一个公共领域统一的多层次的需求结构。古斯塔夫森的工作主要包括为市政、机构和企业等设计公园、花园和社区等空间。获奖项目包括荷兰阿姆斯特丹韦斯特加斯法布里克文化公园、伦敦戴安娜王妃纪念喷泉、新加坡东海湾滨海花园等。最近的项目包括西班牙瓦伦西亚中央公园、瑞士巴塞尔诺华校园、华盛顿史密森尼非洲裔美国人历史和文化国家博物馆，以及新加坡滨海一号等。

码头区公园：易道国际设计公司EDAW+科普利·沃尔夫Copley Walff Design Group。

易道国际设计公司（EDAW）是一家在全球范围内开展业务的城市规划和设计、景观园林建筑、经济、文化和环境设计服务的公司。1939年设立于美国加州，设计更着重于解决复杂的人居环境设计与实体设计，尤其以保护环境与解决好不同领域交叉的复杂问题为最基本特色。易道总公司担任过香港迪士尼乐园的总环境设计，也承担过北京奥运会水上公园的总体规划设计。

唐人街公园：北京土人+美国卡罗·约翰逊景观规划设计事务所CRJA。

土人景观规划设计研究院由美国哈佛大学设计学博士、北京大学景观设计学研究院院长俞孔坚教授于1997年领衔创立，代表作品有秦皇岛植物园、浦阳江生态廊道、金华燕尾洲公园等。

4. 实习时长

2–3小时

5. 历史沿革

在20世纪40年代，开始了“天空中的公路”计划，这一计划以期缓解交通拥堵，并为进出波士顿的货物提供直通路径。中央隧道工程的建造始于1951年，于1959年完工，拆除了大约1000座建筑物。

1991年，经过近十年的规划，中央隧道工程开始建设，被认为是历史上规模最大，最复杂，技术最具挑战性的公路项目之一。

随着高架公路将被重新安置在地下，波士顿将拥有丰富的城市土地。社区和政治领导人抓住这次机会，通过提供新增设的公园和花园来连接一些最古老、最多样化和充满活力的社区，从而增强波士顿的城市生活。

2009年2月23日，肯尼迪绿道管理局（Rose Kennedy Greenway Conservancy）承担了公园的运营责任。如今绿道包括花园、广场和绿树成荫的长廊。肯尼迪绿道是波士顿、波士顿港、南波士顿海滨和海港群岛现代化改造的重要特征。

6. 实习概要

肯尼迪绿道是通过连接其他5个非线状的风景园林（从南部的中国城公园、杜威广场公园、要塞岬海峡公园、中部的码头区公园、到城市北部的北端公园）系统形成综合性整体。

与一般废弃城市基础设施改造工程相比，肯尼迪绿道在贯通绿道规划设计理念中，具有许多独有的特征，也为设计带来了多项创新。罗斯 · 肯尼迪绿道贯通绿道设计规划理念强调了 5 点：①绿道的空间结构是线性的 ；②连接是绿道的最主要特征 ；③绿道是多功能的，包括生态、文化、社会和审美功能 ；④绿道是可持续的，是自然保护和经济发展的平衡 ；⑤绿道是一个完整线性系统的特定空间战略。肯尼迪绿道有效地保护和改善了波士顿城市公共空间，不仅从传统环境中汲取元素，成为传统与现代构架的结合体，而且对“大开挖”后受损的生态系统进行恢复、重建和改进，采用有机更新及生态修复的措施改造已有的城市道路，再生为波士顿城市绿道，从而达到可持续发展的目的，展现其更强的生命力。

肯尼迪绿道设计规划原则：①生态性原则，建立肯尼迪绿道的植被系统，以提高波士顿城市生物多样性及城市的自然属性；②文化历史性原则，肯尼迪绿道成为构筑波士顿城市历史文化氛围的桥梁和展示其文脉的风景线；绿道内多处近水、临水平台和建筑的安排，满足了使用者对亲水的心理需求和服务功能；③环境保护性原则，波士顿绿道的设置与控制和治理环境污染相结合，达到环境保护的目的；绿道内丰富的植物及群落式栽植大大削弱了交通的噪声；④游憩观赏性原则，肯尼迪绿道靠近相对高密度的办公区和城市中心，为附近的居民、附近工作人员及游客提供了一个舒适的绿色休闲环境；⑤整体性原则，依据肯尼迪绿道设计的主要理念将分散的 5 个绿色空间及主要节点进行连通，形成相互贯穿的整体性的绿色步行通道网络。

7. 实习备注

开放时间：全天

（黄潇以　编写）

麻省艺术与设计学院（Mass Art）学生宿舍区

Mass Art Residence Hallm

1. 位置规模

麻省艺术与设计学院（Mass Art）学生宿舍区位于波士顿亨廷顿大道（艺术大道）（Boston Huntington Ave）上，为小尺度景观。

2. 项目类型

学生宿舍区

3. 设计师 / 团队

肖娜·吉利斯·史密斯（Shauna Gillies Smith, ASLA）

博嗣·鲭目（Hirotsugu Tsuchiya）

奥利韦拉·贝尔切（Olivera Berce, ASLA）

劳拉·克诺斯普（Laura Knosp）

柯尔斯顿·布鲁德瓦尔德（Kirsten Brudevold）

4. 实习时长

20–40 分钟

5. 历史沿革

麻省艺术与设计学院（Mass Art）学生宿舍区景观于 2013 年建成，马萨诸塞州艺术与设计学院作为一所公立性艺术院校，希望能够设计建造一处基础设施齐全、多功能的小型学生住宿区，住宿区的景观设计还应具备强烈的艺术表现力和安静柔和的温馨气息。在景观设计诉求引导下，设计团队将设计重心集中于满足这些诉求后，设计出满足学生需求的私密活动空间、以班集体为单位的大型活动空间以及一些正式和非正式的私人聚会场所。

6. 实习概要

麻省艺术与设计学院（Mass Art）学生宿舍区景观位于亨廷顿大道（艺术大道）上，该大道也是著名美术博物馆伊莎贝拉嘉纳艺术博物馆（Isabella Stewart Gardner Museum）的所在地。马萨诸塞州艺术与设计学院借助这个设计成功重塑了这座新建学生宿舍楼的公众认同感，充分展现了院校作为美国唯一的国家级公共艺术院校的特殊地位，其设计理念强调体验性，设计风格颇具艺术化，为学生们在学习之余营造出一处自由、开敞、舒适的公共活动空间，同时与城市街道景观相互融合。

该案例的设计理念是为学生提供公共休憩空间，而场地中座椅墙的设计并非仅满足功能需求。这些座椅在平面和剖面上都是波浪形的，如同高架种植区域的混凝土围栏一样。这种流动的形状提供了不同高度的座位选择，使得空间更加动感，为个人、小团体和集体聚会创造具有活力的活动空间。虽然座位墙由定制预制混凝土制成，但在某些部分，座位表面被改造成木制长椅。定制的木质长凳嵌入发光的彩色聚碳酸酯灯，随宽度的变化而变化，并与座椅矮墙的曲度和弯度保持吻合，增强了座位墙的曲线形态，这些因素汇集了形式多样的空间，丰富了视觉体验。

种植以当地树种为主，包括大量的常绿地被植物和多年生植物。该景观不仅可以从宿舍楼内看到，而且可以从许多邻近的高层建筑中欣赏。从鸟瞰视角上看，铺路图案延续了花盆和长凳的设计语言，临近夜晚，长椅的灯光与木板灯光交相辉映，将形态上的统一体现得淋漓尽致。

7. 实习备注

开放时间：全天

（黄潇以　编写）

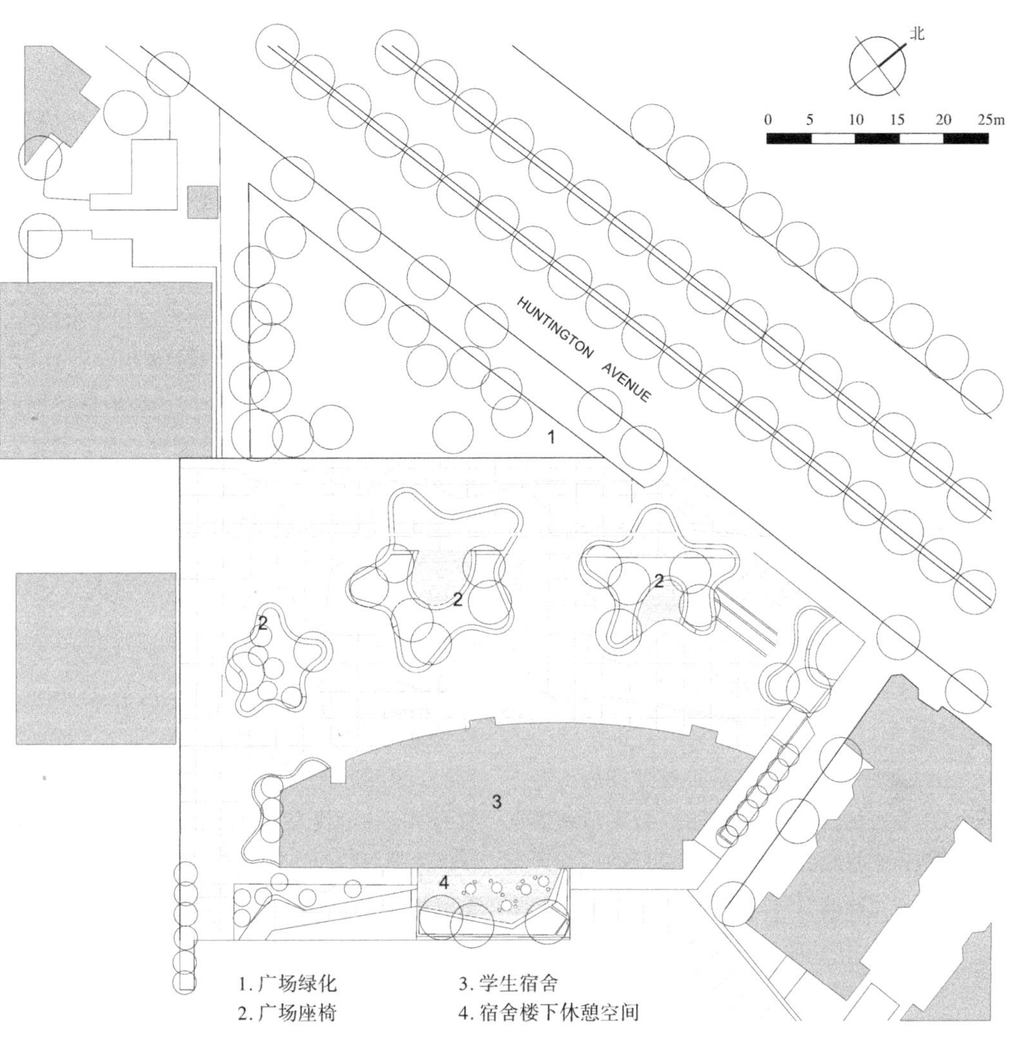

麻省艺术与设计学院（Mass Art）学生宿舍区

（图片来源：根据 ASLA 官网图纸摹绘）

D 街草坪景观

Lawn on D

1. 位置规模

D 街草坪景观（Lawn on D）位于波士顿 D 大道，占地面积 1.1hm^2。

2. 项目类型

城市广场

3. 设计师 / 团队

Sasaki Associates，一直致力于创造永恒的空间来加强公共区域、彰显环境特点、增加经济价值并推动社会互动。代表作有上海徐汇跑道公园、芝加哥滨河步道、重庆广阳岛公园、波士顿博林市政大楼等。

4. 实习时长

20–40 分钟

5. 历史沿革

2014 年 8 月 D 街草坪景观对外开放，吸引了成千上万的游客和当地居民。D 街草坪景观为当地未来景观的发展设立了高标准，并且开启了开放空间的新模式。

6. 实习概要

马萨诸塞州会议中心管理局（MCCA）与 Sasaki 领导的设计团队（包括 HR&A 顾问和 Utile）通过合作，共同设想 D 街草坪将作为一个充满活力的城市空间，成为波士顿新区的地标景观，希望在此打造一个在波士顿史无前例的活跃城市街区，并对当地居民产生一定影响。这个由波士顿会展中心（BCEC）划定的新区位于波士顿南部、创新区和自由码头以及中心社区之间的交界处。新区定位为互动、灵活、技术先进、容纳多种艺术与活动、各界人群（居民、工人、会议员、游客）的地区。D 街草坪景观由地区定位引导，并考虑未来活动空间，这一设计将成为 D 街新城区的核心和焦点。

D 街草坪景观占地 1.1hm^2，设计巧妙，视野开阔，设计理念是为实现经济高效运转、使用多样化而设计。该场地被设计成一个具有创新性的空间平台——一个无限可能的新区枢纽。客户和设计团队了解到 D 街草坪景观将在临时条件下建设，因此制定了一个低成本、高影响的方案。将大部分投资集中在景观（广场）内一个小而私密的区域，利用低成本的材料（彩绘沥青）和固定的家具装置来营造有趣、活泼的氛围，并将重点放在可以多次使用的元素上，从而实现了 150 万美元以下的建设预算，建成一个使用时间长达 18 个月的临时性景观。

D 街草坪广场的主体空间分为硬质广场区与草坪区两个部分，是周边社区的活动中心。广场道路从 D 街一直延伸到 BCEC（会展中心）侧门，其标志性的橘色灯光围合了一个大小适宜的空间，可供人们聚会休闲，色彩明丽、趣味横生的可移动家具吸引着周边居民和外来游客进行互动。

D 街草坪广场的草坪上空间变化更为多样，层出不穷的活动让曾经只能阻隔视线、与周围环境割裂的城市废弃区域摇身一变，成为承载灯光、艺术、活动装置、音乐、休息空间以及活动的最佳场所。草坪上摆放着各种临时性的装置设计和创作项目，成了设计师和艺术家展现创意的舞台。

7. 实习备注

开放时间：全天

地址：420 D St, Boston, MA 02210-1905

（黄潇以　编写）

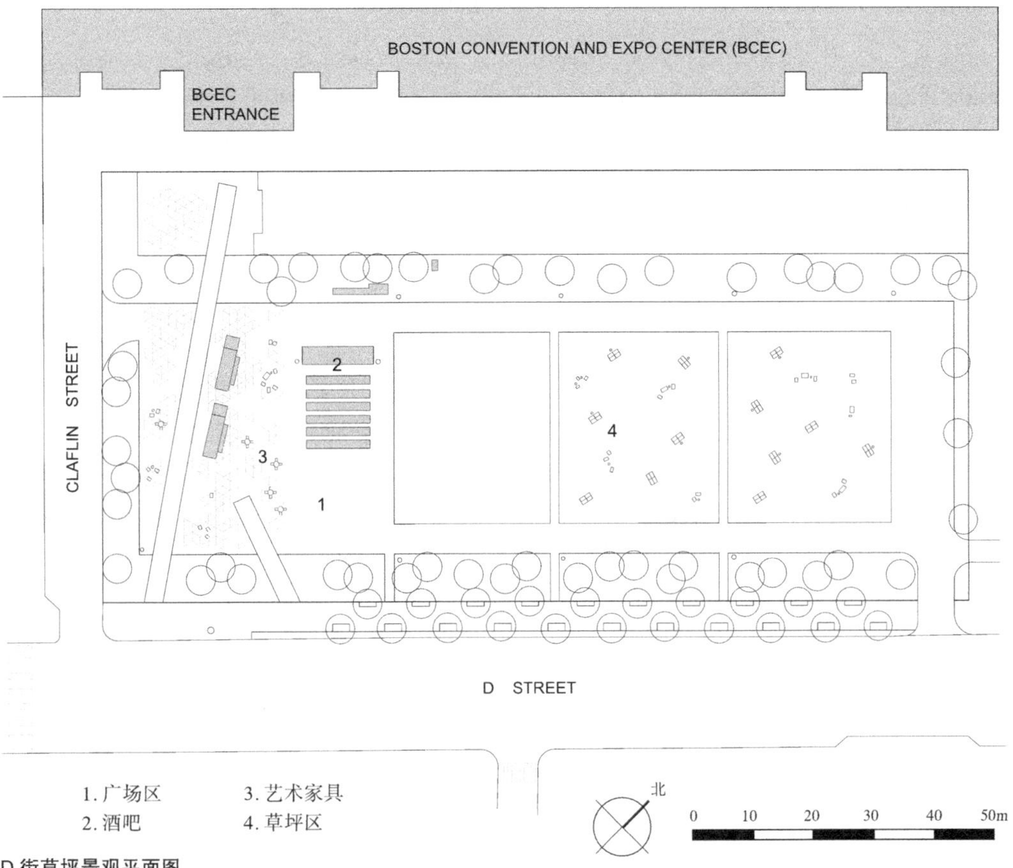

1. 广场区　　3. 艺术家具
2. 酒吧　　4. 草坪区

D 街草坪景观平面图

（图片来源：根据 ASLA 官网图纸摹绘）

基督科学中心广场

Christian Science Center Plaza

1. 位置规模

基督科学中心广场（Christian Science Center Plaza）位于波士顿芬威社区（Fennay, Boston），占地 5.7hm^2。

2. 项目类型

城市广场

3. 设计师 / 团队

总体规划：阿纳尔多·科苏塔（Arnaldo Cossutta）

1960 年 8 月贝聿铭创建的“I.M.Pei & Associates”由泽肯多夫（Zeckendorf）的 Webb & Knopp's 独立出来。阿纳尔多·科苏塔属于新建的事务所之一，其余的包括亨利·科布（Henry Cobb），詹姆斯·弗雷德（James Freed）和埃森·伦纳德（Easen Leonard）。

景观：Sasaki Associates

4. 实习时长

1–2 小时

5. 历史沿革

基督教科学派第一教堂（First Church of Christ, Scientist）是基督教科学派的总部所在地，基督教科学中心广场位于美国波士顿后湾。

在 20 世纪 60 年代中期，科苏塔（Cossutta）与景观公司 Sasaki，Dawson 和 DeMay 合作，为基督教科学中心提供了一个舒适的环境，包括一个直径约 24m 的圆形喷泉，一片有近 200 棵椴树的拱形树林和一个约 213m 长的矩形倒影池。

2011 年，波士顿地标委员会将包括大部分景观在内的建筑群指定为波士顿地标。

6. 实习概要

基督教科学中心广场是波士顿最受欢迎的旅游目的地，供成千上万的游客、居民和教堂成员参加礼拜仪式、参观玛丽·贝克·艾迪图书馆（Mary Baker Eddy Library）的展品和世界著名的地图馆、在备受喜爱的儿童喷泉中嬉水、在倒影池旁休息或在草坪上活动。

广场位于后湾区、保诚、South End/St. Botolph 和芬威几个充满活力的社区的交叉口。广场的核心是两座建筑风格迥异的建筑，包括 1894 年建成的“原母教堂”，和 1906 年建成的大圆顶教堂。

这个占地 5.7hm^2 的广场两侧是著名的建筑和公共艺术装置，包括基督教科学中心独特的地球馆。基督教科学中心广场是一个适合多种娱乐、沉思活动的场所。介于亨廷顿大道和倒影池之间的景观为社区居民创造了归属感，设计师最大限度地利用空间设计了灵活多功能的装置，以适应季节变化和人群的使用需求。

Sasaki，Dawson 和 DeMay 的景观设计师 Peter Roland 精心编制了旋转的植物调色板，使用凸起的花盆进行季节性的颜色表现。互补调色盘般的种植 4 个季节呈现不同的景致，植物景观也是各种公共艺术作品的彩色背景。所有这些元素都存在于城市天际线的边缘，用于烘托波士顿的标志性建筑。基督教科学中心广场是城镇夜晚来临观赏的最佳地点。

基督教科学中心广场的发展至今已有 40 多年的历史，为了使广场与附近社区的发展和氛围保持一致，后来广场的振兴计划提出了 3 个目标：①加强基督教科学中心广场的开放空间，使其一年四季更具实用性和吸引力的目的地；②改善广场的环境可持续性，强调更好的水和地下水管理；③充分利用房地产开发的机会，包括重新利用一些现有建筑和增加新建筑，产生收入以帮助确保广场仍然是波士顿社区的宝贵资产。

这些目标与开放空间、土地利用、历史资源、交通、环境可持续性和经济可持续性有关的设计标准紧密结合，为拟议的广场振兴项目提供设计框架。

7. 实习备注

开放时间：全天

（黄潇以 编写）

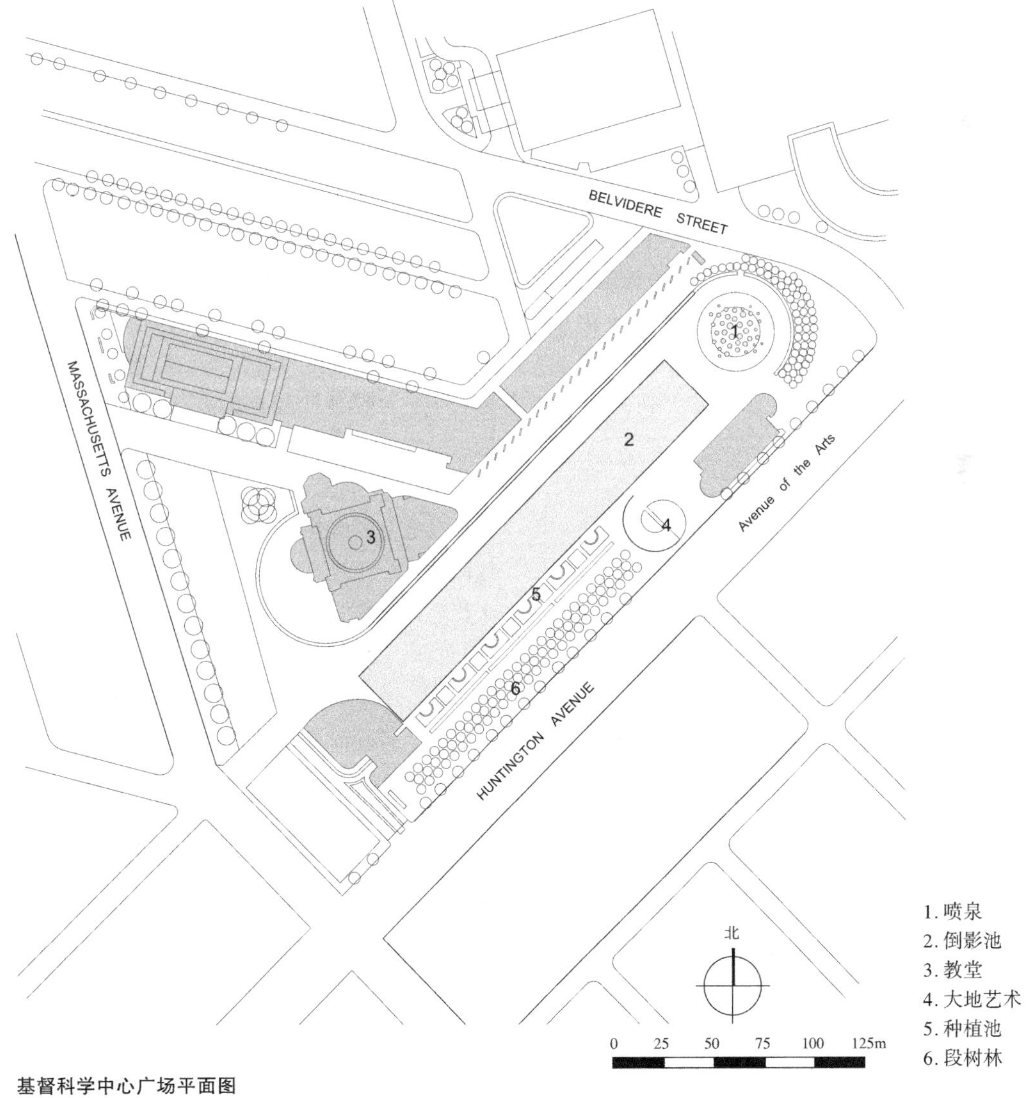

基督科学中心广场平面图
（图片来源：根据基督科学中心官网平面图摹绘）

中环码头广场
Central Wharf Plaza

1. 位置规模

中环码头广场（Central Wharf Plaza）位于波士顿中央码头，占地 1100m²。

2. 项目类型

城市广场

3. 设计师 / 团队

里德·希尔德布兰德（Reed Hilderbrand LLC Landscape Architecture），道格拉斯·里德（Douglas Reed）和加里·希尔德布兰德（Gary Hilderbrand）在 20 世纪 90 年代中期成立了这家公司，Reed Hilderbrand 总部位于剑桥中央广场，在北美和欧洲进行了诸多景观实践，包括城市中心规划、博物馆景观、学术校园、商业开发和私人住宅设计等，获得了超过 70 个设计奖项。Reed Hilderbrand 被 ASLA 任命为 2013 年度风景园林公司。

4. 实习时长

20–40 分钟

5. 历史沿革

波士顿中央码头曾是北美最繁忙的商业港口之一，在 20 世纪下半叶变成了一个停车场，被称为“中央动脉”的高速公路与城市分隔开来。大隧道和肯尼迪绿道的建立提供了步行和集散空间，使这三分之一英亩（1335.46m²）的场地重新激发城市活力。

中环码头广场前身是一个面积只有 372m² 的干道交通岛。设计团队与城市相关机构合作，将场地面积扩大至超过 1022m²，使其在足够的规模下发挥相应的作用。夏季的林荫吸引着路人、居民，甚至是参观水族馆的学校团体。

6. 实习概要

这个开放示范性城市绿地，为一个致力于支持城市开放空间的私人慈善机构所有，景观设计团队旨在通过设计和建造使该项目的基础设施投资回报最大化，同时投资也决定了树木的品质、密度和规模。该项目实现了两个重要的城市功能：中环码头广场将市中心的步行活动延续至港口；为居民和游客提供了一个乘凉的地方，可在树下放松和停留。

设计团队分析了城市的特点和人流特征，认为广场不应该与繁忙的环境孤立，而应该为人们提供一个舒适的场所。场地上简洁的弧形要素，使得人们能够快速斜穿过广场。花岗石景墙、攀爬植物的钢网和凉亭强调了这一弧形要素。广场坡度为 2%，面向海滨区域设有一个阶梯式的聚集面。LED 灯通过电缆线悬挂起来，在树下为人们投落着轻柔舒适的光芒。

在地下植物的根系高度与各种公共设施管线同处一个空间，为了保证树木健康生长和不干扰公共管线，为此景观设计师与城市设计师 / 建筑师、土壤工程师、土壤生物学家、树木学家等各界专家学者共同合作，对基础设施进行优化。干砌的透水铺装满足车辆荷载要求。排水槽通过下方的穿孔格子将多余的地表径流和空气输送到植物根部。砂壤介质层在雨水下渗时可以对其进行过滤，同时支撑座椅墙和阶梯，因此不用做深层基础而影响植物根部。小型地桩和悬跨式的地基梁支撑着墙体和柱子，减少整个根部区域的物理屏障，使得场地具备灵活性，以避免不可预见的地下设施建造。该系统需要设计上的创新和机构灵活性、充分施工协调处理才能实现。因此，这个广场既是高度城市化的，也是可持续性的设计，在保证树木健康生长的同时也能满足多样化的公共使用需求。

7. 实习备注

开放时间：全天

（黄潇以 编写）

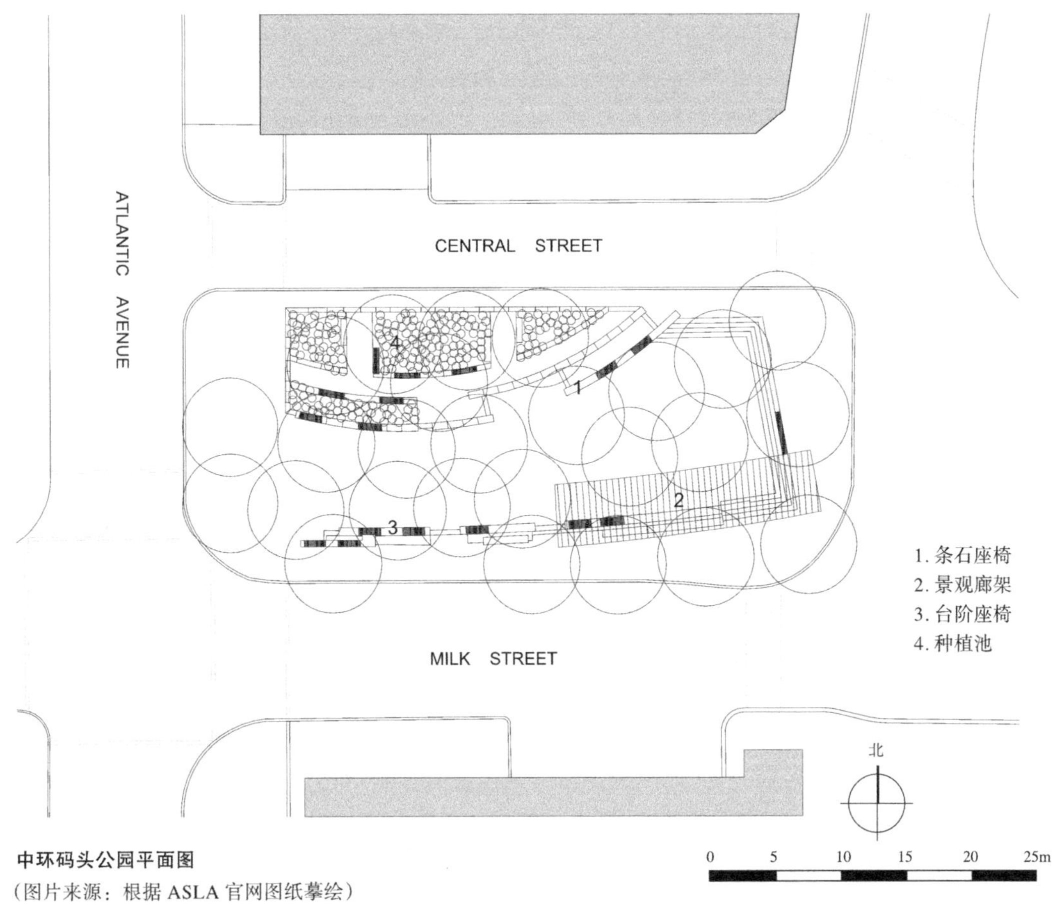

中环码头公园平面图

（图片来源：根据 ASLA 官网图纸摹绘）

莱克伍德花园陵墓
Lakewood Garden Mausoleum

1. 位置规模

莱克伍德花园陵墓（Lakewood Garden Mausoleum）位于明尼苏达州。

2. 项目类型

公墓花园

3. 设计师 / 团队

Craig C. Halvorson，FASLA

4. 实习时长

1–1.5 小时

5. 历史沿革

莱克伍德花园陵墓成立于 1871 年，是一个典型的美国“草坪计划”墓地，其中广阔的草坪上点缀着一些由树木和大型宁静湖泊构成的精美石碑。这种风格是 19 世纪 50 年代辛辛那提的 Spring Grove 墓地开创的，而莱克伍德公墓是这种经典墓地类型中最典型的范例。

设计团队认识到莱克伍德花园陵墓景观的价值和重要性后，于 2002 年进行景观总体规划设计。目标是确定墓地最突出的特征，并指导未来的管理和发展。以期解决全国墓地普遍面临的问题：如何在不损害其特殊景观价值的情况下创造收益。

6. 实习概要

该设计旨在以抒情的方式重新使用现有墓地空间，与当代美学和谐地融入重要的历史景观中，设计团队试图通过建筑开发来实现这一目标，以最大限度减少对公墓景观的影响。为了充分利用场地的缓坡部分，体现田园景观特征，设计师设计了逐渐过渡的几何形状草坪景观。莱克伍德花园在内部和外部空间之间建立了统一的关系，丰富游客体验。花园有着清晰的空间层次，设计上突出一个巨大的中央聚集空间，同时为沉思提供了较小的静谧空间。不对称的摆设和无边投影池作为空间中的动态视觉中心，增强了各个元素之间的轴线关系。保留场地原有开花树木和教堂，创造了一个美丽，柔和的边界，改善了东部花园对地下室的影响。

莱克伍德花园陵墓保留了历史景观的特色，同时为多达 10000 人提供肃穆的墓地和纪念空间。由于大部分建筑项目都隐藏在山坡上，因此节省了较大面积的公共空间，减轻建筑对周围自然美景的视觉影响。建筑坐东朝西，最大限度地利用了太阳能。

该项目设计有雨水回收策略，提高了场地渗透率，减少风暴径流量和速率，因此规划了可透水的停车区域。所有停车场均位于现有周边墓地道路上，保留原有的水井，减少用于灌溉的饮用水。种植大量乔木和灌木以增加遮荫，从而减少由于蒸腾和蒸发造成的水损失，提高水的利用效率。场地照明力求最小化，以减少光污染。

莱克伍德花园陵墓景观是一个重要的现代设计表达，在历史的大背景下为人们沉思、反思提供肃穆优雅的空间环境。

7. 实习备注

预约参观

（黄潇以　编写）

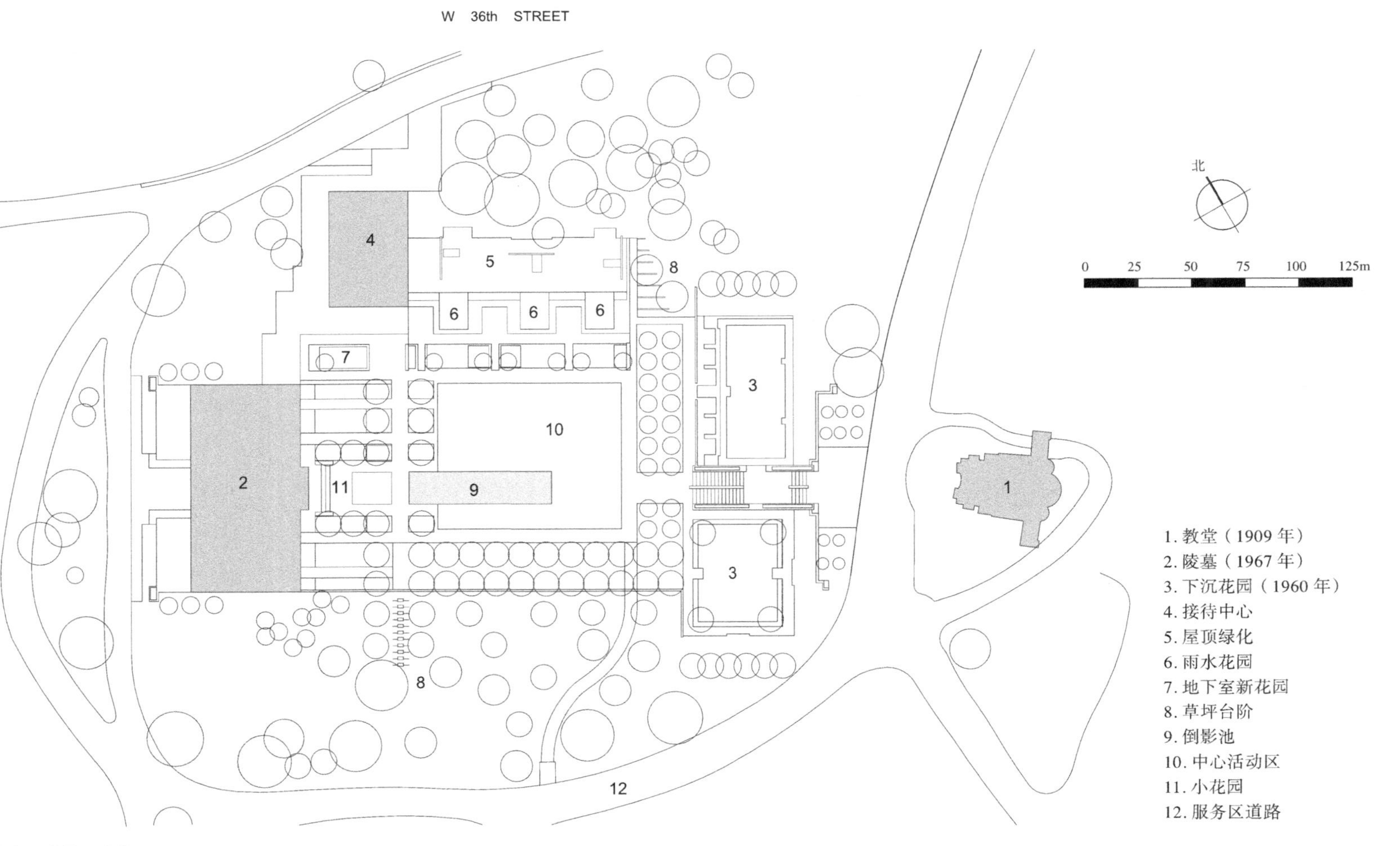

莱克伍德花园陵墓平面图

（图片来源：根据 ASLA 官网图纸摹绘）

波士顿儿童博物馆广场

Boston Children's Museum Plaza

1. 位置规模

波士顿儿童博物馆广场（Boston Children's Museum Plaza）位于波士顿国会大街308号（308 Congress St, Boston），为波士顿儿童博物馆（Boston Children's Museum）外景观。

2. 项目类型

博物馆广场

3. 设计师 / 团队

迈克尔·范·法肯伯格（Michael Van Valkenburgh Associates），曾对圣路易斯拱门的场地和周围的城市环境进行了重新设计。事务所负责人迈克尔·范·法肯伯格于2003年获得了Cooper-Hewitt国家设计博物馆的环境设计国家设计奖，并于2010年获得了美国艺术与文学学院的阿瑟·布伦纳（Arthur W. Brunner）建筑奖。1991—1996年，迈克尔·范·法肯伯格担任哈佛大学设计研究生院景观建筑系主任，教授植物设计应用入门课程。

4. 实习时长

1-1.5小时

5. 历史沿革

波士顿儿童博物馆建于1913年。它是美国历史第二久远的博物馆。

这座坐落在马萨诸塞州波士顿城的波士顿儿童博物馆露天广场竣工于2007年，占地约20m^2，包括一个私人的滨水区域和海港，可以蜿蜒到贸易港和波士顿海港湾（Boston Harbor）。这座广场是在原有博物馆的基础上进行设计和扩建的，体现了建筑师和景观设计师的完美合作，在博物馆的顶层，设计师们对屋顶做了简单式绿化，以求扩大绿地面积。

6. 实习概要

波士顿儿童博物馆广场旨在让儿童参与博物馆活动和感受城市生活。广场连接博物馆木制走道，当人们穿过博物馆前的公共长廊时，被儿童广场的多样化和高质量的空间深深吸引，丰富了人们的感官体验。该广场的设计受到以下启发：设计师认为，虽然童年是每个人一生中短暂的时光，但童年时期的许多元素对儿时心灵影响是巨大的，印象深刻的，且永久存在记忆中的。

广场上约13m高的牛奶瓶，是博物馆最有名的标志性雕塑，给人在感受上给予强烈的大小对比，营造出灵动跳跃的氛围。座位上的每个元素也被设计成独特的单体，大理石铺地和林地路径通过夸张的手法排列，使得这个场地妙趣横生。

7. 实习备注

开放时间：每天10:00-17:00，周五延长到21:00

（黄潇以　编写）

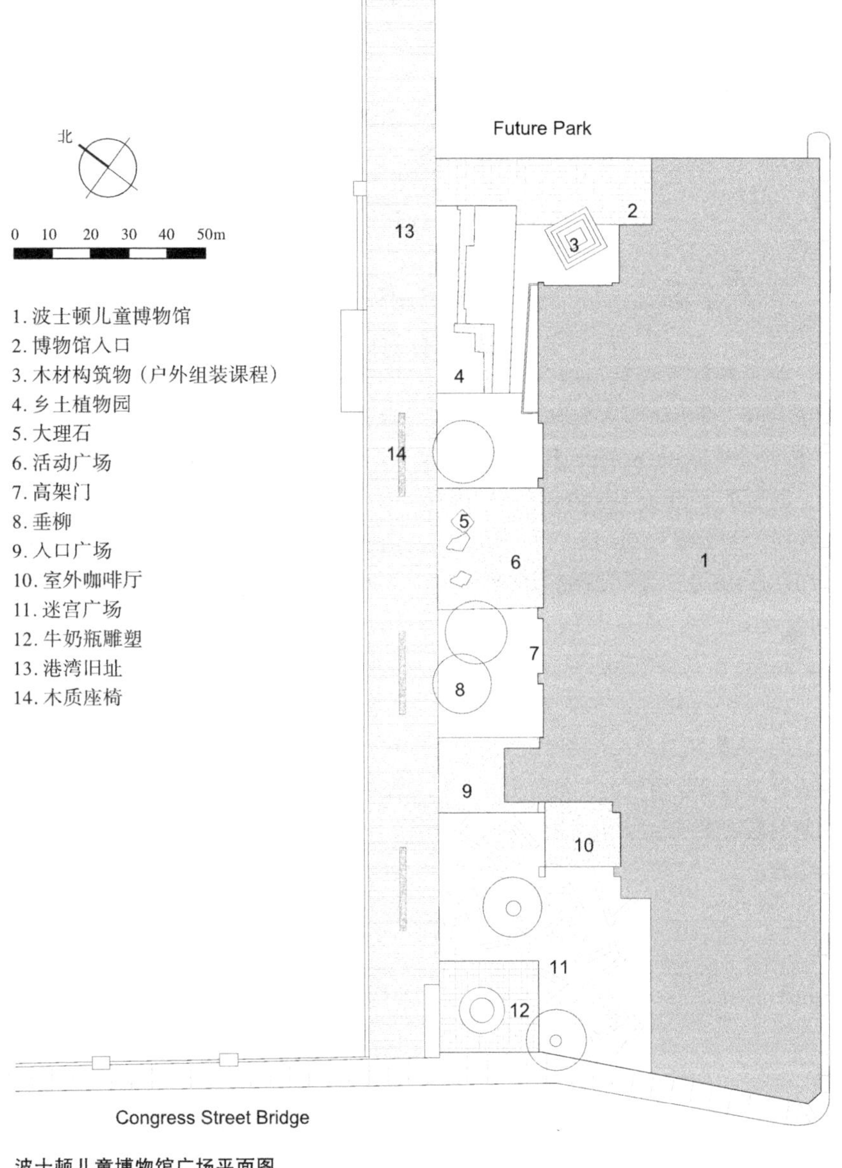

波士顿儿童博物馆广场平面图

（图片来源：根据 ASLA 官网图纸摹绘）

塞勒姆州立大学——湿地走廊
Salem State University-Marsh Hall

1. 位置规模

塞勒姆州立大学——湿地走廊（Salem State University-Marsh Hall）位于波士顿北郊的塞勒姆市塞勒姆州立大学校园内。

2. 项目类型

校园景观

3. 设计师 / 团队

瓦格纳·霍奇森景观建筑和设计工作室（Wagner Hodgson Landscape Architecture）：H·基恩·瓦格纳（H. Keith Wagner, FASLA）

杰弗里·霍奇森（Jeffrey Hodgson, ASLA）

迈克·沙利文（Mike Sullivan）

Wagner Hodgson 是一家屡获殊荣的专业景观建筑和设计工作室，成立于 1987 年，在伯灵顿（Burlington）、佛蒙特州（Vermont）和纽约哈德逊（New York Hudson）设有办事处。Wagner Hodgson 认为风景是一种特殊的艺术形式，主张设计过程旨在通过创造将历史、工艺、形式和材料结合在一起的现代雕塑景观来表达自然的内在美。

4. 实习时长

1.5–2 小时

5. 历史沿革

塞勒姆州立大学校园内新增的湿地走廊景观设施由 525 小块湿地组成，将校园景观与毗邻的湿地滩涂重新连于一体，同时，也营造出一处环境清新的休闲开放空间，更有助于改善项目场地的排水状况，促进校园的整体生态健康。细致的场地规划得到了很好地落实，不动声色地将现代气息融入设计中，并在视觉上引导学生研究设计师是如何依据古老的塞勒姆码头建筑风格及其材质，来确立不同的雨水蓄存方法。

6. 实习概要

该地块在使用频率极高的大学校园中心区域内，巧妙地将土壤修复和雨水管理进行整合化设计处理，并充分展现各自的作用及特点，而湿地走廊的成功构建在这看似对立的二者间起到了重要的平衡作用。座椅矮墙、户外坐歇区以及漫步桥等设施都以合理、自然的户外景观街具形式呈现，为学生们提供了怡人的户外活动场所。同时，对场地原始土质进行悉心研究，并大量扩增新鲜土壤，创建生态草沟等举措，都为校园及毗邻的湿地滩涂营造出更为健康的自然环境。然而，最为关键的是，在天然雨水操控系统的作用下，数百名学生可以不再为校园积水而烦忧，能够每天自由自在地享受校园美景。这无疑让学生们更为切身地了解和接受这样极富创新性，且极有利于环境的设计及构建技术。

该校园地块先前主要用作各类机动交通工具的中转场所，因此景观建设也都以适应车辆行驶作为主要的考量因素。设计伊始，景观设计师便与客户和建筑师进行充分的交流合作，寻求各种不同的方法进行系统化的场地建设，以打造高品质的户外空间，并将原先孤立的交通中转功能植入其中，与通往湿地滩涂的人行通道相连，营建更为科学的雨水处理系统。场地前端有一处少有使用的车辆下客区，经拆除后改造成为校园北面的一片绿地区域，为学生们提供了理想的户外聚会场地，同时也是湿地走廊与学生宿舍自助餐厅的主入口。场地上原有的工业用地地形得以保留，并由一面狭长的混凝土材质坐人矮墙将其隔离成相对独立的空间，这面矮墙向行人指明校园主体建筑的入口。校园南面的“湿地走廊空间”由一块斜坡式休闲草坪开放空间和一条约55m长的生态草沟组成，并径直向湿地区延伸，这里汇集了项目场地的所有雨水径流。

7. 实习备注

公共开放

（黄潇以　编写）

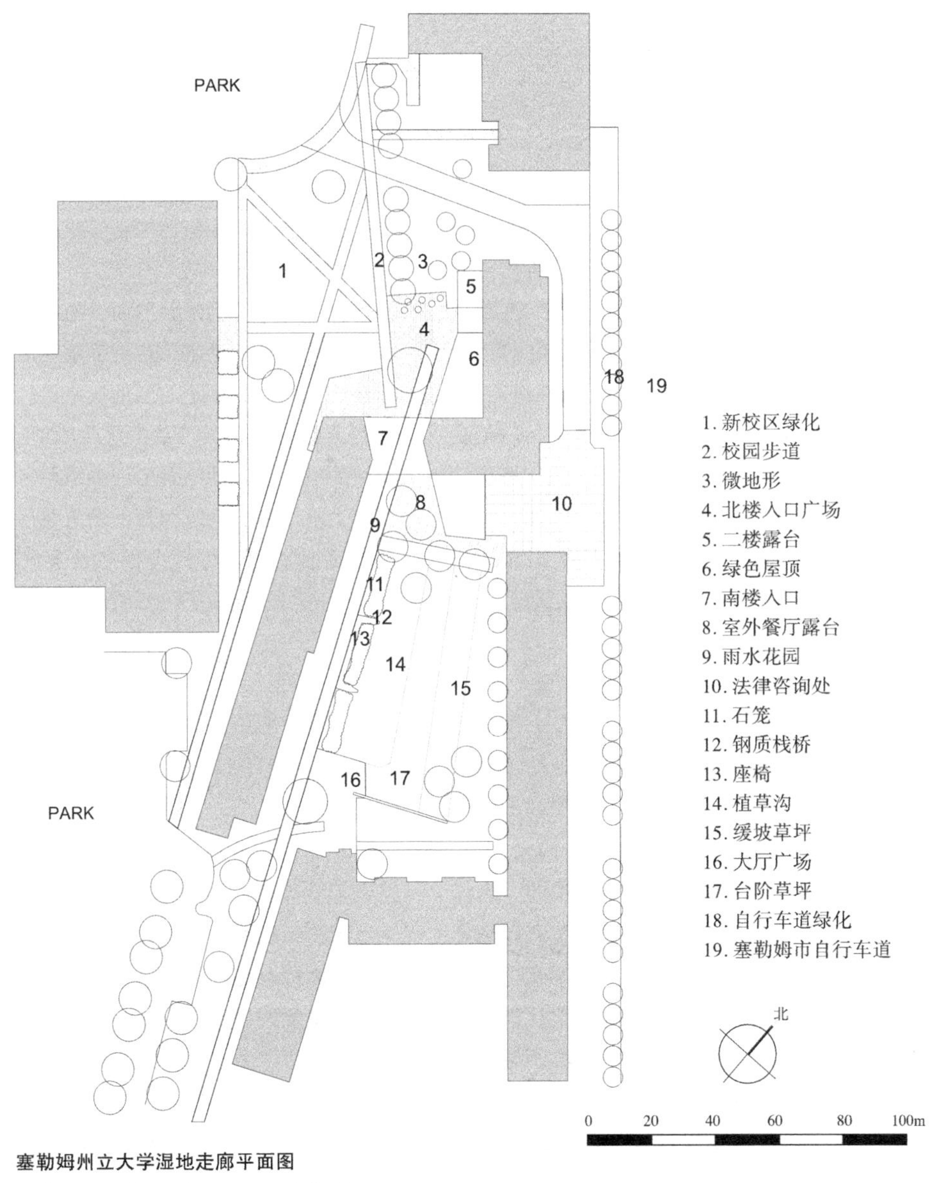

塞勒姆州立大学湿地走廊平面图

（图片来源：根据ASLA官网图纸摹绘）

猎人角南滨水公园

Hunter's Point South Waterfront Park

1. 位置规模

猎人角南滨水公园（Hunter's Point South Waterfront Park）位于纽约长岛市皇后区西部占地 30 英亩的海滨，该项目包括超过 $4hm^2$ 的园景海滨公园、新的零售设施和社区设施空间。

2. 项目类型

滨水公园

3. 设计师 / 团队

托马斯·贝尔斯利（Thomas Balsley），出生于 1943 年，曾在锡拉丘兹大学和纽约州立大学环境科学与林业学院学习。他于 1970 年搬到纽约市，并在一年内成立了自己的公司托马斯贝尔斯利事务所（TBA）。仅在纽约市，贝尔斯利先生就已经完成了 100 多个公园和广场，最著名的是南滨河公园和龙门广场州立公园。为了表彰他对纽约市公共空间的贡献，政府将位于纽约市第 56 街和第 57 街之间的第 9 大道谢菲尔德广场，更名为贝尔斯利公园（Balsley Park）。

韦斯 / 曼弗雷迪建筑事务所（Weiss Manfredi），是以纽约市为基础的多学科设计事务所，结合了景观、建筑、基础设施和艺术。该公司设计的西雅图艺术博物馆的奥林匹克雕塑公园，被认为是世界建筑节的“自然”类别获奖者，并获得了 ID 杂志环境的“最佳类别”设计奖。其他作品还包括布鲁克林植物园游客中心，在美国宾夕法尼亚大学克里希纳 P. 辛格纳米技术中心，肯特州立大学建筑中心和环境设计，康奈尔科技塔创新中心，诺华的访客和接待馆和肿瘤学大楼和猎人角南海滨公园。2015 年，他们受美国国务院委托设计美国驻新德里大使馆。

4. 实习时长

1-1.5 小时

5. 历史沿革

项目是长岛市东江总体规划的一期工程。该规划包含 $12hm^2$ 的后工业滨水区，以及 1970 年以来纽约市最大的经济适用住房建设项目。该项目是城市生态的全新模型以及新型可持续设计的实验室。

公园三面环水，东侧为未来的学校以及一处拥有 5000 户永久居民的居住区，北至第 50 大道，南至 54 大道，西至东河，与曼哈顿隔河相望；南至第 54 大道（二期南至新城溪）。场地曾经是成片湿地，然而，随着时间的推移和工业化进程的加剧，这里逐渐变成了垃圾填埋场，原先丰饶富足的湿地滨水景致却成为破败荒废的滩涂码头。基于这些场地历史背景，全新的滨水区设计结合了许多绿色环保元素及举措，将这处早已废弃却坐拥重要地理位置的滨水区改造成新型城市生态示范区，公园于 2013 年夏末开放。

6. 实习概要

公园主要包括 5 个部分：北部门户区、大草坪区域、河湾区、线性公园以及南部的岬角区域。

北部门户区集中了动态的娱乐活动，以铁轨花园为轴线，轴线东侧连接着第 51 大道，本地植物围绕着曾经的货运铁路，构成了一个铁路花园的有趣故事。

大草坪区域包括椭圆形草坪空间、遮荫长廊以及城市沙滩。多功能椭圆绿地构成了整个公园中最为开阔的中心区域，满足多种活动需求，并为东河对岸的曼哈顿城市景观提供了直观的视觉引导。

河湾区：一条漫步小径贯穿该区域，一直延伸到南部 9m 高而优雅的悬臂式眺望台，在此可一览曼哈顿天际线景观以及东河。从中央步道开始，现存的混凝土区域已融于策略性设计之中，被新的湿地和连接公园主要区域的漫步小径所替代。

线性公园：该地区位于第 55 大道，以雨水花园为特色，配以儿童游戏场地、白桦林、休憩区等多功能休闲空间，以及其他部分。

可持续性滨水区：项目场地曾经是成片湿地，逐渐变成了垃圾填埋场。基于这些场地历史背景，全新的滨水区设计结合了许多绿色环保元素及举措，将这处早已废弃却坐拥重要地理位置的滨水区改造成新型城市生态示范区，其实质就是一个科技化生态系统。

高地街区环境：为了更好地将地势较低的公园区嵌入到地势较高处的全新城市规划区中，设计师们精心构思出一个建设系列智能化街区、生态草沟以及新社区自行车道的可持续性方案。

遮荫长廊：喧闹的城市区域与宁静的滨水空间通过一座综合型遮荫长廊式构筑物的连接，实现了和谐过渡。由于遮荫长廊的这一构筑位置优势，它激活了整个滨水公园的各类动态及静态娱乐用途，且为到达公园进而进入园中各活动区域提供了明确的视觉指向。

城市沙滩：在遮荫长廊和公园步道的围合中，一处充满着休闲氛围的城市沙滩为人们提供了日光浴、野餐、打沙滩排球的理想活动场地。

生趣铁轨花园：位于城市宠物走道与公园游乐区之间的 51 大街街口处，生趣盎然的铁轨花园中，各色本土草本植物沿废弃铁轨两旁种植着。纵横交错的漫步小径蜿蜒至小型中央广场，与水景喷泉共同勾勒出悠闲的都市街边宜景。

城市宠物走道与公园游乐区。

7. 实习备注

开放时间：6:00–22:00

地址：52-10 long island central boulevard, New York

（郭佳琪　编写）

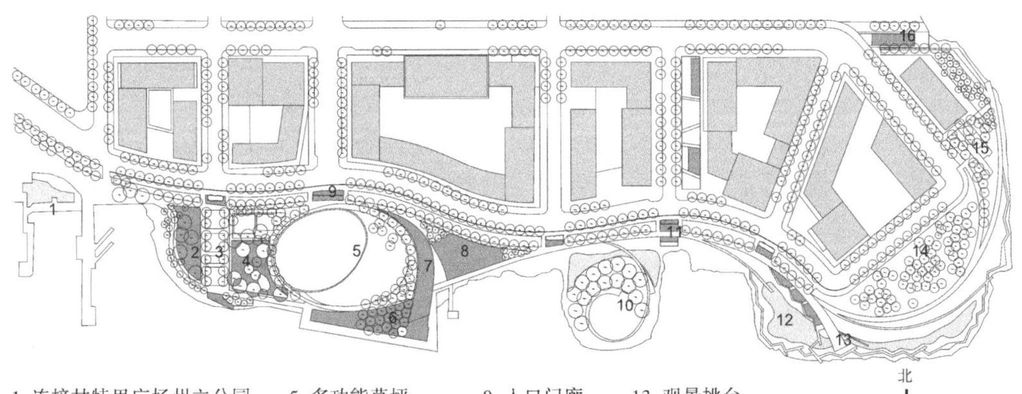

1. 连接甘特里广场州立公园
2. 宠物花园
3. 铁路花园
4. 游乐场地
5. 多功能草坪
6. 海滨露台
7. 建筑 / 阴影结构
8. 沙滩
9. 入口门廊
10. 生态半岛
11. 码头遗迹
12. 湿地
13. 观景挑台
14. 密林区
15. 成人运动区
16. 皮划艇码头

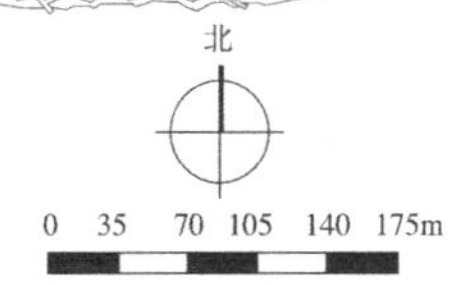

猎人角南滨水公园平面图

罗斯福四大自由纪念公园

Roosevelt's Four Liberty Memorial Parks

1. 位置规模

罗斯福四大自由纪念公园（Roosevelt's Four Liberty Memorial Parks）位于美国纽约市内罗斯福岛南端一块三角形的地块上，面积约 $1.6hm^2$。

2. 项目类型

纪念公园

3. 设计师 / 团队

路易斯·卡恩（Louis Kahn）是一位美国建筑师，他于 1935 年创立了自己的工作室。在私人执业期间，他 1947—1957 年担任耶鲁大学建筑学院的设计评论家和建筑学教授。从 1957 年到他去世，也是宾夕法尼亚大学设计学院的建筑学教授。卡恩创造了一种纪念性和单一性的风格，他的重型建筑物大部分都没有隐藏它们的重量、材料或它们的组装方式。卡恩以其精心打造的作品而闻名，是 20 世纪最有影响力的建筑师之一。他被授予 AIA 金奖和 RIBA 金奖。在他去世时，他被视为“美国最重要的生活建筑师”。

4. 实习时长

24 分钟

5. 历史沿革

罗斯福纪念公园全称是富兰克林·罗斯福四大自由公园，是为纪念美国第 32 位总统罗斯福及他提出的四大基本自由而建的。

四大自由公园历时 40 年建设而成。在 20 世纪 60 年代末的都市更新的时期，纽约市市长约翰·林赛（John Lindsay）提出了改造这个备受关注的岛，并声明：这个岛屿是纪念富兰克林·罗斯福最理想的地方。因此，在 1973 年，纳尔逊·洛克菲勒（Nelson Rockefeller）州长和纽约市市长林赛宣布任命广受国际认可的路易斯·卡恩作为纪念碑的主持建筑师。1974 年在他去世前，完成了公园的设计。然而由于当时的纽约市接近破产的边缘，这个项目无奈被搁置，直至 2010 年 3 月 29 日开工。

6. 实习概要

从场地北部进入，一个转弯便会来到一个相对开阔的场地，这里种着 5 棵满是棕红色树叶的山毛榉树，出现几级白色的台阶。

这种非常仪式感的设计处理界定了南北边界，预示着参观者即将进入一个不同的空间，产生了心理期待。在参观者面前占据了视觉主导地位的台阶，会引导参观者走入路易斯·卡恩所设计的路线，即登上台阶；从使用行为习惯上来说，也同时由于有了台阶的暗示，人们不会选择去走两边的步道。在踏上台阶之前，整座公园还是神秘未知的，只有走上台阶，整个公园才会展现在眼前，豁然开朗，一目了然。

公园主体结构为三角形，整个公园的地形呈斜坡式，铺有白色大理石。公园的设计强调了场地的等腰三角形状，采用聚焦的方式，把参观者的眼球吸引到广场终点的罗斯福青铜头像上。通过把人流分到草坪两侧，保持了中轴线空间的纯净性，让中轴线的视线上只存在一个焦点——罗斯福总统的头像，再一次表达了对被纪念者的敬意。几何形状的草坪与青白色石材的选择营造出了一种庄重和肃穆的感觉，凸显了公园的纪念性主题。

公园的端点是一个三面围有花岗石石柱墙的空间，名为“房间”的花岗石露天广场。作为整个公园设计的高潮部分，花岗石房间设计成一个面向广阔海洋的供人沉思的地方，并在这里设置了两条长椅，作为“冥想空间”，罗斯福青铜头像是由美国著名肖像雕塑家乔·戴维森（Joe Davis）设计创作。

此外，路易斯·卡恩设计的一个中心主题是突出对罗斯福的敬仰之情和与总统与海洋的密切联系。公园遵循着中心建筑的设计风格，进行了对称式的设计。而端点的设计更最充当着小岛的船头，远望着城市和北大西洋水域。

7. 实习备注

开放时间：周二不开放。周一－周日 9:00–19:00

地址：1 FDR Four Freedoms Park, Roosevelt Island, NY 10044

（郭佳琪　编写）

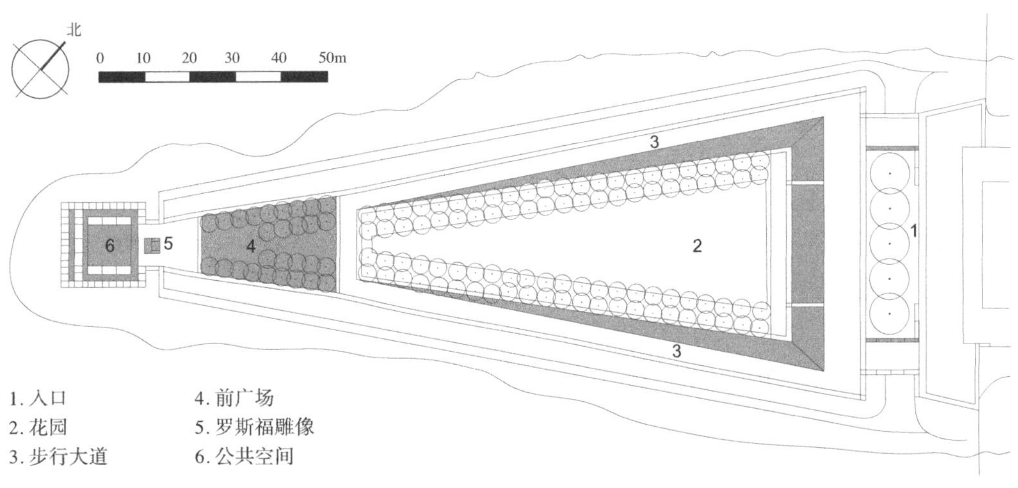

罗斯福四大自由纪念公园平面图

纽约中央公园

Central Park，New York

1. 位置规模

纽约中央公园（Central Park，New York）坐落在摩天大楼耸立的曼哈顿正中，占地 $341hm^2$。

2. 项目类型

城市公园

3. 设计师 / 团队

奥姆斯特德（Olmsted），美国 19 世纪下半叶最著名的规划师和风景园林师。他的设计覆盖面极广，从公园、城市规划、土地细分，到公共广场、半公共建筑、私人产业等，对美国的城市规划和风景园林具有不可磨灭的影响。曾经涉足多个职业，直至 1857 年中央公园设计他被指定为项目的主要负责人。他被认为是美国风景园林学的奠基人，是美国最重要的公园设计者。主要作品有：纽约中央公园、展望公园、富兰克林公园、美国国会大厦广场、华盛顿特区等。他的风景园林理念受英国田园与乡村风景的影响甚深，英国风景式花园的两大要素——田园牧歌风格和优美如画风格——都为他所用，前者成为他公园设计的基本模式，后者他用来增强大自然的神秘与丰裕。

奥姆斯特德原则：保护自然景观，某些情况下，自然景观需要加以恢复或进一步加以强调（因地制宜，尊重现状）；除了在非常有限的范围内，尽可能避免规则式（自然式规则）；保持公园中心区的草坪或草地；选用当地的乔灌木；大路和小路的规划应成流畅的弯曲线，所有的道路成循环系统；全园靠主要道路划分不同区域。他在风景园林中追求的唯一目标是使景观体验更为深邃，所有的设计要素都要服务于此。奥姆斯特德总是追求超越现实的品位和风尚，他的设计基于人类心理学的基本原则之上。

4. 实习时长

1.5-2 小时

5. 历史沿革

19 世纪 50 年代，纽约等美国的大城市正经历着前所未有的城市化。大量人口涌入城市，经济优先的发展理念，不断被压缩的公园绿化等公共开敞空间使得 19 世纪初确定的城市格局的弊端暴露无遗。包括传染病流行在内的城市问题凸显使得满足市民对新鲜空气、阳光以及公共活动空间的要求成为地方政府的当务之急。1853 年中央公园的位置及规模大致确定。

1858 年中央公园设计竞赛公开举行，奥姆斯特德及沃克斯二人合作的方案在 35 个应征方案中脱颖而出，成为中央公园的实施方案。 奥姆斯特德本人也被任命为公园建设的工程负责人。只不过当时的中央公园用地及其周围地区尚远在纽约市的郊外。高低不平的土地、裸露的岩石、散布的低收入者的棚户足以让任何一个房地产商望而却步。当时设计者即预料到，将来一定有一天公园的四周发展起来，这里将是居民唯一可以见到自然风光的地方。奥姆斯特德预测纽约人口将达到两百万，而这个公园将成为他们游览的中心，他还说：“公园四周的大楼即使高得比中国的长城高两倍，他的设计也可以保证在园里看不到这些大楼。”他的设计中有山有水，拟布置出一派乡村风光。

中央公园于 1873 年全部建成，历时 15 年。

6. 实习概要

中央公园号称纽约“后花园”，以第 59 大街、第 110 大街、5 路、中央公园西部路围绕着，中央公园名副其实地坐落在纽约曼哈顿岛的中央，南接卡内基，北依哈林区，东邻古根海姆博物馆，西靠美国自然历史博物馆和林肯表演艺术中心。是一块完全人造的自然景观，里面设施浅绿色亩草地、树木郁郁的小森林、庭院、溜冰场、回转木马、露天剧场、两座小动物园，可以泛舟水面的湖、网球场、运动场、美术馆等。交通体系设计最为突出。公园外部根据地形高差采用立交方式设计4条东西向穿园公路使得外来穿城交通不用进入公园，不妨碍游人活动；公园内部充分利用地形层次变化设计了车道、马道和游步道系统，各自分流，相互穿越时利用桥涵解决。

公园分为三个部分。南部主要分为中央公园动物园、毕士达喷泉、绵羊草原，草莓园。动物园区可区分为海狮表演区、极圈区和热带雨林区。毕士达喷泉及广场位于湖泊与林荫之间，是中央公园的核心，喷泉建于1873年，为了纪念内战期间死于海中的战士，而毕士达之名则取自圣经的故事。绵羊草原是个提供人们野餐与享受日光浴的好地方，四周以栅栏围起来，这里可以看到很壮观的日光浴场景。草莓园是纪念约翰·列南的和平公园，由此可见从世界各地来的各种花卉。

中部主要分为戴拉寇特剧院（Delacorte Theater)、瞭望台城堡、大草坪、杰奎琳水库。眺望台城堡是中央公园学习中心的所在地，中心内的“发现室”为游客提供园内野生动物相关信息，也是眺望中央公园之戴拉寇克剧院与大草原的观景点。

北部主要分为温室花园、拉斯科溜冰场、北部草原等。

公园东侧紧邻古根海姆博物馆和大都会艺术博物馆。古根海姆博物馆的外部朴实无华，平滑的白色混凝土覆盖在墙上。建筑物的外部向上、向外螺旋上升，内部的曲线和斜坡则通到6层。螺旋的中部形成一个敞开的空间，从玻璃圆层顶采光。美术馆分成两个体积，大的一个是陈列厅，有6层；小的是行政办公部分，4层。陈列大厅是一个倒立的螺旋形空间，高约30m，大厅顶部是一个花瓣形的玻璃顶，四周是盘旋而上的层层挑台，地面以3%的坡度缓慢上升。参观时观众先乘电梯到最上层，然后顺坡而下，参观路线共长430m，美术馆的陈列品在坡道的墙壁上悬挂。

大都会艺术博物馆是纽约第五大道80到84街的一栋庞大建筑，内有5大展厅，为欧洲绘画、美国绘画、原始艺术、中世纪绘画和埃及古董展厅。展览大厅共有3层，分服装、希腊罗马艺术、原始艺术、武器盔甲、欧洲雕塑及装饰艺术、美国艺术、R·莱曼收藏品、古代近东艺术、中世纪艺术、远东艺术、伊斯兰艺术、19世纪欧洲绘画和雕塑、版画、素描和照片、20世纪艺术、欧洲绘画、乐器和临时展览18个陈列室和展室。服装陈列室是从原来的服装艺术博物馆发展而来的，1946年并入大都会艺术博物馆，单独成为一个部门，藏有17–20世纪世界各地服装1万多件，并设有图书资料室和供专业服装设计研究人员使用的设计房。

7. 实习备注

开放时间：周一至周五10:00–17:00，周末10:30–17:30

地址：Manhattan, New York City

图纸参见链接：https://www.shaogood.com/

（郭佳琪　编写）

布鲁克林大桥公园

Brooklyn Bridge Park

1. 位置规模：

布鲁克林大桥公园（Brooklyn Bridge Park）位于纽约市布鲁克林的侧东河，占地 34hm^2。

2. 项目类型

滨水公园

3. 设计师 / 团队

迈克尔·范·法肯伯格（Michael Van Valkenburgh）景观设计事务所（MVVA），于1982年创立，是一个环保和可持续性发展的景观设计公司，景观设计项目从城市到校园再到公园，范围广泛，设计经验丰富。公司的项目已被ASLA、美国国家公园管理局（National Park Service, NPS）、国家名胜古迹信托局（National Trust for Places of Historic Interest）以及其他许多组织机构认可。

4. 实习时长

2.5–3 小时

5. 历史沿革

布鲁克林大桥公园的所在地曾经是纽约河上最繁忙的码头。彼时航运发达，大大小小仓库遍地都是。货运码头于1984年结束运营，港务局决定将码头卖出以用作商业开发。这一举动引起人们重新评估这块土地作为公众资源的价值。1998年，布鲁克林滨水发展局成立，全面负责布鲁克林大桥公园公共规划的整体过程，至2000年完成滨水公园的整体概念框架。

公园前两个阶段的全部，包括主街，海滩部分和相邻的游乐场都是在纽约市公园部设计的。2004年由迈克尔·范·法肯伯格景观设计事务所开始主导整个公园的总体设计，并于2005年完成初步的总体规划。随后，2010年上半年，公园的码头1和6部分向公众开放，截至2018年7月，完成建造向公众开放的面积达到90%。

6. 实习概要

园区的设计保留工业海滨的特点，采用自我维护的生态系统。公园分为10个部分：1至6号码头；富尔顿帝国渡口（Empire）；布鲁克林大桥广场（Brooklyn Bridge Square）；主街和约翰街。

密集的活动项目集中于1号码头和6号码头之间的区域。

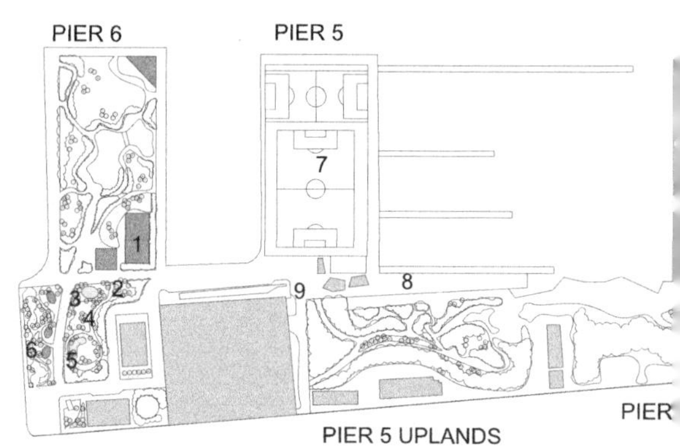

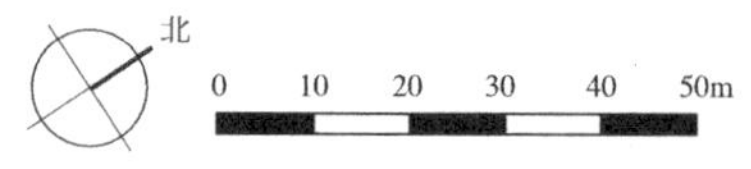

1. 排球场	7. 5号码头运动场	13. 水花园
2. 湿地花园	8. 野餐半岛	14. 1号码头游乐场
3. 水上乐园	9. 步行和自行车道	15. 桥景草坪
4. 沙坑	10. 旋涡池	16. 海景草坪
5. 滑梯山坡	11. 2号码头运动场	17. 盐沼
6. 6号码头秋千谷	12. 东河入口斜坡	18. 1号码头散步道

布鲁克林大桥公园平面图

1 号码头是布鲁克林大桥公园最大的码头，是唯一一个在垃圾填埋场建造的码头，而不是桩支撑结构。该地区包括两个园景草坪，可以俯瞰布鲁克林大桥和纽约港、原生盐沼、海滨长廊、花岗石前景、游乐场。

2 号码头以动为主。有篮球场、手球场、地滚球场、健身场地等，都在保留的金属结构下面，是半室内的场地，即使在雨天也可以使用。

3 号码头以静为主，有宽阔的草坪，花岗石露台和公园内第一个声音衰减的山丘，山丘将公园的一部分与蜿蜒的布鲁克林 - 皇后高速公路隔开。花岗石露台设有打捞的花岗石块，有 1.2–1.5m 的种植区域，其间种植开花树木和常青树，提供阴凉的休息区。

4 号码头建在河床漂浮的铁路漂浮转移桥的遗址上，设计成了一个沙滩，丰富水岸的边界类型。种植本地物种，以协助其作为受保护的栖息地保护区的持续演变。5 号码头由三个运动场、两个游乐场和一个野餐区组成。6 号码头布置了排球场地和游戏专家参与设计的秋千、滑梯、沙坑和水乐园等游乐场地。

主街有一个以航海为主题的游乐场，一条狗跑道和宽阔的草坪，可以欣赏到曼哈顿天际线的景色。公园的富尔顿帝国渡口部分以前是一个州立公园，但在 2010 年被并入布鲁克林大桥公园。

7. 实习备注

开放时间：2 号码头和 5 号码头：6:00–23:00，公园其他区域 6:00– 次日凌晨 1:00

地址：334 Furman St, Brooklyn, NY 11201

（郭佳琪　编写）

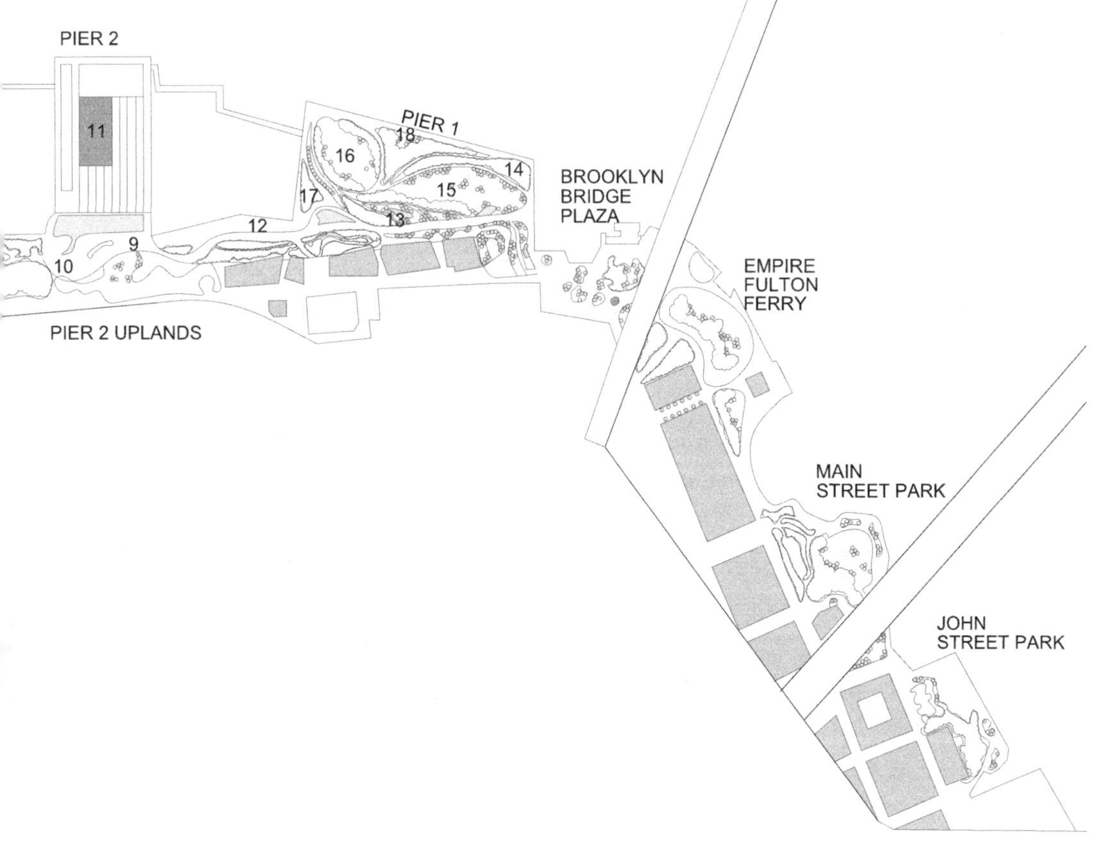

展望公园
Prospect Park

1. 位置规模

展望公园（Prospect Park）坐落在美国纽约市布鲁克林区，占地 236hm^2。

2. 项目类型

城市公园

3. 设计师 / 团队

奥姆斯特德（Olmsted），美国 19 世纪下半叶最著名的规划师和风景园林师。他的设计覆盖面极广，从公园、城市规划、土地细分，到公共广场、半公共建筑、私人产业等，对美国的城市规划和风景园林具有不可磨灭的影响。曾经涉足多个职业，直至 1857 年中央公园设计阶他指定为项目的主要负责人。他被认为是美国风景园林学的奠基人，是美国最重要的公园设计者。主要作品有：纽约中央公园、展望公园、富兰克林公园、美国国会大厦广场、华盛顿特区等。他的风景园林理念受英国田园与乡村风景的影响甚深，英国风景式花园的两大要素——田园牧歌风格和优美如画风格——都为他所用，前者成为他公园设计的基本模式，后者他用来增强大自然的神秘与丰裕。

奥姆斯特德原则：保护自然景观，某些情况下，自然景观需要加以恢复或进一步加以强调（因地制宜，尊重现状）；除了在非常有限的范围内，尽可能避免规则式（自然式规则）；保持公园中心区的草坪或草地；选用当地的乔灌木；大路和小路的规划应成流畅的弯曲线，所有的道路成循环系统；全园靠主要道路划分不同区域。他在风景园林中追求的惟一目标是使景观体验更为深邃，所有的设计要素都要服务于此。奥姆斯特德总是追求超越现实的品味和风尚，他的设计基于人类心理学的基本原则之上。

4. 实习时长

2–2.5 小时

5. 历史沿革

18 世纪初，布鲁克林从农村转型为都市。到了中期，布鲁克林是美国仅次于曼哈顿、费城的第三大城市，对于休憩空间的需求大增。此时，美国首位景观建筑师奥姆斯德与伙伴沃克斯（Calvert Vaux）刚完成曼哈坦的中央公园，便接下展望公园的兴建计划。1866 年动工的展望公园，历时两年完成，在两位顶尖设计师的精心打造下，拥有茂密的森林、广阔的绿地以及 60 英亩的人工湖，成为布鲁克林的珍宝。它见证了工业时代的来临，人口转移都市，以及城市的整体更新。

6. 实习概要

公园设计风格延续了奥姆斯特德一直追求的自然田园式风格，大草坪绵长不断，在城市公园中极为少见，占地 36hm^2，长达 1.6km，自公园北端的大拱门绵延至公园西南端。

公园由占地 36hm^2 的草地、利奇菲尔德别墅、展望公园动物园、船屋、占地 24hm^2 的湖泊和布鲁克林唯一的森林组成，构成了一个绿色的天堂。园内还设有体育设施，包括棒球场、网球中心、篮球场、橄榄球场和纽约法式滚球俱乐部，还有贵格会墓地（Quaker Cemetery）。

公园分为三个区域。第一个区域包括西大道、长草甸和公园入口。大军团广场作为公园入口，尺度宜人，是美国 19 世纪最著名的公共开敞空间之一，在网状街道与不规则的公园边界之间起到协调和过渡作用。战士和水手拱门坐落于大军团广场，始建于 1892 年，和巴黎著名的凯旋门非常相像。它是为了纪念那些在南北战争中为保卫联邦而牺牲的人们而设立的。第三街游乐场、和谐游乐场、野餐区和网球屋也位于此。

第二个区域是公园中间的树木繁茂的区域，包括静水自然步道。穿越雅致的静水桥，即达静水自然步道，沿着公园水滨的静水步道可以看到园中的湿地和动物栖息林地；静水自然步道上动植物丰富，自然景观优美，甚至拥有许多人文历史或特殊地质等背景，同时可在路线上为人提供导览，这样可同时兼具休闲、教育与保育功能。作为公园最初设计的一部分，密林步道引领着游客穿越历史悠久的森林；顺着半岛步道，可以探索半岛上重现的自然区域；瀑布步道穿过林地，可以亲近自然。所有的步道都平缓温和，对初次尝试徒步旅行的游客非常友好。在这个区域，在公园的东北侧，有开士米谷、克兰福德玫瑰园、扎克自然探索区和展望公园动物园。动物园占地 4.8hm^2，是 140 多种，超过 630 多只动物的家园，也是野生动物保护协会的 5 个机构之一。分为三个展区，即动物世界、动物生活方式和生活中的动物，动物世界中生活有来自世界各个角落的可爱动物，可以观赏到草原犬鼠、箭猪、帕尔马小袋鼠、小熊猫、鸸鹋等。动物生活方式主要讲述了不同种类动物的生活环境和生活习性，讲述了水生动物、空中动物和陆地动物的生活方式，游客可以看到绒顶柽柳猴、狐蒙、绿玉树蟒、水豚、荒漠巨蜥的生活环境，动物园还致力于这些濒危动物的养殖和繁殖。生活中的动物分为室内和室外两个展区，主要展示人类和动物的关系，以及动物的适应性，游客可以了解到动物是如何适应夜晚环境，如何向同类发出危险信号，如何保护自身等。

展望动物园在教育方面作出了杰出贡献，园内专门设有教室和实验室，让学校的孩子们可以观察动物的生活环境，并且利用现代化的器械对动物进行研究。该地区包含战士和水手拱门，“纽约时报”描述其为“任何城市公园中最令人惊讶的建筑之一”。贵格山公墓在西南边界附近。

第三个区域位于公园的南侧，由展望湖以及湖北岸的一个半岛组成。它是静水的出口，多座树木林立的狭窄峭壁形成了峡谷区。这里是园中地形最为崎岖的区域，也是海拔最高的地点，峡谷区被在阿迪朗达克山区的正中，一条蜿蜒的溪流贯穿其中。这片峡谷被认为是展望公园的中心地带，这里曾被多年侵蚀和过度开发，在 20 世纪 90 年代末和 21 世纪初才得到了保护和修复；如今，虽然仍然需要定期维护，但这片峡谷已经重回山清水秀的面貌。静水有古典风格的船库，这是一个城市和联邦指定的地标，位于东岸。在南部，沿着湖的东岸，是白色利维平坦空地，以及湖边的勒弗拉克中心，这是一个多用途设施，用于滑冰、划船、骑自行车和轮滑。

7. 实习备注

开放时间：5:00– 次日凌晨 1:00

地址：美国纽约布鲁克林区

图纸引用：https://www.prospectpark.org/media/filer_public/fc/df/fcdf91e9-eb0b-4663-a163-541f79c51c88/prospect_park_map.pdf

（郭佳琪　编写）

布鲁克林植物园
Brooklyn Botanic Garden

1. 位置规模

布鲁克林植物园（Brooklyn Botanic Garden）位于纽约市布鲁克林区，占地 21hm^2。

2. 项目类型

植物园

3. 设计师 / 团队

哈罗德·阿普·莱斯·卡帕恩（Harold Ap Rhys Caparn），出生于英国诺丁汉郡特伦特河畔的纽瓦克。在 19 世纪 90 年代，卡帕恩跟随父亲和兄弟到美国，他们在新泽西州肖特山建立了一个成功的花园设计业务。他最初为景观园艺师 J. Wilkinson Elliott 工作，然后于 1899 年搬到纽约市，并于 1902 年开设了自己的工作室。1912 年，布鲁克林植物园任命他为咨询景观设计师。他在那里工作的 32 年中，设计了花园的总体规划（遵循奥姆斯特德兄弟的初始场地布局），以及植物家族系列，它以植物的顺序展示植物在地球上的演变。他在布鲁克林的纽约动物园做了大量工作，并在该地区和南部，田纳西州和弗吉尼亚州设计了许多城市公园和私人庄园。卡帕恩是一位积极的景观建筑作家和教育家，也是该领域的早期倡导者。他在哥伦比亚大学教授景观建筑，于 1905 年当选为美国景观建筑师协会会员。

4. 实习时长

2 小时

5. 历史沿革

早期计划公园要跨越弗拉特布什大道。1864 年，布鲁克林市为此目的购买了土地。当弗雷德里克·劳·奥姆斯特德（Frederick Law Olmsted）和卡尔弗特·沃克斯（Calvert Vaux）在 19 世纪 60 年代将他们的最终计划带到城市批准时，他们已经消除了弗拉特布什沿线的问题。东北部分未使用，变成了垃圾堆。1897 年，随着城市整合，政府立法保留了 16hm^2 的植物园，花园本身成立于 1910 年，最初被称为研究园。直到 20 世纪 70 年代，它一直是在布鲁克林艺术与科学学院的赞助下运作的，其中包括布鲁克林博物馆、布鲁克林儿童博物馆和布鲁克林音乐学院。它于 1911 年 5 月 13 日作为布鲁克林植物园开放，原生植物园是第一个建立的部分。

卡帕恩于 1912 年被任命为景观设计师，卡帕恩在之后 30 年内设计了其余大部分场地，包括奥斯本花园（Osborne Garden），克兰福德玫瑰花园（Cranford Rose Garden），木兰广场和植物保护。实验室建筑和温室的建设始于 1912 年，该建筑于 1917 年投入使用。

6. 实习概要

园内设有规模不等的 20 多个分类园，其中包括樱花园、日式花园、芳香园、克兰福德玫瑰园、莎士比亚园、儿童花园以及岩石园等，每个园区各具特色。园内温室包括：水培屋、盆景博物馆、沙漠馆、热带馆、暖温带馆。园内特色收藏包括：日本樱花、紫丁香、白玉兰、兰花、玫瑰和树牡丹。从规模上看，植物园处处设计独具匠心，被誉为美国优秀城市花园与园艺的典范，也成为纽约最受欢迎的植物园之一。植物园每年从事大量的公益和教育活动。

樱花园是除日本国土外规模最大、最重要的樱花园，园中种植有 200 多棵樱花树。每年到樱花盛开季节，园内人潮涌动。日式花园是美国公共公园中最早建立的一个花园，堪称布鲁克林植物园中的一大杰作。园内设置的假山、瀑布、小桥、凉亭组成一首流动的音乐，又如一幅有声的图画，让人陶醉其中乐不思蜀。芳香园是美国第一个为盲人设计的花园，园内种植着各种芳香类花卉。盲人在相关人员的指导下可通过不同的香味辨别出不同的花卉。香气可以释放压力、治疗疾病，因此芳香园成为纽约的一个特殊医疗场所，受到很多人的欢迎。莎士比亚花园是一个英式园地风格的优美花园，坐落在一处由蜿蜒的挡墙围合的土坡上。命名为“莎士比亚花园”，是因为这里的植物布置成剧作家作品中所描绘的景象，植被繁茂。穿过莎士比亚花园是名人通道的起点，走在一块块踏步石上，可以俯视铭刻在上面的布鲁克林著名人物历史。克兰福德玫瑰园是美国最大、也是最好的玫瑰园之一，这里种植着超过 5000 从近 1200 个品种的玫瑰花。包括美国本土所有的玫瑰花种类，如微型品种、原生品种和蔓生攀援品种。园中人工修剪的花道夏末由浅粉色与红色花构成，人行其中犹如进入仙境。岩石园是美国植物园中的第一个岩石园，在不太大的土夹石坡地上栽植着各种早春开花的植物以及秋季绚丽多彩的植物。

儿童花园始建于 1914 年，是世界上最早的延续至今的儿童花园。儿童探索花园占地 4046m^2，还原了纽约地区典型天然植物群落的微观自然世界，儿童尺度的空间由路网连接着五个板块，分别是草甸、沼泽、果蔬花园、四季花园、哈姆儿童学习庭院和林地生态系统。四季花园位于探索花园西侧入口，采用包围性的结构，培育丰富的观花植物，展示植物的多样特征与季相变化。果蔬园为儿童创造了培育番茄、大蒜、草莓等各类蔬果的空间，抬起的种植床设计成曲面造型以扩大展示空间。而种植床高度的差异化设计，也便于不同年龄段的儿童进行操作。果蔬园还设计了户外课堂、分类原料堆肥框、挖土场和昆虫酒店，为儿童提供亲密接触自然生态的科学体验。草甸位于探索花园的中央，是由南北较高的草坡围合的半封闭空间，地被灌木组团与蜿蜒的道路互为图底关系。沼泽紧邻草甸相对静谧，地势最低，利于雨水汇集，儿童可以从临水栈道靠近观察水中生物。林地利用场地内的原生大树营造森林生态系统，植物以高大落叶树为主，硬景部分尽可能使用天然材料，路面用小砾石散置，边界用片切的粗树干铺设。木材和绳网搭建了升起的栈道和平台，让儿童从各种有利位置探索栖息地，东端的鸟巢台可以俯瞰周围环境；场地东侧接纳注册团体午餐，东北侧规整划分的地块是儿童花园种植园，服务于较大规模的园艺种植。哈姆儿童学习庭院：致力于种植花卉、水果和蔬菜，这个园艺区域为游客提供了与之相结合的科学交流活动，让他们发现与自己的生活有关的食用植物。它也提供无障碍，持续的种植和倾倒作物的机会。毗邻庭院是一个超过 185m^2 的果园和草坪空间。板块之间没有明确分界，但均有立牌标注空间的高亮信息，下方盒子里的手册可供儿童自取。儿童通过动手玩和科学调查来探索植物和生态系统的空间。各种林地、草地和沼泽地与蜿蜒的路径和木板路交错，让游客慢下来观察大自然。孩子们在大人的指导下，在这里可以体会栽种植物的乐趣，以培养他们的动手能力。其中的发现者乐园是一个让人感觉亲切的游乐场所，孩子和大人可以一同探索世界各地的植物与大自然的奥秘。

7. 实习备注

开放时间：周一休息，周二 – 周日 8:00–18:00

地址：990 Washington Ave, Brooklyn, NY 11225

图片来自：https://www.bbg.org/collections/gardens

（郭佳琪　编写）

哈德逊滨河绿带
Hudson River Greenway

1. 位置规模

哈德逊滨河绿带（Hudson River Greenway）位于曼哈顿南端的炮台公园（Battery Park）和乔治华盛顿大桥下的小红灯塔之间，长达20.76km。

2. 项目类型

绿道

3. 设计师 / 团队

迈克尔·范·法肯伯格（Michael Van. Valkenburgh Associates）景观设计事务所（MVVA），于1982年创立，是一个环保和可持续性发展的景观设计公司，景观设计项目从城市到校园再到公园，范围广泛，设计经验丰富。公司的项目已被ASLA、美国国家公园管理局、国家名胜古迹信托局以及其他许多组织机构认可。

托马斯·贝尔斯利（Thomas Balsley），出生于1943年，曾在锡拉丘兹大学和纽约州立大学环境科学与林业学院学习。他于1970年搬到纽约市，并在一年内成立了自己的公司托马斯贝尔斯利事务所。仅在纽约市，贝尔斯利先生就已经完成了100多个公园和广场，最著名的是滨江公园南部和龙门广场州立公园。为了表彰他对纽约市公共空间的贡献，政府将位于纽约市第56街和第57街之间的第9大道谢菲尔德广场，更名为贝尔斯利公园（Balsley Park）。

Abel Bainnson Butz, LLP成立于1968年，是一家专业，屡获殊荣的纽约市景观建筑，设计和场地规划实践，致力于各种规模的项目。

4. 实习时长

2.5–3小时

5. 历史沿革

哈德逊河是纽约州的经济命脉，也是联邦最重要的航道之一，在工业时期的全美经济发展中扮演了不可替代的角色。河岸的工业地带有着大量的码头和厂房等设施，随着航运需求的减少而呈现出衰落的状态，当地政府和居民早在20世纪60年代就开始关注该区域的更新和开发以赋予其新的活力。哈德逊河绿带的规划设计起始于河东岸西部高架公路（9A线）的重建项目。

公园的规划和设计可以总结为3个单元，分别为结构元素、规划主题及景观设施。结构元素从总体上定义景观特征，规划主题赋予场所独特的情趣，而景观设施则包含了一系列服务性和观赏性的空间与实体。

6. 实习概要

哈德逊滨河公园是纽约城市公园系统的重要组成部分，也是纽约绿道系统的核心区域。公园作为城市的绿色基础设施，穿越众多街区与地标建筑，把曼哈顿岛西侧的城市开放空间连成了绿色的整体。高架公路西侧贯通南北的自行车道完成了与城市界面的过渡和衔接，而且与滨水的步行道共同成为城市慢行生活的必要载体。

哈德逊河公园是一个带状绿地，按照与城市界面的衔接从南到北划分为11个区域，即巴特里公园、特里贝卡、格林尼治村、肉类加工区、切尔西、海上娱乐区、克林顿、南滨河公园、滨河公园、华盛顿堡国家公园。

巴特里公园拥有一个安静的场地，可以欣赏到哈德逊河的壮丽景色，充足的户外空间，迷人的博物馆，隐蔽的纪念碑和充足的美食。可乘坐渡轮前往自由女神像和埃利斯岛。

从40号至51号码头之间的区域是公园

的格林威治村部分，由埃布尔·鲍森·巴茨（Abel Bainnson Butz）联合事务所组织设计。此部分是公园建设最早开始的地段，为纽约滨水区再开发的起点。

从59号至76号码头之间的区域是公园的切尔西部分。62号至64号码头区域被改建成哈德逊河绿带中最大的码头公园——切尔西河畔公园（Chelsea Waterside Park），由迈克尔·范·法肯伯格设计完成，从南到北分成了3个部分：南部的62号码头包含一个精致的入口花园以及一处为儿童提供乐趣的极限滑冰场和带有覆土顶棚的主题游乐场；中部区域是由一片宽广的草坪和粗犷的条石所形成的开放空间，草坪以风景地形为骨架，为人们的放松休闲营造出惬意的氛围，而红褐色的条石和艺术石阵仿佛又勾勒出工业时代的特殊印记；北部的64号码头建有3个绿岛，绿岛之上的植物群落和围绕边缘的步行道为人们提供了连续的亲水空间且丰富了岸线景观。

克林顿包括从95号至99号码头之间的区域。该区域集合了许多使用功能，有视线开阔的草坪、皮划艇船屋以及公共雕塑等各类设施和景观，为移民聚集地提供了可参与性的滨水空间。此区域与北部已建成的南滨河公园连接成完整的绿道。

南滨河公园由托马斯·贝尔斯利事务所设计，有一系列特殊的建筑结构和景观空间，规模各异，突出了公园的体验品质。露台、广阔的草坪、建筑遮阳结构、休闲区、草坪丘和私密的树林创造了观景区、游戏空间、并将其划到水边或沿海岸线。广场、木板路、人行道和自行车道的循环系统将各个地方连接在一起。

位于华盛顿堡公园的小红灯塔是哈德逊河绿带的终点，灯塔矗立在杰弗里胡克上，有是一块小小的陆地，支撑着桥梁东部码头的基部，连接华盛顿高地、曼哈顿、新泽西州利堡。

7. 实习备注

地址：353 West St, New York, NY 10011

开放时间：周一－周五 9:00–17:00，周末休息

（郭佳琪　编写）

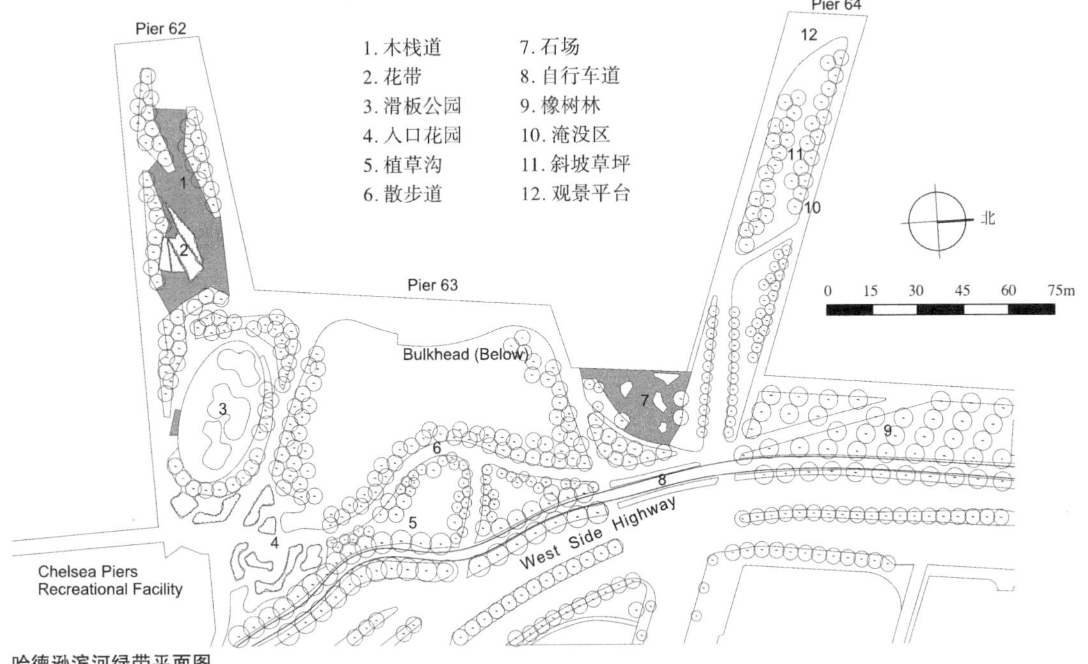

哈德逊滨河绿带平面图

千禧大厦广场
Millennium Point

1. 位置规模

千禧大厦广场（Millennium Point）位于纽约曼哈顿炮台公园城的丽思卡尔顿酒店和住宅区 。

规模：0.1hm^2

2. 项目类型

城市广场

3. 设计师 / 团队

乔治·哈格里夫斯（George Hargreaves）创办的哈格里夫斯事务所（Hargreaves Associates）致力于为各种各样的城市、滨水环境、公共公园、校园、企业和住宅建造令人难忘的景观，这些项目从复杂大型的公园，如路易斯维尔海滨公园（Louisville Waterfront Park）、澳大利亚悉尼奥运会（Australia Sydney Olympics）公共区域景观设计，到小规模的广场和花园，如休斯敦探索公园（Huston Discovery Green Park）。事务所以调查和研究为基础，摒弃先入为主的模式或形式设计，推动其强大的设计理念开展项目。这些项目在强大的设计组织策略下，为人们提供了丰富的植被、自然环境和活动场所，并将景观本身作为目的进行前景规划。

4. 实习时长

20–40 分钟

5. 历史沿革

千禧大厦是一座 137m，38 层的摩天大楼，它建于 1999—2001 年，于 2002 年 1 月开放。

6. 实习概要

千禧大厦位于纽约曼哈顿炮台公园城，其塔楼部分包含了 113 个豪华的公寓。丽思卡尔顿五星级酒店掌管着建筑较低的 12 层楼。摩天大楼博物馆位于千禧大厦 1 层，占据了建筑一小部分底层空间。

千禧大厦广场由哈格里夫斯事务所主持建造。哈格里夫斯的设计理念受到极简主义的影响，很大一部分源于对自然真实的感悟。他的设计通常充满诗意，且十分关注场地本身的条件，以及其在时间影响下的变化。他擅长艺术化处理场地，实现景观的生态性与艺术性。

千禧大厦广场作为城市广场，为建筑的塔楼部分提供了优质的服务以及 0.1hm^2 的舒适户外空间。广场规模虽小但也体现了哈格里夫斯诗意化的设计语言。场地景观主要以硬质铺装为主，为千禧大厦的公寓及居住区提供足够的休憩空间。广场上设有多个固定的花岗石长椅，可供人们稍作停留；同时，设有专为酒店咖啡厅定制的可移动户外座椅，以对客流量较大的时间段提供座位补给。在此，客人们可远眺自由女神像的壮观景致。除了静态的城市家具，设计师也营造了动态的水景。场地东南角设有两个倾斜的三角形喷泉，层叠的流水使广场空间充满了灵动与活力。同时，设计师十分关注场地本身的高差条件，依托环境将坡道和台阶进行整合，作为通到抬高广场空间的过渡，巧妙地处理了场地内部的高差。

7. 实习备注

开放时间：全天

（程璐　编写）

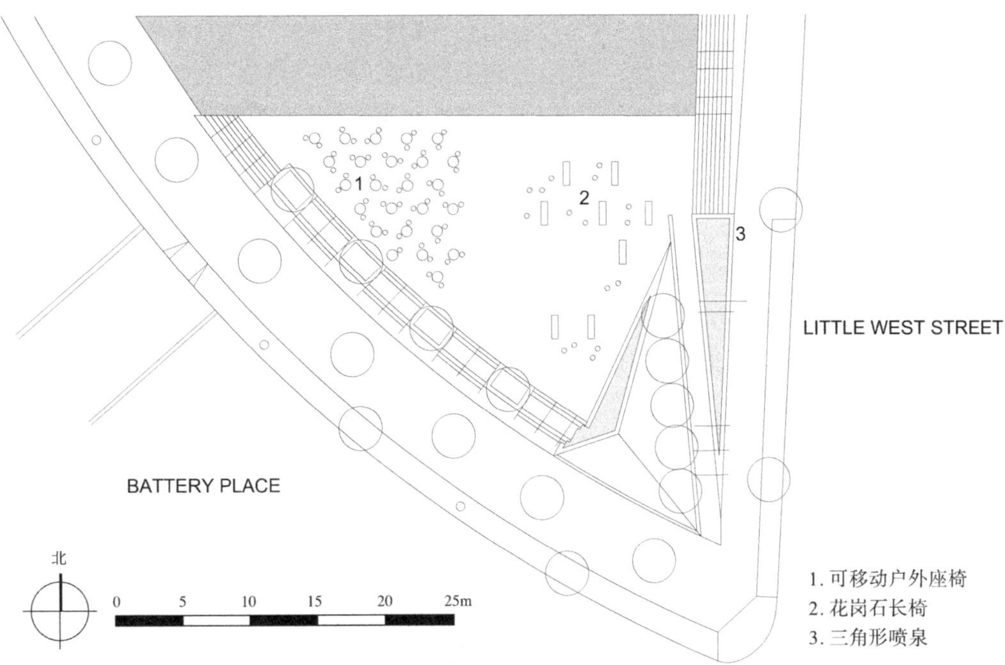

千禧大厦广场平面图

（图片来源：根据哈格里夫斯事务所官网图纸摹绘）

瓦格纳公园
Robert F. Wagner Jr.Park

1. 位置规模

瓦格纳公园（Robert F. Wagner Jr.Park）位于纽约曼哈顿炮台公园城哈德逊河畔，临近犹太遗产博物馆。

规模：$1.4hm^2$

2. 项目类型

滨水公共空间

3. 设计师 / 团队

欧林（Olin）事务所由美国景观大师劳里·欧林（Laurie Olin）创办。事务所习惯于仔细评估场地的独特空间特征，与周边地区的联系，当地传统和历史，自然环境以及社会和文化条件，挖掘场地的潜在表现力。著名的项目包括华盛顿纪念碑景观、美国大都会博物馆入口广场、纽约布莱恩公园、纽约炮台公园、美国苹果新总部规划和景观等。

4. 实习时长

0.5–1 小时

5. 历史沿革

曼哈顿西南角的哈德逊河畔是犹太遗产博物馆的所在地，瓦格纳公园即坐落于此。依据炮台公园城的总体规划，瓦格纳公园占据了重要位置，将成为连接炮台公园城的滨河公共空间与炮台公园城、曼哈顿金融区的重要纽带。从公园望去，自由女神像和埃利斯岛的全景一览无余。二者作为历史和文化的象征，在此处被引入新的人文景观中。

Olin 事务所突破了传统园林设计模式，拒绝墨守成规的设计手法。设计师虽运用熟悉的传统花园形式，但却呈现明确的解构主义手法。因此，景观元素在这里被重新排列。瓦格纳公园也成为 20 世纪末期能够反映整个纽约的公园之一。

6. 实习概要

瓦格纳公园所在的地段是炮台公园城项目填土造地工程的一部分，因此公园不得不在一个 2.1m 宽的码头式结构上施工，带来了一定的技术困难。同时，此处缺乏自然的地形地貌，植被单一且未形成多样化的局部小气候，且场地内部存在大风、潮汐、土质等多方面的限制。

瓦格纳公园的两座大门由马查多·斯维提事务所设计的亭子组成。公园尺度虽小（$1.4hm^2$）但营造了多种体验感的活动空间。不仅有密集种植的花园、观景台、阳光草坪等以景观为主的空间，也塑造了一些服务性空间，如咖啡厅、卫生间及必要的公园维护和储藏设施。

以一条正对自由女神像的轴线为主线，从公园里可以欣赏美丽的海景。轴线两侧，小路和步道穿梭其中，是十分值得探索的地方。中央开放式大草坪和花岗石阶梯为公众聚会提供了充足空间。傍晚时分，在宽大的台阶前，人们进行一些休闲活动或集会，使公园充满活力；黄昏时刻，更多的是宁静的氛围。

中央绿地东西两边的庭院作下沉处理，种植以四季常绿的植物为主，可以起到防风墙的作用。此处的气温比周围略高几度，以保证植物茁壮成长，为人们提供静谧舒适的停留休息空间。

公园内设有一间餐厅，其公共屋顶平台享有自由女神像和纽约港的壮丽景致。这里可以举行儿童及青少年活动和成人艺术活动，以及老年合唱团、老年打击乐队和 River & Blues 音乐会系列活动等，适合全年龄段人群进行使用。瓦格纳公园是一个野餐、读书、绘画、摄影和观景的绝佳场所，花园、草地、广场、亭榭和平台等多样化的空间将瓦格纳公园与市中心紧密连接，使得瓦格纳公园成为组约市的一个自然延伸。

7. 实习备注

开放时间：全天

（程璐　编写）

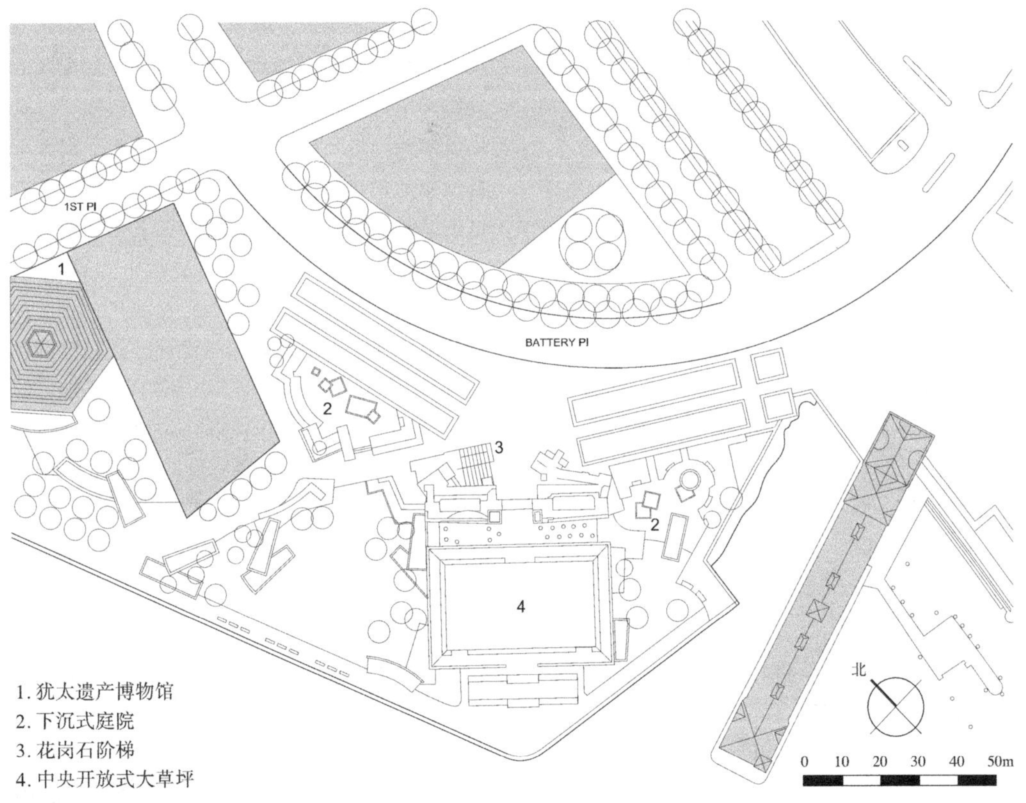

1. 犹太遗产博物馆
2. 下沉式庭院
3. 花岗石阶梯
4. 中央开放式大草坪

瓦格纳公园平面图

（图片来源：根据 Olin 事务所官网图纸摹绘）

爱尔兰大饥荒纪念场
Irish Hunger Memorial

1. 位置规模

爱尔兰大饥荒纪念场（Irish Hunger Memorial）位于美国，纽约市，曼哈顿下城。

规模：$0.2hm^2$

2. 项目类型

纪念场所

3. 设计师 / 团队

1100 Architect，景观建筑师盖尔·威特沃·莱尔德（Gail Wittwer Laird）以及艺术家布里安·托勒（Brian Tolle）组成的团队。1100 Architect 是一家总部位于纽约市的建筑公司，由戴维·皮斯库斯卡斯（David Piscuskas）和于尔根·里姆（Juergen Riehm）创立。它为公共和私人客户提供建筑设计、编程、空间分析、室内设计和总体规划服务，其工作包括教育和艺术机构、图书馆、办公室、住宅、零售环境和市政设施。Gail 拥有超过 20 年的公共领域设计经验，是一位屡获殊荣的设计师。

4. 实习时长

0.5–1 小时

5. 历史沿革

该场地坐落于炮台公园城的哈德逊河畔，是为 1845—1852 年的爱尔兰大饥荒事件（Great Irish Hunger）设计的一处纪念地。当时有 150 万爱尔兰人因饥荒流离失所。场地中的纪念碑底座刻有爱尔兰大饥荒历史的详细记述，将这个令人痛惜的大饥荒事件刻在世界饥荒问题的长河中。

该纪念场的设计目的是为访客提供一个可供沉思的空间，通过爱尔兰遭受饥荒离散漂泊的纪念场，警示人们关注世界上其他也许正在遭受同样灾难的地区，同时引起人们对于当代世界饥荒问题的关注。设计者希望通过设计唤起民众对灾难的重新审视，纪念过去，面向未来。设计方式超越真实与虚幻，历史与当代的多维尺度。超越的是具体的饥荒事件本身，升华的是“共在”的人类情感。

6. 实习概要

占地 $0.2hm^2$ 的纪念公园东低西高，沉淀在时尚现代的豪华公寓与办公楼之间。场地以爱尔兰石灰岩与发光玻璃为基座，设计团队再现了一组十分崎岖的景观，场地内包括荒废的马铃薯田，爱尔兰当地的多种原生植物，以及用爱尔兰当地石头砌成的石墙。石头上刻着来自爱尔兰的 32 个郡的不同郡名。从东向西看过去，是一片由石头垒成护墙的坡形草地，草地上散落着爱尔兰当地田野里特有的 60 种石楠、熊果、洋地黄、荆豆等野花灌丛。

纪念地令人感触颇深的设计是托起坡形草地的深灰色的石墙，以及等距离镶嵌在石墙上的数字与文字。访客从纪念地西侧进入，沿着通道前进，声控系统会自动播放忧伤的爱尔兰音乐，采访录音，讲演与回忆，以烘托纪念地的气氛。随后访客可以进入一间来自梅奥郡饥荒地区的破败农舍。为了真实再现历史，设计师采用实物挪用的手法，把爱尔兰大饥荒时代真实的遗留物（石头），运到此处进行重新搭建。离开农舍，访客可以漫步在废弃的马铃薯田垄之上，感受当时的荒凉气息。整个景观悬挑在石材与玻璃底座之上，从东南角的地面开始，沿着小路爬升 7.6m 至西侧土坡尽头，来访者可以远眺哈德逊河、自由女神像以及爱丽丝岛的全景。

7. 实习备注

开放时间：全天

（程璐　编写）

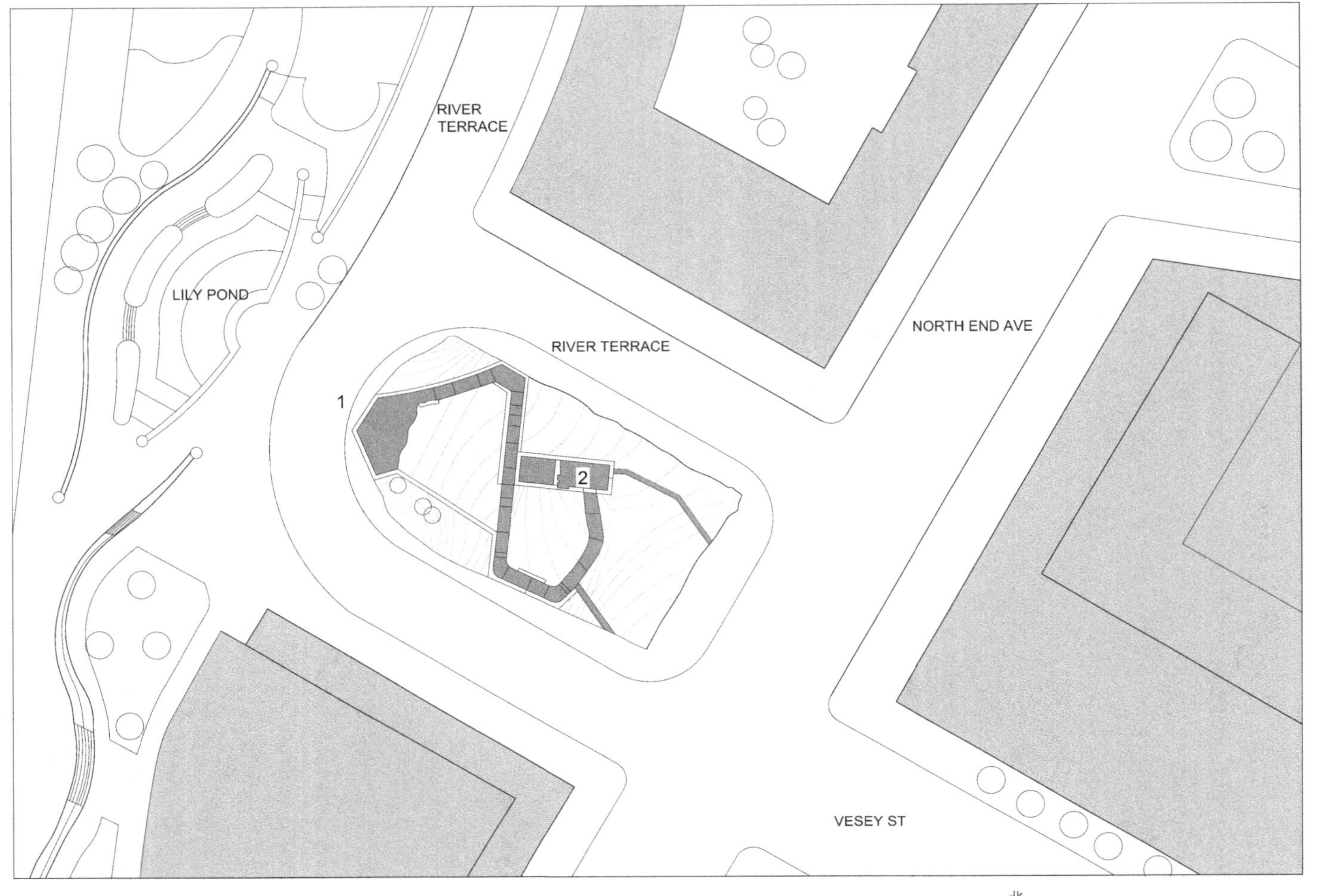

爱尔兰大饥荒纪念场平面图
（图片来源：根据 www .archdaily .com 网站图纸摹绘）

泪珠公园
Teardrop Park

1. 位置规模

泪珠公园（Teardrop Park）位于纽约曼哈顿下城炮台公园城，靠近世界贸易中心。

规模：0.7hm^2

2. 项目类型

社区公园

3. 设计师 / 团队

纽约MVVA景观设计事务所（Michael Van Valkenburgh Associates）进行了各种类型及规模的项目，从大型公共公园和大学校园到个人花园和私人景观。该跨学科事务所的设计原则是建造动态的景观和社区，突出个性，增强日常体验、丰富日常生活。MVVA事务所的工作室十分注重高质量规划、环境性能、财政资源和技术创新。该事务所的代表项目是布鲁克林大桥公园及泪珠公园。

4. 实习时长

1–2小时

5. 历史沿革

纽约泪珠公园以创新的设计手法调动自然设计元素，不仅为周边居民创造了绿色开放空间，且创造性的设置了儿童活动区域。设计师力图通过丰富的空间尺度、建材运用、植被、离低错落的场地及循环动线来增强人们的空间体验。公园的维护不采用化肥、农药等有毒物质，而是以雨洪控制手段对灰水进行处理和再利用。雨水收集在地下蓄水管中以用于整个花园的灌溉，体现了公园的生态性。

场地位于20世纪80年代通过堆填哈德逊河形成的填海区。场地地势平坦，地下水位较高，自然条件较恶劣。在水土方面，由于侧面的潜层河水不断入渗，限制了场地施工的土层深度；在光照方面，由于坐落在公园角落的公寓纵向长度过长，从65–72m不等，形成大面积阴影区，公园光照时间较短；在风力方面，公园东、西通廊遭受从哈德逊河吹来的强烈干冷风，但建筑物之间的空间受到了更好的保护。光照、水土、气流等多种限制条件的叠加，在一定程度上决定了景观元素、游艺项目以及植物群落的取舍和空间配置。

6. 实习概要

整个公园分为北区、中区和南区三个区域。公园的服务对象不仅包括儿童、青少年，也包括上班族、居民及附近的老年人，它适合所有年龄层次的人游赏，同时也作为避难场所而存在。

北区主要服务于居住或经过附近的中老年群体。由于场地北半部享有最长的日照时间，设计师设置了两块隔路相对的草坪作为草地滚球场，并刻意向南倾斜以接收更多光照。草坪的西侧为面积较小的野趣湿地区域，自然粗木柱作为铺装的小径尺度充分适宜儿童。草坪的南侧是半月形叠石矮墙环抱的阅读角，此处能够欣赏远处哈德逊河的风光。基地西侧两建筑间的社区道路构成了此处通向哈德逊河的视觉廊道。公园成功展示了应用天然材料造景的可能性，同时也重新定义了都市自然游乐理念。

中区的核心景观是高8.2m、长51m的“冰与水”高墙。它增加了景观的层次，划分了空间类型，提供了庇护功能。同时，也作为对纽约州地质的隐喻与再诠释。施工团队采用了近似重点保护文物迁建时才用的笨拙方式以使景墙达到最好的效果。每块蓝灰砂岩石都保持了它们原有的天然形状、颜色和不规则表面。石头之间的缝隙用黑砂浆填满以保持整个墙壁的稳定性。

穿过高大景墙的石洞门即到达公园南区。南区主要考虑少年儿童为主要的受众群体，因此相较于北区及中区更富有活力。这里虽然阴影区比例较大，但高墙、小丘和建筑屏蔽了来自哈德逊河的强干冷风。设计师在阴影和风力保护区设置低龄儿童游乐区，包括沙坑、滑梯和出水岩石戏水区，确保儿童在舒适的环境中游玩。同时，区域内也充分考虑了其他群体，保证看护儿童的、读书看报的、交谈等进行不同活动的游客都有合适的空间。

泪珠公园如同一个城市绿洲。它打破场地原生环境的限制，通过河流串联空间及植被，运用地形巧妙连接、融合，构成一个和谐优美的空间。而且，它让人们亲近大自然，远离高大建筑带来的压迫感，远离城市的喧嚣。

7. 实习备注

开放时间：6:00–13:00

（程璐　编写）

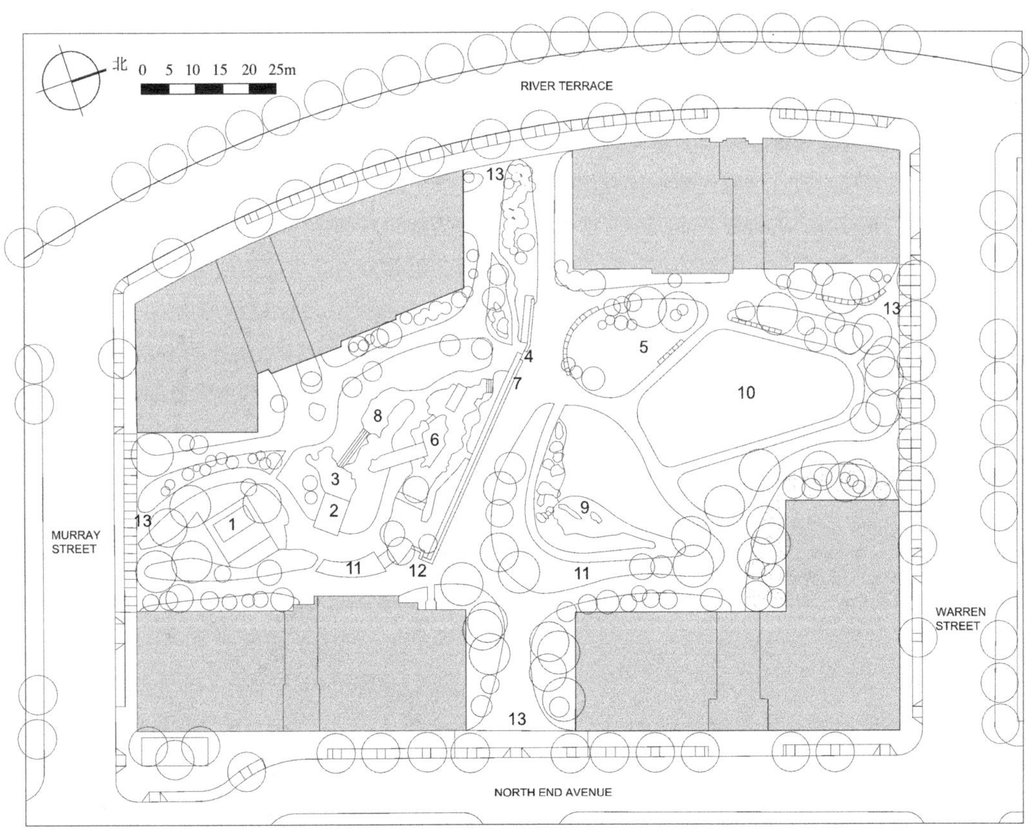

1 学步儿童区	4. 小隧道	7. 蓝石景墙	10. 休闲草坡	13. 公园出入口
2. 下沉水平台	5. 迷你沼泽区	8. 滑梯游乐区	11. 蓝石序列景墙	
3. 沙坑游乐区	6. 喷泉活动区	9. 阅读平台	12. 林荫小径	

泪珠公园平面图

（图片来源：根据 bpcparks.org 网站图纸摹绘）

“9·11”遗产纪念公园

National 9/11 Memorial Park

1. 位置规模

“9·11”遗产纪念公园（National 9/11 Memorial Park）位于纽约曼哈顿（Manhattan New York）下城（原世贸中心）。

规模：0.73hm^2

2. 项目类型

城市公园纪念中心

3. 设计师 / 团队

彼得·沃克（Peter Walker），当代国际知名景观设计师，“极简主义”设计代表人物，美国景观设计师协会（ASLA）理事，PWP（Peter Walker and Partners）景观建筑事务所的创始人。该事务所主要设计手法是在涉及大型复杂项目时强调艺术的表现来执行场地规划。代表作品有哈佛大学唐纳喷泉（Tanner Fountain）、柏林索尼中心（Berlin Sony Center）等。

“9·11”国家纪念馆（原世贸中心纪念基金会）设计师：以色列建筑师迈克·阿拉德（Michael Arad）。

“9·11”国家博物馆设计师：戴维斯·布罗迪·邦德（Davis Brody Bond）公司。

4. 实习时长

1.5–2 小时

5. 历史沿革

2003 年，曼哈顿下城发展公司发起了世界贸易中心纪念馆竞赛，该竞赛旨在为纪念馆进行设计以纪念“9·11”遇难者。2004 年 1 月 6 日，迈克尔·阿拉德（Maichel Alard）和彼得·沃克设计的《倒映虚空》（*Reflecting Absence*）从 63 个国家的 5201 个作品中脱颖而出，摘得设计竞赛桂冠。

“9·11”遗产纪念公园是为缅怀在 2001 年 9 月 11 日和 1993 年 2 月 26 日恐怖袭击中遇难的市民而建的，是一个提供沉思与回忆的地方。该项目关系到国家政治、受害者家庭、市民等各种复杂因素。为纪念“9·11”事件，在被炸毁的双子塔原址上，建造了两排带有孔洞的喷泉装饰的纪念碑，纪念碑虽表面结构简单，但寓意深刻。旁边是从重建后的世贸中心延伸出的橡树林。

彼得·沃克景观设计事务所用极简的设计手法，构建了与众不同的空间体验。同时，该项目也注重生态，地铁车站、停车场等都覆盖了绿色屋顶。

6. 实习概要

“9·11”事件带来的创伤造成了广泛影响。因此设计师使用了受众较广的极简的符号语言，具体就是让人们因缺失而产生反思。设计师主要的设计目标就是加深双子塔的存在感，以吸引人们身体与精神的多重纪念体验；同时，在繁忙的城区营造出宁静的氛围，为人们带来人性化的城市公共开放空间。

场地两个主景观喷泉池占地一英亩，深度 9m，周围瀑布环绕。设计团队沿建筑遗址四边轮廓布置了圆锥形的水渠，既节约资源，又具有景观的美感。通过这种方式，“9·11”事件的巨额损失被永久纪念。

随后游客可以进入由 416 棵茂密的橡树组成的神圣森林广场。纪念森林营造手法十分自然，树木成排的在一个方向上形成弧形走廊。这片森林在四季营造出不同的景观。透过树干，整个公园的平面清晰可见。树干的密度扩展了空间的尺度，同时也软化了远处建筑的轮廓。在纪念森林里，树木间的不同距离，长椅的摆放方式，以及地被及铺装的节奏，创造出具有不同的尺度、特征的空间。

树林里的草地承载着举行仪式的功能。每年9月11日即在此宣读遇难者的名字，该草地在特殊日子里提供了远离喧嚣广场的绿色空间。

在整个设计和施工过程中，设计师也充分考虑了景观的生态可持续性。以大型的循环蓄水池作为广场的排水设施。雨水通过特殊的滴灌系统输送到大型储罐中，并重新用于纪念森林。随着森林的生长，树叶的蒸腾作用会为整个区域降温，树木可以提供荫蔽来增加舒适感并吸收城市及广场的热量。

7. 实习备注

开放时间：

9/11 遗址纪念公园 07:30–21:00

9/11 遗址纪念博物馆

周日－周四 09:00–20:00（18:00 后停止入馆）

周五、周六 09:00–21:00（19:00 后停止入馆）

门票：

博物馆门票：成人 $24

博物馆门票＋博物馆之旅：成人 $44

博物馆门票＋纪念之旅：成人 $39

（程璐　编写）

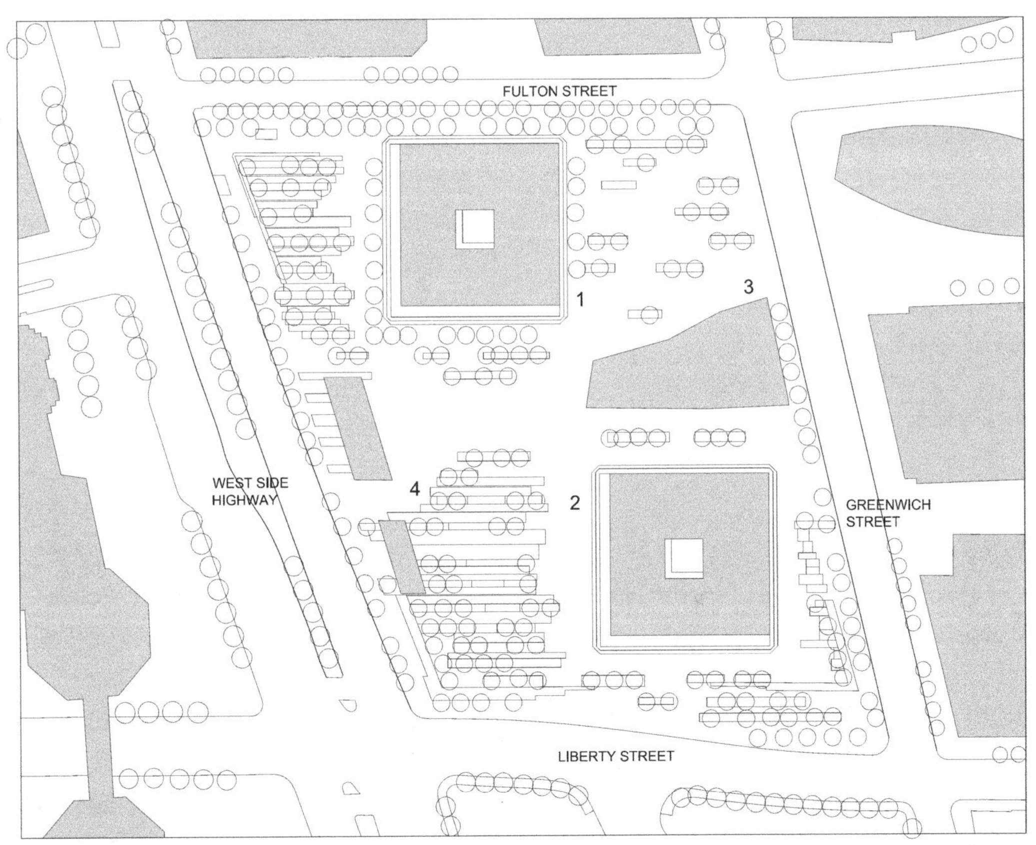

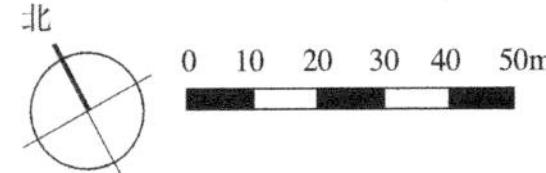

1.“虚池”(北池)　　3.“9·11”遗址纪念博物馆
2.“虚池”(南池)　　4. 纪念森林

“9·11”遗产纪念公园平面图

（图片来源：根据 pwpla.com 网站图纸摹绘）

高线公园
High Line Park

1. 位置规模

高线公园（High Line Park）位于纽约曼哈顿中城，一期：从甘瑟弗尔街到20街，长约805m，宽约为9–18m，大部分位于原来的肉类加工街区，小部分位于西切尔西区；二期：从20街到30街，主要位于西切尔西街区的艺术展览区；三期：从30街到哈德逊河及34街的铁路站场。

规模：2.33km

2. 项目类型

工业改造景观

3. 设计师 / 团队

詹姆斯·科纳（James Corner），景观设计师和理论家，其作品的重点是“开发景观建筑设计和城市规划的创新方法”。他的设计主要包括史坦顿岛的弗兰士科斯公园（Freshkills Park）和曼哈顿的高线公园，以及纽约市布鲁克林的多米诺公园。

4. 实习时长

2–3小时

5. 历史沿革

高线穿越了美国工业社会时期纽约曼哈顿西区最具活力的工业区。废弃高线的更新计划得到了包括市政府、纽约铁路公司等机构和私人团体的共同支持，并最终决定将其改造成为一个城市公共开放空间——高线公园。整个高线公园的建设共分为三期：一期从甘瑟弗尔街20街，长约805m，宽约为9–18m，大部分位于原来的肉类加工街区，小部分位于西切尔西区；二期从20街–30街，主要位于西切尔西街区的艺术展览区；三期从30街–哈德逊河及34街的铁路站场，与规划中的新中城商业发展区河滨开放空间相结合。2009年，一期工程完成，废弃了30年之久的高线经过漫长的等待之后蜕变成为向公众开放的高线公园。二期工程于2011年夏季正式对外开放。三期工程于2016年正式开放。

6. 实习概要

高线公园总长度达2.33km。它位于美国纽约市曼哈顿，是弃用的纽约中央铁路西区线一个高架桥上的绿道和带状公园，一个城市的公共开放空间。这座公园的设计理念来自法国巴黎的绿荫步道。公园起始于一条绵长且弯曲的步行路，一直通向哈德逊河。

设计师采取了“植—筑”的设计方式，改变公园步行道与植被的布局模式，将种植与铺装按不断变化的比例关系结合起来，呈现出软硬表面交替的节奏，创造出多样化的空间体验。

设计分为三个方面。第一个方面是铺装部分，条状混凝土板作为基本单元，靠近植栽的接缝处设计成特别的锥形，植物可以从坚硬的混凝土板之间生长。植物呈现野性和自由，再现了场地自身的环境特点。第二个方面是环境的舒缓。让景观步调放缓，营造出时空延展的轻松氛围。第三个方面是尺度处理。尽量避免追求大而浮夸的趋势，采用更加灵活的手段。公共空间交错层叠，沿着简洁有致的路线穿越不同景观空间，沿途领略曼哈顿和哈德逊河的美妙风光。

公园充分体现以人为本的理念。整体覆盖了完整的无障碍通道，有多台升降电梯供人们使用。公园的出入口、甘瑟弗尔眺望台、甘瑟弗尔台阶、甘瑟弗尔林地、华盛顿草地、日光甲板广场、第十大道下沉广场等的设计均顺应了游客想要慢速体验高线公园空间的意愿。

高线公园中有许多代表性的景观，例如“切尔西灌木丛”，这是个像草甸一样的面积为 455m^2 的大草坪，其上的休闲座椅由回收的柚木制作而成。公园的步道蜿蜒而行，上有同样曲折的木质长椅，沿着步行道西侧边缘排列。座椅前后种植绿植，增加了景观的整体层次。高线公园也有额外空间提供聚会场所的，安置阶梯座椅，以享受布鲁克林以东和哈德逊河的风光。

7. 实习备注

开放时间：07:00–19:00

（程璐　编写）

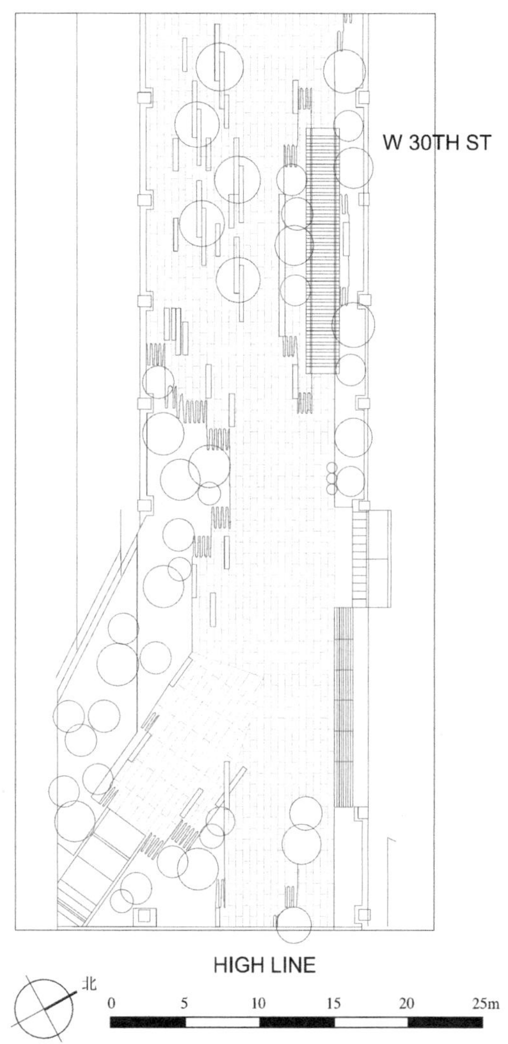

高线公园（西 30 街段）平面图

（图片来源：根据 thehighline.org 网站图纸摹绘）

国会大厦广场
Capitol Plaza

1. 位置规模

国会大厦广场（Capitol Plaza）位于纽约，连接第六大道以东的第 26 街和第 27 街。

规模：0.1hm^2

2. 项目类型

城市广场

3. 设计师 / 团队

托马斯·贝尔斯利（Thomas Balsley）Associates，TBA 事务所通过设计充满生活气息的景观，重塑了世界各地的城市公共空间。项目范围从可行性规划研究到城市公园、海滨、企业、商业、住宅景观的建设，从总体规划和城市广场到小的城市公共空间、花园设计、雕塑和城市家具。事务所设计方法的核心是“公共开放空间是伟大的民主空间，最终的共识”。在纽约市，事务所设计了 100 多个公共公园和广场，包括佩吉洛克菲勒广场（Peggy Rockefeller Plaza）、切尔西河畔公园（Chelsea Waterside Park）、河滨公园（Riverside Park South）和猎人角社区公园（Hunters Point Community Park）等。

4. 实习时长

15–30 分钟

5. 历史沿革

在曼哈顿这样公共开放空间较少的地区，城市街区间的开放空间很难满足公众的期望。详细的人口统计研究显示，创新设计和技术领域的青年阶层及富裕的先驱者正在进入新兴的社区。因此，公共空间必须足够具有艺术吸引力。

国会大厦广场的设计目标是为人们提供一个在繁茂的竹林、观赏性的草地、独特的当代座椅及邻近的咖啡馆和商店之间能能够停留休息的地方。所有这些景观元素协同组合，确保广场能够长期使用。

6. 实习概要

国会大厦广场位于切尔西高地第六大道东面的住宅区附近，设计的目的之一是用来分散附近的麦迪逊广场公园（Madison Square Garden）的人流，成为该区域城市公共空间的重要组成部分。该广场连接第 26 街和第 27 街，以花园座位区、长廊和咖啡馆为景观特色。

弯曲的种植墙穿过广场，以不同的关系和封闭程度将其组织成不同的区域。定制的不锈钢家具、酒吧旋转凳、咖啡馆以及椭圆野餐桌为游客提供大量的座位选择。广场北侧设有一堵 30.5m 长的波纹金属墙，色彩选用鲜艳的橙色，意在吸引第六大道行人和车辆的注意力。墙上椭圆形的镂空洞口使墙和竹子之间关系更为紧密，有助于模糊景观和建筑之间的界线。墙上另设有不锈钢的出水口，流水时的声音为竹林增加了宁静之感。

北部背阴区域主要以野餐桌，狭窄的零售空间为主，为该区域增添活力；阳光更充足的南区被略微抬高，为户外咖啡馆提供了更为私密的花园环境，吸引了社区的人群。

该广场空间不只是形式和颜色的简单运用。在它的表象视觉吸引力之下，是对社区动态的详细分析以及对决定城市小型公共空间设计原则的深刻理解。

7. 实习备注

开放时间：全天

（程璐　编写）

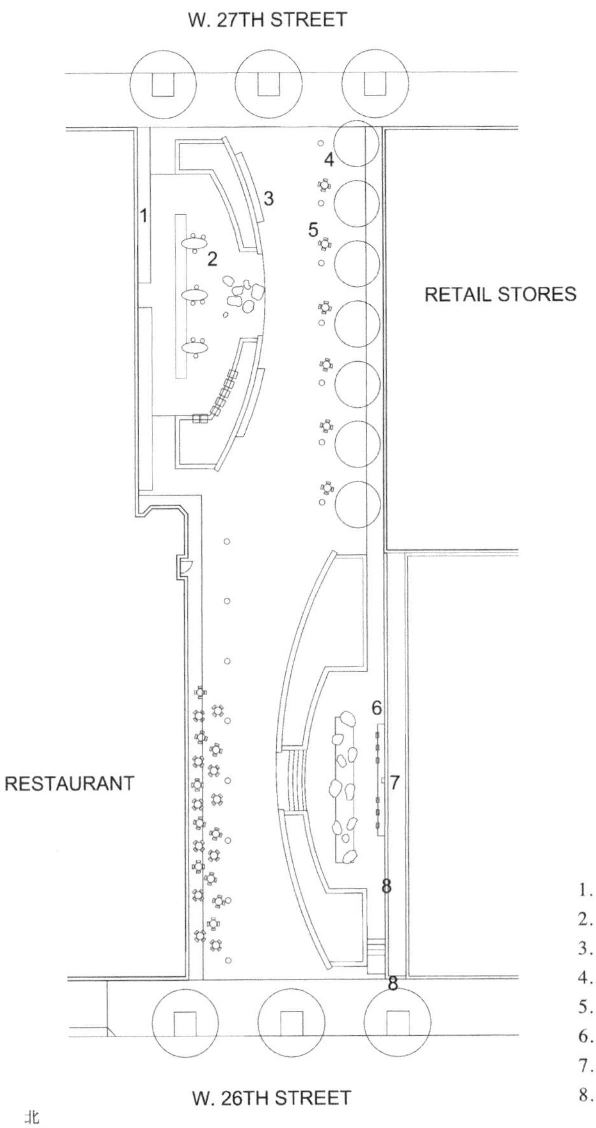

1. 竹子
2. 野餐桌
3. 不锈钢座位
4. 刺槐树
5. 酒吧桌凳
6. 靠墙座位
7. 喷水口
8. 景墙

国会大厦广场平面图

（图片来源：根据 www.asla.com 网站图纸摹绘）

纽约哈德逊河长码头公园

Long Dock Park

1. 位置规模

纽约哈德逊河长码头公园（Long Dock Park）位于纽约市北部的约 97km 处，Beacon 小镇。

规模：9.3hm^2

2. 项目类型

滨河公园

3. 设计师 / 团队

里德·希尔德布兰德（Reed Hilderbrand）LLC，Reed Hilderbrand 事务所将景观设计实践为一种有目的的转化艺术。自 20 世纪 90 年代中期以来，积极与艺术家、建筑师等合作，致力于建造具有文化影响的景观。代表作品有纽约哈德逊河长码头公园，布法罗河口花园（Buffalo Bayou），马纳图努克（Manatuck）农场庄园景观等。

4. 实习时长

1–2 小时

5. 历史沿革

该项目位于纽约市北部 97km 处的 Beacon 小镇，前身是一个后工业发展区，从废弃铁路线和渡轮码头到仓库，后沦为汽车垃圾场，20 世纪后期失去利用价值。10 余年前，设计团队试图将占据了河岸大部分空间的工业铁路侧壁和垃圾场打造成一个活力，健康、有弹性的景观，重新定义哈德逊河与河岸的关系，恢复其生态功能，并设置艺术装置以展示河流的潮汐作用，为海平面上升及越加频繁的废弃河岸改造提供一定的借鉴。

6. 实习概要

废弃构筑物及退化湿地让场地贫瘠且充满危险因素，需要多方面长期的恢复手段介入。因此该项目的设计任务是建立场地的应激机能，循序渐进的分阶段进行改造。

改造分为三个阶段进行，其中包括对废弃景观的修补及对生态环境的重塑。第一阶段于 2009 年开放，包括木板路及艺术家乔治·特拉卡斯（George Trakas）创作的作品。第二阶段（2011 年）的修复包括改造红色谷仓为艺术与环保教育中心，以及在河岸建造一座皮划艇租赁站。第三阶段于 2014 年完成，重建的平缓河岸线，皮划艇租赁站，艺术中心等呈现比较完整的景观效果，设计充分强调了海岸线的弧度，并在湿地和潮汐地之间形成亲切、多样的空间。

场地向广阔的哈德逊河伸出近 0.3km 以形成半岛，可以经受上游流速高达 160km 的冲击、风暴潮汐的定期淹没以及冬季浮冰的破坏。港口南端，“Beacon Point”的互动雕塑装置加强了项目的趣味性。通过大量土方工程，重塑了湿地的活力，优化了其集水、存水、净化、泄洪等生态功能。曾经杂乱无章的柳树、刺槐、桤木构成的森林及滩涂草地被倾斜的扶垛巧妙地加以改造，使潮间带充满野趣，同时，扶垛在草地和潮间带之间建立起清晰的分界，倚靠扶垛设置的阶梯式墙体与潮间带相连接，营造了聚会、表演的场所。

场地废弃的混凝土板重新用于铺设停车场和皮划艇租赁站前的小型广场。皮划艇租赁站装配有光伏板为场地供电，现已成为哈德逊河岸最受欢迎的娱乐地点。回收的材料和被保留的树木节省了开支，强化了环保主义的概念。

后工业用地如今被改造成为颇受欢迎的河

岸公园，场地成为哈德逊河岸最引人入胜及最具生命力的区域之一。公园采用前卫的设计路线，集艺术、娱乐、环境教育于一体，并有着健全的基础设施，如艺术欣赏空间，娱乐休闲空间等。此外，设计团队十分注重环境设计的教育性，游客可以通过娱乐，艺术设施，及一系列的环境教育性景观来与河流进行亲密接触。使游客能够与哈德逊河及其历史产生更为紧密的联系。

7. 实习备注

开放时间：全天

（程璐　编写）

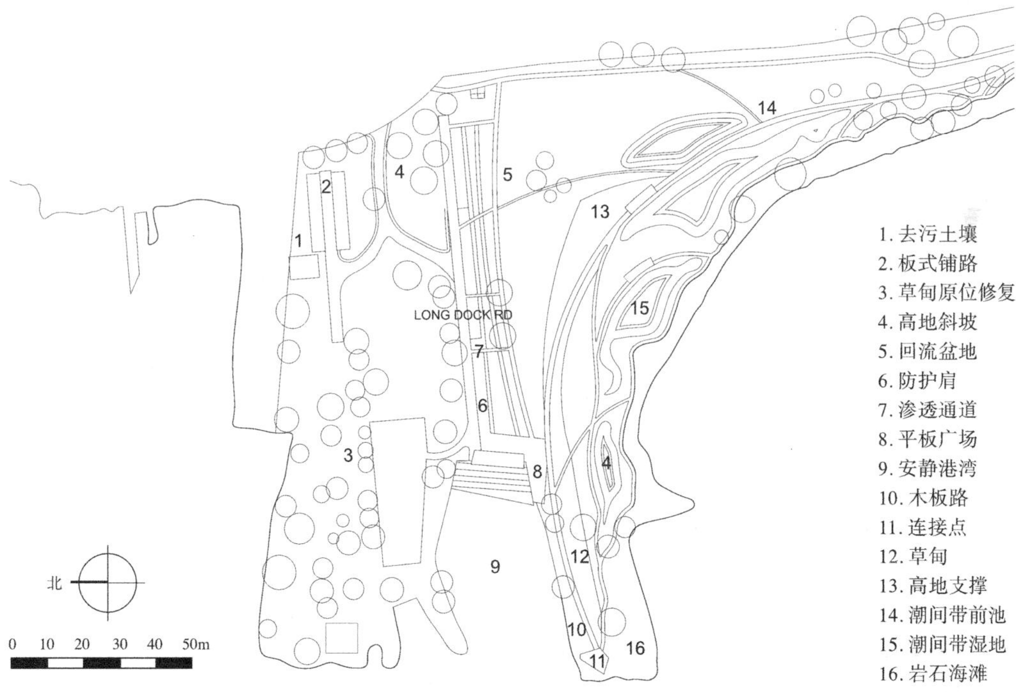

纽约哈德逊河长码头公园平面图

（图片来源：根据 www.reed hilderbrand .com 网站图纸摹绘）

纽约现代艺术博物馆屋顶花园
Museum of Modern Art Roof Garden

1. 位置规模

纽约现代艺术博物馆屋顶花园（Museum of Modern Art Roof Garden）位于纽约，曼哈顿中城，第六大道以东的第53街和第54街之间。

规模：谷口大厦（Taniguchi building）顶部，覆盖博物馆的16层楼顶及两个9层楼顶，约1350m^2。

2. 项目类型

屋顶花园

3. 设计师 / 团队

Ken Smith Landscape Architect，设计师为加州注册建筑师，ICSC和ULI的成员。其拥有超过30年的设计经验，包括多项备受赞誉的单一和混合使用项目。从总体规划到建筑设计，他为设计过程带来了一种动态的方法。他以创新和组建有才华的设计团队而闻名，这些团队引领了多功能娱乐设计的潮流。代表作品有美国St.Petersburg码头公园等。

4. 实习时长

15–30分钟

5. 历史沿革

纽约现代艺术博物馆是一座将既有结构与新结构结合并达到协调统一的综合体。为了缓解对博物馆周围住宅区造成的影响，博物馆决定在新六层画廊的新屋顶区建造一个“装饰屋顶”作为邻近市中心高层社区的城市观景花园。景观设计受到工程预算、屋顶荷载、后期维护限度的限制。因此设计师在充分考虑工程预算的前提下提出了黑白条纹砾石组合的简单模式，而这一设计也延续了该区域建造装饰屋顶的传统。

6. 实习概要

该屋顶花园，位于纽约现代艺术博物馆Taniguchi建筑顶部，不仅作为现代景观的展示空间且还包含一个于1953年所设计的一个“现代”雕塑花园。这个花园在设计语言、讽刺意义、公众知名度方面开辟了美学上的新天地。虽然屋顶花园无法进入，但在曼哈顿中城的城市高层建筑中，花园是一座高度可见的观景花园。

现代艺术博物馆的馆长和策展人想要的设计是既能观赏花园又能观赏艺术装置的设计。花园的建设有多重限制：一是建设预算相对较低；二是建筑表面的景观活荷载仅为122kg/m^2；三是屋面结构的防水层已经建成，因此屋顶上不得有任何结构上的附着物或穿透建筑物防水层的物体；四是该花园的设计应能进行最低限度的维修，尽量不需要灌溉，因此不鼓励使用活的植物材料；五是由于博物馆已购买了黑白两色的砾石，因此鼓励设计中将这些材料运用其中。

该设计的灵感来源于日本禅宗花园中铺设的平坦白色砾石，回收再利用的黑色橡胶、碎玻璃、雕刻师以及人工黄杨木。虽然灵感来源于传统内涵，但设计与施工却来自于当代的精神和形式。设计师利用模拟自然的概念和伪装的模拟策略与理论，生成屋顶花园最初的形态。

在现代艺术博物馆的屋顶花园中，各色的、自然的、再循环的和合成的材料，如：自然碎石、再生玻璃、再生橡胶人工岩等，都得到很好地运用。当代数控系统（计算机数控切割）制造技术使现场的施工变得简单可行。

7. 实习备注

因荷载限制，屋顶花园无法进入，可从周围高层建筑及高架地铁观景。

（程璐　编写）

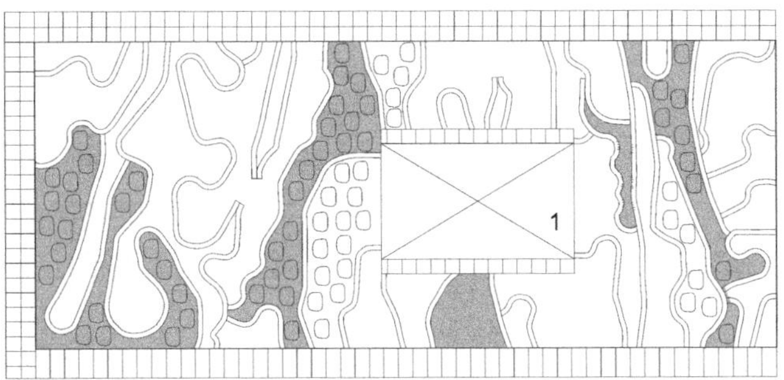

1. 9层南画廊屋顶
2. 16层机械顶棚
3. 9层北画廊屋顶

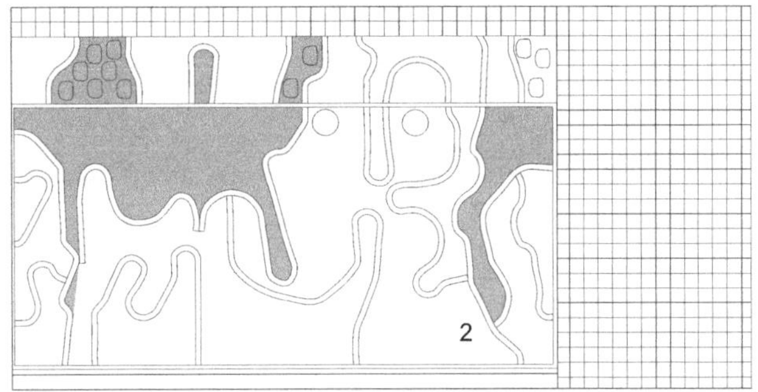

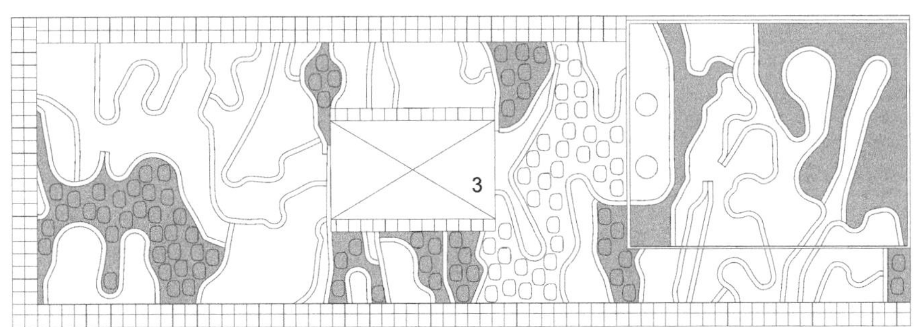

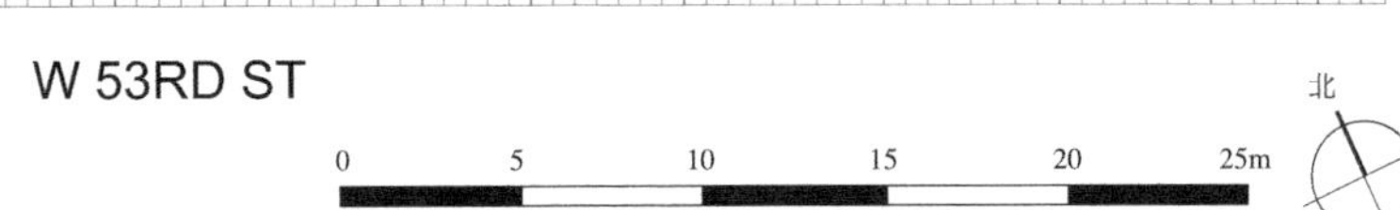

纽约现代艺术博物馆屋顶花园平面图

（图片来源：根据 www.asla.org 网站图纸摹绘）

第五大道（艺术馆大道）
Fifth Avenue (Museum Mile)

1. 位置规模

第五大道（艺术馆大道）[Fifth Avenue（Museum Mile）] 位于曼哈顿下城区西南侧，规模 1.6km 路程，横跨 23 个街区。

2. 项目类型

城市商业街

3. 实习时长

半天

4. 历史沿革

第五大道在 19 世纪初是片空旷的农地，经过扩建后，逐渐变成纽约的高级住宅区及名媛绅士聚集的场所，高级购物商店也开始出现。进入 20 世纪后，第五大道变成了摩天大楼“争高”的场所，其中以 1931 年落成的帝国大厦为最高楼。

5. 实习概要

自 1907 年第五大街协会成立以来，100 年以来始终坚持高标准，使第五大道始终站在成功的顶峰。第五大道是美国纽约市曼哈顿一条重要的南北方向的干道，南起华盛顿广场公园，北抵第 138 街。第五大道位于曼哈顿岛的中心地带，曼哈顿岛上东西走向的街道常以这条街道为界而加以东西的称呼。

著名的纽约第五大道，横跨 23 个街区的 1.6km 路程，由南至北有帝国大厦、纽约公共图书馆、洛克菲勒中心、圣帕特里克教堂，以及中央公园附近云集了大都会艺术博物馆、惠特尼美术馆、古根海姆美术馆、库珀·休伊特设计博物馆等众多声名显赫的博物馆与艺术机构，第五大道又常常被人称为“艺术馆大道”。在 60 街到 34 街之间的第五大道，则被称为“梦之街”，因这里聚集了许多著名的品牌商店，是高级购物街区。

第五大道也是纽约市民举行庆祝活动的传统途经路线，在夏季的星期日是禁止汽车通行的步行街。

6. 实习备注

最佳实习时间：4–7 月

（程璐　编写）

第五大道（艺术馆大道）平面图

（图片来源：根据 Google 地图摹绘）

布赖恩特公园
Bryant Park

1. 位置规模

布赖恩特公园（Bryant Park）位于纽约市曼哈顿区中城地段，是曼哈顿区的一颗“绿地明珠”。占地 39000m^2；东西界分别为第五和第六大道，南北界是第 40 街和第 42 街。是这个区域中最大的公共开放区。

2. 项目类型

城市公园

3. 设计师 / 团队

罗伯特·摩西（Robert Moses）

R·L·辛普森（Lusby Simpson）

G·克拉克（Gilmore Clark），1934 年

欧林景观设计事务所（Olin Partnership），1992 年

4. 实习时长

1–2 小时

5. 历史沿革

（1）公园的诞生

1884 年，为纪念刚刚过世的诗人及编辑威廉·克林·布赖恩特（William Cullen Bryant），蓄水池广场更名为布赖恩特公园。19 世纪 90 年代，为建设纽约公立图书馆，克洛顿蓄水池被拆除，布赖恩特公园的变革便开始了。

（2）闲置期

第六大道轻轨建于 1878 年，于 1938 年关闭，在它关闭之前，布赖恩特公园一直深受其影响，常常被用作一些非公园用途：例如曾经作为内战时的训练场、第六大道地铁工程建设期间用来堆放建筑垃圾以及 20 世纪 20 年代无业者的露宿街头之处。甚至还被建筑杂志评为“纽约名声最坏的公园之一”。

（3）罗伯特·摩西的重新设计

纽约市实力雄厚的公园委员罗伯特·摩西在大萧条时期承诺拯救和重新设计这个公园。建筑师辛普森曾经做了一个学院派艺术风格的公园设计，G·克拉克在 1934 年再次对其进行了设计，力图将其打造成一个应急避难所，但事实上却事与愿违。

1982 年，布赖恩特公园逐渐被人遗忘，贩毒分子和酒鬼聚集在此。著名的城市问题分析专家怀特［William Hollingsworth（Holly）Whyte］在他有关布赖恩特公园的报告中谈道：“公园的根本问题在于缺乏使用。贩毒分子抢先占据了公园，而且是公园在一定程度上促成了这种现象。可达性是解决问题的关键。”

（4）现在的布赖恩特公园

1988 年夏，市政公司通过了布赖恩特公园改建社团的规划方案，并于 1992 年再次对外开放，新的公园得到了市民、专家、媒体的广泛好评，美国城市土地学会的评奖词：该公园的成功建设带动了附近地区的有序发展。

6. 实习概要

布赖恩特公园重新规划设计的目标是建成一座相对安全的公园。由于公园地势高出街道 1.2m，入口很少且由茂盛的绿篱与铁丝网环绕，一直以来都与城市相隔离。承接改造任务的欧林事务所从可达性方面入手，增加了新的入口，提高可见度，提供了无障碍坡道以及增加通往图书馆后面平台的台阶，并以优美的多年生植被替代杂乱的灌木丛。同时对布赖恩特公园原有要素进行复原：如洛厄尔（Lowell）喷泉、威廉·克林·布赖恩特雕像以及雕花石栏杆，并在公园内复制了第五大道上图书馆露台上的小阅览台和铁花灯柱。法依弗（Hardy Holzman Pfeiffer）公司还重建了图书馆露台上

几个精美的石亭，其中一个作为卫生间，并加建一个公园咖啡厅。扩大后的中央草坪覆盖在图书馆的两层地下书库上面。1100 张活动椅以及从春天持续到秋天的活动节目安排保证了公园的人流量。布赖恩特公园还是一个经济可持续发展的典范。这个公共公园完全由一家非营利性质的私人公司提供资金和管理，吸引了当地商人的投资和一些个人捐赠。工作人员提供养护管理、安全保证和活动策划等服务，这些都不需要花费政府的资金。展现了一种公众与私人协作发展城市开放空间的合作模式。布赖恩特公园建设的成功也说明了复兴历史景观过程中对于设计的思考是十分重要的："新"的布赖恩特公园不是重建，而是一种满足新使用者需求的适应的再利用，以及与原设计不同的对于城市和社会空间的态度。

7. 实习备注

开放时间：1 月、2 月、4 月、10 月、11 月、12 月 7:00–22:00，3 月在 WinterVillage 营业季 7:00–22:00、不在 WinterVillage 营业季 7:00–19:00、夏季 7:00–20:00，5 月 7:00–23:00，6 月 – 9 月：周一 – 周五 7:00–24:00，周六、周日 7:00–23:00。管理方可能会根据天气和维护等原因关闭公园。

地址：Bryant Park New York, NY

电话：+1-212-768-4242

（王芊月　编写）

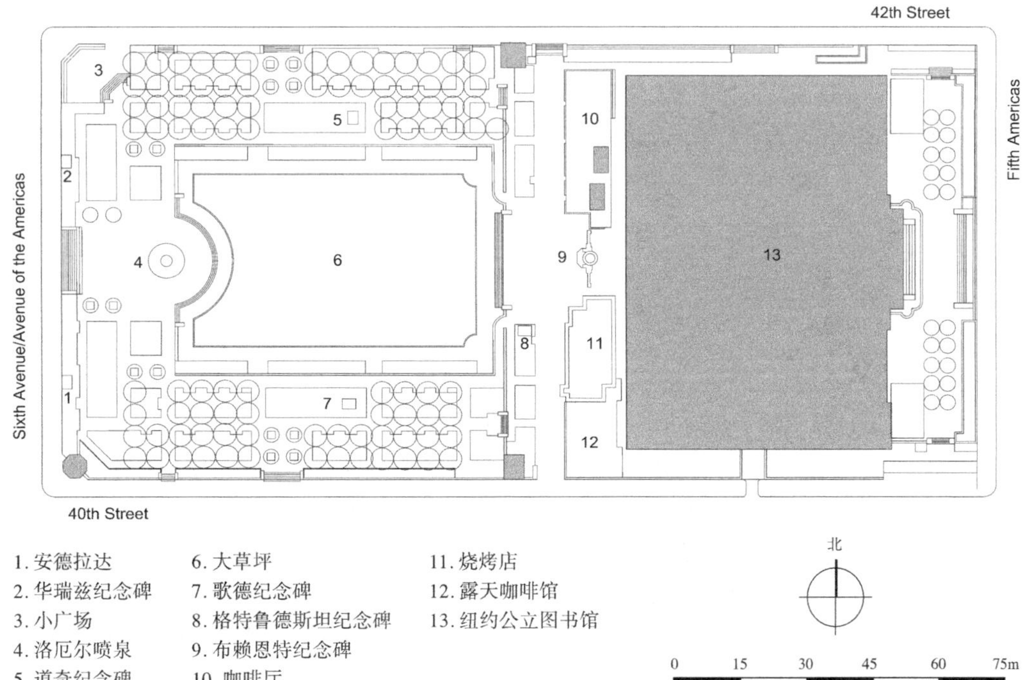

布赖恩特公园平面图

MoMA 艺术博物馆雕塑花园

Abby Aldrich Rockefeller Sculpture Garden

1. 位置规模

MoMA 艺术博物馆雕塑花园（Abby Aldrich Rockefeller Sculpture Garden）位于美国曼哈顿第 53 号大街西侧，洛克菲勒雕塑花园（Rockefeller Sculpture Garden）掩藏在纽约现代艺术博物馆一层区域的东北角，已成为博物馆的重要标志物。

2. 项目类型

花园

3. 设计师 / 团队

今天看到的雕塑花园，是 1953 年建筑师菲利普·约翰逊（Philip Johnson）和景观设计师詹姆斯·范宁（James Fanning）为了纪念 MoMA 的创始人之一艾比·奥德利奇·洛克菲勒（Abby Aldrich Rockefeller），决定改造并以她的名字命名的花园。她的别墅曾经坐落在这个地方。2004 年，日本建筑大师谷口吉生（Taniguichi Yoshio）重新进行了设计，花园再次成为建筑群的中心。设计打通了花园内部与外部的联系，使其与建筑成了一个整体。

4. 实习时长

1 小时

5. 历史沿革

1939 年，MoMA 成立的第十年正式在现在的馆址安居，而建筑的后方，还有一片开敞的空地。离新建筑落成宴会只有不到两周的时间，MoMA 第一任馆长阿弗烈德·巴尔（Alfred H. Barr）和建筑部新上任的策展人约翰·麦克安德鲁（John McAndrew）决定将这片空地用作雕塑花园。空地地面上铺满了碎石，雕塑与雕塑之间置入了屏风，形成了亲密的观赏空间。1953 年为纪念 MoMA 的创始人之一艾比·奥德利奇·洛克菲勒（Abby Aldrich Rockefeller），MoMA 决定改造雕塑花园，担任改造设计重任的是时任 MoMA 建筑与设计总监菲利普·约翰逊，他设计后的雕塑花园更加现代、开放，没有特意规划游览路线，但却成了一个绝佳的艺术漫步场所。之后的半个世纪里雕塑花园随着 MoMA 的发展而不断精益求精，直到 1984 年，MoMA 进一步扩张，为了配合整体设计，花园的面积缩小了。现在的 MoMA 是 2006 年才全部竣工的新馆。由日本建筑师谷口吉生操刀，以东方建筑的理念融入建筑设计，增设了一个世外的“雕塑花园”。新的建筑恢复了内部和外部空间之间的连续性，现在花园再一次成为博物馆的中心焦点。

6. 实习概要

雕塑花园被分割成好几个不同的区域，每个区域都有元素来区分边界，杂而不乱。花园的入口处是一朵巨型的玫瑰雕塑，长着小刺的枝干独立向上，到了三分之二的高度处生长出四五片叶子，烘托着最顶端鲜艳欲滴的红玫瑰。在雕塑的“根部”下围着若干椅子背对雕塑的方向，供来此参观的人坐下来观赏整个花园的布局。

背对玫瑰向东望去，逐级而下，花园的左侧是一组鲜艳的雕塑和一个小型的喷泉。群像与喷水池形成了一动一静的效果，远处则是雕塑分割开来的绿植区域。喷泉的右侧，是另一小块绿植区域，再往右以人行道和一些零星的雕塑隔开，后面则是 MoMA 的咖啡馆露天座位。

作为 MoMA 的秘密花园，这里有许多独具匠心之处。MoMA 将这里作为博物馆展览的扩展区域，为参观者提供欣赏大型雕塑的空间。因此，在每个展品面前或者周围都排放了长排椅子，引导参观者坐下来观赏，同时这些椅子也起到了分割整个花园不同展区的效果，形成无形又有形的边界。

对于那些从博物馆的展览里走出来的人们而言，雕塑花园可以让他们体验另一种参观乐趣；而对于那些不愿意花钱走进博物馆的人们来说，雕塑花园又是一个在休憩中寻找艺术互动的绝佳场所。

整个花园面积不算大，除了沿街的一面有围栏之外，花园的另外三面都是 MoMA 的建筑外墙。为了让这里看起来和博物馆主体更加融合而不是单独在外的一个花园，在设计上用了很多巧思。最主要的一个方法，是通过大量使用玻璃，使得建筑本身的通透感大大增强，让花园的空间在视觉上被放大。这样不仅让底楼的参观者受益，整个 MoMA 主楼共 6 层楼，在建筑中也有机会在空中欣赏这个秘密花园。

7. 实习备注

地址：曼哈顿中城，西 53 街，第五和第六大道之间（Midtown Manhattan, New York City, at 11 West Fifty-third Street, between Fifth and Sixth avenues）

参观时间：一周 7 天，除周五 10:30–20:00；其余 6 天每天都是 10:30–17:30

（王芊月　编写）

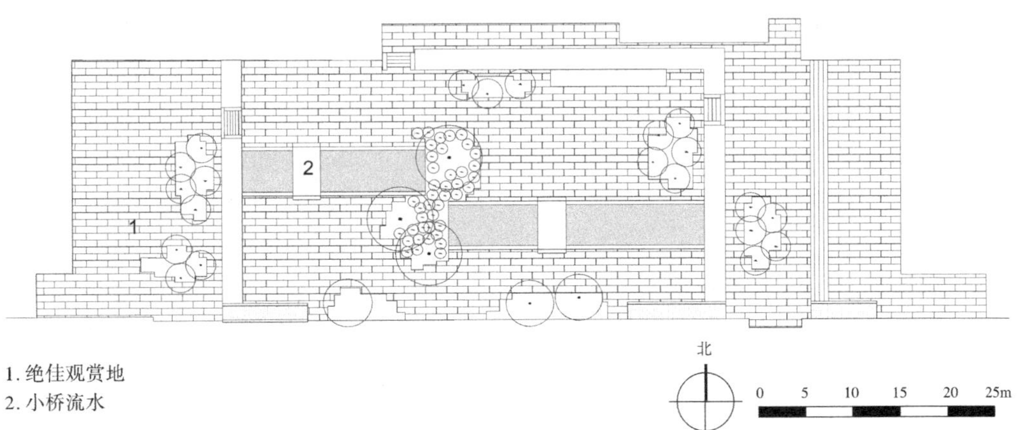

1. 绝佳观赏地
2. 小桥流水

MoMA 艺术博物馆雕塑花园平面图

佩雷公园
Paley Park

1. 位置规模

佩雷公园（Paley Park）位于曼哈顿市中心的东 53 街，第五大道和麦迪逊大道之间，公园占地 390m^2，为喧哗的都市提供了一个安静的城市绿洲。

2. 项目类型

城市公园

3. 设计师 / 团队

佩雷公园由美国第二代现代景观设计师罗伯特·泽恩（Robert Zion）设计提出概念并设计，威廉姆·佩雷（William S. Paley, 1901—1990 年）出资建造。佩雷是哥伦比亚广播公司（Columbia Broadcasting System, CBS）的创始人和主席，为了纪念他的父亲塞缪尔·佩雷（Samuel Paley，1875—1963 年）而建造了佩雷公园。它属于私人拥有、私人修建、私人管理，免费对公众开放的公园。

4. 实习时长

0.5–1 小时

5. 历史沿革

口袋公园的概念，最早是 1963 年 5 月在纽约公园协会组织的展览会上，提出的“为纽约服务的新公园”的提议，原形是建立散布在高密度城市中心区的呈斑块状分布的小公园（Midtown Park），或称口袋公园系统。佩雷公园是世界第一个口袋公园，也是最著名最成功的口袋公园之一，它建成于 1967 年，建成后，迅速受到了人们的欢迎且使用频繁。现在的佩雷公园是根据原设计于 1999 年重建，公园对外关闭了半年，重建工程耗资约 70 万美元。

6. 实习概要

佩雷公园的设计初衷为“城市中心的绿洲”——人们可以进入公园内休息，远离嘈杂的环境。与其他公园不同的是，佩雷公园并不追求成为一个多功能的公园，它仅是一个为人们提供坐下休息的场所。公园三面环墙，前面是开放式的入口，面对大街，面积非常小，为了能让人们坐下来休息，整个场地基本都是铺装和可移动的座椅。佩雷公园的设计十分人性化，它的地面高出人行道，将园内空间与繁忙的人行道分开，入口是一条四级的阶梯，两边是无障碍斜坡通道。公园主体区域是树阵广场，每棵皂荚树间距 3.7m，能提供足够宽敞的空间给游人活动。左右两面墙体覆盖着藤本植物，还有五颜六色的花朵，赏心悦目。全园的亮点是 6m 高的水幕墙瀑布，作为整个公园的背景正对着入口。瀑布制造出来的流水的声音，掩盖了城市的喧嚣，而路人看到的则是一个生机盎然的绿色空间。佩雷公园将各种元素混合，将不同的材质，多种色调以及声音元素融合在一起，营造了一种轻松、愉悦的氛围。比如铁丝网做成的椅子搭配大理石材质的小桌台轻巧却不影响周围的环境。广场地面不是用水磨面、混凝土，而是用粗糙的蘑菇面方形小石块铺装，富有自然情趣。

佩雷公园在规模和功能上很好地响应了曼哈顿的条件成为曼哈顿的瑰宝之一，得到了很高的赞誉，更成为口袋公园的典范。从某种意义上说，它以自己独特的方式具有和中央公园一样重要的意义。

7. 实习备注

地址：3 East 53rd St, New York City, NY10022

电话：（212）639-9675

（王芊月　编写）

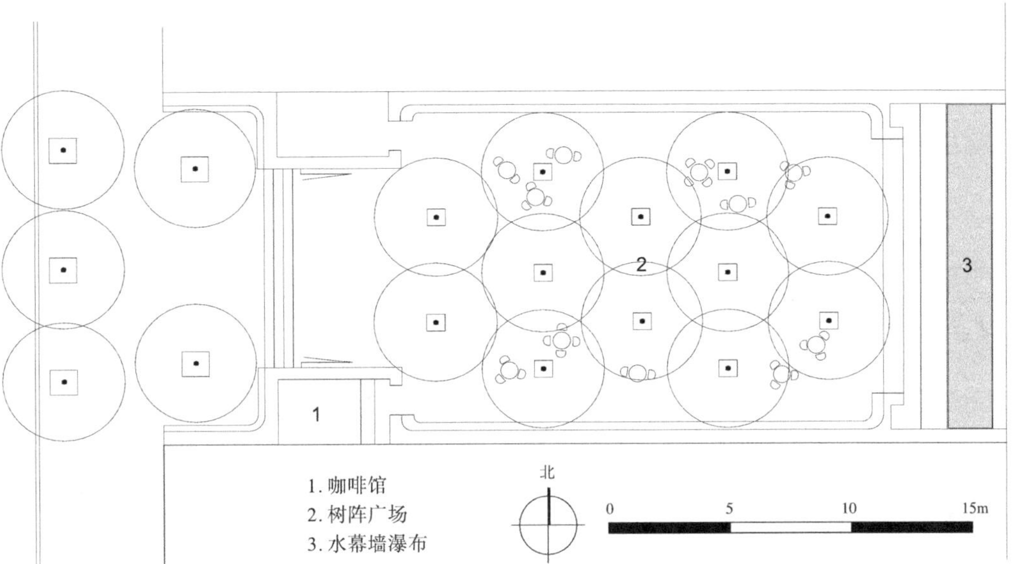

佩雷公园平面图

西哈林码头公园

West Harlem Piers Park

1. 位置规模

西哈林码头公园（West Harlem Piers Park）位于哈德逊河沿岸第 129 街和第 133 街之间，占地约 $2.4hm^2$。

2. 项目类型

城市公园

3. 设计师 / 团队

W-Architecture 事务所

4. 实习时长

0.5–1 小时

5. 历史沿革

西哈林码头公园所在地多年来一直被大众忽略，这里从前是一个停车场，哈林码头（Harlem Piers）是一个繁忙的户外空间，人们可以在这里看到渡船从曼哈顿穿过哈德逊河，驶向帕利塞德斯游乐场（Palisades）。之后码头被拆除。1998 年，事务所与纽约市社区委员会合作，组织了哈莱姆河上项目。该公园于 2005 年 10 月动工，2008 年底竣工。2009 年 5 月 30 日，西哈林码头公园正式开放，连接着西哈林和哈德逊河绿道（Hudson River Greenway），并且拥有新的休闲码头、自行车道和步行街以及景观化的开放空间。

6. 实习概要

在这个狭窄的公园里，设计以可持续的方式重建了城市和河流之间的联系，同时扩大了社区的公共空间。公园的建设分为几个阶段，第一阶段是码头的建设，以及在不扰乱现有交通流量的情况下，缩窄了与场地相邻公路。第二阶段的工程是对地形的改善。

设计基于场地自身的小海湾形态（城市和水作用的结果），公园的各个景观元素按大小排序分散开来，就好像被海浪留下的痕迹一样。包括花岗石石凳（从舱壁上回收的花岗石块）、块状的草坪以及三角形花坛、码头和种植园都是基于对水的可持续利用，并且采用对角几何结构来扩大空间。路面使用了波浪的图案。码头遵循了陆地建造的形式，而不是之前的码头结构，同时提供了各种各样与水相关的活动，包括钓鱼（设计在河流底部安装了珊瑚球，用于鱼类栖息）、游船、生态教育科普以及一般的休闲娱乐。公园中的植物营造了两个生态环境：一个是落叶树的林地、低矮的下层灌木和多年生地被生境；以及海湾生境，海湾以 300 英尺长五彩的海滨区多年生的植被花坛为特色，种植在公园的一端，除此之外还有斜坡草坪，用于举办各种活动。

西哈林码头公园可谓是眼睛与耳朵的盛宴。此起彼伏的海浪拍打桥墩及岩石的声音不仅能在公园内被听到，还几乎传遍了整个哈德逊河。游人们在这里能体会到“噪声”原来也可以如此的美妙动人。

7. 实习备注

地址：Henry Hudson Pwy between St Clair Place and W 135th St，New York, NY 10027

交通：乘坐 1 号线地铁到第 135 街和百老汇站下车，在西第 125 街上向西北走大约 3 个街口，穿过哈德逊公园大道（Henry Hudson Parkway）的地下隧道就到达西哈林公园

开放时间：周一至周日 6:00–22:00

（王芊月　编写）

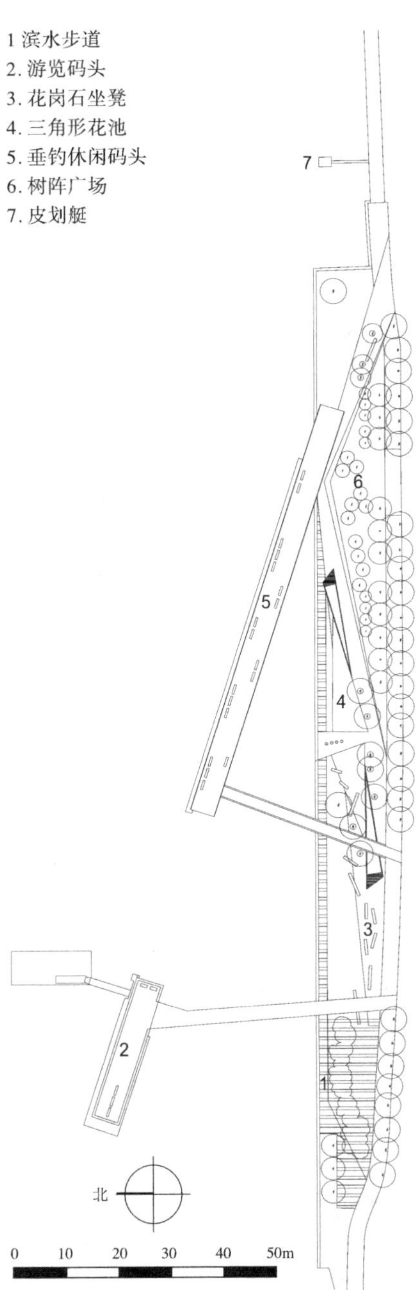
1 滨水步道
2. 游览码头
3. 花岗石坐凳
4. 三角形花池
5. 垂钓休闲码头
6. 树阵广场
7. 皮划艇
7
6
5
4
3
2
1
北
0
10
20
30
40
50m

西哈林码头公园平面图

时代广场
Times Square

1. 位置规模

时代广场（Times Square）位于美国纽约市曼哈顿区第 42 大街、百老汇大道跟第 7 路交叉的三角地带。约占纽约市区面积的 0.1%，大概 2.02hm^2。

2. 项目类型

城市广场

3. 设计师 / 团队

设计团队：斯诺赫塔建筑设计事务所（Snøhetta）

设计者：马修斯·尼尔森（Mathews Nielsen）(景观设计师）

委托机构：纽约市交通局、纽约市设计及建设部

4. 实习时长

1–3 小时

5. 历史沿革

纽约时代广场经历过它的鼎盛时期，也有过萧条时期。19 世纪《纽约时报》发行人阿道夫·奥克斯将该报总部迁到第 42 街，当时称为朗埃克广场上的一座新建大楼里，并在 1904 年 4 月 8 日将朗埃克广场正式更名为时代广场。随着 20 世纪 30 年代大萧条的来临，时代广场气氛出现转变。当时广场上有表演场所以及通宵放映电影的影院、售卖廉价旅游纪念品的商店。20 世纪 80 年代末，由于管理不善，时代广场一度成为小偷、毒品贩子的乐园，社会秩序相当混乱，甚至成为罪恶的代名词。

20 世纪 90 年代，时任纽约市长鲁迪·朱利安尼对时代广场区域进行了整治，包括封闭色情场所、加强治安以及开设更多适合游客的观光点等措施，使时代广场重新成为纽约吸引游客的地方。

2010 年斯诺赫塔建筑设计事务所受委托对时代广场进行改造，将其设计为一个永久步行广场，清除了几十年前陈旧的、混乱不堪的基础设施，并创造了建筑之间协调统一的地面景观。经提升改造的“世界十字路口”更加出色地扮演了它作为公共生活舞台和自由演说平台的角色。该项目于 2016 年完工。

6. 实习概要

斯诺赫塔事务所对纽约时代广场的改造位于百老汇大道和第七大道的交叉口处，是当前美国最具人气的场所之一，被誉为“时代广场领结”。设计将一片拥挤的车行区转变成了一处约 1 万㎡的步行公共空间。

斯诺赫塔建筑设计事务所的设计灵感来源于时代广场的过去及其丰富的娱乐史——二元性的影响贯穿整个项目，大至设计概念，小至项目细节。时代广场的标志性建筑和壮观的标志——“领结”区的发光墙壁——在曼哈顿的中心地带创造了一个户外空间。广场的设计创造了一个整洁的步行区以及一个内聚的空间，加强了“领结”作为户外舞台的作用。这个清晰而简洁的地面层由预制混凝土铺砌而成，为空间创造了一个焦点，使时代广场更加富有活力。该区域新的双色定制的铺砖内嵌有五美分大小的钢盘，将上方从广告牌中发出的霓虹灯光反射在路面上，映射了影院招牌的灯光和时代广场的历史。

项目的核心是广场中放置的 10 个约 15m 长的花岗石座椅，起到分流人群以及导向的作用，同时也为人们创造了停下来聚集在一起的空间，也使赶时间的游客能从长椅两边的通道快速通过。每年广场上会举办 350 多场公共

活动，为此，长椅中嵌入了新能源装置和广播设备。

新的设计将时代广场改造成了一个世界级的城市空间，展现了时代广场和纽约市最出色的一面，让"世界的十字路口"在保持其边界的同时美化了它的面貌。

7. 实习备注

开放时间：全天

电话：(212) 768-1560

门票：免费

（王芊月　编写）

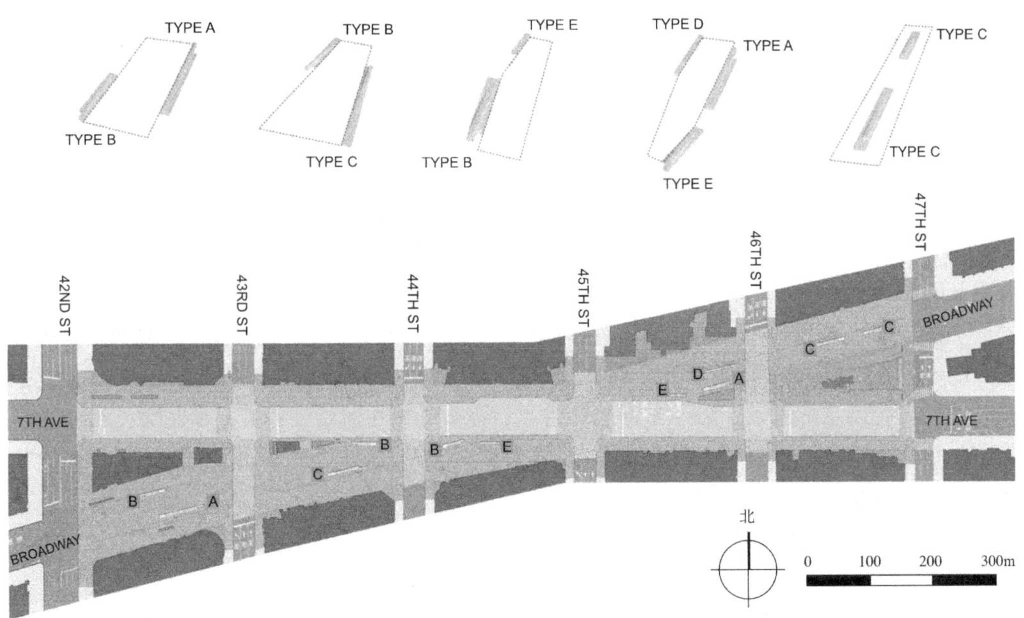

时代广场平面图

（图片来源：运宏．纽约时代广场改造 [J]. 城市环境设计，2018（03）98-109.）

华尔街
Wall Street

1. 位置规模

华尔街（Wall Street）位于纽约市曼哈顿区南部，从百老汇路延伸到东河，长约500m，宽仅11m。1792年荷兰殖民者为抵御英军侵犯在此建筑了一堵土墙，街道因而得名Wall Street。后拆除了围墙，但“华尔街”的名字却保留了下来。

2. 项目类型

街道

3. 实习时长

1–2小时

4. 历史沿革

华尔街的历史可追溯到从1653年—19世纪末，资本主义在荷兰逐渐完善并形成了一套完整的金融体系，荷兰人移民到北美，将资本主义的商业精神带到了新阿姆斯特丹（今纽约），当时为荷兰的殖民地。来自荷兰的移民团在此建造了坚固的栅栏抵御印第安部落、新英格兰殖民者以及英国人，1685年勘测员沿着原始栅栏划定出一条道路，即今日的华尔街。1699年英国人将这面城墙拆除。华尔街名字也由此而被保留至今。

1920年9月16日，一枚炸弹在华尔街23号——摩根大通总部前爆炸，造成38人死亡，300余人受伤。1929年华尔街股市崩盘，并导致之后的经济大萧条。2001年9月11日，位于华尔街附近纽约金融区的世界贸易大厦遭到恐怖袭击，纽约交易所停止交易，这一刻美国经济乃至世界经济几乎停摆，华尔街这个金融帝国的影响力由此可见一斑。

5. 实习概要

华尔街原意为“大墙大街”。街道狭窄而短，从百老汇到东河仅有7个街段，却以“美国的金融中心”闻名于世。“华尔街”一词现已超越这条街道本身，成为附近区域的代称，亦可指对整个美国经济具有影响力的金融市场和金融机构。华尔街上的建筑风格多以镀金年代为基础，附近地区同时也受到装饰艺术的影响。联邦国家纪念堂（Federal Hall）和位于百老汇街口的纽约证券交易所（NYSE）是街上最著名的建筑物。亚托罗·迪·莫迪卡（Arturo Di Modica）所雕塑的公牛是表华尔街的代表。也是外来游客必到的景点。铜牛身长近5m，重达6300kg，无数前来观光的游客，都愿与铜牛合影留念，并以抚摸铜牛的牛角来祈求好运。设计师狄摩迪卡是在1987年纽约股市崩盘之后有的创作灵感。他说：“当我看到有人失去了一切，我感到非常难过，于是我开始为年轻的美国人创作一件美丽的艺术品。”为了筹资，他卖掉了家乡西西里祖传农场的一部分，总共筹得资金36万美元。它曾被放置在纽约证券交易所前方，被认为是“美国人力量与勇气”的象征。数日之后被移至华尔街附近的博灵格林（Bowling Green）公园。

三位一体教堂（Trinity Church）位于百老汇与华尔街的交界处，正前方是纽约证券交易所，背后是美国证券交易所（AMEX），左右两侧为写字楼，周围有一小块地方还保存着17世纪的花园和墓地。早在华尔街还是一堵破烂不堪的城墙的时候，它就已经是这附近的标志性建筑了。从教堂门前穿越百老汇，便正式进入了华尔街。

华尔街重要建筑：

华尔街1号：纽约银行大楼（Bank of New York Building）(原欧文信托银行大楼)；

华尔街14号：美国信孚银行大楼（Banc America Specialist Inc)；

华尔街8号：纽约证券交易所大楼；

华尔街23号：原摩根大通大楼（J. P. Mergan Chase)，现改为公寓；

华尔街37号：原美国信托公司（Chase Bank)，美国大通银行，现改为出租住宅；

华尔街40号：特朗普大楼（Trump Building)，曼哈顿信托银行；

华尔街45号：原多伦多道明银行（TD Bank)，现改为住宅；

华尔街48号：原纽约银行（Bank of New York）总部，现改为美国金融博物馆(Museum of American Finance)；

华尔街60号：德意志银行（Deutsche Bank Trust Co America）大楼，摩根大通大楼；

华尔街63号：原布朗兄弟哈里曼信托（Brown Brothers Harriman & Co.）大楼，现改为住宅；

华尔街111号：花旗银行（Citi Bank）大楼。

6. 实习备注

开放时间：全天

电话：+1 866-648-5873

门票：免费

7. 图纸

图纸请参见连接 www.cccarto.com

（王芊月　编写）

龙门广场州立公园

Gantry Plaza State Park

1. 位置规模

龙门广场州立公园（Gantry Plaza State Park）占地 4.9hm^2，位于纽约市皇后区猎人角区东河。

2. 项目类型

城市公园

3. 设计师 / 团队

公园现由皇后区西部开发公司分阶段开发。第一阶段由托马斯·贝尔斯利（Thomas Balsley）和温特劳布（Lee Weintraub）（纽约市景观设计师）以及理查德·沙利文（Richard Sullivan）（建筑师）共同设计。第二阶段面积为 2.4hm^2，由纽约市景观建筑公司埃布尔·鲍森·巴茨（Abel Bainnson Butz）设计，于 2009 年 7 月向公众开放。完成后，龙门广场（Gantry Plaza）州立公园的总面积预计为 16hm^2。

4. 实习时长

1–1.5 小时

5. 历史沿革

公园南部曾是重要的运输码头，包括建于 1925 年由詹姆斯·B·法兰西（James B. French）修复并获得专利的运输桥，公园北部则是 1999 年关闭的百事可乐灌装厂的一部分。1936 年，（Artkraft-Strauss）公司在百事可乐的金属标牌上竖立了一个长 37m、高 18m 的红宝石色霓虹灯，它位于灌装厂的顶部，于 2009 年被拆除并重新组装到公园内。

龙门广场州立公园于 1998 年 5 月首次开放，并于 2009 年 7 月扩建。公园以这里曾经的两条长岛运输铁路（Long Island Rail Road）线命名。

6. 实习概要

公园最醒目的标记之一就是两对钢铸铁造的龙门起吊架。在 19 世纪晚期 –20 世纪早期，龙门广场曾是纽约最繁忙的地区之一，由货轮驳船经东河运来的货物在此吊上货运火车运往长岛或其他地方。当年的长岛市不仅是一个重要的工业区，还是一个独立的行政市，当游客看到龙门广场的起吊架时，会很自然地联想起长岛市的往日辉煌。设计对两对龙门做了不同的处理，南面的龙门立在水中，可望而不可及；北面的龙门旁是曲折的步道，把历史和现实连在一起。龙门就像景框，将曼哈顿中城的美景框在其中，正对面的联合国总部及克莱斯勒大厦（Chrysler Building），雄伟壮观。

公园里有 4 个伸向东河长短不一的码头，设计者的构想是游人可以站在不同的码头，不同的角度，以不同的方式欣赏到东河以及曼哈顿的景色。在 4 个码头中，游人可以凭栏眺望，也可以选择仰靠在阿达朗克椅上，或者可以坐在设计成吧台旁高脚凳上高低起伏的波浪形长椅上，码头甚至还布置了吊床。

除码头之外，公园中还有一个重要的景点：龙门广场，这个弦月形的阶梯式广场自开放以来，已经举办了数场音乐会、演出及其他活动。

昨日的工业遗址，今日已经变身成为州立公园。河边浅灰色的方石，芦苇旁红色的摇椅，护栏上银色的不锈钢扶手等，公园设计所用的建材和色彩既体现了 21 世纪的现代感，同时也与自然景观以及曼哈顿的天际线相呼应。

7. 实习备注

开放时间：周一 – 周日 08:00–22:30

地址：4-09 47th Rd, Long Island City, NY 10007

交通：乘坐 7 号地铁到达弗农大道 - 杰克逊街站（Vernon Boulevard- Jackson ），向西走两个街区，位于中央大道北侧

电话：+1 718 7866385

（王芊月　编写）

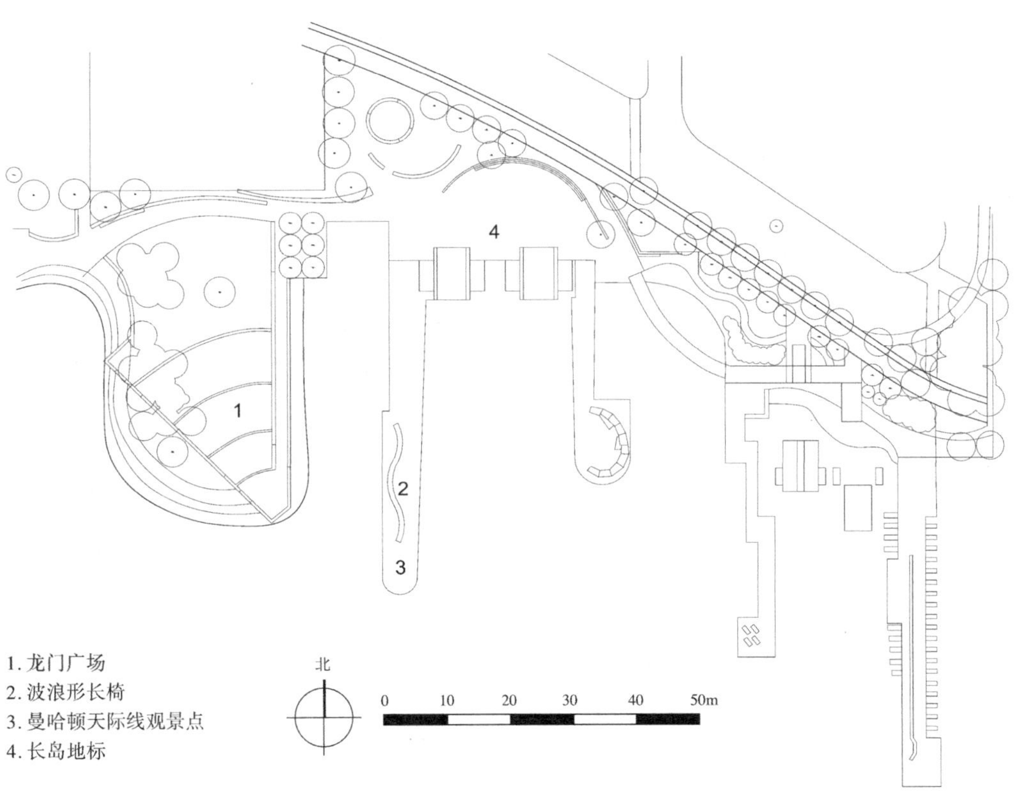

龙门广场州立公园平面图

华盛顿广场公园
Washington Square Park

1. 位置规模

华盛顿广场公园（Washington Square Park）位于美国纽约曼哈顿区，格林尼治村与东村中间，在第五大道的尽头。公园周边的建筑大多属于纽约大学的财产。公园建于1871年，占地3.94hm^2。

2. 项目类型

城市公园

3. 设计师 / 团队

美国建筑师斯坦福·怀特（Stanford White，1853—1906年），设计了华盛顿拱形门。他的作品还有波士顿公共图书馆（Boston Public Library）、旧麦迪逊广场花园（Madison Square Garden），以及许多其他建筑物及纪念馆。

4. 实习时长

1–3小时

5. 历史沿革

华盛顿广场曾经是一片沼泽，18世纪末为公墓，埋葬当时因黄热病去世的人，并于1825年关闭。1826年这片区域被用作华盛顿阅兵场。1849年和1850年期间新增了步道和新的围墙，正式成为公园。1871年，公园被纳入新成立的纽约市公园部管理之下后又进行了重建，增加了弯曲的步道。为了纪念乔治·华盛顿（George Washington）于1885年宣誓就职100周年，1892年由斯坦福·怀特设计了华盛顿拱形门，参考巴黎凯旋门完成。

华盛顿广场的灵感最初来源于1791年法国工程师皮埃尔·查尔斯·郎方（Pierre Charles L'Enfant）的华盛顿规划方案。但在他生前设计并未实现。直到20世纪的麦克米兰计划（McMillan Plan）才得以实施。

6. 实习概要

华盛顿广场是当今纽约大学内最受人喜欢的地方之一，广场由数片绿地组成，最具有标志性的景点是为纪念华盛顿的拱形门与一个大型喷泉。拱门原建于1889年，为纪念美国国父乔治·华盛顿宣誓就职100年，1892年时，被斯坦福·怀特设计的大理石拱门取代，拱门右侧有一个隐藏式楼梯可攀登而上，另外，拱门的两侧均立有华盛顿的雕塑，右侧是和平时期的华盛顿，左侧是战争时期的华盛顿，分别为1918年、1916年增加的。公园同时还包含了儿童游乐设施、花园、散步步道、下棋区域、长椅、野餐桌以及纪念性的雕像。历史上，这个公园是许多作家、音乐家的活动中心。亨利·詹姆斯（Henry James）于1880年发表的小说《华盛顿广场》就是以该广场为创作背景的。

华盛顿广场目前是纽约最具活力的户外空间之一，每年春秋两季这里都会举办大型艺术节，吸引大批学生与艺术节人士参与。

周边主要景点：

格林威治村：位于华盛顿广场西侧，原是城里人逃避黄热病的临时住所，广场建立后，许多艺术工作者陆续进驻于此。

汤普森街：位于华盛顿广场的南方，是一条美食街。

东村。

7. 实习备注

开放时间：全天

门票：免费

电话：+1-212-3877676

（王芊月　编写）

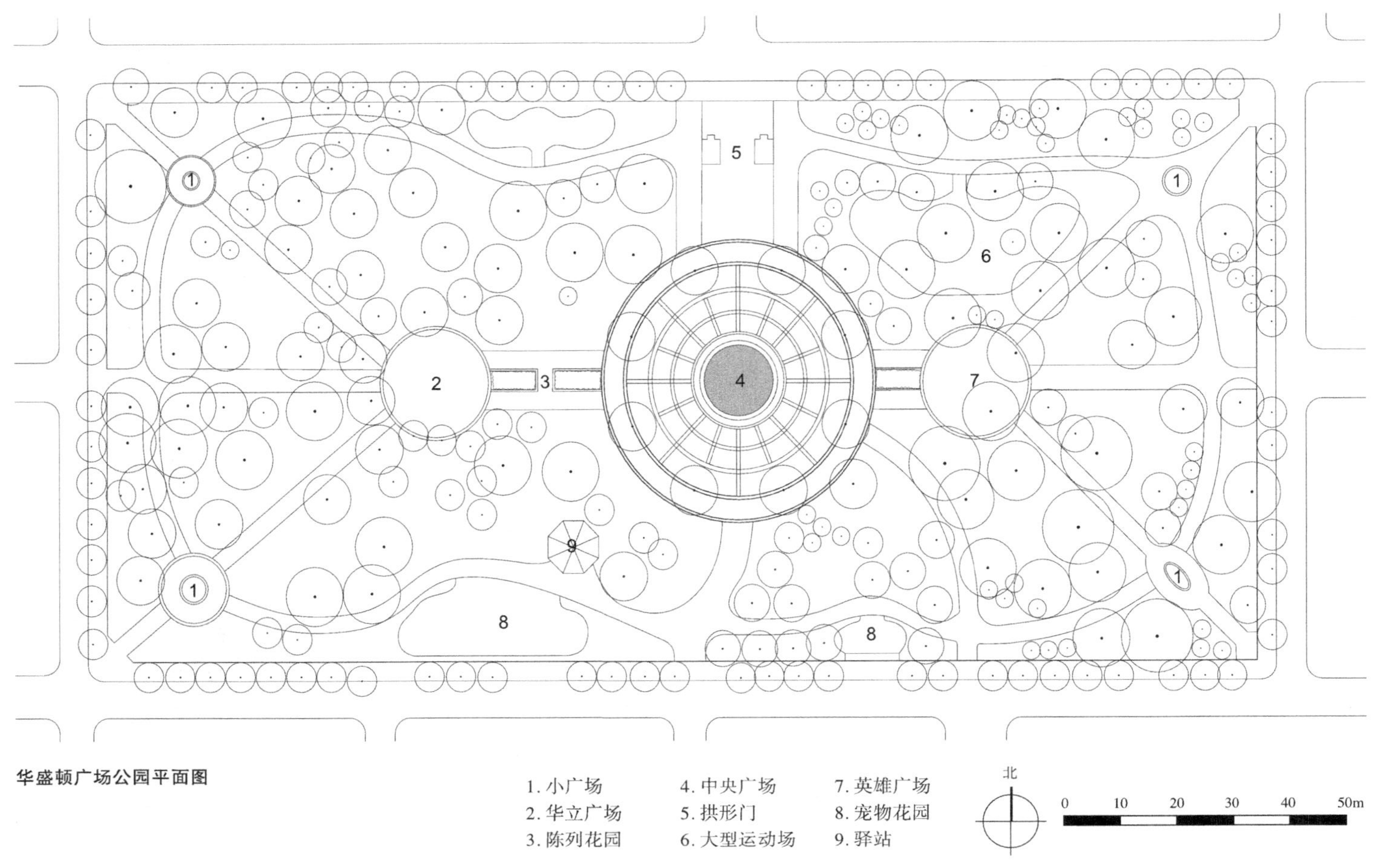
1
2
3
4
5
6
7
8
9
1. 小广场
2. 华立广场
3. 陈列花园
4. 中央广场
5. 拱形门
6. 大型运动场
7. 英雄广场
8. 宠物花园
9. 驿站
北
0
10
20
30
40
50m

华盛顿广场公园平面图

联合国大厦

United Nations Headquarters

1. 位置规模

联合国总部大楼（United Nations Headquarters）位于美国纽约市曼哈顿区的东侧，其西侧边界为第一大道，南侧为东42街，北侧为东48街，东侧可以俯瞰东河。

2. 项目类型

建筑

3. 设计师 / 团队

设计委员会于1947年成立由国际知名建筑师组成，设计总负责人为美国建筑师W·K·哈里森（W. K. Harrison）。共11名国际建筑师，包括中国的梁思成、巴西的奥斯卡·尼迈耶（Oscar Niemeye）、苏联的巴斯索夫（N. D. Bassov）、比利时的加斯顿·布伦福（Gaston Brunfaut）、加拿大的欧内斯特·科米尔（Ernest Cormier）、法国的勒·柯布西耶（Le Corbusier）、瑞典的斯文·马克里乌斯（Sven Markelius）、英国的霍华德·罗伯逊（ Howard Robertson）、澳大利亚的G·A·索卢克斯（G. A. Soilleux）和乌拉圭的胡里奥·维拉马杰（Julio Vilamajó）。

4. 实习时长

1–2小时

5. 历史沿革

联合国总部大厦始建于1947年，因为毗邻东河快车道和东河的缘故，团队在50个提案中选出尼迈耶的32号提案以及柯布西耶的23号提案，其中前者将分别用于设计联合国大会和秘书处两所建筑，而后者则用于设计一个包含一切机构的建筑。最后二者共同提交了23-32号计划，其设计如我们今日所见。

大厦于1949年10月24日奠基，1952年落成。土地购于当时的纽约房地产家威廉·杰肯多夫，面积阔达6.88hm^2。2006年12月23日，联合国大会通过了名为“基本建设总计划”的决议，决定拨款18.77亿美元来整修联合国总部大楼，该项目于2009年正式开始，2013年完工。

6. 实习概要

联合国大厦的大厅内墙为曲面，屋顶为悬索结构，上覆穹顶。南侧为秘书处大楼，大楼总高154m，39层，是早期板式高层建筑之一，也是最早采用玻璃幕墙的建筑。前后立面都采用铝合金框格的暗绿色吸热玻璃幕墙，钢框架挑出90cm，两端山墙用白大理石贴面。大楼体形简洁，色彩明快，质感对比强烈。大楼前方设有190多个旗杆悬挂各成员国国旗。秘书处大楼一侧较低的长排建筑，其高度由低至高形成一道弧线，为联合国总部的会议厅大楼，紧连会议厅大楼的是联合国大会厅，联合国成员国代表的表决会议通常在此举行。

安理会：安理会会议厅由挪威赠送，挪威建筑师阿伦斯坦·阿尔内·伯格（Arenstein Aarne Berg）进行设计。挪威艺术家佩尔·克罗格为其绘制了一幅油画壁画，象征着世界在第二次世界大战后的重建。

经济社会理事会：公共走廊的天花板上暴露着的管道。建筑师认为“未完工”的天花板是个象征，提醒人们联合国的经济和社会工作永远没有完结；为了改善世界人民的生活条件，还有更多的事要做。

托管理事会：托管理事会会议厅由丹麦赠送。丹麦建筑师芬恩·朱赫尔（Finn Juhl）进行设计，室内所有陈设都来自丹麦，其中大型木雕像是丹麦艺术家亨里科·斯塔克（Henrico Stark）雕刻丹麦于1953年6月赠送给联合国。会议厅墙上镶嵌着白蜡木，目的是加强音响效果。

公共花园：位于联合国大厦前，花园中矗立着一座埃利诺·罗斯福（Eleanor Roosevelt）纪念碑，还有中国、巴西、德国、俄罗斯和南斯拉夫等国家赠送的各种雕塑作品。

枪雕塑：位于公共花园，由卢森堡赠送。弯曲打结的枪管表示人们对非暴力的向往，以及呼吁国际裁军行动。

铸剑为犁：这座青铜雕像是由苏联艺术家叶夫根尼·武切季奇（Yevgeny Vuchetich）制作1959年由苏联赠送的雕塑中的人一手拿着锤子，另一只手拿着他要改铸为犁的剑，象征着人类要求终结战争，把毁灭的武器变为创造的工具，以造福全人类。

彩色玻璃：在公共花园东侧，由法国艺术家马克·夏加尔（Marc Chagall）设计并于1964年赠与联合国，以纪念第二任秘书长达格·哈马舍尔德（Dag Hammarskjold）和1961年飞机失事时与他一起罹难的其他15个人。

7. 实习备注

联合国大厦内设有游客参观大厅，进入参观需要通过安检，程序类似机场安检。参观大厅设有中文人工导游服务（周一－周五），时长约1h。参观大厅的地下一层有联合国邮局，可盖联合国的邮戳寄出。

开放时间：导览团周一－周五 9:30-16:45 每15min发团，需提前登录官网预订；会议及活动期间不开放。

门票：22美元，60以上老年人、学生（凭证件）15美元，5~12岁儿童13美元（包括2美元手续费）

电话：+1-212-963-4475

注意事项：入联合国总部大楼参观，不得身着无袖衣和短裤

（王芊月　编写）

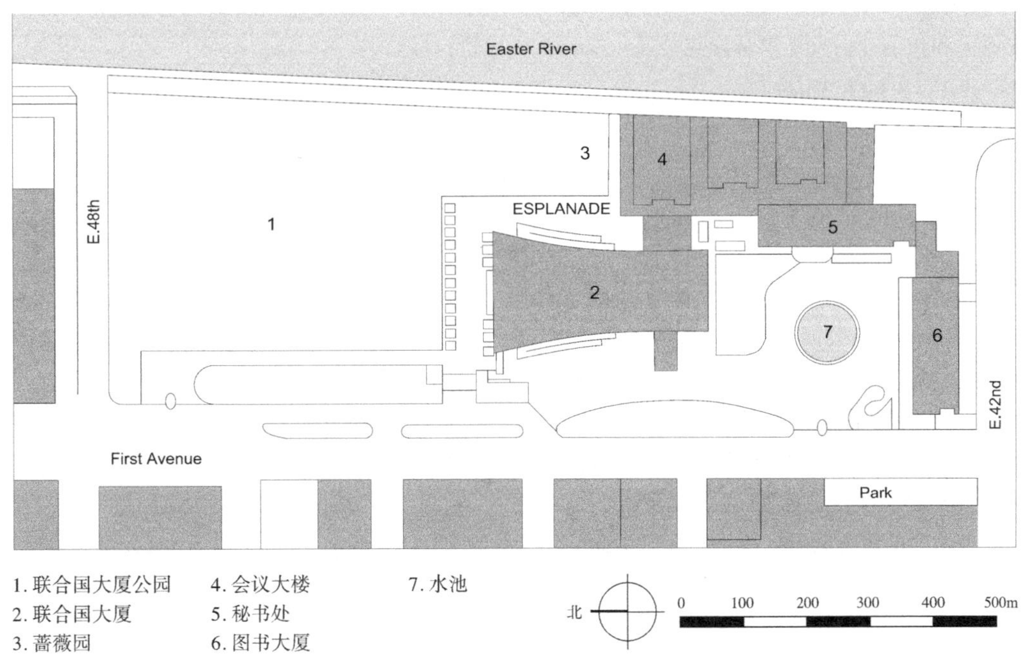

1. 联合国大厦公园
2. 联合国大厦
3. 蔷薇园
4. 会议大楼
5. 秘书处
6. 图书大厦
7. 水池

联合国大厦环境布局平面图

施穆尔公园
Schmul Park

1. 位置规模

施穆尔公园（Schmul Park）位于纽约州史泰登岛弗兰士科斯公园（Freshkills Park）北边，皮尔逊街（Pearson St）和梅尔文大道（Melvin Ave）之间，与特拉维斯（Travis）街区接壤，占地约 3.4hm^2。

2. 项目类型

社区公园

3. 设计师 / 团队

詹姆斯·科纳事务所（James Corner Field Operations）在纽约和伦敦都有办公室，以其创意性、现代化设计而闻名，项目涵盖多种类型和不同规模，从大型的城市街区设计到复杂的后工业区改造。该事务所主要致力于多样化、动态化的公共空间设计，实现人与自然和谐共存。其备受赞誉的获奖项目包括高线公园（High Line Park）、弗兰士科斯公园（Freshkills Park）和伊丽莎白女王奥林匹克公园（Queen Elizabeth Olympic Park）。

4. 实习时长

0.5–1 小时

5. 历史沿革

弗兰士科斯公园曾经是世界上最大的垃圾填埋场，位于纽约州史泰登岛，占地约 890hm^2，接近纽约中央公园面积的 3 倍。公园内包含 400 多公顷的已经废弃的垃圾填埋场（曾经是世界上最大的垃圾填埋场）以及 180 多公顷的溪流湿地景观，另外还有 300 多公顷的土地可作为休闲娱乐的空间，为人们提供进行大型公众活动的场地，或者是漫步休闲的空间。

它的建设开始于 2008 年 10 月，预计要至少 30 年的分阶段建设，才能以完成从垃圾填埋场向公园的转变。建设完成后的弗兰士科斯公园将成为史泰登岛最大的公园，纽约市第二大公园。

施穆尔公园作为弗兰士科斯公园项目最初阶段的一部分，始建于 2010 年，通过改造翻修，2012 年正式向公众开放。

6. 实习概要

施穆尔公园以前是一个由沥青和链式围栏组成的操场，改造后的施穆尔公园建立了特拉维斯社区和弗兰士科斯公园之间的联系，成了特拉维斯社区通往弗兰士科斯公园的入口。

公园内设有一个色彩鲜艳的儿童游乐场，配有滑梯、秋千、沙箱和其他色彩鲜艳的游乐健身设施。

该公园还包括两个手球场和篮球场，以及可供居民和游客休息、交谈、晒太阳的开放式草坪，同时公园内搭配种植了许多的乡土植物，配置了舒适的休憩基础设施、通往垒球场和弗兰士科斯公园北园通道的灯光照明。

施穆尔公园的改造内容除了包括丰富完善公园内的娱乐设施，还对之前的铺装材料进行了改造，例如将沥青改为渗透性基质和混凝土铺装，使其在提供社区娱乐服务的同时，也更好地承担弗兰士科斯公园北园门户的职责。

（权薇　编写）

施穆尔公园平面图

1. 儿童游乐场
2. 卫生间
3. 手球场
4. 篮球场

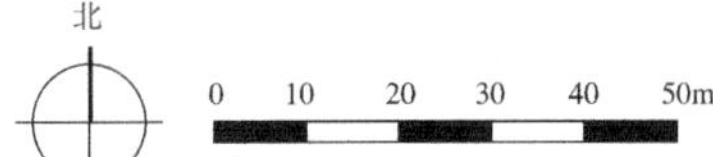

比克曼街广场
Beekman Plaza

1. 位置规模

比克曼街广场（Beekman Plaza）位于纽约市中心，云杉街 8 号比克曼大厦两侧，可从比克曼街和云杉街进入，广场分为西广场和威廉街广场两部分，总面积约 0.2hm^2。

2. 项目类型

城市广场

3. 设计师 / 团队

该项目由詹姆斯·科纳（James Corner）与著名的园艺师派特·欧多夫（Piet Oudolf）以及住宅楼的首席架构师 Frank Gehry Architects 合作设计。

詹姆斯·科纳事务所（James Corner Field Operations），在纽约和伦敦都有办公室，以其创意性、现代化设计而闻名，项目涵盖多种类型和不同规模，从大型的城市街区设计到复杂的后工业区改造。该事务所主要致力于多样化、动态化的公共空间设计，实现人与自然和谐共存。其备受赞誉的获奖项目包括高线公园（High Line Park）、弗兰士科斯公园（Freshkills Park）和伊丽莎白女王奥林匹克公园（Queen Elizabeth Olympic Park）。

4. 实习时长

15–30 分钟

5. 历史沿革

弗兰克·盖里（Frank Owen Gehry）曾提出的拉特纳森林城市（Forest City Ratner）塔式住宅设计引起了广泛的争议，而引人注目的建筑必然会影响到周边的景观设计。位于纽约曼哈顿的比克曼街广场，就是通过这些理论而产生的，该项目由詹姆斯·科纳和派特·欧多夫共同合作设计，广场在建筑的西部和东部两侧建造，因此建筑面积减少了约 30%。

比克曼街广场位于纽约市中心，坐落在一个停车场上，可从比克曼街和云杉街进入，此广场的使用对象不应该只局限于居住这里的人们，所有经过的游客和附近的居民都有权利来这里休息和娱乐，无论是学生、上班族、商人等都应可以融入这个空间。这里应该白天和夜晚都可以使用，并可以满足大量的通行和使用需求。

比克曼街广场很好地满足了多种人群的使用需求，创造了一个真实的社区氛围，使场地更加有活力。

6. 实习概要

在比克曼街广场向上看，建筑的钢架折叠结构构成了别致的天际线，下面的公共空间展现了活力和动感，创造出一个温馨适宜的空间。

广场依照两侧的建筑边缘而设计。许多休息区沿着西广场排布，通过一系列的花箱将其分隔开来，藤蔓廊架为其提供了绿色背景，形成一种简约现代的设计风格。西广场是主广场，位于住宅区的入口处，安放了固定的和可移动的户外设施，包括座凳、种植池、水景和花箱。

东广场同样也是走简约路线，威廉街广场将大厦与纽约中心医院的建筑隔开，用灯箱来标记地下停车场的入口。人行道和车行道采用了与西广场相同的铺装图案，形成一种非正式的隔离，使空间更加融合、整体。

在硬质景观和软质景观的细节设计中，融入了动态动感的设计，符合繁华的曼哈顿市中心的场地特征。广场上长凳和种植池被放置在不同位置，整体的铺装也按照一定的角度倾斜设计，创造出一种紧凑感和空间流动感。树木通过精心的设计和布置，也确保了能够随着阳光形成良好的阴影区。

比克曼街广场的木质长椅的摆放方式以及灰色铺装的图案等都与高线公园非常相似。在比克曼街广场，暗灰色的铺装与入口处铺装相互融合，增强了建筑物和室外空间之间的连续性。

（权薇　编写）

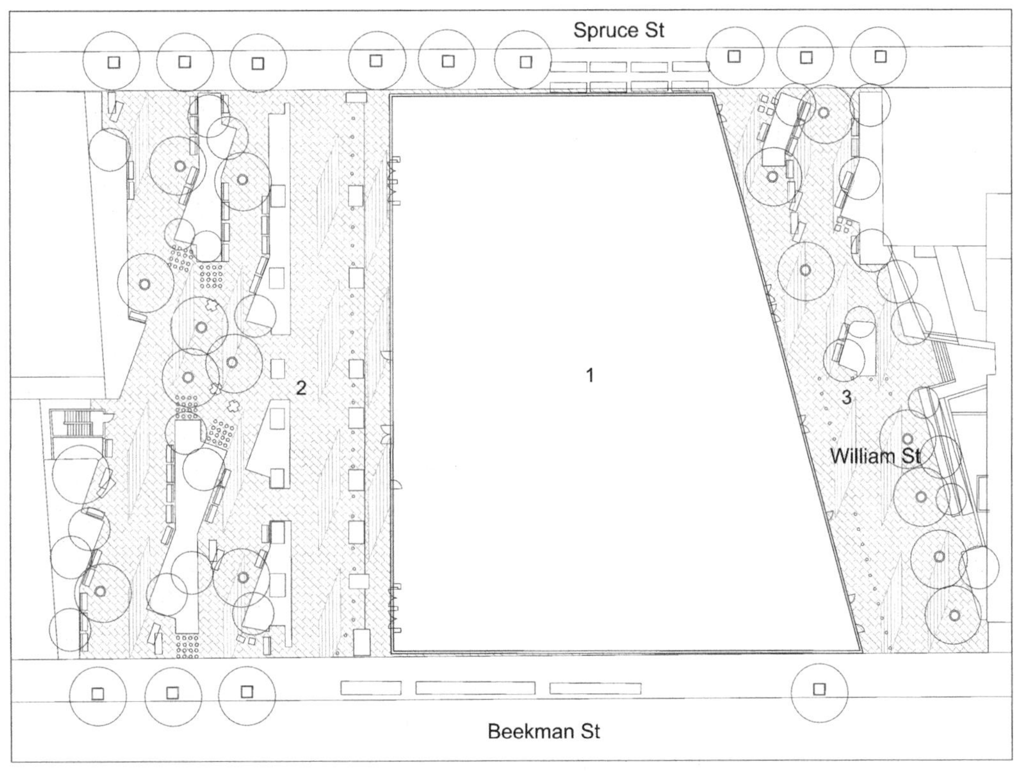

比克曼街广场平面图

1. 比克曼大厦
2. 西广场
3. 威廉街广场

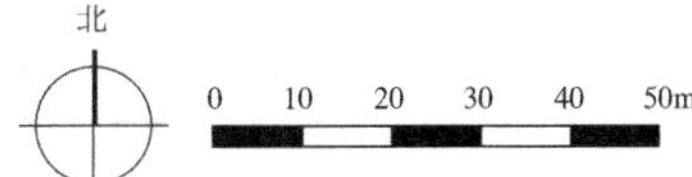

哥伦比亚大学

Columbia University

1. 位置规模

哥伦比亚大学（Columbia University）位于纽约曼哈顿，在晨边公园（Morningside Park）和河滨公园（Riverside Park）之间，校园面积约 $121hm^2$。

2. 项目类型

大学校园

3. 设计师 / 团队

建筑师麦金（McKim）、米德（Mead）和怀特（White），麦金、米德和怀特的公司于1879 年创立，以继承发扬意大利文艺复兴时期的传统古典风格而闻名。他们的作品包括最初的宾夕法尼亚车站、哥伦比亚大学的图书馆、纽约市的布鲁克林博物馆以及波士顿公共图书馆，除此之外还包括罗德岛纽波特的一些大型私人住宅，华盛顿特区 1915 年的白宫改造等。

4. 实习时长

1–2 小时

5. 历史沿革

大多数哥伦比亚大学的本科生和研究生在位于纽约市晨边高地的主校区学习——根据塞斯 · 洛（Seth Low）19 世纪晚期的观点，大学所有的教学任务都应该可以在一个校园内完成。校园由麦金—米德—怀特（McKim, Mead, and White）公司的建筑师们采用布杂风格（Beaux-Arts Principles）的设计思路主持设计。校区占地超过 6 个街区，约 $13hm^2$。

哥伦比亚大学在晨边高地拥有 7800 套公寓，用来提供给教职工和研究生们居住；另外 20 余个本科生公寓都位于校园附近或晨边高地地区。学校拥有发达且有一个世纪历史的地下隧道系统，最古老的部分甚至要早于晨边高地的主校区建设。

6. 实习概要

校园的中心建筑是洛氏纪念图书馆（Low Memorial Library），以罗马古典风格建造，作为美国国家历史地标（National Historic Landmark）以及校区核心，被收入纽约市历史名胜名录中。该大楼现在作为大学的中央行政办公室和游客中心使用。

为使校园中央的洛氏纪念图书馆与其前方广场更加协调，洛氏纪念图书馆前方台阶的中心设计了一座名为“母校”的雕像。雕像中的女神身穿学袍，头戴桂冠，于王座之上平视前方。王座扶手的前端是两盏明灯，代表着智慧与信条。

从洛氏纪念图书馆到开阔广场的路上，有一个平分中央校园的长廊。“校园台阶”（The Steps），或者称为“洛氏台阶”（Low Steps），是一个非常受哥伦比亚大学学生们欢迎的会面地点。这是一段连接校园低地部分（即南校园，South Field）与地势较高部分的大理石台阶。这一设计，为学生及教职工的日常聚会、活动与大型仪式的举办，提供了舒适与宽敞的户外空间。同时洛氏纪念图书馆正面设计是 19 世纪晚期新古典主义风格设计的一个缩影。庄重的古典风格石柱和门廊彰显其建筑的重要性。气候温暖宜人的时候，洛氏台阶经常成为学生们享受日光浴，午餐与玩飞盘的理想去处。

穿过学院步道是南校区，就是大学的主要图书馆——尼古拉斯 · 穆雷巴特勒图书馆，简称巴特勒图书馆，它是哥伦比亚大学图书馆系统中最大的单一图书馆，也是校园内最大的建筑之一。

大学东侧是晨边公园，这是一个占地约12hm²的公园，南北向从西110街至西123街，东西向从晨边大道到晨边路口，大部分公园毗邻哥伦比亚大学。晨边公园内有曼哈顿片岩的悬崖，人工景观——观赏池塘和瀑布，篮球场和游乐场以及一个植物园。

另一侧是河滨公园，位于哈德逊河的河滨，一侧临河，是一座形状狭长的亲水公园。东部与哥伦比亚大学相邻，公园陆地面积约77.29hm²，始建设于1872年。河滨公园不仅是纽约市民休憩的场所，也时常出现在电影等流行文化当中。

（权薇　编写）

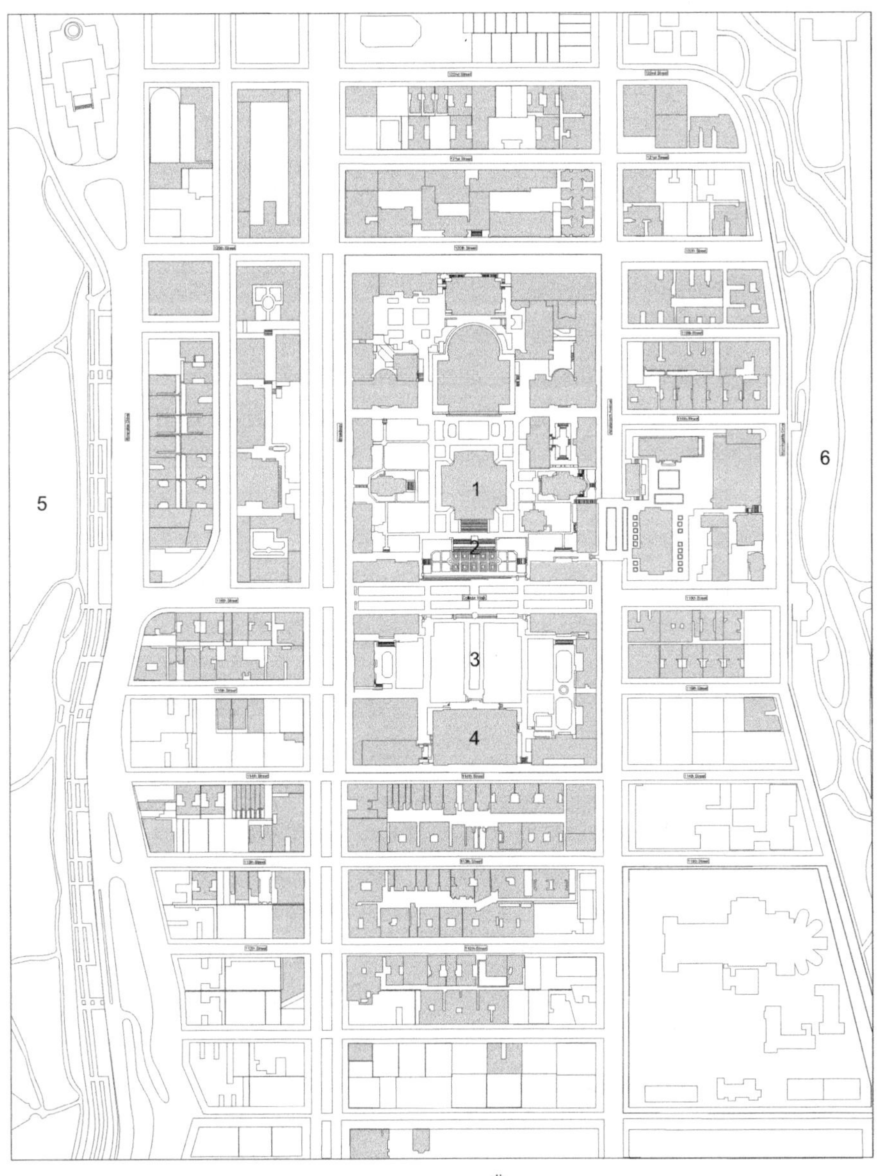

1. 洛氏纪念图书馆
2. 洛氏台阶
3. 南校园
4. 巴特勒图书馆
5. 河滨公园
6. 晨边公园

北

0　50　100　150　200　250m

哥伦比亚大学晨边高地主校区规划图

国家独立历史公园

Independence National Historical Park

1. 位置规模

国家独立历史公园（Indepedence National Historical Park）位于美国宾夕法尼亚州费城老城和社会山（Society Hill）历史街区，占地约 $22hm^2$。

2. 项目类型

国家历史公园

3. 设计师 / 团队

Olin 事务所（Olin Partnership Limited），是一家国际景观建筑综合规划和城市设计的公司，于 1976 年由劳里·奥林（Laurie Olin）和罗伯特·汉纳（Robert Hanna）在费城成立。Olin 的员工由景观设计师 、建筑师、项目经理和城市规划师组成。Olin 的著名项目包括布赖恩特公园、金丝雀码头、炮台公园城、J·保罗盖蒂中心和巴恩斯基金会等。

4. 实习时长

1–3 小时

5. 历史沿革

国家独立历史公园是城市重建计划的一部分，位于这座城市最古老的商业区域中，这座公园在 1950—1969 年间建成。

随着第一次世界大战的爆发，爱国浪潮提升了独立大厅建筑群的崇高地位。人们希望能够有长期为爱国活动而服务的广场出现。为此，许多设计师为这一地区提出了为期 30 年的设计方案。1937 年，拉森（Roy F. Larson）提出了古典主义风格的设计方案，最终于 1949 年经过美国国会批准，并得到了实施。1950—1969 年，历史公园进入了建设时期，并在自南向北的 3 个街区中分别作了 3 种不同的设计。1974 年该路被移交给美国国家公园管理局（National Park Service, NPS）管理，并在 1997 年被重命名而且合并到国家独立历史公园。

2008 年，Olin 的设计团队，为这个世界遗产地点制定总体规划、设计指南和详细的场地规划。该设计将费城的当代和历史的背景融入车行、人行的交通模式、开放空间和建筑群里。该过程始于广泛的研究，揭示了公园的关键问题、机遇和限制。

6. 实习概要

国家独立历史公园位于美国东部的费城，它是一座 L 形的公园，和老城一起被称为“美国最具有历史意义的一平方英里”。在美国历史上占有首屈一指的重要地位。以独立厅为核心，大部分历史建筑集中分布于独立厅以南的 4 个街区内。独立厅以北的 3 个街区统称为独立广场，主要建筑有国家宪法中心、费城总统府、自由钟、独立访客中心。

国家独立历史公园的核心是独立厅，这是一处世界遗产，18 世纪后期，美国独立宣言和美国宪法都是在此讨论并通过。

自由钟位于独立厅街对面的自由钟中心内，是美国独立的象征。在美国独立 200 周年时，移至国家独立历史公园的中心草坪上，并专门为其制作了玻璃屋。

公园内还有其他一些历史建筑，例如美国第一银行和美国第二银行、华盛顿总统 1793 至 1798 年的暑期寓所，富兰克林任职美洲大陆会议、宪法会议主席及宾州州长时的住宅，哲学厅、国会厅、旧市政府和安葬着 7 位独立宣言签署者的基督教堂墓地以及在革命战争中为美国的独立、自由牺牲的“无名战士墓”等。

独立广场最靠近独立厅的第一个街区于 1954 年完工。第一个街区的设计由惠尔赖特（Wheelwright），史蒂文森（Stevenson）和Langren（费城景观建筑公司）开发。根据他们的设计，该街区设有一个中央草坪，周围环绕着露台、人行道和树木。第二个区块有一个中央喷泉和一个方形反射池。它还被梯田和两个砖拱廊包围，以模仿第一个街区。

最北端的街区由丹·基利（Dan Kiley）设计，丹·基利是一位在现代主义风格中具有影响力的景观设计师。他的1963年计划是根据费城最初的城市广场布局设计的。每个“正方形”由喷泉构成，按比例放置到中心城市地图。喷泉周围是一群等间隔排列的700棵刺槐树，种植在一个砖砌的广场上，位于中心位置。由于间距紧凑和城市环境限制，最终失败了；许多树木被拆除，降低了总体设计意图。

昔日美国政府的支柱，今天成了费城旅游贸易的支柱。漫步于周边，你能从这里的砖砖瓦瓦中感受到革命战争播下的种子最终孕育了美国政府。

7. 实习备注

开放时间：每天9:00–17:00，其中部分景点周日关闭。

门票：除了国家宪法中心等少数例外，大多数景点都不收取入场费。

（权薇　编写）

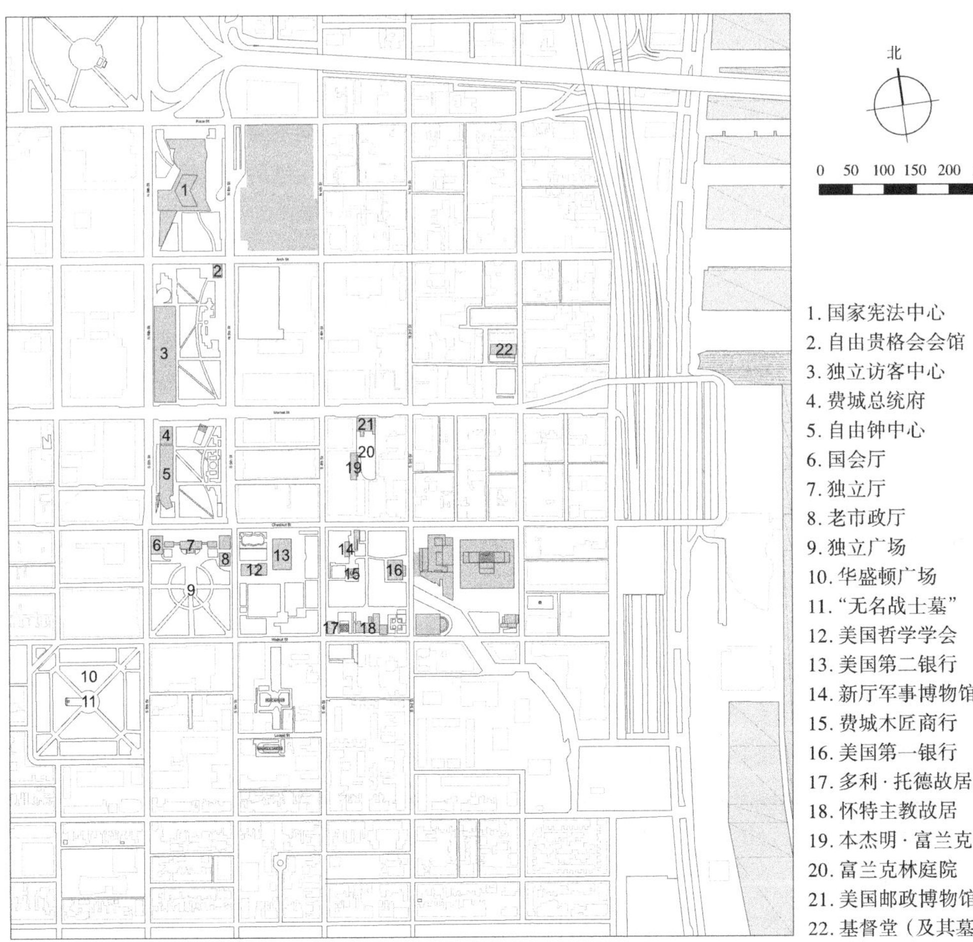

1. 国家宪法中心
2. 自由贵格会会馆
3. 独立访客中心
4. 费城总统府
5. 自由钟中心
6. 国会厅
7. 独立厅
8. 老市政厅
9. 独立广场
10. 华盛顿广场
11. “无名战士墓”
12. 美国哲学学会
13. 美国第二银行
14. 新厅军事博物馆
15. 费城木匠商行
16. 美国第一银行
17. 多利·托德故居
18. 怀特主教故居
19. 本杰明·富兰克林博物馆
20. 富兰克林庭院
21. 美国邮政博物馆
22. 基督堂（及其墓地）

国家独立历史公园规划图

宾夕法尼亚公园（宾大公园）
Penn Park

1. 位置规模

宾夕法尼亚公园（Penn Park）占地约 9.7hm^2，位于宾夕法尼亚大学学术园区以东。

2. 项目类型

校园景观

3. 设计师 / 团队

迈克尔·范·法肯伯格景观设计事务所（MVVA）于 1982 年创立，是一个环保和可持续性发展的景观设计公司，景观设计项目从城市到校园再到公园，范围广泛，设计经验丰富。该公司的项目被 ASLA、美国国家公园管理局、国家名胜古迹信托局以及其他许多组织机构所认可。

4. 实习时长

1–2 小时

5. 历史沿革

2009 年，宾夕法尼亚公园是一个未被充分利用的场地，包括贫瘠的土地、破旧的工业建筑和沥青停车场。现在它已经变成了一个充满活力的城市公园，体现了大学的可持续价值和对社区的承诺。

宾夕法尼亚公园克服了极端的物理限制，将停车场改造成一个大型的公共开放空间，与宾夕法尼亚大学体育校园的扩建相结合，包括两个新的合成草皮多用途草坪，一个垒球场，一个天然草地曲棍球场和十二个网球场。地面停车场占据了距离下核桃街最近的区域。凸起的地貌支撑起了通往人行桥的慢行系统，这些人行慢行系统通过富兰克林球场的高迪·佩利（Goldie Paley）桥，将宾夕法尼亚公园与核桃街、河滨空间和主校区连接起来。

6. 实习概要

该公园建在一个由高地和基础设施隔离出的场地上，包括几条铁路线，公园采用桥梁和大型雕塑地貌相结合的方式，通过公园的建设促进城市连接，同时实现一系列的计划目标。

该公园实现了几个可持续发展目标，特别是减少饮用水消耗，补充地下水。其他的可持续性功能还包括使用节能灯、减少光污染，以及回收现场材料并进行重复使用，例如重新利用的人行天桥。

宾夕法尼亚公园位于斯库尔基河畔（Schuylkill River），不仅可以欣赏到中心城市的壮丽景色，也向从宾夕法尼亚州进入公园的游客展示了费城生动的天际线，这是大学与城市之间的切实联系。

随着工业修复项目的建立，条件复杂和建设困难的场地将越来越多。该项目展示了如何将固有约束转变为设计机会，充分利用现有条件，克服场地限制，扩大宾夕法尼亚州体育校园，并创建一个公园，开放大学社区。

7. 实习备注

开放时间：7:00–19:00

开放娱乐：

Adams Field（运动场 1）或 Dunning-Cohen Champions Field（运动场 2）在大学日历上列为“开放式休闲”的任何时间都可以直接使用。如果天气允许，South Green 位于哈姆林（Hamlin）网球中心和南大街之间，可供客人免费使用。

（权薇　编写）

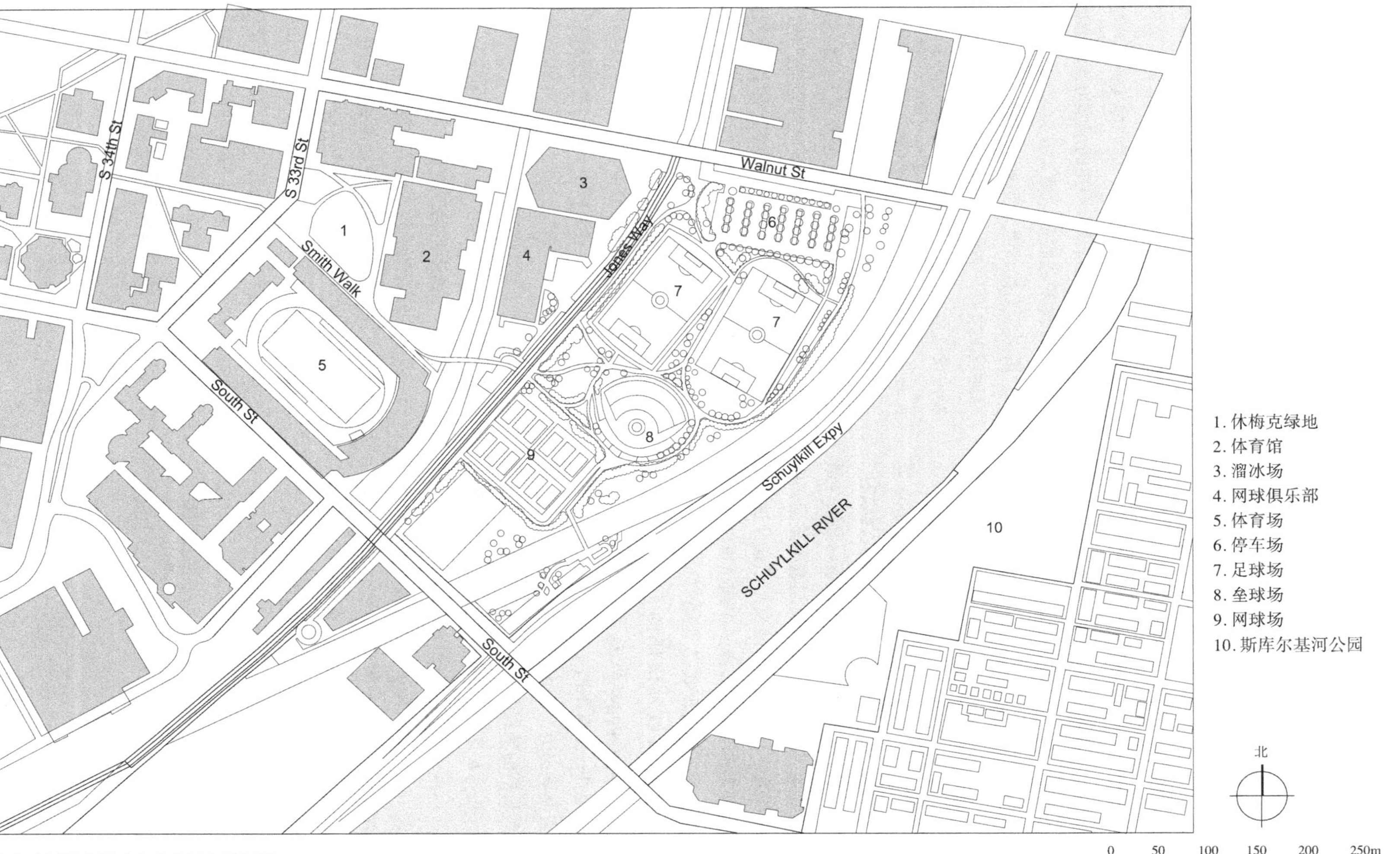

宾夕法尼亚公园（宾大公园）平面图

休梅克绿地

Shoemaker Green

1. 位置规模

休梅克绿地（Shoemaker Green）是一个占地约 1.1hm^2 的公共绿地，紧靠第 33 街东面，位于沃尔纳特街与斯普鲁斯两条街道之间。

2. 项目类型

校园景观

3. 设计师 / 团队

Andropogon Associates，Andropogon 成立于 30 多年前，致力于“与自然一起设计”的原则，通过对自然过程的仔细观察并结合最先进的环境科学发展的启发，创造出美丽而吸引人的景观。优雅和经济的自然形式及过程是他们衡量工作结果的标准，小到建筑细节，大到场地区域的复合模式。

作为一家经过认证的少数族裔企业（MBE），Andropogon 致力于实现场地的多元化和包容性。拥有不同文化的员工为每个项目的完成共同努力，从最初的概念设计到施工评审再到长期的景观管理。他们的工作项目遍布国际，包括早期经受了时间考验的绿色创新的实例，以及各种规模的景观设计、场地规划、环境保护、生态恢复和雨水管理技术的项目。

代表作品包括莫里斯植物园（Morris Arboretum of the University of Pennsylvania）、休梅克绿地、托马斯杰斐逊大学（Thomas Jelferson University）、鲁伯特广场（Lubert Plaza）、美国海岸警卫队（United States Coast Guard）总部、杜克农场（Duke Farms）等。

4. 实习时长

1–2 小时

5. 历史沿革

该项目将荒废已久的网球场和几条狭窄的通道，以及具有历史意义的战争纪念碑组成的场地改造为费城西部地区的公共绿化空间，将校园中一片未得到充分利用的荒废角落改造成了一块高效多功能的绿地，在这里，人与自然、历史与当代和谐完美地融合到一起。在该绿地竣工之后，其设计的生态复杂性和整体的场地设计形式都充分体现，成了环境优美、心旷神怡的校园空间。

休梅克绿地的设计主要是满足休闲、娱乐的需求，让该场地能够适应各种规模的活动。通过延续大学绿地的特征，同时保留自己的特色，该场地将成为宾夕法尼亚东扩的核心。休梅克绿地成为可持续校园设计的典范。通过创新使用各种策略和技术，休梅克绿地可以收集场地和周围建筑屋顶的雨水，为植物和动物提供栖息地，最大限度地减少物料进出和现场的土方运输，并设计成为整个大学可持续战略的起点。

6. 实习概要

休梅克绿地项目的设计借鉴了宾夕法尼亚大学传统校园绿地的特点，将紧邻的各建筑入口、人行道、路缘石和斜坡阶梯进行了整合。整块绿地是宾夕法尼亚大学东西方向主体步行系统的重要组成部分，它将校园中心区与田径运动场连接起来，同时也是宾夕法尼亚大学校区向东扩建的重点区域。在该场地的边缘是宾夕法尼亚大学最具标志性的体育设施：菲尔德豪斯体育场和富兰克林运动场，休梅克绿地成了这两大历史性建筑的“前院”。该项目为可持续性校园设计树立了标杆，同时获得了可持续场地倡议组织的二星荣誉。

该绿地由中央半圆形草坪和一个大型雨水

花园组成，其边缘被精细石材修筑而成的挡土墙和几条雅致曲折的人行道环绕。通过对宾夕法尼亚大学传统景观材料及设计方法的运用，将绿地自然地融入原有的校园环境系统中，使其既有现代感，又实现了有效衔接。

大型多层的花岗石坐凳为绿地提供了休憩设施，绿地上种植的几株刺槐树，为在此休息的人们提供舒适惬意的遮荫。其间摆放的咖啡桌椅和具有宾大校园特色的休闲长椅，为人们提供了灵活多变的多功能公共聚集空间。高效节能的照明设计为绿地的夜间安全提供了保障，在柔和灯光的照射下，校园中的历史建筑别有一番韵味，提升了整个绿地空间的文化及历史内涵。

休梅克绿地横贯校园中央，除了满足休闲娱乐需求，还要满足同时容纳多种校园活动的举办的需求。作为校园田径运动场核心区的全新开放公共空间，休梅克绿地还需具备诸多前所未有的综合性功能。休梅克绿地投入使用后，可支持各种规模的活动的举办，比如：毕业典礼、大型集会以及宾州接力赛等国际性比赛，同时也可作为户外课堂、露天电影、音乐会和展览会等的使用空间。

在斯库基尔河沿岸宾夕法尼亚大学校园区域连接总体规划中，休梅克绿地成了校园中央古老建筑与现代新型开放空间之间的一个过渡。该绿地继承了原有的史密斯步行道的设计特点，采纳了宾夕法尼亚大学传统的校园绿化景观元素，同时融入了新的设计元素，这些都反映了可持续发展及生态景观设计的重要性。

7. 实习备注

开放时间：7:00–19:00

（权薇　编写）

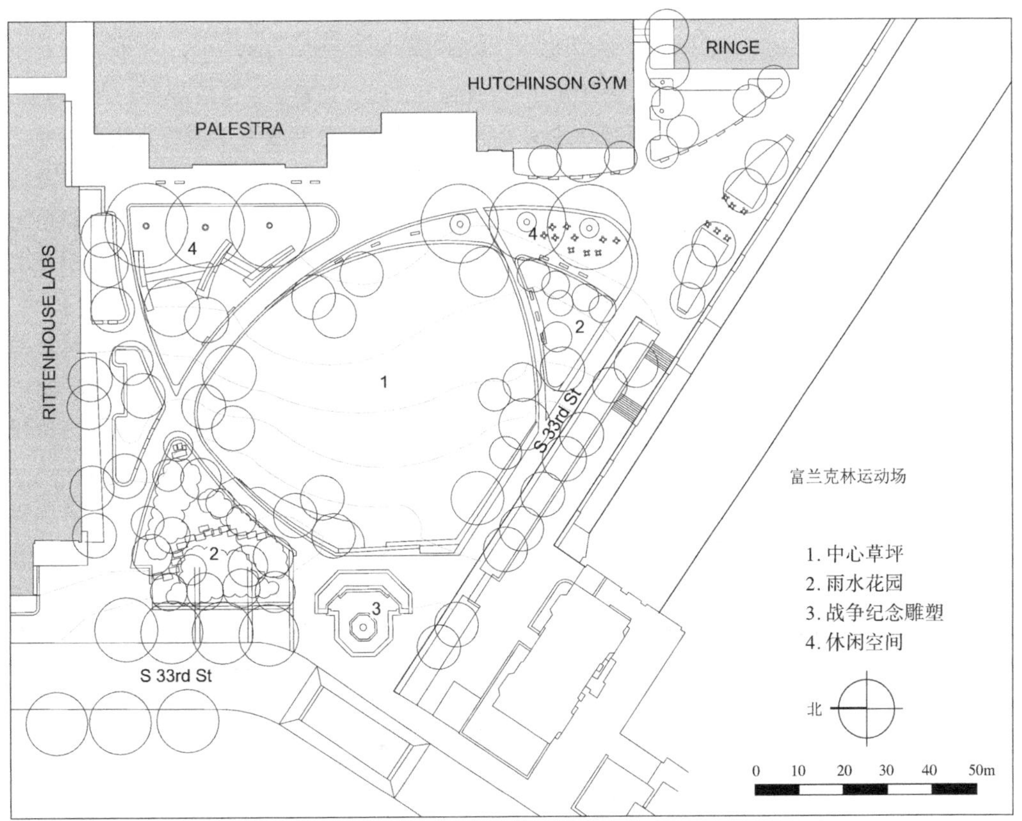

休梅克绿地平面图

本杰明·富兰克林公园大道
Benjamin Franklin Parkway

1. 位置规模

本杰明·富兰克林公园大道（Benjamin Franklin Parkway）位于费城中心城区。

2. 项目类型

城市绿道

3. 设计师 / 团队

法国城市规划师雅克·格雷伯（Jacques Gréber），专门从事景观建筑和城市设计。他是 Beaux-Arts 风格的强力支持者，也是城市美丽运动的参与者，特别是在费城和渥太华。格雷伯以 1917 年费城本杰明·富兰克林大道总体规划而闻名，他还担任了 1937 年巴黎国际博览会的总建筑师，除此之外，1937—1950 年（第二次世界大战期间中断），他还做了渥太华和周边国家首都地区的格雷伯计划，包括扩建城市公园、一系列公园大道和环绕城市的绿化带，该计划还包括建造国家纪念碑和周围的广场区域。

Olin 事务所，全称为 Olin Partnership Limited，其项目遍及全球，从纽约到洛杉矶，再到伦敦的新广场和巴塞罗那的商业开发项目。他们对国家历史的研究工作，包括，费城的国家独立历史公园（National Historic Park）和华盛顿特区的华盛顿纪念碑（Washington Monument），提供了安全设计和优美设计不相排斥的良好参考。该公司还设计了很多海滨项目——其中包括伦敦的金丝雀码头和大开曼岛（Cayman Island）的卡马纳湾。同时，他们也是屋顶景观和校园总体规划的创新者代表。

4. 实习时长

1–3 小时

5. 历史沿革

在 20 世纪城市美丽运动的推动下，本杰明富兰克林大道最初被设计为一条宏伟的文化大道，将市政厅与费城艺术博物馆连接起来，受到巴黎香榭丽舍大街的启发，法国风景园林设计师雅克·格雷伯 1917 年提出正式方案。在格雷伯的方案中，林荫大道的两段中间增加了洛根广场（Logan Square）：一段从费城艺术博物馆延伸到洛根广场，另一段从洛根广场到市政厅。洛根广场模拟巴黎的协和广场，作为洛根环岛——一个大型的交通圆环；他还主张在华盛顿纪念碑到费城艺术博物馆之间重新建立一个合适的端点，这样一来，林荫大道更像一个“公园的楔子”被插入城市中。1926 年，林荫大道建成，克雷和格雷伯费城香榭丽舍大街的设想初具规模。随后的几十年许多文化建筑物沿林荫大道建立，包括富兰克林博物馆、罗丹博物馆、公共图书馆和费城艺术博物馆等。富兰克林林荫大道以一条景观轴线的方式建立了城市内外开放空间的联系，展现城市天际线的同时也成了带动城市经济发展和提升生活品质的重要因素。

然而，随着时间的发展，公园沿线缺乏关键的变化发展以及汽车的出现使这一设想不得以发生变化，最终未实现。2003 年 Olin 事务所与建筑师、规划师和交通工程师合作，提出解决方案，以减少车辆拥堵，改善步行街体验，并翻新林荫道沿线的主要开放空间，包括费城地标洛根广场，JFK 广场和艾金斯椭圆（Eakins Oval）。该计划提供了将大道作为文化大道加强的指导方针，并为未来的发展和管理提出了建议。

6. 实习概要

本杰明·富兰克林公园大道是一条风景优美的林荫大道，得名于费城名人本杰明·富兰克林，起于费城市政厅，向西北经过洛根圆环，止于费城艺术博物馆前，长1600余米，呈对角线斜穿过费城市中心西北部文化区的栅格路网。

本杰明·富兰克林公园大道连接着费城市中心与世界最大的城市公园系统——费尔芒特公园（Fairmount Park），常被称之为“费城的香榭丽舍大道”。这里除了是费城的公园绿地景观中心，更是大量艺术博物馆和艺术机构的坐落之地。修建这条大道是为了缓解中心城繁重的工业拥堵，并恢复费城的自然和艺术之美，是城市美丽运动的一部分。法国城市规划师雅克·格雷伯效仿巴黎的香榭丽舍大街设计了这条公园大道。起于费城市政厅，结束于费城艺术博物馆，如同香榭丽舍大街结束于凯旋门。

本杰明·富兰克林公园大道是费城博物馆区的脊柱，该市一些最著名的景点位于此处，圣伯多禄圣保禄圣殿主教座堂（Cathedral Basilica of Ss. Peter&Paul and Shrine of Saint Katharine Drexel）、斯旺纪念喷泉（Swann Memorial Fountain）、费城自由图书馆（Independence Library）、富兰克林科学博物馆、莫尔艺术设计学院（Moore College of Art&Design）、自然科学院（Academy of Natural Sciences of Derexel University）、罗丹博物馆、艾金斯椭圆等。

本杰明·富兰克林公园大道也是一个室外雕塑花园，展出有奥古斯特·罗丹（Auguste Rodin）的“思想者”和“地狱之门”，罗伯特·印第安纳（Robert Indiana）的“爱”，亚历山大·斯特林·考尔德（Alexander Stirling Calder）的斯旺纪念喷泉的三河雕塑以及“莎士比亚纪念雕塑”“圣女贞德”等。

由于地处市中心，这条大道还曾举办过许多音乐会和游行。

7. 实习备注

开放时间：全天，免费

（权薇　编写）

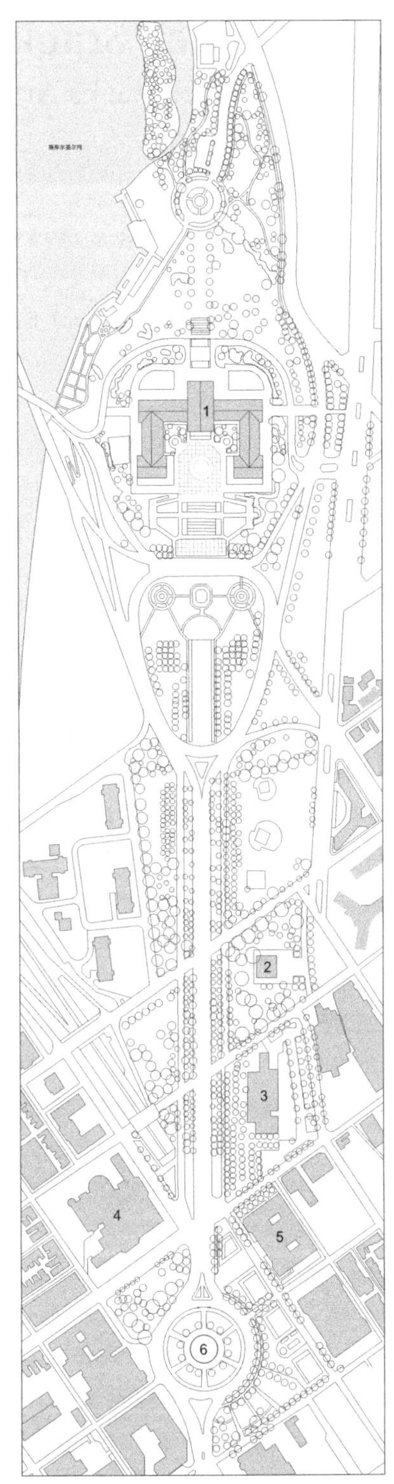

1. 费城艺术博物馆
2. 罗丹博物馆
3. 巴恩斯基金会
4. 富兰克林博物馆
5. 公共图书馆
6. 洛根圆环

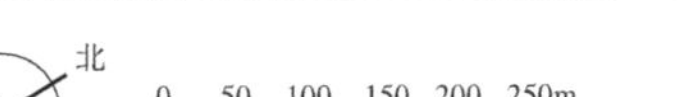

本杰明·富兰克林公园大道平面图

Steel Stacks 艺术文化园区

Steel Stacks Arts+Cultural Campus

1. 位置规模

Steel Stacks 艺术文化园区（Steel Stacks Arts + Cultural Campus）位于美国宾夕法尼亚州（Pennsylvania）伯利恒市（Bethlehem）前伯利恒钢铁厂旧址中，占地约 3.85hm²。

2. 项目类型

工业改造

3. 设计师 / 团队

WRT 建筑与景观事务所，总部在美国费城，具有城市与区域规划、城市设计、景观设计以及建造方面的国家级水平。事务所成立于 1963 年，是一个由规划师、城市设计师、建筑师和景观设计师组成的团队。他们基于可持续发展的原则，致力于建筑、景观、城市以及区域的规划和设计，以及自然与建筑环境质量的提升，他们的指导原则是保护自然资源，促进社会公平和经济福利，建设能够反映当地传统文化和价值的人类生活区。

他们通过设计改善自然和社会环境来服务社区。为了确保有效解决客户最主要的问题和需求，他们调研了解社区的价值观和期待来指导项目的发展，通过早期和持续的公民参与，和对场地的理解作为设计基础，把特定地点的机遇和挑战，作为战略决策的基础。

代表作品有马里波萨公园（Mariposa Park）、费城绿色计划（Philadelphia Green Plan）、莫里斯运河（Maurice R.）、拉斐特公园（Lafitte Greenway）、北卡罗来纳大学威尔明顿分校（University of North Carolina, Willmington）等。

4. 实习时长

1–2 小时

5. 历史沿革

伯利恒钢铁集团（Bethlchcm Steel Corporation）于 1857 年成立于宾夕法尼亚州利哈伊谷（Lehigh Valley）的利哈伊（Lehigh）河岸，占地 728hm²；1995 年，集团停止了在伯利恒市的冶炼活动并关闭了厂房。

10 年间，伯利恒钢铁公司的旧址作为伯利恒城市的地标，却被荒废和遗弃，难以进入。为了使场地能够在未来继续使用，重新激活场地未来使用的可能性，基于园区废弃场地的既有肌理，WRT 对部分关键性的结构进行了改造，通过保留场地的历史性和完整性，体现设计对于社区复兴的重要作用，使其成为一个富有生机、艺术和娱乐气息的城市场所。

占地约 3.85hm² 的 Steel Stacks 艺术文化园区，位于伯利恒南部建成居住区与伯利恒钢铁高炉之间，实现了钢铁厂和新建社区及商业街的自然过渡衔接，成了能够适应 21 世纪需求的独具特色的社区空间，提升了整个社区的凝聚力。

园区被建筑物与工业设施包围，记述着这个城市的制造业在 19–20 世纪的蓬勃发展。WRT 事务所为园区提供了总体规划以及景观设计方案，同时建造了 Steel Stacks 艺术文化园区的核心——21 世纪公园（21st Century Park）、莱维特亭（Levitt Pavilion）与露天剧场。

园区成了伯利恒游客中心的前院，并促进了与之合作的非营利组织在公共领域的发展。这些组织如今与园区中新成立的非营利组织达成了合作，共同为园区提供景观维护、资金筹措以及游客服务等。

6. 实习概要

Steel Stacks 艺术文化园区的规划与中央核心开放空间的设计，将这个被废弃、遗忘的前伯利恒钢铁厂转变为一个便捷可达的、舒适宜人的公共空间，并且能够反映曾经在这里工作的人和炼钢机器的工业故事。这个项目努力创造一种建筑与景观互相融合的空间体验。

设计为当地居民与游客普及了一种共享的理念。对于景观来说，园区具有整体统一性非常重要，因此设计将被废弃的钢铁炉变为吸引人的雕塑，以融合新旧建筑元素。开放空间的景观元素呼应人的需求，使人们能够体验尺度适宜的设计。无论是安静、私密的个人空间还是举办大型公共活动的莱维特亭与露天剧场，一系列公共空间通过不断变化的、多尺度的组合方式构成人行流线。一系列大尺度的空间把控与小尺度的细节设计使得园区的空间更加完整、适宜，丰富了人们对于场地的理解与体验。不同材料和元素的运用展示了整个场地丰富的历史与创新的建筑空间，新建成的景观是硬质的，但是越靠近钢铁厂的部分就越自然，使得游客在人工构筑物与自然之间徘徊。

该项目充分利用炼钢炉的壮观尺度，使其成为节日、活动和表演的背景，烘托特色的场景氛围。在统一园区景观特征的同时，相互独立的区域又包含了多样且灵活的功能空间。

改造的关键部分是构建了一条贯穿园区的曲线形道路，其与园区主入口创办人路（Founders Way）位于同一条轴线上，这一设计在打造独特的交通流线的同时，成功将炼钢炉引用成为一处特色景观。

作为伯利恒钢铁厂中的一部分，新的园区将通过对场地历史完整性的保护来突显场地的特征以及伯利恒的社区性，地面层使用的材料包括耐候钢、镀锌钢、深色地砖、花岗石、混凝土以及熔融粘结骨料，共同塑造了粗糙而起伏的场地特征。

从社会层面上看，项目为伯利恒的发展提供了“城市绿地”。在环境影响方面，共赢式的发展模式使这一重新开发的项目兼具创新性和可持续性。

（权薇　编写）

1. 文化中心
2. 游客中心
3. 莱维特亭
4. 露天剧场
5. 停车场

Steel Stacks 艺术文化园区规划图

德瓦拉河岸礼士街码头

Race Street Pier

1. 位置规模

德瓦拉河岸礼士街码头（Race Street Pier）位于美国费城德拉瓦河（Delaware River）沿岸，本杰明·富兰克林大桥（Benjamin Franklin Bridge）南侧，原 11 号市政码头，占地约 $0.4hm^2$。

2. 项目类型

滨水城市公园

3. 设计师 / 团队

詹姆斯·科纳事务所（James Corner Field Operations）在纽约和伦敦都有办公室，以其创意性、现代化设计而闻名，项目涵盖多种类型和不同规模，从大型的城市街区设计到复杂的后工业区改造。该事务所主要致力于多样化、动态化的公共空间设计，实现人与自然和谐共存。其备受赞誉的获奖项目包括高线公园（High Line Park）、弗兰士科斯公园（Freshkills Park）和伊丽莎白女王奥林匹克公园（Queen Elizabeth Olympic Park）。

4. 实习时长

0.5–1 小时

5. 历史沿革

这个项目位于费城德拉瓦河沿岸，该方案试图将城市与河流连接起来，复兴城市滨水区并建立起一个可亲水、活跃的城市公共公园。在德拉瓦河滨中心，Nutter 市长与特拉华海滨公司（DRWC）开放了新的礼士街码头，这是第一个该类型的公共空间。新的码头设计将给人们全新的体验，它重新建立起城市与河流的联系，激活滨水区域，为费城市民建立起一个新的与众不同的码头公园。原来的礼士街码头始建于 1896 年，包括许多两层建筑，以满足各种需求，下层用来停泊船只，上层用来娱乐。11 号市政码头被更名为礼士街码头，以求强调码头与城市的关系。2009 年，DRWC 计划委员会与 James Corner Field Operations 签订了礼士街工程设计合同。

6. 实习概要

新改建的礼士街码头公园与本杰明·富兰克林大桥平行，并向水面延伸了 152m。三面环水，使人们能够亲身体验水的环抱，感受特拉华河的伟大与壮观。

设计师将新的码头整体分为两半，设计了两层，创造了许多形成对比的活动空间，上层是行人散步、骑自行车和慢跑的“空中长廊”，而下层则作为自由的休闲活动区域。

码头北面，靠近本杰明·富兰克林大桥的一侧，有一个 3.65m 倾斜上升的斜坡，整个坡道连接了上下两个活动平台，进一步增强了公园的空间感和通达性，透视效果让人感觉即将到达河边。

一系列人造木制阶梯沿着倾斜的多功能草坪斜坡排列，既界定了二层平台的边界，同时也将两个不同的空间整合在一起，让上下层产生联系。层列式的平台还能作为灵活的座椅，既能坐又能躺，为人们观看风景以及进行其他休闲活动提供了充足的座位和更加立体的可使用空间。

公园内在锈蚀钢板器皿中种植了许多单独的耐阴植物和多年生植物，以丰富植物多样性，形成各异的色彩和肌理以及丰富的季相。

铺装方面，上层斜坡采用的是 Trex 公司的一种木材与塑料复合的可持续性铺装，这是全美最大的 Trex 装饰公共设施之一。

除此之外，德拉瓦河是潮汐河，每天的

潮汐波动平均达到1.8m。在平均高水位时，码头离河面只有1.37m的高差距离，是一处罕见的亲水地点。礼士街码头也是一个潮汐记录器，在这里可以记录特拉华河的涨潮和退潮。

（权薇　编写）

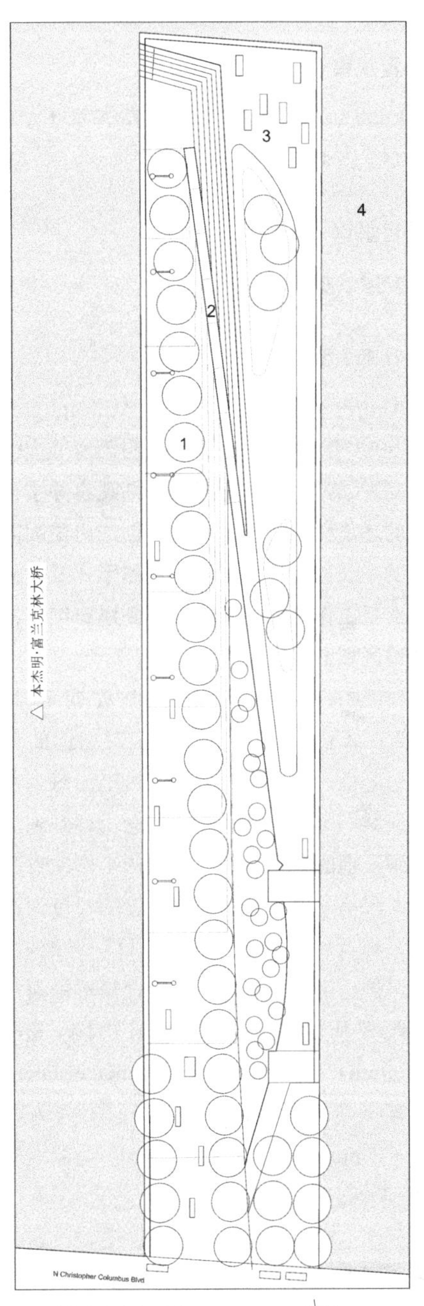

1. 上层“空中长廊”
2. 坡道
3. 下层休闲活动区域
4. 费城德拉瓦河

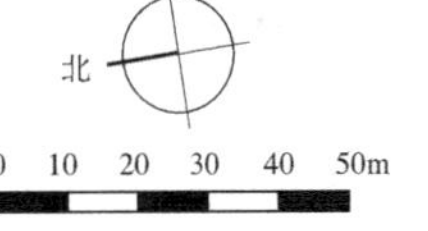

德瓦拉河岸礼士街码头平面图

托马斯杰斐逊大学 Lubert 广场

Thomas Jefferson University Lubert Square

1. 位置规模

Lubert 广场位于费城托马斯杰斐逊大学校园中心，占地约 0.65hm^2。

2. 项目类型

校园景观

3. 设计师 / 团队

Andropogon Associates，Andropogon 成立于 30 多年前，致力于“与自然一起设计”的原则，通过对自然过程的仔细观察并结合最先进的环境科学发展的启发，创造出美丽而吸引人的景观。优雅和经济的自然形式及过程是他们衡量工作结果的标准，小到建筑细节，大到场地区域的复合模式。

作为一家经过认证的少数族裔企业（MBE），Andropogon 致力于实现场地的多元化和包容性。拥有不同文化的员工为每个项目的完成共同努力，从最初的概念设计到施工评审再到长期的景观管理。他们的工作项目遍布国际，包括早期经受了时间考验的绿色创新的实例，以及各种规模的景观设计、场地规划、环境保护、生态恢复和雨水管理技术的项目。

代表作品包括莫里斯植物园（Morris Arboretum）、休梅克绿地（Shoemaker Green）、托马斯杰斐逊大学 Lubert 广场、美国海岸警卫队（United States Coast Guard）总部、杜克农场（Duke Farms）等。

4. 实习时长

0.5–1 小时

5. 历史沿革

为了改善校园景观，加强校园绿地与周边环境的联系，该项目的总体规划的重点放在了统一校园街景，突出建筑入口，增强行人体验，营造“场所感”，突出医院在城市环境中的重要性。该设计通过改善提升现有的空间环境和步行体系，完善开放空间系统，强化校园中心的同时界定校园边界。

托马斯杰斐逊大学 Lubert 广场，曾经是两个地上停车场，场地需要同时满足多种人群需求，包括学生、教师、医院工作人员和附近的居民以及办公人员。该场地设计还要求同时满足日常休息休闲（吃、坐、学习）需求和草坪空间的游戏娱乐（非正式游戏，抛球等）需求。另外草坪区域的设计还包括了灌溉、排水系统的设计。

6. 实习概要

这个占地 0.65hm^2 的广场，改造了费城市中心占地约 5.7hm^2 的托马斯杰斐逊大学校园，为其提供了一个新的“校园中心”。曾经，这里是两个地上停车场，如今新的设计将停车场置于地下，地面空间可以承担更多的重大学术活动和仪式。通过对其公共性和多样化的设计，也为周边社区提供充足的共享空间。

从中心向外辐射的椭圆形状使得整个空间尽管被高大的建筑所包围，但仍然感觉很开阔和宽敞，并且其设计呈现的开放性使得广场更加具有吸引力，也提高了使用率。

托马斯杰斐逊大学 Lubert 广场展示了托马斯杰斐逊大学对可持续性的重视，广场种植部分是通过对雨水和空调冷凝水的收集进行灌溉，这些冷凝水被收集在地下蓄水池中。新广场和草坪区域的透水面积从总占地面积的 7% 增加到 40%。广场的绿色雨水基础设施系统从建筑物的屋顶和空调冷凝水中收集水，并将其存放在广场下方的蓄水池中。80m^3 的地下蓄水池毗邻 Locust 街，为树木和草坪的灌溉蓄水。蓄水池大约 3.65m × 18.46m，与人行道平行，避开公用设施和树木，有几个凹槽用于避免根部之间的互相影响。只需 25.4mm 的雨水就足以浇灌 $0.65hm^2$ 广场的植物和树木一周。

曾经的地上空间主要用于停车，新的公园设计将停车场改为地下，从而使地上空间可以容纳从学习到休闲、娱乐等多种活动。由于广场地点位于地下停车场上方 1m 处，因此它具有与屋顶花园相同的建设结构和种植限制。有机材料和轻质骨料的应用改善了绿色屋顶的工程用土，增强了持水能力。

新广场为这个密集的城市社区增添了宝贵的绿色空间，并成为大学和周边社区都重视的社会和环境资源。

环境方面，新广场绿地收集并储存了至少 25.4mm 的降水量，储水量约占城市街区的一半，其中收集并重复使用的水量多达 $80m^3$。

社会方面，广场有助于缓解广场游客的紧张情绪，提高应对工作、学校压力的能力，也有助于提高人们对托马斯杰斐逊大学作为工作场所、大学的满意度和对城市环境的总体满意度。

（权薇　编写）

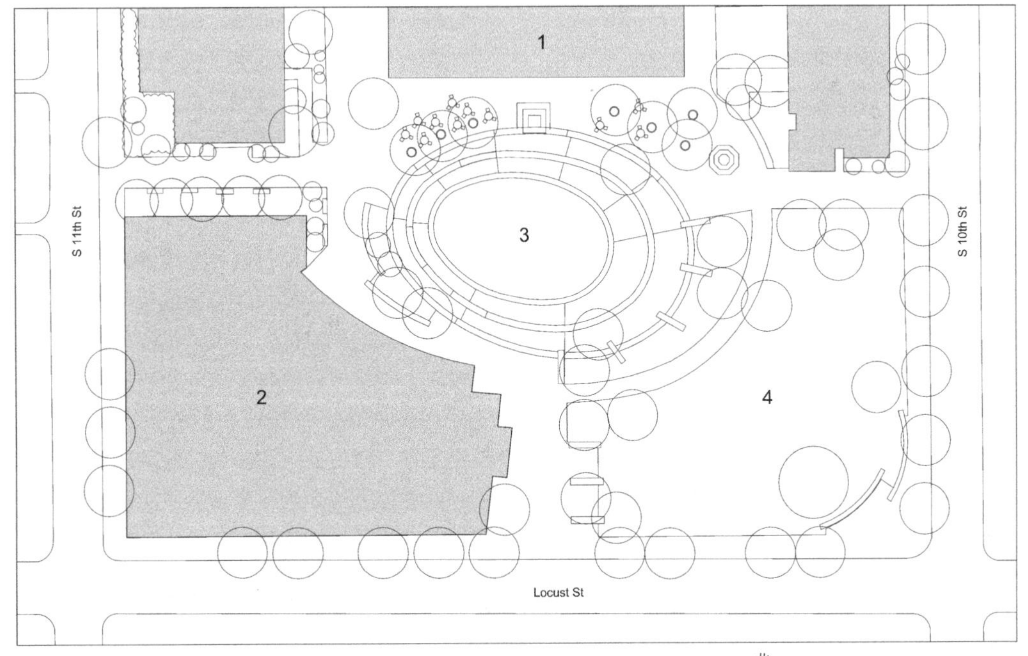

1. 托马斯杰斐逊大学图书馆
2. 托马斯杰斐逊大学汉密尔顿大厦
3. Lubert 广场
4. 草坪

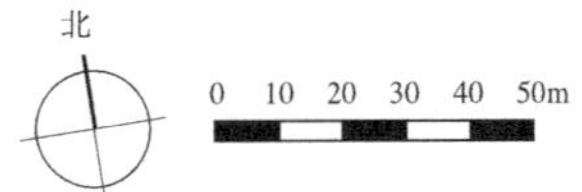

托马斯杰斐逊大学 Lubert 广场平面图

华盛顿宾夕法尼亚大道

Pennsylvania Avenue, Washington, DC

1. 位置规模

华盛顿宾夕法尼亚大道（Pennsylvania Avenue, Washington, DC）又称“美国大街”，是位于华盛顿哥伦比亚特区的一条街道，联结白宫和美国国会大厦，街道总长 9.3km，其中从白宫到国会大厦这最重要的一段长 1.9km。

2. 项目类型

国家公园

3. 设计师 / 团队

Michael Van Valkenburgh Associates, MVVA：工作室成立于 1982 年，早期承接私人庭院、广场和其他的一些小型机构项目，重要项目包括布鲁克林大桥公园（Brooklyn Bridge Park）、韦尔斯利学院（Wellesley College）的方案设计，米尔瑞斯公园（Millrase Park）和阿勒格尼河畔公园（Allegheny Riverfrmt Park）。MVVA 的公园设计建立在民主、包容、开放的空间基础上，旨在促进邻里关系的稳定，使这些设计成为人们日常生活中的焦点，同时促进生态、经验、社会的多样性。

4. 实习时长

3–4 小时

5. 历史沿革

宾夕法尼亚大道是联邦城市中建设最早的街道之一，由法裔美籍城市规划师皮埃尔·查尔斯·郎方（Pierre Charles L'Enfant）规划。这条大道曾经使白宫到国会的视野十分通畅，总统乔治·华盛顿（George Washington）和托马斯·杰斐逊（Thomas Jefferson）均认为该大道是新首都的重要标志，并称之为“伟大之路”。后来的总统安德鲁·杰克逊（Andrew Jackson）与国会的关系紧张，不愿透过窗户看到国会大厦，因而授意扩建财政部大楼以隔断视线。1965 年，这条街道的一部分及周围区域被划定为宾夕法尼亚大道国家历史遗址，国家公园管理局负责管理这片区域。2010 年哥伦比亚特区决定将该街道从约翰·菲利普·索萨桥的西南总站到马里兰州州线一段定为“特区大道”，并投资 4.3 亿美元来美化和改善街道。

6. 实习概要

在皮埃尔·查尔斯·郎方的联邦城市 1791 计划中，宾夕法尼亚大道最重要的部分是在白宫和美国国会大厦之间延伸的 1.93km 对角线。通过在两个重要建筑之间建立直接联系，象征着立法和行政部门之间的相互作用。

MVVA 公司 2002 年起重新设计了宾夕法尼亚大道并定义了周边的公共环境，于 2005 年完工，在日常使用中受到人们的欢迎，同时道路上也可以举行定期的大型活动，如总统就职游行等。虽然一度交通繁忙的宾夕法尼亚大道现在在车辆使用方面受到了极大地限制，但设计仍然保留了“郎方计划”的历史轴线。这是一个重视与周围环境连续性的设计，并使用了传统的材料以表达公共场所的重要性。

宾夕法尼亚大道与 15 号和 17 号街道相交，在财政大楼和旧行政办公楼前面产生了集散空间。这些空间提供了必要的安全检查站的位置和阴凉的休息区。宾夕法尼亚大道上的一排榆树，连接了拉斐特公园和白宫。历史悠久的华盛顿灯具、石长椅和护柱，不经意间也强化了宾夕法尼亚大道作为公共场所的悠久历史。设计使大道作为一个开放民主的空间，长期的保持了场地的传统。

7. 实习备注

开放时间：全天

预约途径：无需预约，免费

（唐艺林　编写）

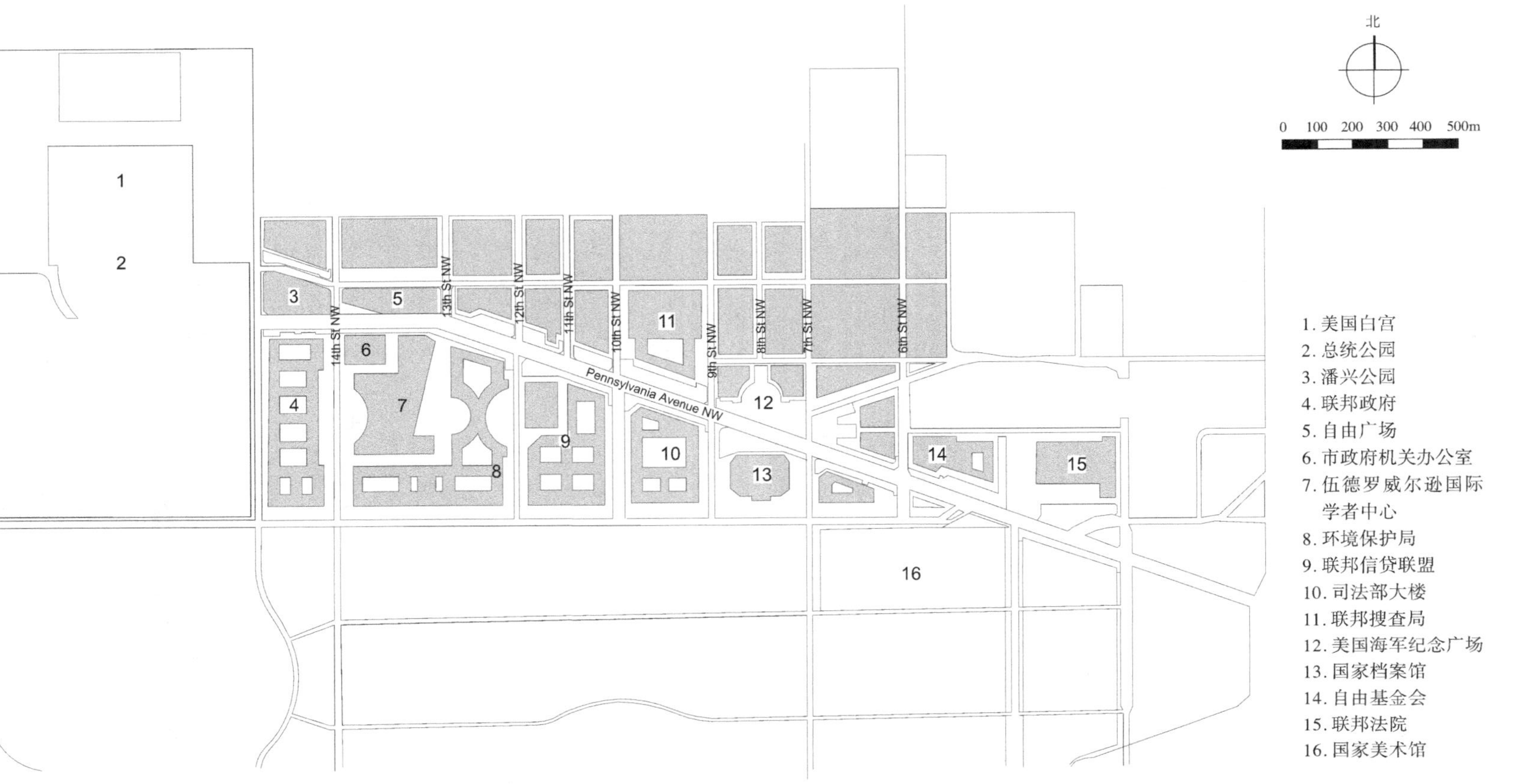
北
0 100 200 300 400 500m
1. 美国白宫
2. 总统公园
3. 潘兴公园
4. 联邦政府
5. 自由广场
6. 市政府机关办公室
7. 伍德罗威尔逊国际学者中心
8. 环境保护局
9. 联邦信贷联盟
10. 司法部大楼
11. 联邦搜查局
12. 美国海军纪念广场
13. 国家档案馆
14. 自由基金会
15. 联邦法院
16. 国家美术馆
Pennsylvania Avenue NW
14th St NW
13th St NW
12th St NW
11th St NW
10th St NW
9th St NW
8th St NW
7th St NW
6th St NW

华盛顿宾夕法尼亚大道

费城艺术博物馆
Philadelphia Museum of Art

1. 位置规模

费城艺术博物馆（Philadelphia Museum of Art）位于费城市区西北26街和富兰克林公园大道交叉处，全美第三大美术馆。

2. 项目类型

美术馆

3. 设计师 / 团队

首建：贺拉斯·楚姆鲍尔（Horace Trumbauer）和詹青格（Zantzinger）等、扩建和改造规划：弗兰克·盖里（Frank Owen Gehry）、景观改造：Olin景观事务所．由美国景观大师劳里·奥林（Laurie Olin）创办，著名的项目包括华盛顿纪念碑景观、美国大都会博物馆入口广场、纽约布赖恩特公园、纽约炮台公园、美国苹果新总部规划和景观等。

4. 实习时长

2–3 小时

5. 历史沿革

目前的建筑始建于1919年，市长托马斯·史密斯（Thomas Smith）以共济会的仪式为该建筑奠基，占地4.05hm^2，所在地为一废弃的水库。第一部分在1928年初完成。准希腊复兴风格，设计者为贺拉斯·楚姆鲍尔（Horace Trumbauer）和詹青格（Zantzinger），Borie和Medary建筑公司。建筑的立面使用的是明尼苏达白云石。其三角楣饰面向大道，装饰着希腊众神雕塑。还有一只狮鹫，在20世纪70年代作为博物馆的象征。

1938年，博物馆正式更名为费城艺术博物馆（Philadelphia Museum of Art）。学校于1964年与博物馆分开，最终成为艺术大学。到那时，博物馆正在管理罗丹博物馆（Rodin Museum），芒特普莱森特（Mount Pleasant）和雪松林以及其他历史悠久的房屋，如柠檬山和莱蒂娅街楼（Lemon Hill），都位于费尔芒特公园（Fairmount Park）。在这十年结束时，博物馆开设了第一个现场保护实验室。尽管在20世纪30年代全国经济困难，博物馆还收藏了许多重要的收藏品，其中包括弗雷德里克·埃文斯（Frederick Elans），奥古斯都·圣高登斯（Augustus Saint-Gauden）的雕塑戴安娜（Diana）（1892—1893年）以及保罗·塞尚（Paul Cezanne）的48张照片。博物馆的台阶本身随后成为费城的主要旅游目的地之一。

6. 实习概要

秉持最少干预的原则，Olin景观事务所在西广场增设了停车空间和花园，并在东广场综合运用天窗和下沉台阶为地下空间提供自然采光。西侧入口处的花园：4个方向的鲜花线由概念艺术运动的领军人物Sol LeWitt设计。4个全等的矩形常绿绿篱内分别种有4种颜色的多年生草花且各自沿不同方向排列。每个花圃内的45种同色草花从春天到秋天相继开放，延长了该园艺作品的观赏期。

1981年，费尔蒙特公园艺术协会（现称为公共艺术协会）邀请概念艺术家索尔·勒维特（Sol LeWitt）（美国，1928—2007年）为费尔蒙特公园的一处遗址创作一项公共艺术作品。他选择了被称为雷利纪念馆（Raleigh memorial）的长方形长地块。花的4个方向的线条在构思30年后被安装起来。这是一件规模巨大的作品，由7000多株植物整齐的排列构成。在最初的提议中，艺术家描述了一个4种不同颜色（白色、黄色、红色和蓝色）的花卉种植装置，在4个相等的矩形区域，在4个方向（垂直、水平、对角线右和左）成排，由大约2m高的常绿树篱围成。

夏天可以看到4个方向的花卉线条，多年生花卉都会盛开。景观建筑和城市设计公司Olin负责监督勒维特设计的解释和执行。Grousswell公司负责维护花园。

7. 实习备注

开放时间：周二－周日 10:00–17:00，周三和周五营业至20:45

预约途径：费城艺术博物馆官网

http://www.philamuseum.org/

（唐艺林　编写）

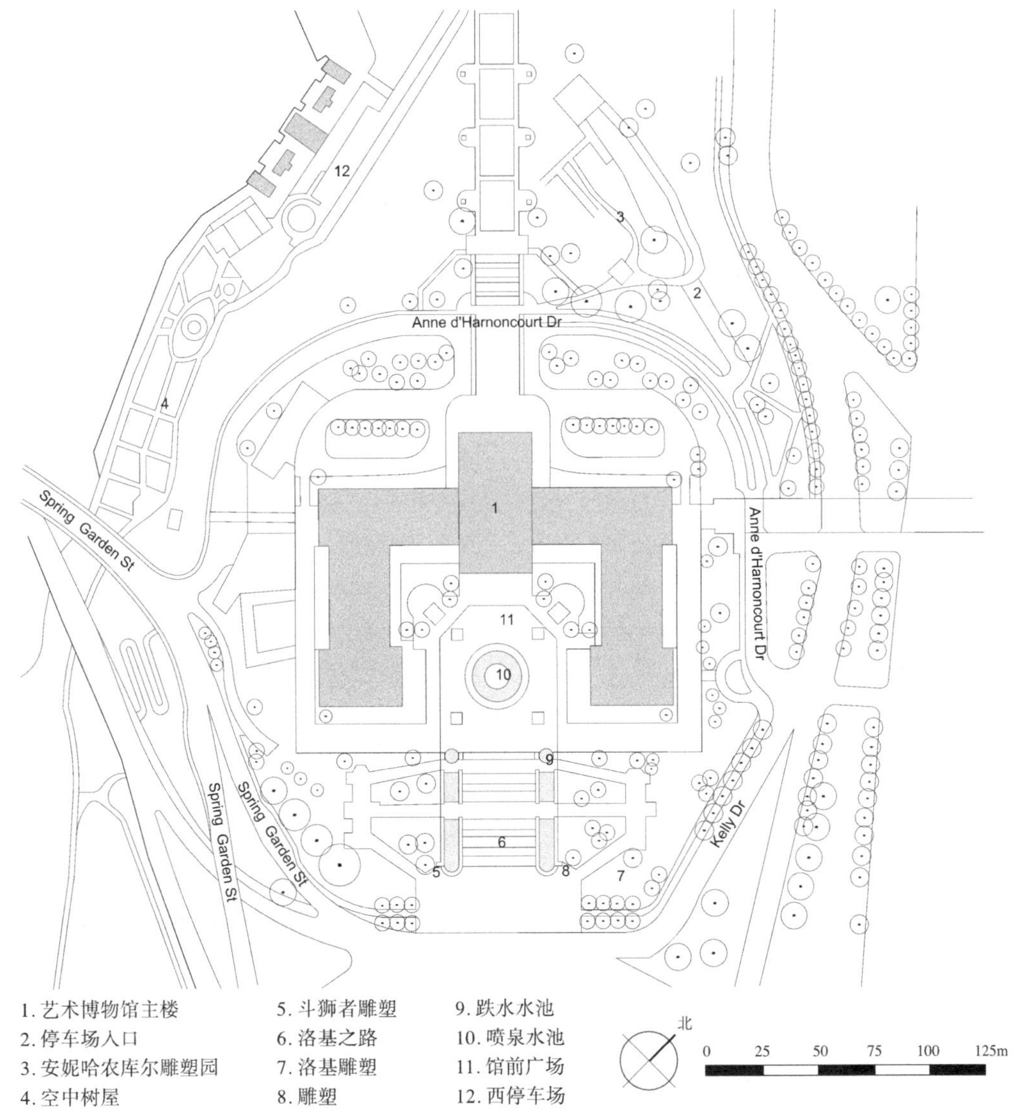

1. 艺术博物馆主楼
2. 停车场入口
3. 安妮哈农库尔雕塑园
4. 空中树屋
5. 斗狮者雕塑
6. 洛基之路
7. 洛基雕塑
8. 雕塑
9. 跌水水池
10. 喷泉水池
11. 馆前广场
12. 西停车场

费城艺术博物馆平面图

海军造船厂中央绿地
Navy Yards Central Green

1. 位置规模

海军造船厂中央绿地（Navy Yards Central Green）位于费城罗斯大道（Rouse Blvd）和勇敢街道交叉口，占地 2.02hm^2，处于费城市中心的南部，中央绿地位于整个造船厂的东北角。

2. 项目类型

城市公园

3. 设计师 / 团队

建筑：BIG 建筑事务所

园艺：Larry Weaner 设计协会

景观：詹姆斯·科纳事务所。詹姆斯·科纳（James Corner）是景观都市主义的主要理论家，美国詹姆斯·科纳事务所是由詹姆斯·科纳于 1998 年创立的。目前在纽约和伦敦都有办公室，事务所以其创意性、现代化设计干预措施而闻名，覆盖多种项目类型和规模，从整个大型城市区到复杂的被遗弃的后工业区。该事务所的工作指南是致力于多样化、动态的公共区域设计，人与自然共存。其备受赞誉和获奖项目包括高线公园（High Line Park）、弗兰士科斯公园（Freshkills Park）和伊丽莎白女王奥运公园（Queen Elizabeth Olympic Park）。

4. 实习时长

1.5–2 小时

5. 历史沿革

费城海军造船厂曾经是是美国六大船厂之一，也是美国第一个造船厂。“二战”时期这里还是停放备战军舰的场地。1996 年 9 月 26 日费城海军造船厂正式关闭，结束了原有的造船功能。2000 年，费城政府接手开始重建这块土地，计划打造一处集生产、居住、娱乐于一体的产业园区。事实上几百年前，这一地区历史上以湿地，草地和鸟类栖息地为标志，以植物种植和口袋沼泽为主，环境的历史背景也对设计产生了巨大的影响。

6. 实习概要

海军造船厂中央绿地是这片区域内的第六座公园，于 2015 年建成。James Corner 景观事务所将占地 2.02hm^2 的开放空间变成了一个户外的活动中心，供该地区的工作人员使用。

这块场地是由造船厂办公大楼所界定的，事务所选择了圆的形态来组织场地设计。从功能上看，中央绿地的边缘是一条“社交轨道”，即一条 6m 宽、沿边排放有金属和木质躺椅的小道，这条轨道串联了一系列圆形空间，逐步引导游客进入公园的内部。绿地内部包含了各种尺寸的圆形场地，每个主要的圆形空间都具有不同的功能，包括健身中心、露天剧场、阳光草坪、吊床树丛、地掷球场、乒乓球桌、公共餐桌和收集雨水的生物盆地等，这一系列丰富多彩的空间足以满足使用者的需求。从空间上看，中心绿地的设计极具活力，即使在游人稀少的情况下也会得尺度适宜，体验舒适，场地保留了一些草坪空间，与密集种植的树木空间形成对比，漫步在公园的环形小路上，游客会感觉空间被放大了，尤其是从土坡穿行至雨水滞留池，配合高差的细微变化，这种感觉也会被进一步强化。

此外，铺满砾石的通道还将场地与周围的街道连接起来，同时整个场地的活动设施和地面标记都采用亮黄色设计。

（唐艺林　编写）

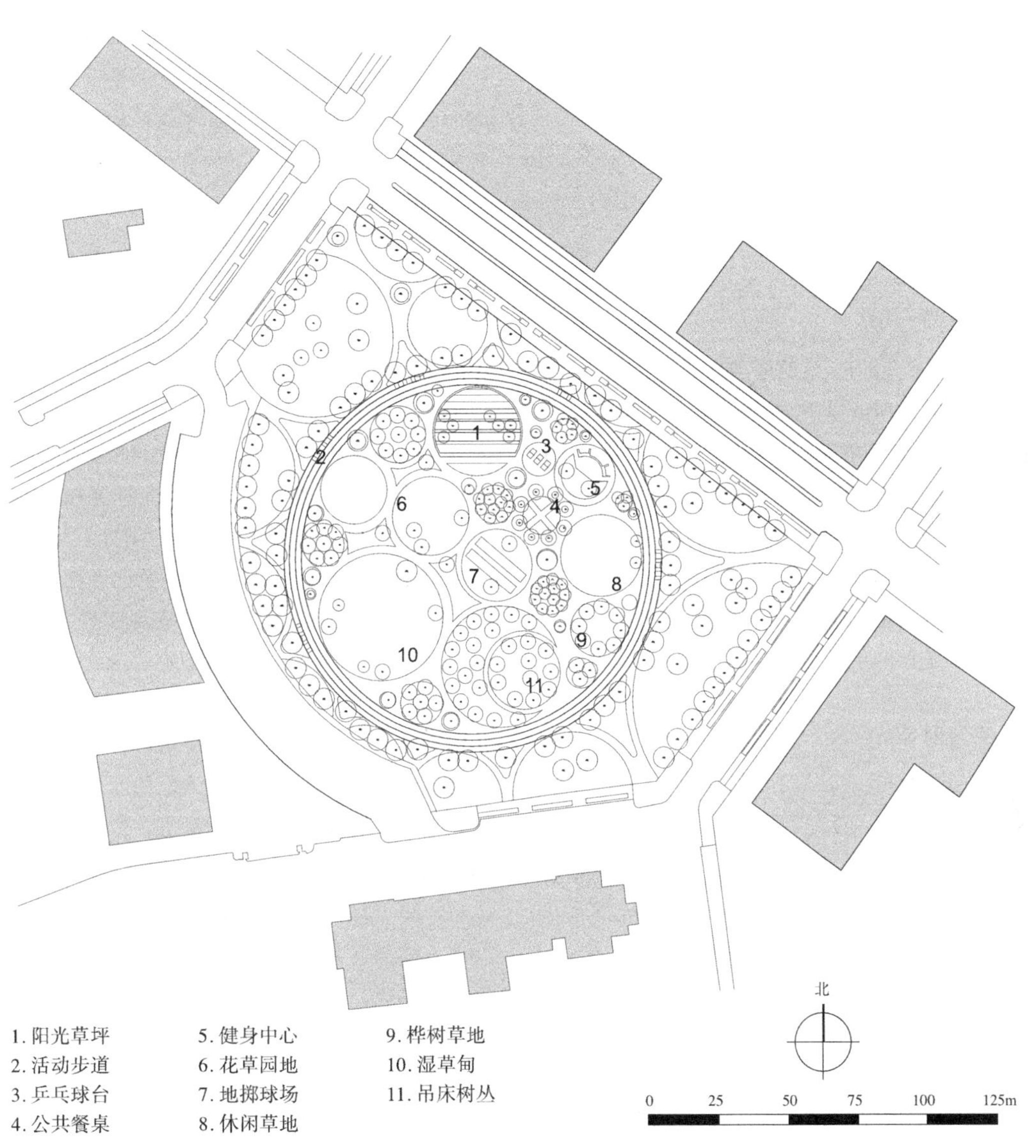

1. 阳光草坪
2. 活动步道
3. 乒乓球台
4. 公共餐桌
5. 健身中心
6. 花草园地
7. 地掷球场
8. 休闲草地
9. 桦树草地
10. 湿草甸
11. 吊床树丛

海军造船厂中央绿地平面图

华盛顿运河公园

Washingtong Canal Park

1. 位置规模

华盛顿特区（Washingtong D. C.）西南区 M 街 200 号，占地三个街区，约 1.21hm^2。

2. 项目类型

城市公园

3. 设计师 / 团队

建筑：Studios 建筑事务所

景观：Olin 景观事务所。由美国景观大师劳里·奥林（Laurie Olin）创办，著名的项目包括华盛顿纪念碑景观（Washington Monument）、美国大都会博物馆入口广场（Metropolitan Museum of Art）、纽约布赖恩特公园（Bryant Park）、纽约炮台公园（Battery Park）、美国苹果新总部规划和景观等。

4. 实习时长

1.5–2 小时

5. 历史沿革

华盛顿运河公园（Washingtong Canal Park）是特区阿纳卡斯蒂亚河滨（Anacostia River）提倡下建设的首批公园之一。公园既是一个充满活力的社交活动聚集地，也是促进周边社区经济发展的催化剂，还是一个可持续设计的典范。该地块历史上是华盛顿运河的一部分，连接阿纳卡斯蒂亚和波托马克（Potomac River）两条河流。

6. 实习概要

华盛顿运河公园位于三个长方形街区相连的地带，属于华盛顿运河系统的一部分，它的建成重新建立起了华盛顿特区和阿纳卡斯蒂亚河的联系。公园的设计唤起了人们对于这里的历史记忆。

这个公园的占地面积比较有限，因此设计师对空间进行了合理的规划，创造出许多休闲活动空间，以适合各类人群的需求。还有一些呼应历史特征的设计，包括线性雨水花园以及亭子，是为了让人们想起曾经运河上漂浮着的驳船。

分区域来看，北部街区的设计相对比较灵活，人们一年四季都可以使用北部宽敞的草坪，夜晚还可以一起欣赏电影、举办音乐会、进行各种表演等。中部街区的设计考虑了市场和集市的影响，设计了一些观赏性景观，其中有一块小草坪区域，四周有三面均设置了用美国洋槐木做成的固定座位，因此儿童可以在此空间内玩耍，家长也可以在此空间内休憩等候，满足了不同类型人们的需求。沿街的南部街区是人们最常来的地方，也是最具都市气息的繁华地带。这里的互动性喷泉广场夏天可供孩子玩耍或集会，到了冬天则成为滑冰场供人运动，小范围的高差设计使该区域的层次更加鲜明。

7. 实习备注

开放时间：7:00–22:00

预约途径 : 无需预约

（唐艺林　编写）

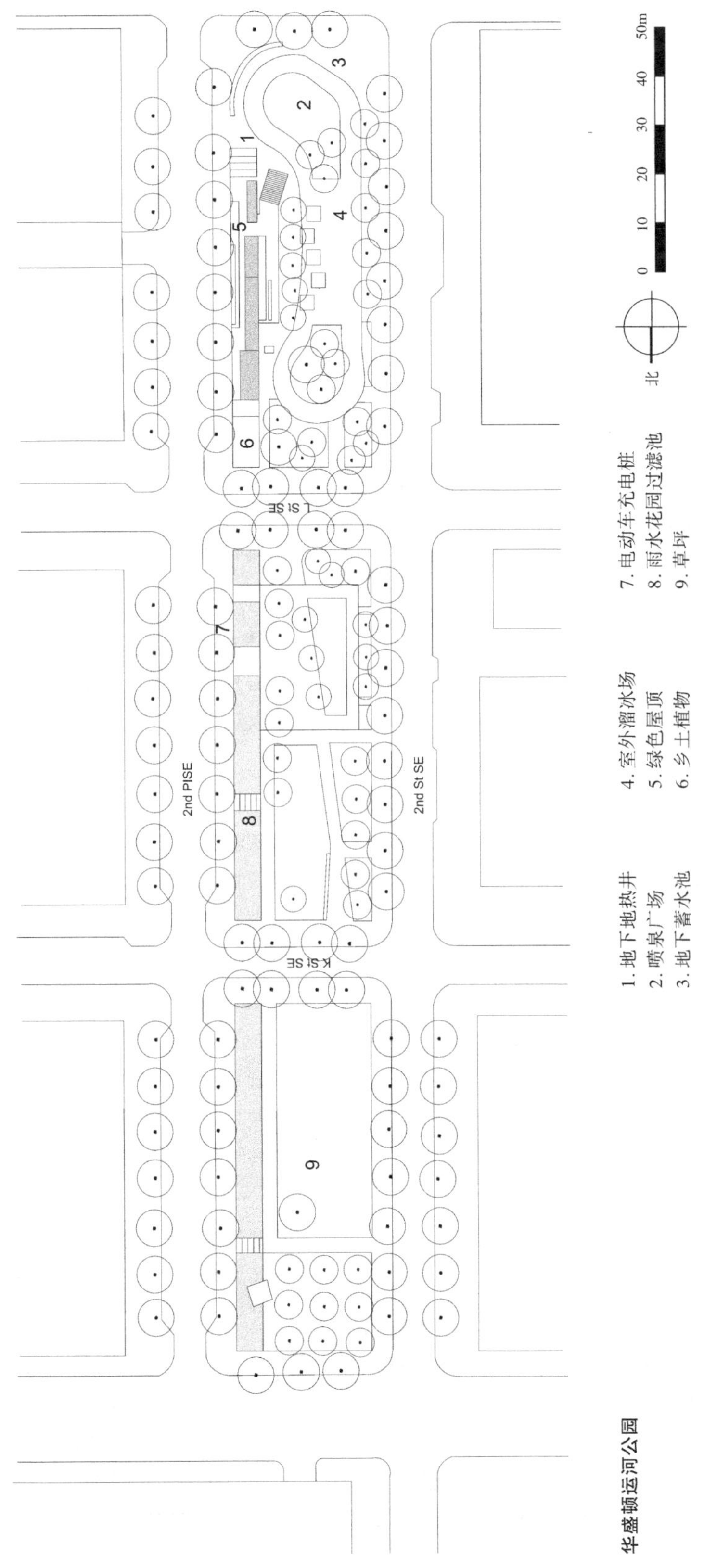
1
2
3
4
5
6
7
8
9
L St SE
K St SE
2nd PlSE
2nd St SE
0 10 20 30 40 50m
北
1. 地下地热井
2. 喷泉广场
3. 地下蓄水池
4. 室外溜冰场
5. 绿色屋顶
6. 乡土植物
7. 电动车充电桩
8. 雨水花园过滤池
9. 草坪

华盛顿运河公园

罗丹博物馆花园
Rodin Museum

1. 位置规模

罗丹博物馆花园（Rodin Museum）位于费城市中心西北部，是本杰明·富兰克林公园大道（Benjamin Franklin Pwy）上的重要节点，1981 年被收录到国家历史遗迹名册。博物馆位于费城本杰明富兰克林大道和 22 街的交叉口，与费城艺术博物馆（Philadelphia Museum of Art）、洛根广场（Logan Square）及费城市政厅（Philadelphia City Hall）连成一条直线。

2. 项目类型

雕塑花园

3. 设计师 / 团队

建筑：保罗·克里特（Paul Cret）

景观：雅克·格雷伯（Jacques Greber）

景观改造：Olin 景观事务所。由美国景观大师劳里·奥林（Laurie Olin）创办，著名的项目包括华盛顿纪念碑景观（Washington Monument）、美国大都会博物馆入口广场（Metropolitan Museum of Art）、纽约布赖恩特公园（Bryant Park）、纽约炮台公园（Battery Park）、美国苹果新总部规划和景观等。

4. 实习时长

1–2 小时

5. 历史沿革

博物馆及花园建成于 1929 年，是电影大亨朱尔斯·马斯特鲍姆（Jules E. Mastbaum）于 1929 年捐献给他的故乡费城的礼物。1923 年起，3 年内他收集了奥古斯特·罗丹（Auguste Rodin）124 件作品，其中包括著名的一尊“思想者”铜像。1926 法国建筑师保罗·克里特（Paul Cret）（1876—1945）和法国景观设计师雅克·格雷伯（Jacques Greber）（1882—1962）设计的了最早的罗丹博物馆花园，1929 年博物馆正式开放，博物馆及藏品均由费城艺术博馆管理。2012 年，该博物馆经过近 4 年、耗费 900 万美元的重建后重新开放。如今罗丹博物馆成了费城的标志性建筑之一。

6. 实习概要

Olin 景观事务所于 2003 年对本杰明富兰克林大道进行了整体规划，规划中希望将这条大道打造成一条文化走廊，罗丹博物馆就是这条大道上的一个重要节点。因此事务所也重新设计建造了罗丹博物馆周围的花园景观。

该项目范围包括室内庭院修复和室外花园景观改造两部分。其中修复工作主要包括：修复博物馆入口东门、花园墙壁、楼梯，更换青石板和碎石铺地以及修剪植被。修复时保留了花园内原来的墙壁和结构，并且融入了新的建筑元素和耐用的铺装。在特定的集散场地设置了新的小路和坡道，使游客可以更畅通地进入花园和庭院。规则式的多年生草本花园色彩鲜艳，也采用了芳香植物，通过植物搭配使得花园的季相变化非常丰富。

改造工作主要包括：增强庭院的可达性，尤其加强了博物馆花园与本杰明·富兰克林大道的联系，增设了庭院照明，采用新型节水灌溉系统和新的种植设计。种植设计尊重原有设计，保留了 1928 年时计划的部分植物，灌木层和低矮的开花乔木层使用了一些乡土树种，突出了中心建筑和庭院。

新的设计保留并强调了原设计中法国新古典主义建筑和规则式庭院的重要特征，并在此基础上进行了设计更新，同时强化了博物馆入口和本杰明·富兰克林大道的关系。该项目既是费城美术馆总体规划的重要组成部分，也是本杰明·富兰克林大道大道体现艺术文化特征进行改造的关键。

7. 实习备注

开放时间：10:00–17:00, 周二闭馆

预约途径：罗丹博物馆官方网站

行为规范：在建筑物中草绘时，请仅使用铅笔，速写本不超过 45cm × 60cm。

（唐艺林　编写）

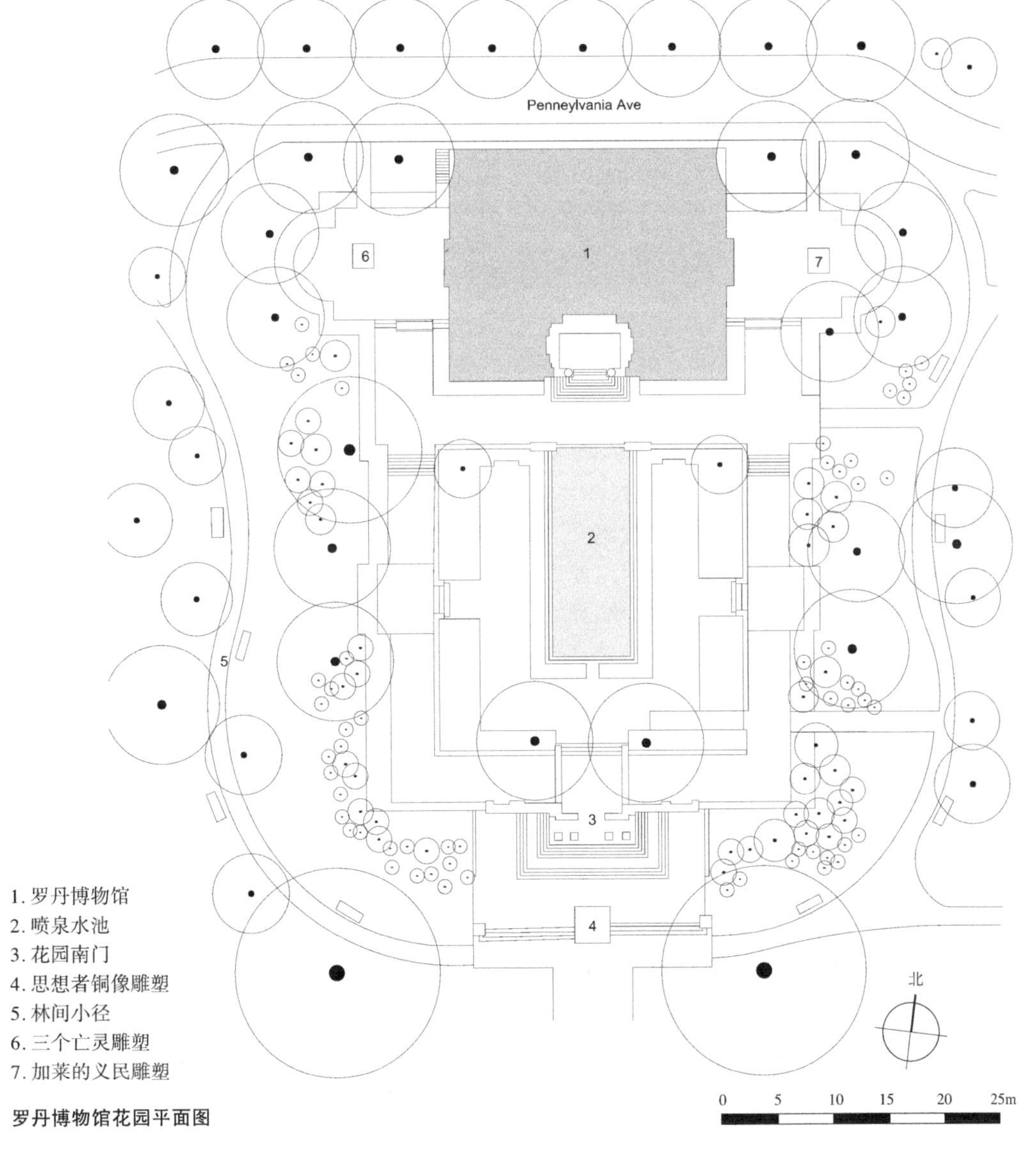

1. 罗丹博物馆
2. 喷泉水池
3. 花园南门
4. 思想者铜像雕塑
5. 林间小径
6. 三个亡灵雕塑
7. 加莱的义民雕塑

罗丹博物馆花园平面图

洛根圆环
Logan Circle

1. 位置规模

洛根圆环（Logan Circle）位于费城市中心西北部，是本杰明·富兰克林公园大道（Benjamin Franklin Parkway）的重要节点，1981年被收录到国家历史遗迹名册。

2. 项目类型

城市广场

3. 设计师 / 团队

奥林景观事务所（OLIN）。由美国景观大师劳里·奥林（Laurie Olin）创办，著名的项目包括华盛顿纪念碑（Washington Monument）景观、美国大都会博物馆入口广场（Metropolitan Museum of Art）、纽约布赖恩特公园（Bryant Park）、纽约炮台公园（Battery Park）、美国苹果新总部规划和景观等。

4. 实习时长

0.5–1小时

5. 历史沿革

洛根圆环，又名洛根广场，是该市原规划的五个广场之一。最初，此地被威廉·佩恩（William Penn）在1684年的城市规划中称为"西北广场"，直到19世纪初，一直是公开处决犯人的场所。1825年该地更名为洛根广场，得名于费城政治家詹姆斯·洛根（James Logan）。后来在20世纪20年代，法国景观建筑师雅克·格雷伯（Jacques Greber）将广场改为圆形并作为本杰明·富兰克林公园大道的一段。该广场类似巴黎协和广场，甚至仿照协和广场的克里雍大饭店，也创造了两座式样相同的大厦，费城自由图书馆和家事法院大楼。环绕圆环有斯旺纪念喷泉（Swann Memorial Fountain）、费城自由图书馆（Independence Library）、自然科学院（Academy of Natural Sciences of Drexel University）、富兰克林科学博物馆（Franklin Institude）、莫尔艺术设计学院（Moore College of Art&Design）和罗马天主教圣彼得·保罗圣殿主教堂（Saints Peter and Paul Church）。

6. 实习概要

奥林景观事务所与宾夕法尼亚园艺学会（Pennsylvania Hortiantural Society）、皮尤慈善信托基金、中心城区和费尔蒙特公园（Fairmont Park）委员会合作，使这座费城的历史地标重新焕发活力，并使其在该市著名的开放空间中恢复了应有的地位。2005年初，宾夕法尼亚州园艺协会着手清理和改造公园以提高公园的可达性和吸引力，最明显的变化是喷泉周围的大型泡桐树被移除了。协会和城市规划师均认为它们已经老化严重，寿命将尽，因而采用类似的树木代替以改善空间体验。坡度、草坪和座位的微妙变化创造了一个更安全友好的环境，新的设计使得洛根圆环将作为一个标志性的休憩性场所，服务于本杰明富兰克林公园大道沿线的居民和游客。圆环中心是由亚历山大·斯特林·考尔德（Alexander Stirling Calder）与建筑师威尔逊·艾尔（Wilson Ayre）设计的喷泉，以纪念费城喷泉协会创始人威尔逊·卡里·斯万博士（Dr. Wilson Carrie Swan）。

该协会还在喷泉周围及广场附近种植了茂密的多年生草花，日常维护也做得很好。此后费城还在此片区实施了一系列修复计划，截至2012年，已经翻新了原有的广场和绿地，并充分发挥了公园大道的文化娱乐功能。费城非常支持这个圆环变回广场，并提升费城城市绿色空间的美学价值。

7. 实习备注

开放时间：全天

预约途径：无需预约

（唐艺林　编写）

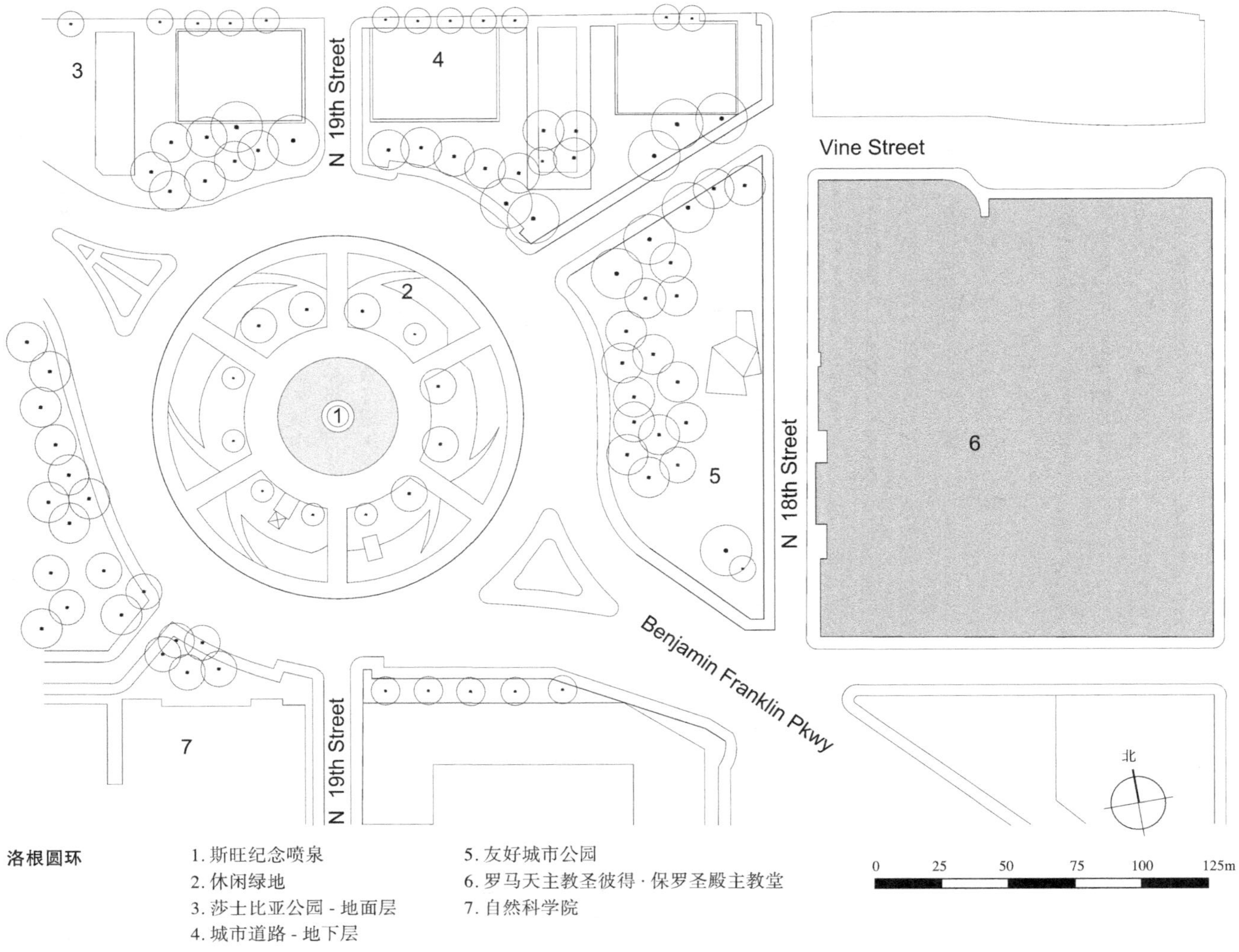

3
4
N 19th Street
Vine Street
2
1
5
6
N 18th Street
Benjamin Franklin Pkwy
7
N 19th Street
北
0
25
50
75
100
125m
1. 斯旺纪念喷泉
2. 休闲绿地
3. 莎士比亚公园 - 地面层
4. 城市道路 - 地下层
5. 友好城市公园
6. 罗马天主教圣彼得 · 保罗圣殿主教堂
7. 自然科学院

洛根圆环

长木花园
Longwood Gardens

1. 位置规模

长木花园（Longwood Gardens）位于费城以西 30km，白兰地酒山谷内，占地 436hm^2。

2. 项目类型

花园

3. 设计师 / 团队

West 8 景观事务所：阿德里安·高伊策（Adriaan Geuze）于 1987 年成立于荷兰鹿特丹，作为艺术、城市规划与生态景观设计师中的代表，获得了众多国际大奖。一直以来，West 8 着眼于从多学科多角度来解决复杂的设计问题，在区域性规划、城市规划、城市设计、景观与园林设计、滨水地区项目、标志性景观小品设计和桥梁设计等诸多层面具有丰富的实践经验，尤其擅长将规划与景观设计相结合。代表作品包括（荷兰）鹿特丹剧院广场（Schouwburgplein）、（荷兰）阿姆斯特丹东半岛住宅区（Borneo Sporenburg）、（英国）伦敦 奇西克（Chiswick）公园、2002 年（瑞士）伊韦尔东（Yverdon-les-Bains）世博会项目、2016 年加弗纳斯岛公园和公共空间第 1 阶段（Governors Island Park and Public Space Phase 1）项目、2016 年加弗纳斯岛公园和公共空间第 1 阶段（Lower Hill Master Plan）项目等。

4. 实习时长

2.5–3 小时

5. 历史沿革

长木花园拥有悠久的历史。1700 年，一位名叫乔治·皮尔斯（George Pierce）的农民从威廉·佩恩（William Penn）的委员那里购买了这块占地 163hm^2 的土地。乔治的儿子约书亚（Joshua）在这片土地上耕种，并在 1730 年建造了一座砖砌农舍，这座农舍今天仍在扩建。1798 年，塞缪尔（Samuel）继承了这个农场，开始种植一个占地 6hm^2 的植物园。到 1850 年，植物园成了当地人户外聚会的地方。

长木花园于 1907 年由皮埃尔·杜邦（Pierre Dupont）正式创立，最初是一个花园。在众多参观者的鼓励下，创始人决定将其扩大。从那时起，花园的面积和种类逐年增加。1927 年，主喷泉花园的建设结束。20 世纪 70 年代，景观大师托马斯·丘奇（Thomas Church）开始进行长木花园的长期规划、优化改造以及访客流线设计，并设计了许多小花园，包括剧院花园、紫藤花园和牡丹花园。1978 年，美国著名建筑师彼得·谢菲尔德（Peter Sheffield）爵士重新设计了睡莲展示区并于 1988 年重新开放了花园。1995 年景观设计师加里·史密斯（Gary Smith）根据东侧落叶林中最具观赏性的特征设计了颇具艺术形式感的花园——皮埃尔树林（Peirce's Woods）。2010 年荷兰景观公司 West8 为长木花园制定了接下来 40 年的规划，旨在保护原有景观，发扬当地的历史文化，并创造适宜大量人群活动的当代特色场所。2014 年，长木花园对外开放了新设的占地 35hm^2 的草甸花园。

6. 实习概要

长木花园有从规则式到自然式各种各样的室外花园，还有占地 1.8hm^2 的 20 个温室花园。长木温室内栽培种植有 4600 种不同的草本和树木，还有喷泉点缀其间。

设计团队对主喷泉花园的设计建立在长木花园总体规划的基础上，规划由景观设计师于 2011 年完成。主喷泉花园是 1927 年创建的一座先进的建筑，现在也是长木花园中最引人注目的景点。但长木花园里尤其是主喷泉花园，可达性较差。只有少数路径穿过，设计希望让人们能在花园里自由散步并探索整个花园。主喷泉花园规划完成了花园中4000件意大利雕刻作品以及20个壁挂式喷泉的修复，结合现代科学技术，规划整体提升了花园的照明系统，并将水景调整为由LED系统控制的现代喷泉景观。根据总体规划，设计中还制作了像石窟这一类的新产品，使游客可以从凉廊两侧的通道进入中心。新建的桥连接喷泉露台，游客可以在露台上俯瞰周围的花园。主喷泉花园还设有新的休息区，包括喷泉旁的座位墙以及位于桥后面的带桌椅的休息区。泵房的大厅经过翻新，现在作为1931–2014年为花园供电的泵系统的原始展品的展厅，侵略性的挪威枫树也被取代。通过增强园艺展示和扩大无障碍步行区，花园主喷泉整体景观得到了改善。在结合现代技术的前提下，主喷泉花园既实现了复兴，也保留了易识别的长木花园的原始特征。

7. 实习备注

开放时间：周日–周三 9:00–18:00，周四–周六 9:00–22:00

预约途径：longwoodgardens.org 长木花园官网

（唐艺林　编写）

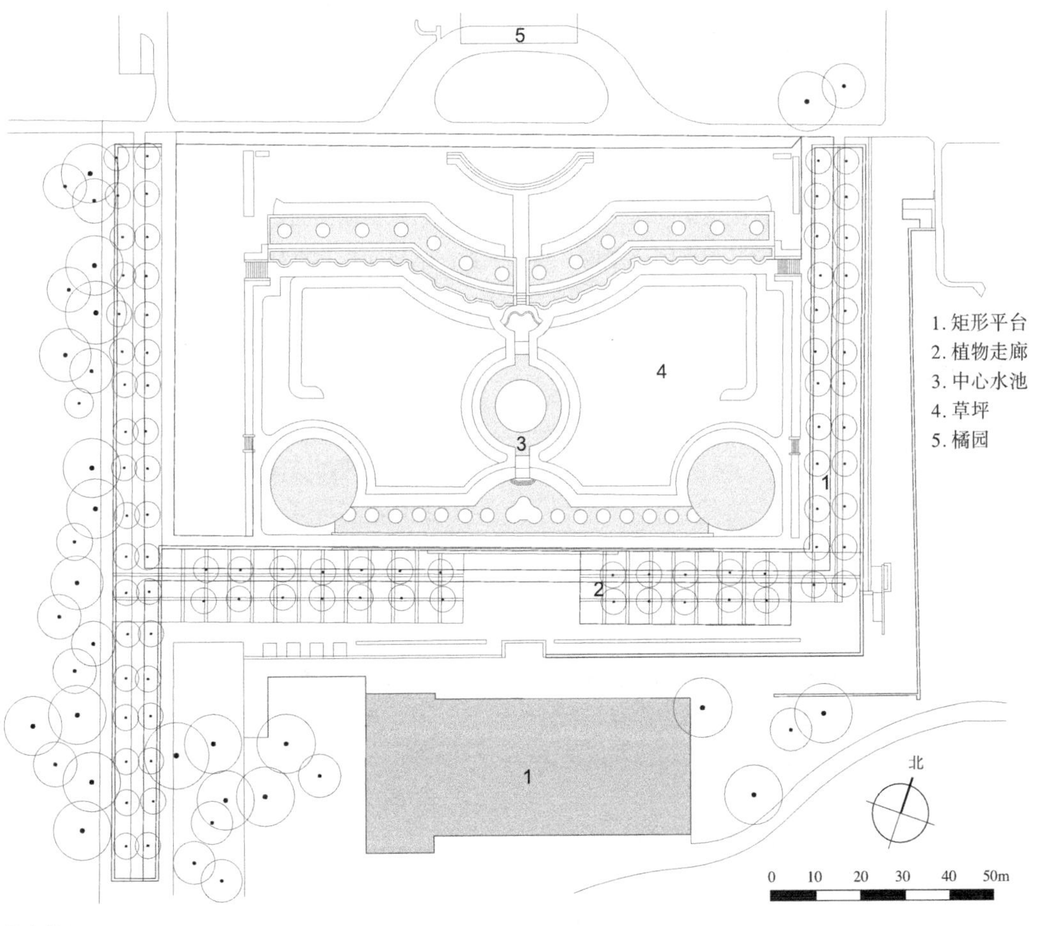

长木花园

岩溪公园
Rock Creek Park

1. 位置规模

岩溪公园（Rock Creek Park）主要区域为沿着岩溪河谷的 710hm^2 土地，加上其他由此公园管理的绿地与公园，总共有超过 810hm^2 的土地。公园主要区域位于美国国家动物园北方，1890 年由本杰明·哈里森（Benjamin Harrison）总统签署法案，1897 年公园开始建设，是联邦政府指定的第三个国家公园。

2. 项目类型

国家公园

3. 设计师 / 团队

弗雷德里克·劳·奥姆斯特德（Frederick Law Olmsted, Jr.），是美国 19 世纪下半叶最著名的规划师和风景园林师，对美国的城市规划和风景园林设计有非常重要的影响，其设计理念受英国田园与乡村风景的影响甚深，最著名的项目包括纽约中央公园、美国国会广场、翡翠项链公园系统等。

4. 实习时长

3–4 小时

5. 历史沿革

岩溪公园是华盛顿特区中心一个占地 710hm^2 的联邦公园。1860 年华盛顿的卫生和生活条件非常差，以至于林肯总统要求在一个环境优美的绿地周围建造新的总统府。岩溪公园的所在地被总统选中，虽然最终没有在此处建成总统府，但选址的官员认为可以在这里建成一个公园。

岩溪公园的建立是在国家动物园创建之后的第二年，总统本杰明·哈里森于 1890 年 9 月 27 日签署通过了相关法律，在一些公民领袖积极倡导下建立了起来。继 1872 年的黄石公园（Yellowstone National Park）和 1875 年的麦基诺国家公园（Mackinac Island State Park）之后，它是美国建立的第三个国家公园。1933 年，它成为国家公园管理局新成立的国家首都公园单位的一部分。岩溪公园历史区于 1991 年 10 月 23 日被列入国家历史遗迹名录。

6. 实习概要

岩溪公园的景观由陡峭崎岖的溪流山谷和连绵起伏的丘陵组成。不同的水文脉络导致公园里环境较为复杂。但也是因为这里复杂的环境和变化，还有季节性洪水，公园里产生了多样的物种栖息地。岩溪公园终止于切萨皮克俄亥俄运河国家历史公园（Chesapeake & Ohio Canal National Historical Park），因而突出了波托马克河（Potomac River）与美国历史之间的联系。岩溪公园也因此使得这个发达的城市地区不同文化和自然资源得到了包容。

公园的主要部分沿岩溪谷和子午山公园、老石屋、皮尔斯米尔磨坊、纪念馆等重要节点。岩溪公园内建设了大量公共设施，包括室外音乐会和剧院场地、网球场、天文馆，自然中心等，还特意铺砌了自行车道以及沿着小溪和林地的步行道和马道。公园还设有马术中心，提供骑马课程和活动，可以在水上设备中心租用皮划艇、独木舟、帆船等。该公园还为鸟类和其他城市野生动物提供了休憩场所。娱乐设施还包括高尔夫球场、体育场、网球场等。

7. 图纸

图纸请参见链接：http://npmaps.com/rock-creek/

（唐艺林　编写）

美国服装零售企业 URBN 总部园区

Urban Outfitters Headquarters at the Philadelphia Navy Yard

1. 位置规模

美国服装零售企业URBN总部园区（Urban Outfitters Headquarters at the Philadelphia Navy Yard）位于费城南十六街5101号旁。

2. 项目类型

办公景观、旧址改造

3. 设计师 / 团队

美国MESA设计集团D.I.R.T.工作室。朱莉·巴格曼（Julie Bargmann）于1992年创立了DIRT工作室，她是国际公认的再生景观设计和建造的创新者。D.I.R.T.工作室关注场地的历史背景，致力于城市复兴设计，旨在通过设计激发场地自身资源。代表作品包括密歇根州迪尔伯恩福特胭脂工厂（Dearborn Ford Rouge Factory）、斯特恩斯采石场（Stearns Quarry）、宾夕法尼亚州文顿戴尔填海公园（Vintondale）等。

4. 实习时长

1.5–2 小时

5. 历史沿革

美国服装零售企业URBN总部园区占地3.65hm^2，是原美国海军船厂旧址历史核心区的一部分，19世纪这处船厂的旧址曾经是费城的联盟岛屿。URBN是一个由四个服装品牌企业联合组成的大型综合性服装零售集团，四家企业冒险放弃了原先费城市中心的繁华地理位置，联合共同迁址至此，对通往德拉瓦河（Delaware River）的布罗德街市政中轴道上152.4m干船坞区周边砖石结构建筑进行改造性再利用，以寻求潜在机遇，建立一个全新的大规模企业园区。船厂旧址上遗留下无数海军人员的建设痕迹，这为创建一处前卫且具独创性的活力景观空间奠定了良好的基础。

6. 实习概要

项目设计以对费城海军船厂旧址悠久历史脉络的充分尊重作为出发点，为美国服装零售企业URBN总部园区进行景观重塑，营造出这处充满创意的全新企业园区。景观设计师们通过相应艺术化设计手法，对过往浓重的工业生产痕迹及项目场地上的废弃材料进行重新塑造与整合应用，集活力景观与生态性能于一体，呈现理想企业园区。该园区地处通往德拉瓦河的市政中轴道上，因而虽是企业私有园区，也为费城市民提供了又一处环境怡人的公共活动空间，同时，该项目也是工业设施重建的一个时尚典范。

尽管美国海军早在1966年便迁离这座岛屿，但他们在这里遗留下的工业生产架构至今完好无损。除部分曾受沥青铺装处理外，项目场地上总长合计1.61km旧时铁路轨道及起重机轨道为纵贯南北的一系列古老石质建筑提供了纵横交错的多样化道路系统。从道路结构、地面系统及植栽布局三方面入手，项目设计对旧时工业生产化固有格局进行了彻底的整合与改造。全新的修复性景观元素的注入，使得周边系列建筑、毗邻停泊的巨型战舰与时而盘旋于项目场地上空的大型喷气式客机都增强了视觉观赏性。在URBN服装设计图样的启发下，景观设计师对项目场地中的植栽进行了独特的布局处理，塑造出强劲而清晰的景观框架，为企业园区构建出全新的生产环境，并将企业园区自然融入固有的船厂历史脉络及场地特性中去。施工材料选择上以"材料循环利用"为主旨，利用项目场地上原有或经查处的缝饰沥青、旧式混凝土、回收砖材、锈蚀金属、粗质地面铺装材料以及充足的拆卸剩余材料对这处高度工业化的景观区进行修复。生态性能上，由于一系列生态草沟网络的有效构建，项目场地的透水性比原先高出约 8 倍，使得排入河中的雨水径流逐渐减缓，并将雨水进行过滤，以供西面玻璃建筑外墙外遮荫灌木履历的灌溉之用。工作室还将大型的制造建筑改造成设计工作室和公司办公室，形成 URBN 企业独特的创造力。

7. 实习备注

开放时间：每天 7:00–17:00

门票：免费

（唐艺林　编写）

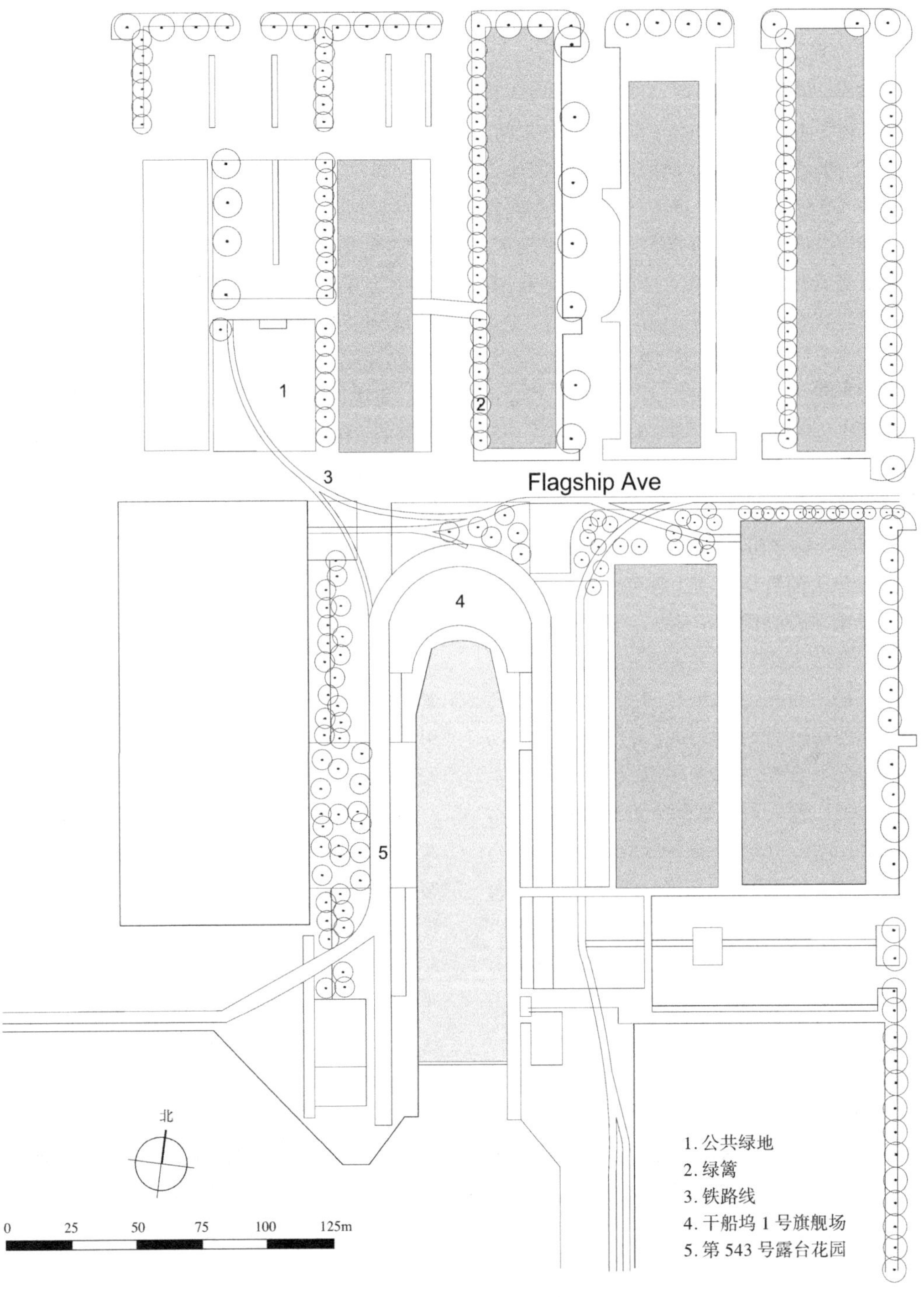

美国服装零售企业 URBN 总部园区

潮汐湖
Tidal Basin

1. 位置规模

潮汐湖（Tidal Basin）在一定意义上是一个人工水库，位于波托马克河（Potomac River）和华盛顿运河（Lake Washington Ship Canal）之间，占地约 43hm^2，深 3.0m。潮汐湖属于西波托马克公园（West Potomac Park），每年春天在此会举办国家樱花节。周围有很多华盛顿知名建筑，例如著名的罗斯福纪念馆、华盛顿纪念碑、国会大厦和杰斐逊纪念堂等。

2. 项目类型

城市公园

3. 设计师 / 团队

阿奇 · A · 亚历山大（Archie A. Alexander），非裔美国人的数学家和工程师。他是爱荷华大学早期非裔美国人毕业生，也是第一个毕业于爱荷华大学工程学院的人，也是美属维尔京群岛的州长。1929 年，亚历山大与爱荷华大学的前同学莫里斯 · A · 雷帕斯（Maurice A. Repass）合作，组建了名为 Alexander & Repass 的工程公司。他们负责建造众多道路和桥梁，包括位于华盛顿特区的怀特赫斯特公园大道和潮汐湖大桥以及巴尔的摩—华盛顿大道的延伸部分。

莫里斯 · A · 雷帕斯（Maurice A. Repass），前橄榄球队员。与亚历山大合作组建了名为 Alexander & Repass 的工程公司。良好的声誉，经过验证的能力和可靠的财务资源：资本化使公司能够成功竞标在其他地区的项目。第二次世界大战带来的联邦合同的扩大帮助该公司成功地在美国塔斯基吉陆军空军基地建造了空军基地。在战争期间，亚历山大和雷帕斯在华盛顿特区建立了第二个办事处，并继续接收联邦和地方政府建设项目，如潮汐湖桥和海堤等。

4. 实习时长

1.5–2 小时

5. 历史沿革

潮汐湖起源于 19 世纪 80 年代，既可作为景观湖，也可作为冲刷华盛顿海峡的一种工程技术。潮汐湖最初被命名为“Twining Lake”，以纪念华盛顿特区第一位工程师专员威廉 · 约翰逊 · 特文宁（William Johnson Twining）。根据 1917 年向国会小组委员会提供的说法，潮汐湖是在第二次世界大战后重新布局的，1949 年由阿奇 · A · 亚历山大（Archie A. Alexander）和莫里斯 · A · 雷帕斯（Maurice A. Repass）名下的 Alexander & Repass 的工程公司建造。

6. 实习概要

美国人看中了波托马克河良好的地理位置，选择在河畔建设自己的首都。波托马克河引入华盛顿的西南潮汐湖后，聚成了一个人工湖——潮汐湖。潮汐湖畔种植了美丽的樱花，一年一度的华盛顿国家樱花节是美国春季最大的盛会之一。每到此时，全美各地和国外的游客都慕名赶来赏樱，同时欣赏各种民间艺术文化表演。此外，在潮汐湖的四周还建了一座座的纪念建筑：华盛顿纪念碑、林肯纪念堂、杰斐逊纪念堂。潮汐湖水的灵性，水所具有的聚气性，让这些纪念建筑也极富灵性。

潮汐湖每天两次在涨潮时储蓄 2.5 亿加仑（950000m^3）的水。位于波托马克低地一侧的入口闸门允许水在涨潮时进入湖区。在此期间，华盛顿海峡一侧的出口闸门关闭，以储存进水并阻止水和沉积物流入出水口华盛顿运河。随着潮汐开始退潮，潮汐湖水的外流迫使入口闸门关闭。这个相同的力也施加到运河出口，水流流向出水口，因此从潮汐湖流出多余的水流将出口处堆积的淤泥一扫而空。另外，作为林肯纪念镜面池修复和重新设计的一部分，在2012年完工后，水从潮汐湖地被泵入以补充池水。

湖的北部横跨一座库兹纪念桥，承担着独立大道往东的交通运输。该桥是为了纪念20世纪上半叶哥伦比亚特区工程专员查尔斯·W·库兹（Charles W.Kurtz）准将而命名的。设计者是保罗·克雷（Paul Cret），1941年开始施工，1943年完工，1954年投入使用。库兹纪念桥由混凝土和钢制成，全花岗石饰面。

7. 实习备注

开放时间：全天

门票：免费

（梁艺馨　编写）

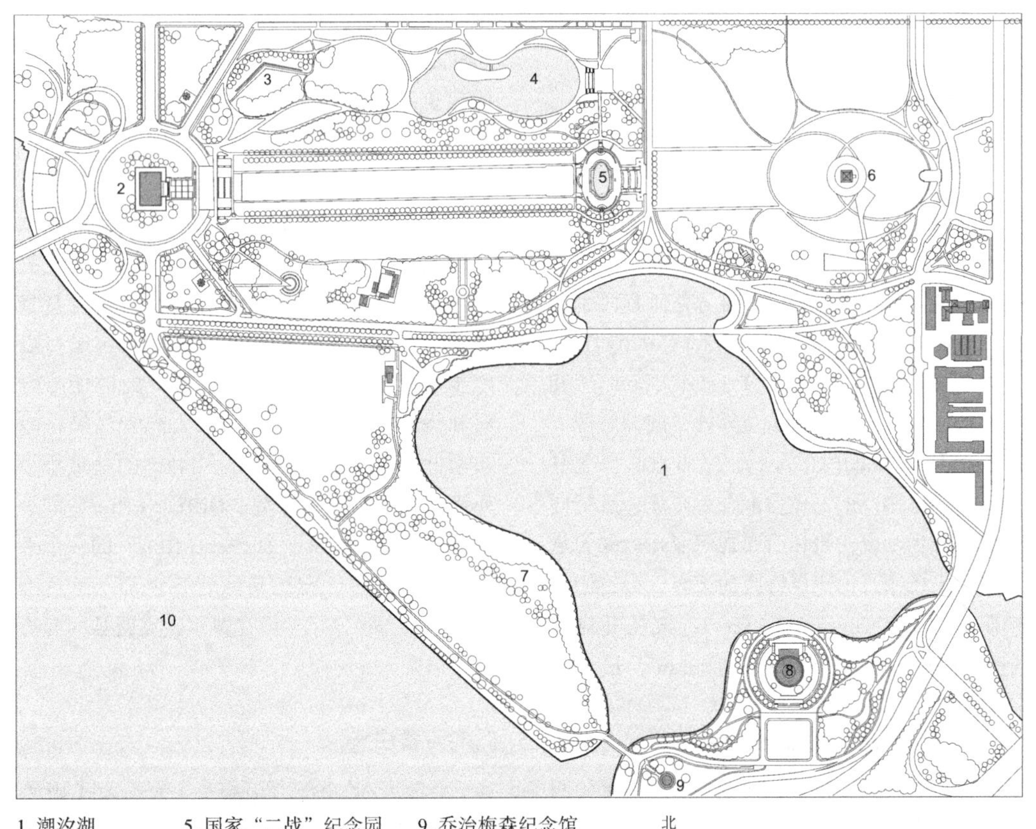

1. 潮汐湖
2. 林肯纪念堂
3. 越战纪念碑
4. 宪法公园
5. 国家“二战”纪念园
6. 华盛顿纪念碑
7. 罗斯福纪念园
8. 杰斐逊纪念堂
9. 乔治梅森纪念馆
10. 波托马可河

潮汐湖及周边平面图

大瀑布公园

Great Falls Park

1. 位置规模

大瀑布公园（Great Falls Park）是美国弗吉尼亚州的一个小型国家公园服务站点。该公园位于费尔法克斯县（Fairfax）北部波托马克河（Potomac River）沿岸，公园隶属于美国国家公园系统（National Park Service），是北弗吉尼亚公园系统的一部，占地 323.75hm^2。

2. 项目类型

国家公园

3. 设计师 / 团队

美国国家公园管理局

4. 实习时长

2–3 小时

5. 历史沿革

波托马克河是美国东部的主要河流之一，也是全美第 21 大河流。波托马克河有两个源头，北源发源于格兰特县（Grant County）、西弗吉尼亚州普雷斯顿县（Preston County）和塔克县（Tucker County）交界处，南源发源于海兰德县（Lander County），二者在汉普夏县（Hampshire County）境内汇合后东流，后折向东南，成为马里兰州和西弗吉尼亚州、弗吉尼亚州和华盛顿哥伦比亚特区的边界，最终注入切萨皮克湾（Chesapeake Bay）。波托马克河全长约 665km，流域面积 40608km^2，最大支流为南岸的谢南多亚河。

波托马克河自上游冲泻而下，进入华盛顿特区后变得十分壮观，到了大瀑布国家公园地段，遇大片尖锐岩石横阻并有两处缺口，河水从这两处奔腾而泻，激荡回转，离很远就能听到河水的轰鸣声。河流在千奇百怪的嵯峨岩石中咆哮，令人惊心动魄。

6. 实习概要

大瀑布公园于 1966 年向公众开放。波托马克河和独特的地质特征塑造了大瀑布地区数千年的土地。沿河这段河流经常发生洪水，洪水带走土壤和植物，并储存新的淤泥和种子取代它们。公园大部分地区都是森林。在大瀑布公园，全年可以看到超过 150 种不同的鸟类。本土动物，如白尾鹿、狐狸、箱龟、松鼠、土狼、蝙蝠和花栗鼠也以此为家。

大瀑布公园距离华盛顿市只有 15 分钟的路程，公园附近是大华府地区众所周知的高档住宅社区之一，同时也以其美丽的田园风光著称于世。这里的许多人家都藏匿于郁郁葱葱的密林之中，不少居民还拥有私人养马场，豪宅的建筑风格多种多样。步入大瀑布公园，游客们可以尽情欣赏绵延的波托马克河以及沿岸风光，河上的急流险滩更加令人流连忘返。这里自 20 世纪 60 年代以来一直是非常受欢迎的激流划艇运动圣地。沿河高地岩石上有很多的观景台，观景台既可在绝佳角度赏景又很安全，栈道木栏设施齐全。沿水岸可以跑步、骑车、骑马，绿地上有专门的便于野餐和烧烤的地方。美国国家公园管理局在瀑布附近经营一个游客中心。24km 的远足小径环绕着公园内一条名为“Difficult Run”的小溪流。风景小径从“Difficult Run”的一个平台向上游行进，爬到马瑟峡谷顶部，经过瀑布、水坝和水库，然后在费尔法克斯县的河湾公园结束。

7. 实习备注

开车进入公园的游客每辆车需要支付 10 美元的入场费。公园仅在白天开放。门票免费。

（梁艺馨　编写）

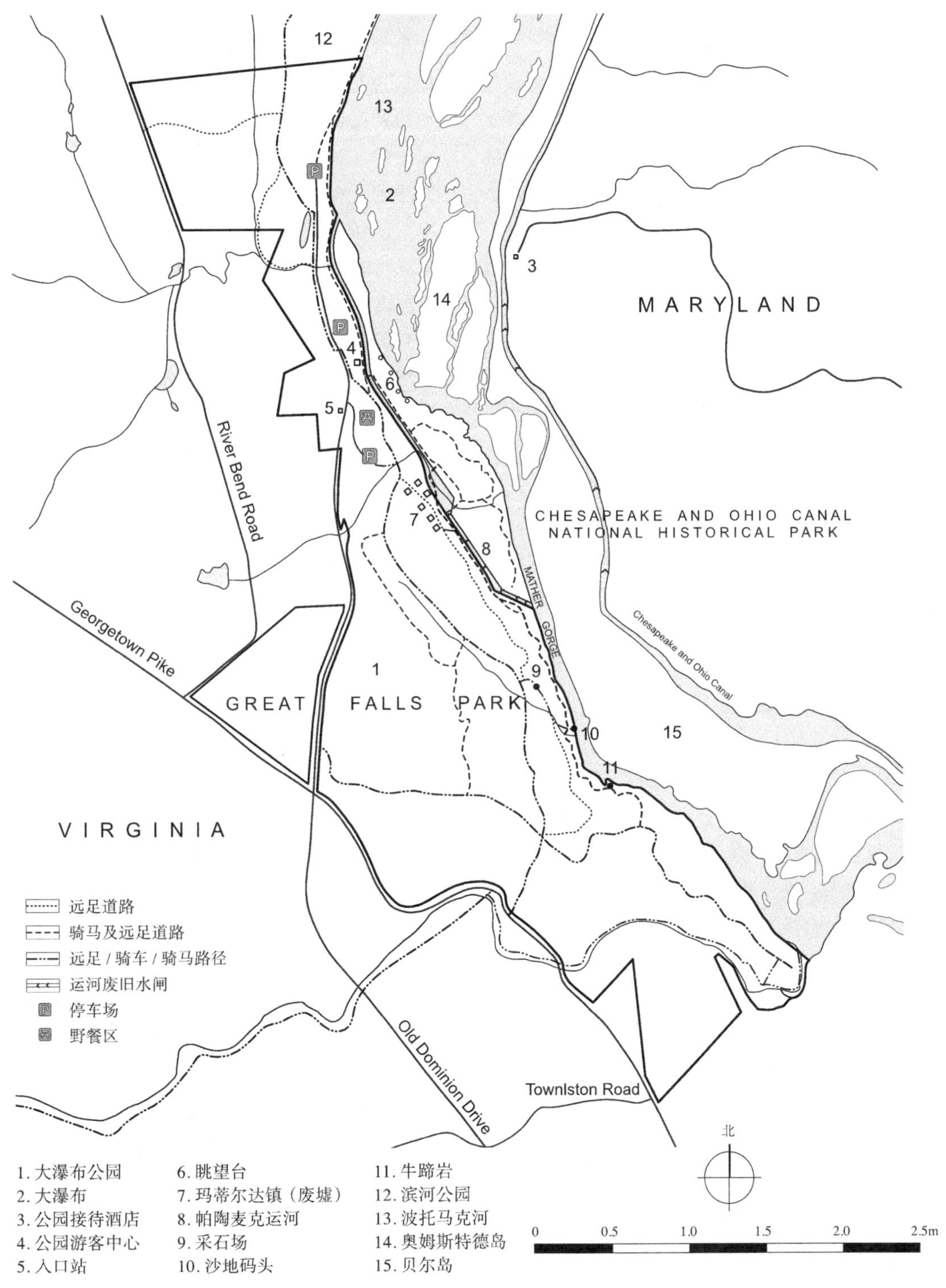

1. 大瀑布公园
2. 大瀑布
3. 公园接待酒店
4. 公园游客中心
5. 入口站
6. 眺望台
7. 玛蒂尔达镇（废墟）
8. 帕陶麦克运河
9. 采石场
10. 沙地码头
11. 牛蹄岩
12. 滨河公园
13. 波托马克河
14. 奥姆斯特德岛
15. 贝尔岛

大瀑布公园平面图

国家广场
National Mall

1. 位置规模

国家广场（National Mall）位于华盛顿特区，华盛顿纪念碑与林肯纪念堂之间。

规模：从东部的国会大厦一直延伸到西部的林肯纪念堂和波托马克河（Potomac River），长 3.0km；从国会大厦台阶到华盛顿纪念碑，长 1.8km；从格兰特雕像到林肯纪念堂，占地 125.13hm^2。

2. 项目类型

国家广场

3. 设计师 / 团队

皮埃尔·查尔斯·朗方（Pierre Charles L'Enfant），法国裔美国工程师、建筑师和城市设计师，他为华盛顿特区规划了“L'Enfant 计划”；其他代表作如改建美国国会旧市政厅为联邦大厅（1788—1789 年），费城莫里斯之家（1794 年，斜坡式建筑，但遗憾的是未能完工）。

麦克米兰委员会（McMillan Commission），成立于 1901 年，由密歇根州参议员詹姆斯·麦克米兰（James McMillan）担任主席。麦克米兰计划，正式名称为参议院公园委员会报告，是一份全面的规划文件，用于发展华盛顿特区的首都核心和公园系统。

4. 实习时长

1–1.5 小时

5. 历史沿革

1791 年 1 月 24 日，乔治·华盛顿总统宣布了国会首都的国会指定永久地点，这是波托马克河和东部河流交汇处的钻石形 16km 长的道路。利科特·艾利考特（Andrew Ellicott）和班哲明·班纳克（Benjamin Banneker）对该地区进行了调查——每隔 1.6km 铺设的四十块边界石块，最终基于班纳克的天体计算建立了边界，班纳克是一位自学成才的非洲后裔天文学家，也是居住在附近的少数自由黑人之一。1846 年，该区的三分之一被国会对弗吉尼亚州的行动所取代，从而移除了位于波托马克河以西的原区的那一部分。国家广场的灵感最初源自 1791 年皮埃尔·查尔斯·朗方的华盛顿规划方案。但在生前他的创意并未实现，直到 20 世纪的麦克米兰计划的运作才得以实施，该计划受城市美化运动影响而产生。麦克米兰委员会的计划主要是在 20 世纪的前 30 年实施，并在此后间歇性实施。近 100 年来，国家广场对建筑高度的限制实现了城市广场开阔的视线，并形成了一个被尖塔、圆顶、塔楼和纪念碑穿过的风景如画的天际线。

6. 实习概要

国家广场也被称为“美国前院”，这里是美国国家庆典和仪式的首选，同时也是美国历史上重大示威游行、民权演说的重要场地，国家广场上众多的纪念碑和纪念物是为了纪念美国的祖先和英雄，他们为这个国家作出了巨大的牺牲，过去、现在和未来在这里相聚。

建设伊始，在对该场地进行测量后，朗方提出了一个巴洛克式的计划，包括仪式空间和宽阔的径向大道，同时尊重土地的自然轮廓，最终形成了叠加在网格系统上的交叉对角线路系统，国会和总统府占据两个最重要的建筑位置，街道从这里辐射出去。朗方在计划附注中指出，这些大道宽阔、宏伟、树木林立两旁，以一种可视化方式连接整个城市的理想地形景点，重要的建筑、纪念碑和喷泉将竖立的。在平面上，朗方在这些大道的交叉点上遮蔽并将15个大型开放空间编号，每个预留空间都有雕像和纪念碑，以纪念为祖国作出贡献的公民。开放的空间和周围的建筑一样，是首都不可或缺的一部分。

在麦克米兰计划的影响下，郎方的计划在20世纪初的几十年中得到了扩展，其中包括海滨公园、公园大道、改良的购物中心、新纪念碑和配套景观开垦土地。麦克米兰计划提议取消国家广场的维多利亚式景观，并用简单的草地取代，减少购物中心面积，允许沿着购物中心的东西轴线建造低矮的、新古典主义的博物馆和文化中心。该计划提议在购物中心两轴的西部和南部端点上建造主要的纪念碑。该计划还提议拆除国家广场上现有的铁路客运站，并在美国国会大厦北面建造一个大型新站。此外，麦克米兰计划还计划在拉斐特广场（Lafayette Square）和国会大厦周围建造高大的新古典主义办公楼群以及遍布整个城市的社区公园和娱乐设施系统。主要的新公园将连接这些公园，并将城市与附近的景点连接起来。郎方设计的国家广场已有二百年的历史，华盛顿计划的完整性基本上没有受到损害：拥有严格的建筑层高限制、景观公园、宽阔的大道和无景开阔的开放空间。

国家广场一共有17个知名地标，本书选取介绍其中最重要的8个景观建筑作品，包括国会大厦游客中心（US. Capitol Visitor Center）、国家美术馆东馆（National Gallery of Art-East Building）、赫希杭博物馆和雕塑园（Hirshhorn Museum）、非裔美国人历史文化博物馆（National Museum of African American History and Culture）、华盛顿纪念园（Washington Monument）、国家“二战”纪念碑（World War Ⅱ Memorial）、越南战争纪念碑（Vietnam Veterans Memorial）和林肯纪念堂。

7. 实习备注

开放时间：全天

门票：免费

（梁艺馨　编写）

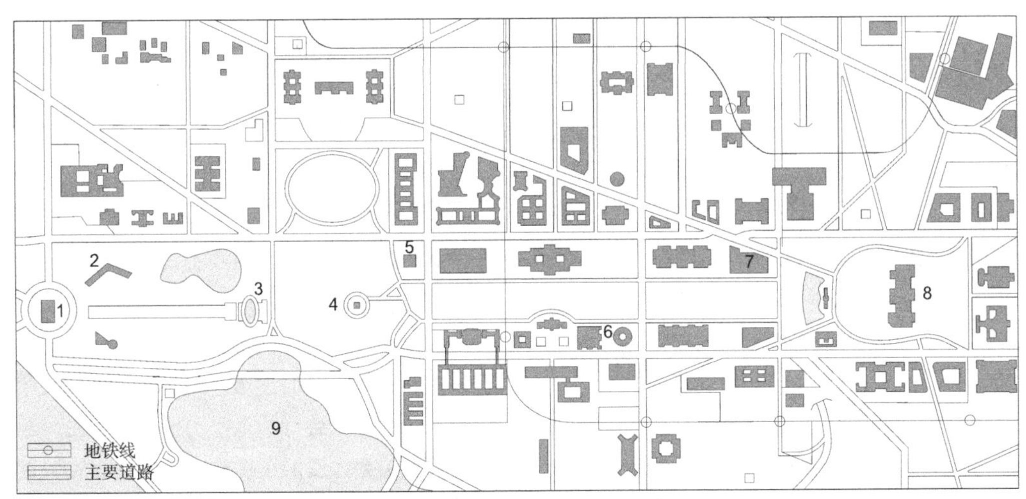

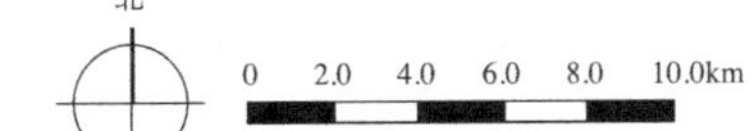

1. 林肯纪念堂
2. 越战纪念碑
3. 国家“二战”纪念园
4. 华盛顿纪念碑
5. 非裔美国人历史文化博物馆
6. 赫希杭博物馆和雕塑园
7. 国家美术馆东馆
8. 美国国会大厦游客中心
9. 潮汐湖

国家广场总平面图

美国国会大厦游客中心
United States Capitol Visitor Center

1. 位置规模

美国国会大厦游客中心（United States Capitol Visitor Center）位于华盛顿特区第一大街的国会山上，建筑面积 67000m^2, 加上外环境一共 23.5hm^2。这是国会大厦历史上最大的项目，已有两个多世纪的历史，面积大约是国会大厦的四分之三。

2. 项目类型

城市广场

3. 设计师 / 团队

建筑：RTKL 建筑事务所

RTKL 国际有限公司（RTKL International）是世界上最大的建筑规划设计公司之一。从 1946 年创办至今，RTKL 已经发展成目前有建筑、都市规划、结构工程、空调水电设备工程、室内设计、园景绿化设计，标志路牌系统设计等各种专业人才，提供多元性整体专业服务的世界性设计公司。

景观：弗雷德里克·劳·奥姆斯特德（Frederick Law Olmsted）是美国景观设计学的奠基人，同时也是最重要的公园设计者。他最著名的作品是其与合伙人卡尔弗特·沃克斯（Calvert Vaux）（1824—1895 年）在 100 多年前共同设计的位于纽约市的中央公园（1858—1876 年）。

改造：Sasaki 设计事务所

Sasaki 事务所（Sasaki Associates Inc.）是美国著名的设计事务所，由日裔美国人佐佐木英夫（Hideo Sasaki）于 1953 年在美国波士顿地区建立，其业务范围涉及城市设计、城市规划、景观设计与规划、建筑设计等各个领域，并且打破地域限制，从美国本土扩展到世界各地、特别是近年来发展迅速的亚洲城市。是目前美国排名前 10 位的著名设计公司，在规划方面和土地应用方面在世界范围内首屈一指。

4. 实习时长

1–2 小时

5. 历史沿革

美国国会大厦游客中心（CVC）是美国国会大厦延伸出来的一个三阶建筑，可作为多达 4000 名游客的聚集地。这是弗雷德里克·劳·奥姆斯特德设计了地面框架之后的最后一次改建机会。它是国会大厦 150 年来最重要的工程。CVC 的建造由建筑师阿伦·汉特曼（Alan Hantman）担任，直至 2007 年 2 月 4 日任期届满，由美国建筑师协会的斯蒂芬·T·艾尔斯（Stephen T. Ayers）继续施工。CVC 于 2008 年 12 月 2 日正式开放，这个日期的选择恰逢 1863 年将托马斯克劳福德的自由女神像放置在国会大厦顶上的 145 周年，标志着圆顶建造完成。CVC 的建造代表了美国国会大厦有史以来规模最大的扩建。

6. 实习概要

美国国会大厦游客中心主要用于等待游览国会大厦的游客的保留区，这里绿意盎然，集广场与公园为一体，不仅成为四年一次总统就职仪式和国家庆典的首选，同时也是举行大型民主集会和示威游行的重要场地。在过去，游客必须在国会大厦的东楼梯上排队，有时一直延伸到第一街东。这种等待可能持续数小时，并且没有针对恶劣天气提供保护。随着 CVC 的建成，游客现在拥有一个安全的、残疾人无障碍的集散场所。为无障碍通行而设计的一系列阶梯和坡道为旅游团体与个人游客提供了清晰的导向，将人们引向新的游客中心入口。历史国会山地面新增部分的位置都经过谨慎安排，以避开历史景观区。游客可以自由探索CVC，其中包括一个展览厅，两个礼品店和一个530个座位的美食广场。

中央圆形大厅是华盛顿市的几何中心，内高53m，大厅直径30余米，墙上有8幅巨大油画，记载了美国8个重要的历史事件，圆顶内部是一个可以容纳2000多人的大厅。解放大厅的墙壁和柱子高出地板约11m，内衬有多种颜色和纹理的砂岩板，类似于国会大厦中的砂岩，在这里游客可以看到自由女神像的石膏模型。展览厅内还有两个小剧院，游客可以在众议院和参议院观看会议室。参观者可以探索世界上唯一一个讲述国会和美国国会大厦故事的展览馆，面积约1532m^2。亮点包括国家档案馆和国会图书馆罕见的历史文件，全国各地的文物以及国会大厦圆顶约3.35m高的可触摸模型。

Sasaki的设计团队与景观历史学家一道主持了改造设计，设计保留并恢复了奥姆斯特德原始设计中包括东广场、两侧大片草坪和树木及东国会街轴线区域在内的最具典型意义的地区。自从东广场开放并与人行道路相接后，国会中心变得更加容易到达。Sasaki保留了历史基础、墙、座椅和照明设施，并运用新的乔木、灌木、藤本和地被植物来替代原有生长过度或生长缓慢的植物。Sasaki查阅历史种植资料来判断乡土树种、材料和视觉通路，这些设计都增强了国会大厦的环境特色。

7. 实习备注

开放时间：周一－周六：8:30–16:30，周日闭馆

门票：免费参观，可以在线提前订票

需要安检不允许带入水和食物。

（梁艺馨　编写）

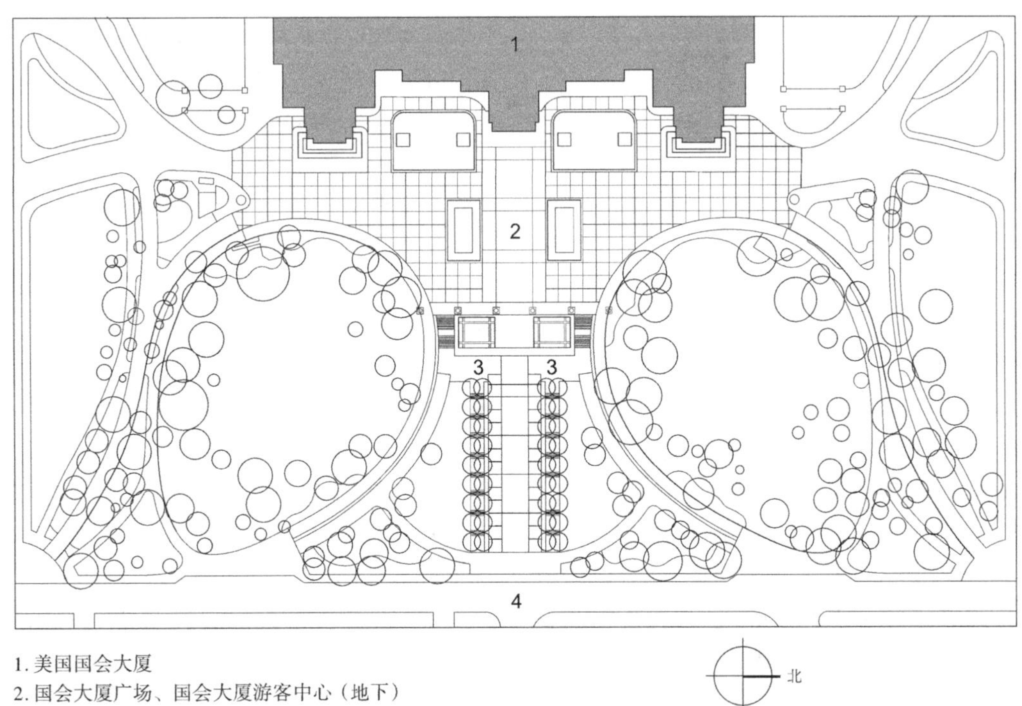

1. 美国国会大厦
2. 国会大厦广场、国会大厦游客中心（地下）
3. 国会大厦游客中心入口
4. 第一大道

美国国会大厦游客中心平面图

国家美术馆东馆

East Building, National Gallery of Art

1. 位置规模

国家美术馆东馆（East Building, National Gallery of Art）位于华盛顿州西北部宪法大道第三号和第九号大街之间，场地呈梯形，面积 3.64hm^2。东临国会大厦，南临林荫广场，北面是宾夕法尼亚大道，西隔 100 余米正对西馆东翼。

2. 项目类型

国家广场

3. 设计师 / 团队

贝聿铭（Ieoh Ming Pei），著名的美籍华裔建筑师，被誉为“现代主义建筑的最后大师”。1958 年成立贝氏建筑事务所，1983 年普利策建筑奖获得者。作品多为公共与文教建筑，代表作还有：法国巴黎罗浮宫扩建工程、香港中国银行大厦、苏州博物馆、日本美秀美术馆等。

4. 实习时长

2–3 小时

5. 历史沿革

华盛顿国家美术馆东馆是美国国家美术馆（即西馆）的扩建部分。设计师是著名的华人建筑师贝聿铭。西馆最初由艺术收藏家安德鲁 · 梅隆（Andrew Mellon）出资。20 世纪 30 年代后期，建筑师约翰 · 拉塞尔 · 波普（John Russell Pope）受雇设计博物馆，目的是留出空间给未来的新增建筑。周围有很多重要的纪念性建筑，同时业主提出许多特殊要求。1978 年东馆建成，贝聿铭综合考虑后妥善解决了复杂而困难的设计问题，建成后的东馆很好地融入规模巨大的国家广场，并与已建成的新古典主义西馆遥相呼应，建筑内部设计丰富多彩，采光与展出效果很好，成为 20 世纪 70 年代美国最成功的建筑之一。贝聿铭也因而蜚声世界建筑界，并获得美国建筑师协会金质奖章。

6. 实习概要

场地面积小且呈梯形，建筑既要与购物中心的巨大规模相适应，又要与西楼已经建成的新古典主义设计相协调。如何解决建筑的形式和功能，并和周边建筑环境相互融合，与国家广场的宏伟规模相适应，成为最具挑战性的问题。美术馆运营管理方对东馆的设计要求是：应该有一种亲切宜人的气氛和宾至如归的感觉，安放艺术品的应该是“房子”而不是“殿堂”。

针对地块形状的限制，贝聿铭对东楼的设计是几何形的，将场地的梯形形状分成两个三角形：一个等腰三角形和一个较小的直角三角形。等腰三角形承担博物馆的公共功能，包含展览空间。直角三角形代表的部分成了学习中心，包含行政办公室、图书馆和艺术研究中心。等腰三角形成了贯穿建筑始终的母题，从大理石地板、钢框架到玻璃天窗，都能找寻到它的踪迹。建筑的六边形电梯和梯形办公桌也重复应用了锐角三角形和钝角三角形图案。为了在视觉与以平衡和对称著称的新古典主义风格相一致，并保持其现代艺术风格，贝聿铭用相同的粉色天鹅大理石装饰建筑的外立面。另外一个统一二者的策略是运用轴线联系：东馆的主入口位于西馆的东西方向的轴线上，中心是高大的中庭，设计成开放的内部庭院，由跨越 1500m^2 的雕塑空间包围。玻璃金字塔与东馆的框架天花板相呼应。这些玻璃金字塔就此成为贝聿铭博物馆设计的标志。

东馆的设计，完美体现了贝氏建筑的特点：①契合地形，建筑与环境协调；②偏爱使用三角形母题；③用料考究，擅长使用钢结构、玻璃、混凝土、石材；④建筑空间处理独具匠心。项目从设计到建成历时 10 年，1978 年东馆落成后，时任美国总统卡特在开幕式上称赞："它不但是华盛顿市和谐而周全的一部分，而且是公众生活与艺术情趣之间日益增强联系的象征。"称贝聿铭是"不可多得的杰出建筑师"。

7. 实习备注

开放时间：周一－周六：10:00–17:00，周日：11:00–18:00，免费参观。需要安检，不允许带入水和食物。

（梁艺馨　编写）

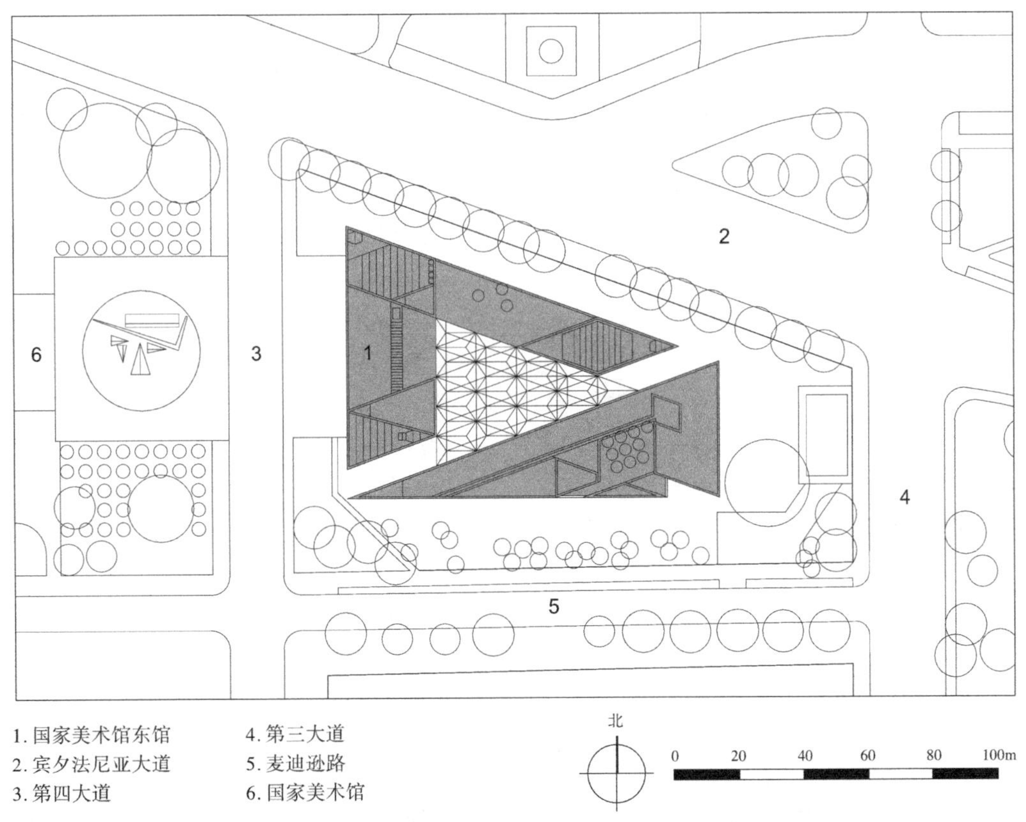

国家美术馆东馆平面图

赫希杭博物馆和雕塑园

Hirshhorn Museum and Sculpture Garden

1. 位置规模

赫希杭博物馆和雕塑园（Hirshhorn Museum and Sculpture Garden）位于华盛顿国家广场南侧，独立大道和西南区第七街交叉口。该馆属于史密森尼学会博物馆群的一部分，包括 5600m^2 的展厅空间和近 1.6hm^2 的雕塑花园和广场。

2. 项目类型

国家广场

3. 设计师 / 团队

戈登·邦沙夫特（Gordon Bunshaft），出生于水牛城的俄裔犹太人美国建筑师，20 世纪中叶的摩登建筑大师，1988 年普立兹克奖得主。作为建筑事务所 Skidmore，Owings & Merrill（SOM）的合伙人，邦沙夫特于 1937 年加入并持续了 40 多年。他的众多著名建筑作品包括纽约的利华大厦（Lever House），耶鲁大学的贝内克珍本书籍和手稿图书馆，华盛顿特区的赫希杭博物馆和雕塑园，沙特阿拉伯吉达的国家商业银行，梅因米德兰格雷斯信托公司（Marine Midland Grace Trust Co.）和制造商汉诺威信托（Hanover Trust）在纽约的分行；最后一个作品是战后东岸第一家“透明”银行。

4. 实习时长

2–3 小时

5. 历史沿革

20 世纪 30 年代晚期，国会开始规划建设一个国家当代艺术博物馆，然而大萧条和“二战”的影响使得这一项目被搁浅长达 30 年。直到 1962 年在纽约古根海姆博物馆举办的雕塑展唤醒了国际艺术界对赫希杭作品的广泛关注。他收藏的现代和当代绘画作品广为流传，意大利、以色列、加拿大、加利福尼亚和纽约的机构都争相收藏。1966 年，国会法案通过了建设赫希杭博物馆和雕塑园的提案，并于 1974 年向公众开放。建成伊始，约瑟夫·希·赫希杭向史密森学会捐赠了 4000 幅画和 1600 件雕塑，被认为是“自安德鲁·梅隆赠送国家美术馆以来，对首都最重要的艺术捐赠”。

6. 实习概要

赫希杭博物馆和雕塑园是一座主要关注现代和当代艺术的艺术博物馆。建筑由建筑师戈登·邦沙夫特（Gordon Bunshaft）设计，高耸的鼓形建筑一共 4 层，包含有 3 层共约 5574m^2 的展览空间。外部有近 1.6hm^2 的雕塑花园和广场。建筑形式极具吸引力，建筑本体高约 25m，呈一个开放的圆柱体，用 4 条巨大的“腿”作为支撑，一个大型喷泉占据了中央庭院。建筑更像是与众不同的现代艺术收藏品。

雕塑园的灵感来源于艺术评论家本杰明·福吉（Benjamin Forgey）在华盛顿之星的一篇文章中提出的想法，新的改造中，戈登·邦沙夫特修改了原先垂直穿过国家广场的下沉花园的设计，弃用镜面池的设计，将花园方向从垂直平行移至平行，并将其面积从 8100m^2 减少到 5300m^2。设计是刻意的，使用砾石表面和最小化的种植，从视觉上强调艺术作品。在这里可以看到奥古斯特·罗丹（Auguste Rodin）最著名的雕塑之一“加莱义民”（Burghers of Calais ），还有其他备受欢迎的作品。附近庭院内的圆形喷泉已经成为博物馆的标志。

7. 实习备注

开放时间，预约途径，行为规范等。

开放时间：周一－周日，10:00–17:30，广场：7:30–17:30，博物馆仅在圣诞节期间关闭，免费参观。

（梁艺馨　编写）

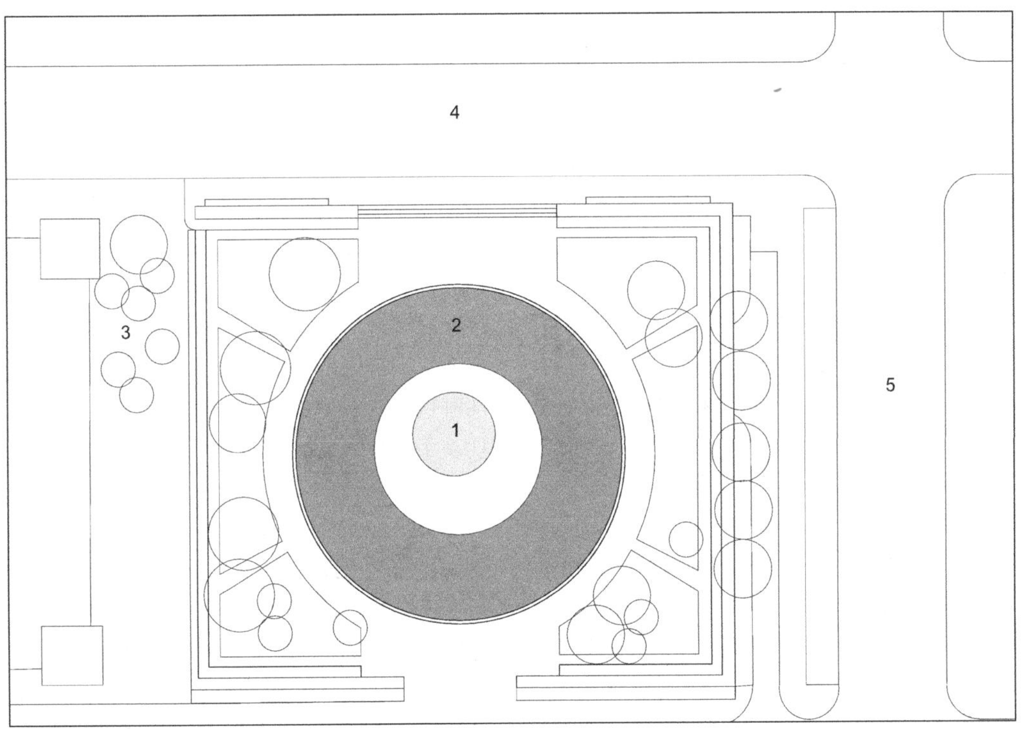

赫希杭博物馆和雕塑园平面图

1. 喷泉
2. 赫希杭博物馆和雕塑园
3. 玛丽·里普利的花园
4. 杰斐逊车道
5. 第七大街

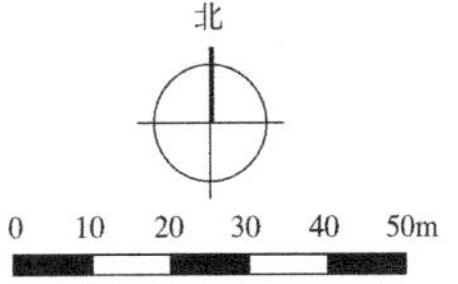

非裔美国人历史文化博物馆

National Museum of African American History and Culture

1. 位置规模

非裔美国人历史文化博物馆（National Museum of African American History and Culture）位于国家广场北侧，宪法大道和西南区十四街的交叉口，建筑面积约 39000m^2，占地面积约 2hm^2。

2. 项目类型

城市广场

3. 设计师 / 团队

戴维·阿德贾伊（David Adjaye），加纳英国建筑师。代表作包括伦敦的创意商店（2005 年），莫斯科管理学院斯科尔科沃（2010 年），纽约哈莱姆的糖山综合用途社会住房计划（2015 年），贝鲁特的艾希蒂基金会零售和艺术综合体（2015 年）。

菲利普·弗里隆（Philip Freelon），他曾领导设计团队参加非裔美国人历史和文化博物馆的设计，也是亚特兰大国家民权中心的设计建筑师。他的作品还包括旧金山的非洲侨民博物馆（Africa Museum），休斯顿纪念公园（Memorial Park），DC 公共图书馆系统和达勒姆郡人类服务中心的多个图书馆项目。

J·马克斯·邦德（J. Max Bond），美国建筑师和教育家，设计了博尔加坦加地区的图书馆，纽约市哥伦比亚大学奥杜邦生物医学科技园，亚特兰大非暴力社会变革中心，纽约哈莱姆市朔姆堡黑人文化研究中心，伯明翰（阿拉巴马州）民权研究所。

4. 实习时长

2–3 小时

5. 历史沿革

以设计师戴维·阿德贾伊和建筑师菲利普·弗里隆为首的 FAB 团队赢得了 2009 年的国际设计竞赛，负责为美国人民创建国家非裔美国人历史文化博物馆。阿德贾伊是加纳外交官之子，曾在埃及、英国、黎巴嫩和塔桑尼亚四国居住，游访过 54 个非洲独立国家。J·马克斯·邦德是一名知名的非裔美国人博物馆设计师，在世时曾在世界各地设计了非裔美国人历史遗迹景点、博物馆和档案馆。据此，阿德贾伊、弗里隆及其团队总结出许多有关非洲和美洲的特色元素，并融入建筑的设计和结构中。

6. 实习概要

非裔美国人历史和文化国家博物馆是美国国家广场自修建越南战争纪念馆（Vietnam Veterans Memorial）以来修建的最令人惊叹的建筑物。博物馆坐落于华盛顿纪念碑旁，其所处位置意味着美国历史上一段重要的但一直被忽视的历史，现在终于得到认可和赞赏。设计方案旨在与这个独特场地产生有意义的联系，同时强化美国根深蒂固的黑人遗产的共鸣。设计基于 3 个基本点："日冕"的建筑造型；建筑外延伸至景观的构筑物——游廊；青铜拉丝的外表皮。

"日冕"的建筑造型：博物馆位于华盛顿纪念碑的地面上，建筑超过一半位于地下，因而保持了景观的整体性。日冕以华盛顿纪念碑的元素为基础，与顶石的 17° 角紧密匹配。人们沿着日冕环行，可以看到商场、联邦三角大楼和纪念碑场地的全景。建筑外延伸至景观的构筑物——游廊：南入口由门廊和中央水景组成。建筑物延伸到景观中，门廊创造了一个室内空间，弥补了内部和外部之间的空隙。门廊的屋顶底面稍稍向上倾斜，可以从下方的水池中投影出建筑的倒影。在这个区域中，微风与流水的结合创造了良好的小气候，为炎炎夏日增添了一处清凉避暑之地。在门廊的屋顶上还有一个露天庭园，参观者可以从建筑物的一个夹层处进入。青铜拉丝的外表皮：建筑外立面由 3600 块青褐色镶板组合而成，与周围其他灰白色砖石建筑形成强烈反差。外壁使用镀铜金属材料，可以通过调节图案的密度来控制太阳光量和进入内部的透明度。

新博物馆的巨大规模为全面再现历史创造了条件——博物馆的藏品有大约 34000 件。博物馆面积为 37000m^2，比附近的赫希杭博物馆和雕塑园（Hirshhorn Museum and Sculpture Garden）大一倍。馆内共分 3 层，分别围绕大西洋奴隶贸易、种族隔离制度和非洲裔的抗争 3 个主题进行展示。共有 12 个常设展厅，分布在地下和地上的数个展层。参观者可以通过各个展厅，了解从奴隶制和种族歧视在 20 世纪 50 年代 –20 世纪 60 年代民权运动的各个历史时期，以及非洲裔美国人在各行各业中的贡献。展品中包含着许多标志性的物品，例如一名黑人女奴被以 600 美元价格出售的交易记录、迈克尔·杰克逊的帽子、拳王阿里生前的物品等。

7. 实习备注

开放时间：周一 – 周日，10:00–17:30

门票：免费，网上预约或当天排队领取

（梁艺馨　编写）

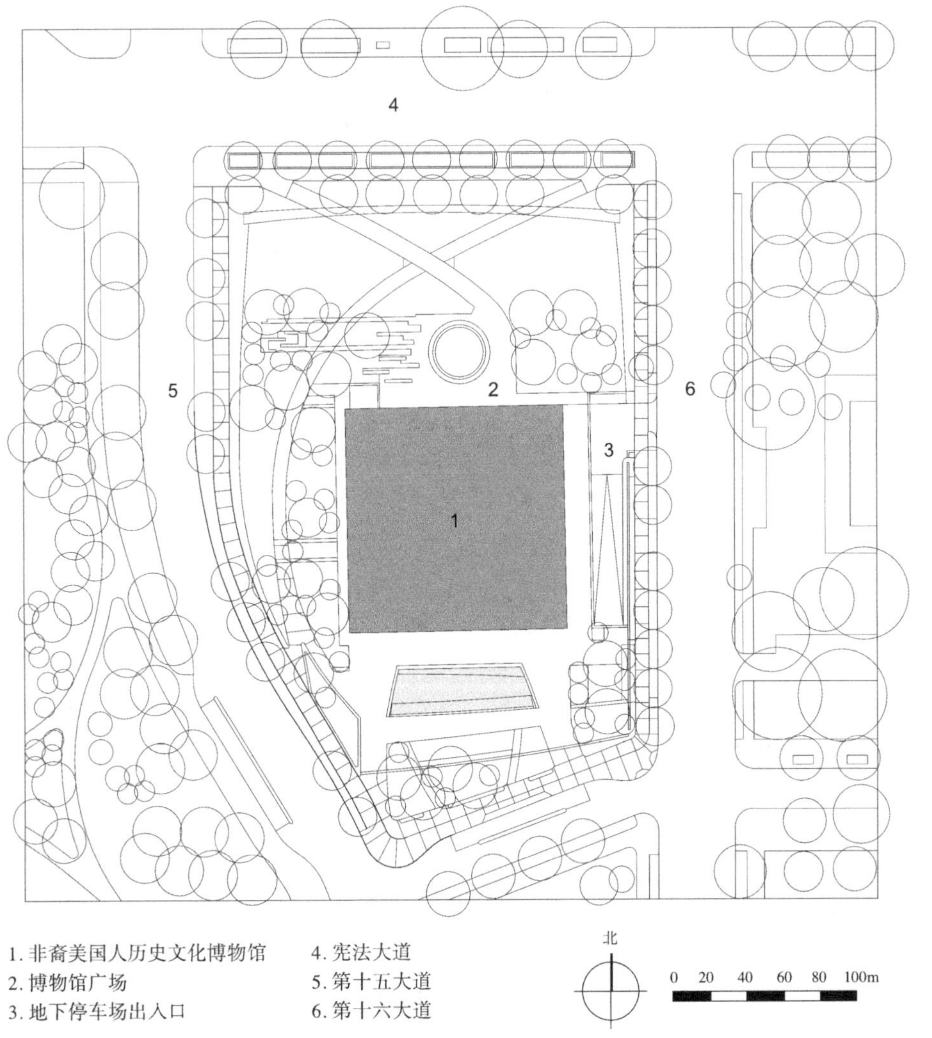

非裔美国人历史文化博物馆平面图

华盛顿纪念碑

Washington Monument

1. 位置规模

华盛顿纪念碑（Washington Monument）位于白宫南部，独立大道和宪法大道间草坪的中央。

2. 项目类型

城市广场

3. 设计师 / 团队

Olin 合伙人有限公司

Olin 事务所在费城和洛杉矶都有办公室，通过景观设计、城市设计和规划产生积极影响。该事务所利用严谨的研究、分析和迭代设计程序，吸收该区域及其社区的本质，艺术性地改造其项目，如城市区、校园、市民公园和生态 / 区域系统。该事务所最近的项目包括与 OMA 事务所合作的第 11 街桥公园项目、布莱恩公园修复项目和华盛顿纪念碑的森林剧院。

4. 实习时长

0.5–1.0 小时

5. 历史沿革

华盛顿纪念碑是美国首都华盛顿特区的标志性建筑，是为了纪念美国第一任总统乔治·华盛顿而建。1833 年，美国国会投票通过了纪念碑建设的提案，建设成本由全民捐赠，每人最高可捐款 1 美元。设计图纸由罗伯特·米尔斯（Robert Mills）完成。在此期间，由于施工费用告罄，项目被搁浅了 22 年。1876 年复工后经费由政府负担，美国陆军工兵队负责施工。整个工程于 1884 年 12 月 6 日峻工，4 年后对公众开放免费观光。纪念碑全高 169.3m，1899 年美国政府宣布："华盛顿特区任何建筑物的高度都不可以超过华盛顿纪念碑"。

6. 实习概要

华盛顿纪念碑是世界最高的石制建筑，内部中空。米尔斯的最初设计是在底部有开国英雄柱廊围绕着华盛顿纪念碑，但在美国工兵处陆军上校凯西被托付重新设计地基与塔身之后，他放弃了柱廊的构想，专注于方尖碑的建造，并将地基挖深、以古埃及的比例重新设计主塔。石碑是以白色大理石建成方尖型，高度是 169.3m，东面是国会大厦，西部是林肯纪念堂，北面是白宫，南面是杰斐逊纪念堂，内墙镶嵌着 188 块由全球各地捐赠的纪念石。登上 169m 高的华盛顿纪念碑，可俯瞰波托马克盆地全貌。纪念碑内有 50 层铁梯，也有 70 秒到顶端的高速电梯，游人登顶后通过小窗可以眺望华盛顿全城、弗吉尼亚州、马里兰州和波托马克河。纪念碑的四周是绿草如茵的大草坪，这里经常会举办集会和游行。在每年的 7 月 4 日美国独立日夜晚，会举办篝火晚会，造型各异的焰火竞相绽放、美不胜收。

2001 年 9 月恐怖袭击发生后，Olin 事务所采用弯曲的花岗石墙，设计成舒适的座椅高度，限制车辆行驶。精心整修的混凝土人行道将游客带到纪念碑底部的花岗石广场，并更新了树冠和开花树木种植。景观设计师重新将人们的注意力转移到纪念碑上。提供了分段处理的缓坡和舒适的环境小品来为人们提供私密保障，例如树木和桌椅。几何形式的处理手法非常简洁、老练。

华盛顿纪念碑于 1966 年被列入国家历史遗迹名录。这座新生的华盛顿纪念碑阐明了在国家广场背景下纪念碑所被赋予的性质和特征，体现了集艺术和手工艺为一体的园林建筑具有的杰出地位。设计大胆清晰，由一个最初的设计理念，项目资助演变为保护城市，防止恐怖主义变身华丽的公民市容。由此证明，健全的安全防护和巧妙的设计不仅是可能的，而且功能齐全、形态优雅。

7. 实习备注

开放时间：全年开放（除 7 月 4 日和 12 月 25 日），开放时间为 9:00–17:00，最晚进入时间为 16:00。夏令时参观时间（阵亡将士纪念日至美国劳动节，5 月最后一个周一至 9 月第一个周一）开放时间为每天 9:00–22:00，最后进入时间为 21:45。每年的 7 月 4 日和 12 月 25 日纪念碑将关闭。

门票：免费，但是提前拨打电话预约门票时，每张票需要收取 $1.5 的服务费。

（梁艺馨　编写）

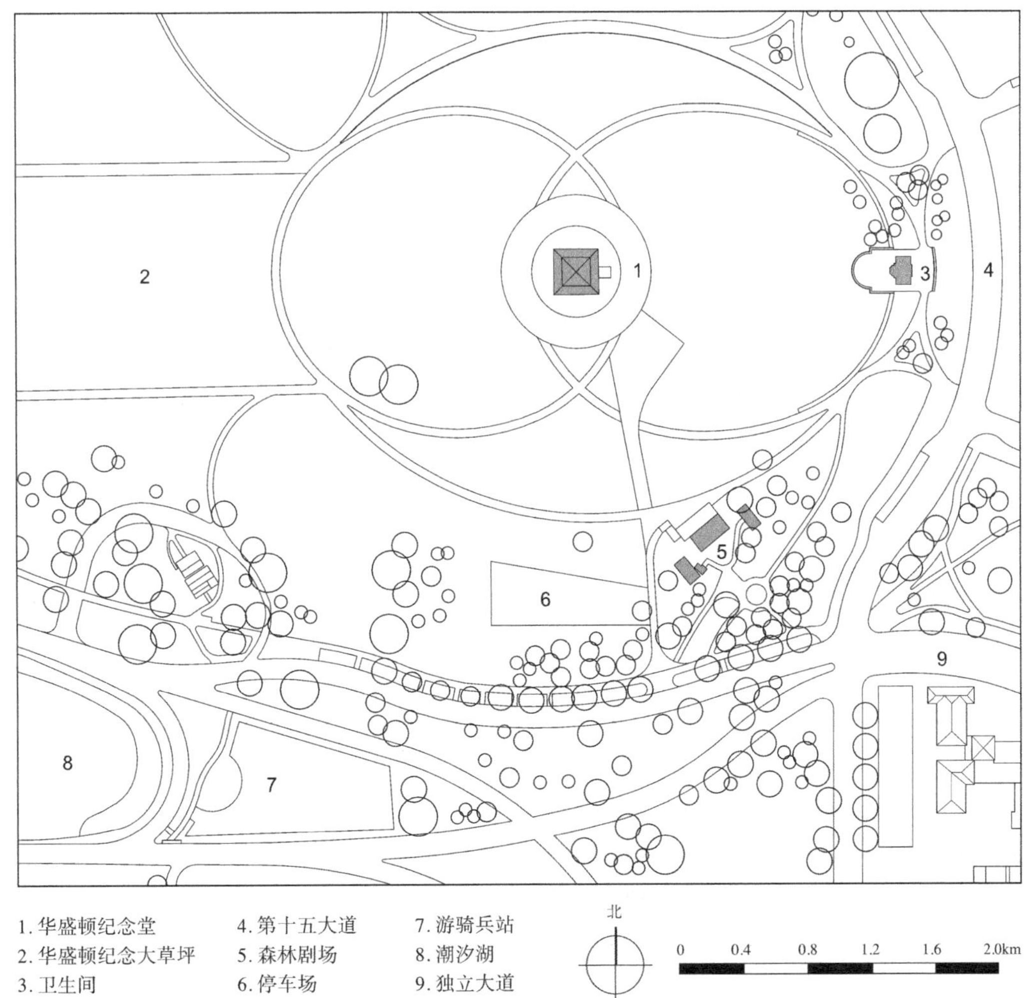

华盛顿纪念碑及周边平面图

国家“二战”纪念园

National World War II Memorial

1. 位置规模

国家“二战”纪念园（National World War II Memorial）位于华盛顿哥伦比亚特区市中心的国家广场，林肯纪念堂和华盛顿纪念碑之间，由56块柱体形成环形，围绕着中央的喷泉广场，一对小型的凯旋门正对着广场的南北边界。占地3hm^2，长约103m，宽约73.2m，中央水池75.2m × 45m。基址上的彩虹池（Rainbow Pool）建于1921年，曾是东西向景观轴上的一个重要节点。

2. 项目类型

城市广场

3. 设计师 / 团队

弗里德里希·圣·弗洛里安（Friedrich St. Florian），奥地利裔美国建筑师。他的作品被收录在众多私人收藏中，以及纽约现代艺术博物馆、麻省理工学院、RISD博物馆和蓬皮杜中心（Centre Pompidou）的永久收藏中。最近建成的作品包括普罗维登斯东区的现代主义住宅和北卡罗来纳州夏洛特的城市标志。

4. 实习时长

1–1.5 小时

5. 历史沿革

1941年著名的“珍珠港事件”促使美国对日宣战。截至1945年，曾在“二战”期间服役的美国人达1600万人，在战争中阵亡的超过40万人，另外还有数以百万计的人在国内从事生产、运输等与战争有关的服务。在华盛顿建造“二战”纪念碑，就是为了纪念这些在“二战”中作出贡献、作出牺牲的人们。1993年3月，美国国会通过法案，决定建造“二战”纪念碑。当年5月，时任总统的克林顿签署法令，授权美国战争纪念碑委员会在华盛顿建造全国首座“二战”纪念碑。纪念碑于2001年9月动工兴建，于2004年4月底完工，开始对公众开放，2004年5月正式举行了竣工典礼。从国会通过法案，到纪念碑最终建成，一共历经11年。

6. 实习概要

这座占地3hm^{2}的纪念馆位于国家购物中心的中心位置。整个纪念馆呈一个下沉的椭圆形广场，广场中间是一个圆形的湖，可以通过弧形斜坡通过两个约12.5 m高的拱门进入，两座拱门分别代表了大西洋和太平洋战场，引导游客从北部和南部进入该空间。从东面可以看到广场，露台上有24个青铜浮雕雕塑，描绘了战争经历。广场周围有56个花岗岩柱子，装饰着青铜橡木和小麦花圈。青铜绳连接着柱子，象征着战争期间美国各州和地区的统一。沿草地台阶逐阶而下可以抵达纪念馆的中心，纪念馆的两个方向都建有一个拱形塔楼，塔楼里面各有三只巨大的铜质美国雄鹰举起了象征胜利的花冠。在弯曲的“自由墙”上刻有4048颗金星，每一颗星都代表着在“二战”中牺牲的100位美国人。纪念碑碑身上刻有“克尔罗依在这里”（“Kilroy was here”），这是在美国“二战”时期非常流行的短语，通常与漫画形象一同出现，象征“二战”时期的美国士兵为保卫正义而献身的精神。在墙的两侧，从林肯纪念馆水池流经的水通过两个瀑布泻入广场，汇集在星星下面。植物从纪念馆的周边向外扩展，使其边缘软化，并将其融入周围的公园土地。瑞典的奥姆（Aum）出于纪念意义，把植物的颜色限制在开白花植物上，如木兰和杜鹃花。

国家“二战”纪念园展现出新古典主义风格，给人们的感受是庄严肃穆、气势恢宏，代表的是“二战”所处的时代，它具有几个显著的特点：第一，选址和布局与林肯纪念堂、华盛顿纪念碑相协调；第二，塑造的纪念性景观成为城市的重要组成部分和标志性景观；第三，它的开放性和宜人的尺度，使人们从各个方面都可以接近它。

7. 实习备注

开放时间：周一－周日，10:00–17:00

门票：免费，可以提前网上预约

（梁艺馨　编写）

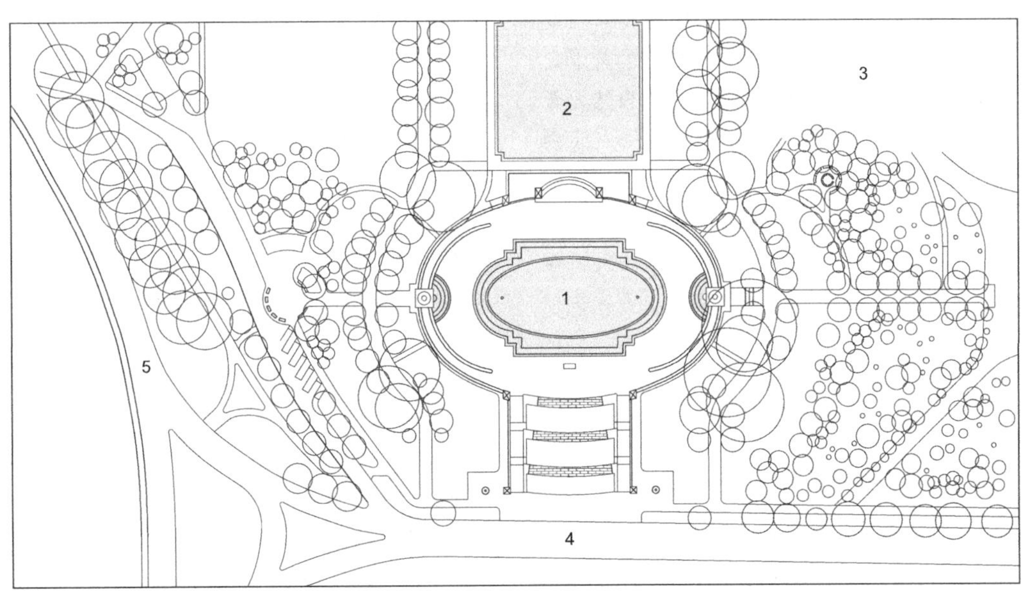

1.“二战”纪念碑喷泉池　4. 第十七大道
2. 林肯纪念堂倒影池　5. 独立大道
3. 宪法公园

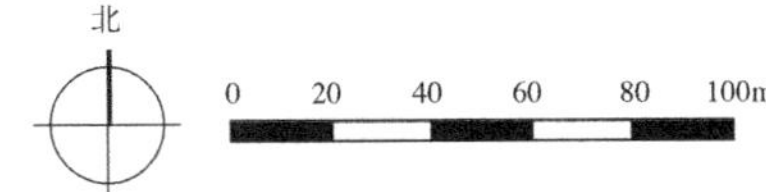

国家“二战”纪念园平面图

越南战争纪念碑

Vietnam Veterans Memorial

1. 位置规模

越南战争纪念碑（Vietnam Veterans Memorial）位于华盛顿中心区，距离林肯纪念堂几百米的宪法公园的小树林里。占地面积 $8000m^2$。

2. 项目类型

城市广场

3. 设计师 / 团队

林璎，生于俄亥俄州阿森斯，美籍华裔建筑师。林璎在设计纪念馆的比赛中击败了 1400 多名参赛者，当时她还是耶鲁大学的本科生。林璎提倡自然纯朴又独行特立的艺术人文理念，建筑设计在她的诠释下成为自然界天衣无缝的一部分。代表作还有美国华人博物馆（Museum of Chinese in America），公民权利纪念碑（Civil Rights Memorial）等。曾获得 2009 年度美国国家艺术奖章，以此突显她作为建筑师、艺术家和环保人士的卓著成就。

4. 实习时长

1-1.5 小时

5. 历史沿革

建造越南战争纪念碑的想法是一名前陆军下士简·斯克鲁格思（Jane Scruggs）在战后萌发的。1979 年 4 月 27 日，一群参加过越南战争的老兵在首都华盛顿成立了一个社团，希望在国家大草坪博物馆、纪念碑群地带建造越南战争阵亡将士纪念碑。他们提出，这座拟议中的纪念碑将成为美国社会中一个鲜明的形象，不管这座纪念碑最后建造成什么样子，它必须满足 4 项基本要求：（1）纪念碑本身应该具有鲜明的特点；（2）要与周围的景观和建筑物相协调；（3）碑身上镌刻所有阵亡和失踪者的姓名；（4）对于越南战争的介绍和评价不会出现在碑身上。

6. 实习概要

这是一座低于地平线，长 152.4m 呈倒 V 字形的碑体，造型上呈现 V 字，如同一个尖锐的飞去来器，提醒统治者，战争是统治者手中的器物，它是会伤到自己或飞去它处，并不能给国家带来益处。V 字的两端指向了林肯纪念堂和华盛顿方尖碑，又像是无言的话语，向逝去的美国人心目中的伟人诉说着战争带来的惨痛代价，警醒世人铭记伤痛。黑色的、像两面镜子一样的花岗岩墙体，如同一本打开的书，又仿佛大地开裂向两面无限延伸，两墙相交的中轴最深，约有 3m。两面抛光的黑色花岗石墙在交汇处成一个 125° 12′ 的角，左右墙体向两端方向逐渐缩小，直到地面消失。越战纪念碑严格来说并不具备概念中“碑”的形式。在这个占地 $12140m^2$ 的纪念“园”里，见不到对这场战争作出的任何注解，墙上也没有名人的字语。黑色的墙体上以军人阵亡的时间为序，密密麻麻地刻着从 1959—1975 年间在越南战场阵亡及失踪的全体美国军人的名字。平滑如镜，闪烁生辉的巨型墙面和陷进墙面里密密麻麻的名字，在视觉效果上也给人以无可抗拒的感染力，促使每个参观者的心底不由自主地产生某种奇异的心理体验。在纪念墙的另一侧相继补铸了两组具象雕像：一组是三名美国士兵手持武器，目视前方；一组是越南妇女在救治美军伤员。这两组雕像分别于 1984 年和 1993 年落成。据说纪念碑的设计者林璎认为铜像有违她当初设计纪念碑的理念，拒绝出席铜像的落成典礼。

7. 实习备注

免费，全年 24 小时开放

（梁艺馨　编写）

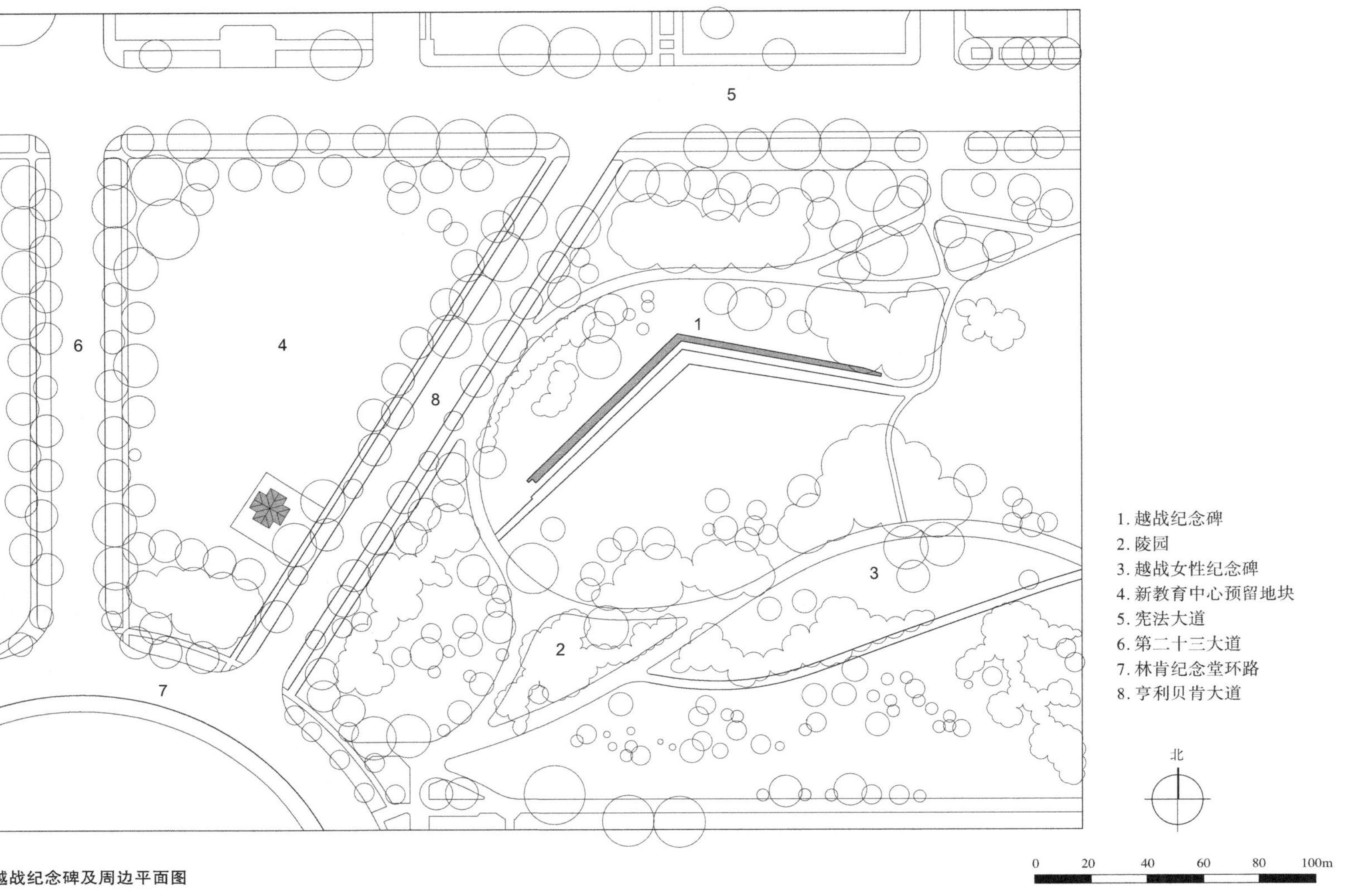

越战纪念碑及周边平面图

林肯纪念堂
Lincoln Memorial

1. 位置规模

林肯纪念堂（Lincoln Memorial）位于国家广场西侧，阿灵顿纪念大桥引道前，与国会大厦和华盛顿纪念碑成一条直线。建筑占地规模2000多m^2，高约30.2m，矗立在一块相对独立，直径约为400m的草坪中央，纪念堂外还配套建成了长约610m，宽51m的倒影池。

2. 项目类型

城市广场

3. 设计师 / 团队

建筑和景观：亨利·培根（Henry Bacon），美国艺术建筑师，他曾在波士顿工作，然后在纽约的McKim, Mead & White建筑设计事务所工作，参与芝加哥世界博览会（Chicago World’s Fair）的设计。凭借新古典主义的视角，培根的其他著名作品包括卫斯理大学的建筑和屡获殊荣的林肯纪念堂。

雕塑：丹尼尔·切斯特·法兰奇（Daniel Chester French），19世纪末20世纪初最多产、最受赞誉的美国雕塑家之一，以其在华盛顿林肯纪念堂的纪念性作品“亚伯拉罕·林肯雕像”（1920年）的设计而闻名。

改造：Sasaki设计事务所

SASAKI事务所（Sasaki Associates Inc.）是美国著名的设计事务所，由日裔美国人佐佐木英夫（Hideo Sasaki）于1953年在美国波士顿地区建立，其业务范围涉及城市设计、城市规划、景观设计与规划、建筑设计等各个领域，并且打破地域限制，从美国本土扩展到世界各地、特别是近年来发展迅速的亚洲城市。是目前美国排名前10位的著名设计公司，在规划方面和土地应用方面在世界范围内首屈一指。2018年，Sasaki为北京798艺术区制定的愿景规划项目，获颁皮埃尔·朗方国际规划卓越奖（APA Pierre L’Enfant Award）。

4. 实习时长

1–1.5小时

5. 历史沿革

林肯遇刺后两年的1867年3月，美国国会通过了兴建纪念堂的法案。1913年由建筑师亨利·培根提出设计方案，1915年，于林肯的生日（2月12日）动土兴建，1922年5月30日竣工，竣工仪式由第29任总统沃伦·盖玛利尔·哈定（Warren Gamaril Harding）主持，林肯唯一幸存的子嗣罗伯特·托德·林肯（Robert Tedd Lincoln）出席仪式。从通过法案到最后竣工，隔55年，历经12任总统。设计师亨利·培根为此于1923年，获得了全美建筑协会颁发的设计金奖。这是其职业生涯中获得的最高奖项。1963年8月23日，20万人在林肯纪念堂东阶外至华盛顿纪念碑前举行和平集会，著名的民权运动领袖黑人牧师马丁·路德·金（Martin · Luther · King）在纪念堂东台阶上发表了《我有一个梦》(*I have a dream*）的著名演说。

2009年，在美国复兴和再投资法案下，国家公园管理局找到Sasaki设计事务所更新并修改景观，以使其满足现代需求并保护国家地标的突出特征。施工于2012年完成。

6. 实习概要

林肯纪念堂为纪念美国总统亚伯拉罕·林肯而设立的纪念堂，是一座用大理石建造的古希腊神殿式纪念堂。位于华盛顿特区国家广场西侧，阿灵顿纪念大桥引道前，与国会和华盛顿纪念碑成一直线。在纪念堂和华盛顿纪念碑之间，有两座一共764m长的倒映池。在林肯纪念堂附近还有越战纪念碑，韩战纪念碑，和二战纪念碑。每年二月总统节在林肯纪念堂台阶上都要举行纪念仪式，缅怀林肯对黑奴解放作出的伟大的功勋。

整座建筑呈长方形，36根白色的大理石圆形廊柱环绕着纪念堂，象征林肯任总统时所拥有的36个州。每个廊柱的横楣上分别刻有这些州的州名。纪念堂前的倒映池。入夜后与纪念堂相邻的华盛顿纪念碑和美国国会大厦灯火交相辉煌，倒映于池水中，成为华盛顿有名的一大胜景。

随着21世纪的到来，这处著名的市政景观迎来众多新的挑战。每年超过450万游客的访问量，对基地的使用已经大大超出当初设计的极限，为景观、道路与其他步行区域带来过大负荷。安全保障与通达也同样不能跟上需求。另外，倒影池由饮用水填充，由于结构问题，水的流失使得每年必须重灌2-4次——每次需22712.47m^3饮用水。国家公园管理局找到Sasaki设计事务所更新并修改景观，以使其满足现代需求并保护国家地标的突出特征。通过整合的方法，Sasaki解决了通达与安全问题，提升了基地的负担能力并成功融合可持续措施。

Sasaki所选用的方案消除了对饮用水的使用，计划从潮汐湖中取水，进行过滤和再循环以改善水质。日常水补给将取自“二战”纪念碑地下泵房中的集水坑。设计平行于倒影池的新步道以满足每天上千名的游客从林肯纪念堂走到“二战”纪念碑的需求。倒影池两边的榆树林荫道更新了铺装、座椅以及带有遮挡的LED照明，保存了看向林肯纪念堂与华盛顿纪念碑壮观的倒影效果。Sasaki同时设计了两条新步道形成新的安全屏障，两旁有墙体，往下通至倒影池。墙体与原先的阶地相连而且采用来自纪念堂本身采石场的花岗岩进行建造。倒影池在西部加深作为新的机动车屏障，保存倒影池尽端纪念堂之间视角的开放。

7. 实习备注

周一－周六全天开放；周日6:00–17:00，但卫生间、博物馆和电梯将在晚上关闭。免费参观。

（梁艺馨　编写）

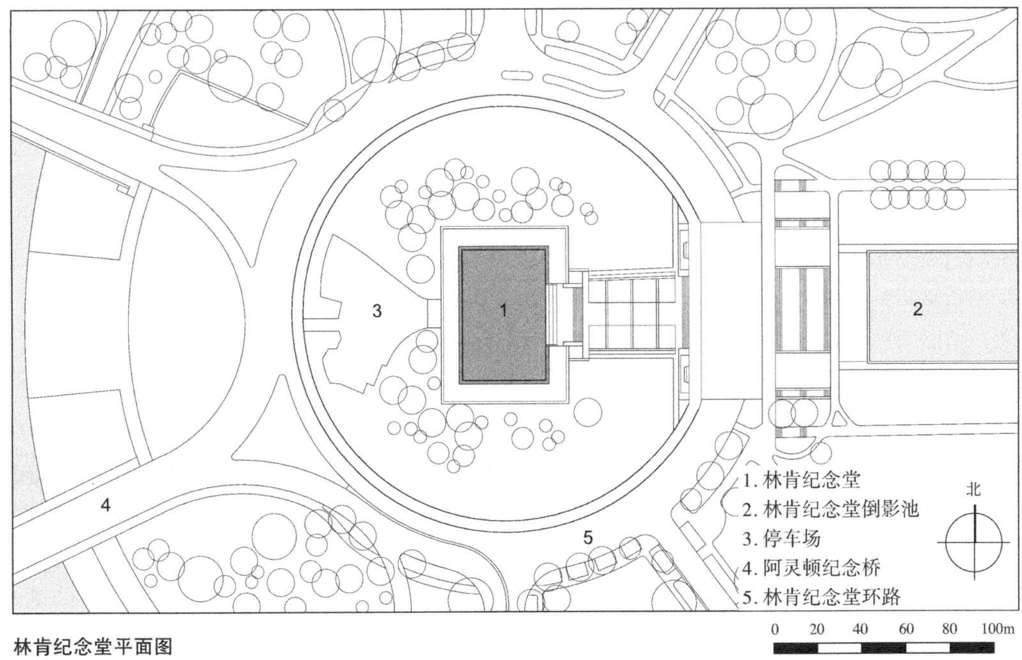

林肯纪念堂平面图

仙纳度国家公园
Shenandoah National Park

1. 位置规模

仙纳度国家公园（Shenandoah National Park）位于美国弗吉尼亚州西部蓝岭山脉。公园呈狭长形，西临宽广的仙纳度河谷，东侧是弗吉尼亚皮埃蒙特东连绵起伏的丘陵，南北长约 161km，占地约 $8km^2$。

2. 项目类型

国家公园

3. 设计师 / 团队

美国国家公园局

4. 实习时长

4–8 小时

5. 历史沿革

远在仙纳度国家公园设立之前，人们就经常到蓝岭山脉进行休闲娱乐活动。19 世纪后期开始，疲惫的城市居民喜欢在天园度假村（Skyland Resort）度假休憩。胡佛总统一家为了躲避首都华盛顿的湿热天气和繁忙的工作，还在此处建造了拉彼丹山庄（Rapidan Camp）作为其乡间别墅。在大萧条后的 19 世纪 30 年代，自然保护工程队（CCC）在公园里修建了许多富有田园趣味的设施，有一些至今仍然存在甚至还在使用，以便公众能到山里来休憩和娱乐。

仙纳度国家公园从 1930 年开始动工，1935 年初步建成。当时美国经济正处于经济大萧条时期，失业问题非常严重。罗斯福针对当时情况，实施了一系列旨在克服危机的政策措施，许多身强力壮而失业率偏高的青年人，开始从事植树护林、水土保持、开辟森林防火线等工作，他们共开辟了三万多 km^2 国有林区和大量国有公园，其中就包括仙纳度国家公园。

6. 实习概要

仙纳度国家公园位于美国的弗吉尼亚州，离华盛顿特区大约两个半小时，是个休闲度假，远离城市喧嚣的好地方。同时，仙纳度国家公园也是著名的蓝岭公路（Blue Ridge Parkway）的起点，顺着阿巴拉契亚山脉可以一直延伸到北卡的大雾山。

仙纳度国家公园以“天际公路”（Skyline Drive）最为有名。国家公园的规划者在建园之初就考虑到当时刚刚开始普及的私人汽车，因此将仙纳度最重要的特征定为“天际公路”，以便游人沿蓝岭山脉驱车缓行，欣赏壮丽的景色。170km 长的道路沿着山脊穿过整个公园，全程大约三个半小时，沿途设置有 70 多个观景点，沿其道路可以欣赏到极其丰富的自然景色和动植物资源；公园内还有全长 805km 的步行道，其中最为有名的是旧抹布山小路，这条小路沿途有许多可供攀爬的岩石和一些奇特的景观，还能为游人提供骑马、露营、骑自行车等活动。

仙纳度国家公园是美国最长的徒步旅游步道——阿巴拉契亚国家步道的一段。公园内徒步道很多，多石小径（Stony Man Trail）是最容易走的人气步道，可以观赏山顶景观；Hawksbill Gap Loop 上山路较为崎岖，更具有挑战性；Old Rag Mountain Loop Trail 则是公园内最著名，难度最大，最危险的步道，可以欣赏到极其丰富的自然景色仙纳度国家公园主要的地貌特征是山谷和森林，一年四季都有较好的景致。春季树木复苏，野花盛开；夏季郁郁葱葱，山上气温降低成为绝佳的避暑胜地；秋季，漫山秋色叶更是壮丽无比，成为一年中游客最多的时节，赏枫叶的最佳时间为10月10日-10月25日；冬季晴朗的天空和光秃的树木也别有一番韵味。

公园内有着极其丰富的动植物资源。该公园拥有190多种常住和过境鸟类，超过50种哺乳动物，超过20种爬行动物和两栖动物，超过40种鱼类，以及数量不详的昆虫、蜘蛛和其他无脊椎动物。公园为居民和迁徙动物提供了庇护所，在公园中游客可能会观赏到各类野生动物。同时公园也拥有多种多样的植物资源。公园位于大西洋中部，横跨阿巴拉契亚山脉的北部和南部，有超过1400种维管束植物。国家公园内的森林通常被归类为“橡木核桃树林”，但它们所包含的不仅是橡树和山核桃树。该公园的长度为112.65km，海拔高度为1.07km，创造了许多能够支持各种森林覆盖类型的栖息地。栗子和赤栎森林在公园中很常见，但是在探索公园的山坡，溪谷和山峰时，也可能会发现其他类型的森林，例如郁金香杨树、小海湾硬木，甚至是小片的云杉杉木林。

同时，由于仙纳度国家公园丰富的自然资源，也成为深入学习体验的户外课堂，公园设置了符合国家及州学习标准的科学、历史、社会研究、语言艺术和数学方面的跨课程活动，全年定期为教育工作者提供专业发展机会。

7. 实习备注

开放时间：仙纳度国家公园始终开放，公园内的大多数设施随季节开放时间有所调整，游客中心开放时间为每日9:00–17:00

需要门票：成人，15美元/人；摩托车，25美元/车（七日）；轿车，30美元/车（七日）

8. 图纸

图纸请参见链接：http://npmaps.com/shenandoah/

（尹一涵　编写）

芝加哥植物园

Chicago Botanic Garden

1. 位置规模

芝加哥植物园（Chicago Botanic Garden）位于美国伊利诺伊州芝加哥市区西北处，距市区 40km，东临密歇根湖，隶属于库克县的森林保护区。植物园占地面积 156hm²，每年参观访问该植物园的总人数达到 75 万人，游客量在美国同规模植物园中位于第二位。

2. 项目类型

植物园

3. 实习时长

4–6 小时

4. 历史沿革

芝加哥植物园的历史可以追溯到 1890 年成立的芝加哥园艺学会。芝加哥园艺学会一直致力于促进花园和园艺的发展，学会经常举办主题花展、园艺讲座和战时菜园等活动，对一代代的芝加哥人产生了深远的影响。芝加哥植物园的建成为学会开展各种活动提供了固定的场所。

芝加哥植物园 1965 年开始建设，1972 年正式对外开放。1978 年建成温室，1984 年建成历史传统区，1985 年建成蔬果园，2008 年开放矮生针叶树园，2009 年占地 3530m² 的植物保育科研中心建设完成。

5. 实习概要

芝加哥植物园包括 25 个专类花园（如月季园、水生园、本草植物园、传统花园、日式花园、英国墙园和果蔬花园等）和 4 个原生境区，位于湖水环绕的 9 个小岛上。园内拥有 9.7km 的水岸线、40hm² 森林、6hm² 北美大草原以及 32.8hm² 水域，收集展示 9084 种超过 230 万株植物，可见鸟类有 255 种，是一座集科研、科普、优美环境于一体的活体植物博物馆。

园内岸线曲折，富有变化，花园景色随季节常变常新，引入多年生宿根草本植物和整年都有不同形态变化的观赏草，在植物低维护的同时追求自然天成的效果。此外，植物园还非常重视寓教于游。不仅在植物园内开展多种关于自然和植物的教育课程和实践活动，同时充分利用丰富的植物资源，建设各类主题园进行环境教育，生动有趣的解说牌、多样的公众活动，让游客在美丽的自然环境中接受生态与环境的教育。

6. 实习备注

植物园全年开放，免费进入，停车费每辆收取 25 美元

每日开放时间：8:00–17:00，根据季节有所调调整

（尹一涵　编写）

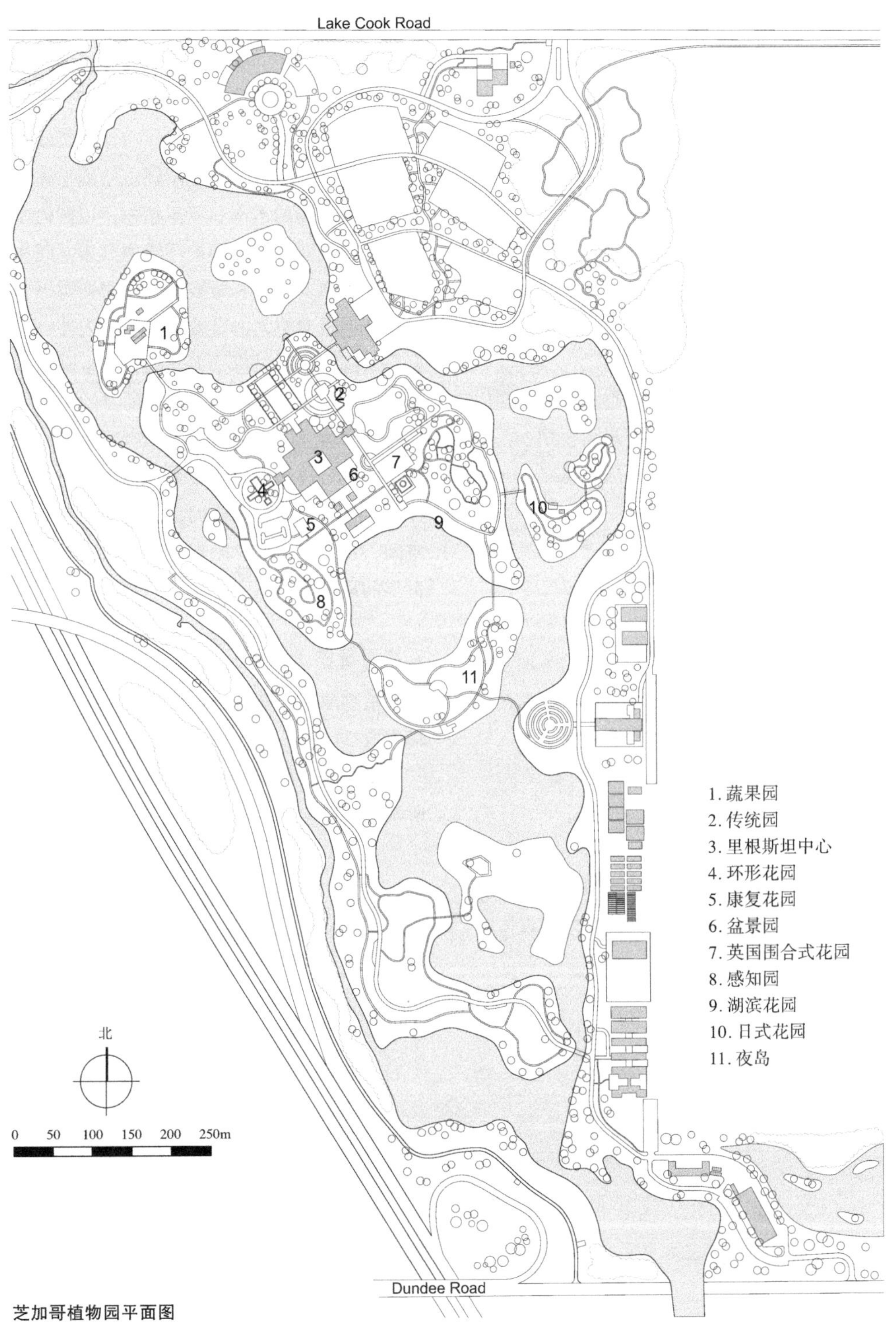
Lake Cook Road
1
2
3
4
5
6
7
8
9
10
11
Dundee Road
1. 蔬果园
2. 传统园
3. 里根斯坦中心
4. 环形花园
5. 康复花园
6. 盆景园
7. 英国围合式花园
8. 感知园
9. 湖滨花园
10. 日式花园
11. 夜岛
北
0 50 100 150 200 250m

芝加哥植物园平面图

芝加哥植物园——雷根斯坦学园
Regenstein Learning Campus

1. 位置规模

芝加哥植物园——雷根斯坦学园（Regenstein Learning Campus）位于芝加哥植物园北侧，与之相邻的是水上教育中心和停车场地。学园占地 2.4hm^2。

2. 项目类型

植物园

3. 设计师 / 团队

Mikyoung Kim Design 和雅各布斯 / 瑞安（Jacobs/Ryan）Associates 景观设计公司

4. 实习时长

1–2 小时

5. 历史沿革

场地位于植物园北侧，旨在推动芝加哥植物园在环境教育方面的影响力，建设作为植物园的一个环境研究中心和自然游乐园。

曾获 2017 年 ASLA 通用设计荣誉奖。

6. 实习概要

雷根斯坦学园的设计让家长和不同年龄段的孩子都能够沉浸在各种独特的户外景观体验中，从大自然中探索学习，加深对自然生态系统的理解。花园在各个季节为人们提供丰富的景观体验，引发孩子和家长共同探索：可供孩子们奔跑跳跃的起伏的草丘，可涉水嬉戏的浅渠，高高低低的岩石，主草坪上的圆形露天场地，繁茂多样的木本和草本植物，用柳树原木做成的儿童隧道，金钟柏环绕的冥想空间和带有火坑、原木长椅和野餐桌的秘密花园等。

该项目对空间的有效组织将室内外空间紧密联系起来，通过形式各异的景观空间和教学场所实现了教育和生态学管理的目的。教学的课程涉及植物学、烹饪艺术、园林设计、园艺、摄影、观鸟和健康教育等。学园为各年龄段儿童提供了丰富多样的户外教育和家庭活动空间，各种互动式体验有利于加深孩子对自然世界的理解。

7. 实习备注

植物园全年开放，免费进入，但停车费每辆收取 25 美元

每日开放时间：8:00–17:00，根据季节有所调调整

（尹一涵　编写）

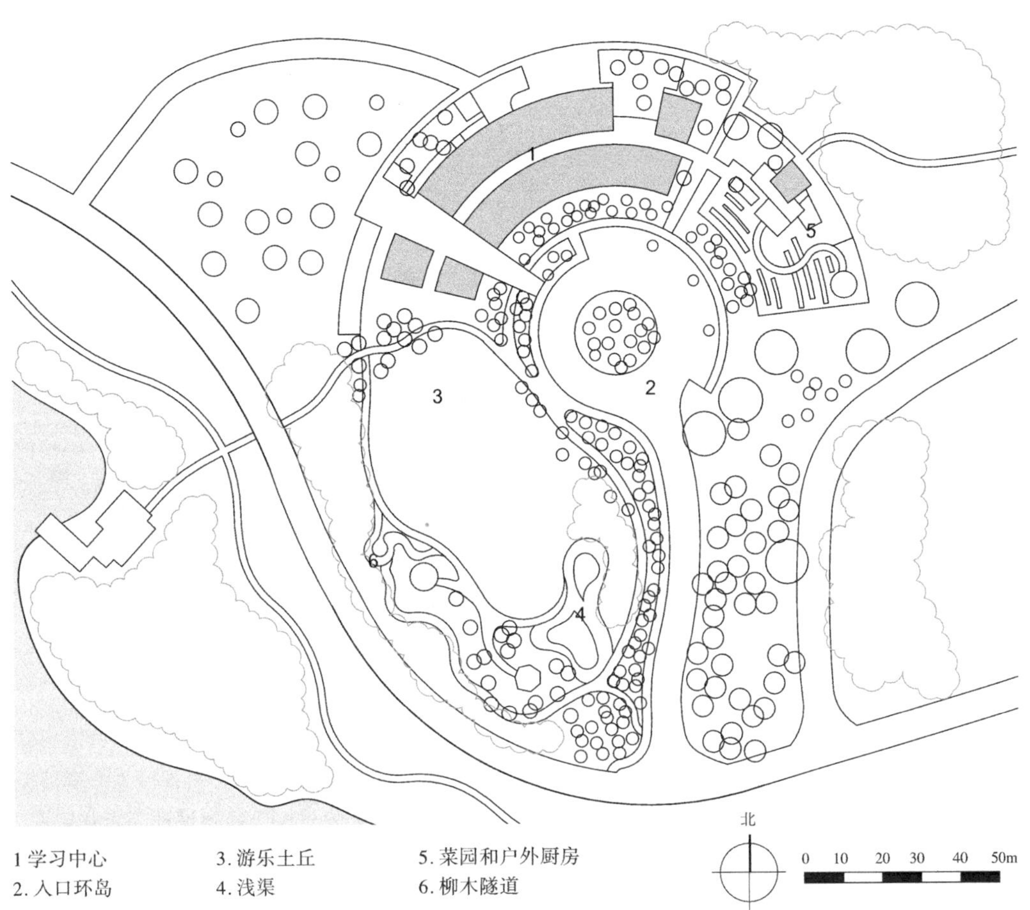
1
2
3
4
5
6
1 学习中心
2. 入口环岛
3. 游乐土丘
4. 浅渠
5. 菜园和户外厨房
6. 柳木隧道
北
0 10 20 30 40 50m

雷根斯坦学园平面图

亨利帕米萨诺公园

Henry Palmisano Park

1. 位置规模

亨利帕米萨诺公园（Henry Palmisano Park）位于美国芝加哥南部中国城附近的布里奇波特街区，毗邻芝加哥河，靠近史蒂文森高速路与丹·赖恩高速路交互处。

公园总面积约 $11hm^2$。

2. 项目类型

矿坑公园

3. 设计师 / 团队

Site Design Group 成立于 1990 年，是一家屡获殊荣的景观、城市设计和建筑设计公司，总部位于美国芝加哥。

4. 实习时长

1–2 小时

5. 历史沿革

该公园建设之前场地本是一处采石矿坑废弃地及垃圾填埋场。采石场从 1836 年开始作业一直保持生产至 1970 年，采石活动结束时，矿坑深度已达到 116m，对该地区的环境和地质安全有严重影响。1970 年之后，场地又被用为建筑垃圾填埋场，堆满了木头、砖块、石料等建筑废料，严重影响了当地的环境。

1999 年，城市管理者开始征集这一区域的改造设计方案。2004 年，“芝加哥公园区组织（Chicago Park District）”所提交的将采石场改造成自然公园的计划正式得到了批准。公园于 2009 年正式建成，并在一年之后改名为亨利帕米萨诺公园。

6. 实习概要

亨利帕米萨诺公园主要包括钓鱼池、净化湿地、斜坡草坪、运动场地以及人造山丘等区域。公园主入口设置在东北角，通过雕塑广场、净化湿地与钓鱼池相接，钓鱼池面积约 $0.8hm^2$，为公园的主要景区，钓鱼池边缘有金属栈道和滨水平台，可供观赏水景。

运动场地位于公园西侧，是一个狭长的长方形草坪绿地，外围环绕有一条 400m 跑步道，南段通过坡道与公园南部入口相连。

东南侧山丘占据了公园的大部分区域，山丘是在原有建筑垃圾堆的基础上堆砌而成的，游人可通过登山小径到达山丘顶部的圆形观景平台，俯瞰整个公园和周围街区。

公园运用了多种生态设计方法，营造出湿地、草原、丘陵和湖泊等多种地域生态群落类型，将采石矿坑与现代景观设计元素相融合，体现出独特的场地特色和精神。该公园已成为芝加哥街区居民度假游憩、休闲健身常去的城市绿地。

7. 实习备注

开放时间：6:00–23:00

门票：免费

（尹一涵　编写）

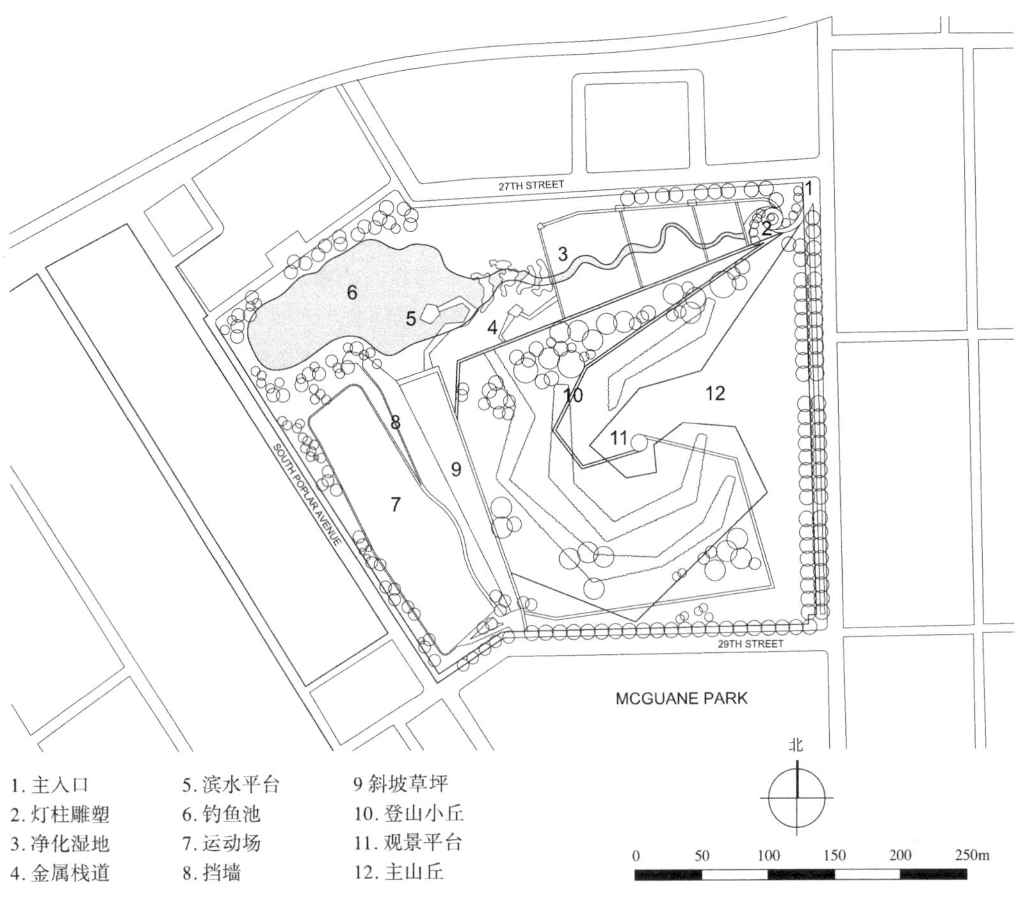

1. 主入口
2. 灯柱雕塑
3. 净化湿地
4. 金属栈道
5. 滨水平台
6. 钓鱼池
7. 运动场
8. 挡墙
9 斜坡草坪
10. 登山小丘
11. 观景平台
12. 主山丘

亨利帕米萨诺公园平面图

芝加哥滨河步道

Chicago Riverwalk Expansion

1. 位置规模

芝加哥滨河步道（Chicago Riverwalk Expansion）项目主要针对州街与湖街之间的6个街区，约1.4hm^2。

2. 项目类型

滨河景观

3. 设计师 / 团队

Sasaki事务所，罗斯·巴尼（Ross Barney）建筑事务所。

Sasaki事务所是美国著名设计机构，由Hideo Sasaki于1953年在波士顿创立，设计业务涵盖城市规划、城市设计、景观设计、建筑设计和室内设计多个领域。代表作品有华盛顿宾夕法尼亚大街、波士顿滨水花园等。

4. 实习时长

1–2小时

5. 历史沿革

芝加哥河主干道全长200多千米，有着悠久且丰富的历史。芝加哥河最早是一条蜿蜒的沼泽溪流，城市工业化时被改造为硬质的工程河道。长期下来，河水渐渐遭受污染，人们无法进行垂钓、游泳等休闲活动，1900年，为了改善公共卫生状况，城市将河流主干与南侧分支水流方向倒转。此后，河道声名鹊起。建筑师、城市设计师丹尼尔·伯纳姆（Daniel Burnham）提出了建设滨河散步道和瓦克道高架桥的新愿景。

6. 实习概要

2012年，在先前河流研究的基础上，设计团队提出了新的规划概念，一改以往以建筑为导向的充满直角拐弯的步道，将步道视为一个相对独立整体的系统，通过步道自身形态的变化，加强不同街区之间的联系，形成各种新的功能，解决之前空间狭窄、竖向高差大的问题。

新的连接方式使滨河活动丰富多样，每个街区呈现了不同的功能与景观效果。

码头广场：广场结合餐厅设置露天座椅，便于人们观赏河流上的动态场景，如观光船、水上巴士等。

小河湾：利用现状建筑，结合高差布置台阶，形成宽阔的城市广场和滨水码头，码头处可以租赁和存放皮划艇和独木舟，为使用者提供休闲活动空间。

河滨剧场：连续的阶梯连接了街道和河滨，为人们到达河滨提供了可达性，不同高度的台阶成为剧场的座椅，周边的树木则提供了遮荫空间。

水广场：互动水景设施为使用者提供了观赏和与水互动的机会。

码头：设置一系列码头空间和浮岛湿地花园，为人们了解河流生态提供了互动学习的环境，包括垂钓和本土植物认知。

7. 实习备注

开放时间：6:00–23:00

门票：免费

（尹一涵　编写）

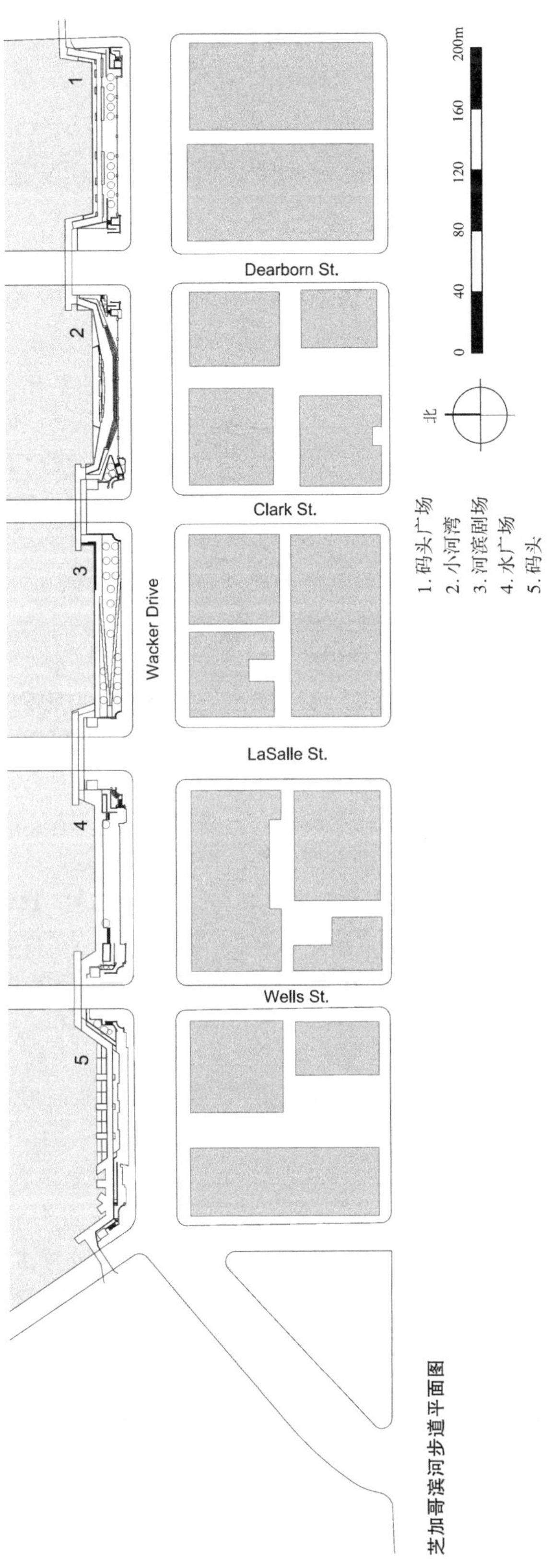
1
2
3
4
5
Dearborn St.
Clark St.
LaSalle St.
Wells St.
Wacker Drive
0
40
80
120
160
200m
北
1. 码头广场
2. 小河湾
3. 河滨剧场
4. 水广场
5. 码头

芝加哥滨河步道平面图

密歇根大道
Michigan Avenue

1. 位置规模

密歇根大道（Michigan Avenue）是芝加哥一条南北向干道。植物街景横跨从环道的罗斯福路到密歇根大道北端的橡木街的33个街区，总长3.7km，提供了0.25hm^2可种植空间。

2. 项目类型

街道景观

3. 设计师 / 团队

Hoerr Schaudt是一个由景观设计师、城市设计师和园艺家组成的团队，他们创造令人愉悦的创新型景观，项目类型从私密的私人花园到广阔开放的城市公园。他们在芝加哥，堪萨斯城和洛杉矶设有三个办事处，设计中追求对工艺和细节的专注，善于发现并利用室外空间的潜力。

其作品设计范围包括城市公共空间、校园景观、绿色屋顶、商业开发、文化机构等，代表作品有盖瑞康莫尔屋顶花园、威斯康星大学麦迪逊分校（University of Wisconsin-Madison）整体景观规划、加拿大内森·菲利普斯广场（Nathan Phillips Square）更新改造、纽约大学（UNC）校园规划、芝加哥植物园（Chicago Botanic Garden）–矮针叶树花园等。曾多次获得ASLA专业奖项。

4. 实习时长

1–2小时

5. 历史沿革

1991年，在密歇根大道Crate & Barrel旗舰店前修建了4个花坛。花坛中栽植了不同形状和大小的花卉，这缤纷绚丽的景观引起了市长理查德·M·戴利（Richard M. Daley）的注意。市长与该公司创始人戈登·西格尔（Gordon Segal）一拍即合，决定将同样的设计运用到密歇根大道上，旨在美化这片城市中最重要的地产区块，将其变成一个无与伦比的公共空间。

从1993年开始，开始建设这条长达3.7km的景观带。每年不同的植物组合被布置在密歇根大道的不同区域，呼应季节的变化。由于效果较好，随后其他城市也进行了效仿，密歇根大道上的中央景观成了城市民用景观设计的国际范本。

6. 实习概要

密歇根街景项目的目标是希望通过有趣且实用的花坛设计将密歇根大道塑造为一个美丽、富有活力的公共活动场所。从而吸引更多的游客、投资商，增加该区域人口，带来更多的财政和社会收益。

项目初期，设计团队也遇到了诸多问题：花卉原材料、项目施工及维护费用巨大，没有足够的资金支持；出资者、设计师、店铺所有者等不同利益相关者之间存在意见分歧；如何在交通污染、气候变化等影响下维护花卉等植物。经过各方的共同努力，最终形成了基本的设计方案。

街景对应春季、夏季、秋季三个不同季节，每年、每个季节设计有所不同。80个中央花坛被布置在从环道的罗斯福路到密歇根大道北端的橡木街的33个街区，提供了0.25hm^2可种植空间。春季植物景观以郁金香为主，通过颜色和图案的变化保持每年的独特性；夏季植物种类丰富，通常种植不同类型、高度、形状和颜色的植物，在不同年份也会种植来自热带的奇花异草或是来自中西部的多年生植物；秋季温度下降，则会较多地种植耐寒类植物如甜菜和菊花等。

设计团队运用分层种植技术，底层为结构植物，接着覆上充满整个花坛的植物作为填充层，最上层则种植精致花卉和补充植物，以保证花坛在任何时间都能够保持较好的景观效果，减少人工维护。

该景观项目的实施为周边社区和专业实践等方面都产生了积极影响。首先该项目为芝加哥居民提供了一些就业职位，运营公司培训并雇佣无业青年、老兵和戒毒人员来进行花坛的保养，增加就业机会。此外，街景花坛为居民及园艺师提供了大量的种植材料，每到花坛换季的时候，移除的植物将被捐赠出去或重新栽培，减少浪费的同时帮助美化了密歇根大道之外的城市环境。

从 1993—2013 年，景观设计师和其团队为密歇根大道中央花园设计了超过 60 种方案，极大地提升了密歇根大道的景观效果，也激发了周边区域的种植风潮，刺激景观项目的发展。该项目规划也由开始的部分区域扩大到 3.7km 的景观带，从而来美化更多的街道和社区。在专业实践方面，密歇根大道街景项目为其他城市街道景观的发展提供了灵感和范本，具有深远意义。

该项目也获得了 2016 年 ASLA 地标奖，评审员委员会认为该项目在一年四季都极具吸引力，改变了芝加哥给人的印象，让人感到家一般的温馨，同时对其他城市产生了重大影响。

7. 实习备注

开放时间：全天

门票：免费

8. 图纸

图片参考网址：https://www.asla.org/2016awards/172705.html

（尹一涵　编写）

Parkview West 公寓外环境

Environment of Parkview West

1. 位置规模

场地位于芝加哥海军码头西一个街区，东伊利诺伊街道和北麦克勒格街道交叉口。

公寓有 49 层，268 户，高 151.64m，花园面积约 7000m^2。

2. 项目类型

住宅景观

3. 设计师 / 团队

雅各布·彼得森（Jacob Petersen）于 2014 年创立了 Peterson Studio。在项目设计和实施的各个阶段都拥有丰富的领导经验，使得雅各布能够有效地将研究和设计愿景与高品质的技术细节相结合，以创造出具有标志性和持久的景观。

Peterson Studio 是一个从事景观、建筑和规划实践的工作室，致力于创建植根于当地文化和环境的引人入胜且持久的场所。他们根据客户的不同需求，设计项目充满了对设计理念、施工工艺、可持续性、独特性等方面的追求。

雅各布·彼得森的作品包含了各个尺度，从个人住宅到能够容纳成千上万游客的城市公园，作品有丘拉维斯塔（Chula Vista）海港公园、伊丽莎白·卡瑟斯公园（Elizabeth Cases Park）、休斯敦探索绿色公园（Hunton Discovery Green Park）中央公园等。

4. 实习时长

40-60 分钟

5. 历史沿革

Parkview West 公寓位于海军码头以西一个街区，由一个超高层摩天大楼和其裙房组成。开发商最初打算建造地上停车楼，在车库楼顶为公寓业主创建一个私人花园。然而，芝加哥市政府希望此花园可以向大众开放，并且与周围街道相接。最后，该设计权衡利弊，将部分停车场抬升至地上，但完全隐藏在公园内。该项目在此背景下建造而成。

6. 实习概要

花园整体为方形，由一系列不规则的平面组成，每一个平面表达了一种鲜明的地方景观特色。公园内标高略高于外围街道，场地内的座椅、阶梯、流动喷泉和漫步坡道为居民提供了休憩场所，增强了居民和自然景观的互动。

地库的屋顶与花园的不规则面平行，为草本植物种植提供等深的浅层土壤。针对树木种植，结构师将车库板局部下降至混凝土梁的底部以增加涂层厚度。此外，设计师注重景观设计的可持续性：选择种植抗性强、易养护的乡土植物；在停车场边缘设计布有碎石的雨水池，引导雨水流入。

折纸风格的公园与周围建筑巧妙地融为一体，与相邻的东河艺术中心相呼应，创造出一个充满活力的三季花园，为周边居民提供观赏、游憩、交流的公共绿色空间。

7. 实习备注

开放时间：全天

门票：免费

（尹一涵　编写）

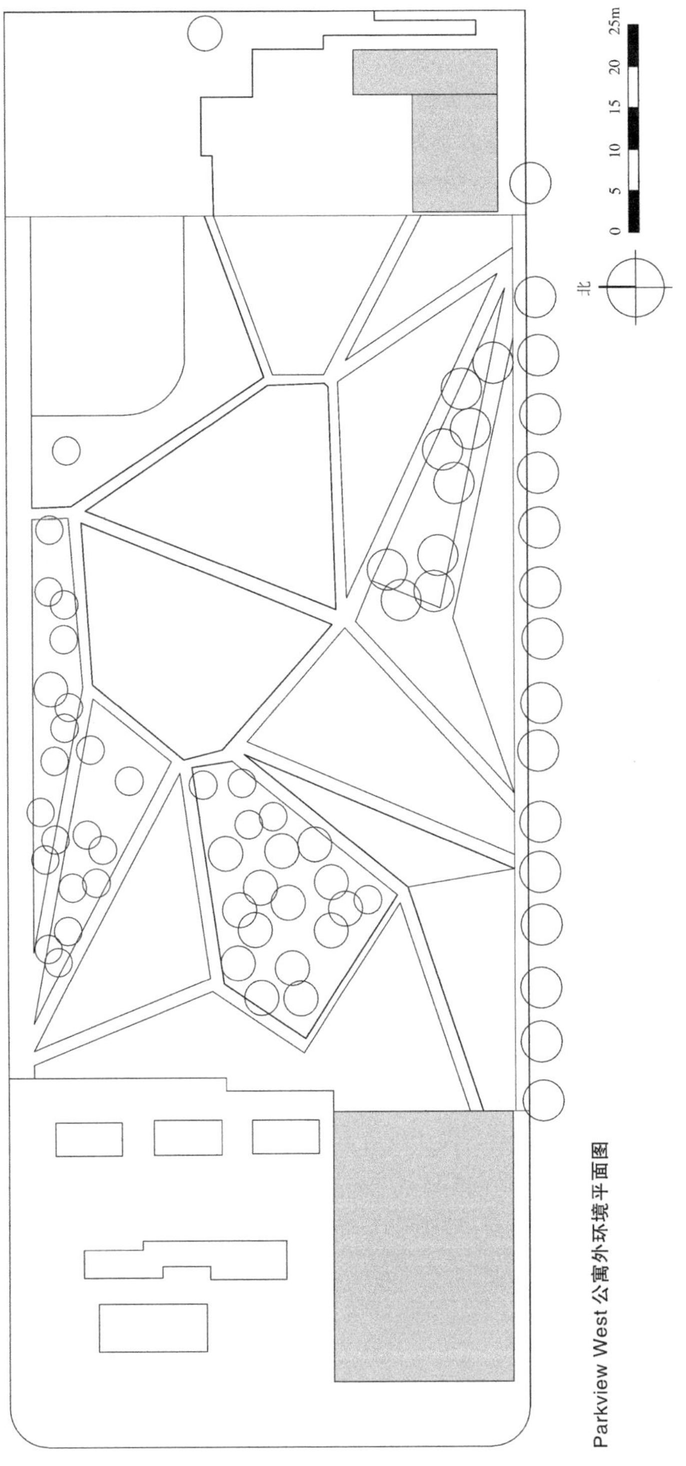

Parkview West 公寓外环境平面图

米尔顿·李·奥利弗公园
Milton Lee Olive Park

1. 位置规模

米尔顿·李·奥利弗公园（Milton Lee Olive Park）位于海军码头以北的人造半岛上，詹姆斯·贾丁（James W. Jardine）污水处理厂西侧，毗邻俄亥俄街海滩（Ohio Street Beach）和城市公园。公园共占地 $4hm^2$。

2. 项目类型

城市公共空间

3. 设计师 / 团队

丹·基利（Dan Kiley）是美国著名的现代园林设计师，在美国现代园林发展过程中有着重要的地位。他的作品形体简洁现代，结构清晰和谐，充分体现着现代主义的灵魂。他的设计范围囊括私人庭院、公共环境、建筑环境和场地规划，主要代表作品有米勒花园（Miller Garden）、芝加哥艺术学院（School of the Art Institute of Chicago）南园、奥克兰博物馆花园（Auckland Museum Garden）、达拉斯喷泉广场（Dallas Fountain Place）、洛克菲勒大学（Rockefeller University）等。

4. 实习时长

1–2 小时

5. 历史沿革

该公园于 1965 年由丹·基利设计建造而成，旨在纪念米尔顿·奥利弗（Milton L. Olive），他是在芝加哥长大并居住的越南退伍军人，也是第一位获得荣誉勋章的非裔美国人。

6. 实习概要

公园位于污水处理厂西侧，主要设有 2 个入口，一个服务于污水处理厂的工作人员，一个服务于普通游人。公园的主体景观由 5 个不同直径的圆形喷泉水池组成，水池直径从 30m 到 70m 不等，周围有场地环绕，水池之间通过步行道路连接。5 个喷泉水池像星座一样散落在公园之中。喷泉开启时，可形成高达 10m 的水柱，从附近的高层建筑中能欣赏到这一壮观景象。

由于场地土质条件恶劣且容易受到强风和低温的影响，在植物种植方面主要选用了地中海稻子豆树。树木自由地种植在公园内一些重要节点，或者成列种植作为空间界定的标志。在公园的另一边种植了成排的山楂树作为公园和污水处理厂之间的屏障。

7. 实习备注

开放时间：7:00–20:00

门票：免费

（尹一涵　编写）

米尔顿・李・奥利弗公园平面图

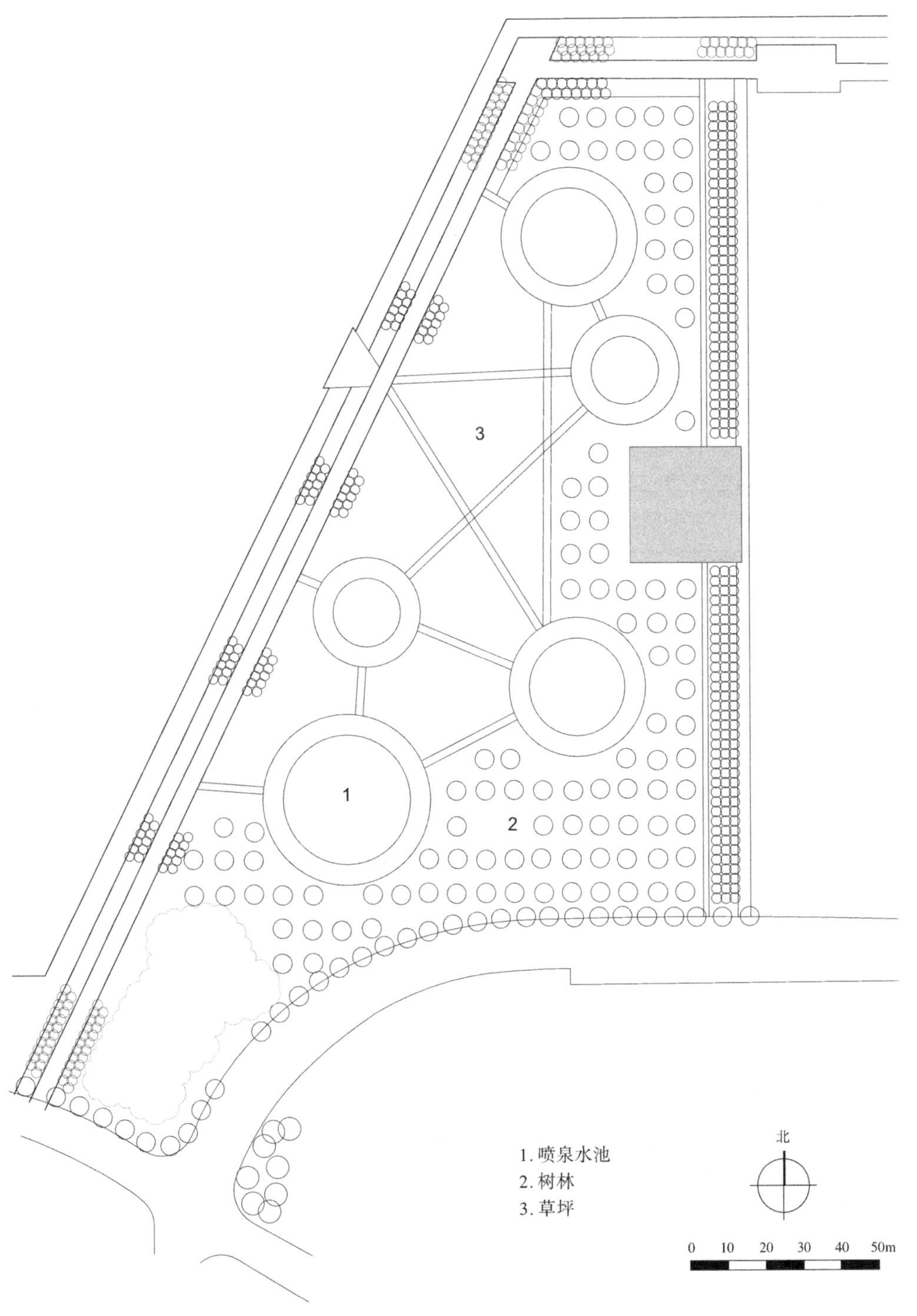

米尔顿・李・奥利弗公园平面图

海军码头
Navy Pier

1. 位置规模

海军码头（Navy Pier）位于芝加哥密歇根湖畔，临近芝加哥市中心，码头长约 914.4m，占地 9.7hm^2。

2. 项目类型

城市公共空间

3. 设计师 / 团队

1998 年，詹姆斯·科纳（James Corner）创办了詹姆斯·科纳场域运作事务所（James Corner Field Operations）（JCFO）景观事务所，事务所以小型团队运作为主，是一个研究性的学术型设计团队。事务所成立以来，团队形成了以想象力和创造性的生态学思想为基础，并将建筑、基础设施与城市公共空间相协调统一的复合型的景观都市主义理念。代表作品遍布世界各地，如纽约清泉公园（Fresh Kills Park）、英国伊丽莎白女王奥林匹克公园（Queen Elizabeth Olympic Park）、费城（Race Street）码头、西雅图海滨整体规划等。

4. 实习时长

1–2 小时

5. 历史沿革

芝加哥海军码头始建于 1914 年，从 1916 年开始向公众开放，是当时世界上最大的码头，也一直是芝加哥的地标。在第一次世界大战期间，此处被作为暂时军用领地。第二次世界大战期间曾作为训练海军及集会的广场，也曾是伊利诺伊大学最初的临时校址。随后的几十年间，码头设施逐渐老化，滨水空间利用不足，码头的吸引力逐渐下降。为了解决这些问题。2012 年开展了海军码头设计竞赛，2015 年一期完工。

6. 实习概要

项目作为芝加哥一个充满活力的社交和娱乐空间，将码头与城市重新连接起来，成为芝加哥标志性景观空间。

场地主要分为 3 个部分。在进入码头的西侧入口区域塑造了一个平坦的广场和草坪空间，广场中心的巨大喷泉为游人带来了更为丰富的空间体验。

中部码头区域主要采用了分层式处理，深入水中的一侧设置连续的滨水步道，高差利用曲折的“波浪墙”过渡，在凹处形成了一个面向南面的巨大楼梯，与摩天轮一起形成了新的轴线，凸出的地方塑造为观景平台，可以观赏水滨景色。利用最新技术建造的摩天轮成为该区域的标志性建筑，为游人提供了更丰富的活动空间。滨水步道则将不同空间和设施连接起来，提供完整的步行体验。

深入湖中的东侧区域设计了一个大型的露天泳池和剧场，成为一个独特的亲水场所，冬季将为游人提供滑雪空间。

7. 实习备注

开放时间：全天

门票：免费

（尹一涵　编写）

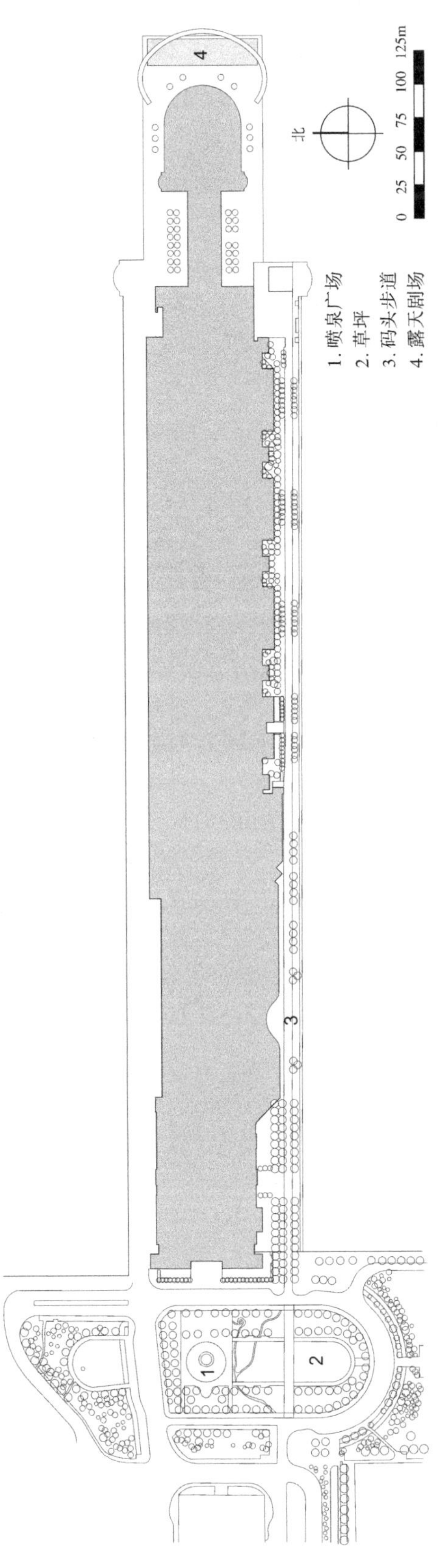

海军码头平面图

东湖岸公园

Lake Shore East Park

1. 位置规模

芝加哥东湖岸公园（Lake Shore East Park）位于芝加哥内环的东湖岸开发区中心，俯瞰芝加哥河和密歇根湖交汇口。公园占地面积共 1.6hm^2。

2. 项目类型

城市公共空间

3. 设计师 / 团队

伯内特于 1989 年创办了詹姆斯·伯内特事务所（Office of James Burnett），现如今已经发展为当今世界最具影响力的景观设计事务所之一，并在 2015 年获得 ASLA 景观设计事务所奖。代表作品包括位于达拉斯的达拉斯城市公园（Dallas Park）、加利福尼亚州兰乔米拉沙漠植物园（Desert Botanical Garden）、芝加哥东湖岸公园等。

4. 实习时长

1–2 小时

5. 历史沿革

芝加哥东湖岸公园是东湖岸开发区的中心景观设施，东湖岸开发区是一个耗资 40 亿美元的重建计划，全部完成将包括 4950 个住宅单位，1500 个酒店客房，20hm^2 的商业空间，0.7hm^2 零售空间和一所小学。

6. 实习概要

公园整体为长方形，场地内两条弧形步道与一条南北向步道共同构成了公园的主要交通系统，并串联起场地内观景平台、儿童公园和狗狗乐园三个主要节点。

弧形步道上设计有喷水池，为游人提供了嬉戏、活动的场所。观景平台位于场地南侧，可供游人俯瞰公园全景，平台和台阶解决了场地南北两侧的 7.6m 高差，也加强了公园南北两侧的轴线联系。儿童乐园布置有互动的趣味水装置，铺设适宜孩童的安全铺装。狗狗乐园位于公园南侧的缓坡上，位置相对独立，为主人和宠物戏耍提供了一个安全有保障的空间。

公园内种植有 46 中不同的观赏植物，展示了芝加哥悠久的园艺栽培历史，季相变化丰富。西侧水景观旁设计了一系列与之呼应的花圃，丰富了主干道的景观层次。

7. 实习备注

开放时间：6:00–23:00

门票：免费

（尹一涵　编写）

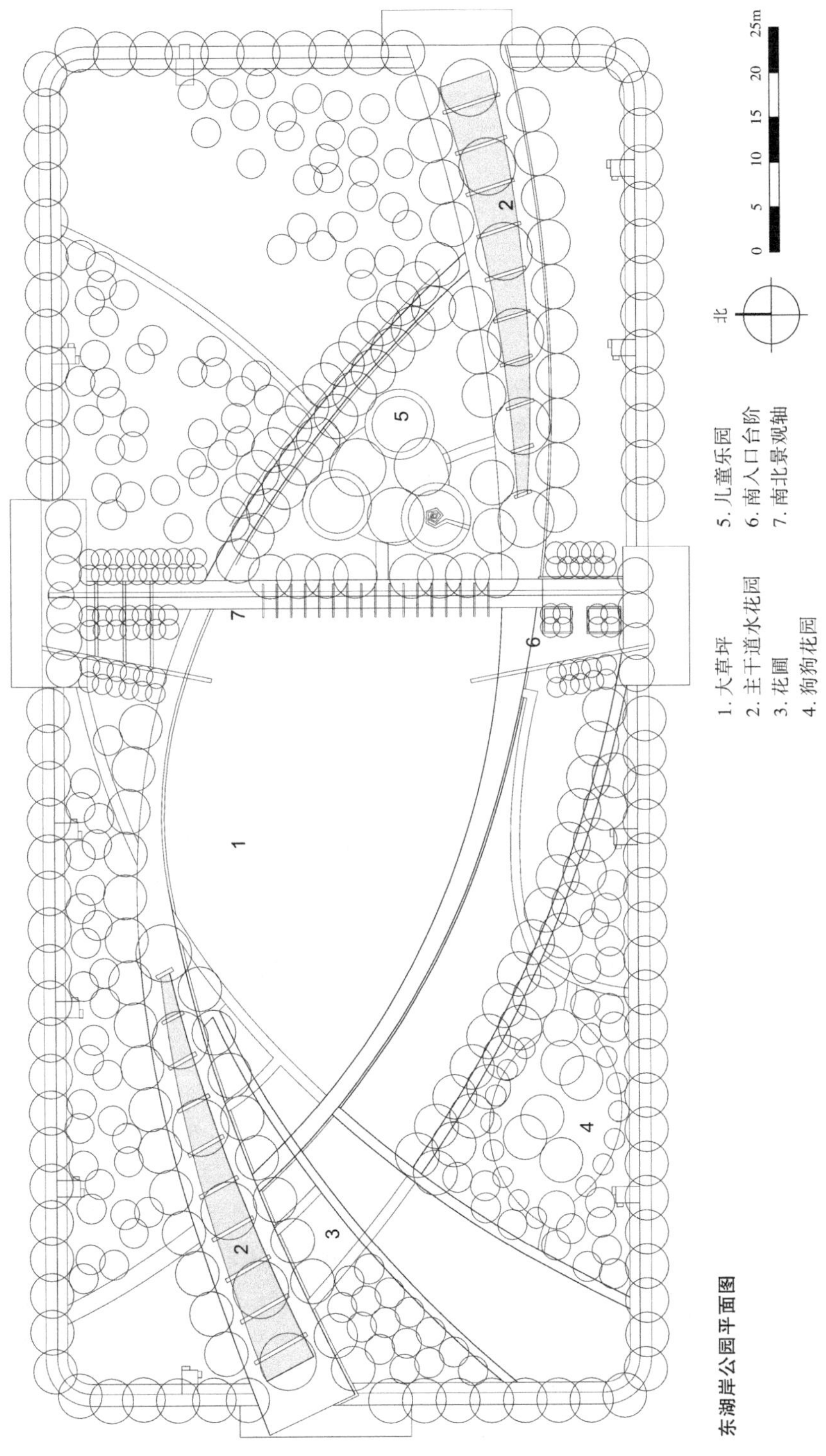

东湖岸公园平面图

格兰特公园
Grant Park

1. 位置规模

格兰特公园（Grant Park）位于芝加哥市卢普 loop 区，坐落在密歇根大街和密歇根湖之间，占地 129hm^2。

2. 项目类型

城市公园

3. 设计师 / 团队

爱德华·贝内特（Edward H. Bennett），美国著名建筑师、规划师，对美国城市发展有着重大影响，主要著作是《芝加哥规划》（*The 1909 Plan of Chicago*）。

4. 实习时长

1 天

5. 历史沿革

该场地的历史最早可追溯到 1835 年，当时为了防止商业开发破坏滨河景观，当地居民向政府争取而使其成为城市永久性的公共空间，建成后于 1847 年正式命名为河畔公园（Lake Park）。

1871 年经历火灾后又得以重建。1901 年因纪念美国总统尤利西斯·格兰特（Ulysses Grant）而更名为格兰特公园，是芝加哥市最重要的城市公园之一。

6. 实习概要

格兰特公园位于芝加哥的市中心，是该城市重要的大型城市公园。其中由一系列著名景点组成了丰富多彩的观赏游线和体验空间，包括千禧公园（Millennium Park），麦姬·戴利公园（Maggie Daley Park），白金汉喷泉（Buckingham Fountain），芝加哥艺术学院（Art Institute of Chicago）等。

千禧公园：位于公园的西北角，是由建筑师和艺术家共同设计极具艺术氛围的公园。以合理的布局、张弛的节奏、协调的尺度和多重的功能著名。园内充满着后现代建筑风格的气息，因此也有人将千禧公园视为展现“后现代建筑风格”的集中地。

麦姬·戴利公园：位于公园的东北角，具有丰富多样的体验空间，通过蜿蜒的景观漫步让游人获得独特的体验。公园有两条主要的景观带：从西北向东南展开的运动娱乐景观带，包括溜冰场、攀岩场、游乐中心等活动场地，创造了多种休闲活动的可能性。沿东北至西南展开的是绿地景观带，空间在特质、尺度和季节属性上各不相同，给人一种在空间和时间上的景观享受。

白金汉喷泉：位于公园的中心，占地 55m^2，泉水约 20 分钟向高空喷一次，水柱高达 15m，是世界上最大的喷泉。夜晚在万盏灯火的照射下极其绚丽壮观。

芝加哥艺术学院：位于公园西部，是美国首屈一指的艺术博物馆和艺术学校之一，收藏着大量的印象派作品和美国艺术品。

除此之外，在公园中还拥有以雕塑为主的大量公共艺术作品，这使其成了芝加哥最引人注目的公园之一。

7. 实习备注

开放时间：6:00–23:00

门票：免费

交通：在芝加哥市区内停车较为麻烦，大部分是自费停车场，价格昂贵，建议搭乘公共交通前往。乘坐 3、4、6、26、143 路公车在 Michigan & Jackson 站下车即可到达。

（严浩君　张晋石　编写）

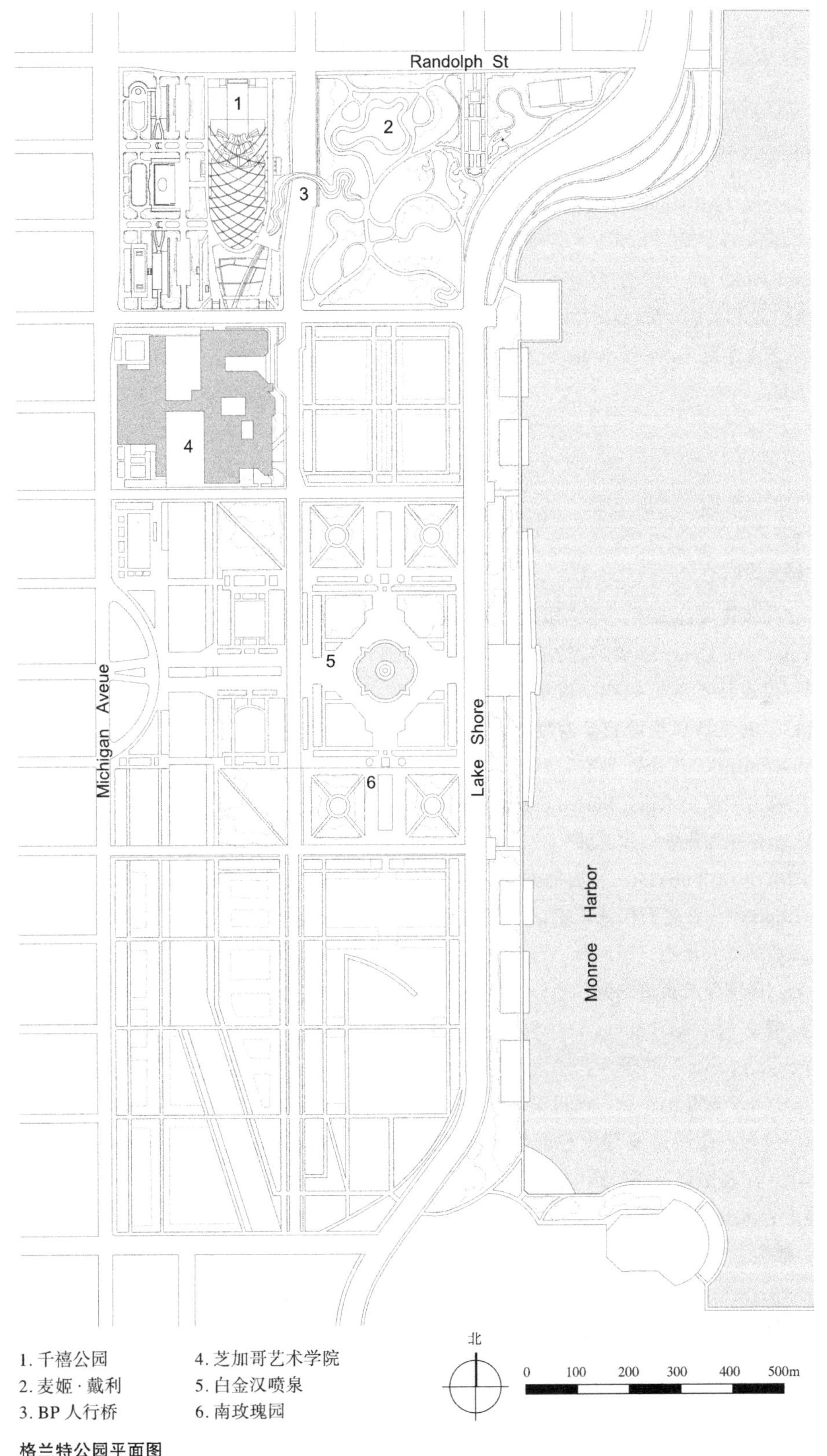

1. 千禧公园
2. 麦姬·戴利
3. BP 人行桥
4. 芝加哥艺术学院
5. 白金汉喷泉
6. 南玫瑰园

格兰特公园平面图

千禧公园

Millennium Park

1. 位置规模

千禧公园（Millennium Park）坐落在芝加哥市（Chicago）卢普（loop）区，是格兰特公园（Grant Park）的一部分（位于其东北部），东接麦姬·戴利公园（Maggie Daley Park），南临芝加哥艺术学院（Art Institute of Chicago），占地 $9.8hm^2$。

2. 项目类型

大型城市公园，屋顶花园

3. 设计师 / 团队

总设计和露天音乐厅：建筑师弗兰克·盖里（Frank Owen Gehry），美国著名的解构主义建筑师，以设计不规则曲线、雕塑般造型建筑而著称。其设计风格源自于晚期现代主义（Late Modernism），代表作是有着钛金属屋顶的毕尔巴鄂古根汉美术馆（Museo Guggenheim Bilbao），坐落在西班牙毕尔巴鄂。

云门雕塑（Cloud Gate）：安尼施·卡普尔（Anish Kapoor），著名当代艺术家，作品往往以简洁弧线的方式出现，以简单、鲜明的色彩为主。云门雕塑是其最著名的代表作之一。

皇冠喷泉（Grown Fountain）：詹米·皮兰萨（Jamume Plensa），西班牙艺术家，其作品多涉及人类和全球化的主题，通过铜、钢、合成树脂、声音、塑料以及灯光等创作介质来实现设计。代表作有千禧公园中的皇冠喷泉，约克郡（Yorkshire）雕塑公园中的“艾尔玛（Irma）”雕塑。

4. 实习时长

2–3 小时

5. 历史沿革

该地区曾经被作为伊利诺伊州铁路中心车站及停车场使用，1909 年伯纳姆（Daniel H. Burnham）在著名的芝加哥规划中提出该地区所在的湖滨区永远对公众开放。

现在的千禧公园最初构思于 1997 年底，当时的芝加哥市长戴利（Richard M. Daley）希望将该地区变成一个便于芝加哥居民使用的公共空间。最初的计划是在格兰特公园建一个 $6.5hm^2$ 的公园和一个传统的户外音乐剧场。之后在艺术家、建筑师、规划师、景观设计师的共同努力下，最终创造了一个有着不同设计风格和理念但整体协调的城市公共开放空间。于 2004 年 7 月 16 日最终建成开放。

6. 实习概要

芝加哥的千禧公园是由建筑师和艺术家共同设计极具艺术氛围的公园，以合理的布局、张弛的节奏、协调的尺度和多重的功能著名。园内充满着后现代建筑风格的气息，因此也有人将千禧公园视为展现“后现代建筑风格”的集中地。其中露天音乐厅（Jay Pritzker Music Pavilion）、云门雕塑和皇冠喷泉是千禧公园中最具代表的三大后现代建筑。

露天音乐场：由弗兰克·盖瑞亲自设计，是公园最重要的部分之一。整个建筑的顶棚犹如泛起的片片浪花，露天剧场则由纤细交错的钢构在大草坪上搭起网架天穹，两者打造了极具视觉冲击力的公共空间，每年都会举办大型的音乐节。此外，该建筑的造型风格和材料都与一旁的 BP 人行桥呼应，整体统一。

云门雕塑：该雕塑由英国艺术家阿尼什（Anish）设计，重达 110t，由高抛光的无缝合不锈钢拼贴而成，体积庞大，外形别致。如同一面球形镜，映照出芝市的摩天大楼与蓝天白云，同时也像一个巨大哈哈镜，吸引游人驻足观赏。

皇冠喷泉：由西班牙艺术家詹米·皮兰萨设计，是两座由计算机控制的15m高、相对而建的显示屏幕。屏幕上交替闪现着芝加哥市民的数码人像，人像的口中会喷出水柱，带给游人无限惊喜。

除了丰富多彩的景点布置，公园还通过立体空间组织交通，设计地下和地面两个部分，将铁路、城市道路、公共停车、行人交通进行有效地分离，解决了城市交通问题。

7. 实习备注

开放时间：6:00–23:00

门票：免费

（严浩君　张晋石　编写）

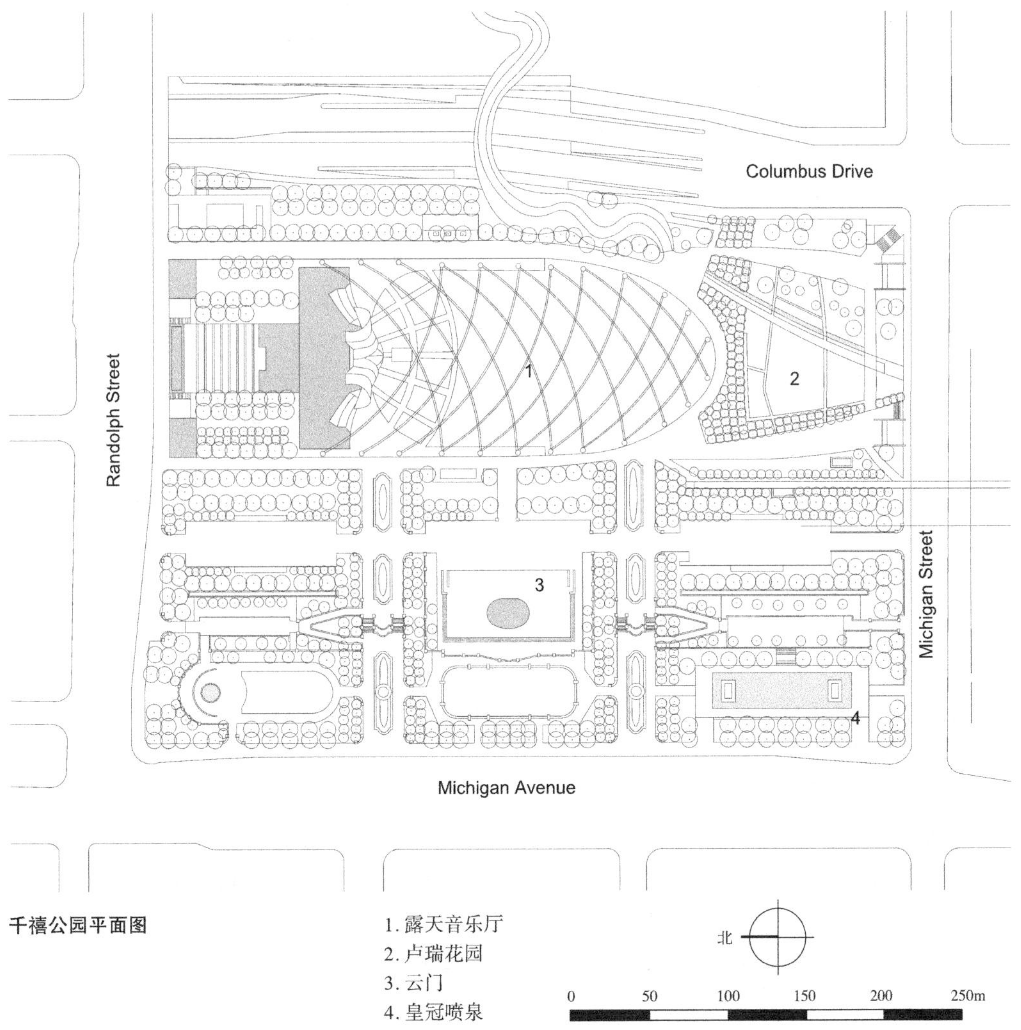

千禧公园平面图

1. 露天音乐厅
2. 卢瑞花园
3. 云门
4. 皇冠喷泉

卢瑞花园
Lurie Garden

1. 位置规模

卢瑞花园（Lurie Garden）位于芝加哥千禧公园东南角，是该公园的主要景点之一，占地 1hm^2。

2. 项目类型

植物园，城市公共空间

3. 设计师 / 团队

景观：凯瑟琳·古斯塔夫森（Kathryn Gustafson），当代著名的女性景观设计师，拥有艺术家般敏锐的审美与直觉，其作品常有丰富且深刻的文化和精神内涵。代表作有戴安娜王妃纪念喷泉（Princess Diana Memorial Fountain）、卢瑞花园等。

园艺：皮特·奥多夫（Piet Oudolf），荷兰景观设计师，“新种植浪潮”运动的带头人，大胆的运用了多年生植物营造景观，设计采用野生植物、多年生植物、禾本科植物、球茎类植物等配合，构建的植物群落保留了一年四季的变化特征。代表作有纽约高线公园（High Line Park）、卢瑞花园。

4. 实习时长

1–2 小时

5. 历史沿革

芝加哥早期是建在沼泽地上的，卢瑞花园所在的场地起初也是一片天然的海岸线，然后不断发展成为铁路站场和停车场，最终改造成了现在的屋顶花园。

在 2004 年花园开放时，多年生植物预计需要 1–2 年才能长成，需要 5–10 年才能填补完成。许多植物种类也在公园建成后分批次引种到公园内部。

后来公园创办了多种多样的公众活动课程，例如从 2009 年开始的园艺问答和周末花园导览活动，帮助民众更好地了解和参与到园艺、景观和城市建设中。

6. 实习概要

卢瑞花园位于芝加哥千禧公园内，用简洁明了的手段表现了芝加哥的现代和未来，以此来呼应城市和这片场地的悠久历史。几何格网状的芝加哥街道，每条道路都不是正交，在格网状的道路之间穿插而过。花园园路的设计手法正受此影响。

设计师通过利用花园地形的纹理和植物的生长来表达芝加哥景观特征。巨大的树篱将花园北面和西面包围起来，同时也作为一道活的屏障，将花园内部与外部的人行交通区分开来。树篱的外框由金属线圈制成，做成多种有纪念意义的形状。

在树篱所围合的空间中有一道悬浮在浅水上的木栈道，栈道将空间分成两个部分，分别用来种植宿根花卉和乔木。两个空间各有自己的形式，暗色调一组的特点是荫蔽、厚重和潮湿，代表了这个场地和整个城市的过去；亮色调一组则是则是阳光、开拓，代表了芝加哥的现代生活和人们对未来的期望。

花园获得了“2008 年 ASLA 综合设计杰出奖”，评委会评语道：“景观设计师在城市中心开拓了一片绿洲。这里植物种类丰富，色彩协调舒适，同时具有多层次的使用功能，受到了大众的普遍喜爱。这不是一个传统意义上的普通植物园；花园设计提升了公园的整体品质，无疑是今年 ALSA 竞赛中提交的一件具有代表意义的杰出作品。”

7. 实习备注

开放时间：6:00–23:00

门票：免费

（严浩君　张晋石　编写）

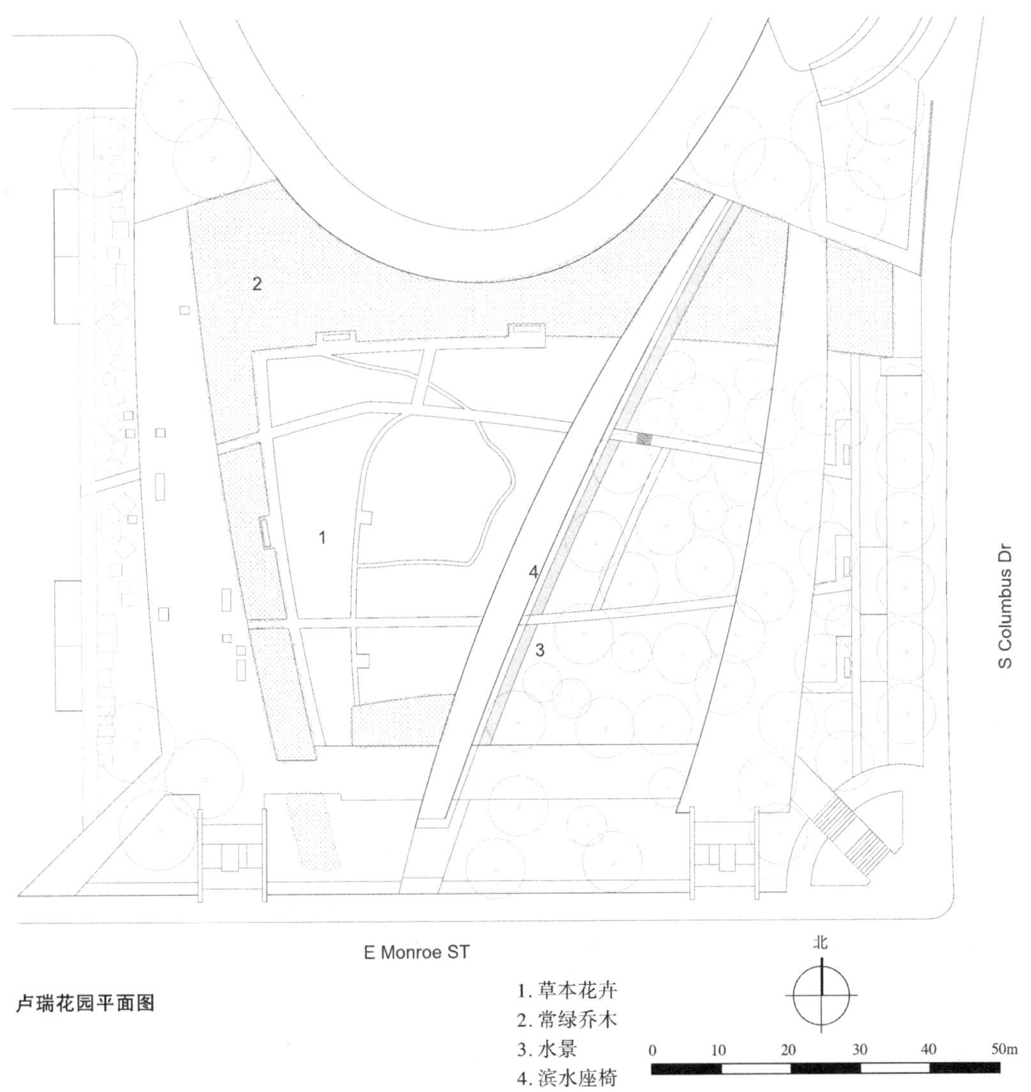

卢瑞花园平面图

麦姬·戴利公园
Maggie Daley Park

1. 位置规模

麦姬·戴利公园（Maggie Daley Park）坐落在芝加哥市卢普（loop）区，是格兰特公园（Grant Park）的一部分，位于其东北部，西临千禧公园（Millennium Park），占地 81000m^2。

2. 项目类型

城市公园

3. 设计师 / 团队

MVVA 景观设计事务所迈克尔·范·法肯伯格（Michael Van Valkenburgh Associates），美国著名景观设计公司，从事各种类型和规模的项目，从大型公共公园和大学校园到个人花园和私人景观均有涉及。其指导原则是建造动态景观和社区，突出个性，增强日常体验、丰富日常生活。工作室注重高质量规划、环境性能、财政资源和技术创新。代表作有布鲁克林大桥公园（Brooklyn Bridge Park）、泪珠公园（Teardrop Park）。

4. 实习时长

2–3 小时

5. 历史沿革

场地原先是一处停车场，20 世纪 70 年代改造成了一处城市广场，取名为戴利 200 周年纪念广场（Daley Bicentennial Plaza）。2009 年政府和相关机构决定将其再进行改造，并且聘请了著名公司 MVVA 景观设计事务所进行规划设计，重新焕发场地活力。新的公园于 2014 年 12 月 13 日正式开幕，以因癌症去世的前第一夫人麦姬·戴利（Maggie Daley）的名字命名，缅怀其生前对于芝加哥人民作出的贡献。现已成为游客以及当地居民休闲活动的最佳场所之一。

6. 实习概要

改造后的麦姬·戴利公园（Maggie Daley Park）以曲线道路为主，希望通过蜿蜒的景观漫步让游人获得独特的体验，植物的色彩和质地也可以让人感受到四季的变化。为改善湖泊和城市的景观关系，公园设计了起伏地形，同时，绿色的树木和灌木也巧妙地加强了地形，便于居民和游客进行多种活动。公园周边高起的地形可以适当阻隔周围道路所带来的噪声。

公园有两条主要的景观带：分别为运动娱乐景观带和开放绿地景观带。

从西北向东南展开的运动娱乐景观带创造了多种休闲活动的可能性。西北角的溜冰带通过 BP 人行桥与千禧公园相连，与典型的城市溜冰场不同的是在这里景观和城市融为了一体，提供了沉浸式的体验空间。位于常绿树林中的带状溜冰场，营造出一种城市森林般的宁静氛围。与此同时，背景中鳞次栉比的天际线衬托出芝加哥独特的魅力。在夏天，溜冰场可以举办多种不同类型的活动，包括平衡自行车和滑板车等。位于带状中心的攀岩设施扩展了这一区域的文化与活动用途。同样另一游戏花园也位于该景观带东南角。一旦进入此区域内，不同年龄层的孩子将会找到各种各样的游玩活动，不断冒险、探索、学习。地形和植物定义了游戏花园中不同的区域和复合的游戏与想象空间。游乐园内的植物在一年中的多个季节有着动态的变化，调动孩子们不同的感官。

沿东北至西南展开的是绿地景观带，空间在特质、尺度和季节属性上各不相同，创造了一种在空间和时间上的景观享受。当游客沿着主要的通道穿过公园和环绕公园时，他们将会感受到由湖泊、城市和格兰特公园内的其他景观共同构成的多感官体验带。

7. 实习备注

开放时间：6:00–23:00

门票：免费

（严浩君　张晋石　编写）

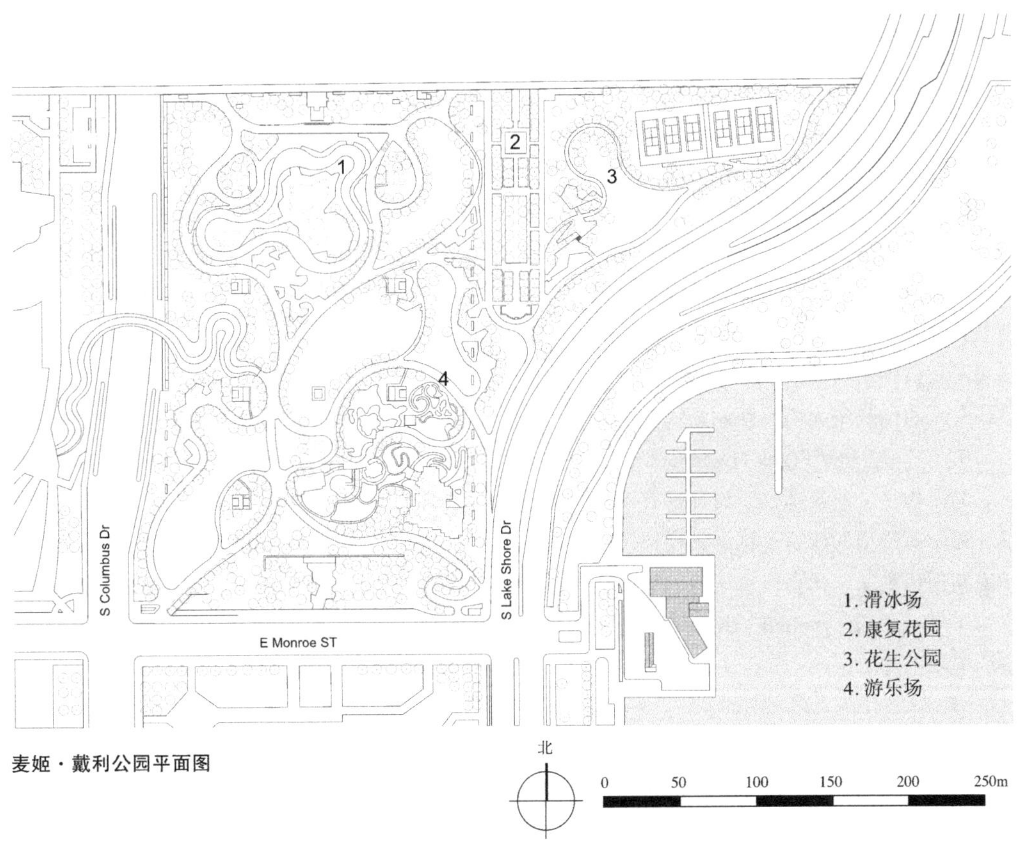

麦姬·戴利公园平面图

BP 人行桥

BP Pedestrian Bridge

1. 位置规模

BP 人行桥（BP Pedestrian Bridge）位于芝加哥市卢普区，是格兰特公园的一部分，连接了西部的千禧公园（Millennium Park）和东部的麦姬·戴利公园（Maggie Daley Park），长 285m。

2. 项目类型

公共 + 政府，文化，交通

3. 设计师 / 团队

SOM（Skidmore, Owings & Merrill LLP）与弗兰克·盖里（Frank Owen Gehry）合作设计。

SOM 是世界上最大、最具影响力的建筑、室内设计、工程和城市规划事务所之一。其作品从尖端的研究设施和启发性的学习中心，到摩天大厦以及充满活力的都市地区应有尽有，荣获近 2000 个奖项，并且是唯一一家两度荣获美国建筑师协会建筑事务所奖的事务所。代表作有：纽约利华大厦、西尔斯大厦等。

弗兰克·盖里（Frank Owen Gehry），美国著名的解构主义建筑师，以设计具有不规则曲线、雕塑般造型的建筑著称。其设计风格源自于晚期现代主义，代表作有毕尔巴鄂古根汉美术馆（Museo Guggenheim Bilbao），坐落在西班牙毕尔巴鄂。

4. 实习时长

0.5–1 小时

5. 历史沿革

1999 年 2 月，芝加哥市宣布正在与弗兰克盖里谈判，设计一个在千禧公园和戴利百年纪念广场之间穿过哥伦布大道的人行天桥。最终这个计划命名为 BP 人行桥。

1999 年 11 月，当盖里公布他最初的桥梁计划时，他承认桥梁的设计还不完善，因为它尚未投入资金。即使在这个早期阶段，人们也认识到需要为哥伦布大道交通噪声设置隔音屏障，盖里表示这可能需要采取护堤或凸起障碍的形式。

2000 年 1 月，该市宣布计划扩建公园，包括成为云门，皇冠喷泉，麦当劳自行车中心和 BP 人行桥。不久，盖里又揭开了他的下一个设计，描绘了一座蜿蜒的桥梁。

该桥的最终设计于 2000 年 6 月 10 日在芝加哥文化中心的展览中展出。根据设计和建造，这座桥长 285.0m，宽 6.1m，与哥伦布大道的高差为 4.42m。

最终于 2002 年开始建造，并在 2004 年 7 月 16 日和千禧公园其他设施一起向公众开放。

6. 实习概要

BP 人行桥位于麦姬·戴利公园与千禧公园之间，将两个公园很好地连通起来。为了满足无障碍通行，采用了“蛇形桥”的形式，将其坡度降到 5°。蛇形的曲线让桥梁在每个转弯处提供不同的景色具有良好的视线效果，同时也赋予了步行桥一种自然流畅的感觉而不是传统的方正外表。

为了隔离桥下车道的噪声，使用了不锈钢板、钢梁、钢筋混凝土拱座和硬木桥面。虽然支撑步行桥的混凝土柱是实心的，但是设计师采用空心箱梁的设计为步行桥减重，以免增加步行桥下的地下停车场的负担。建筑商也用高速公路的标准建造步行桥，使得步行桥即使是在满负荷的时候也能承受住行人的重量，保证安全。

7. 实习备注

开放时间：因冬季桥面的冰不能被安全移除，所以步行桥在冬季关闭

门票：免费

（严浩君　张晋石　编写）

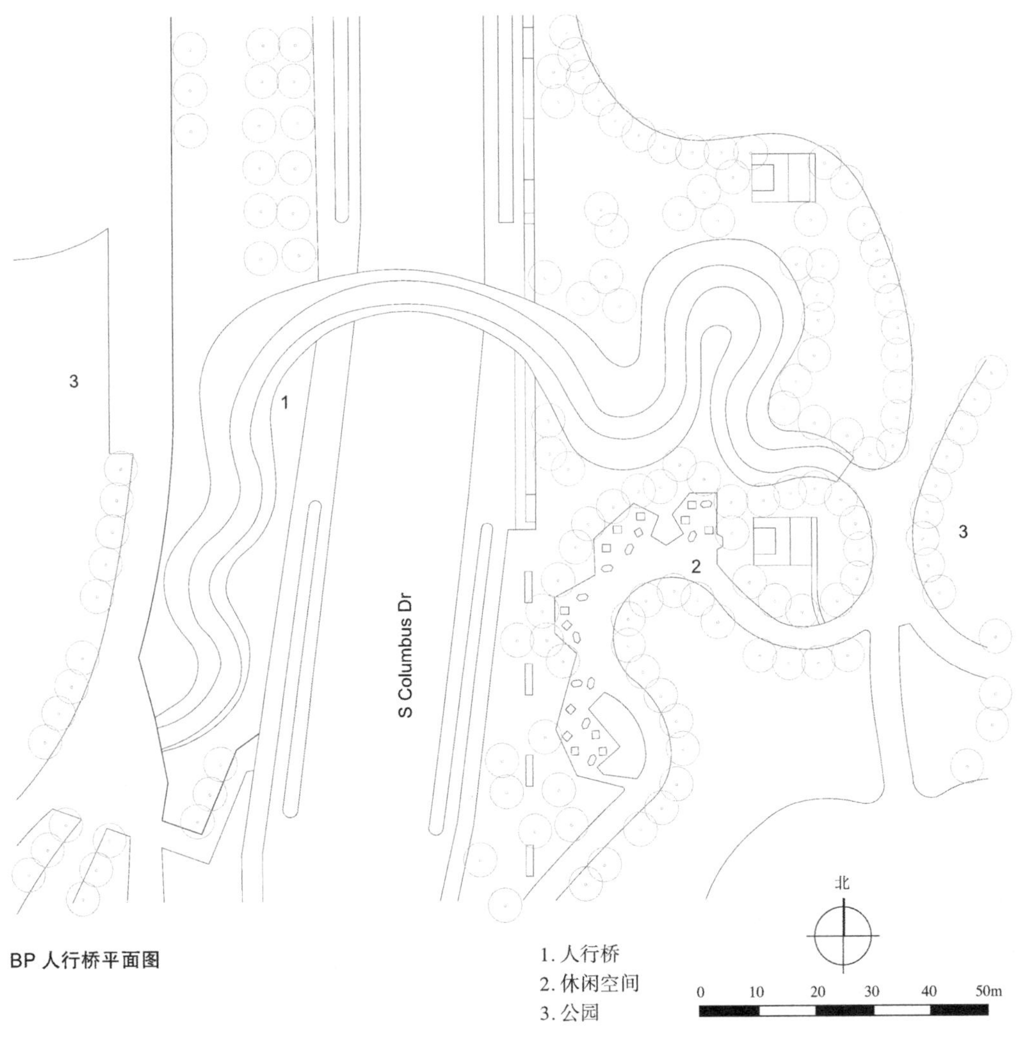

BP人行桥平面图

芝加哥艺术学院 南花园

Art Institute of Chicago South Garden

1. 位置规模

芝加哥艺术学院 南花园（Art Institute of Chicago South Garden）坐落在芝加哥市卢普区，是格兰特公园的一部分，位于其东北角，北临千禧公园。

该花园位于学院西南侧，占地 0.4hm²。

2. 项目类型

公共空间

3. 设计师 / 团队

丹·基利（Dan Kiley），美国著名景观设计师，“哈佛革命”地发起者之一。其作品通常使用古典要素，如规则水池，草地，平台，林荫道，绿篱等，而空间却是现代的和流动的。代表作有：米勒花园、库斯克住宅等。

4. 实习时长

1–1.5 小时

5. 历史沿革

芝加哥艺术学院是美国最大的独立艺术设计学院之一，成立于 1866 年。在 1871 年经历了芝加哥大火之后，学院搬入了临时性建筑。直到 1893 年世界哥伦比亚博览会结束之后，学院搬迁至位于密歇根大道的美术大楼。

南花园由美国著名景观设计师丹·凯利所设计，1967 年完工。最初的设计是水池围绕着种植池，但最终未能实现。之后丹·凯利在其另一项目——达拉斯的喷泉广场（Fountain Place）中实现了这一设计理念。

6. 实习概要

该花园位于芝加哥艺术学院西南侧，与密歇根大道相邻，花园入口是两个抬起的种植池，其上由三排交错的皂荚树、浓密可供遮荫的水蜡树、地被植物和球根花卉组成，便于隔离繁忙的城市街道，保证花园的宁静。

中央广场空间被矩形水池一分为二，水池的终点是罗拉多·塔夫特（Lorado Taft）于 1913 年雕刻的五大湖喷泉。在水池的两侧，凸起的山楂树种植池为游客提供座位。种植池在夏季种植地被植物和草本植物，同时树木也有很好的遮荫效果，并成了喷泉的背景。

丹·基利表示：“我的设计意图是创造一个戏剧化的场景，让人们感受到在城市中穿过一片树林的感觉，然后突然发现自己在一片美丽的水池景色面前，随后又被周围精致的雕塑吸引。”

花园现在也被维护地很好，甚至像丹·凯利最初设计的那样，当时的植物仍然被保留，其四季的变化使得花园十分生动有趣，免费向公众开放。虽然随着花园设施的老化维护越来越频繁，但是场地的植物和硬质景观依旧散发着独特的魅力，深受当地人和游客的喜欢。

该项目还获得了“2015 年 ASLA 地标奖”，专业奖评审委员会评价道：“在这里你能看到一种罕见的、非常纯粹、甚至是永恒的东西。是新古典主义和现代主义设计原则的完美结合。”

7. 实习备注

门票：免费

（严浩君　张晋石　编写）

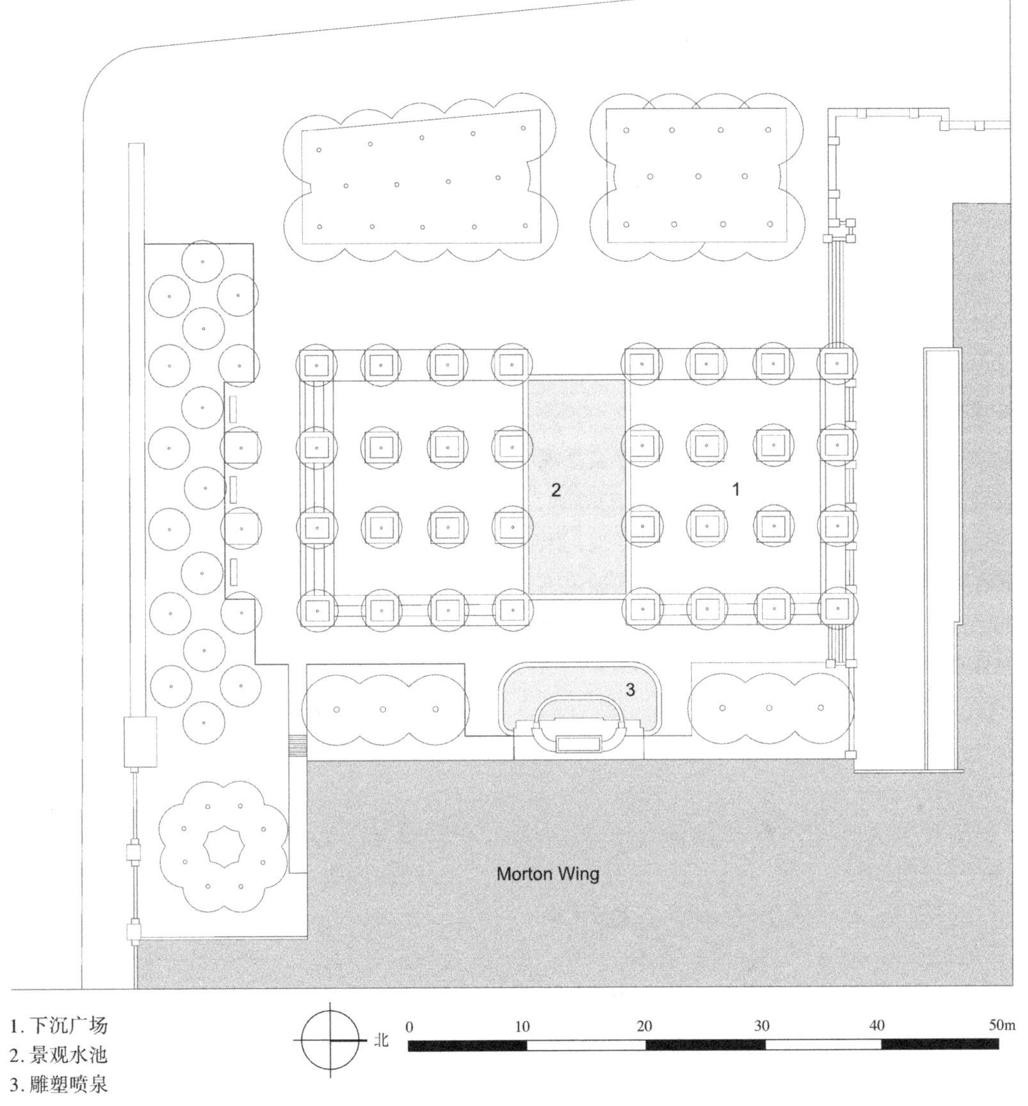

1. 下沉广场
2. 景观水池
3. 雕塑喷泉

芝加哥艺术学院 南花园平面图

芝加哥艺术学院 北花园
Art Institute of Chicago North Garden

1. 位置规模

芝加哥艺术学院 北花园（Art Institute of Chicago North Garden）坐落在芝加哥市卢普区，是格兰特公园的一部分，位于其东北角，北临千禧公园。

该花园位于学院西北侧，占地 0.4hm^2。

2. 项目类型

公共绿地

3. 设计师 / 团队

劳里 · 奥林（Laurie Olin），美国著名景观设计师，曾任哈佛大学（Harvard University）风景园林系主任。其作品散布于世界各地，因其在自然与设计之间寻求平衡与和谐的敏锐感知力而为人称道。代表作有：中央特拉华河畔总体规划。

4. 实习时长

1–1.5 小时

5. 历史沿革

芝加哥艺术学院是美国最大的独立艺术设计学院之一，成立于 1866 年。在 1871 年经历了芝加哥大火之后，学院搬入临时性建筑。直到 1893 年世界哥伦比亚博览会结束之后，学院搬迁至位于密歇根大道的美术大楼。

北花园于 1960 年建造完成的，由美国著名景观设计师劳里 · 奥林设计。

6. 实习概要

芝加哥艺术学院北花园以雕塑闻名，其中最著名的就是雕塑家亨利 · 摩尔的作品。该作品形式十分抽象，但实际上代表了人的形象，雕塑上 3 个洞的设计由设计师在海边看到鹅卵石上的洞所激发，十分有趣。

此外庭院植物种植也别具匠心。主要区域种植着小蔓长春花，间杂着一些蓬勃生长的小草。罗伊设计了一个混植天竺葵的草地，以药水苏和混合着葱属植物与麦氏草属植物的群落作为背景。艺术学院的园艺师汤姆 · 沃尔夫在花园中也种植了 8000 只球茎植物，到了 8 月底大型的泽兰属植物则尤为突出，在夏天缤纷夺目。

7. 实习备注

门票：免费

（严浩君　张晋石　编写）

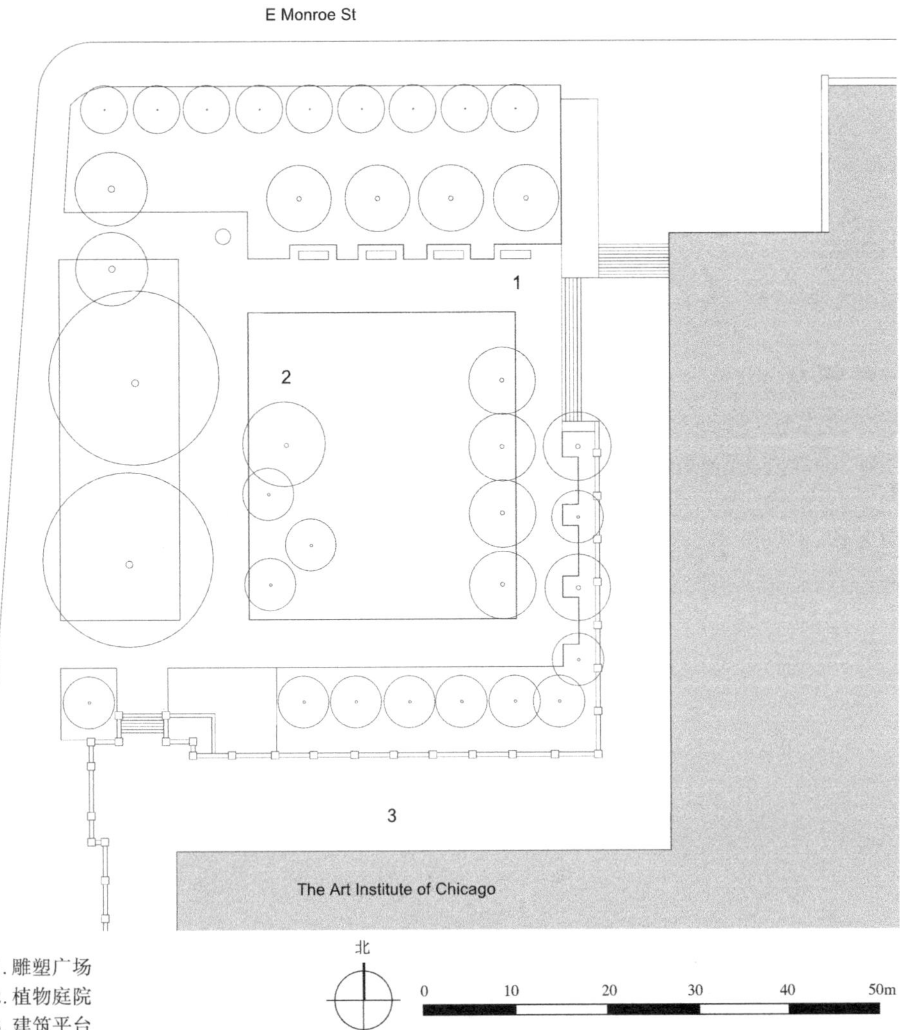

1. 雕塑广场
2. 植物庭院
3. 建筑平台

芝加哥艺术学院 北花园平面图

林肯公园
Lincoln Park

1. 位置规模

林肯公园（Lincoln Park）位于伊利诺伊州北部的芝加哥湖畔，面向密歇根湖（Michigan Lake）。占地 489hm^2，是芝加哥面积最大的公园。

2. 项目类型

城市公园

3. 设计师 / 团队

斯温·纳尔逊（Swain Nelson），美国著名景观设计师，林肯公园是其最著名的作品之一。

4. 实习时长

1 天

5. 历史沿革

场地原先一是座城市公墓，大量的死者埋葬于此，包括曾经的芝加哥市长詹姆士·柯蒂斯。1864 年，市议会决定将 0.49km^2 的墓地改建成为公园。

在南北战争期间，林肯公园周围地区成了以卡舒比人为主的移民社区家园，公园的建设受到了他们独特的文化和语言以及乡村传统的影响，并建立了罗马天主教教堂。

在大萧条时期，林肯公园的许多建筑都年久失修。1954 年，林肯公园保护协会成立，以防止附近的住房恶化，并于 1956 年获得城市更新资金，以翻新和恢复旧建筑和学校。随后又不断扩发展形成了现在的林肯公园。

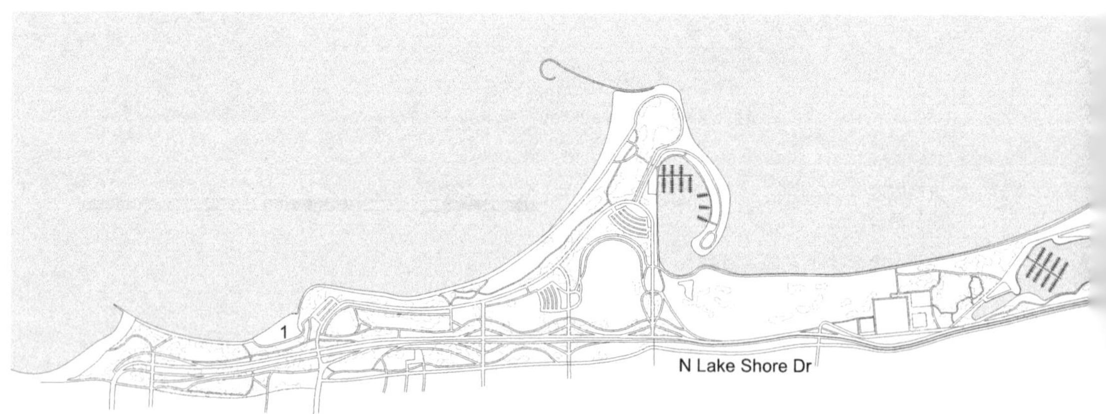

林肯公园平面图

6. 实习概要

林肯公园是芝加哥重要的城市公园，为不同人群都创造了多种多样的活动空间，包括开阔的草地、绵延的海滩、天然的自然保护区、辽阔的海港和多样的娱乐设施等。其中最为出名的就是建立于1868年的动物园，分为两个部分，分别是普瑞兹科家庭儿童动物园和动物园农场。在这个小型的动物园里有猪、奶牛、马等动物，儿童们还可以投喂动物，接触自然。

公园中的雕塑也十分出名，有许多别出心裁的雕塑。其中最知名的就是19世纪美国最伟大的雕塑家奥古斯塔斯·圣·高登斯（Augustus Saint-Gaudens）所创作的林肯雕塑，此外，还有亚历山大·汉密尔顿、本杰明·富兰克林、安徒生等人的作品。

7. 实习备注

开放时间：6:00–23:00

门票：免费

（严浩君　张晋石　编写）

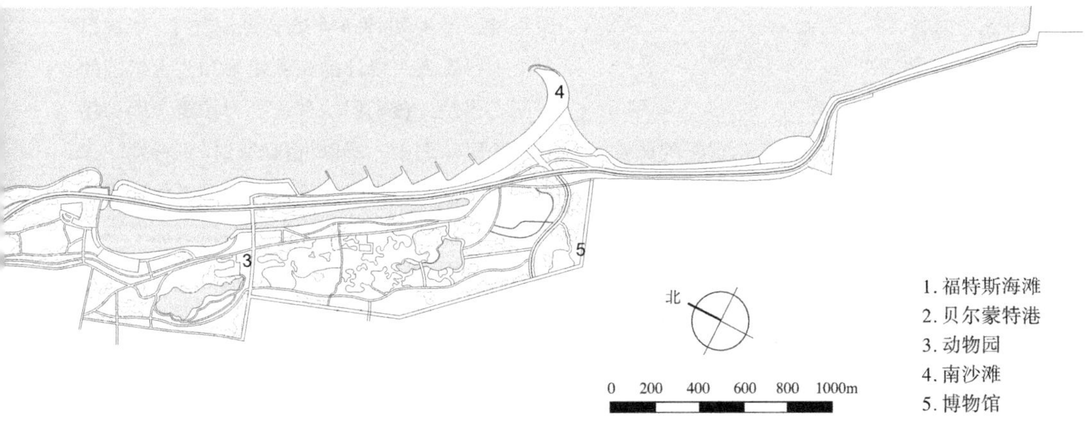

皇冠空中花园
Crown Sky Garden

1. 位置规模

皇冠空中花园（Crown Sky Garden）位于芝加哥市中心的安·罗伯特·H·卢里芝加哥儿童医院12楼，占地$0.46hm^2$。

2. 项目类型

屋顶花园

3. 设计师 / 团队

米克扬·基姆（Mikyoung Kim），世界著名的景观事务所。拥有着美术和音乐学习背景的设计师，致力于模糊景观设计与环境艺术之间的界限。其作品通常对材料细节处理细腻，拥有变革自然世界的治愈力量，代表作有：韩国ChonGae运河修复项目（Korea ChonGae Canel Source Point），芝加哥植物园（Chicago Botanic Garden）的雷根斯坦学园（Learning Campus）等。

4. 实习时长

1–1.5小时

5. 历史沿革

安·罗伯特·H. 卢里芝加哥儿童医院历史悠久，是芝加哥第一所儿童医院。2012年6月，搬迁至芝加哥东大街225号。

为了给病人创造良好的治疗环境，设计团队基于多项科学研究将医院11楼屋顶$460m^2$的空间改造成了现在的皇冠空中花园。

6. 实习概要

皇冠空中花园坐落在医院12层的玻璃温室内，是为了满足以下目标而设计的：给住院的孩子一个接触芝加哥传奇历史和自然环境的机会；满足“传染病控制委员会”为免疫缺陷儿童提出要创造一个安全环境的严格要求；创造一系列的互动机会来缓解压力，为病患提供接触天然材料和自然光的途径。

为此花园设计了丰富多样的元素，包括竹林、回收的树脂板、天然的石头以及从当地回收的木材。曲折的竹林围绕着线状的大理石喷泉，将芝加哥市中心的景色与落地玻璃窗内的冥想空间融为一体。满足了免疫缺陷儿童所需要的个人和集体空间，同时又提供一个拥有发现和创新的地方。

社会关怀和物理治疗工作也被设计到方案设计中。花园中央是最活跃的地方，这里有双周一次的表演和社区活动。最终的设计富有灵活性，不仅创造了体育运动和锻炼的机会，而且提供了多样的个人冥想活动和充满活力的集体社会体验。孩子们的积极参与使得花园充满活力，让这个温室空间充满大自然的声音。

该项目获得了2013年的ASLA综合设计荣誉奖，专业奖评审委员会评语如下：“这是一个为所有人而设计的充满快乐和艺术氛围的空间。当然，孩子们的喜欢更为重要。因为场地位于医院之中，所以材料的选择要特别注意健康和安全，项目最终所取得的成果也证明了景观设计师的专业性。材料的创新增加了场地趣味性，同时五彩缤纷的色彩效果也激发了孩子们的兴趣。”

7. 实习备注

开放时间：安·罗伯特·H·卢里，芝加哥儿童医院24小时营业

（严浩君　张晋石　编写）

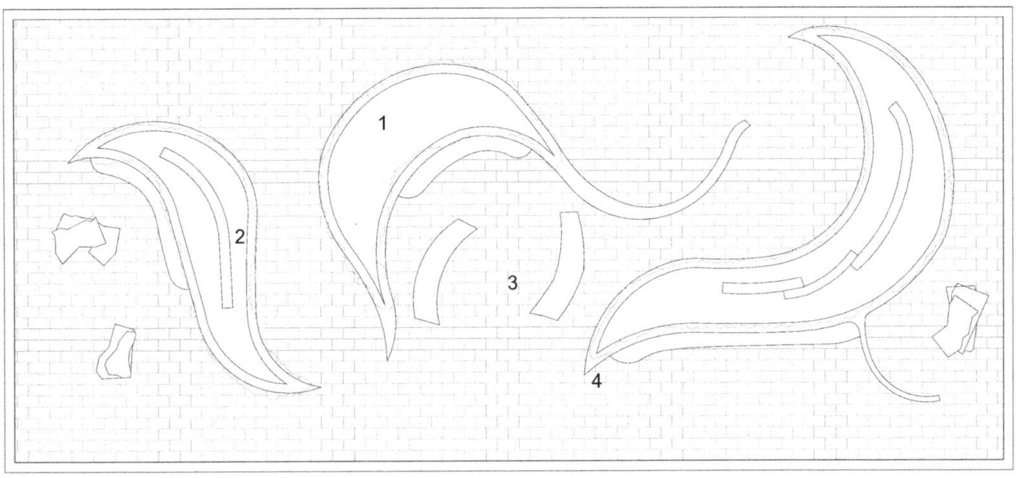

皇冠空中花园平面图

1. 竹林
2. 带状喷泉
3. 座椅
4. 树脂板

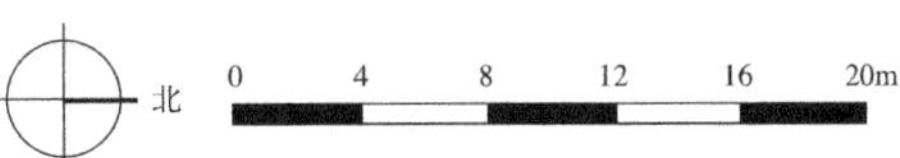

盖瑞康莫尔青年中心——屋顶城市农场

Gary Corner Youth Center-Rooftop Haven for Urban Agriculture

1. 位置规模

盖瑞康莫尔青年中心（Gary Corner Youth Center）位于芝加哥南部的“大十字路口”（Greater Grand Crossing）社区，该场地为其屋顶花园，占地面积 0.08hm^2。

2. 项目类型

屋顶花园

3. 设计师 / 团队

霍尔·绍特（Hoerr Schaudt）景观设计事务所，一个由景观设计师、城市设计师和园艺师组成的团队，他们创造的景观在各个尺度上都令人愉悦——从私密的私人花园到大型公共公园。代表作有上海自然博物馆、美国北卡罗来纳大学校园规划。

4. 实习时长

1–1.5 小时

5. 历史沿革

盖瑞康莫尔青年中心所在的行政区包括芝加哥大学（University of Chicago）和北部的杰克逊公园（Jackson Park），和南部一些不太富裕的社区。住宅区中存在着大量的空地，随后在经济与金融研究中心（CSEF）的住宅开发项目中新建建筑填补了这些空间。

屋顶农场的建立可以追溯到 2003 年，聘请了建筑师约翰·罗南（John Ronan）来对学校进行改造，户外农场的概念被运用到项目中，成为社区的一大教育资源，同时这个屋顶农场每年都能生产 1000 磅的有机农作物，供学生，本地餐馆和该中心的咖啡厅使用。

6. 实习概要

该花园位于盖瑞康莫尔青年中心屋顶，通过景观师与建筑师的密切合作，设计了一个包括花卉和蔬菜园的屋顶花园，创造性的将多种功能融入花园，例如园艺学习、培养环保意识和粮食生产等。

花园位于三楼，被走廊和教室包围，当学生们透过落地窗从一间教室走到另一间时，会发现花园会展现出不同的景象。由回收牛奶容器做成的塑料木条被铺在地上，组成了花园的小路，同时与花园的窗框相呼应。遍布花园的金属圈是一种艺术表达元素，甚至充当了天窗，为楼下的健身房和咖啡厅带来了温暖的阳光。

这样的设计不仅为青少年和老年人提供了课后学习的空间，而且还可以供学生、本地餐馆和该中心的咖啡厅提供有机食品。整体造型优美、图案鲜明，将典型的劳作菜园变成一个美丽动人的并可放松休闲的理想场所。

该项目荣获 2010 年 ASLA 综合设计荣誉奖，专业奖评审委员会评价道：“该项目是如此的简洁明了，显然是景观设计师和建筑师通力合作的结果，这就是合作互补的力量。”

7. 实习备注

开放时间：周一 – 周五 8:30–21:00

周六　10:00–16:00

周日　休息

（严浩君　张晋石　编写）

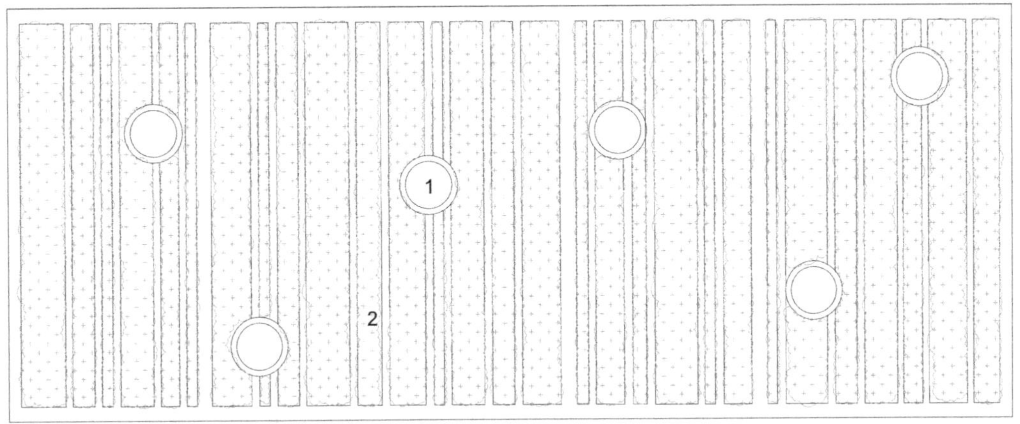

盖瑞康莫尔青年中心——屋顶城市农场平面图

1. 天窗
2. 蔬果种植

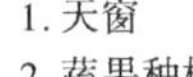

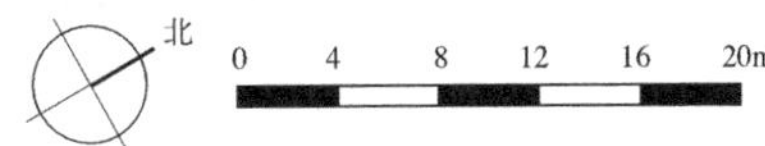

杰克逊公园
Jackson Park

1. 位置规模

杰克逊公园（Jackson Park）位于芝加哥南斯托尼岛大道，面积 223hm^2。

2. 项目类型

公园

3. 设计师 / 团队

丹尼尔·伯纳姆（Daniel Burnham）、弗雷德里克·劳·奥姆斯特德（Frederick Law Olmsted）、卡尔弗特·沃克斯（Calvert Vaux）等。

4. 实习时长

1.5–3 小时

5. 历史沿革

杰克逊公园位于芝加哥伍德劳恩社区斯托尼岛大道的南侧，最初由奥姆斯特德和沃克斯设计于 1871 年，占地 240hm^2，是共计 427hm^2 的南园区系统的一部分，通过 1 英里长的中途公园林荫大道与华盛顿公园相连。该公园最初被称为湖滨公园，后来以前总统安德鲁·杰克逊命名。

1893 年，杰克逊公园成为世界哥伦比亚博览会（World's Columbian Exposition）的举办地。由奥姆斯特德和建筑师丹尼尔·H·伯纳姆（Daniel H. Burnham）策划的新古典主义建筑的“白色城市”，并建成了一个泻湖系统，如今以坐落在园内的共和国雕像作为该博览会的纪念。博览会结束后，该场地恢复了由奥姆斯特德和艾略特设计的公园。后续规划设计包括 1899 年阿勒格尼山脉以西的第一个公共高尔夫球场；20 世纪初湖畔海滩的扩建；1935 年，树木繁茂的小岛上建成日本风格的大阪花园。该公园于 1972 年被列入国家史迹名录。公园包括林地小径、运动场、海滩、高尔夫球场和船港。南侧现为巴拉克·奥巴马总统中心（Barack Obama Presidential Center）和图书馆规划地点。

6. 实习概要

杰克逊公园位于伍德劳恩社区，设有健身房，三个多功能室和健身中心。公园有树木繁茂的岛屿，其中包括日本风格的凤凰花园（旧称大阪花园），以及蔬菜和花卉园。公园外有三个港口、海滩、篮球 / 网球场、高尔夫球场、高尔夫练习场和人造草坪等。其中许多空间可供出租，包括多功能场地，健身房和多功能俱乐部。

园内的日本花园最初是在 1893 年世界哥伦比亚博览会期间建造的，博览会结束后，大部分展览会结构被烧毁或拆除，但花园和 Ho-O Den Pavilion 保持完整。花园内设有锦鲤池塘，池塘的简单性和平静的大型鱼类在内部游泳，营造出宁静的氛围。公园内的石头带有一个古老的传说，说它们是以曲折的方式铺设的，因为邪恶的灵魂只能沿着直线移动，所以如果你穿过石头，任何邪恶的灵魂都会落入水中。花园里有美国本土植物，也拥有独特的日本植物。从 1893 年到现在，花园的主题一直是和平。它在国家和文化之间，自然与城市之间实现了和平与平衡的和谐关系。它蜿蜒的石头小径强调了周围环境和游客内心的平和。花园的意境在于以小尺度的山脉，岛屿和湖泊模拟自然风景，为冥想提供宁静的空间。

7. 实习备注

开放时间：全天 6:00–23:00

（方茗　编写）

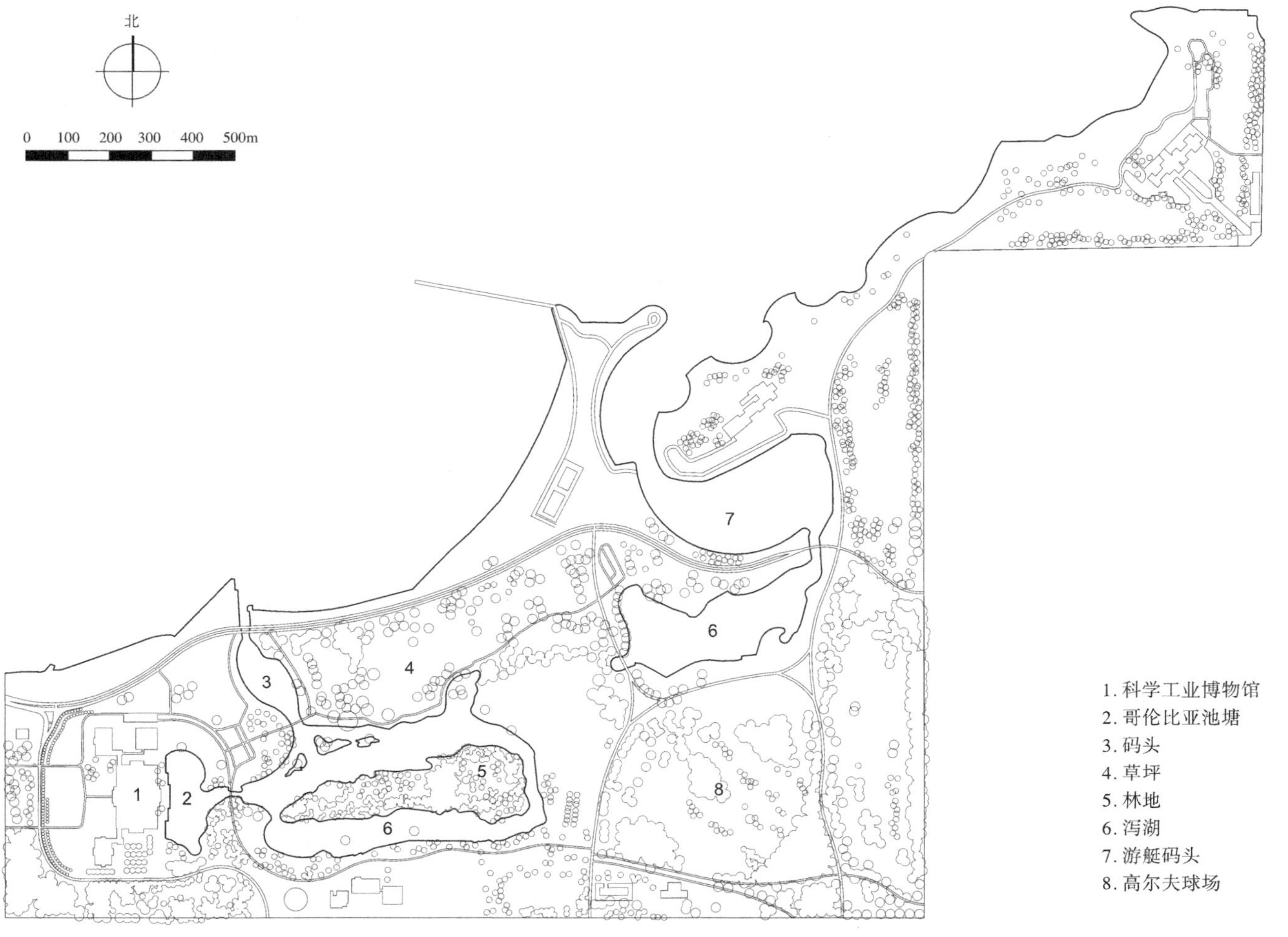

杰克逊公园平面图

（图片来源：https://www.designboom.com/architecture/obama-presidential-center-south-side-chicago-tod-williams-billie-tsien-architects-05-03-2017/）

华盛顿公园
Washington Park

1. 位置规模

华盛顿公园（Washington Park）位于芝加哥南国王大道（King Dr.）5531, IL 60615。面积 150hm^2。

2. 项目类型

公园

3. 设计师 / 团队

弗雷德里克·劳·奥姆斯特德（Frederick Law Olmsted）、卡尔弗特·沃克斯（Calvert Vaux）等。

4. 实习时长

约 2 小时

5. 历史沿革

华盛顿公园的构思是由芝加哥房地产大亨保罗·康奈尔（Paul Cornell）提出的，他还创立了毗邻的海德公园镇（Hyde Park）。康奈尔曾游说伊利诺伊州大会建立南方公园委员会。经过他的努力，成功地在 1869 年南园董事会委员会成员划定芝加哥南部的 4.0km^2 的面积建立一个大型公园和林荫大道，连接市区和现存的西部公园系统。最初被称为南方公园，由东西分区组成，即杰克逊公园和华盛顿公园以及中途公园。康奈尔聘请奥姆斯特德和他的搭档卡尔弗特·沃克斯在 19 世纪 70 年代设计公园。然而该公园在 1871 年的芝加哥大火中被摧毁。

当奥姆斯特德第一次巡查场地时，看到一片满是光秃秃的树木的田野，他决定通过建造一片被树木环绕的草地来保持场地特色，并要求在草坪上放牧绵羊，使草坪草一直保持在比较短的状态。康奈尔希望奥姆斯特德在公园内建体育场，但奥姆斯特德想要公园更贴近自然的感觉，在其内设计了一个 53000m^2 的湖。该公园于 1881 年更名为华盛顿公园。

奥姆斯特德对华盛顿公园的愿景得到了普遍认可。然而 1871 年大芝加哥大火之后，公园的建设失去财政支持，意味着水上公园无法建造。从 1897 年到 20 世纪 30 年代，公园内建了一座引人注目的温室和华丽的下沉式花园。但华盛顿公园温室与其他芝加哥的城市公园一样，由于大萧条导致资源有限，于 20 世纪 30 年代被拆除。这使林肯公园和加菲尔德公园成了芝加哥的主要温室。最早的改造是名为“南部绿色开放空间”的牧场草地，可放牧绵羊，也可用作球场。建筑师伯纳姆的公司在 1880—1910 年间石灰石圆形马厩、食堂和南方公园委员会行政总部。其他早期景点包括马厩、板球场、棒球场、雪橇滑道、射箭场、高尔夫球场、自行车道、划艇、马蹄坑、温室、玫瑰园、演奏台、小动物园和百合池。当年由于百合池较为稀缺，是一个极富吸引力的景点。

6. 实习概要

奥姆斯特德在公园中布置了两条宽阔的林荫大道，是芝加哥林荫大道系统的一部分。从华盛顿公园出发，可以经由中途大道向东至杰克逊公园，加菲尔德大道向西至芝加哥中途国际机场，或从德雷克塞尔大道向北至中心城市。

7. 实习备注

开放时间：全天 6:00–23:00

（方茗　编写）

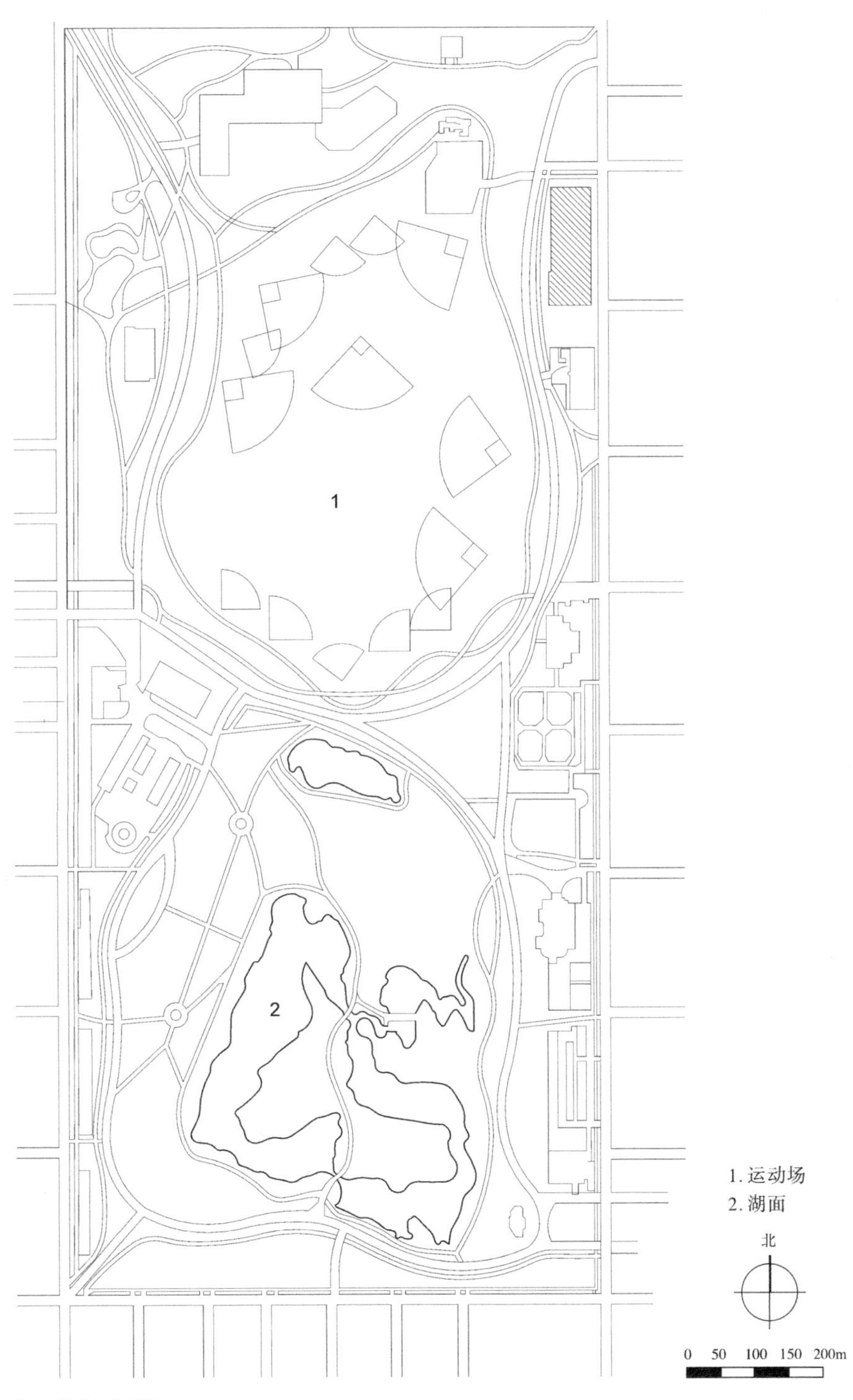

华盛顿公园平面图

中途公园

Midway Plaisance

1. 位置规模

中途公园（Midway Plaisance）位于芝加哥，IL 60637，面积 $29hm^2$。

2. 项目类型

线性公园

3. 设计师 / 团队

奥姆斯特德和沃克斯（Olmsted & Vaux）

4. 实习时长

约 2 小时

5. 历史沿革

中途公园是杰克逊和华盛顿公园之间的一个宏伟的线性公园，奥姆斯特德和沃克斯将中途公园命名为“Midway Plaisance”，有人认为是法语单词 Plaisance，大致翻译为“划船的地方”，但是有些词典认为这个词是“Pleasance”的旧时拼写，意为景观或花园的一个僻静的部分。

当杰克逊公园被选为世界哥伦比亚博览会的场地时，中途公园被规划为娱乐场所、餐馆、异国风情村庄和民族学展览的用地。这些景点允许收取额外费用，帮助展览会取得了经济上的成功。中途公园最具代表性的景点是世界上第一个摩天轮。高达 80m，它有 36 个车厢，每辆可容纳 60 人。

到了世纪之交时，中途公园成了冬季滑冰和雪橇以及夏季漫步和骑自行车的热门地点。

而 1998—2002 年和 2002—2009 年期间为公园修复的两个主要阶段，雕塑喷泉及其水池得到了充分保护，周围景观得到了改善，纪念碑的照明得到了升级。

6. 实习概要

中途公园长 1.6km，宽 200m，沿着第 59 街和第 60 街道延伸，连接其西端的华盛顿公园和东端的杰克逊公园。公园内的景观包括南北冬季花园。另外公园还提供溜冰场和多功能场。中途公园是冬季滑冰和雪橇以及夏季漫步和骑自行车的热门地点。

芝加哥公园区景观设计师麦克亚当（May E. McAdams）在中途公园东端设计了一个多年生花园，该花园沿着草坪，成为运河过渡到盆地的界限。麦克亚当的花园为景观设计师肖特（Peter Lindsay Schaudt）的位于中途公园西端的花园设计提供了灵感。新花园是为了纪念著名的社会人类学家艾莉森·戴维斯（Allison Davis, 1902—1983）致敬，他是一位先锋学者，芝加哥大学的第一位非裔终身教授。

7. 实习备注

开放时间：6:00–21:00

（方茗　编写）

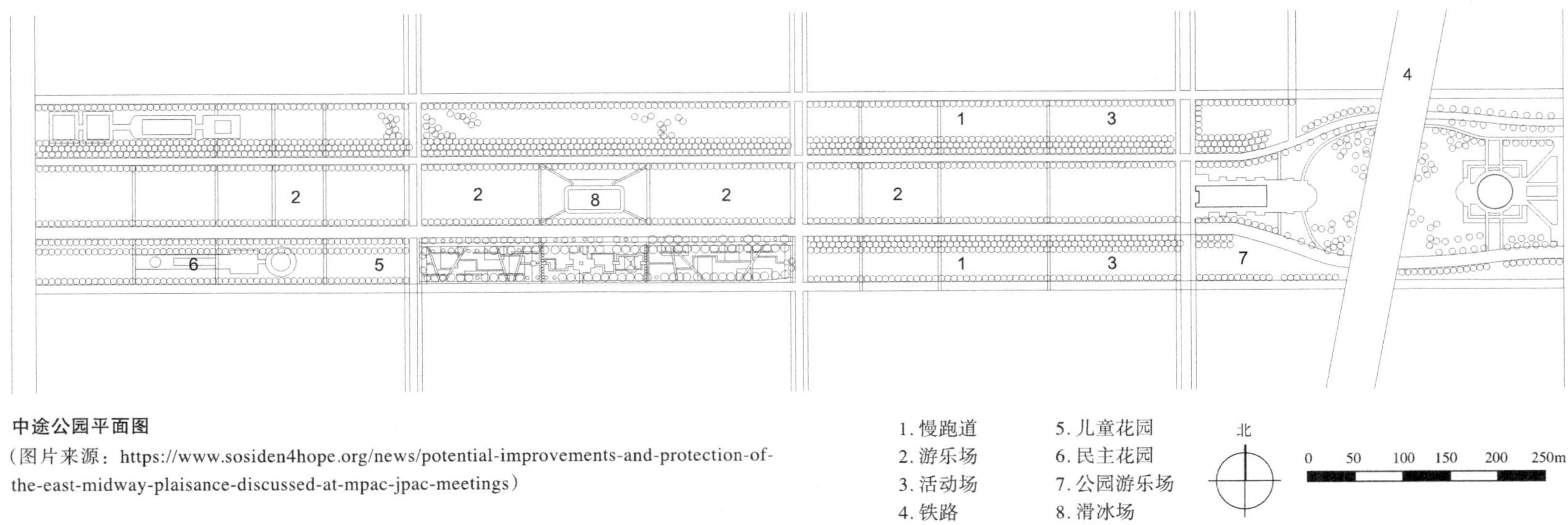

中途公园平面图

（图片来源：https://www.sosiden4hope.org/news/potential-improvements-and-protection-of-the-east-midway-plaisance-discussed-at-mpac-jpac-meetings）

洪堡公园
Humboldt Park

1. 位置规模

洪堡公园（Humboldt Park）位于芝加哥洪堡大道 1440 N，IL 60622。面积 83.7hm²。

2. 项目类型

公园

3. 设计师 / 团队

延斯·詹森（Jens Jensen）

4. 实习时长

约 2 小时

5. 历史沿革

1869 年，在西部公园区系统建立后不久，居民要求最北端的公园以德国著名科学家和探险家弗雷德里希·海因里希·亚历山大·冯·洪堡（Baron Freidrich Heinrich Alexander Von Humboldt 1759—1859）的名字命名。两年后，威廉·勒·拜伦·詹尼（William Le Baron Jenney）提出建设洪堡公园、加菲尔德公园和道格拉斯公园以及连接其间的林荫大道的完整规划，他就是如今的摩天大楼之父。

詹尼在 20 世纪 50 年代建造该城市的大公园和林荫大道系统期间曾在巴黎学习工程专业，因而受到法国设计的影响。然而，洪堡公园的建设进程缓慢，公园的东北部是按照初始规划完工的。

詹姆斯·詹森是一名丹麦移民，最初是一名工人，后来在 19 世纪 90 年代中期他一路向上成了洪堡公园的主管。不幸的是，当时的西公园系统政治贪污根深蒂固，由于他努力打击腐败，委员们在 1900 年解雇了詹森。

5 年后，在重大政治改革期间，新任委员任命他为总监和首席景观设计师。洪堡公园的环境恶化和未完工区域使詹森能够尝试他逐渐成熟的草原风格。

1934 年，芝加哥 22 个独立公园委员会合并为一个全市范围的机构，洪堡公园成为芝加哥公园区的一部分。

6. 实习概要

詹森将公园现有的泻湖延伸到长长的蜿蜒的“草原河”中。受到他在乡村旅行中看到的天然河流的启发，詹森将水源隐藏，由岩石小溪引出两条水道。在附近，他创建了一个环形玫瑰园和自然多年生花园。

詹森在玫瑰园对角线指定了一个区域作为舞蹈、音乐会和其他特殊活动的音乐场。他委托草原学派建筑师施密特，加登 & 马丁（Schmidt，Garden & Martin）设计了一座令人印象深刻的船屋和食堂，这座建筑仍然矗立在历史悠久的音乐宫的一端。1928 年，西公园委员会在洪堡公园建造了一座体育场馆，由建筑师米凯尔森（Michaelsen）和罗格斯泰德（Rognstad）设计。

7. 实习备注

开放时间：6:00–23:00

（方茗　编写）

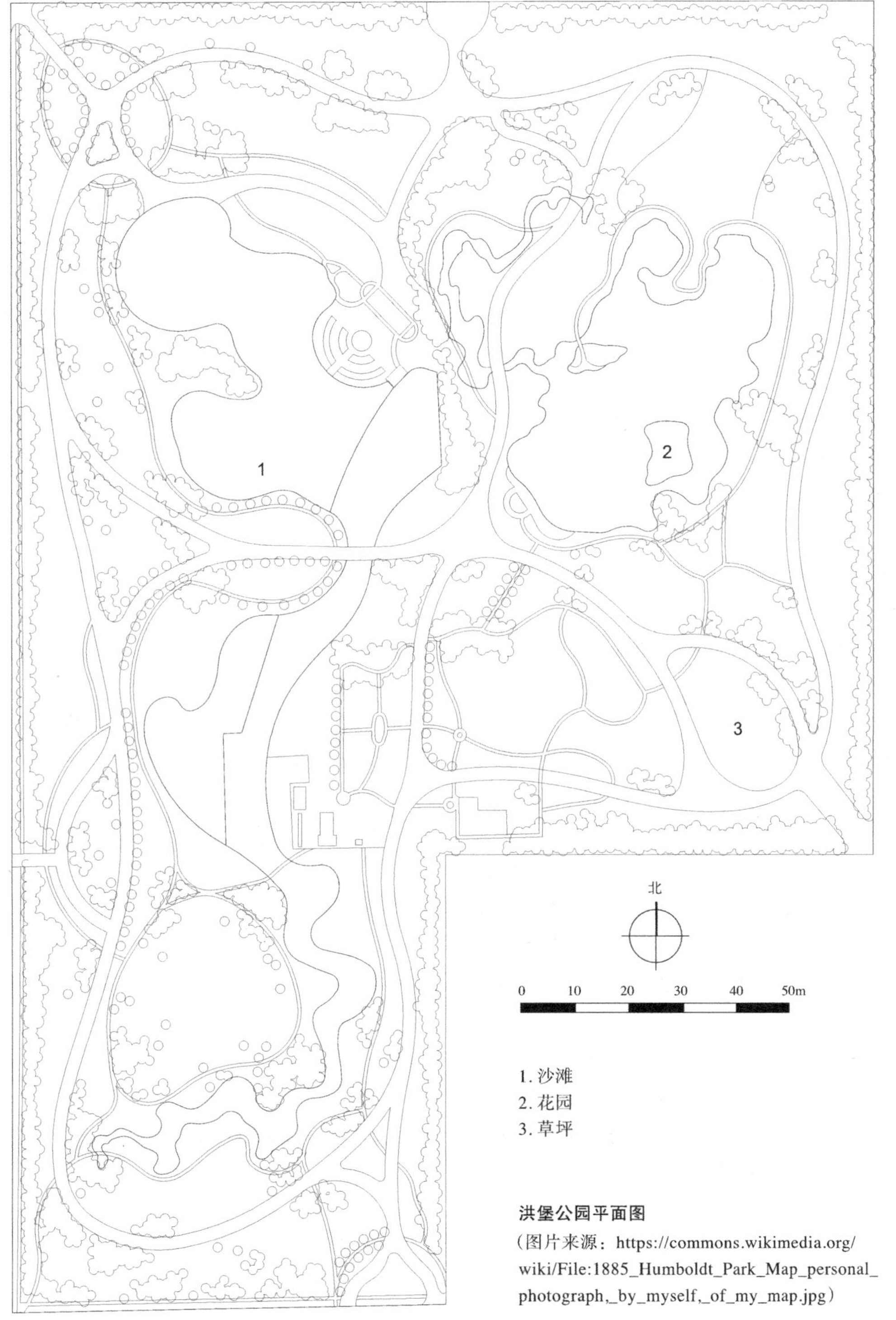

洪堡公园平面图

（图片来源：https://commons.wikimedia.org/wiki/File:1885_Humboldt_Park_Map_personal_photograph,_by_myself,_of_my_map.jpg）

加菲尔德公园
Garfield Park

1. 位置规模

加菲尔德公园（Garfield Park）位于芝加哥中央公园大街 100 N.，IL 60624，面积 74hm^2。

2. 项目类型

公园

3. 实习时长

约 2 小时

4. 历史沿革

1869 年，伊利诺伊州立法机构成立了西部公园委员会，负责 3 个大型公园和相互连接的林荫大道。该系统的核心部分是 74hm^2 的中央公园，1881 年詹姆斯 · 加菲尔德（1831—1881 年）总统被暗杀后，公园更名为加菲尔德公园以纪念他。整个洪堡、加菲尔德和道格拉斯公园的整个规划由威廉 · 勒 · 拜伦 · 詹尼（William Le Baron Jenney）完成，他如今以摩天大楼之父闻名。规划宏伟而无法立即实现，所以加菲尔德公园从东部泻湖开始分阶段开发。

延森 · 詹森（Jens Jensen）是一名丹麦移民，最初是一名工人，后来在 19 世纪 90 年代中期他一路向上成了洪堡公园的主管。不幸的是，当时的西部公园系统政治贪污根深蒂固，由于他努力打击腐败，委员们在 1900 年解雇了詹森。

5 年后，在重大政治改革期间，新任委员任命他为总监和首席景观设计师。洪堡公园的环境恶化和未完工区域使詹森能够尝试他逐渐成熟的草原风格。例如，当他接手时，3 个公园中的每个公园都有一个维护不善的小型温室，詹森决定不修复这些彼此雷同的设施，而是将他们集中成一个大型温室。詹森与 Hitchings and Company 工程公司合作，将加菲尔德公园温室设计为玻璃下的园林，建筑的形式模仿“中西部大型干草堆”，而室内则是水，岩石和植物的奇妙组合，1908 年它向公众开放时被认为具有革命性意义。

1928 年，西部公园委员会在加菲尔德公园建造了黄金圆顶大楼，作为西部公园委员会的新总部。该建筑由建筑师米凯尔森（Michaelsen）和罗格斯泰德（Rognstad）设计。1934 年，加菲尔德公园成为芝加哥公园区的一部分，当时该市的 22 个独立公园委员会合并，不再需要单独的行政办公室，而黄金圆顶大楼就成了加菲尔德公园的体育场馆。

5. 实习概要

加菲尔德公园位于东加菲尔德公园社区，拥有历史悠久的黄金圆顶大楼，内设有健身房、礼堂、舞蹈室、健身中心、拳击中心、大宴会厅和会议室。外部设置了两个人工湖泊，夏季提供划船和钓鱼，冬季提供滑冰。还设有游泳池、棒球场、足球运动场、钓鱼泻湖、网球场、花园和游乐场。公园还有人工草坪，可供儿童玩耍。加菲尔德公园毗邻加菲尔德公园温室，是举办特殊活动，教育实地考察和花卉展览的热门目的地。

加菲尔德公园的许多空间都可供出租，包括盛大的宴会厅，是婚宴的热门场所。

6. 实习备注

开放时间：6:00–23:00

（方茗　编写）

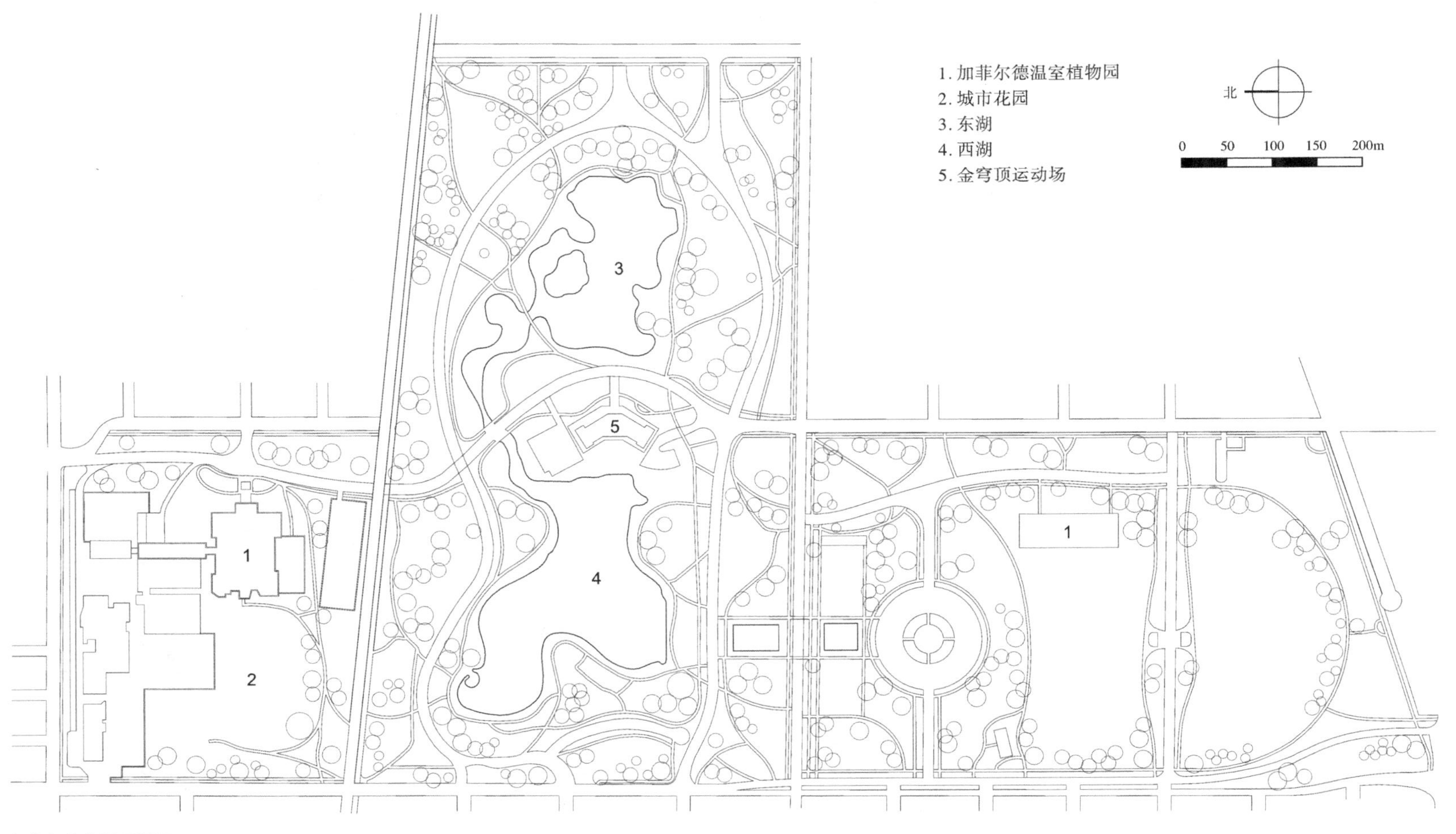

加菲尔德公园平面图

道格拉斯公园
Douglas Park

1. 位置规模

道格拉斯公园（Douglas Park）位于芝加哥 Sacramento Dr. 1401 S.60623，面积 70hm^2。

2. 项目类型

公园

3. 设计师 / 团队

威廉·勒·拜伦·詹尼（William Le Baron Jenney）

4. 实习时长

约 2 小时

5. 历史沿革

1869 年，伊利诺伊州立法机构成立了西部公园委员会，负责 3 个大型公园和相互连接的林荫大道。同年，委员们将最南端的公园以美国参议员斯蒂芬·A·道格拉斯（Stephen A. Douglas 1813—1861）命名。

1871 年，设计师詹尼完成了整个西园系统的规划，其中包括道格拉斯公园、加菲尔德公园和洪堡公园。詹尼的工程专业知识对于处置道格拉斯公园糟糕的自然遗址特别有利。他在景观的中心创造了一个风景如画的湖泊。1879 年该公园局部开放。1895 年，几个德国车工俱乐部的成员请愿在道格拉斯公园的建一个室外体育馆。第二年，芝加哥开始建设第一批公共设施，包括室外体育馆和游泳馆等。

到 20 世纪初，西部公园委员会充斥着政治贪污，3 个公园变得破败不堪。1905 年改革到来，延森·詹森（Jens Jensen）被任命为整个西园系统的总监和首席景观设计师。詹森现在是草原风格建筑的院长，改善了公园的恶化部分并增加了新功能。

1928 年，西园委员会在道格拉斯公园建造了一座体育场馆。该建筑由建筑师米凯尔森（Michaelsen）和罗格斯泰德（Rognstad）设计，他们还负责其他著名建筑，包括加菲尔德公园黄金圆顶大楼等。

1934 年，22 个独立公园委员会合并，道格拉斯公园成为芝加哥公园区的一部分。

6. 实习概要

在詹森的改进中，有一个位于马歇尔林荫大道（Marshall Blvd.）的半圆形入口，以及位于奥格登大街（Ogden Ave）和萨克拉曼多大道（Sacremento Dr.）拐角处的花园。当詹森设计花园时，奥格登大道已经建成了一条带有有轨电车通道的对角巷道。这条公路将公园划分为两个独立的景观单元，在奥格登和萨克拉门托大道的交界处形成了一个繁忙的十字路口。詹森的解决方案是在十字路口东南侧建一个长轴向花园，为奥格登大道和南侧的比赛场地之间提供缓冲。

在最靠近繁忙的道路交叉口的花园入口处，詹森放置了一个巨大的花园，被称为花厅，还有一个规则式水池。设计者可能是詹森本人或者他的朋友，草原学派建筑师休·加登（Hugh Garden）。建筑东侧的花园逐渐偏向自然。融入了多年生种植床、百合花池和独特的草原风格长凳。

7. 实习备注

开放时间：6:00–23:00

（方茗　编写）

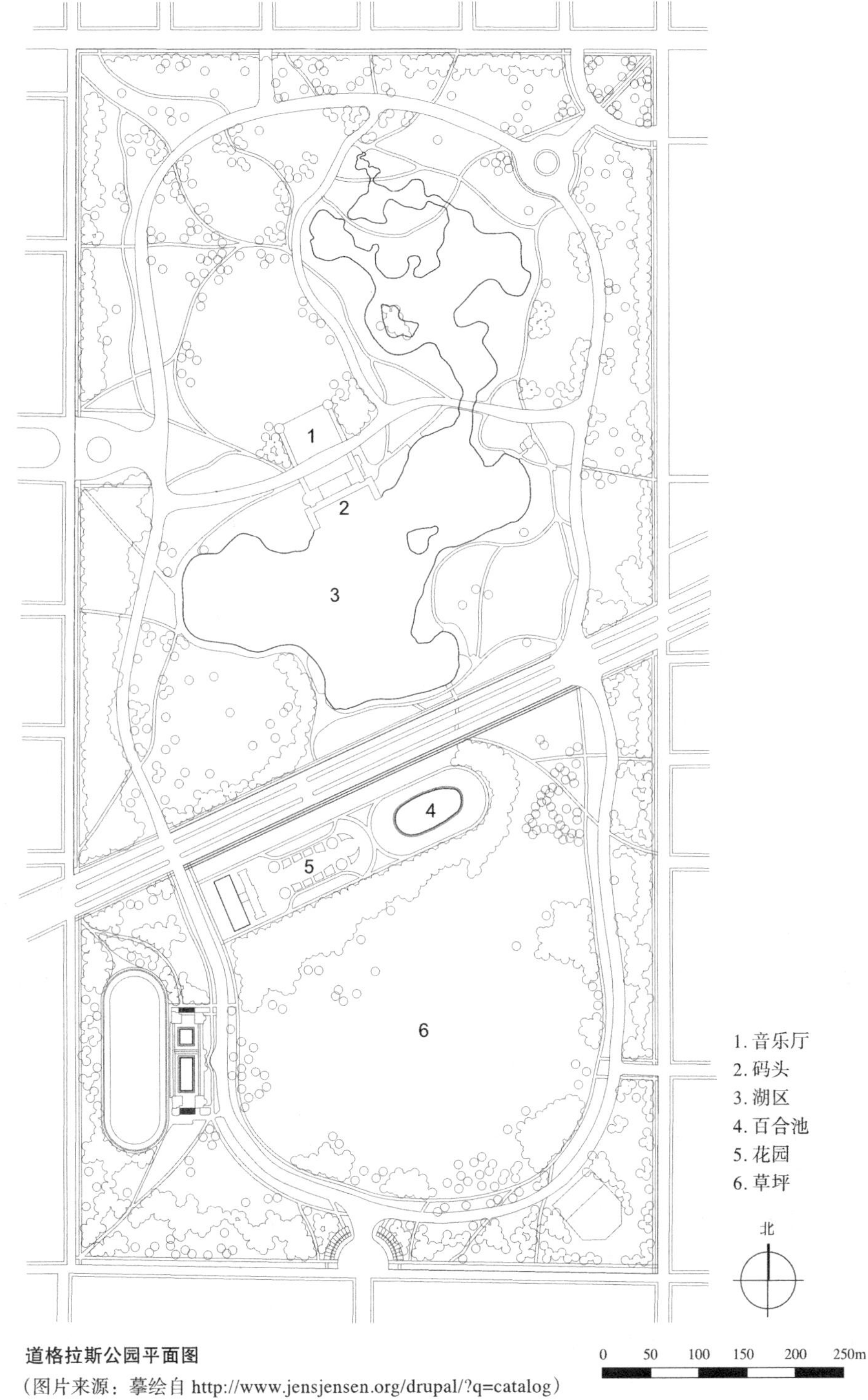

道格拉斯公园平面图

（图片来源：摹绘自 http://www.jensjensen.org/drupal/?q=catalog）

哥伦布公园
Columbus Park

1. 位置规模

哥伦布公园（Columbus Park）位于 500 S. 中央大道芝加哥，IL 60644，面积 $55hm^2$。

2. 项目类型

公园

3. 设计师 / 团队

延斯·詹森（Jens Jensen），查滕 & 哈蒙德（Chatten & Hammond）

4. 实习时长

约 2 小时

5. 历史沿革

哥伦布公园是丹麦景观设计师延斯·詹森的杰作，使用了草原学派的设计方法。该项目是詹森在芝加哥创建一个全新的大型公园的唯一机会，代表了他多年保护工作和设计实践的高潮。

詹森于 1905 年被任命为西部公园委员会总监和首席景观设计师，他重新设计了洪堡公园、加菲尔德公园和道格拉斯公园，并开始创建像艾克哈特（Eckhart）和德沃夏克（Dvorak）这样的小公园。在 1910 年失去政治支持后，他转而成为一名咨询景观设计师。两年后，委员们在芝加哥西部边境获得了 $58hm^2$ 的农田。他们以克里斯托弗·哥伦布（Christopher Columbus）（约 1451—1506）为公园命名。

詹森对哥伦布公园的愿景是受到了该地遗址的自然历史和地形的启发。詹森设计了一系列护堤，环绕着公园内部的平坦地形。在中心区域，沿着沙丘的痕迹，他创造了一条从两条小溪流出汇成的“草原河”。两个带有分层石雕壁架、外形天然的瀑布，代表着河流的源头。整个公园里都种植着本土植物。

詹森还融合了模拟自然的元素。草原般宽阔的草地设有高尔夫球场和球场。他还设计了一个户外剧院，叫作“游戏者的绿地（Player's Green）”，承接戏剧和其他表演。在儿童游乐区，詹森设置了他最喜欢的功能，议会环形场地，用于讲故事和篝火的圆形石凳。

1953 年，公园南部边界的 $3.6hm^2$ 土地被拆，为艾森豪威尔高速公路腾出空间。尽管公园缩小且面貌有所变化，哥伦布公园仍然展示出了詹森的天才。

6. 实习概要

哥伦布公园位于奥斯汀社区，是一个历史公园。该公园被认为是景观设计师延斯·詹森的杰作，也是全国为数不多的被列为国家历史地标的公园之一。公园反映了詹森的草原学派景观设计方法，受到草原景观向水平方向延伸的启发，强调该地区的自然美景。詹森喜欢在他的设计中使用原生植物，这种手法在当时很少见。受到中西部天然裸露岩石的启发，詹森所设计的瀑布，议会环形场地和石头路径都是石雕。在 1920 年之前建造的部分建筑物也反映了他的草原设计手法。施密特，加登 & 马丁（Schmidt，Garden & Martin）为这个主题的东入口设计了大量的入口灯笼，有证据表明，著名的草原学派建筑师约翰·范·伯根（John S. Van Bergen）可能设计了一个小型操场避难所。

公园的场地设有健身中心、会议室，高级中心和宴会厅。公园外设有自然区、自行车道、慢跑道和九洞高尔夫球场。该公园还包含多种娱乐设施，包括室外游泳池、钓鱼泻湖、棒球场、篮球场以及两个棒球和足球运动场。

7. 实习备注

开放时间：6:00–23:00

（方茗　编写）

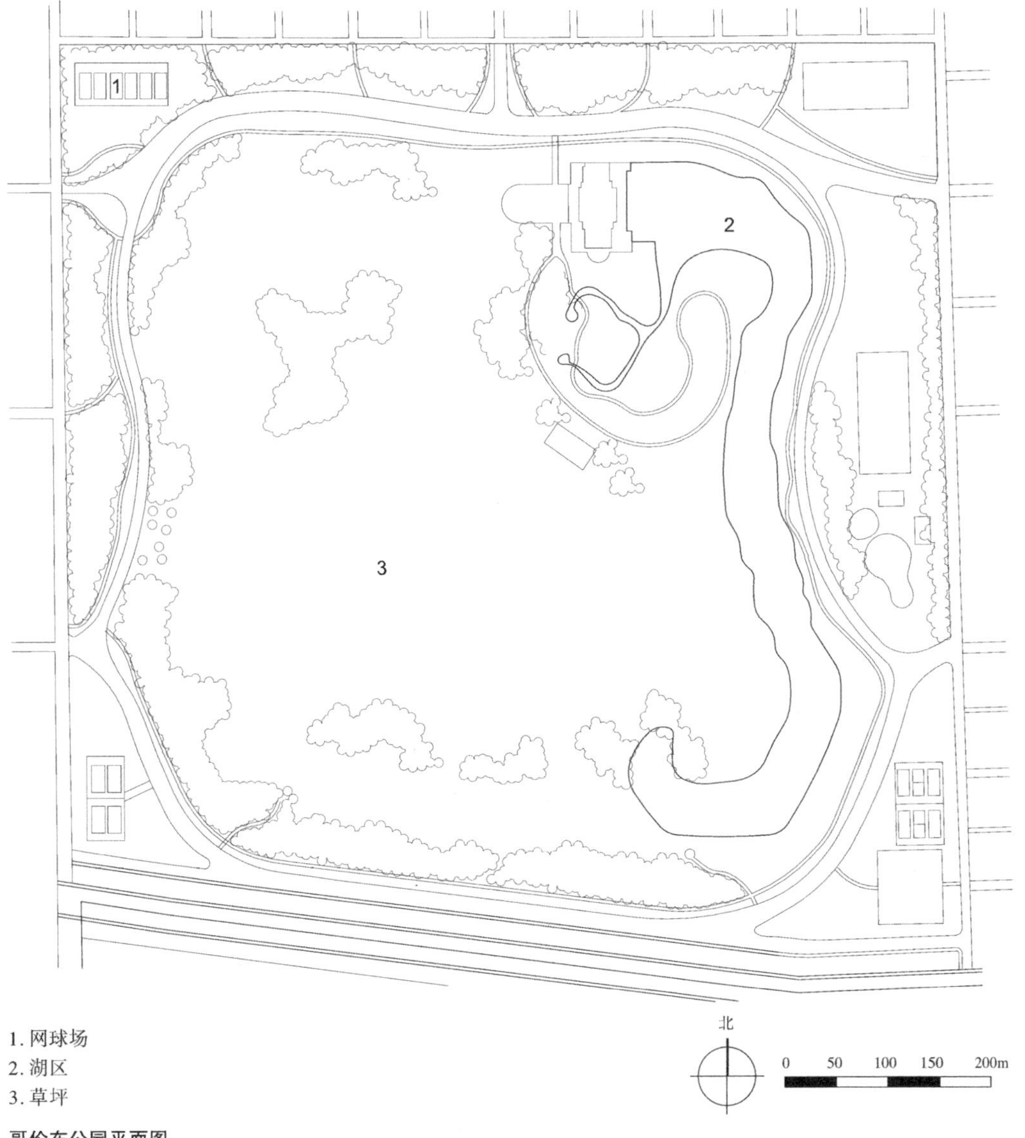

1. 网球场
2. 湖区
3. 草坪

哥伦布公园平面图

（图片来源：摹绘自 https://www.nps.gov/nr/twhp/wwwlps/lessons/81columbus/81locate2.htm。）

伯纳姆公园
Burnham Park

1. 位置规模

伯纳姆公园（Burnham Park）位于芝加哥湖滨路 1200-5700 S., IL 60615，面积 $242hm^2$。

2. 项目类型

公园

3. 设计师 / 团队

丹尼尔·伯纳姆（Daniel H. Burnham）

4. 实习时长

约 2 小时

5. 历史沿革

从杰克逊公园延伸 6 英里（约 9.66km）到格兰特公园，这个占地 598 英亩（约 $2.42hm^2$）的密歇根湖地块以建筑师丹尼尔伯纳姆命名，他于 1909 年提出建造该公园。其中，伯纳姆计划（芝加哥计划）提出建造延伸到密歇根湖的线性公园。1911 年，南方公园委员会与伊利诺斯中央铁路公司谈判收购格兰特公园以南的土地，该公园将成为菲尔德博物馆（1920 年开业）的场地。1925 年建立了北海岛；一年后，士兵场完工，伯纳姆计划中提的四车道大道湖滨路破土动工。

在 20 世纪 30 年代中期，工作进展管理局的工人拆除了展览场地，并与阿尔弗雷德·考德威尔（Alfred Caldwel）一起在其南端创建了海角点。在 20 世纪 50 年代，湖滨路被西迁移以扩展娱乐活动。1995 年，劳伦斯·哈普林（Lawrence Halprin）与纽约市合作，再次重新调整湖滨路。彼得·沙德（Peter Schaudt）在 2000 年重新设计了士兵场周围的景观，插入一个修剪花园和一个游乐区。

6. 实习概要

伯纳姆公园坐落在格兰特公园南部的芝加哥湖畔。该公园以芝加哥著名建筑师兼策划人丹尼尔·H·伯纳姆的名字命名，他在 1909 年发表的开创性的芝加哥规划中，设计的南部湖滨公园，内有一系列人工岛屿、线性船港、海滩、草地和游乐场。

如今，公园拥有由考德威尔设计的自然主义海角点和第 31 街的热门滑板公园。公园还设有长椅、鸟类保护区和美丽的自然区域，新近建设有从 31 街延伸至第 26 街的海滩。

7. 实习备注

开放时间：6:00–23:00

（方茗　编写）

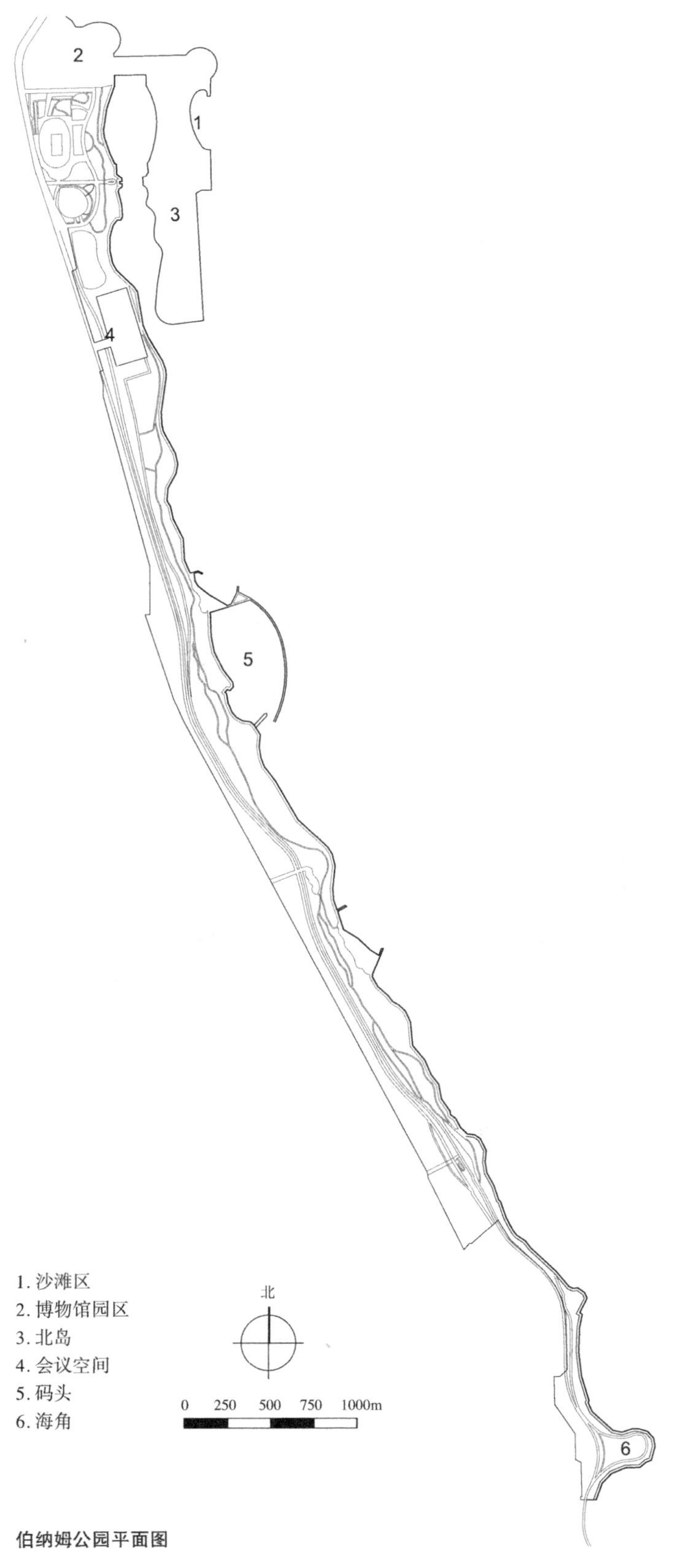

伯纳姆公园平面图

博物馆园区

Museum Campus

1. 位置规模

博物馆园区（Museum Campus）位于西起罗斯福大道与湖滨大道交叉口，东至阿德勒天文馆的湖岸区域，面积 $23hm^2$。

2. 项目类型

博物馆园区

3. 设计师 / 团队

建筑师：小欧内斯特·格伦斯费尔德

4. 实习时长

半天至一天

5. 历史沿革

博物馆园区是芝加哥一个 $23hm^2$ 的园区，坐落在密歇根湖旁边，毗邻格兰特公园，有 5 个著名景点：美国的第一个天文馆阿德勒天文馆、谢德水族馆（Shedd Aquarium）、费尔德自然历史博物馆（Field Museum of Natural History）、NFL 芝加哥熊队足球队的主场士兵体育场麦考密克广场湖滨中心。

博物馆校区的建立是为了将这座城市最著名的三座博物馆——阿德勒天文馆，谢德水族馆和费尔德自然历史博物馆，以及士兵场体育场改造成一个风景优美的步行友好区。该地区拥有绿地和植物，慢跑道和人行道。沿着团结大道（Solidarity Drive）的一个地峡将北部的岛与大陆连接起来，犹如一条风景如画的长廊。这条大道两旁有许多宏伟的青铜纪念碑。

博物馆园区于 1998 年 6 月 4 日开放，被设计为一个供居民和游客享受的绿色空间，2014 年，芝加哥大学与附近的博物馆联盟成立了南博物馆园区。

6. 实习概要

芝加哥南卢普区的博物馆园区，坐落着三座博物馆：阿德勒天文馆、费尔德自然历史博物馆以及谢德水族馆。这个占地广大的园区，一边连接格兰特公园，一边则是和美丽的密歇根湖相依偎。这里不仅是来芝加哥旅游必逛的景点，也是当地市民休憩运动的好地方。天气好的时候，沿着湖畔步道慢跑骑车，蓝天、白云、绿湖、温暖的阳光伴随着凉凉的湖风吹来，十分享受。

在博物馆园区里，其中，盖在密歇根湖上的阿德勒天文馆及其周边的堤岸，更是欣赏芝加哥建筑天际线及璀璨夜景的最佳场所，是来芝加哥绝对不能错过的拍摄景点。

7. 实习备注

开放时间：全天

（方茗　编写）

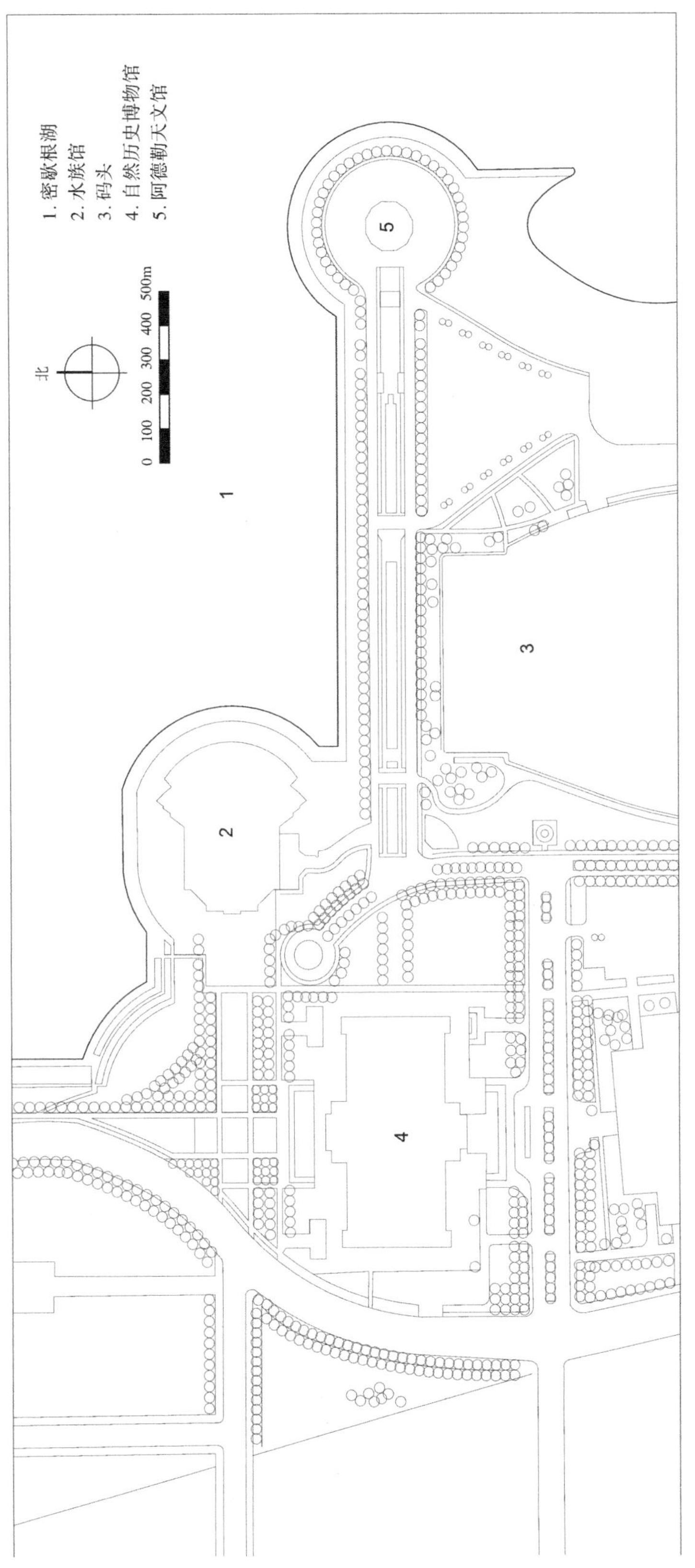

博物馆园区平面图
（图片来源：摹绘自 http://www.lohananderson.com/projects/planning/72-museum-campus/lsd.）

风景园林

美国西海岸

凤凰城艺术博物馆雕塑花园

Phoenix Art Museum, Phoenix, Arizona

1. 位置规模

凤凰城艺术博物馆雕塑花园（Phoenix Art Museum, Phoenix, Arizona）位于 1625 N Central Ave, Phoenix, AZ 85004。面积 3700m^2。

2. 项目类型

花园庭院

3. 设计师 / 团队

建筑设计：道格·里德，克里斯托弗·莫耶斯，阿德里·安尼尔，托德·威廉姆斯·比利·钱森建筑师事务所（Doug Reed，Christopher Moyles，Adrian Nial，Tod Williams Billie Tsien Architects）。

景观设计：Reed Hilderbrand Associates of Watertown, Massachusetts。

4. 实习时长

1 小时

5. 历史沿革

艺术博物馆始建于 1959 年，并于 1965 年、1996 年和 2006 年三度扩建，而作为其中心庭院的多兰斯雕塑花园（Bennett and Jacquie Dorrance Sculpture Garden）便是 2004—2006 年连同 2300 多平方米的画廊侧翼一起扩建完成的。

6. 实习概要

凤凰城艺术博物馆是美国西南部地区最大的视觉艺术博物馆，其收藏了 18000 多件来自美国、亚洲、欧洲、拉丁美洲的现代和当代艺术作品以及时装设计作品，并举办过多次国际展览。与博物馆建筑风格相呼应，雕塑花园采用简洁的现代主义风格，以大面积中心草坪结合条带状铺装、挡墙和坐凳以及精心选择的乔灌木营造出尺度宜人的公共空间。

由于整个地块西高东低，中心草坪被处理成逐级下降的 3 个台层，并被一条东西贯通的宽敞步道划分。两列纤细笔直的意大利柏树形成高高的绿篱墙，进一步强化了中心草坪的方向感，并为不同规模的集会活动提供了绿色背景。伴随地势变化，南北两侧建筑与草坡之间形成半米左右的高差，便以水平延伸的挡墙和台阶进行处理。靠近建筑规则栽植的乔木树阵不仅很好柔化了围合界面，同时为南北两侧的步道场地提供很好的林荫。

时光交叠的建筑阴影之下，芬芳的植物、青翠的色彩以及凉爽的微风形成优雅宜人的庭院空间。雕塑花园就像干旱炎热气候下混凝土沙漠中的一块绿洲，不仅为展示现代雕塑和举办节日活动提供了理想空间，也为游客公众与工作人员提供了安静舒适的休息场所。

7. 实习备注

博物馆开放时间：周二、四、五、六 10:00–17:00，周三 10:00–21:00，周日 12:00–17:00。

每周三 15:00–21:00，每月第一个星期五 18:00-22:00 点，每月第二个星期日 12:00–17:00 可以使用 pay-what-you-wish admission 入场券免费进入。

票价：学生评证件 13~18 美元 / 人，成年人 18~23 美元 / 人。

（崔庆伟　编写）

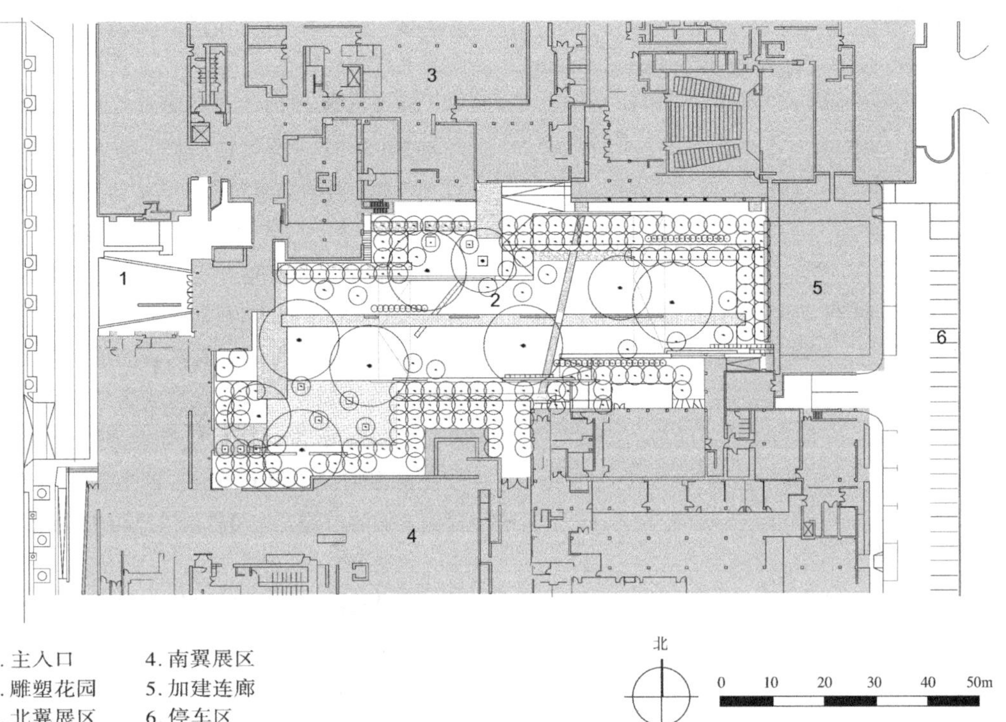

1. 主入口
2. 雕塑花园
3. 北翼展区
4. 南翼展区
5. 加建连廊
6. 停车区

凤凰城艺术博物馆雕塑花园平面图

凤凰城沙漠植物园

Desert Botanic Garden

1. 位置规模

凤凰城沙漠植物园（Desert Botanic Garden）位于亚利桑那凤凰城，占地 $57hm^2$。

2. 项目类型

植物园

3. 设计师 / 团队

古斯塔夫·斯塔克（Gustaf Starck）等

4. 实习时长

2 小时

5. 历史沿革

在 20 世纪 30 年代，部分当地居民开始对保护脆弱的沙漠环境产生兴趣。其中一位是瑞典植物学家古斯塔夫·斯塔克（Gustaf Starck），他制作了一个“拯救沙漠”的箭头形标志指向他家，以此找到了志同道合的当地居民。1936 年，为了促进人们了解、欣赏沙漠，尤其是当地的索诺兰沙漠的独特性，这群热爱沙漠的人们组建了亚利桑那仙人掌和原生植物协会（ACNFS），并且开始集资修建该沙生植物园。在当地极具社会影响力的格特鲁德·韦伯斯特（Gertrude Webster）也加入了协会，并担任该协会第一届董事会主席。她为植物园的修建提供了资金保障，促进了沙漠保护事业的推进。沙漠植物园于 1939 年开放，是一个致力于研究、保护、展示和科普沙生植物及沙漠景观的非营利性户外博物馆。

6. 实习概要

凤凰城沙漠植物园风格独具，在全美最漂亮的九大公园中位列第一。在美国风景优美的众多植物园中，凤凰城的沙漠植物园从各方面都堪称一流，其间展示的众多独特沙漠植物群落是其标志性特色。

沙漠植物园内收集、展示有 4400 多种，超过 27000 株沙漠植物，尤以仙人掌科、龙舌兰科和芦荟科颇具特色，其中仙人掌类收集有 1320 多个不同的分类群。园内植物三分之一为亚利桑那州本地种类，其他则来自于澳大利亚、南美以及加利福尼亚半岛等地；其中的 400 种为罕见的、受威胁的或者是濒临灭绝的沙生植物。园中设有完善的科普导览系统，每种植物都会对应有相关的导视牌，方便游客加深了解其特性。园中潺潺水流会伴随人们的游览，为身处沙漠风貌中的人们带来一丝清凉。

沙漠植物园中除了近距离观赏到奇异的沙漠植物景观外，还可以观察到以沙漠植物为食物来源的沙漠动物，包括有蜂鸟、蝴蝶、走鹃以及啮齿动物等。

主要游览路线及花园分布：

沙漠野花游览环路：蝴蝶花园，蜂鸟花园，蜜蜂花园，浓荫花园，巨石花园；

索诺兰沙漠植物游览环路：西班牙花园，原生作物花园；

中心沙漠游览小径：草花园，食用花园；

沙漠探索环路：传统花园。

7. 实习备注

开放时间：10–4 月 8:00–20:00；5–9 月 7:00–20:00；国庆、感恩、圣诞节休息

门票：$24.95

地址：1201 N Galvin Pkwy, Phoenix, AZ 85008

电话：(480) 941-1225

（郝培尧　张丹丹　谢婉月　编写）

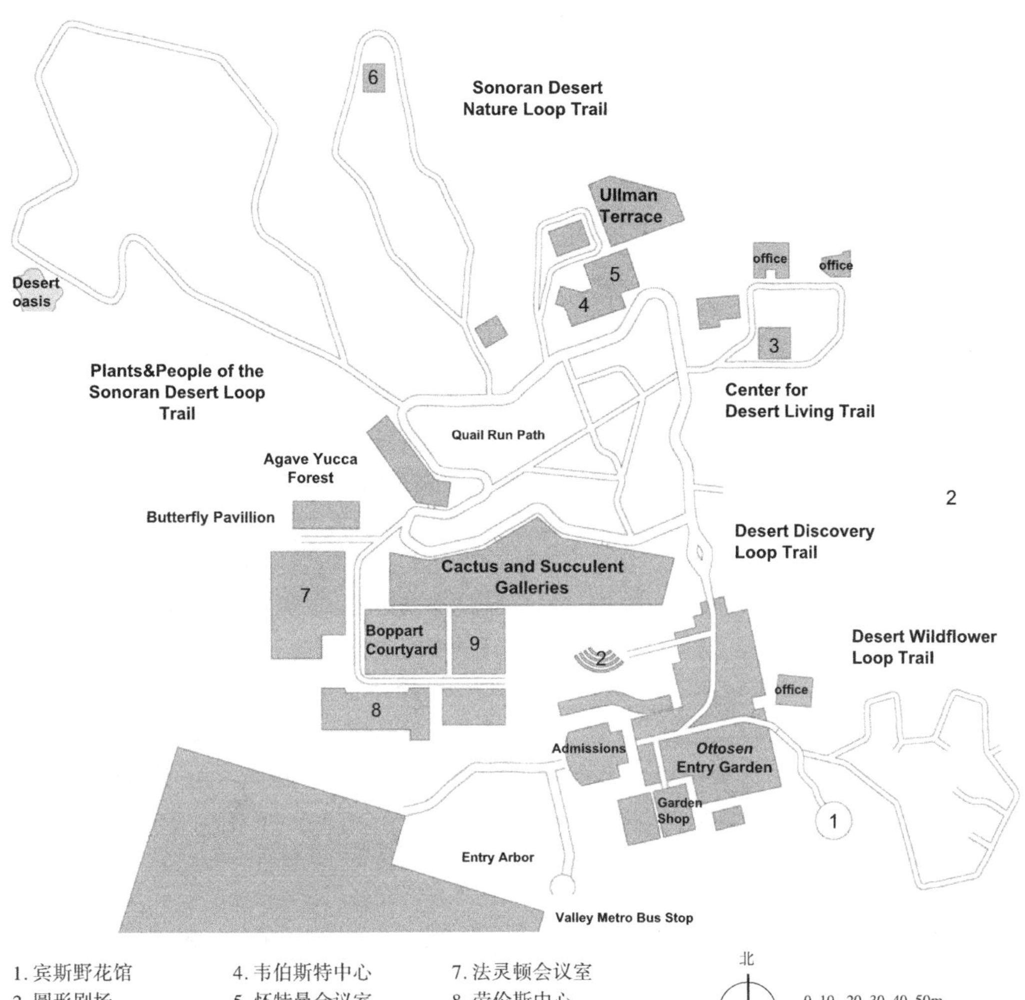

1. 宾斯野花馆
2. 圆形剧场
3. 斯蒂尔草花园
4. 韦伯斯特中心
5. 怀特曼会议室
6. 普拉特华美达酒店
7. 法灵顿会议室
8. 劳伦斯中心
9. 马利教育志愿大楼

北

0 10 20 30 40 50m

凤凰城沙漠植物园

（图片来源：摹绘自 https://dbg.org/）

凤凰城城市空间公园

Phoenix Civic Space Park

1. 位置规模

凤凰城城市空间公园（Phoenix Civic Space Park）位于中央大道的正对面，靠近亚利桑那州立大学（ASU）的市中心校，位于中央车站地铁轻轨和公交换乘站的北部，占地10926.5m²。

2. 项目类型

城市公园

3. 设计师 / 团队

景观设计：AECOM 公司

建筑设计：Architekton

4. 实习时长

2–3 小时

5. 历史沿革

在凤凰城开始购买地产之前，公园所在的土地是由老建筑和停车场组成的。公园的室外空间 70% 以上是树木。覆盖在遮阳天篷顶部的太阳能电池板产生的综合电力为 75kW。公园的中心部分是由珍妮特·埃谢尔曼（Janet Echelman）设计的价值 240 万美元的雕塑，她称这件雕塑为“她的秘密是耐心”，雕塑由悬挂在空中高达 44m 的彩色纤维网组成。在夜间，地面安装的彩色照明灯随着季节发生变化。2011 年，该公园获得了鲁迪·布鲁纳奖，城市优秀银牌。

6. 实习概要

凤凰城城市空间公园将智能城市设计、绿色空间、多重阴影结构、互动 LED 照明展、公共艺术和低碳设计结合在一起。AECOM 位于凤凰城的设计规划工作室意在创建一个可进行各种活动的公园、一个公共艺术委员会，以及各种可以互动的水景和照明景观。

公园最令人兴奋的特色之一是一片白色的柱子，该设计受亚利桑那州夏季季风风暴中闪电降落的启发，这些柱子在夜晚会通过 LED 产生光影的变化，吸引了大批居民和游客。互动水景是公园里另一项最受欢迎的活动，尤其是对儿童而言。公园的设计以低碳为原则，使用多孔混凝土铺面，使得雨水被收集和过滤，补给周围的地下水。公园遮阳结构顶部的太阳能电池板可以产生 75kW 的电力，足以为 8-9 户居民提供电力，满足了公园的电力需求。公园内种植落叶树，夏季超过百分之七十的面积将被树荫遮蔽，以调节亚利桑那州夏季的阳光和冬季温和的气候。

公园还包括一个国际知名艺术家珍妮特·埃谢尔曼设计的艺术装置，名为“她的秘密是耐心”，以拉尔夫·沃尔多·爱默生（Ralph Waldo Emerson）的一句话命名，灵感来自亚利桑那州的自然元素。

国际知名艺术家珍妮特·埃谢尔曼设计的艺术装置名为“她的秘密是耐心”的雕塑放置在公园中心，雕塑以拉尔夫·沃尔多·爱默生的一句话命名，灵感来自亚利桑那州的自然元素。公园在城市系统中发挥着重要的作用。附近的历史悠久的 424 建筑被翻新为公共会议空间和展览空间。

此外，公园的对面是凤凰城地铁轻轨的市中心站，让公园和城市之间的交通联系更加紧密。邻近的亚利桑那州立大学的学生十分喜爱这个户外学习和放松的空间。公园的西南角以草坪景观形式为特色，有游戏桌、长椅和密集的树荫，为居民、学生和游客提供学习和休息的空间。

7. 实习备注

地址：中央大街北 424 号

电话：602-262-7490

开放时间：5:00–23:00

（刘伟　王晓霖　编写）

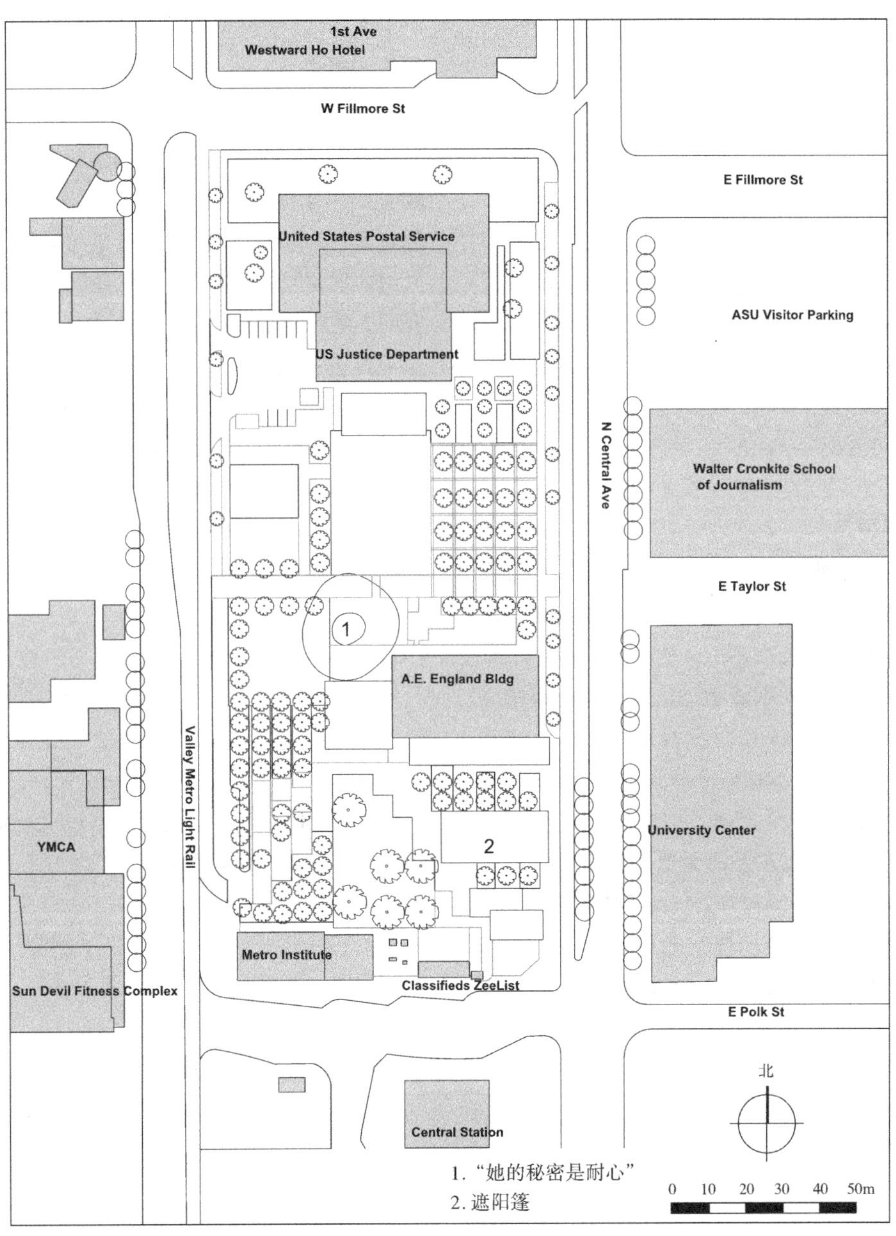

凤凰城城市空间花园

（图片来源：摹绘自 Google Map）

亚利桑那中心
Arizona Center

1. 位置规模

亚利桑那中心（Arizona Center）位于美国亚利桑那州凤凰城市中心，办公和零售空间占地 72843.4m^2，花园占地 72800m^2。

2. 项目类型

城市公园

3. 设计师 / 团队

景观设计：SWA 公司

建筑设计：ELS/Elbasani and Logan Architects

4. 实习时长

2–3 小时

5. 历史沿革

亚利桑那中心于 1990 年由购物中心开发商 Rouse Co. 建造，以推动凤凰城的经济和重建。该地产是凤凰城第一个混合用途的项目。1992 年凤凰城太阳城搬迁，1995 年会议中心改造，1999 年 AMC 剧院被增建，以及亚利桑那州的第一支大联盟棒球队组建，使人们对亚利桑那中心产生兴趣。在接下来的十年里，亚利桑那中心面在经济衰退期间面临许多问题，包括商店关闭和办公空间租赁困难。该地产于 2015 年 12 月由位于圣地亚哥的 Parallel Capital Partners，Inc.（PCPI）和位于纽约的安祖高顿（Angelo Gordon）合资购买，意在为市中心居民、员工和游客创造一个崭新的令人兴奋的环境。亚利桑那中心由 Parallel Capital Partners，LP 拥有和管理。

6. 实习概要

亚利桑那中心由 SWA 集团设计，具有丰富的花园和水景，获得了美国景观设计师协会颁发的国家优秀奖。SWA 在亚利桑那州中心创建了一个绿洲，设计了一个具有多种功能的大型沙漠花园，公园内有花坛花园、儿童迷宫花园、餐厅露台和长廊等，这些区域都种植了本地沙漠植物和花卉，形成了复杂丰富的图案。花园低于街道 30cm，利用棕榈植物形成的阴影，保护游客免受沙漠中太阳的暴晒。花园中心设有集中的水景，创建了丰富的场景，也达到了节约用水的目的。亚利桑那中心花园缓解了沙漠中的炎热气候，也让社区恢复了活力。

7. 实习备注

地址：亚利桑那州凤凰城北三街 455 号

电话：（602）271-4000

开放时间：周一 – 周六：10:00–21:00

星期日：11:00–17:00

（刘伟　王晓霖　编写）

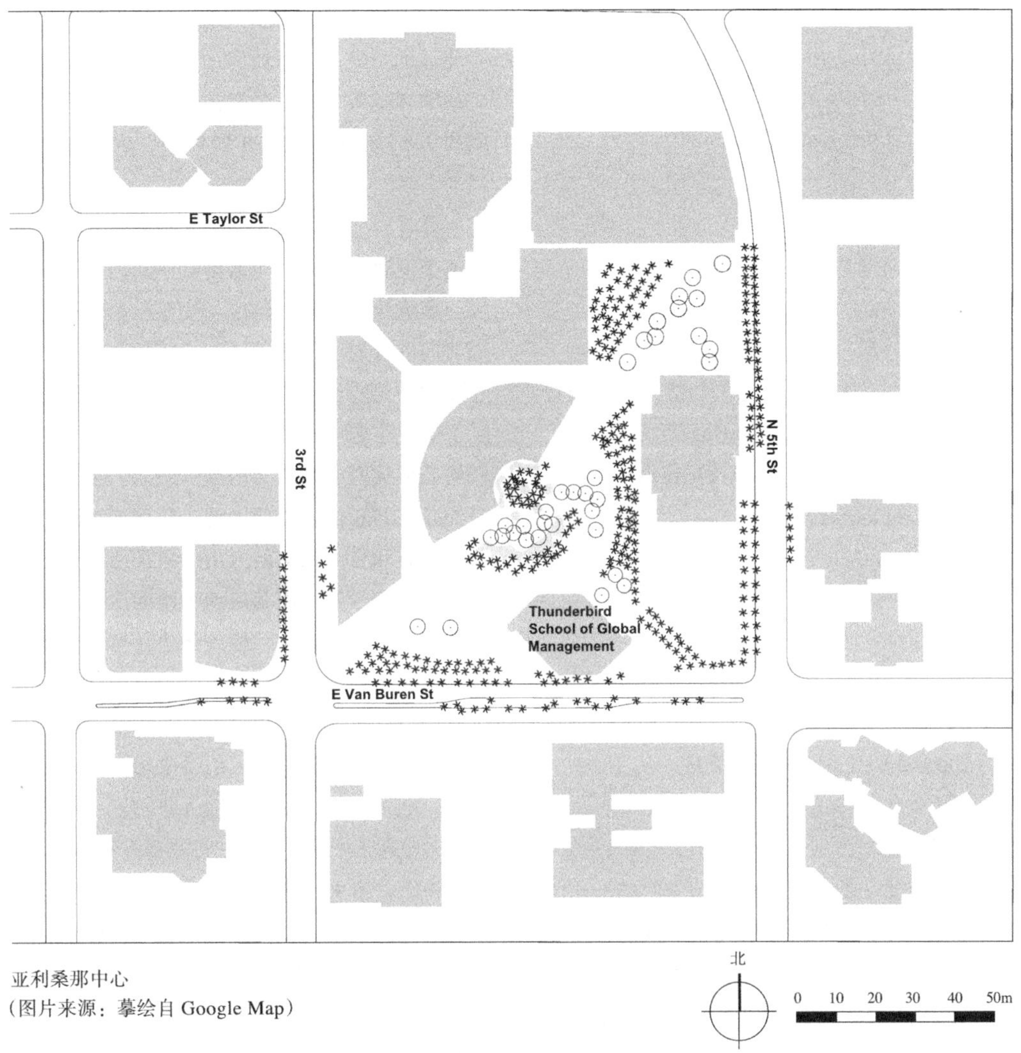

亚利桑那中心
（图片来源：摹绘自 Google Map）

梅萨艺术中心户外景观

Mesa Arts Center, Mesa, CAds

1. 位置规模

梅萨艺术中心户外景观（Mesa Arts Center, Mesa, CAds）位于 1 E Main St, Mesa, AZ 85201，面积 3.3hm^2（8.2 英亩）。

2. 项目类型

建筑户外景观，城市开放空间

3. 设计师 / 团队

景观设计：玛莎·施瓦茨合伙人景观设计事务所（Martha Schwartz Partners）

建筑设计：Boora Architects，DWL Architects + Planners, Inc.

4. 实习时长

1 小时

5. 历史沿革

2005 年 9 月正式向公众开放

6. 实习概要

梅萨艺术中心是位于梅萨市中心的一座表演与视觉艺术活动场所，也是目前亚利桑那州最大的艺术园区。通过与建筑师紧密合作，玛莎·施瓦茨景观事务所为该中心设计了生动迷人的户外景观，同时也为这座发展迅速的新兴城市提供了一处休闲娱乐的出行目的地。

艺术中心在 180m 见方的街区范围内分散布局了若干组建筑，囊括有四个不同规模的演出剧场、5 个拥有 510m^2 展览空间的艺术画廊以及 14 个视觉与表演艺术培训工作室等。景观设计师通过一条宽约 30m 的开放绿廊将各个建筑联系成一个整体，形成室内外景观彼此交融的视觉效果，并创造出多样弹性的户外空间供人们交流游憩或开展集会、表演和展览活动。

设计以弧线作为基本形式语言，并大胆应用富于变化的色彩和丰富多样的材料，从而形成与建筑外观相得益彰的后现代主义艺术气息。南北向的开放绿廊栽植了大量棕榈、柳树形成连续的林荫步道。步道沿线设置了红、黄、蓝三个颜色主题的小花园，分别用单一色彩的玻璃景墙形成富有冲击力的视觉效果。平行步道有一条 91.5m 长的带状水池，利用满铺池底的金色陶砖和自由错落的火山岩象征西南炎热地区自然沟壑景观，而其快速喷涌的池水则代表了周期性遭遇的雨洪。横跨步道还有两组体量巨大，灵感来自晶体结构的张拉膜遮阳篷高悬于空中。强烈日光的炎热天气下，这些林荫、幕墙、水景和遮阳篷为人们带来难得的凉爽和惬意。此外，景观设计还结合建筑复杂的地平变化形成若干下沉庭院和户外剧场空间。

梅萨艺术中心户外景观设计建成之后获得广泛赞誉，并荣获 2007 年美国风景园林师协会（ASLA）综合设计荣誉奖。

7. 实习备注

户外景观全天开放

建筑开放时间：周二、三、五、六日 10:00–17:00；周四 10:00–20:00

（崔庆伟　编写）

1. 弧形花园广场
2. 下沉空间
3. 景墙
4. 红蓝黄主题小花园
5. 遮阳篷
6. 水景

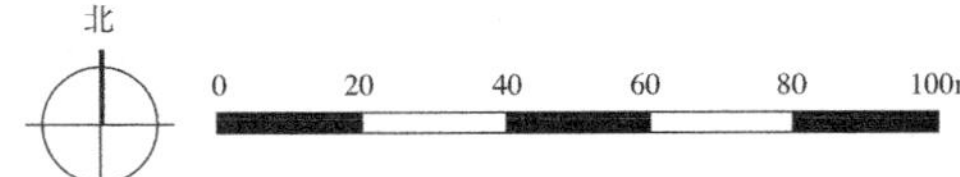

梅萨艺术中心平面图

坦帕艺术中心

Tempe Center for the Arts

1. 位置规模

坦帕艺术中心（Tempe Center for the Arts）位于 700 W. Rio Salado Parkway, Tempe, AZ 85281，面积 9.7hm^2（24 英亩）。

2. 项目类型

公共文化建筑

3. 设计师 / 团队

景观设计：Design Workshop

建筑设计：Barton Myers Associates of Los Angeles，Architeckton of Tempe

4. 实习时长

1 小时

5. 历史沿革

1998 年市民组织倡议建设，促使政府利用地方税收开发建设；2000—2003 年完成设计方案，2004 开始施工，2007 年建成开放。

6. 实习概要

坦帕艺术中心位于坦帕镇湖（Tempe Town Lake）的西南角，由主体建筑和旁边的艺术公园组成，以防洪堤坝作为其北侧边界。8400m^2（约 90000 平方英尺）的主体建筑在其接近满圆形的平面内布置有一个 600 人剧场、一个 200 人实验剧场、一个 325m^2（约 3500 平方英尺）的画廊、一个面向湖区一侧的多功能房间以及大量的辅助用房。这一平面布局的设计灵感来自查科峡谷的巨型聚落，而其屋顶形式则来自喷气式隐形战机。若干相互折叠的三角形屋面组成富有几何雕塑感的独特形态，从而使其成为从附近高速公路以及机场起落航班看去都极具辨识度的地标建筑。

为了充分借景北部湖区和远处山体，建筑东北侧被一个高出地面的无边界镜面水池环抱，从而将湖岸边水天一色的美丽风景延续到对公众完全开放的建筑大厅内。穿过大厅可见圆形的户外篝火平台内嵌在水池一侧，人们可以倚靠弧形座椅更加亲近地接触水面。

整个艺术中心所在场地曾经是一处 10m 深的垃圾填埋场，同时有高压输电线横跨而过。为此，该项目开挖了大约 12 万 m^3 的垃圾，其中大部分经处理后重新回填被用于地形塑造。包含有害物质的垃圾得到安全遮蔽，主体建筑基础也通过工程措施保障其结构稳定。800 多米长的高压输电线做了下地处理，同时该项目还改道了一条地下排水管道。经过细致入微的设计施工，昔日荒废破败的废弃场地如今已转变成为干旱沙漠中的一片绿洲，为周边居民和游客提供一片亲近自然、感受艺术的公共活动空间，同时这里也已使成为拍摄婚纱照和举行婚礼的目的地之一。

7. 实习备注

开放时间：周一闭馆，周二周四 10:00–18:00，周三周五 10:00–19:00，周六 11:00–18:00，周日根据演出时间表开放

电话：480-350-2829

（崔庆伟　编写）

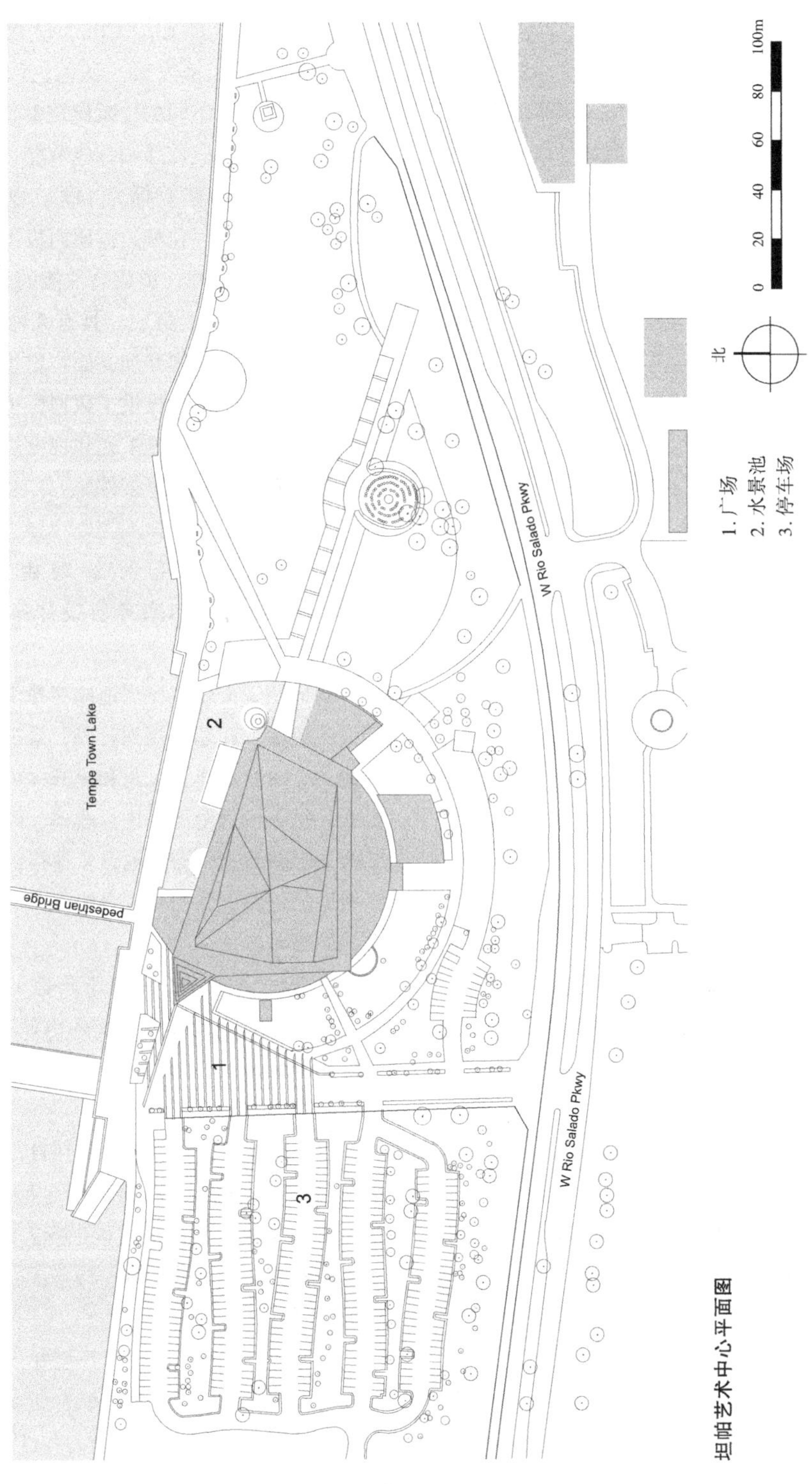
Tempe Town Lake
pedestrian Bridge
W Rio Salado Pkwy
W Rio Salado Pkwy
1
2
3
1. 广场
2. 水景池
3. 停车场
北
0 20 40 60 80 100m

坦帕艺术中心平面图

亚利桑那州立大学 - 生物设计研究所
Arizona State University, Biodesign Institute

1. 位置规模

亚利桑那州立大学（ASU）位于亚利桑那州，现拥有5个校区，包括位于凤凰城大都会区的坦佩校区、西校区、凤凰城校区和理工校区，以及位于哈瓦苏湖城的校区。生物设计研究所位于坦佩校区东部，项目占地约1.6hm^2（不含建筑）。

2. 项目类型

校园景观

3. 实习时长

1小时

4. 历史沿革

亚利桑那州立大学前身为坦佩师范学校（Tempe Normal School），成立于1885年，1958年改名为亚利桑那州立大学，是一所公立综合型大学。1994年，亚利桑那州立大学正式被归类为研究型大学，是美国历史上最年轻的研究型大学。

2005年建成的生物设计研究院拥有世界一流的建筑和科研设施，内含11个研究中心。生物设计研究院获得了亚利桑那州第一个LEED环保认证，并荣获美国景观设计师协会2009年度ASLA综合设计荣誉奖的殊荣。

5. 实习概要

（1）生物设计研究所C楼

项目面积17500m^2，由ZGF建筑事务所设计，2018年竣工，旨在建立一个醒目的校园门户，同时满足对可持续实验室建筑的需求。

建筑位于四边形地块的北侧，独特的铜质外观是对亚利桑那州历史的一种认可。铜资源作为当地经济早期依赖的5个资源（Copper、Cotton、Cattle、Citrus、Climate）之一，极大推动了该州的经济发展。红色色调的独特外观，也渗透到了不同的校园建筑中。

生物研究所设计强调绿色节能，与现有校园实验室相比节能目标为44%。设计平衡性能、美观和预算，独特的铜质面板包裹在主要的绝缘金属面板外，形成高性能的双层外观。面板由数千个铜板组成，具有8种不同的穿孔，对场地的微气候和外立面特定条件的深入研究为其校准和定位提供了数据，可最大限度减少太阳辐射热，优化采光和视觉舒适度，并提供了没有障碍的视野条件。

（2）景观设计

生物设计研究所景观由Ten Eyck Landscape Architects事务所设计，场地四周由道路围合。

场地位于干旱区，当地应对暴雨径流的基础设施较少。在总体规划阶段，景观设计师将南侧一个滞留池作为优化和提升本项目的良好机会，纳入设计范围并进行改建，同时在北侧结合景观新建一个滞留池，台地路由此变成横穿场地的道路，路两侧风格统一，形成了校区东部的新入口。

建筑师将建筑设在高于路面1.52m的基座上，基座代表北美西南部的山麓冲积平原，滞留池区域则代表沙漠河谷，展示当地沙漠的两种群落类型。

台地路交通繁忙，设计师在自行车道上采用与沥青形成对比的材料，视觉上收窄道路，从而降低车速。为保证大量步行人流的安全，在道路外侧新建了散步道，与车行道之间以绿化带分隔。

设计师以创造改善生活环境并且可持续的景观为设计诉求，将场地内原有沥青地面改造为充满活力、可以遮荫的花园。沉床花园采用透水铺装，韵律排列的混凝土景墙和坐凳矮墙逐渐降低，最终隐入一个花岗岩广场，终点是一个雕塑式的灌溉井，无水时会勾起人们关于水的记忆，有水可观时则满足了干旱地区人群对水的渴望。它是个功能性、低维护、短期的灌溉“喷泉”。花园内种植具有治疗保健作用的沙漠多汁植物，如乳草、小烛树、红雀珊瑚等。设计将硬质景观小品与当地原有的索诺兰沙漠自然美景巧妙融合，为钢筋水泥丛林中的人们提供一个交流的场所。

1）低影响开发措施

屋顶截留的暴雨径流被导入沉床花园形成的生物滞留池中，生物滞留池最低处通过管道与道路南侧滞留池花园相连，南侧滞留池花园可作为生物学等多种校内研究项目的试验地。

在研究所C楼建设之初，安装了冷凝水收集系统，将建筑空调系统产生的水全部收集起来，导入埋于旁边绿地中的玻璃纤维储水罐，既避免了直接排入污水系统的浪费，也可以储存起来作为灌溉用水。

2）设计理念

项目的特殊之处在于将建筑和花园绿地融为一体，两者相互依存、互利共荣——建筑为花园提供收集的雨水和冷凝水，花园为建筑提供舒适的户外聚会空间，同时还展示了当地的典型群落。原本多余的或未充分利用的空间，如原有的滞留池和停车场，被更新为人与自然接近的场所。

这个项目在很多方面具有参考价值，比如：硬质景观的巧妙、有节制的使用、水资源的开源节流、新入口的引入、不毛之地上创建城市生物群落、交通的多元规划、如何处理人群与景观的联系，以及如何实现客户在可持续性和环境影响方面的目标等。

6. 实习备注

学校地址：502 E Monroe St., Phoenix, AZ

学校官网：https://www.asu.edu

学校电话：+1 480-965-9011

（张媛　龚子艺　编写）

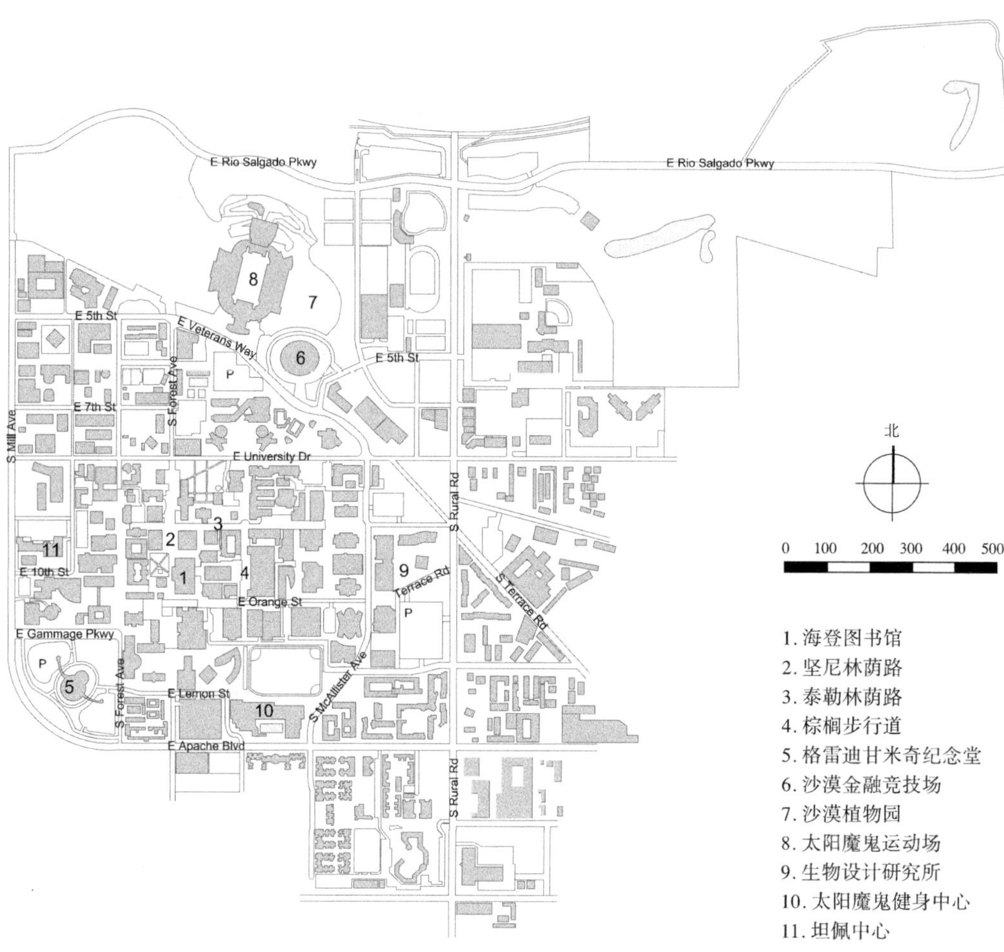

亚利桑那州立大学坦佩校区平面图

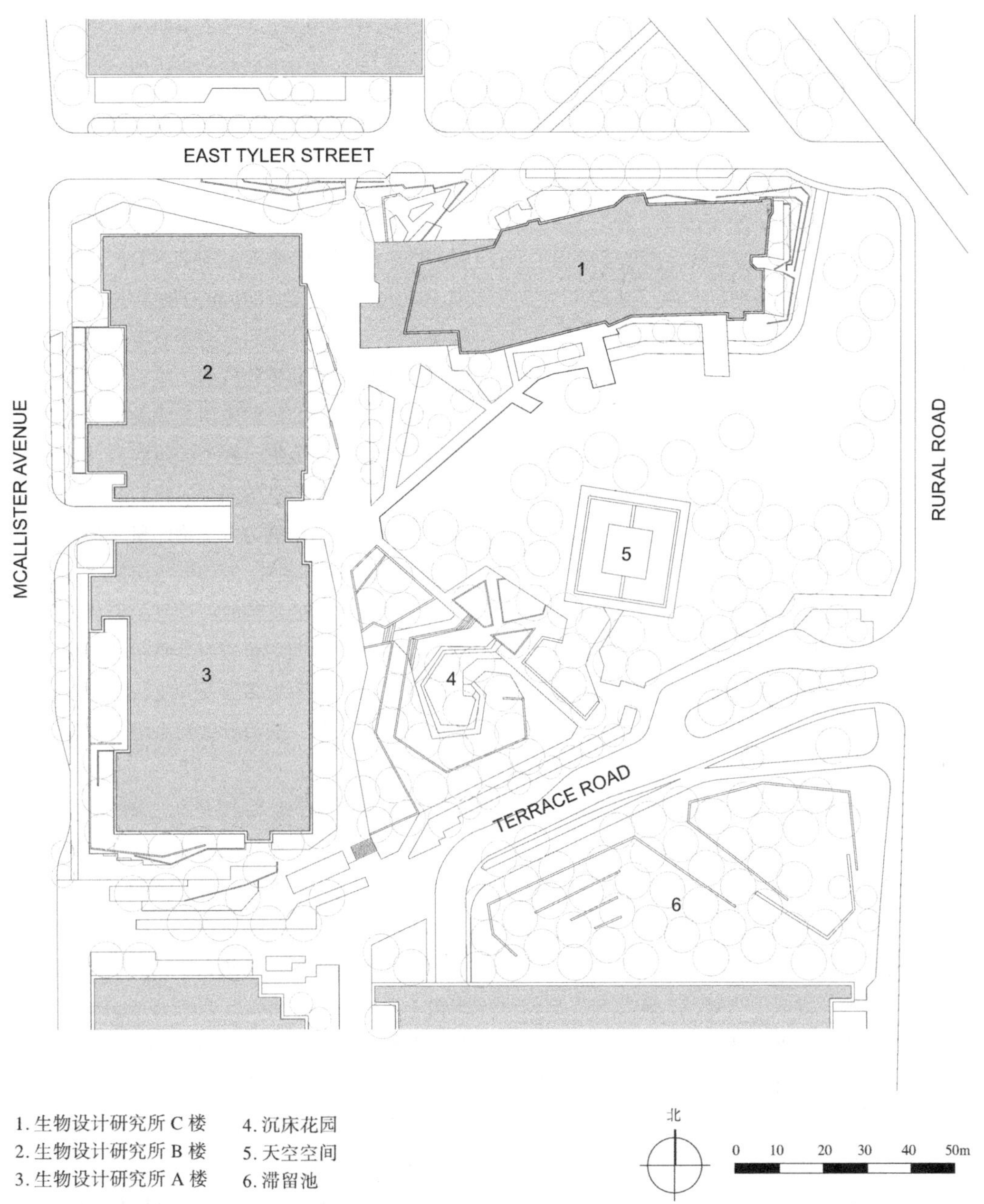

1. 生物设计研究所 C 楼
2. 生物设计研究所 B 楼
3. 生物设计研究所 A 楼
4. 沉床花园
5. 天空空间
6. 滞留池

亚利桑那州立大学－生物设计研究所平面图

大峡谷公园

Grand Canyon NP

1. 位置规模

大峡谷公园（Grand Canyon NP）位于美国亚利桑那州西北部，面积 4926.08km^2。河流总长度 443km，深约 1500 多米，宽度 6km 到 20km 之间。

2. 项目类型

国家公园

3. 设计师 / 团队

DHM Design

4. 实习时长

1–2 天

5. 历史沿革

1919 年 2 月 26 日，总统伍德罗·威尔逊签署了授予该地区国家公园地位的法案后，大峡谷被正式指定为国家公园。其建立也是早期保护运动的成功，并帮助阻止了在峡谷边界建立格伦峡谷大坝而阻塞科罗拉多河的建议。

6. 实习概要

美国大峡谷是世界七大自然奇景之一，拥有独特的地质特点和宏伟的景观。由于河流深切和土壤侵蚀，形成山高坡陡，沟壑与梁峁相间，并有小块原地夹杂其中，与黄土高原景观十分类似。随着太阳的升降光线强度的变化，引起岩石和土壤颜色在红、黄、灰等色泽上发生变异，产生奇特的景观。

（1）气候条件

在气候方面，夏季峡谷边缘气候怡人，谷内酷热且常有季风暴雨并易发生洪灾：春秋季时（5 月，10 月）边缘仍常下雪而谷内极其干燥。4 月末到 5 月时边缘有强风，游客很难获得通宵露营的许可，正常天气是徒步的最佳时机。在冬季，雪后的峡谷景色美丽，但北部区域道路因积雪问题随时可能面临关闭的情况。

大峡谷北面的山原海拔较高，大多在海拔 2000～2700m，气候冷湿，1 月平均气温 –1.7℃，7 月平均气温 16.7℃，绝对最低气温 –31.7℃，绝对最高气温 32.8℃，全年无霜期 101 天，年雨量 584mm，夏天中午常有雷阵雨，冬天积雪较多，一直至春末。

（2）地质及动植物资源

大峡谷国家公园的地质景观是世界上最壮观的侵蚀地貌的范例。在公园边界内，地质记录跨越地球进化历史的四个时代，其间许多洞穴化石和动物遗骸则为古生物的研究提供了重要的依据。

大峡谷广泛的支流峡谷体系的形成可以追溯到前寒武纪时期彩色岩石层结构的形成。峡谷本身是由于科罗拉多河及其支流在科罗拉多高原隆起后切开，从而导致河系沿着现有路径发展而形成。

峡谷内岩石多为石灰岩、砂岩、页岩风化构成，且植物生长都很稀疏，400m 以上有矮林、灌木分布，常见种类有犹他莓（*Amelanchier utahensis*）、诺同铁木（*Ostrya kowltoni*）、蛇麻树（*Pteleatrifoliata*）、盛花白蜡树（*Fraxinus cuspidata* var. macropetala）、肉叶刺茎藜（*Glosso petalon nevadense*）等峡谷内同时存在不同海拔的生物环境，河流的切割痕迹深入描绘了这些生命区。由于多样化地形的存在，峡谷内的 5 个生命区的范围虽然很小，但是每个生态避难所都拥有相对不受干扰的生态系统（如北方森林和沙漠河岸社区）以及许多特有或濒临灭绝的动植物物种。

（3）景观游憩

公园的主要公共区域是南北边缘，还包括

峡谷本身的相邻区域。部分地带崎岖且偏僻，需要通过偏僻的道路进入。相比较南缘比北缘更容易到达，游览内容占公园游览总内容的90%。

南部：山原海拔多在1600-2200m之间。夏季较热而冬季温和，全年较为干燥。黄松林在海拔2100m的地方分布，低于这个高度时只有沿着排水道两旁有少量分布，而圆柏矮松则在其下大面积分布。区域内设有图萨延（Tusayan）博物馆和旅游者中心来展现大峡谷的基本情况，地质结构特征及其成因等。其主要交通方式为徒步，还有受天气影响较大的直升机或热气球等方式可供选择。

北部：山原海拔在2000-2700m且气候湿冷。其间车行的道路较少，游客多选择远足并可以通过凯巴布小径（Kaibab Trails）穿越峡谷。夏天中午常有雷阵雨，冬季积雪较多。亚高山针林分布在海拔2400m以上的北及东北向山坡和山顶，南坡和西南坡即以黄松和白冷杉为主。由于冬天积雪，10月－翌年5月中不开放旅游。峡谷底部：平均海拔在500-700m，东北面水坝处为950m，最西面草地湖附近372m，沿着山坡一直到山原边缘，海拔高度则达到1600～2300m，所以气候变化较大。

（4）公园管理

大峡谷国家公园在管理上直属美国内政国家公园局管辖，在发展过程中管理重点开始更多转移到自然资源和自然景观保护。

7. 实习备注

美国国家公园基金协会（网址）：

https://www.nationalparks.org/explore-parks/grand-canyon-national-park

8. 图纸

图纸请参见链接：http://npmaps.com/wp-content/uploads/grand-canyon-classic-map.pdf

（刘伟　庄媛　王晓霖　编写）

帕帕戈公园

Papago Park

1. 位置规模

帕帕戈公园（Papago Park）位于亚利桑那州，面积约 607.03hm^2，位于市中心，在斯科茨代尔的潭蓓谷和凤凰城交接处。

2. 项目类型

国家公园

3. 设计师 / 团队

乔迪·皮托（Jody Pinto）（主设计师），史蒂夫·马蒂诺（Steve Martino）（合作方）

4. 实习时长

1–2 天

5. 历史沿革

帕帕戈公园独特的红砂岩地质构造形成于大约 6-15 百万年前。常年风蚀作用而形成的“石中洞”是其一个特征性的地质现象，有证据表明它曾是霍霍坎（Hohokam）土著居民的聚居地，他们用开口处阳光影子的变化来记录时间。此外，这里还有前寒武纪石器花岗岩的痕迹隐藏在表土的薄层里。

1879 年公园作为当地马里科帕（Maricopa）和皮马（Pima）部落的聚居地。1914 年成为帕帕戈萨挂诺仙人掌（Papago-Saguaro）国家纪念园。但是由于它特殊的地理位置以及资源条件不适合作为国家纪念公园，于 1930 年 4 月 7 日由国会召回。大萧条爆发后，建立了一个低音鱼孵化场，并成功为亚利桑那州的大嘴鲈鱼和其他鱼类养殖提供了基地。第二次世界大战期间（1942-1944 年）成为战俘营，其具有迷惑性的景观地貌曾使逃犯的逃脱计划屡屡失败。战争结束后，1937-1951 年公园相继作为弗吉尼亚（Virginia）VA 医院和陆军预备役设施基地；1959 年出售给凤凰城，鱼类孵化场被关闭。1962 年，凤凰城将孵化场出售给亚利桑那州动物学会从而建立了凤凰城动物园。

1935 年，帕帕戈公园范围扩大，坦佩公园的部分土地被纳入 1955 年的盐河项目。随后 1963 年 18 洞锦标赛高尔夫球场建造完成。期间逐渐形成了如亨特墓穴和帕帕戈公园水塘（2.4hm^2，深度 2.4m）等景点。

6. 实习概要

帕帕戈国家公园是一个丘陵沙漠公园，以独特的地质构造和多样典型的沙漠植物而闻名，包括巨型仙人掌。观赏景点有沙漠植物园、大型动物园、野餐区、湖泊、远足径、自行车道、火灾博物馆、亨利坟墓等。需要着重体验的是它特殊的动植物等自然资源，自然与城市景观相互呼应，粗放的管理模式，以及它如何满足人们在自然环境下的室外体验活动的需求等内容。

（1）沙漠植物园：游览方式主要为步行，其路径分为探索小径，沙漠生活小径以及沙漠探索环形路径。分别展现沙漠的自然特性，沙漠中盛花期的景象以及当地人群与沙漠的共生关系。公园内有不同的节庆活动以及艺术展览等烘托氛围。

（2）亨特的坟墓：帕帕戈最具标志性的地标之一，在公园的各个方向都可以眺望到。它是亚利桑那州第一任州长乔治·亨特的坟墓，有巨大的白色金字塔有着闪亮的白色瓷砖结构。

（3）远足径：在著名的柱仙人掌和其他仙人掌中，有超过 16km 的远足径。顺着它可以徒步旅行到“岩石洞穴”，即一个自然的地质地标和当地最受欢迎的日出或日落景点。从凤凰城动物园停车场的北侧可以进入这条小径。

其他小道起点位于学院大道和库里路附近，范布伦以北的米尔大街，咖喱路以及高尔文公园大道。

（4）艾森德拉思水资源保护中心：这是一座历史悠久的 1930 年代韦布洛复兴土坯房，位于咖喱路上的 AZ 遗产中心的北面，已经恢复了昔日的辉煌。

（5）帕帕戈公园的高尔夫球场：该球场因其的位置，场地的挑战性以及周边亮丽的风景线而闻名。这个标志性的高尔夫球场目前正在进行振兴，其中包括俱乐部会所，在未来能承载亚利桑那州立大学男女高尔夫球项目。

（6）凤凰城动物园：拥有 1400 多种动物，包括 30 种濒临灭绝或受威胁的动物。

（7）露天剧场：这座剧场拥有 3500 个座位在 1933 年由 CCC 建造，用来举办复活节日出活动，音乐会和社区活动。

（8）火焰大厅：大厅用来陈列超过 90 个完全修复过的一千多年前的火器具以及纪念执行任务中牺牲的消防员等。

（9）岩石洞：具有有趣的地质构造。

（10）太阳魔鬼体育场：以前是凤凰城市政体育场，现在是亚利桑那州立大学魔鬼棒球队的主场。

（11）亚利桑那军事博物馆：展示亚利桑那民兵和亚利桑那州国民警卫队的历史。

7. 实习备注

凤凰城官网（网址）：

https://www.phoenix.gov/parks/trails/locations/papago-park

8. 图纸

图纸请参见链接：https://www.phoenix.gov/parkssite/Documents/PKS_NRD/papagodetailed.pdf

（刘伟　庄媛　王晓霖　编写）

流浪犬之路起点

Lost Dog Wash Trailhead

1. 位置规模

流浪犬之路起点（Lost Dog Wash Trailhead）位于美国亚利桑那州斯科特市，28328m^2。

2. 项目类型

城市自然保护区

3. 设计师 / 团队

景观设计：Floor Associates 合伙人有限公司

建筑设计：阿桑娜州韦德尔吉尔摩（Weddle Gilmore）建筑师事务所公司

4. 实习时长

2–3 小时

5. 历史沿革

场地周围的沙漠环境是设计的基础。设计团队进行了广泛的研究和分析，包括考古评估、地形测量、坡度和水文分析、植被调查、土壤研究、野生动物和栖息地调查以及本地植物名录。在设计必然干扰原生沙漠的情况下，现有的植被、乡土树种、仙人掌、灌木和自然文物被作为植物种植设计的一部分被储存并重新安置在现场。在整个过程中，超过 1000 个样本被收集起来，并作为植被恢复工作的一部分重新放入现场。

6. 实习概要

流浪犬之路起点利用可持续沙漠设计理念，包括规划、保护和建设等策略。该项目平衡了对沙漠的保护和用户的需求，包括尽量减少现场干扰、利用现场材料、太阳能、堆肥厕所、雨水和灰水收集等方法。

流浪犬之路起点是麦克道尔·索诺兰（McDowell Sonoran）保护区设计的 9 个公共入口中的第三个。游客可以通过徒步旅行、骑马、山地自行车、自然研究、观鸟、观景、野餐、攀岩等方式体验保护区。

种植理念完全源于场地本身。在沙漠中，由于排水模式、土壤特征等环境影响，即使在相对较小的场地内，植物种类、密度和组合会发生很大的变化。植被重建工作反映了周围索诺兰沙漠的植物共生关系，模糊了自然和景观的边界，也保护了野生动物。

除了本地植物外，收集场地土壤和卵石进行再利用，使得建筑顶部装饰融入相邻的粗糙的沙漠地面，鹅卵石纹理也保护了植物群落。超过 70% 的建筑材料来源于当地，直接利用现场供应的土壤和岩石材料。停车场区域由稳定分解的花岗岩建造，增加渗透性，并将表面径流和热增量降至最低。所有建筑外墙均为夯实土，其土壤来源于现场开挖，建筑的金属屋面板、钢板和钢框架构件保持未加工的原始状态，允许自然生锈和产生光泽，不使用饰面。建筑屋顶面板安装了一个 2000W 的太阳能电池板，使其能够自给自足，独立于市政电网。

主建筑的屋顶雨水、厕所水槽和饮水机的灰水被收集并储存在一个 15142L 的地下蓄水池中，滴灌系统重新利用，作为种植景观的补充水。新种植的植物不依赖灌溉，完全依赖于自然降雨。收集到的灰水将为炎热的夏季提供补充水，以应对长期干旱的影响。

7. 实习备注

开放时间：白天开放

地址：亚利桑那州斯科茨代尔 124 街 126 号

邮箱：shamilton@scottsdaleaz.gov

电话：（480）206-2435

（刘伟　刘香君　王晓霖　编写）

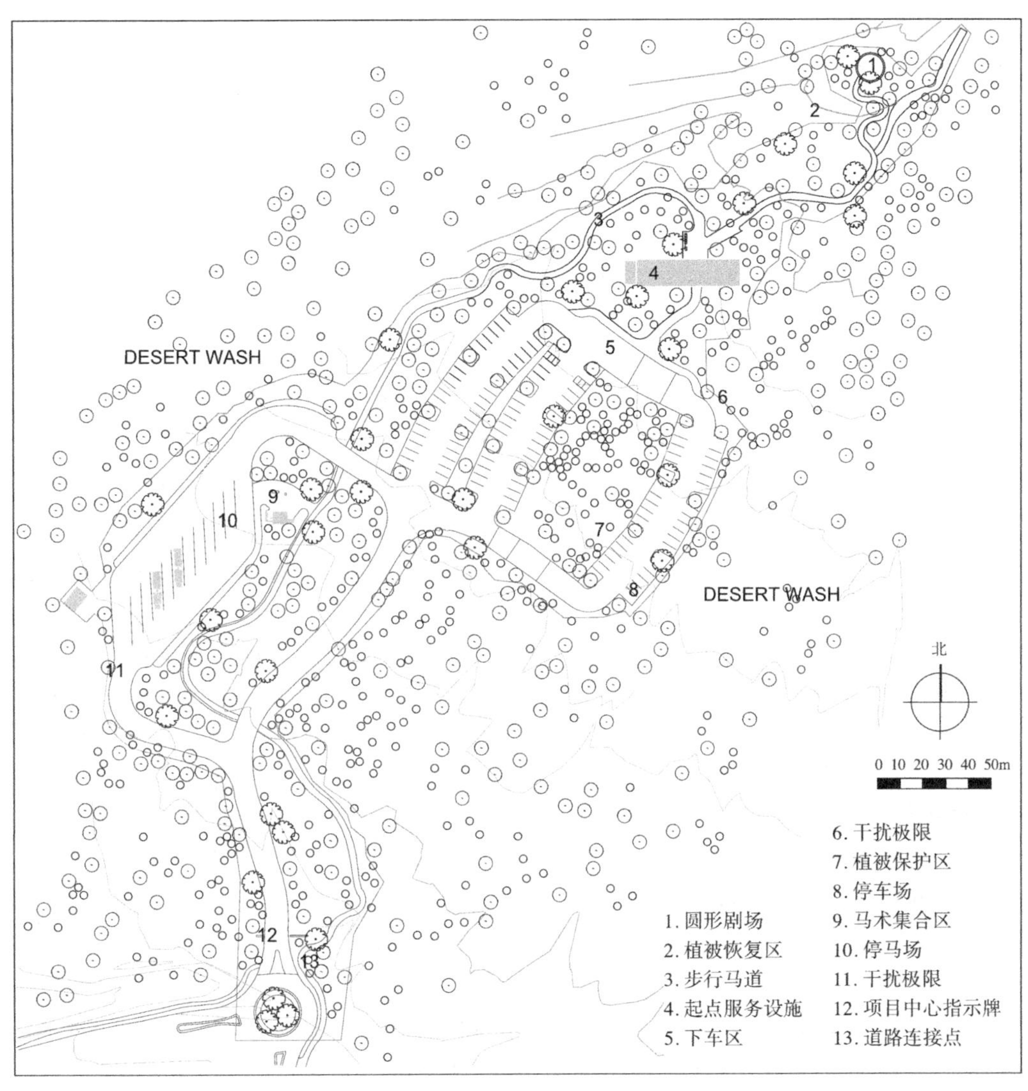

流浪犬之路起点

（图片来源：摹绘自 https://www.asla.org/awards/2008/08winners/117.html）

圣迭戈儿童池塘公园

Children's Park and Pond, San Diego

1. 位置规模

圣迭戈儿童池塘公园（Children's Park and Pond, San Diego）面积 $4hm^2$。位于加利福尼亚西部城镇内河码头边。北部建有当地儿童博物馆，南部有会议酒店及圣地亚哥会议中心。西临前街，东临第一大街，东部设有停车场。公园内部设有机动车道、自行车道、溜冰道和人行道。方便整个城市市民休闲娱乐并举办大型活动。

2. 项目类型

公园

3. 设计师 / 团队

彼得·沃克事务所（PWP）

4. 实习时长

1 小时

5. 历史沿革

1987 年，PWP 事务所竞标取胜，在圣迭戈恩巴内河码头卡德罗老城区的一个新的长条形公园进行规划。之后更名马丁·路德·金休闲广场。

PWP 事务所在旧的内河码头旁的带状公园设置了垂直于轻轨轨道的平行条纹，强化了公园的平整感和直线性。

1995 年，为筹备共和党全国大会，PWP 事务所再次设计第一大街和前街两座会议酒店对面的休闲广场。之后事务所又设计了公园的中心部分，用一系列不规则的石头墙，围成一个辐射状的广场，又建了一个圆形倒影池以及圆形草丘，设计符合人们使用的需求。

6. 实习概要

儿童池塘公园是圣迭戈市的一个重要项目，起着连接滨水散步道的枢纽作用。其完善了原先的霍顿广场、会议中心和儿童博物馆。在前街与第一大街种植的意大利柏树和冰叶日中花，以及路面上的花纹，都增强了同市中心之间的联系。设计师们的目的是为了给市民提供一个活动空间，一个“绿色”滚动式公园。在儿童博物馆外规划的户外空间的设计与传统的公园设计元素不同，如草坪、花卉、长凳、树荫和水，被看作是一个异想天开般的抽象空间。种植的墨西哥棕榈树使得一个直径达 60m 的池塘显得更加富有个性。池塘同样还联系了公园内的小路与马丁·路德·金大道，有轻轨和火车来回穿梭。

尊重基地现状，与自然相互调和，相互作用。公园中各设施的比例和尺度都做了精心的设计，不仅体现视觉美，而且也符合人们在功能上使用的需求。景观设计遵循生态原则建立良好的生态系统，是景观走向成熟的表现。

圣迭戈儿童池塘公园采取轴线与对称的方式进行设计。由空间两个点连成的线，形式和空间以对称或者均衡的方式呈现。设计与场地现状相结合，使其在平面形式上显得更加生动活泼。灌木丛、土坡、水池都以圆形为母题，通过大小、色彩、数量和位置的变化及与其他几何元素的对比来表现此母题的重要性。阵列的柏树重复出现，与黑白纹理的道路相协调。同时展现了充满节奏与韵律感的圆形土坡，以及柱状喷泉与石凳构成的花池与棕榈树。公园中的各种设施和景观小品的比例和尺度之间是一种适宜、和谐的关系。这种关系可能不仅是大小的关系，也是数量大小与级别高低的关系。条形石凳尺度适宜，人们可以进行休憩、交谈等活动。圆形土坡尺度与儿童行为相适宜，是孩子们追逐、游戏的乐园游览道路的尺度。只有准确把握比例和尺度，才能更好地展示出景观的美观性和功能性，给人们带来和谐、舒适、完美的感受。

7. 实习备注

开放时间：10:00AM–4:00PM

地址：1549 EI Praolo, San Diego, CA 92101–1660

（刘红秀　张诣卓　董梦宇　编写）

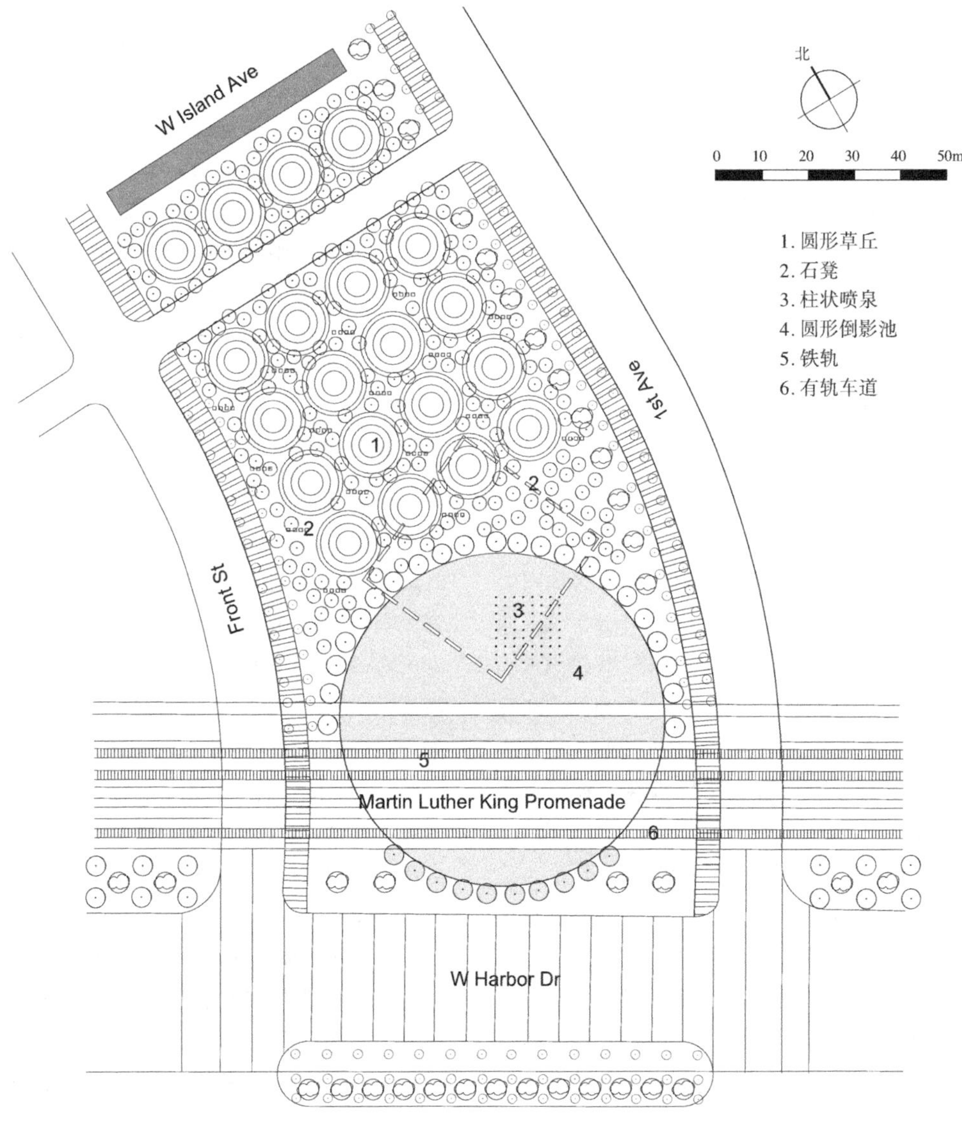

圣迭戈儿童池塘公园

（图片来源：摹绘自 Google 地图）

圣迭戈海洋世界

Sea World San Diego

1. 位置规模

圣迭戈海洋世界（Sea World San Diego）位于美国加州圣迭戈市西北的使命湾，濒临加州海岸线，与太平洋连通，是全球第一个“海洋世界”主题公园，公园占地从最初的 $8.9hm^2$ 扩展到约 189 英亩（$76hm^2$）。该园目前归圣迭戈市所有，由海洋世界娱乐公司运营，是动物园和水族馆协会（AZA）的成员。截至 2017 年，园内有 4 个主要的海洋动物秀，26 个动物栖息地，15 个游乐设施等，以及从事海洋生物学研究的哈布斯海洋世界研究院为公众提供海洋教育和宣传。

2. 项目类型

主题公园

3. 实习时长

大约 1 日

4. 历史沿革

圣迭戈海洋世界于 1964 年由 4 名加州大学洛杉矶分校（UCLA）的毕业生米尔顿·谢德（Milton C. Shedd），肯·诺里斯（Ken Norris），戴维·德莫特（David Demott）和乔治·米莱（George Millay）创立开业，投资约 150 万美元，最初只有几只海豚、海狮和两个水族馆，第一年就接待了 40 多万名游客。1968 年，海洋世界公开发行股票，开始向美国本土和全球扩张，包括海洋世界主题公园、水上乐园等系列品牌。

圣迭戈海洋世界经过不断扩建，逐渐建成规模庞大的组合式海洋公园，场馆由单馆变为多个场馆组合，展出和表演的海洋动物种类极大丰富，场地面积增大，场馆之间建设了富有公园特征的景观，并且融合了多种娱乐设施和商业服务设施，成为真正意义上的主题公园，是新一代海洋公园的代表。其功能也从早期的动物表演、设施娱乐，发展到集游览、教育、保护、娱乐、购物、休闲、文化演出等为一体的主题公园，并致力于为救助和人工繁衍的海洋动物创造舒适的生活，致力于教育公众有关野生动物和环境保护的知识，是世界上最重要的动物组织之一，在兽医护理和动物福利方面处于全球领先地位。

50 多年来，海洋世界一直保持在动物救援和海洋保护的最前沿，园区本身设计也非常注意环保低碳，包括园内很早就取消一次性塑料吸管和塑料购物袋、使用太阳能电池板，以及实施节水措施，通过收集雨水再利用水来冷却建筑物、调整景观设计以减少对水的需求等。

5. 实习概要

圣迭戈海洋世界充分利用海湾的地理空间优势，为海洋动物提供良好的生存环境和护理环境，同时也为游客设计创造了优美宜人的海洋景观环境。园区包括南部的入口服务区、北部的海湾地区、中部的天空观景塔以及园区各类海洋动物主题馆、表演场地、游乐设施。不同于迪士尼乐园的完整布局规划，由于园区是不断扩建而成，所以整体呈现相对散布的平面分布，通过景观设计、标识指引服务等方式将分离的场馆进行有效连接。作为主题公园，海洋世界还配有占地惊人的地面停车场，面积仅略小于公园本体空间，占地近 $30hm^2$，是美国主题公园典型的土地配置方式。

圣迭戈海洋世界是集海洋动物、机动游乐项目于一体的主题公园，通过整合海洋馆和游乐园，将动物展示、表演和互动体验与刺激的游乐设施和必看的季节性活动相结合，提供给游客一票体验"自然与刺激""教育与娱乐"的实惠和享受。这种针对性与互补性的组合既可以满足家庭在观赏自然生灵之余挑战机动游乐项目的机会，也可以满足年轻人体验刺激机动游乐项目后的休闲。

根据上述功能要求，园区被划分为两大部分。一部分是动物展示观演场所，包括相对独立的几个大型露天观演场地和室内场馆，构成了园区的主要空间框架，即入口广场西侧的虎鲸表演场、西北海湾的海洋马戏团圆形剧场、中部的海狮现场秀和海豚表演场，以及东部的宠物剧场和室内极地海洋馆等。另一部分是各类游乐骑乘设施，两组大型游乐设施被分成东西两处各自放置，包括亚特兰蒂斯之旅、激流勇进、多媒体过山车蝠鲼等。其余景观设施因地制宜安放其间，既可以有效利用空间，也起到划分阻隔的作用，以此建立园区内相对独立的分区环境。园区的购物休闲空间集中在入口处，供游客离开时购买消费。

值得一提的是园区提供给游客的参与式体验设计，活动包括让游客亲自触碰海洋生物、近距离观察海洋生物、模拟海洋生物生存环境等各种细节设计，同时还配备了丰富的教师资源、儿童节目、夏令营、教育视频等各类服务，以此激发游客对海洋的热爱和探索海洋的热情。

随着国际上对海洋动物保护的呼声越来越高，海洋世界的招牌吸引物虎鲸、海豚圈养表演都将逐渐淡出历史舞台，这种趋势变化使得海洋世界越来越注重对自身特色主题的挖掘和对体验产品的提升。一方面，原有海洋展演馆不断升级换代，比如新近开发的结合多个水族馆、新的游乐设备和数字技术的"海洋探险"，提供趣味性、教育性和娱乐性的沉浸式体验。另一方面，原有骑乘体验项目不断提升挑战，并结合海洋主题创造惊险刺激的体验，比如圣迭戈海洋世界目前最高和最快的电鳗过山车，以鳗鱼水族馆为特色，电鳗主题以声、光技术方式呈现，通过过山车以及馆内产生电流时的震撼效果模拟电鳗的放电过程，过山车包含回环、盘旋等元素，进入回环时，列车最高离地150英尺（约45.7m），最高速度可达62英里/小时（约99.8km/h）。通过海洋主题体验与科技的创新结合，圣迭戈海洋世界在激烈的主题公园竞争中抢得一席之地。

6. 实习备注

官网：https://seaworld.com/san-diego/

地址：500 Sea World Drive, San Diego, California, United States

咨询电话：619-222-4732

7. 图纸

图纸请参见链接：Open Street Map（OSM）https://www.openstreetmap.org

（唐鸣镝　徐桐雨　编写）

圣迭戈野生动物园

San Diego Zoo Safari Park

1. 位置规模

圣迭戈野生动物园（San Diego Zoo Safari Park）位于加利福尼亚州埃斯孔迪多以东的圣帕斯夸尔山谷距离圣迭戈市区内的圣迭戈市动物园 51km，距洛杉矶 2 小时车程。园区地处半干旱环境，占地 730hm^2，目前放养着 2600 多只非洲和亚洲野生动物，种类达 300 余种，植物种类超过 3500 种，员工约 400 到 600 名，是圣迭戈和南加州最大的旅游景点之一。

2. 项目类型

动植物园

3. 设计师 / 团队

圣迭戈野生动物园由圣迭戈动物学会（Zoological Society of San Diego）创办，2010 年学会更名为圣迭戈动物园国际。该学会建立了集城市动物园、野生动物园和研究机构于一体的动物展示与保护模式体系，旗下还有圣迭戈市动物园和动物园保护研究院两大机构，是一家非营利性的保护机构，也是全球最大规模的动物学会之一。

圣迭戈野生动物园的总体布局由美国建筑师查尔斯·浮士德（Charles Faust）设计，他同样也是圣迭戈动物园的设计师之一，曾主持设计沉浸式观览模式的大猩猩展区，在壕沟式观览设计领域拥有丰富的经验。20 世纪 60 年代，查尔斯去非洲考察当地的村庄和各类景观，初步形成了大型鸟舍、观光车、模拟自然的起伏地形等设计理念，绘制出野生动物园设计概念图。开业建成时包括一个带丛林广场的大泻湖、一个非洲渔村、公园入口处的鸟舍，以及大约 5 万棵植物都被纳入到了园区景观中。

4. 实习时长

4–6 小时

5. 历史沿革

1916 年，圣迭戈市动物园在巴拿马太平洋国际博览会小型动物展区的基础上创立，利用来自社会和商界的捐款，建成了全美最早实践“无笼”开放式展示的创新动物园。20 世纪 50 年代末，为了更好地照料珍稀濒危动物和鼓励繁殖，为大型动物和有蹄类动物提供充足的空间，时任圣迭戈动物园园长查尔斯·施罗德博士提出建造圣迭戈野生动物园，既作为动植物保护基地，为动物营造自然式的生境（Habitat），也开放供游览学习，为游客配置适宜的服务设施。园区建设总耗费 1000 多万美元，其中约 600 万来自圣迭戈市政债券，剩余由动物协会支付，奠基后历时三年建设，于 1972 年正式面向公众开放，是当代野生动物园的雏形。2010 年更名为现用名，强调自由放养动物的宽阔围场概念，进一步明确了以动物为主体的展示策略与保护管理理念。

6. 实习概要

圣迭戈野生动物园以保护动物为根本目的，遵从生境设计理念，将野生动物原生的环境景象融入园区构思中，创造出逼真形象的模拟野生环境的展示空间。特别是以“植物”为主要材料的动物栖息地设计，根据当地气候、场地朝向、地形地貌、温度与湿度等特征配置适应生存的植物品种，最大限度地突出了动物栖息的特色环境属性，充分体现了“生境式”的设计理念。丰富多样的植物不仅为动物提供食物，自身也成了展示观赏的主体。1993 年，包括野生动物园在内的圣迭戈动物园园区被美国博物馆联盟认定为植物园。

园区的总体布局结合当地的山谷地形、强调栖息地特征进行了设计，按空间的疏密划分可以为东西两部分 14 个展示区。东部以展示非洲、亚洲物种为主，安排有非洲平原、亚洲稀树大草原两个占地广袤的动物栖息与观赏区，几乎占据了全园 4/5 空间；西部靠近道路和入口，地形复杂，安排有大本营、内罗毕村、大猩猩森林、非洲丛林、狮子营、小树林、象谷、澳洲徒步、世界花园、虎径、神鹰岭、非洲哨站 12 个大小不等的展示区、游客服务与娱乐活动区，展示区依据动植物原始生境、充分利用地形，创造出相互独立又联系紧密的系列区域，空间划分紧凑丰富，功能多元合理，园内总体建筑风格具有鲜明的非洲传统民居特点。

从微观环境设计看，园区满足了野生动物在野外生境中所需的自然状态，满足了动物对食物、水、隐蔽三大栖息地要素的需要，模拟自然环境的复杂性，提供野生动物足够的选择余地，同时也为游客创造了近距离观察动物的条件。比如狮子营、虎径等区域，既能融入整体景观，又与其他动物隔绝，游客可以利用空间隐蔽，近距离观察猛兽而互不干扰，空间设计复杂精妙。

从游览设施配置看，园区以出入口附近的大本营和内罗毕村为主要的游客服务中心，依托多种特色线路组织游览序列，同时配有特色交通工具、解说导引系统以及服务哨站串接各个展示区，提供给游客不同的观览视角与体验，包括非洲观览车、观光卡篷车、游猎车、丛林绳索、飞索、热气球、步行道和丛林营地、非洲哨站等，以及露天剧场、展览馆、游客中心、骑警基地、救护站等配套服务设施。

7. 实习备注

开放时间：9:00–17:00

地址：15500 San Pasqual Valley Road, San Diego, California, United States

官方网址：https://www.sdzsafaripark.org/

电话：619-231-1515（普通咨询）/ 619-231-0251（会员咨询）

8. 图纸

链接：谷歌地图 https://ditu.google.cn

（唐鸣镝　余多丽　编写）

圣迭戈植物园
San Diego Botanical Garden

1. 位置规模

圣迭戈植物园（San Diego Botanical Garden）位于美国加利福尼亚州恩西尼塔斯，距圣迭戈北部30分钟车程，占地15hm^2。

2. 项目类型

植物园

3. 设计师 / 团队

米尔德丽德·麦克弗森（Mildred Macpherson）、克里斯·加西亚（Chris Garcia）等。

4. 实习时长

2小时

5. 历史沿革

圣迭戈植物园原名鹌鹑植物园。在1957年以前，该花园是露丝·贝尔德·拉比（Ruth Baird Larabee）的私人财产。1957年她将自己的住宅和土地捐赠给了圣迭戈县，逐渐发展为植物园，并于1970年正式向公众开放。其植物园基金会（Quail Gardens Foundation, Inc）成立于1961年，支持着植物园长期发展。

6. 实习概要

圣迭戈植物园内收集、展示了近4000种植物，主要包括热带植物、亚热带植物和加利福尼亚州乡土植物。圣迭戈植物园由29个主题花园组成，分别展示各有特色的植物景观。

部分专类园以植物分布地理为主题，分别展示了世界各地的特色植物景观，包括澳大利亚花园（Australian Garden）、非洲花园（African Garden）、美国中部花园（Central America）、墨西哥花园（Mexican Garden）、新西兰花园（New Zealand Garden）等。还有以展示本土植物景观特色的的加利福尼亚花园（California Gardenscapes）。

加利福尼亚花园：加利福尼亚花园参考南加州的地形被划分为几个生态区。园丁克里斯·加西亚重新设计并参与了这个花园的维护管理，建造了与特定植物群落相对应的地形。该区域一系列的花园分布在环路两侧，鼓励客人在每个景观小品慢下来，停下来观赏。不仅是观赏某个植物，还包括本土耐旱景观，为当地人们的庭院设计提供参考。

其他各具特色的主题花园还包括：

竹园：该园获得美国国家林业局（NAPCC），北美植物收集联盟（North American Plant Collections Consortium）认证，是北美最大的竹类植物专类园。园中收集、展示的竹子由121个类群组成，主要来自南美洲、非洲、亚洲包括喜马拉雅山脉等地区的种类及品种。

鸟与蝴蝶花园：花园种植了能够吸引蝴蝶和蜂鸟的花草植物，景观充分的体现了人与自然的互动。该园的展示、科普性极强，能指导人们在自家庭庭院中开展类似生物多样性较高的植物景观的营建。

非洲花园：沿着砂岩山脊发现了不寻常的植物，包括艳丽的非洲郁金香、多肉植物和苏铁。

美国中部花园：从蒙特祖马柏树到大丽花，展示了墨西哥南部和中美洲迷人的植物。

汉密尔顿儿童花园：在这里，你可以在丛林中爬上托尼的树屋，穿过大象脚下的树林看活鹌鹑，在山间小溪中玩耍，做音乐等。

草药园：精选来自世界各地的药用和烹饪草药的精选，这些草药生长于中心建筑周围。

草坪花园：壮丽的树木，五彩缤纷的花朵，以及风景如画的台地突出了这个受欢迎的地区。

地中海花园：发现一片郁郁葱葱的橡树林、薰衣草、迷迭香、水仙花、仙客来等陆续盛开。

7. 实习备注

开放时间：9:00–17:00，圣诞节休息。

地址：230 Quail Gardens Drive, Encinitas, CA 92024

邮箱：info@SDBGarden.org

电话：760/ 436-3036

8. 图纸

https://www.sdbgarden.org/

（郝培尧　张丹丹　谢婉月　编写）

加利福尼亚州乐高乐园度假区

LEGO Land California Resort, California

1. 位置规模

加利福尼亚州乐高乐园度假区（LEGO Land California Resort, California）位于美国加州圣迭戈市以北的卡尔斯巴德滨海度假带，紧邻滨海1号公路，周边聚集有众多的酒店、餐厅、高尔夫球场，距洛杉矶140km，距圣迭戈市56km。度假区占地约52hm^2，包括加州乐高乐园、海洋生物水族馆、乐高水上乐园、乐高酒店和乐高城堡酒店等。

2. 项目类型

主题公园

3. 设计师/团队

乐高乐园是以玩具品牌为核心创意的主题公园，其核心的设计团队是乐高建模师团队，加州乐高乐园工作室即专门为乐园和乐高探索馆设计建筑、雕塑模型的团队。工作室隶属于英国默林娱乐集团（MEG），作为旅游景区运营集团，MEG是仅次于迪士尼世界第二大娱乐集团，2005年收购乐高乐园，负责全世界乐高乐园的运营。

建模师的设计建造材料就是乐高积木，建造模数是一块乐高地底盘的尺寸8mm×8mm×3.2mm，建模师利用数学计算将其变幻出无数种可能。建模使用乐高专属的软件（LDD）或其他计算机辅助设计软件建构建筑和雕塑模型，在电脑上先把原型制作出来，实地建模的时候再构思考虑如何运用构造技术。

4. 实习时长

大约1日。

5. 历史沿革

乐高集团成立于1932年，总部设在丹麦，LEGO一词来自丹麦语中的“leg godt”，意思是“play well”，即玩得好、玩得开心，鼓励孩子在游戏中激发创造力和想象力。乐高集团于1949年开始生产连锁玩具积木，并依托该品牌陆续开发了电影、游戏、比赛以及乐高教育、乐高乐园（户外）、乐高探索中心（室内）、乐高酒店等系列产品。

世界第一个乐高乐园是1968年在丹麦比隆开业的乐高乐园比隆度假村。美国乐高乐园加州度假区于1999年3月20日开业，是第一个欧洲以外的乐高乐园，2005年，乐高集团为了更专注于核心的玩具业务，将已经建好的4座乐高乐园出售给默林娱乐集团，其后加州乐高乐园开始了大力增建扩张，包括乐高主题海洋生物水族馆（2008年开业）、乐高主题水上乐园（2010年开业，2014年扩建）、乐高乐园酒店（ 2013年开业）和乐高乐园城堡酒店（2018年开业），至此形成现在的规模。

6. 实习概况

乐高乐园是以玩具积木为核心素材设计的主题公园，服务人群针对2–12岁孩子的家庭，乐园设计均围绕儿童对游戏的不同需求进行安排，注重安全性、健康性、吸引性、益智性、兼顾性、参与性，其成熟完备的儿童游戏设施和环境设计、靓丽鲜明的风格、寓教于乐的教育理念令其在加州主题公园群中独树一帜。此外，作为主题公园，乐高还需要用故事搭建场景，利用成熟IP创造乐高独有的吸引物和参与体验。比如乐高星球大战迷你园地死亡星球，横跨六英尺（182.88cm）的区域，游客可欣赏由乐高积木搭建的星球大战经典电影场景，展示了在银河帝国空间站内的乐高暴风部队、叛军X翼战斗机飞行员和帝国星舰等。游客可以尽情发挥想象力，在隔壁的搭建区打造属于他们自己的乐高太空舰船。整个加州乐高乐园的场地景观由 6000 万块乐高塑料积木搭建而成，鲜明的主题景观全部用乐高积木富有创造力和想象力的外化表达，细节设计与服务活动处处有惊喜，充分体现了发现和探索的乐高精神。

空间布局上，以乐高积木还原实景的小小世界是每个乐高乐园的特色标配，加州乐高乐园即是以迷你美利坚景区和景观湖为中心，构成了极具美国特色的景区地标形象。其余各主题沿湖周边环形布局，划分为十几个风格迥异、相对独立的游乐区域，并通过合理的规划和交通组织形成立体的游览闭环。各主题区设施完善、分区清晰、方向感强，通过环路串接，为孩童提供不同级别和兴趣的多样选择，包括门区引导游乐始终的起点区域，提供包括餐饮、娱乐、购物、咨询在内的综合服务；以及挑战体能的忍者世界、激发创意的想象区、寻宝探险的冒险乐园、中世纪主题的城堡山、水上娱乐的海盗海岸、孩童运行执掌的趣味城市、恐龙主题的探索岛、女孩子们的心湖城、水上乐园等，提供了超过 60 种骑乘设施、表演、景点供亲子家庭共享。此外，乐园的外部服务集中在南部入口周边，配有巨大的停车场、主题酒店和水族馆，同样由乐高元素打造，是度假区整体的一部分。

游乐项目上，除了游船、小火车、热气球、亲子过山车等一般型设施，乐高乐园还设计有亲水型、教育型和科技型三大类设施，根据不同年龄设置不同的项目活动，内容多而全，选择余地大。亲水型包括水上飞机、水上游船这种以 IP 包装为卖点、不会湿身的设施，还有简单粗暴、弄得全身湿透、人气最高的玩水广场，以及贴心的全身烘干机；教育型，比如驾驶学校，通过有趣的体验教育，孩子们可以驾驶电动车练习上路并在结束后领取“乐高世界驾照”；科技型，乐园与索尼合作，孩子能用 PS4 游戏机玩乐高主题的电玩，将科技深入结合 IP 内容，赢得游客认可。

活动安排上，乐园主要有 4D 影院、表演、明星见面会、布偶剧场、真人舞台秀、巡游等演艺活动。乐高乐园的巡游不像迪士尼那样大规模、每天固定演出，更多采取的是配合特殊节庆，甚至结合其他 IP，推出期间限定的巡游活动，比如推出的星球大战主题周，包含有角色巡游。

服务配套上，由于针对儿童及亲子家庭，乐园考虑了大量细致入微的服务，既包括最基本的儿童推车租用、亲子友善厕所、儿童马桶、尿布台、尿布贩卖机、独立的哺乳室、热奶微波炉等，也包括一些帮助带孩子的家长赢得游玩时间的特殊服务。

7. 实习备注

地址：LEGO Land California Resort，One LEGOLAND Drive，Carlsbad, CA 92008

乐高乐园官网：https://www.legoland.com/en/california/

咨询电话：760-203-3604

帮助中心 email：experience@LEGOLAND.com.

8. 图纸

图纸请参见链接：Open Street Map（OSM）https://www.openstreetmap.org

（唐鸣镝　韩欣凌　编写）

南海岸植物园

South Coast Botanic Garden

1. 位置规模

南海岸植物园（South Coast Botanic Garden）位于美国加利福尼亚州帕洛斯·弗迪斯山，于洛杉矶国际机场以南 16km 处，占地 35hm^2。

2. 项目类型

植物园

3. 实习时长

2.5 小时

4. 历史沿革

植物园场地在 1929—1959 年的 30 年间为露天矿场，生产了 100 多万吨天然硅藻土。在 1959—1965 年间被用作垃圾填埋场。从 1961 年起开始政府决定对垃圾填埋场进行景观修复改造，将这块土地作为南海岸植物园的基址。政府与其他机构合作进行了初步规划建设，并由洛杉矶县植物园相关部门负责经营管理。1961 年 4 月，在垃圾场覆土，完成了第一次大规模种植，其中有 4 万多株植物是由个人、苗圃和县植物园捐赠的。南海岸植物园完成了从露天矿山到卫生垃圾填埋场再到植物花园的转变，并成了土地复垦和可持续发展的卓越典范。

5. 实习概要

南海岸植物园是世界上最早一批由垃圾填埋场改建而成的植物园，成为土地复绿和生态修复创新的典型范例。其不仅为解决垃圾处理问题提供了切实可行的解决方案，同时也美化和改善了区域景观。

南海岸植物园收集、展示了超过 2000 种类，约 150000 棵植物，隶属于约 140 科，700 属。南海岸植物园内设有 39 个以植物地理分布或植物科属分类为主题的专类园。

加利福尼亚乡土植物园：花园展示的植物种类以加利福尼亚州的乡土植物为主，管理养护简便，植物景观极富地域特征。春夏花开不断，丰富多彩；秋冬硕果累累，为鸟类、昆虫及其他野生植物提供了良好的栖息地与食物来源。

儿童园：其是植物园中最受青少年欢迎的专类园。花园中植物的配植与童谣相关，以植物构建了宏大的童话故事体系。花园中还设有秘密隧道、字母花园、蝴蝶园等功能区供儿童探索。

沙漠花园：沙漠花园栽植了产自美国、非洲、墨西哥和南美洲等地的仙人掌、大戟、芦荟和其他多肉多浆类植物。

展览温室：展览温室每天 9:00–15:00 向公众开放。温室的热带景观十分突出，植物种类包括安祖花、食虫植物、堇菜、兰花和西番莲等。

感官花园：该专类园旨在引导游人通过嗅觉、触觉、声音和视觉来充分享受植物的美好。园内植物被种植在抬升的种植床中，方便人们触摸或嗅闻。

月季园：园内栽植有近 80 种不同品种的月季，搭配栽植桃金娘、樱花、鼠尾草，黄杨木、各种多肉植物等，以提供给游客全年优良的观赏体验。

地中海花园：地中海气候仅在加利福尼亚沿海地区、地中海盆地、澳大利亚西南部、南非西南开普省和智利沿海地区分布。该花园亦以加利福尼亚乡土植物为主，营建地中海气候条件下的特色自然植物群落。

大丽花园：大丽花园的最佳观赏期从仲夏持续至深秋，园内品种丰富，每当观赏季来临，游人如织。

月季园：园内栽植有近 80 种不同品种的月季，搭配栽植桃金娘（*Eucalyptus robusta*）、樱花（*Prunus serrulata*）、鼠尾草（*Salvia japonica*），黄杨（*Buxus sinica*）、各种多肉植物等，以提供给游客全年优良的观赏体验。

倒挂金钟园：该花园由南海岸分会和国际倒挂金钟协会共同建立和维护，包含众多倒挂金钟栽培品种。花园顶部设有高架遮阳布以遮挡强光，为倒挂金钟和其他耐阴植物营造适宜生境。

榕树林：该花园的突出特色为榕树林中的大量气生根。气生根向下悬垂，入土后不断增粗而成支柱根，不仅可以吸收养料和水分，而且支撑着不断往外扩展的树枝，使树冠不断扩大，形成独木成林的景观。春天，林下栽植的君子兰也依此盛开，为榕树林增添了缤纷色彩。

日本花园：该花园由南海岸盆景协会负责维护，以盆景展示为主，并在锦鲤池四周栽植大量的常绿灌木，以保证四季有景可观。

6. 实习备注

开放时间：9:00–17:00（16:30 停止售票）；圣诞节休息

门票：$9 / 成人；$6 /62 岁以上的老人；$6 / 学生；$4 /5-12 岁的儿童

地址：26300 Crenshaw Boulevard Palos Verdes Peninsula, California 90274

邮箱：info@southcoastbotanicgarden.org

电话：（310）544-1948

7. 图纸

图纸请参见链接：http://southcoastgardens.ca/

（郝培尧　张丹丹　付甜甜　编写）

圣莫尼卡机场公园

Santa Monica Airport Park

1. 位置规模

圣莫尼卡机场公园（Santa Monica Airport Park）在邦迪大道和机场大道的拐角处，占地约 6.5hm^2。

2. 项目类型

机场公园

3. 设计师 / 团队

景观与建筑公司里奥斯·克莱门蒂·哈勒（Rios Clementi Hale）工作室。

4. 实习时长

1 小时

5. 历史沿革

由于圣莫尼卡和联邦航空局之间长达 30 年的协议要求该市在机场南侧提供飞机停车位，该项目于 2015 年 7 月得以实施，将增加 4.9hm^2 的绿色空间的机场大道，扩建后的公园将是目前占地 1.6hm^2 的公园总面积的 4 倍，RCH 工作室设计的项目，包括设施，包括新的运动场，一个多功能的大型运动场，一个慢跑跑道一个社区花园，以及一个可以观看飞机起飞和降落的高架护堤。

6. 实习概要

新公园建立在丰富的历史基础上，将飞机的活动和运动转化为人类的健康和体验。该方案通过一条人行横道连接公园的两个开发阶段，人行通道在场地东侧的一个新的人行入口处，达到顶峰，邀请圣莫尼卡以外的社区进入扩建后的公园，人行跑道是一种双向多用途直线轨道，其距离由图案标记，类似于在停机坪上为飞机交通绘制的图形，跑道两侧是一个有健身设备组成的网络，其中包括乒乓球桌、公共瑜伽垫、TRX 酒吧和用于放松内衬的杆子，在行人跑道和机场之间有一条护堤，作为新公园的隔音屏障，直至机场全面关闭，护堤作为一个观察起飞和降落的眺望台，通过逐渐的坡道进入。

根据 RCH 工作室网站的数据，公园的景观设计灵感来自其工业环境和开阔的视线。根据三个标准进行评估：绩效、文化和生态。

跑道，第一种选择，将为公园增加三个新的运动场和各种其他便利设施，包括自然栖息地、社区草坪、儿童游乐区、社区花园和森蒂内拉戈大道上的新行人入口。

起落架，第二种选择，简易机场将提供一系列类似的便利设施，但在设计方式上，公园将成为一个毗连的绿地。为了实现这一点，现有的一条通道将被取消，取而代之的是公园西侧的一个新车辆入口。

飞行路径，第三种选择，将减少行人与车辆冲突的可能性，将停车场的通路环绕在公园周边，然而，这种选择也会导致整体绿地和可用停车位的大幅减少。

7. 实习备注

地址：3201 Airport Ave, Santa Monica, CA 90405–6114

电话：+1 310-458-8300

网址：http://www.smgov.net/Departments/CCS/content.aspx?id=31692

（刘红秀　张诣卓　董梦宇　编写）

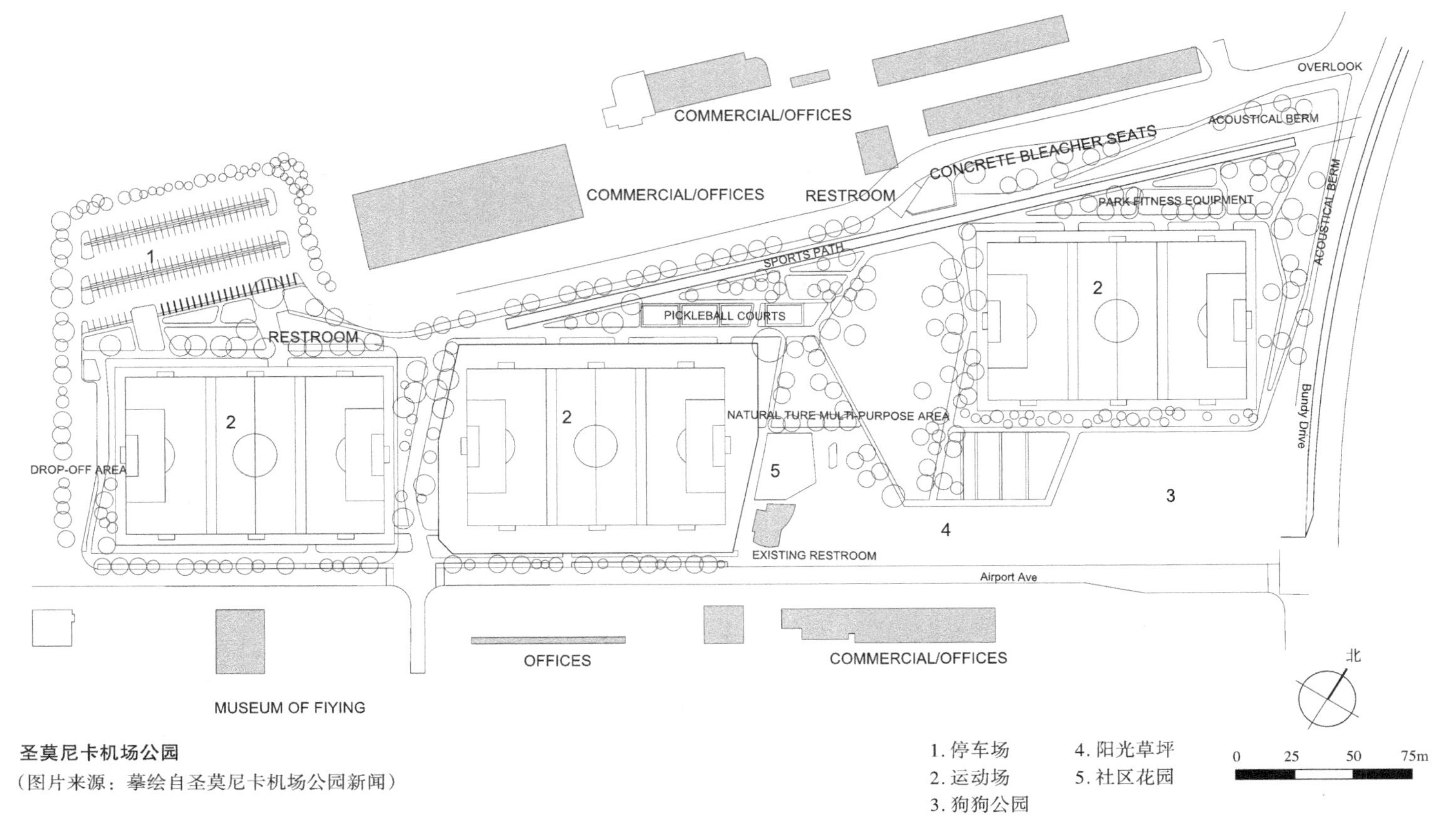

圣莫尼卡机场公园

（图片来源：摹绘自圣莫尼卡机场公园新闻）

圣莫尼卡南部海滩

BIG South Beach, Santana Monica

1. 位置规模

圣莫尼卡海滩（Santa Monica Beach）位于加利福尼亚州南部，占据了太平洋 4.8km 长的海岸线，占地约 99hm^2。该海滩南邻威尼斯小镇，北与马里布小镇相接，是圣莫尼卡历史性地标。在圣莫尼卡蜿蜒绵长的海湾内，它的海滩范围宽广，人们可以根据四季和潮水的变化测量海滩的宽度。南滩毗邻圣莫尼卡码头，是世界著名的肌肉海滩和国际象棋公园的连接纽带，是连接各种酒店、特许权和娱乐场所的步行长廊。

2. 项目类型

滨水景观

3. 设计师 / 团队

海滩改善组

华莱士·罗伯茨和托德公司 Wallace Roberts & Todd（WRT）与乔迪·皮托（Jodi Pinto）

4. 实习时长

1 小时

5. 历史沿革

圣莫尼卡的艺术和文化发展以创意资本计划为指导，该计划在社区广泛推广后，于 2007 年获议会通过。海滩改善组所做的改善项目包括景观、行人及单车道、现场陈设和新的活动区域。夏天，海滩的使用率很高，每年有 30 多万人会到这里游玩。冬天，跑步的人和流浪汉发现这里的气候很有吸引力，所以大街上的人通常会选择在海滩上散步。

6. 实习概要

该项目是典型的集娱乐、休闲于一体的游览度假胜地，在功能上满足多种人群的需求：有公园、野餐区、操场、卫生间，以及救生站（配有轮流值班人员）、自行车租赁、一条自行车道以及专为温暖的日子和残疾海滩游客设计的木质小径等。

尊重海滩现状条件，种植适合在海边生存的植物及适当种植本土植物体现本土特色。由于圣莫尼卡南部海滩上有许多项目，如儿童游乐场，肌肉海滩，国际象棋公园等，在绿化建设上更加注重整体的协调性，自行车道的两旁偶尔点缀几棵棕榈树，3min 左右就会看到一个公园供游客休息、游览。

海滩上的设施近年来逐步完善，更加注重功能与艺术的结合。如：木板人行道位于地势较低的地方，边缘仅是沙滩上的一条线。木板路可以看到地平线，从一定角度来看就仿佛将大海隐藏起来，日落就会被打断。从日出到日落，木板路会随着人们的节奏和游戏而起伏。人们在上面嬉戏、喧闹，充满了动感、表演和欢乐。整个海滩就像一个“人类剧场”，寓意人生中的潮起潮落，分别体现在视觉上和功能上，使南海滩的自然美、历史特征和纯粹的景观焕发出新的活力。

7. 实习备注

海滩全天开放，无需预约。在行为规范上明确规定：禁止在海滩上吸烟；海滩上不允许有狗。

（刘红秀　编写）

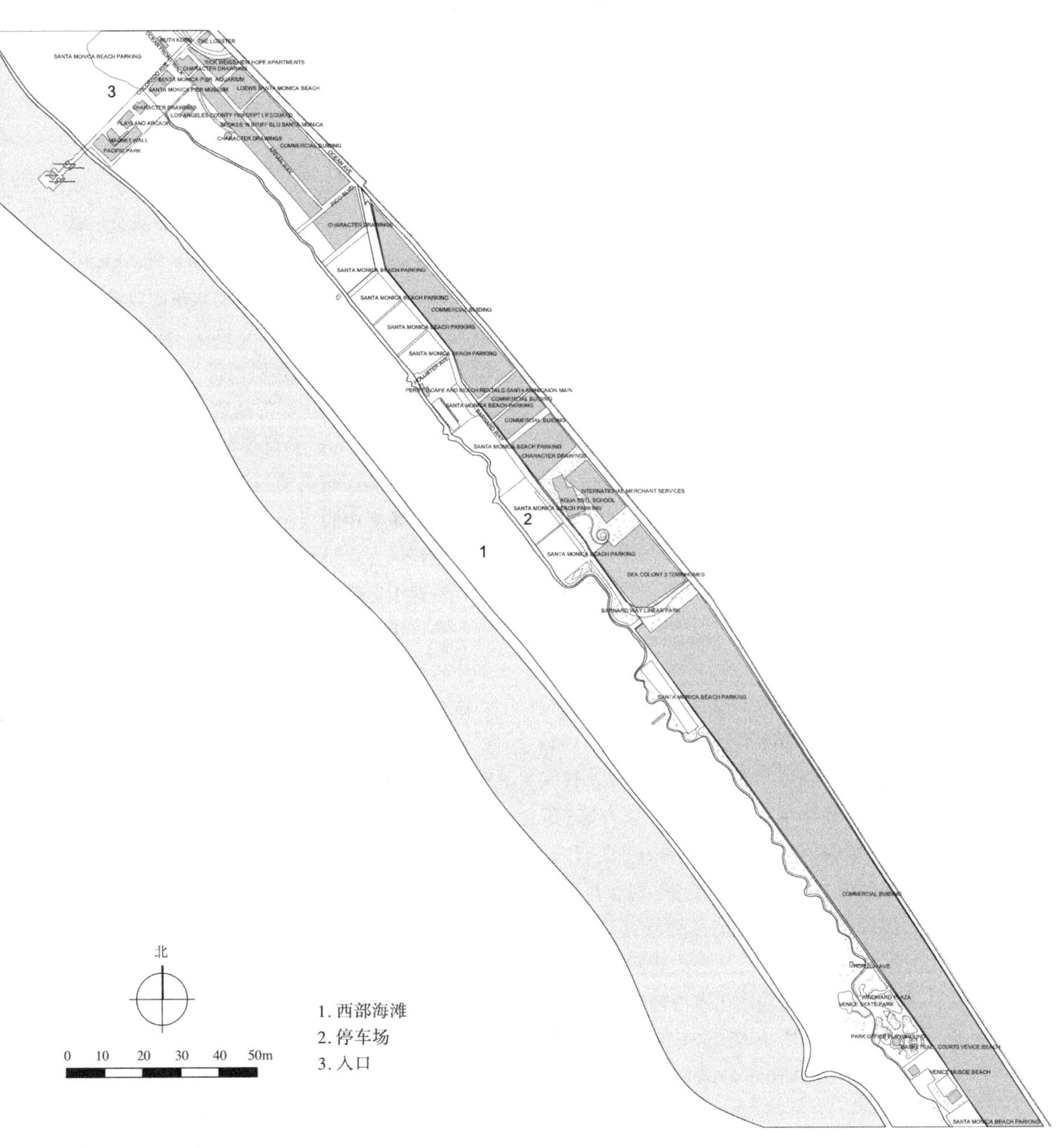

圣莫尼卡南部海滩

(图片来源：摹绘自 Google 地图)

J保罗盖蒂中心
J. Paul Getty Center
弗兰和雷斯塔克雕塑花园
Fran and Ray Stark Sculpture Garden

1. 位置规模

J保罗盖蒂中心（J. Paul Getty Center），又称盖蒂艺术中心，位于美国加利福尼亚州洛杉矶圣莫尼卡山区的丘陵上。占地面积44.5hm^2，总建筑面积约930000m^2。

弗兰和雷斯塔克雕塑花园（Fran and Ray Stark Sculpture Garden）位于盖蒂中心北侧约1km处的山脚下入口处，紧邻405高速公路，占地面积约2196 m^2。

2. 项目类型

建筑与花园

3. 设计师 / 团队

理查德·迈耶（Richard Meier），美国建筑师，现代建筑中白色派的重要代表人物。1935年生于美国新泽西东北部的城市纽瓦克，曾就学于纽约州伊萨卡城康奈尔大学。理查德·迈耶受到勒·柯布西耶（Le Corbusier）的影响，其大部分早期作品都体现出了勒·柯布西耶的风格。迈耶于1984年荣获普利兹克建筑奖，其代表作品包括盖蒂中心、意大利罗马千禧教堂、西班牙巴塞罗那现代艺术博物馆等。

弗兰和雷斯塔克雕塑花园由OLIN和Richard Meier & Partners Architects共同设计完成。

4. 实习时长

2–3小时

5. 历史沿革

盖蒂中心，是美国保罗·盖蒂基金会为了展示石油怪杰保罗·盖蒂（Jean Paul Getty，1892—1976）一生中最重要的收藏而建设的集展览和研究为一体的艺术中心。1983年，盖蒂基金会斥巨资在洛杉矶西部买下了44.5hm^{2}山坡作为整个盖蒂中心的基地，并同时购买了与之毗邻的243hm^{2}自然保护区。经过一年的严格甄选，美国著名建筑设计师理查德·迈耶从众多竞争者中脱颖而出，被委以设计盖蒂中心的重任。在经过长达13年的设计和施工后，总耗资达十亿美元的盖蒂中心于1997年落成。

弗兰和雷斯塔克雕塑花园建于2007年，其中展示了电影制片人雷斯塔克和他的妻子弗兰收藏的28件雕塑作品。

6. 实习概要

盖蒂中心是美国洛杉矶最重要的艺术机构之一，其投入大量的资金，收藏风格独特的艺术作品，并积极致力于各种艺术项目的开发。盖蒂中心收藏了美国本土最为精美的名作手稿和老照片，是美国同类艺术品最大的收藏机构之一，并藏有大量的欧洲绘画、雕塑、装饰艺术以及欧美摄影艺术品。盖蒂中心以其建筑、花园和俯瞰洛杉矶的景观而闻名。

盖蒂中心的设计灵感来自于意大利文艺复兴时期的山地别墅，将建筑融于台地、退台、花园和庭院之中。根据山体地形，主要建筑物沿两个自然山脊布置，建筑群总体布局采用了两套相互交叉呈22.5°夹角的轴网，两套轴网分别平行于山体南北走向的主脊线和洛杉矶圣莫尼卡城，沿两套网格布置的建筑相互交叉渗透，或以圆形空间作为过渡。在这里，迈耶把他的代表性手法表达得淋漓尽致：网格中的自由平面、坡道、空构架、扭转的形体、贯通的高敞空间和通透性；单纯抽象的几何形体、纯净的白色外形、复杂的体量组合及光线的完美表现；方与圆、直与曲、实体与空架、玻璃与金属及石墙面的对比；钢琴曲线的造型，既简洁又富浪漫色彩；悬挑的遮阳格栅、室外平台、楼梯、栏杆、坡道、线脚等一系列细部处理手法充分体现了空间中人性化的尺度。

盖蒂中心的室内外空间连接流畅自然，建筑与景观环境相协调，庭院间布置多处水池、山石及植物景观。盖蒂中心还有一个面积约 12400m^2 的中央花园，由著名艺术家罗伯特·欧文（Robert Irwin）设计。中央花园主要由树荫小径与溪涧和中心区两部分组成。梧桐树荫下的小径呈“之”字形反复交错越过小溪，小溪穿过广场在终端汇成跌水瀑布流入中央的圆形水池，水池中央布置有杜鹃花构成的植物迷宫，其设计灵感源于欧洲古典园林，中央花园中的植物种类多达 500 余种，罗伯特·欧文认为这是一个以艺术花园的形式所构成的雕塑，是随季节而不断进行雕琢的雕塑。

盖蒂中心的交通组织比较特殊，为避免周围居民被参观者的车流干扰，所有来访者和工作人员须先在入口处的一座地下 7 层的可容纳 1200 辆车的车库泊车，再乘坐上山的唯一交通工具——一种轻型气悬浮电车上山。车道顺山势蜿蜒而上，沿途可饱览自然保护区的美景。终点站位于盖蒂中心广场，人流由此分向四周的各幢建筑。

弗兰和雷斯塔克雕塑花园即坐落于靠近电车入口的地下停车场之上，为一系列盖蒂艺术中心分散的室外雕塑的一部分。前往盖蒂中心的参观者首先会穿过设有艺术展品的弗兰和雷斯塔克雕塑花园，然后登上电车直通主园区。花园的设计灵感来自加州南部的崎岖地带美景，其中设置有座位和喷泉以供人安静沉思，亦可观赏城市的天际线景观。

7. 实习备注

开放时间：

星期日、星期二 – 星期五 10:00–17:30

星期六 10:00–21:00

星期一闭馆

地址：1200 Getty Center Dr, Los Angeles, CA 90049

电话：(310) 440-7300

门票：免费

（武颖　编写）

San Diego Fwy

Getty Center Dr

1. 电车站
2. 廊架
3. 电动车辆充电站
4. 地下停车场入口
5. 雕塑
6. 种植池

弗兰和雷斯塔克雕塑花园平面图
（图片来源：根据Google地图描绘）

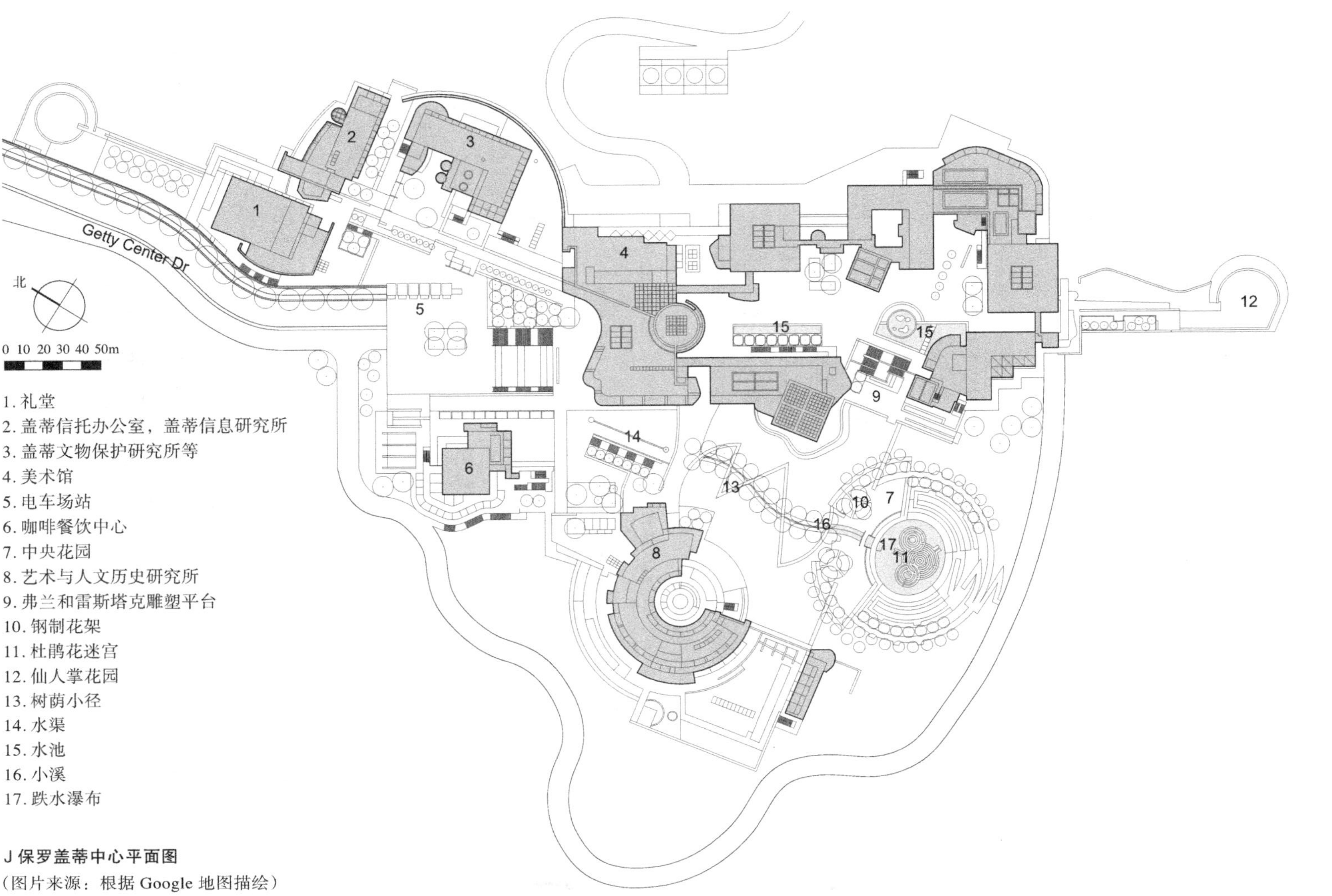

J保罗盖蒂中心平面图

（图片来源：根据 Google 地图描绘）

维斯塔·赫莫萨自然公园

Vista Hermosa Natural Park

1. 位置规模

维斯塔·赫莫萨自然公园（Vista Hermosa Natural Park）位于 100 N. 托卢卡街，洛杉矶。

面积：4hm^2。

2. 项目类型

城市公园

3. 设计师 / 团队

米娅·莱勒（Mia Lehrer + Associates）

4. 实习时长

1 小时

5. 历史沿革

维斯塔·赫莫萨自然公园所在地是西班牙殖民者最早在 18 世纪建立“天使女王之城”（今洛杉矶城）的一部分。1892 年，石油资源的发现促使这一有着典型地中海气候特征和美丽自然风光的地区迅速发展起来，而该场地便是其中一处石油采区。

世代洛杉矶人居住在透过窗户能望向北部山峦的建筑内，但如今伴随中心城区的不断扩展，居住在城中的工薪阶层很难有机会看到旁边的圣莫尼卡山脉。为此 2008 年，在圣莫尼卡山区保护委员会、洛杉矶山区游憩和保护管理局的支持下，维斯塔·赫莫萨公园建成以为周边市民提供一处放松休闲和体验自然景观的地方。这也是一百多年来，该人口稠密地区的第一个新建公园。

6. 实习概要

“维斯塔·赫莫萨”一词在西班牙语中是指“美丽的风景”。该公园的设计初衷便是创造一个“望向山区的窗口”，从而为周边工薪阶层（主要是拉丁美裔市民）提供亲近自然的机会，同时治理曾经较为危险并受到污染的环境。

基于场地周边地形，该公园分成三个不同高度的台层。东北侧的最高台层靠近社区建筑，布置了游戏和休息场地：游戏场地内有大型的蛇和海龟雕塑以及巨石堆体供孩子攀爬冒险；林下休息空间散布着木桌椅供人们野餐和交流。中间台层由面积最大的疏林草地和西北侧的剧场水池组成。疏林草地被一条 600 多米长的步道环绕一周，沿途有若干休息场地以及可远眺中心城区的观景台。椭圆形剧场以石堆作为挡墙坐凳，使之与旁边顺坡砌筑的跌水池塘融为一体。最低一个台层包括南侧的标准足球场地以及西南侧的入口停车区。

为节约成本，该公园多选用沙石地面、原木桌椅等质朴耐用的廉价材料，并选择耐旱乡土植物。由于较少的人工干预，公园里的植物群落随时间不断演替，呈现出一种近自然的荒野状态。疏林、灌丛、草地和水生植物营造出多种生境类型，随着植物成熟吸引越来越多的野生动物在此栖息。该项目践行的可持续设计理念为其带来了很大成功——通过与洛杉矶学区以及临近的爱德华·罗伊鲍尔学习中心合作，维斯塔·赫莫萨公园承担着该地区青少年自然科普教育的重要功能。为此，公园大面积使用透水铺装材料，建造具有绿色屋顶和太阳能光板的服务建筑，并在足球运动场下安装了 75.7m^3（2 万加仑）容量的储水池。

作为一处历史上的石油采区，该场地长期以来并未得到妥善处理。为此，设计团队在项目之初便需要安装天然气缓解措施和监测系统来保证地下深处危险浓度的硫化氢和甲烷气体不会造成伤害。合成膜和垂直立管通风系统用以防止有毒气体在公园建筑和蓄水池下方以及附近学校建筑的不透水板下积聚。此外，重点防范区域的表层土下面还需添加一定厚度的沙层，从而允许逸出的气体水平渗透，并通过降低释放速度使其达到人体可承受的安全浓度。

7. 实习备注

全天开放

（崔庆伟　编写）

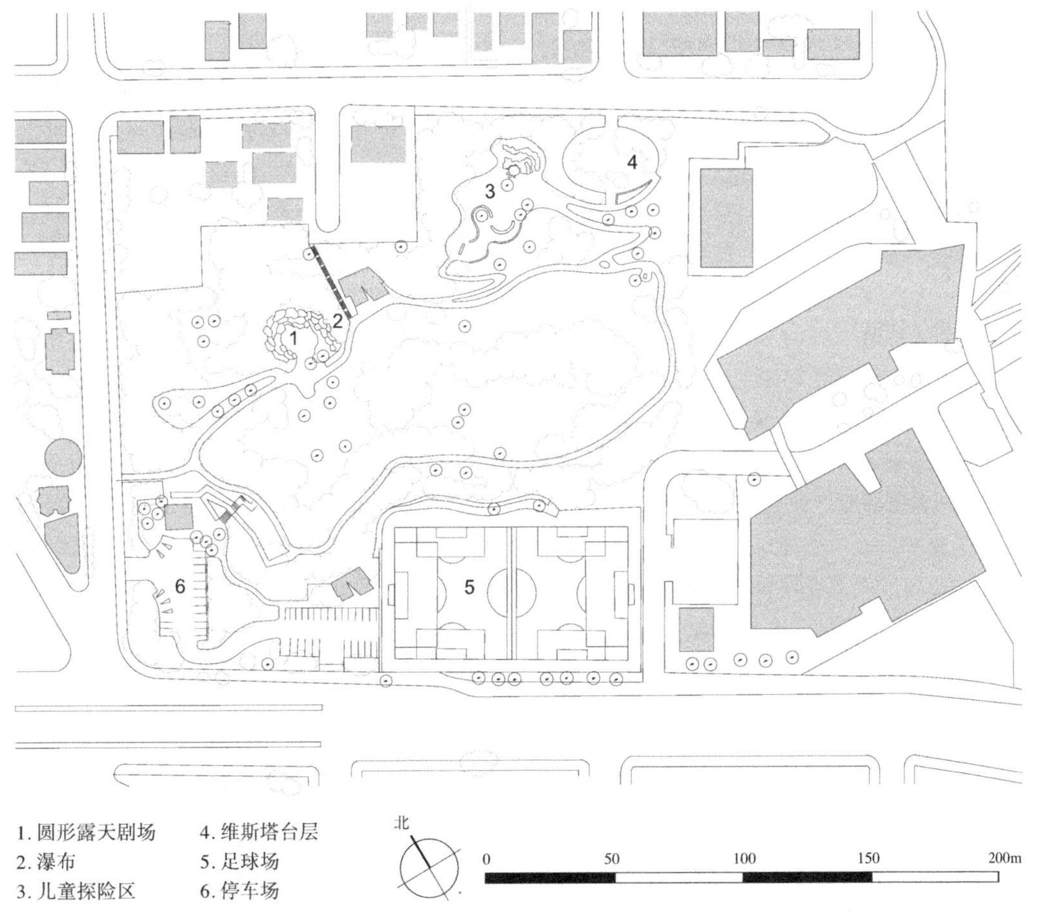

维斯塔·赫莫萨自然公园平面图

好莱坞环球影城
Universal Studios Hollywood

1. 位置规模

好莱坞环球影城（Universal Studios Hollywood）位于加州洛杉矶市区西北郊的圣费尔南多谷地区（San Fernando Valley area），紧邻101国道（好莱坞高速公路），距洛杉矶国际机场43km，距离洛杉矶市区驾车大约十分钟，距离迪士尼乐园不到一个小时，是环球电影公司在好莱坞的拍摄外景地的原址上改建的，是世界首个环球影城主题公园。公园占地1.7km^2，含制片厂和48个摄影棚，开放的主题公园区域212hm^2，2019年到访的游客量达914.7万人次。

2. 项目类型

主题公园

3. 设计师 / 团队

环球创意隶属于环球主题公园与度假区，是负责园区总体规划、创意开发、设计、工程、项目管理和研发部门，构思、设计和建造环球公司旗下的所有景点、游乐设施、主题公园和度假区。公司总部最初位于加州环球影城，2001年迁至奥兰多环球影城，环球创意在美国洛杉矶、奥兰多以及中国北京都设有分支机构。环球创意的团队由艺术家、建筑师、工程师、设计师、制片人、建设者、作家和非常多元的专业人士组成，融合艺术和技术创造身临其境和难忘的体验，打造了影城之旅中的众多拍摄场地和角色场景。他们设计的诸多经典游乐项目和创新技术具有多项发明专利，为主题娱乐行业创立了许多新的标准。

洛杉矶环球影城“城市大道”主题商业步行街是美国建筑师乔恩·亚当斯·捷得（Jon Adams Jerde）的代表作之一。他开创了以体验为主导的“场所创造”设计理念，并将其融入步行街的设计，使城市大道成为综合建筑、景观、空间和声音的体验式公共活动场所，创造了令人惊奇的整体性效果和商业成功，这一设计理念影响了当代商业空间设计模式的发展。

4. 实习时长

大约1天

5. 历史沿革

1912年环球影业公司成立。1915年创始人卡尔·莱姆勒（Carl Laemmle）在加州好莱坞郊外租用大面积的农场建设了环球影城，作为电影拍摄制作的场景地，并举行巡回演出、提供大众参观其工作室的机会。

1964年，环球影城作为主题公园再次开放，美国音乐公司接管后的环球影业将好莱坞的部分摄影棚改建成环球影视城对外开放，成为世界首个环球影城。影城在早期主要使用游览车带领游客参观拍摄现场，比如体验电影中地震的真实场景。到20世纪80年代后期开始将游乐项目引入影城，引导游客步行体验，更以电影主题场景打造真正意义的主题公园，项目不断推陈出新。1993年5月，毗邻主题公园的扩建项目“环球城市大道”娱乐购物区建成开放，成为环球影城的创新亮点。历经多年发展，现在的环球影城现已成为世界上最大的电影、电视制片基地以及以电影题材为主的主题公园，城内有舞台演艺、影视演艺、实景演艺等多种形式的游乐项目。同时由于区内还有影视工作基地，好莱坞环球影城也是至今仍在使用的最古老、最著名的电影制片厂之一。

6. 实习概要

环球影城的开发理念以重现电影经典场

景、揭秘电影制作过程为主题，以环球影视IP为基础，提取了具有全球影响的电影中最惊险、最典型、最有吸引力的情节片段进行再创意，结合高科技的手段与设施创造出可让游客参与的项目，紧密围绕电影主题进行场景与游览内容设计，引导沉浸式体验。公园将优秀的影视IP与线下主题公园运营相结合，不断推出场景项目、系列衍生品及其特色服务，持续刺激游客进行N次消费，形成独特的内容生态闭环。

好莱坞环球影城由于园内高低不同被设计成上下两个区域，称为上园区和下园区，由“星际之路”自动扶梯连接。园区每个单元地段都有系列游乐设施、表演、景点以及食品、饮料和商店。与其他环球影城不同的是，好莱坞环球影视城是由真实的电影片场逐步改建而成，园区有大面积的影视工作基地、外景场地等非开放区，以及酒店与集团办公楼区域，停车空间也被分成多个空间穿插其间。由于影城地处山地，总体布局因山就势，平面较为灵活自由。

园区以影城入口、影城主街、环球广场为公共中心，周边布局环绕一系列电影主题乐园，包括辛普森一家、哈利波特魔法世界、神偷奶爸小黄人、功夫熊猫、水世界、行尸走肉等著名影视主题衍生的游乐项目。整个园区被以多元文化以及影视IP衍生的深度体验赋予了强大的生命力，逼真的场景通过经典电影题材和电影特效技术合力创造，再通过道路与观览车串联，形成拼贴集锦式的超现实魔幻景观。

此外，毗邻影城入口处设计有环球城市大道，它是环球影城最为独特的设置之一，既作为影城的主题餐饮购物娱乐区对游客免费开放，更巧妙结合了周边环境以及所在城市的社会与经济特点，成为城市生活的重要组成部分。城市大道依然将电影作为主题，配备有19个放映厅以及巨大的IMAX屏幕，各种主题活动、特色店铺延展了公园的夜间主题，以难忘的体验性打造精彩的公共空间，为城市提供了具有主题氛围的公共游乐消费场所。

7. 实习备注

地址：美国加州洛杉矶环球市环球城广场100号（100 Universal City Plaza, Universal City, Los Angeles, California 91608-1002, USA）

官方网址：http://www.universalstudioshollywood.com/（英文），http://www.ush.cn/（中文）

垂询热线：1-800-UNIVERSAL 或 1-800-864-8377

（唐鸣镝　贾彬利　编写）

加利福尼亚州迪士尼乐园度假区
Disneyland Resort, California

1. 位置规模

迪士尼乐园（Disneyland）位于加利福尼亚州洛杉矶东南的安纳海姆，紧邻圣安娜高速公路和港口大道，距离洛杉矶市中心不到30分钟车程。这个投资1700万美元、世界上第一个迪士尼乐园于1955年7月开放，是唯一一个在沃尔特·迪斯尼直接监督下设计建造的主题公园，也是第一个现代意义上的主题公园，被誉为地球上最快乐的地方。开业后经过不断扩建翻新，目前拥有加州迪士尼乐园和迪士尼加州冒险乐园两个主题公园、三座主题酒店和一个迪士尼小镇，总占地达到206hm^2，构成现在的迪士尼乐园度假区，简称迪士尼乐园。

2. 项目类型

主题公园

3. 设计师 / 团队

迪士尼乐园的设计团队是沃尔特·迪士尼亲自创立的，草创时期的设计团队集中了全公司最优秀的创意人才，专门为迪士尼乐园的建设而组建WED公司（Walter Elias Disney），后来发展成了WDI幻想工程（Walt Disney Imagineering），负责设计和建造迪士尼主题公园、度假村等各类娱乐场所的项目开发。

1953年9月，沃尔特·迪士尼与艺术家朋友赫布·赖曼（Herb Ryman）共同创造了109cm×178cm大小的第一个迪士尼乐园详细鸟瞰图，并以此拿到了ABC广播公司的贷款。此外，美国风景园林师摩根·比尔·埃文斯（Morgan Bill Evans ）主持了景观设计，设计师马文·戴维斯（Marvin Davis）协助概念构思和建筑设计，还有很多迪士尼幻想工程师都参与了迪士尼乐园的景观设计、灯光设计以及后续建设的加州冒险乐园创意设计。

4. 实习时长

大约1–2天

5. 历史沿革

20世纪30年代，为了满足影迷的需求，沃尔特·迪斯尼在总结了欧美早期游乐园、博物馆等文化娱乐设施的经验基础上，构想了一个能让成年人和儿童都能一起玩的快乐场所，形成了“米老鼠公园”的概念。

1953年，根据斯坦福研究院SRI(Standford Research Institute）哈里森·普莱斯（Harrison Price）的选址建议，迪士尼在洛杉矶东南的阿纳海姆附近购买了一处65hm^{2}的场地，1954年开始建设迪士尼乐园，1955年7月17日，在美国广播公司ABC的特别电视新闻发布会上，乐园宣布正式对外开放。其后，乐园不断扩建翻修，包括1966年的新奥尔良广场（New Orleans Square），1972年的熊之国（现在的动物王国），以及1993年的米奇卡通镇等。

2001年，迪士尼乐园为谋求更多的发展空间，酝酿十年之久的扩展计划正式完工，包括占地22hm^{2}的迪士尼加州冒险乐园、娱乐购物中心的迪士尼小镇以及加州大饭店一起正式建成开业。自此，作为度假区的加州迪士尼乐园的基本框架大体完成，两大主题乐园、公共娱乐购物区、酒店区以及巨大的停车系统有机整合，并理顺了与外界快速交通的衔接。2007年起，迪士尼加州冒险乐园、加州大饭店等又进一步扩建，新增了大量新项目和新景点，2015年开始，在庆祝迪士尼乐园成立60周年之际，主题公园与度假区又开始了新一轮的调整，实为名副其实的“建不完的迪士尼”。

6. 实习概要

加州迪士尼乐园作为世界上第一个现代意

义的主题乐园，创造了一种全新的公园模式，打造了一个令人感到“快乐”的地方。其设计的核心理念围绕着主题性的情境内容、沉浸式的观游体验以及周全细致的综合服务展开，为游客量身定制的情境序列体验，成为迪士尼乐园营造快乐体验的“魔法”密码。

作为主题公园，洛杉矶迪士尼乐园由8个主题舞台式景区和一些隐蔽的后台区域组成。针对游客的舞台式景区由主题大街、中心城堡以及环线多主题景区构成，包括：美国主街大道、奇幻世界、边域世界、冒险世界、明日世界、新奥尔良广场、动物王国、米奇的卡通城等，每个区域都遵循一个主题进行构筑，并将戏剧的情境空间概念移植入主题乐园的建设之中，将故事创意转化为现实世界中可以被不断演绎的主题环境，强调人与环境的互动与演绎，全方位打造游客体验情境的舞台空间。这也成为后来迪士尼乐园的标准配置，即由一条主题大街作为中轴线将游客引入公园中心广场，以中心广场作为主要枢纽集散地；各主题景区围绕中心广场分布，通过环路在各主题景区间建立联系的空间模式。而针对工作人员的后台工作区则由各种隐藏的遮蔽设计与舞台式的主景区分隔，工作人员扮演的角色会随时随地惊喜出现，令游客完全沉浸，营造一个超出现实社会的美国梦想和魔法世界。后续扩建的加州冒险乐园也遵循上述主题情境的营造理念，通过对加州在地特色的提取建造乐园的不同主题，包括布埃纳维斯塔街、灰熊峰、太平洋码头、好莱坞世界、虫虫世界等，将游乐景点营造为整体的主题环境，使主题建筑、骑乘设施更好地镶嵌其中，以区别一般的游乐园，成为美国文化传播的载体。

作为城市度假区，加州迪士尼乐园将主题公园、度假酒店、娱乐购物中心三大区域通过复杂精细的交通系统有机组合，保证所有景区都可以步行到达，包括大运量的单轨轨道系统串联各组团，以及连接停车场、酒店、景点与城市交通枢纽之间的各种游览车接驳等，以此减少园区内机动车穿行、保证公园良好的环境体验，也减少对区域环境、城市交通等方面的负面影响。

7. 实习备注

地址：美国加利福尼亚州安纳海姆市迪士尼度假区（Disneyland Resort，Anaheim，California，United States）

官方网址：https://disneyland.disney.go.com/

8. 图纸

链接：PerryPlanet. Disneyland Resort[EB/OL]. https://en.wikipedia.org/wiki/Disneyland_Resort, 2015-12-20

（唐鸣镝　甘露　编写）

珀欣广场

Pershing Square

1. 位置规模

珀欣广场（Pershing Square）位于洛杉矶第五、六街与希尔南街和奥利弗南街之间，占地面积约 20000m^2。

2. 项目类型

城市广场、公共空间

3. 设计师 / 团队

建筑师里卡多·列格瑞达（Ricardo Legorretta）、景观设计师劳里·奥林（Laurie Olin）与艺术家芭芭拉·麦卡伦（Barbara McCarren）合作完成。

4. 实习时长

1 小时

5. 历史沿革

珀欣广场最初修建于 1866 年，当时的城市管理者将其命名为“低地广场”（La Plaza Abaja / Lower Plaza），随后的几十年间，广场曾多次更名。1918 年，第一次世界大战结束一周后，为纪念约翰·约瑟夫·珀欣将军（General John Joseph Pershing），广场正式更名为“珀欣广场”，并沿用至今。而后，广场几经改建，1951 年改建为地下停车场，并因此移除了广场上原有的茂盛植被，取而代之的是植物种植池与小型花坛。由于通往停车场的坡道切断了广场与周边区域的步行联系，致使其 20 世纪 60 至 70 年代逐渐破败，沦为无家可归者和毒贩的聚集地。1984 年，为迎接洛杉矶奥运会，广场被重新修整。1986 年，建筑师詹姆斯·瓦恩斯（James Wines）在广场重建竞赛中胜出，但其过于前卫的方案由于市民的反对而被搁置。1992 年，建筑师里卡多·列格瑞达、景观设计师劳里·奥林与艺术家芭芭拉·麦卡伦合作重新设计了珀欣广场，并于 1994 年建成开放，即为现今的广场。2015 年，珀欣广场复兴计划启动；2016 年，Agency Terand Team 设计团队的设计方案在设计竞选中获胜。

6. 实习概要

珀欣广场整体呈规则几何式构图，其中心部分有明显的轴线，但在广场两侧，设计师通过平面和立面的丰富变化，完全打破了对称的布局，使广场既与城市格局相协调，又呈现出丰富的空间变化。广场南北高差约 3m，高差台阶将广场分为南北两个空间，由南向北的轴线上依次分布着圆形大水池（后因加州节水政策，水景很少开放，而改造成休憩广场）、高差台地上的橘子树阵与可容纳两千人的草地露天剧场。广场共有 6 个入口，其中 4 个分别设置在场地四角，两个设置在东西两侧的中段。

广场中段东侧入口处有一座 20 余米高的紫色几何形高塔，在开阔的空间里显得十分突兀，成为城市的地标，实际上它是地下停车场的通风口。连接高塔的紫色墙，既是空间的界定，也是高架的水道，将水引向南部的圆形大水池。在东侧入口，以粉红色的柱列将广场与外界分隔开来，配合墙体围合出一个较静谧的空间，在此安放珀欣广场原有的纪念性塑像。广场西侧的一层明黄色建筑是咖啡厅和派出所。为了避免造成犯罪的死角，排除游民占用公共空间的情形，广场的设计显得格外开放，植物围绕在四周，作为与道路的阻隔。

珀欣广场在多处设计要素中融合了加州的文化历史：橘子树林暗示着柑橘产业；奥利弗南街与第六街相交处的入口地面上一条由不同颜色花岗石铺嵌而成的地震裂痕纹样，隐喻洛杉矶位于地震带，市区正位在断层之上；广场中部地面上的浮雕水磨石星形图案寓意好莱坞的星光大道。

广场在设计中运用了鲜黄、土黄、橘黄、紫色、桃红等鲜明的色彩及高架水渠等具有墨西哥特点的要素，充分体现了洛杉矶这个多民族聚居城市的历史特点，又不失现代广场的新鲜感和包容性，使珀欣广场充满了活力。

7. 实习备注

地址：532 S Olive St, Los Angeles, CA 90013

（武颖　编写）

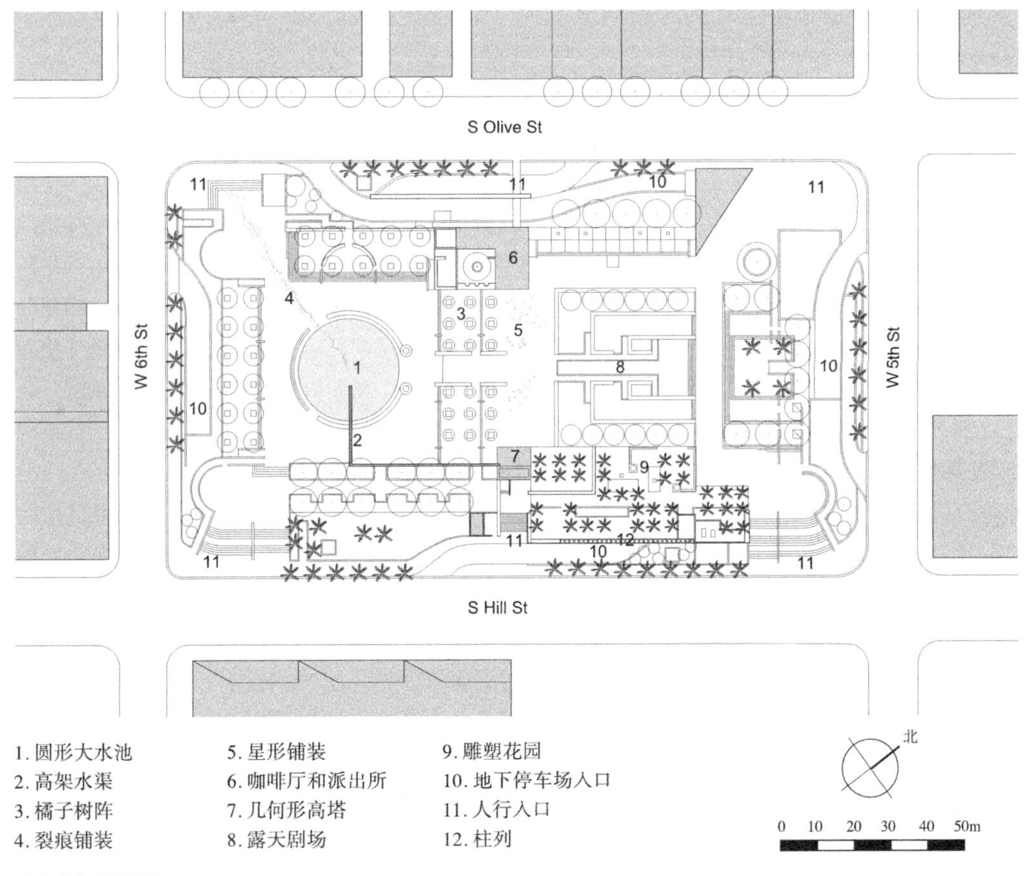

珀欣广场平面图

（图片来源：根据 Google 地图描绘）

诺基亚洛杉矶大剧院

Nokia Theater LA LIVE

1. 位置规模

诺基亚洛杉矶大剧院（Nokia Theater LA LIVE）位于洛杉矶体育与娱乐区（LASED），建筑面积约 22000m^2，有 7100 个座位；诺基亚广场（Nokia Plaza）位于诺基亚洛杉矶大剧院东侧，占地面积约 4000m^2。

2. 项目类型

商业街区

3. 设计师 / 团队

建筑设计：ELS Architecture and Urban Design

广场设计：里奥斯·克莱门蒂·哈勒设计工作室（Rios Clementi Hale Studios）

LASED 总体规划：RTKL 建筑事务所

4. 实习时长

1 小时

5. 历史沿革

20 世纪 90 年代，洛杉矶市区的城市人口急剧下降，城市核心地带的投资蚀本，而且社会不公平现象持续上升。因而，洛杉矶市的一些团体领导人倡议进行积极的城市改造。

由 RTKL 建筑事务所设计的洛杉矶体育与娱乐区（LASED）总体规划占地约 13.35hm^2，位于会议中心和市区的南园区附近的一处荒废的工业区。1997 年，主开发商 AEG 公司、洛杉矶市政府以及洛杉矶社区再开发署成立了公私合营关系，为洛杉矶的五大运动队建造新的体育和娱乐区，并大幅度改善当地的基础设施和社区服务。混合用途的总体规划将扩建会议中心，建造附属饭店以及住宅、办公楼、娱乐设施、餐馆等，形成步行友好型的城市格局。LASED 总体规划使得该地区现已成为一处繁荣而充满活力的多功能社区。

位于该区的诺基亚洛杉矶大剧院于 2005 年开始建设，2007 年建成开放，剧院内部拥有美国最大的室内舞台之一，可满足从摇滚乐到交响乐等不同类型的演出需求，是一个真正意义上的现代综合剧院，诺基亚广场于同年建成；2015 年，该剧院更名为微软剧院（Microsoft Theater），剧院外的广场也改名为微软广场（Microsoft Square），微软对场地进行了技术升级。

6. 实习概要

LASED 总体规划计划将该区域打造为互动开放的空间，规划在整个区域建立了一个由种植与硬质景观构成的开放空间网络，包括广场、人行步道与高架平台。规划将城市网格延伸至场地内，中间街区的人行通道将空间划分为亲人的尺度，建筑将广场与高架平台连接起来，提供广场和街角附近街道的景观视野，公共街道景观的改善提升有效地促进了人行系统的连接。

诺基亚广场构成了该运动、娱乐及居住区的核心，用于举办如社区聚会、文化节、音乐表演、全球电视媒体活动等大型户外活动，起到连接大剧院和斯台普斯中心（Staples Center）之间的纽带作用，也成为整个社区的重要枢纽。广场及其周边地区每年举办近 1500 次活动，从而吸引人们来到这个曾经几乎无人居住的地区。诺基亚广场具有高度的灵活性，以适应周边场馆的各项活动，同时在非活动期间也能够为行人体验注入活力。广场的设计相对紧凑，但同时保持着一定扩展性，借助其与街道相邻的特点，当将街道（11th Street St，Chick Hearn Ct）

封闭时，可使广场在不增加额外配置的情况下，容纳人数增加至两倍，成为一个友好的步行区域和最佳的灵活舞台。

广场上 6 个定制设计的 23m 高的钢塔也是使广场成为一个灵活的开放空间的关键。纤细的钢制塔腿使钢塔呈现独特的动感形态，塔腿兼做媒体和电气布线的导管，钢制横杆使塔身呈现有节奏的条纹，同时用于固定照明、音响设备、横幅及 LED 屏幕等，这些系统可以快速地安装和拆卸，灵活运用于多种活动。这一组钢塔已成为广场的象征，以及整个娱乐中心的标志性构筑。

独特的花岗石铺装图案为广场创造了标志性的外观，增加了场地的识别性。广场上种植罂粟、耐旱的迷迭香以及法国梧桐作为遮荫树，为这个高度城市化的区域增添了几分宁静与自然。

诺基亚洛杉矶大剧院（现微软剧院）坐落于诺基亚广场西侧，建筑采用金属板、玻璃与混凝土材质的外观与其附近的斯台普斯中心产生和谐的建筑表达，而其独特的比例与节奏又赋予了新场地的自身特色。

7. 实习备注

地址：777 Chick Hearn Ct, Los Angeles, CA 90015

（武颖　编写）

1. 诺基亚广场（现更名为“微软广场”）
2. 钢塔
3. 剧院入口
4. 种植池
5. 地下车库入口
6. 诺基亚洛杉矶大剧院（现更名为“微软剧院”）
7. 斯台普斯中心

诺基亚洛杉矶大剧院平面图
（图片来源：根据 Google 地图描绘）

南希望街 400 号
400 South Hope Street

1. 位置规模

南希望街 400 号（400 South Hope Street）位于洛杉矶市中心邦克山重建区，占地面积约 4710m^2。

2. 项目类型

商业街区

3. 设计师 / 团队

SWA 集团（SWA Group）是一家景观建筑、城市设计与规划公司，总部位于美国加利福尼亚州，在全球拥有 7 家工作室，被公认为是全球设计业界先驱之一。

SWA 公司前身为 Sasaki, Walker and Associates，1957 年由佐佐木·英夫（Hideo Sasaki）和彼得·沃克（Peter Walker）在马萨诸塞州沃特顿创立，20 世纪 70 年代初，公司更名为"SWA 集团"。SWA 成立以来，完成项目遍布全球六十多个国家，项目涵盖民用、办公、商业、市政、教育、医疗等多种类型，包括新城区设计、居住区设计、城市滨水区改造、历史保护区及娱乐区规划与设计等，曾获得包括美国景观设计师协会（ASLA）"最佳景观设计公司奖"、美国城市土地研究学会（ULI）"全球杰出奖"等 600 多个奖项。代表作品有美国谷歌总部、美国加州科学馆、迪拜哈利法塔摩天大楼公园、中国北京金融街景观等。

4. 实习时长

0.5–1 小时

5. 历史沿革

由 SWA 集团设计的南希望街 400 号项目曾获得 1985 年 ASLA 城市设计类荣誉奖。2011 年应业主要求，由 ASR 景观设计公司对场地进行改造，使北部和西部的景观更加现代化，如将水池改造为种植区；对一些现有树木和棕榈进行抢救并种植新的可持续植物种类，为建筑和广场提供更为丰富的背景色。

6. 实习概要

该商业街改造项目位于洛杉矶市中心邦克山重建区的一座 26 层办公大楼脚下，包括广场和花园。场地北高南低，整个项目建在一个位于坡地上的停车场上方，由一系列坡道和台阶将建筑所在平台与街道连接起来，形成一个小型公共绿地空间。建筑入口广场设置一座白色现代雕塑，成为开敞空间的视觉中心；场地东侧草坡地形上一组修剪整形的绿篱延续了广场上的条形绿地，沿建筑轴线方向有序等距布置；建筑北侧一个长约 82m 的倒影池（现已改造为种植池）沿主要步道和步行广场的方向延伸，为该项目建立了强有力的公共导向。

7. 实习备注

地址：400 S Hope St, Los Angeles, CA 90071

（武颖　编写）

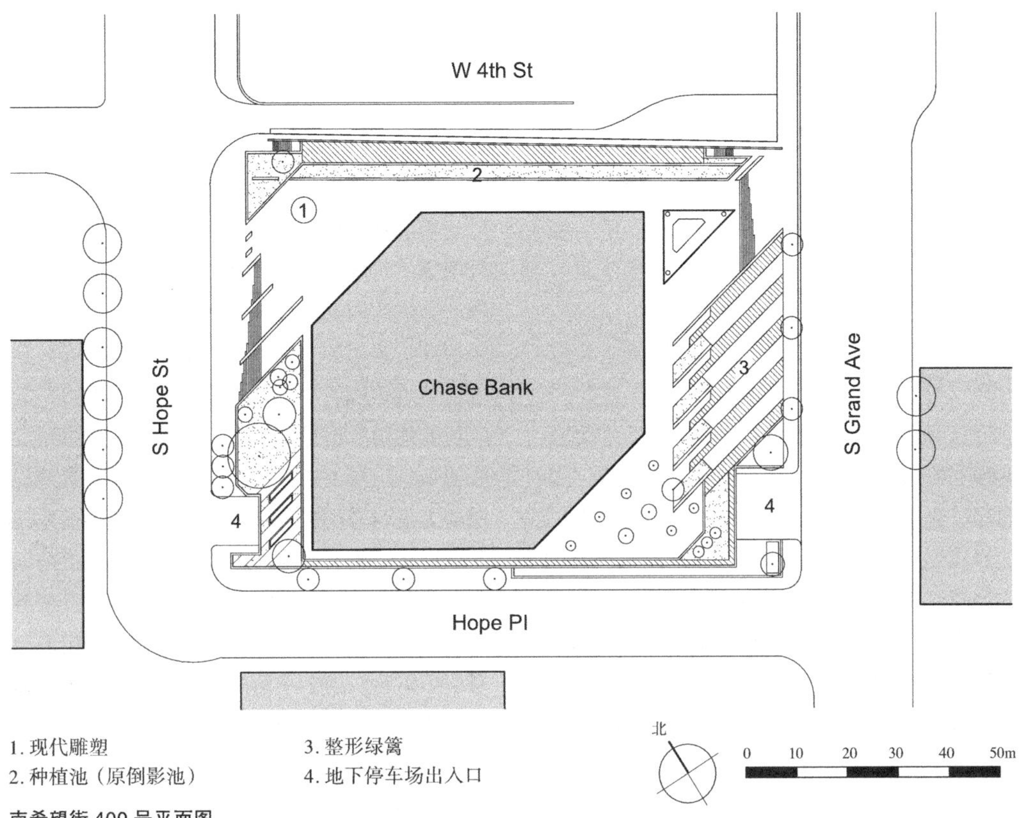

1. 现代雕塑
2. 种植池（原倒影池）
3. 整形绿篱
4. 地下停车场出入口

南希望街 400 号平面图

（图片来源：根据 Google 地图及 ASR 官网图纸描绘）

联合银行广场

Union Bank Square

1. 位置规模

联合银行广场（Union Bank Square）位于加利福尼亚州洛杉矶市中心的商业中心区，第五大街和菲格拉大街的交叉路口，毗邻海港（110）高速公路，占地面积约 12000m^2。

2. 项目类型

城市广场、公共空间

3. 设计师 / 团队

盖瑞特·埃克博（Garrett Eckbo，1910—2000）1910 年出生于纽约库帕斯镇，是“加利福尼亚学派”的重要人物之一。1930 年进入加州大学伯克利分校学习，并于 1935 年获得景观设计学士学位；1938 年于哈佛大学设计研究生院获得硕士学位；1950 年，埃克博出版了著作《为生活的景观》（*Landscape for Living*）；1963 年应邀去加州大学伯克利分校任教；1964 年成立了 Eckbo, Dean, Austin & Williams（EDAW）设计公司。埃克博一生中设计了约 1000 个作品，早期作品以私人花园居多，直到 20 世纪五六十年代以后，公共类的项目逐渐增多，也增加了大尺度的规划项目。

4. 实习时长

0.5–1 小时

5. 历史沿革

联合银行广场设计建造于 1968 年。

6. 实习概要

联合银行广场是埃克博的一个成功的公共项目。广场位于 40 层的洛杉矶联合银行办公楼脚下，建在 3 层停车场的屋顶上。广场整体呈矩形，方格网状的铺装和绿化延续着办公楼的建筑肌理。广场中央设置了一个由水池和草坪组成的景观小岛，混凝土台围合而成的草坪像一只巨大的变形虫趴在水池上面，伸长的触角挡住了水池的一部分，一座小桥从水面和草地上越过，使广场更具立体感和艺术魅力，为广场的使用者提供了舒适的漫步环境。由于建在屋顶，广场上的树池有规律的布置在建筑柱网的上面，珊瑚树、橡胶树和蓝花楹等树木植于其中，混凝土树池外围装饰以瓦楞状的凸线纹理，与绿化及地面铺装形成鲜明的质感对比。该广场的构图线条流畅、简洁，采用多视点、不对称、动态平衡的方式，具有立体主义的风格。广场的设计同时为地面上的行人及高楼内的办公人员提供了截然不同的景观体验。

广场有多个入口，可以分别通过临近的博纳旺蒂尔（Bonaventure）酒店通向广场的人行天桥、第五大街方向的楼梯和电梯以及北侧快速路附近的入口从周围街区进入广场。

7. 实习备注

地址：445 S Figueroa St, Los Angeles, CA 90071

（武颖　编写）

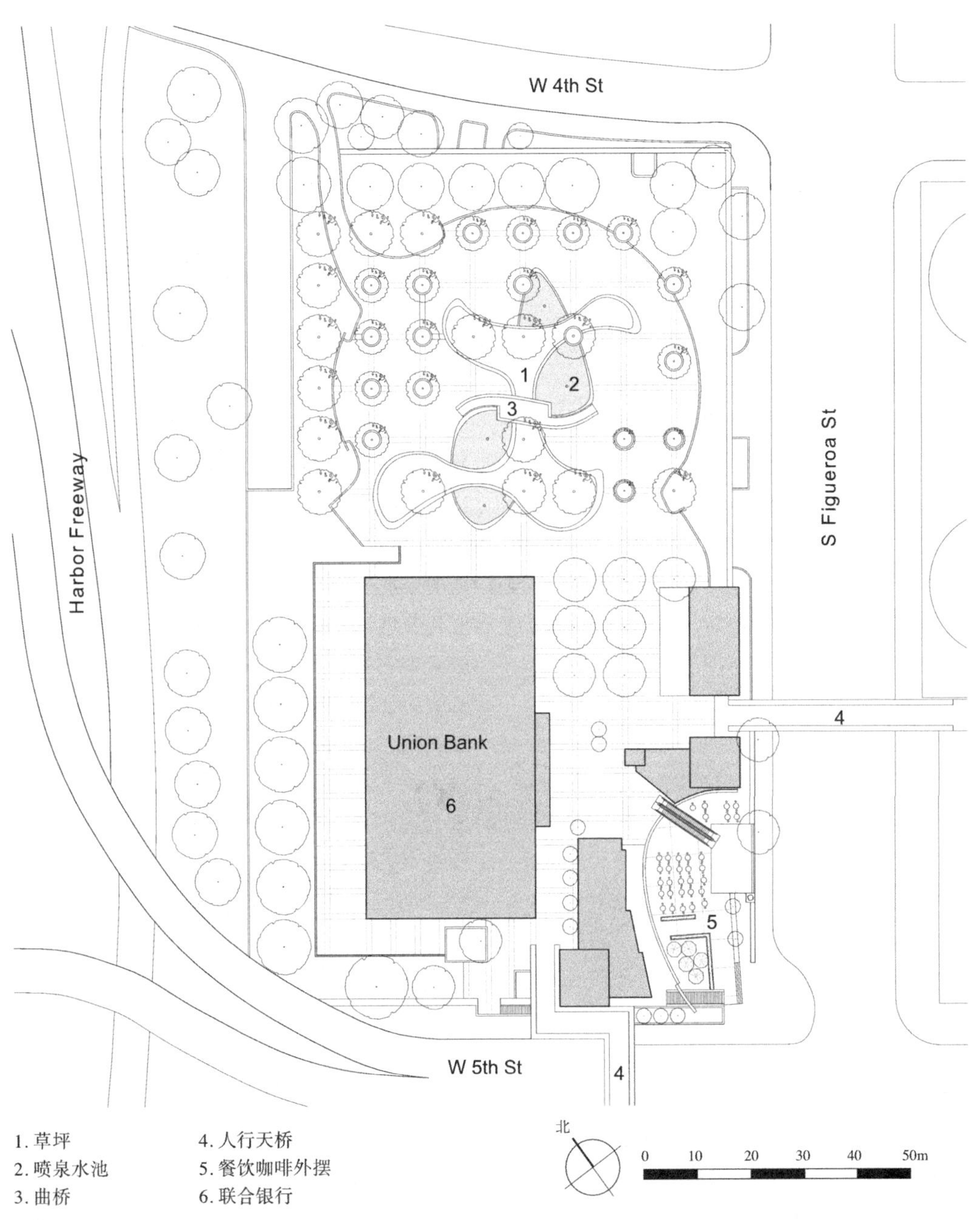

1. 草坪
2. 喷泉水池
3. 曲桥
4. 人行天桥
5. 餐饮咖啡外摆
6. 联合银行

联合银行广场平面图

（图片来源：根据 Google 地图描绘）

灰石公馆与公园

Greystone Mansion & Park

1. 位置规模

灰石公园（Greystone Park）位于南加州贝弗利山（Beverly Hills），占地面积约 7.5hm²，灰石公馆（Greystone Mansion）位于公园中部，建筑面积约 4300m²。

2. 项目类型

别墅建筑、城市公园

3. 设计师 / 团队

灰石公馆由著名南加州建筑师戈登·考夫曼（Gordon B. Kaufmann）设计，由 P. J. Walker 公司建造；景观设计师为保罗·G·蒂内（Paul G. Thiene）。

4. 实习时长

1–2 小时

5. 历史沿革

灰石公馆与公园于 1928 年建成，由石油大亨爱德华·杜亨利为其独子建造。1965 年，贝弗利山市政府以约 130 万美元的价格买下此处房产，并于 1971 年将其作为公园正式对公众开放。1976 年，灰石公馆被列入当地“国家历史遗迹名录”，2013 年被指定为“贝弗利山历史地标 4 号”，成为当地的标志性建筑。

6. 实习概要

灰石公馆是一座都铎式风格住宅，由于建设过程中使用了大量石材，建筑外观呈灰色，故称“灰石公馆”。灰石公馆建筑为钢筋混凝土结构，墙体由印第安纳石灰石建成，屋顶采用威尔士石板覆盖。灰石公馆共有 55 个房间，包括起居室、卧室、客房、浴室、更衣室、按摩室、厨房、餐具室、佣人间、电影院、保龄球馆和台球室等。其中所有南向的房间都拥有俯瞰洛杉矶盆地全景的良好视野。除了这座宅邸外，原址上最初还有网球场、犬舍、车库、马厩、消防站、游泳池和温室。

在建筑周围，景观设计师保罗·G·蒂内创造了一系列融合哥特式与新古典主义风格的台地花园和草坪，尤以位于住宅东侧高地上的一处以意大利文艺复兴园林为灵感而设计的规则式花园最为突出，该花园呈规则的中轴对称形式，其中整形植物盆栽、修剪整齐的绿篱、雕塑栏杆、石梯、雕像、长条形草坪与喷泉沿轴线规则分布。此外，还有柏树小径、倒影池、玫瑰花园等多处景观。后应当地市政府要求，美国 SWA 景观设计事务所对灰石公园的历史景观进行重新改造，使得其既能保留历史文化气息，又能提供多功能的服务，同时使得公众的可达性与可游览性增加。SWA 将公园规划为公馆花园、规则式花园、瀑布花园、山坡花园、北部花园、停车场、服务区及外围景观区域 8 个主要分区。

7. 实习备注

地址：905 Loma Vista Dr, Beverly Hills, CA 90210

电话：+1 310-285-6830

网站：http://www.beverlyhills.org

门票：免费

开放时间：

10:00–18:00（夏令时）

10:00–17:00（太平洋标准时）

灰石公园每天开放，圣诞节、感恩节或特殊事件时关闭。

（武颖　编写）

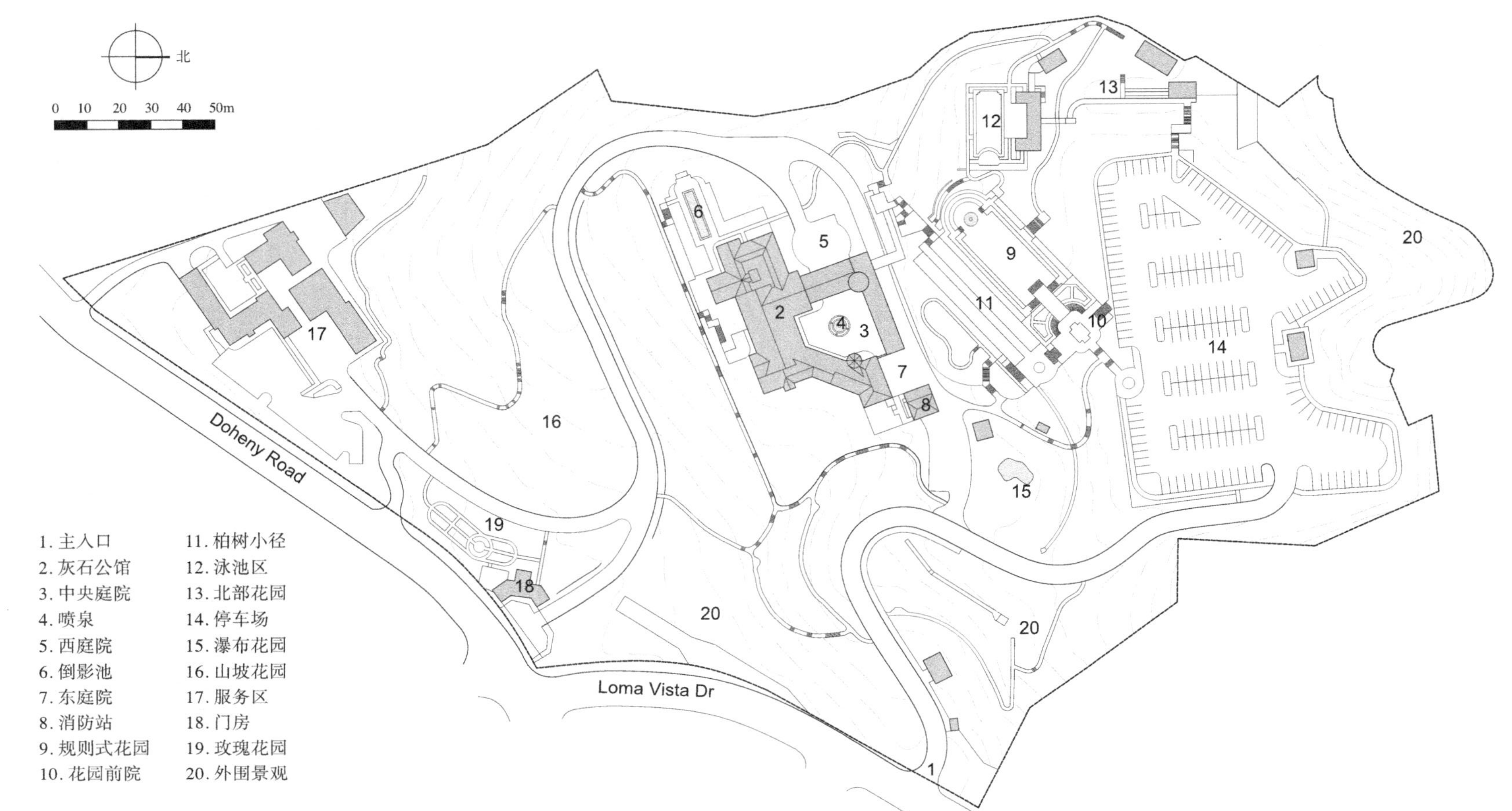

灰石公馆与公园平面图

（图片来源：根据 Google 地图及 SWA 官网图纸描绘）

华特·迪士尼音乐厅
Walt Disney Concert Hall

1. 位置规模

华特·迪士尼音乐厅（Walt Disney Concert Hall）位于洛杉矶市中心南格兰德大道111号，北邻多萝西·钱德勒音乐厅（Dorothy Chandler Pavilion），占地面积约14569m^2，总建筑面积约27220m^2。

2. 项目类型

现代建筑

3. 设计师 / 团队

弗兰克·欧文·盖里（Frank Owen Gehry），美国当代著名的解构主义建筑师，1929年出生于加拿大多伦多市，1947年移居美国洛杉矶市，1954年于南加利福尼亚州大学获得建筑学硕士学位，后来进入哈佛大学设计研究院深造。于1962年创立自己的建筑公司Frank O.Gehry and Associates，1989年获得普利兹克建筑奖。盖里的设计作品以具有奇特而不规则的曲线造型、雕塑般的外观而著称，代表作品有华特·迪士尼音乐厅、毕尔巴鄂古根海姆博物馆、欧洲迪士尼娱乐中心、美国魏斯曼艺术博物馆、维特拉家具博物馆、布拉格尼德兰大厦等。

4. 实习时长

1.5小时

5. 历史沿革

洛杉矶音乐中心地处洛杉矶市中心，由多萝西·钱德勒音乐厅、马克·坦波剧场（Mark Taper Forum）、埃默森剧院（Ahmanson Theatre）和华特·迪士尼音乐厅（Walt Disney Concert Hall）4个部分组成，华特·迪士尼音乐厅是洛杉矶音乐中心的第四座建筑。

该项目始于1987年，华特·迪士尼的遗孀莉莉安·迪士尼夫人出资5000万美元，希望建造一座世界一流的音乐厅作为给洛杉矶人民的礼物，同时用以纪念华特·迪士尼先生及其对艺术的卓越贡献。她要求这座音乐厅应能反映加州的文化个性，并有最佳的音响效果以及一个花园。项目于1988年进行国际招标，盖里一举中标，并于1991年完成设计方案，1992年开工建设，但由于缺乏资金等问题，音乐厅的建设从1994—1996年停滞不前，直至1999年得以重新开工，最终于2003年建成开放。该项目建设历时16年，总造价2.74亿美元，相当于洛杉矶音乐中心原有三座演艺建筑造价总和的8倍，其独特的外观设计使其成为洛杉矶市中心的重要地标。

6. 实习概要

洛杉矶音乐中心的四座建筑位于洛杉矶市中心霍普大街与南格兰德大道之间的中轴线上，其中迪士尼音乐厅位于最南端。迪士尼音乐厅主厅可容纳2265席，此外还包括罗伊与艾迪纳迪士尼剧院、西南角的一个艺术画廊、一座能容纳350人的儿童露天剧场、一个120座的小剧场以及二层平台上的蓝带花园。迪士尼音乐厅是洛杉矶交响乐团与合唱团的团本部。

迪士尼音乐厅造型具有解构主义建筑的重要特征，以及强烈的盖里金属片状屋顶风格，建筑的外表面由12000片总重达990000kg的弯曲不锈钢板组成，石材作为建筑底座，有着坚实的雕塑感。建筑内部音乐大厅明亮通透，采用木材和织物装饰，创造出温暖、亲切的室内环境。厅堂后墙设置高约10.9m的落地窗供自然采光，并加强室内空间与自然的联系。在音乐厅项目中，盖里设计团队邀请日本声学设计师丰田泰久（Yasuhisa Toyota）先生进行声学设计。音乐厅内不设阳台式包厢，全部采用阶梯式环形座位，加之其特殊的空间设计，能够使得厅堂内所有位置都得到较好的声音效果，在保证音质良好和座位舒适的基础上实现了容纳更多观众的目的。

蓝带花园（Blue Ribbon Garden）是一座建于车库顶板上的屋顶花园，是景观设计师梅林达·泰勒（Melimda Taylor）的作品。花园围绕音乐厅呈环状布置，园内有一座玫瑰花形纪念喷泉，上面镶嵌有几千片的皇家代尔夫特精美陶瓷碎片，形成独一无二的马赛克图案。花园向公众开放，可以从格兰德大道通过台阶直上花园。

7. 实习备注

开放时间：每天有 1-3 场游览开放时间，游览时间大约 1 小时，具体时间请查询官网。

地址：111 S Grand Ave, Los Angeles, CA 90012

电话：+1323-850-2000

网站：https://www.laphil.com

（武颖　编写）

华特·迪士尼音乐厅场地层平面图
（图片来源：根据 Google 地图描绘）

1. 入口广场
2. 蓝带花园
3. 玫瑰花形喷泉
4. 圆形露天剧场

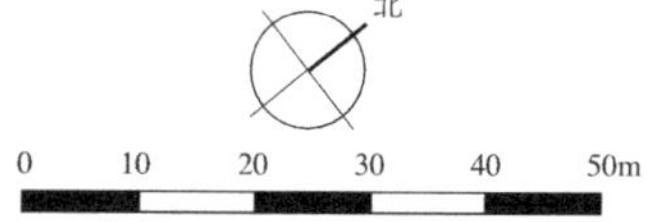

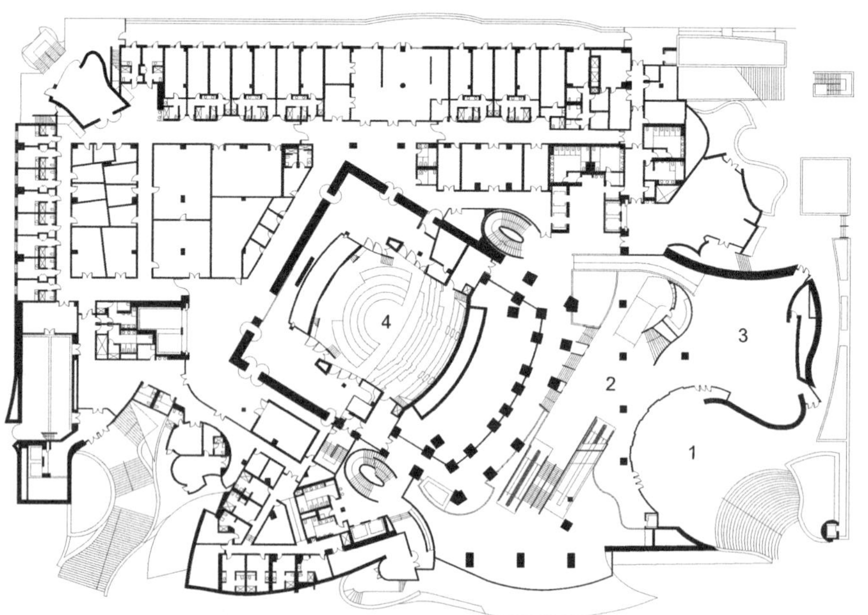

华特·迪士尼音乐厅池座层平面图

1. 入口广场
2. 门厅
3. 等候区
4. 演奏大厅

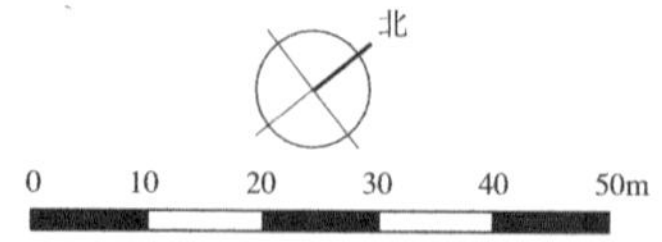

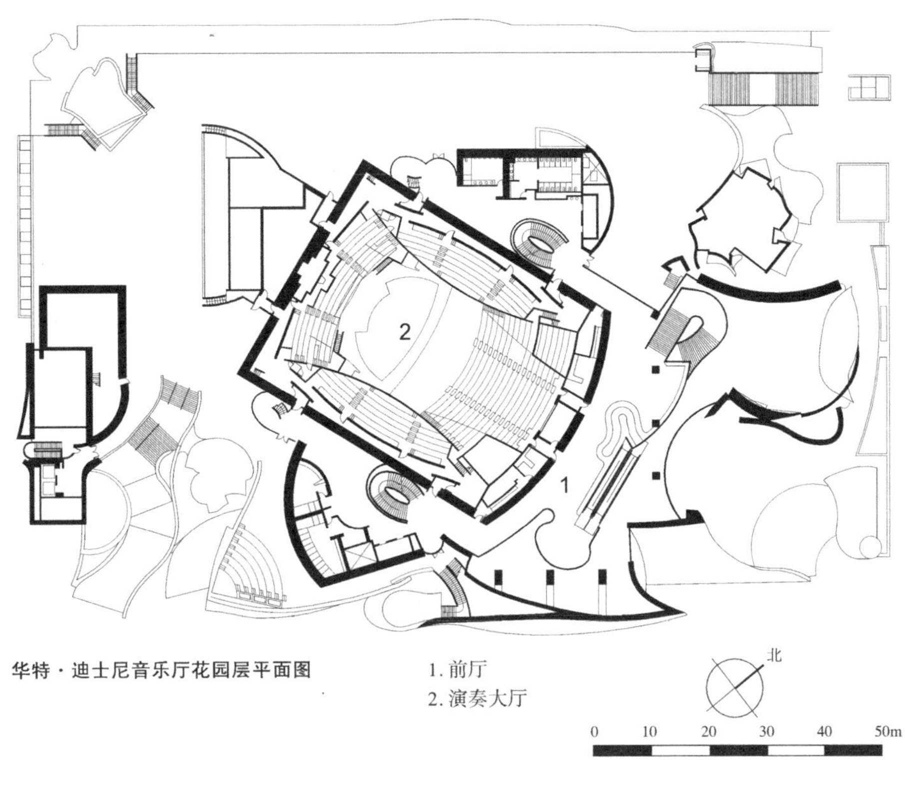

华特·迪士尼音乐厅花园层平面图

1. 前厅
2. 演奏大厅

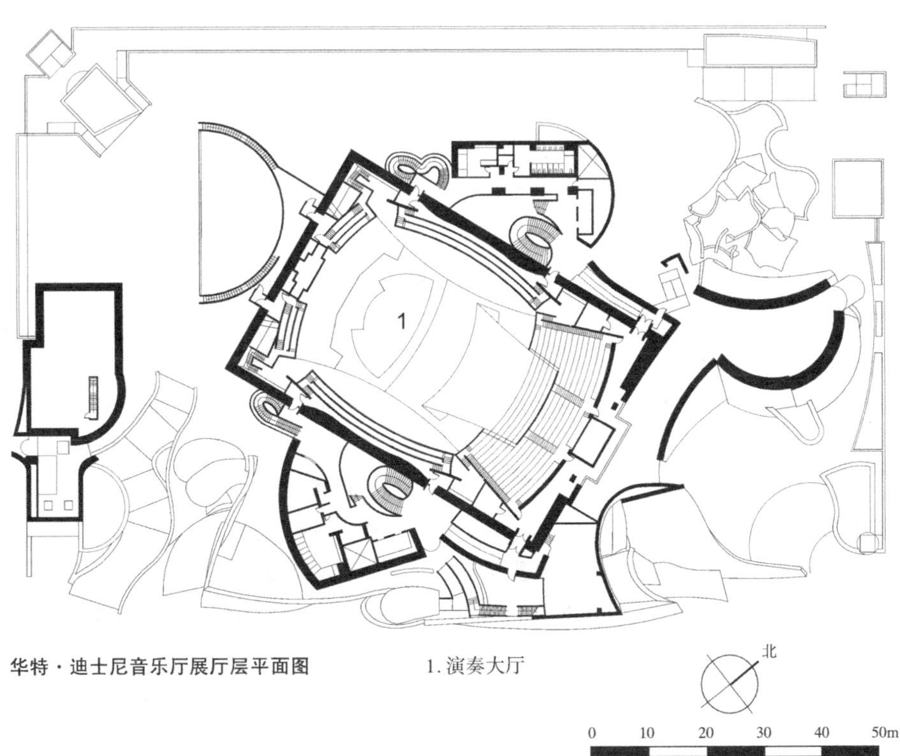

华特·迪士尼音乐厅展厅层平面图

1. 演奏大厅

亨廷顿植物园

Huntington Botanic Garden

1. 位置规模

亨廷顿植物园（Huntington Botanic Garden）位于加利福尼亚州圣马力诺的洛杉矶县，占地 49hm^2。

2. 项目类型

植物园

3. 设计师 / 团队

亨利·亨廷顿（Henry E. Huntington），威廉·赫特瑞齐（William Hertrich）等

4. 实习时长

2.5 小时

5. 历史沿革

亨廷顿植物园与图书馆，艺术馆作为一体，作为以收集为基础的研究和教育中心，1919 年由铁路大亨亨利·爱德华兹·亨廷顿（Henry Edwards Huntington）在其私人庄园附近建立。画廊和图书馆陈列着欧美艺术珍贵的书籍和手稿，占地 49hm^2 植物园作为其绿色基底，景色醉人，令人惊叹。

6. 实习概要

亨廷顿植物园展示了 15000 种（品种）来自世界各地的植物，并依据植物分类学和不同的园艺主题分为 16 个主题花园。

丛林花园（Jungle Garden）：丛林花园以展示热带植物的景观风貌为主，园内乔木树冠高大，灌木和草本植物丰茂，藤本植物种类丰富。园内主要展示植物有热带兰、凤梨科、姜科、蕨类、棕榈科植物以及竹子等。

玫瑰园（Rose Garden）：全世界最美丽的玫瑰园之一，展示了 1400 多种不同的种及品种，景色优美。

沙漠花园（Desert Garden）：园内 60 个种植床内种植有 5000 余种不同类型的沙生植物，以不同种类的仙人掌及其他多肉多浆类植物为主。园内硬质景观模仿了沙漠地区风貌，丰富的沙生植物巧妙融入其中，营造出引人入胜的沙漠风情。

加州花园（California Garden）：园内收集了近 50000 余株加州地区乡土植物，充分展现了地中海气候的植物景观风貌，并体现出亨廷顿地区的农业景观特征。

流芳园（Liu Fang Yuan）：该花园以中国苏州的传统园林风格为蓝本建造，设有亭台楼阁、石桥和飞流的瀑布，还设有一座茶楼。园内古老的橡树和松树为园景增色不少。

日本花园（Japanese Garden）：其是亨廷顿植物园内最受欢迎和标志性的景观之一，具有历史意义的日本花园以独特的月亮桥、日式建筑、禅宗花园、盆景庭院、茶室和茶园为特色。

莎士比亚花园（Shakespeare Garden）：位于亨廷顿美术馆（Huntington Art Gallery）和弗吉尼亚·斯蒂尔·斯科特美术馆（Virginia Steele Scott Galleries of Art Gallery）之间，并与玫瑰园相连，拥有多种植物，一些是莎士比亚时代在英国栽培的，一些是在莎士比亚的作品中提到的，比如在《哈姆雷特》中提到的紫罗兰、茴香、迷迭香，《罗密欧与朱丽叶》中提到的石榴树等。

亚热带花园（Subtropical Garden）：种植能够耐轻度寒冷的植物，如、含羞草（*Mimosa polycarpa* var.*spegazzinii* ）、吊灯树（*Kigelia africana*）、香肠树（*Kigeliaafricana*）、木棉（*Gossypium barbadense*）等。

牧场花园（Ranch Garden）：亨廷顿牧场

项目是一个城市农业花园项目，旨在探索和解释在南加州的半干旱生态系统和气候中进行园艺的最佳方法，牧场花园既是教室，又是研究实验室。牧场花园包括各种可食用景观，包括果树、本地灌木、多年生草本植物和一年生植物。棕榈园（Palm Garden）：园中种植了超过 200 种最具装饰性和趣味性的棕榈植物，园中的一些标本很稀有且濒临灭绝，例如智利的酒树（*Jubaeachilensis*），地中海扇形棕榈（*Chamaerops humilis*）是欧洲独有的本地棕榈。

药草园（Herb Garden）：该花园始建于 1970 年代，园内收集了很多常见或珍稀的草药，如柠檬草、芦荟、香雪球等。药草园里有两种标志。一种列出了植物的植物学名和通用名，另一种标志引用了亨廷顿早期带有作者姓名和出版日期的草药收藏。

山茶园（Camellia Garden）：园中收集了 80 种山茶花，以及约 1200 个栽培品种，这些山茶大多在 1-2 月达到盛花期。亨廷顿亚洲花园策展人戴维·麦克拉伦（David Maclaren）表示："使该系列脱颖而出的不仅在于其规模和完整性，还在于其所包含的稀有品种和珍稀品种的数量。"国际茶花协会将亨廷顿命名为国际茶花卓越花园。

7. 实习备注：

开放时间：

周一 – 周三，周五：12:00–16:30

周末：10:30–16:30

周四和节假日休息

地址：1151 Oxford Road San Marino 91108 United States

邮箱：publicinformation@huntington.org

电话：(626) 405-2100

8. 图纸

图纸请参见链接：

http://www.huntington.org/gardens

（郝培尧　张丹丹　张若彤　编写）

加利福尼亚州理工学院
California Institute of Technology

1. 位置规模

加利福尼亚州理工学院（California Institute of Technology），简称加州理工学院（Caltech），位于美国加利福尼亚州洛杉矶东北郊的帕萨迪纳市。校园占地面积约 50hm²。

2. 项目类型

校园景观

3. 实习时长

1.5 小时

4. 历史沿革

加州理工学院最早建于 1891 年，由地方商人、政治家埃默斯·斯鲁普（Amos G. Throop）在帕萨迪纳创建的一所职业学校发展而来，1920 年正式更名为加州理工学院。该校此前曾以 Throop 大学、Throop 工艺学院、和 Throop 技术学院而闻名。加州理工学院是世界著名私立研究型大学，公认最为典型的精英学府之一。

5. 实习概要

（1）校园规划

1917 年，建筑设计师伯特勒姆·古德休（Bertram Goodhue）承担了一个占地约 8.9hm² 的校园总体设计及包括物理楼、达布尼（Dabney）厅在内的单体建筑设计，设计受到了南加州传统西班牙使团建筑的影响，以寻求和当地气候、学校的特色以及创办者教育哲学的一致性为目标。

最新的校园规划由 Woltz 景观设计事务所负责，规划中运用可持续性场所策略拓展了总体规划，并获得了 ASLA2010 分析与规划荣誉奖。规划体现了静谧、新奇和可持续 3 个价值观，从历史、地形、水文、植物、生态和现有建、构筑物等角度进行了全方位的分析，将校园分为四个东西向的条带，与校园特定历史时期及特定生态群落相对应，保留区块特性避免同质化及特定风格边缘化。概念规划的核心是水，强调发现、保留和再利用稀有的雨水资源，削减利用率低的高耗水草坪改种耐旱乡土植物、增大了透水铺装以降低能耗提升可持续性。规划深入分析了与校园的文化和历史息息相关的基础景观元素，并通过小尺度应用示范了如何合理利用这些要素创造功能性的校园，重现“消失的景观”以及加强户外环境促进师生交往。

（2）景观节点

喷气推进实验室（JPL）的凯克太空研究所（Keck Institute for Space Studies）项目占地约 0.22hm²，在托尔曼·布彻故居的基础上进行翻新和扩建，目的在于召集更多的科学家和工程师进行持续互动。

景观设计丰富了校园的主要轴线，并创造了一个旨在促进协作和激发灵感的花园。通过果树、生物滞留池和可透水路面的设计策略，以及人与自然之间不断地接触，这个高性能的景观成了现代加利福尼亚花园的缩影。

该项目获得了 2014 年度美国建筑师协会颁发的多个奖项。

6. 实习备注

学校地址：1200 E California Blvd，Pasadena, CA 91125

学校官网：http://www.caltech.edu

学校电话：+1-626-395-6811

（张媛　龚子艺　编写）

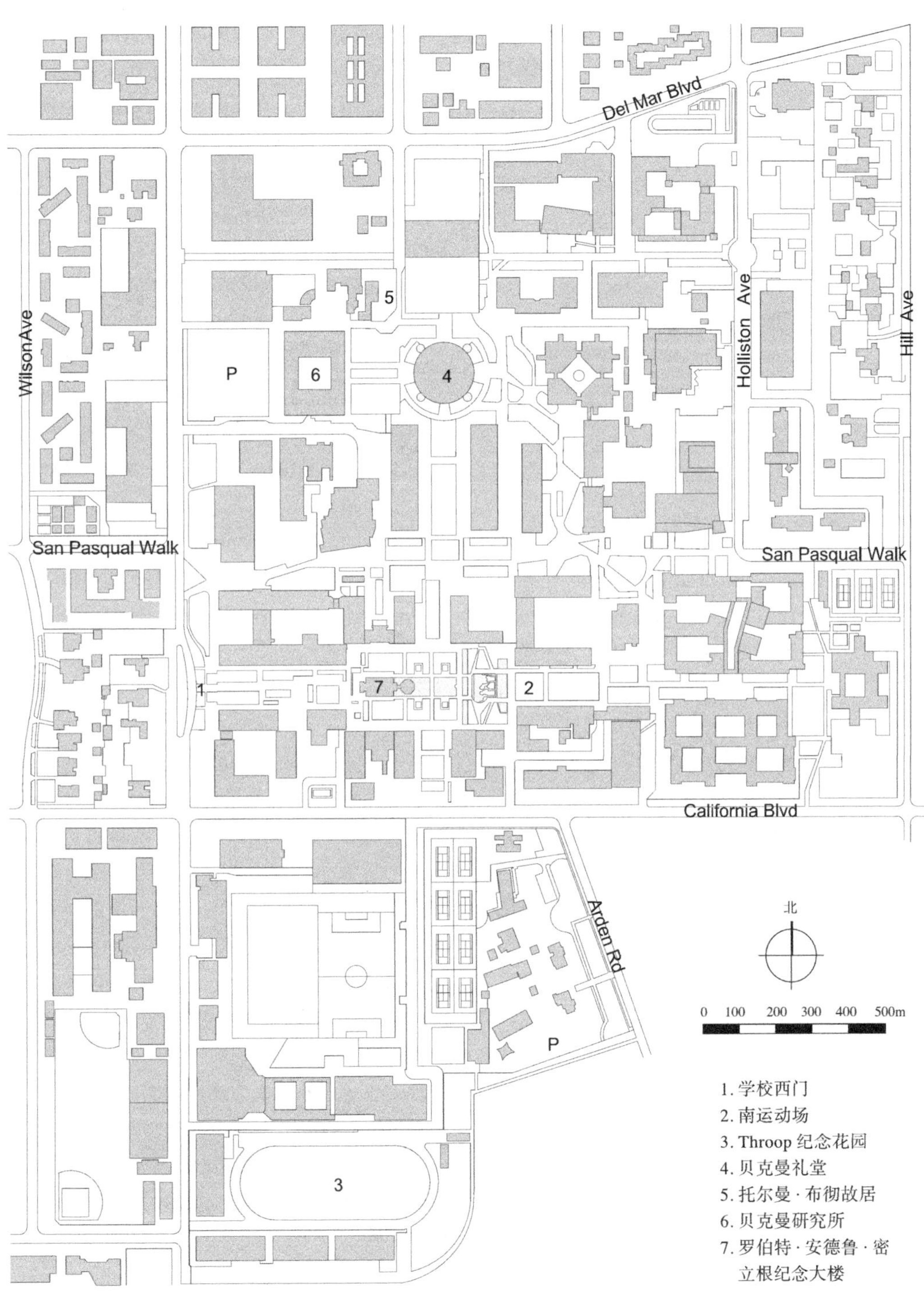

加利福尼亚州理工学院平面图

刘易斯大道
Lewis Avenue

1. 位置规模

刘易斯大道（Lewis Avenue）位于美国拉斯维加斯。

2. 项目类型

街道景观改造

3. 设计师 / 团队

SWA 景观设计公司

4. 实习时长

1 小时

5. 历史沿革

刘易斯大道是在奥斯卡·古德曼市长主持的 2000 年拉斯维加斯市面上中心百年规划中的第一批完成的项目之一，用以振兴这个历史中心区。城市街道上不停穿梭的人群，不同风格的建筑，城市公共艺术、雕塑、小品、街道绿化，长久以来积淀下来的历史文化氛围共同组成了现代城市环境的主体印象。

在拉斯维加斯这个享有国际声誉的城市中，刘易斯大道的设计褒扬了当地的沙漠景观。刘易斯大道原是一条很宽阔的四车道道路，人行道狭窄，植物稀少，地上的停车场使人们很难从一个法院到另一个法院。刘易斯大道的设计，使这条宽阔的道路跟人们的工作生活紧密结合，承担了除通行之外更多的功能。

6. 实习概要

刘易斯大道的设计理念是在设计中逐步被建立起来的。它创造出一种独特的街道空间，并将一种新的生活引入这个区域。在这项工作中，设计方做了深入的分析，将这条街道与其他工作性质的街道区别开来。

首先是街道的格局和空间的重塑，延续其美学价值。设计将四车道改为二车道，并扩宽人行道的宽度，为道路两侧的工作人员提供更多元的使用空间，并承担起休闲功能。利用树木，使建筑入口与道路过渡和谐。

其次是使街道适应人们的生活习惯，实现其实用价值。原街道东侧的广场并不被作为道路使用，而且广场的地下情况良好，设计后使这座城市拥有了一处永久性的休闲景观。并通过协商移除了地上停车场。

最后是创造绿化景观，实现生态价值。在这个沙漠城市，绿洲、树木和水无疑是最吸引人的要素。两排白蜡树种植在街道两侧，形成了一个有生命的绿色华盖。为了应对炎热的沙漠气候，确保树木的茂盛，SWA 设计了一条延绵不断的沟槽，其中填满了植物生长所需要的土壤，这些土壤露置在空气中并能使得浇灌植物的根能在充足小分的沟槽中伸展生长。

街道景观的设计中，对于水景的创造也是十分的重视。广场的设计是从一个沙漠中干涸的河床到由突发的暴雨造成的水流所形成的一条规则地嵌入地表的河道，而这条河道的源头就来自法院门前的喷泉。为了增强这一创意水景的效果，河床从东到西是倾斜的，展现出不同层次上的神奇效果。因为沙漠的环境和弯曲的表面，广场设置在低于地面 2 英尺的位置上，城市的表面也被开挖用以展示下面的景致。大块的鹅卵石及断裂的岩石与平滑的混凝土步道和一层层沿着广场边缘为行人提供座位的台阶产生了强烈对比。广场上的桥建成后意外地成为连接两侧法院的桥梁，它不仅是个场所，更是一个艺术品，一个演说空间。它让刘易斯大道的设计获得了圆满的成功。这个独特的景观设计让刘易斯大道绽放出新的生机。

（刘红秀　编写）

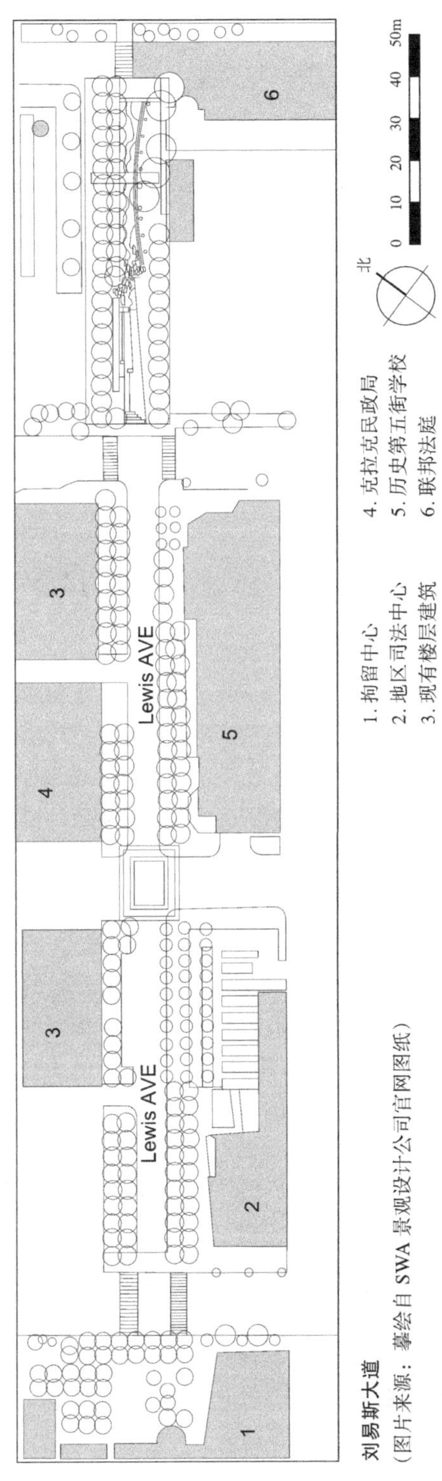

刘易斯大道
（图片来源：摹绘自SWA景观设计公司官网图纸）

卡梅尔小镇

Carmel by the Sea

1. 位置规模

卡梅尔小镇（Carmel by the Sea）位于美国加利福尼亚州蒙特雷半岛，面积约为 $2.8km^2$。

2. 项目类型

风景特色小镇

3. 设计师 / 团队

1904 年由好莱坞艺术家和作家创建

4. 实习时长

1–2 天

5. 历史沿革

卡梅尔小镇是美国蒙特利半岛一个精致的海滨风景小镇，卡梅尔建镇于 20 世纪初期，历史虽还不到百年，但是在美国西岸却是众所皆知，是一座人文荟萃、艺术家聚集，充满波西米亚风情的小城镇。卡梅尔的早期居民 90% 是专业艺术家，其中著名作家兼演员佩里 · 纽贝里和著名演员兼导演克林特 · 伊斯特伍德都先后出任过卡梅尔的市长。

1904 年由好莱坞艺术家和作家创建。1906 年大地震后，又从旧金山涌入大批艺术家和作家，不乏名人：如诗人乔治 · 斯特林、作家杰克 · 伦敦等。1969 年国画大师张大千也慕名到此居住多年，并给自己的居室命名为“可以居”。卡梅尔市条例中说，为了保持“城市中的森林”这一风貌，维护市容的安宁，在获得市政府许可证之前，禁止人们穿高跟鞋（因为卡梅尔依山靠海，地势崎岖不平，许多女士常常因穿高跟鞋而崴脚，高跟鞋和地面撞击的声音也不利于小城的安宁）。除了禁止人们穿高跟鞋，卡梅尔还禁止在酒吧里现场表演音乐，禁止张挂霓虹灯，禁止安装停车计时表。小镇里绝不允许建高楼大厦，也不允许设红绿灯，甚至连家家户户门口也不编门牌号。

6. 实习概要

卡梅尔是一处世外桃源般的地方，许多风格独特的艺术家和作家住在这个依山面海的充满波西米亚风情的小城市中，奇特的建筑物和景色美得如童话一般。这里的居民们极力抗拒现代化。卡梅尔小镇横平竖直的建筑格局依山靠海，向西伸至卡梅尔海滩，小镇中心主要由画廊、餐馆、酒吧、咖啡店、旅店和各种店铺组成。卡梅尔周边的主要景点有：17 里湾，罗伯士角州立保护区、卡梅尔旅行者教堂、1 号公路最为炫丽风光之一段——从罗伯士角到大瑟尔。

在卡梅尔小镇，每座古老的小房子都布置典雅，木门格窗，繁花掩映，每一个精品店都给会你带来惊喜。这里看不到现代高楼大厦，奇特别致的建筑基本都是保留了童话世界般古色古香的古老风格和原始风情，甚至各个旅馆都小巧精致，各具风情，房屋外面各种鲜花点缀环绕，美丽优雅。这里的居民们极力抗拒现代化，原始的小镇风情带给人朴实、祥和和温馨的氛围，可以说“卡梅尔”本身就是一幅优美别致的画卷，历久弥新。

在这里，无论是商店还是画廊，无论是街道还是广场，无论是古董还是日用工艺品，到处都散发着优雅和魅力。小镇中心基本上是横平竖直的街道，可以按照街的顺序一条一条的走。路的两边是各式建筑和特色小店，充满艺术气息，小镇中心的游人比其他地方多，但是一点不觉得嘈杂和混乱，随走一处便是风景无限。在这里，无论时装店还是古董店、糖果店还是画廊、玩具店还是日用工艺品店，从门面到商品都能让人们眼前一亮、沉醉其中。很多画廊、雕塑精品店的主人本身就是成就卓著的艺术家。不少店家的商品是世上独一无二的珍品，静候着懂得欣赏它们的知音。这样的小店很多，或是画廊，或是工艺品的店铺，也或是提供精美佳肴的餐馆或咖啡屋。如果恰好碰上旅游淡季，街道、商店都比较清静，十分适合体味小镇的艺术风光。

风光明媚的蒙特利半岛被称为世界上陆地、海洋、蓝天的集大成者，并被公认为理想的度假胜地。而卡梅尔小镇则是其中的精华。碧海蓝天、鲜花礁石、随处可见松鼠、海鸟和海豹、悬崖峭壁、古老的松柏，构成了卡梅尔小镇迷人的画卷。

小镇主路海洋街（Ocean Ave）的尽头，就是独一无二的卡梅尔海滩。吃完晚饭后可以去海滩散散步。这里大多数酒店都提供露天餐厅，允许让狗待在这些地区，其中大部分提供水，有些还有特殊的“小狗菜单”，非常的人性化。

7. 实习备注

开放时间：全年（建议 11 月到次年 6 月参观最佳）

相关费用：无门票费用

禁止措施：为了保护小城与自然和谐的氛围，禁止在街上边走路边吃东西；请穿轻便舒适的休闲鞋。

（王文博　魏民　编写）

17 里海湾风景线

17-Mile Drive

1. 位置规模

17 里海湾风景线（17-Mile Drivc）位于加州中部的蒙特雷县，为蒙特雷和卡梅尔小镇之间的一段长约 17 英里（约 27.36km）的风景优美的环状道路，是一处闻名世界的旅游胜地，也是美国加州 1 号公路（California State Route 1）途经景点。它穿过加州蒙特雷半岛（Monterey Peninsula）的卵石滩度假区（Pebble Beach）和帕西菲克格罗夫（Pacific Grove），其中大部分紧挨着太平洋海岸线，经过著名的高尔夫球场如卵石滩高尔夫会所（Pebble Beach Golf Links）、豪宅和风景名胜，包括百年孤柏（Lone Cypress）、鸟岩（Bird Lock）和 2144hm^2 的代尔蒙特杉树林（Del Monte Forest of Monterey Cypress Tree）等。

这条车道是穿过卵石滩封闭社区的主要道路。在这个社区里，非居民要付过路费。像社区一样，17 里海湾风景线的大部分由卵石滩公司拥有和运营。它有 5 个主要入口，包括加州 1 号公路入口、卡梅尔入口、帕西菲克格罗夫入口等。

2. 项目类型

滨海风景线

3. 设计师 / 团队

卵石滩公司（Pebble Beach Company）

4. 实习时长

2.5–4 小时

5. 历史沿革

1602 年，西班牙探险家绘制了蒙特雷半岛（the Monterey Peninsula）的地图。

1880 年，杰克将这块土地卖给了太平洋改良公司（PIC），这是一家由四大铁路大亨组成的财团。到 1892 年，PIC 铺就了一条他们称之为“17 里海湾风景线”的风景优美的公路，蜿蜒在蒙特雷和卡梅尔之间的海滩和森林地带。在很短的时间内，随着德尔蒙特酒店的建设，该地区成为一个旅游目的地。

酒店是 17 里海湾风景线的起点和终点。17 里海湾风景线是为酒店客人提供的观光之旅，目的是吸引富有的买家购买位于匹克岛（PIC land）的大型风景优美的住宅地块。20 世纪初，汽车开始取代 17 里海湾风景线上的马匹；从 1907 年起，只有汽车行驶在这条大道上。在当时，人们熟知的 17 里海湾风景线以该地区的历史遗迹、森林以及德尔蒙特酒店公园保护区的沿海景点为特色。

6. 实习概要

卵石滩创始人塞缪尔·F·B·莫尔斯（Samuel F. B. Morse）的首要任务是保护和保存德尔蒙特森林（Del Monte Forest）和周围海岸线的自然美。在这里，你会看到茂密的树林、穿越森林才能到达的开阔海滨、布满岩石的海岸线、著名的高尔夫球场、偶尔点缀着的豪宅，还会不经意间发现乱石滩上的成群结队享受日光浴的海豹和海狮、悠闲地梳理羽毛的鸬鹚和鹈鹕、穿越高尔夫球场地的鹿群、遥远海岸线外的鲸鱼和海豚……在这块土地上，人与自然和谐相处。

由 17 里海湾风景线穿越的卵石滩度假区内有多种生境类型。这些地区包括潮间带、沿岸和沿岸上以及封闭的锥形针叶林，包括蒙特雷松林（Monterey Pine Forest）和蒙特雷柏林（Monterey Cypress Forest）。蒙特雷松林是众多珍稀濒危物种的栖息地，其中包括希克曼的蕨草（Hickman's potentilla）和亚顿的毕柏

（Yadon's piperia），这两种都是联邦政府保护的物种。1900 年，植物学家爱丽丝·伊斯特伍德（Alice Eastwood）在今天的卵石滩的德尔蒙特森林中首次发现了希克曼的蕨草。经过 1992 年地球度量公司（Earth Metrics Inc.）的一项调查，这种植物被联邦政府列为受保护物种。

17 里海湾风景线沿线有 17 个景点，每到一处景点，路边都会有专门的停车场和观景台，以下为其中几处景点的简要介绍。

（1）西班牙湾海滩（Spanish Bay Beach）

1769 年，西班牙探险家们在这里扎营，试图根据 1602 年的描述找到蒙特雷湾。探险者花了一年的时间才找到蒙特雷湾，但这个美丽的海滩是以他们早期的造访而命名的。

（2）中国岩（China Rock）

这是 19 世纪末中国人聚居的一个小渔村遗址。现在仍然可以辨识出早期定居点的岩石上凝结着百年历史的炊烟。

（3）鸟岩（Bird Rock）

这里到处都是鸟儿、海豹和海狮。鸟岩实际上覆盖了 1-1.5m 厚的鹈鹕和鸬鹚的鸟粪，直到 1930 年，它作为肥料被收获。海狮趴在干净的栖木上晒太阳。

（4）范希尔俯瞰台（Fanshell Beach Over-Cook）

这里是中部海岸海豹的主要栖息地之一。每年的 4–6 月，部分海岸线被关闭，以保护这些海豹种群。春天时可以在这里看看港口的海豹和它们的幼崽。

（5）百年孤柏（The Lone Cypress）

250 多年来，举世闻名的独柏一直勇敢地站在俯瞰太平洋的岩石基座上。这棵被称为 17 里海湾风景线中点的标志性树木，自 1919 年创建以来一直是圆石滩度假村的标志。

（6）鬼树（Ghost Trees）

鬼树是一个独特的充满幽灵般的被阳光漂白的柏树。它经受着高达近 20m 高巨浪的拍击。

（7）卵石滩游客中心（Pebble Beach Visitor Center）

卵石滩每年接待来自世界各地的 200 万名游客。游客在中心停留，以了解区域独特而丰富的历史。早期这里是一个风景如画的马车停靠点。

（8）卵石滩高尔夫球场（Pebble Beach Golf Links）

这里是现今世界高尔夫运动最具标志性的场地之一。多次举办美国高尔夫球公开赛，以及即将成为美国网球公开赛的比赛场地。

（9）卵石滩马术中心（Pebble Beach Equestrian Center）

1924 年，卵石滩高尔夫球场建成，五年后，卵石滩马术中心正式开业，并在 1960 年奥运会之前举办了美国队的选拔赛。

7. 实习备注

每辆车票价 10.5 美元，骑车、散步免费。

地址：17-Mile Drive, Pebble Beach, CA 93953

电话：（800）877-0597

8. 图纸

图纸请参见链接：

https://www.pebblebeach.com/17-mile-drive/

（肖予　魏民　编写）

国王峡谷国家公园
Kings Canyon National Park

1. 位置规模

国王峡谷国家公园（Kings Canyon National Park）位于加利福尼亚州西北的太平洋沿岸，加利福尼亚州费雷斯诺县以东，内华达山南麓，占地约 1869.25km^2。国王峡谷国家公园南邻红杉国家公园，由美国国家公园管理局统一管理。

2. 项目类型

国家公园

3. 实习时长

1–2 天

4. 历史沿革

1890 年 9 月 25 日，为了保护巨大的红杉树免受伐木，本杰明·哈里森总统签署了建立红杉国家公园的法案。红杉国家公园成为第一个以保护生物体为目标的国家公园。1891 年，即红杉国家公园创建之后的一年，国王公园地区就被约翰·缪尔（John Muir）首次提出为国家公园。

内华达山脉花岗岩中这个令人惊叹的陡壁裂缝的形成始于大约 2500 万年前，因为强大的地质力量抬升了现在加利福尼亚东部的土地。大约三百万年前，最高的山峰高出海平面近 5000m。沿内华达山脉深处的地球断层线发生一系列地震，使山脉的东面开始向下滑动。

5. 实习概要

国王峡谷公园极端的地形变化和惊人的海拔梯度创造了丰富的自然生境，从西部边界的炎热干燥低地到白雪皑皑的高山，自然气候变化明显。公园有丰富的野生动植物、令人惊叹的地质特征和资源、大量的湖泊池塘湿地和河流等资源。独特的自然景源为公园提供了良好的景观游赏体验。

红杉和国王峡谷国家公园的海拔高度超过近 4000m，从内华达山脉的山麓到高峰，为植物、动物和其他生物提供了各种栖息地的景观。公园因其在保护生物多样性中的重要作用而被公认为国际生物圈保护区。公园内有壮观的巨型红杉、濒危物种山黄腿青蛙、野生黑熊等自然动植物。

在国王峡谷国家公园，突出的山脊从山顶向西延伸，创造出深邃壮观的峡谷、空间与景观。喀斯特的峡谷地貌中，分布大量洞穴与溪流，洞穴中含有大量新石器的化石，以及稀有矿物和独特的动物。

公园里保留着北美最南端的冰川。由于长期的冰川作用使内华达山脉大部分的花岗岩具有了抗侵蚀的特性，并创造了悬崖山谷，高耸的瀑布，陡峭的山峰，高山湖泊和巨大的冰川峡谷景观。

峡谷中的湖泊湿地生态系统有助于保护区的价值及其荒野特征。通过水来为整个内华达山脉的动植物提供栖息地，并决定它们的分布和丰度。湖泊和溪流在水中和毗邻的河岸地区支持丰富的原生生物群落。

国王峡谷国家公园包含几个独特的区域，分别是巨人森林和黑松、格兰特林、雪松林和矿王谷。

（1）巨人森林和黑松

巨人森林为美洲杉林，生长在内达华山脉的西部斜坡上，森林中生长着世界上现存最大的树——谢尔曼将军树（General Sherman Tree）。森林中的徒步小径穿过莫洛岩石、隧道木和高山草地，环境幽静，十分适合家庭出游。沿途还有巨人森林博物馆（Giant Forest Museum），全年开放，可以提供展览、公园信息和商店等服务。在黑松地区有两个季节性露营地，黑松村（Lodgepole Village）还为游客提供了季节性游客中心、市场、熟食店、淋浴和其他服务。黑松小径可通往巨人森林、高山湖泊和高山山脉。

（2）格兰特林

格兰特林地区是为了保护巨杉免遭砍伐，建于1890年的格兰特将军国家公园（General Grant National Park）。格兰特林地区的徒步路线穿过原始的美洲杉林和19世纪80年代被砍伐的美洲杉林，其特点是夏日白天温暖、夜晚凉爽，冬日积雪厚、气温低。格兰特林村（Grant Grove Village）附近有三个露营地，村中有市场、餐馆、邮局和礼品店，可为游客提供服务。

（3）雪松林

通往雪松林的180号公路一般在5–10月期间开放。徒步路线体验丰富，不仅有峡谷底部的平缓路段也有峡谷边缘的陡坡。一日徒步游线推荐地点包括：奈普小屋（Knapps's Cabin）、峡谷观景（Canyon View Lookout）、咆哮河瀑布（Roaring River Falls）、朱姆沃尔特草地（Zumwalt Meadow）和道路终点许可站（Road's End Permit Station）。雪松林游客服务中心（Cedar Grove Visitor Center）可提供旅游规划信息，在雪松林村（Cedar Grove Village）也有露营地、住宿、市场、礼品店、淋浴和快餐店等多项服务。

（4）矿王谷

通过矿王小径（Mineral King Trails）可以进入矿产之王高山峡谷，在这里可以领略由松树、美洲杉和冷杉构成的茂密森林景观以及色彩斑斓的花岗岩和页岩地貌景观。在矿产知网国家公园管理员服务站，可以获得公园的各类信息，包括路线、地图、当地荒野许可证和紧急救助等。该地区有两个季节性露营地，可以提供帐篷。由于海拔较高，夏季白天温暖、夜晚寒冷。在春季和秋季，需要为严寒和下雪做好准备。此外，这里也是土拨鼠活跃的地区，尤其是在春天和初夏，需要为车辆做好防护措施。

6. 实习备注

公园开放时间：全年24小时开放。(冬季风暴时通往公园的道路将关闭，积雪被清除后恢复开放。)

国王峡谷游客中心开放时间：全年开放。

1月1日–3月中旬，营业时间为10:00–15:00。

3月中旬–5月中旬，营业时间为9:00–16:00。

5月中旬–10月中旬，营业时间为8:00–17:00。

10月中旬–12月31日，营业时间为9:00–16:00

7. 图纸

图纸请参见链接：https://www.nps.gov/pore/index.htm

（丁欣然　魏民　编写）

瓜达卢佩河公园

Guadalupe River Confluence Park

1. 位置规模

瓜达卢佩河公园（Guadalupe River Confluence Park）位于美国加州圣何塞。

2. 项目类型

城市公共绿地

3. 设计师 / 团队

未知

4. 历史沿革

随着越来越多的人迁往经济发达、文化丰富的城市地区，边缘区域优先考虑步行、公交和骑自行车，许多城市都在挖掘有潜力吸引居民和游客的资产，因此公共绿地便成为重点开发的对象。瓜达卢佩河公园，作为复兴南普拉特河沿岸市中心社区这一计划中的最宝贵资源之一，起到了重要作用，同时也使城市有更多的机遇共享该资源。该河及其滨水区有潜力成为城市中心绿地，完善城市自然资源系统，并作为整个社区的经济引擎。

5. 实习概要

瓜达卢佩河公园有几处富有特色的景观节点，包括东方汇流、汇流点和支流纪念碑。其中，东方汇流是园内较大的开放空间之一，它由不同规模的活动空间组成，能够提供多样的活动场地。如林下空间、开阔的大草坪还有避难所，增加了空间的功能性及趣味性。东部的汇流广场也是一个开放空间，为各种庆祝活动提供场地并且这部分整合了各种割裂的元素将城市与河流连接起来，使公园与城市河流成为一个和谐的整体。

汇流点是洛斯加托斯河和瓜达卢佩河的汇合点，同样作为开放空间，应该是观看这两条河汇合最美的地方。不仅有美丽风景，而且是被誉为生态和技术以及多种族裔和文化的交汇点，反映了圣何塞文化的多元性。

支流纪念碑是为纪念两河交汇的。这座纪念碑被设计成一个圆形的、特定地点的艺术品，由两个螺旋形图案组成，旋转成一个中心焦点，上面刻着两条河流支流的名字。名字被刻成灰色和红色的花岗岩带，通向中心焦点的黑色的花岗岩圆盘。

瓜达卢佩河公园的建造很好地保护了河边的生态环境，是鱼类和鸟类重要的栖息地，保护当地社区免受洪水的侵袭。是当地居民和各地游客娱乐和重要的社交空间。随着圣何塞地不断发展，这些绿地弥足珍贵。河流和公园组成了绿色和文化的走廊，增强了社区的功能，让社区居民从中不断获益。瓜达卢佩河公园不仅代表着过去各类文化的积淀，同时更扮演者未来文化的见证者。

（刘红秀　编写）

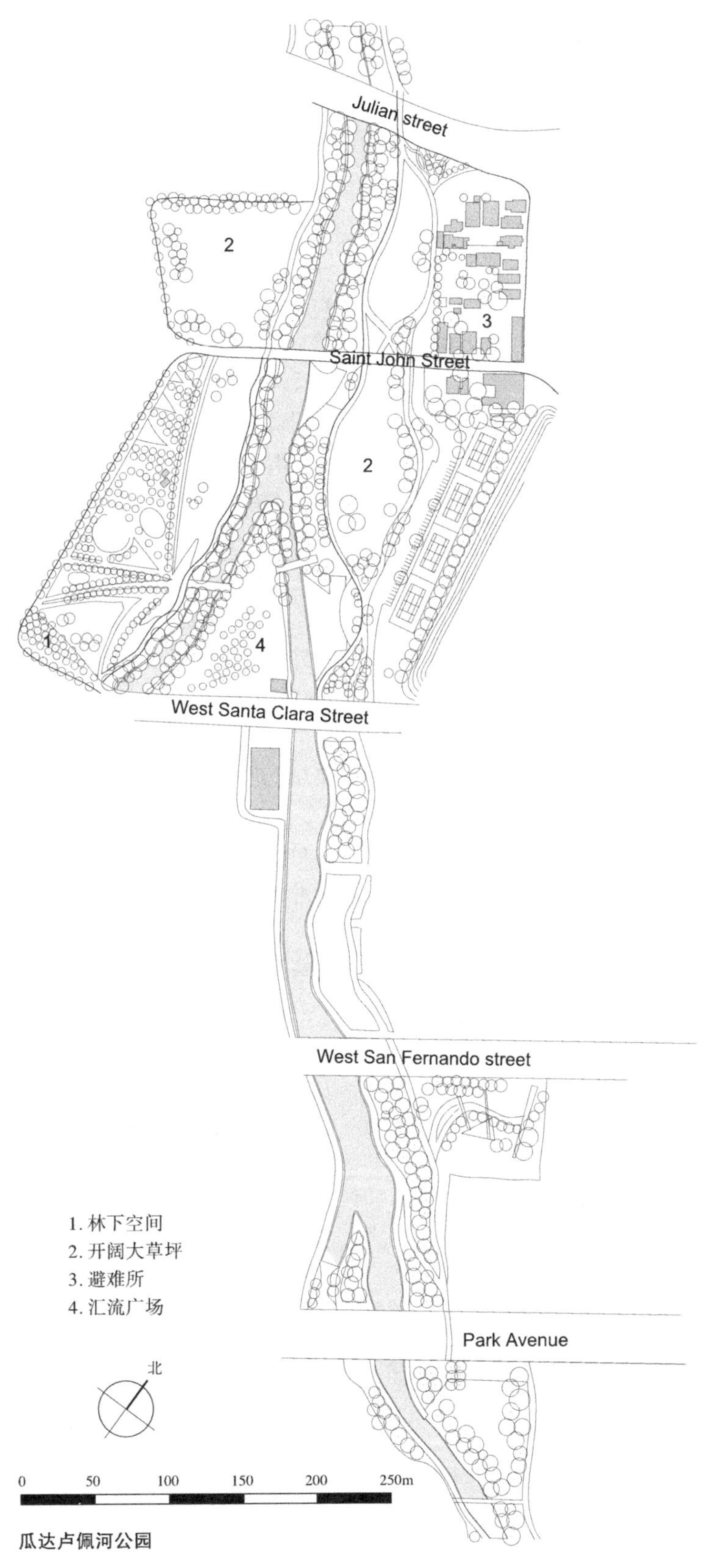
Julian street
2
3
Saint John Street
2
1
4
West Santa Clara Street
West San Fernando street
1. 林下空间
2. 开阔大草坪
3. 避难所
4. 汇流广场
Park Avenue
北
0
50
100
150
200
250m

瓜达卢佩河公园

圣塔娜商业街
Santana Row

1. 位置规模

圣塔娜商业街（Santana Row）位于美国旧金山湾区，16.2hm^{2}混合用途开发项目。

2. 项目类型

商业街

3. 设计师 / 团队

包括SB建筑师、酒吧建筑师、斯坦伯格建筑师和景观建筑师、SWA集团和April Philips Design Works，代表项目开发商、联邦房地产投资信托公司工作。

4. 历史沿革

圣塔娜商业街是坐落在硅谷圣何塞不多的室外购物中心之一，在一场毁灭性的大火和2000年代后期的经济衰退之后，该项目启动缓慢。但今天，圣塔娜商业街正在蓬勃发展，是北加州湾区一个比较成功的旧城换新貌的项目。圣塔娜商业街有Spa、旅馆、数十家特色餐馆和名牌店，整个大街像是田园风格，白天阳光充足，到了夜晚，街心的露天酒吧花园会有表演，人们可以边饮酒边欣赏露天演出。

5. 实习概要

圣塔娜商业街缩写为SR或者The Row，是一个高档的混合用途开发中心，由位于硅谷的加利福尼亚州圣何塞的零售、办公、住宅，住宿和商业区组成。

圣塔娜街将一个失败的地带商场改造成高档零售和住宅，位于可步行的中央大街上。虽然它可以从与公共交通和周围社区的更好整合中受益，但它创造了一个密集，蓬勃发展的混合用途环境，吸引了整个南湾的人群。

街道设计以巴塞罗那的加泰罗尼亚兰布拉大道（Rambla de Catalunya）为蓝本。房屋位于零售区，设备齐全的步行街和广场，停车巧妙地塞进城市街区的内部。

这条街道的欧洲氛围是通过采用各种建筑设计和复杂的景观细节来实现的。沿着“主街”的公园是开发区的核心和主要聚集地，公园的设计中融入了两棵已有的成熟橡树。喷泉和小亭子激活了公园，还有坐着和放松的地方，国际象棋比赛区，露天咖啡馆和餐馆。公园和街道的设计旨在容纳周三和周日的双周农民市场。

6. 实习备注

开放时间：11:00–19:00

地址：3055 OLIN AVENUE SUITE 2100, SAN JOSE, CA95128, US

电话：+1-408-42392000

（刘红秀　编写）

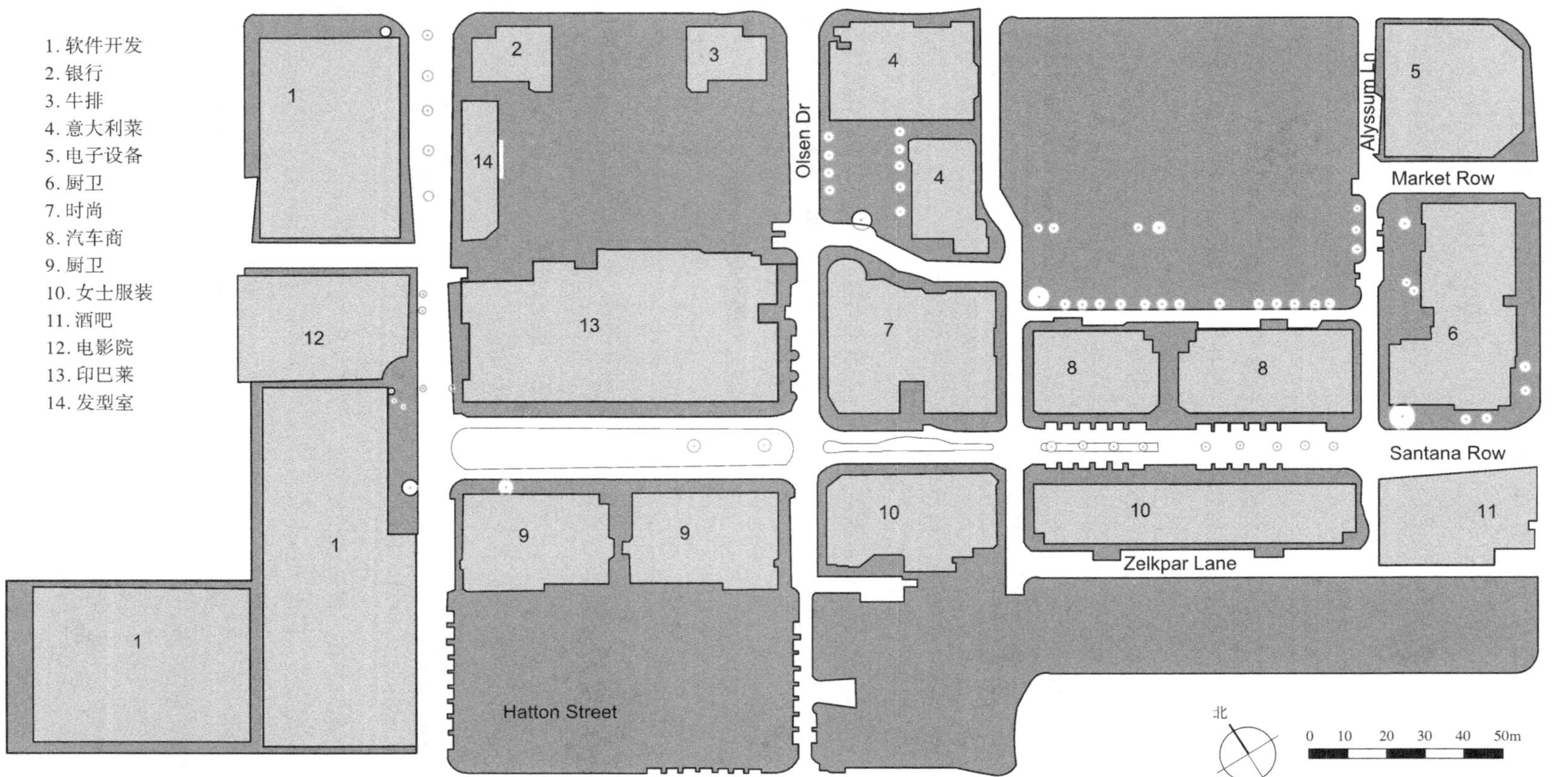

圣塔娜商业街

（图片来源：摹绘自高德地图）

瓜达卢佩河公园，瓜达卢佩河游径
Guadalupe River Park, Guadalupe River Trail

1. 位置规模

圣何塞作为加州第三大城市（人口数量）、旧金山港湾区最大城市，其市中心区域并不是某个纪念物，也不是某个中心广场，而是一条穿梭于繁忙街道和林立高楼之间的轻柔绿带，这条绿带就是瓜达卢佩河公园（Guadalupe River Park）。公园周边用地涉及商业、轻工业、文化和体育中心、单体住宅及高密度公寓等多种类型。

瓜达卢佩河（Guadalupe River）游径规划全长约 40km，分为上下两部分。瓜达卢佩河游径是整个圣何塞游径系统中的重要组成部分，连接了其中位于瓜达卢佩公园内部的游径又称为“河上漫步”。

2. 项目类型

城市公园多用途游径

3. 实习时长

建议实习时长为半天

4. 历史沿革

瓜达卢佩河公园的历史沿革非常具有代表性，其充分展示了城市河流再生的一系列改变。早期瓜达卢佩河因其丰富的水产资源吸引了大量居民来此定居。但由于洪水灾害频发，这里的聚落逐渐减少甚至消失。20 世纪 50~20 世纪 60 年代，随着城市地扩张，一些自然无序的聚落又重新开始出现在河道附近，同时大量的工业建筑开始涌现，挤压着瓜达卢佩河原本自然的河道，其水质也逐渐被工业和生活垃圾污染，瓜达卢佩河开始变得没有一丁点吸引力，几乎已经被人们遗忘。

在城市生态环境治理的背景驱动下，瓜达卢佩河再生项目被提出。由于洪水灾害一直是瓜达卢佩河的一个消极因素，因此防洪工程是再生项目中的必建项目。但与单一的混凝土防洪设施相比，一个宁静、自然的环境更应是这个城市喧闹区域的核心愿景。因此，将防洪设施与区域公园相结合改造方案被最终提出。

5. 实习概要

该项目呈现了作为市中心区域的河流应该扮演的角色，作为高度城市化的区域绿洲，瓜达卢佩河公园展示了洪水防控、河流再生、公众游憩、城市生物多样性、风景美学以及公园规划发展之间的平衡。

其一，改善城市生态环境，维护城市生物多样性。瓜达卢佩河公园借助水系和周边绿地组合而成，形成了城市建成区和自然水系之间重要的绿色缓冲带，有效保护了整个水系和流域。沿河岸种植大量植被，修复了先前被破坏的河流生态系统，同时为各类野生动物提供了多样的栖息地，并对整个城市热岛效应地降低、空气质量地改善及小气候地营造起到了积极作用。

其二，防控洪水灾害。公园的防洪功能主要依靠四部分区段的地形和设施来实现。第一部分是 880 号公路至赫丁街，这段驳岸呈缓坡开放式形态，形成的漫溢区域包括一个二级河道、河岸缓冲区域以及游憩步道，在调控丰水期水流的同时，起到加固河岸及河道底部的作用。同时考虑到要满足低水位时鱼的游溯通道，还设置了一些小型水坝和一个枯水期河道。第二部分是赫丁街和科尔曼大道之间的河道，加固区域主要集中在科尔曼大桥下，此段驳岸也呈缓坡状，同样设置有一个二级河道和一个枯水期河道，其中二级河道上的石坝可以调节二级河道进入主河道，以保持沉积物的自然运动状态。第三部分是科尔曼大道和圣克拉街之间的河道，该段尽量保留其自然风貌，在地下设置了两处通道来改变丰水期的水流方向，使其绕至现河岸栖息地区域。第四部分是圣克拉街至公园大道，该段东岸设置有河岸加固工程和混凝土阶梯，其上覆盖植被；西岸为直立挡墙。通过这一系列的工程措施有效控制百年一遇的洪水，同时也最大限度保持河流的自然性。

其三，为城市和公民提供服务。公园设计了多种尺度、多种类型的开放空间，为不同年龄阶层的公众提供包括散步、骑行、娱乐、风景欣赏、自然教育等多样的活动。

其四，游径系统的无缝连接。瓜达卢佩河公园游径系统将河流东西两侧的人流和车流进行连接，实现各类交通方式的无障碍对接。更重要的是，公园游径在规划时与城市及乡镇的游径体系总体规划相衔接，实现了与外界的地方级和区域级游径体系及大型的交通枢纽等的直接相连，直通湾区的社区、工作区、休闲娱乐区以及海岸线和山脉等区域，为市民的日常通勤和散步提供了极大的方便。

6. 实习备注

开放时间：8:00–19:30

地址：438 Coleman Avenue, San Jose CA 95110

电话：408-298-7657

7. 图纸

图纸请参见链接：https://www.grpg.org/

（张婧雅　叶雅慧　编写）

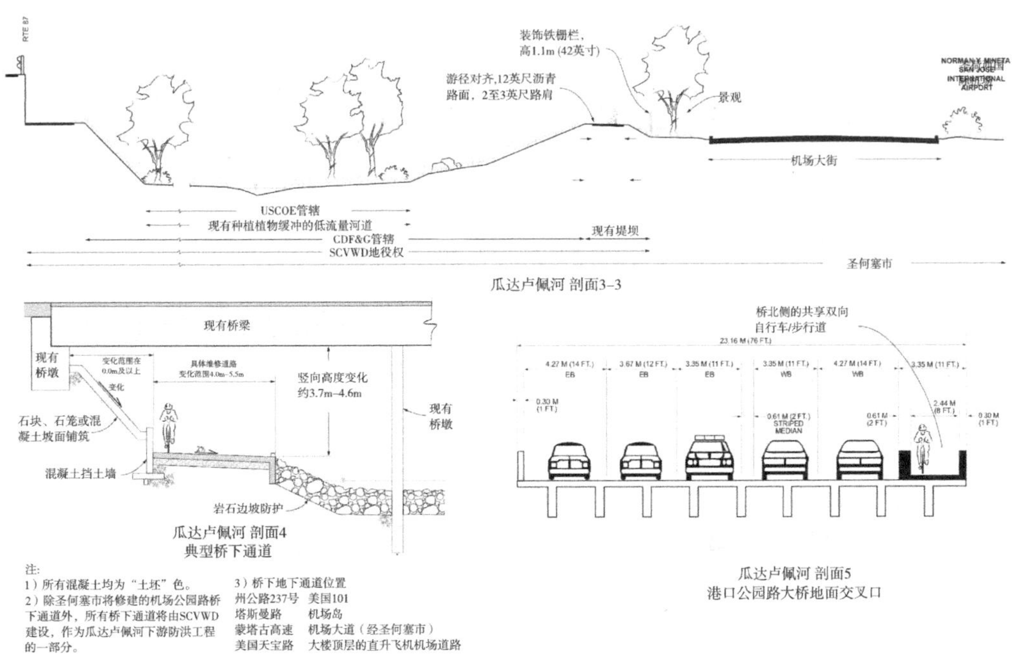

瓜达卢佩河下区游径主要区段剖面图

（图片来源：引自瓜达卢佩河总体规划）

查尔斯顿公园

Charleston Park

1. 位置规模

查尔斯顿公园（Charleston Park）位于美国加州山景城，西侧与现在谷歌公司总部（原硅谷图形公司 SGI）园区相连，南侧与查尔斯顿路相连，北侧邻接环形剧场公园路，项目坐标为：为西经 122.0829，北纬 37.4222，北侧靠近海湾，该项目占地约 2.02hm^2。

2. 项目类型

公园

3. 设计师 / 团队

SWA 景观规划集团与 SGI 事务所的建筑师们合作完成。

4. 实习时长

3–5 小时

5. 历史沿革

美国查尔斯顿公园是 20 世纪 80–20 世纪 90 年代，由 SWA 设计作为 20 世纪最重要的景观之一，该项目获得 ASLA 世纪大奖章、山景城市长大奖，SWA 也因此在 1997 年获得加拿大国际发展研究中心（IDRC）杰出环境规划奖。

6. 实习概要

查尔斯顿公园挑战了人们对公共与私人空间的传统思维，其设计创建了很强的视觉形象，将景观、生态与人的需求相互结合，在多方面以景观生态学为指导：第一，规划设计将园区和公园视为景观整体，项目设计通过一个有着坡道和水景的多层退台的广场将硅图公司办公楼的半开放庭院与公园连接起来，与城市文脉友好地结合，在基地的东西两侧，通过自然阶梯状的景观设计，使景观从自然坡度向上倾斜至平台，从而达到东部公园与西边的溪谷之间的无缝连接。此外，通过抬高建筑物，并将 1700 个停车位安置在平台层以下，从而确保地上景观的整体性和景观效果，体现了统一设计理念和人性化考虑，以简洁的设计手法，形成多功能的空间景观环境；第二，尊重基地原有条件，充分考虑当地文化和原有地形特点，水景充分利用了高差的优势，设置了逐级的台阶落差式水景，解决了与美国硅图公司 SGI（现 Google 总部）庭院 3.6m 的高差，是充分利用高差设计的典范；第三，创建了一个新型的城市公园，为山景城建立了一种强烈的视觉形象，为市民提供了一个能够满足多方面需求的公共活动空间；第四，空间的连接和延续，广场与水景组成两个开放空间，模糊了私人和公共领域之间的界限，建筑的开放性，满足人们在私人空间和公共空间之间不断流动；最后，植物景观设计充分运用水生植物、花卉植物、开阔的草坪、舒适的林荫，营建出丰富舒适的植物景观环境。

7. 实习备注

开放时间：全天

（郭屹岩　编写）

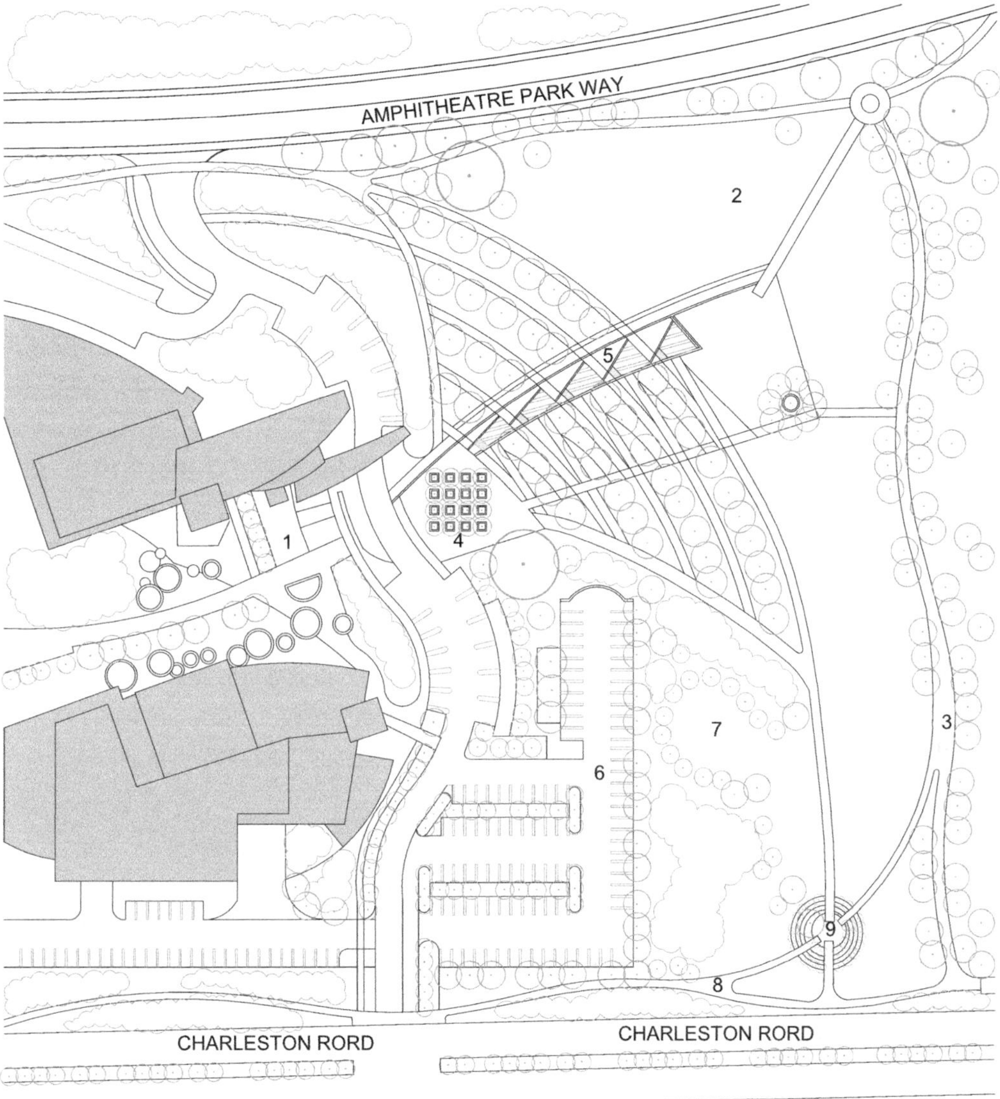

AMPHITHEATRE PARK WAY
1
2
3
4
5
6
7
8
9
CHARLESTON RORD
CHARLESTON RORD

查尔斯顿公园规划图

（图片来源：根据 Google 地图描绘）

1. 谷歌公司园区
2. 斜坡草坪
3. 林荫漫步道
4. 树阵广场
5. 中心阶地景观（跌水、植物等）
6. 停车场
7. 休闲空间
8. 休闲小径
9. 小广场

北
0 10 20 30 40 50m

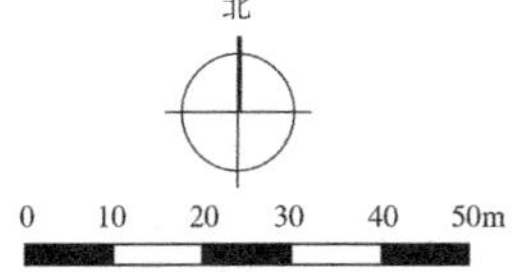

谷歌总部
Google Headquarters

1. 位置规模

谷歌总部（Google Headquarters）位于美国加利福尼亚州旧金山湾区的山景城，距斯坦福大学不到10分钟的车程，紧靠旧金山湾，其游客中心地理坐标为西经122.087597°，北纬37.419511°，南侧与查尔斯顿路相连，北侧邻接环形剧场公园路，西侧有永久溪路，东侧与查尔斯顿公园相接。项目占地约10.5hm^2，其中办公空间约4.64hm^2。

2. 项目类型

研究与开发办公室

3. 设计师 / 团队

美国SWA景观设计事务所负责硅图公司研究与开发办公室的总体规划、场地规划和景观设计。

4. 实习时长

2–3小时

5. 历史沿革

硅图公司参与了美国山景城市举办的一场比赛，目的是开发占地约10.52hm^{2}的城市棕地，SWA景观事务所完成了约4.64hm^{2}办公场地规划设计工作。2004年谷歌公司收购了该园区作为公司总部。谷歌总部项目获得诸多奖项：2001年获得AIA圣克拉拉谷，细节奖；2000年获得ASLA美国百年纪念奖章；1999年获得ASLA美国百周年奖；1998年获得山景城市长奖；1997年获得ASLA国家荣誉奖；1997年获得加拿大国际发展研究中心（IDRC）杰出环境规划奖。

6. 实习概要

人文关怀的人性化体验式办公空间的代表，以人的行为心理和生态主义原则为指导：首先，景观设计尊重基地原有条件，园区与周边环境协调设计，为了维护园林景观的整体性和一致性，通过提升建筑平面并在平台以下的空间设置了1700个停车位，在项目的东、西两端，景观坡地自然倾斜与平台自然连接，形成了从公园东侧穿过园区到西侧改进的溪流走廊的无缝连接带；其次，在园区设计和办公空间设计上充分体现人性化设计理念，让工作和生活无界融合，反映了SGI和非官方“认真玩乐”的企业理念，通过场地内相互结合的两套线形系统得到进一步的表达，其中弯曲的曲线暗示着休闲，直线，表达效率；最后，模糊公私界限规划设计方式的运用。通过项目中心的公共通道，以及邻近的公共公园，园区和相邻的查尔斯顿公园（Charleston Park）紧密结合，为公民提供了难得的公共活动空间。

7. 实习备注

开放时间：

谷歌公司不对外开放，总部园区免费对游客开放。游客中心周一 – 周五8:00–17:00开放，周六到周日关闭。

预约途径：

地址：1600 Amphitheatre Parkway, Mountain View, CA 94043, United States

电话：+1 650-253-0000

官方网站：http://www.google.com/

（郭屹岩　编写）

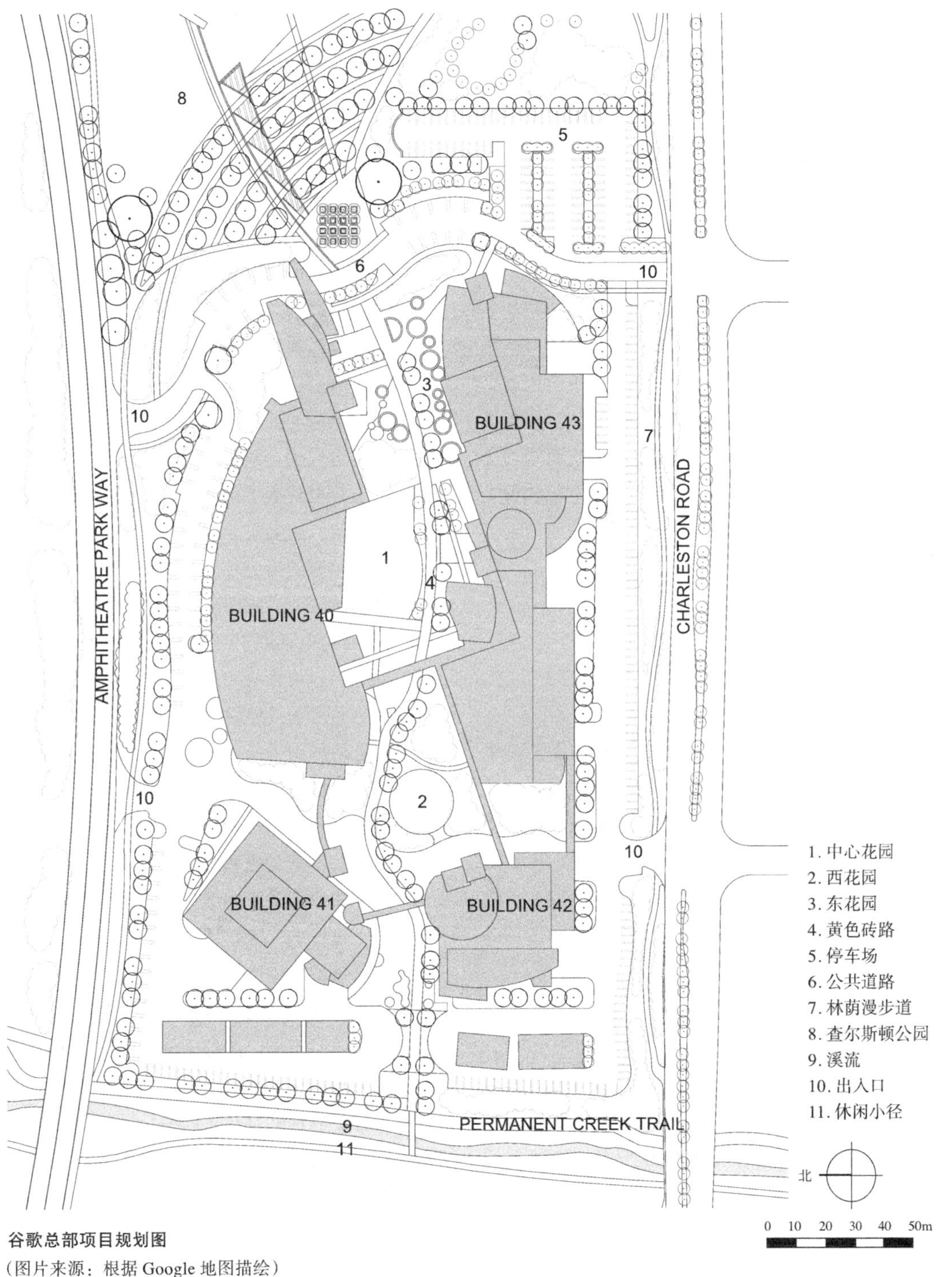

谷歌总部项目规划图

（图片来源：根据 Google 地图描绘）

拜斯比公园
Byxbee Park

1. 位置规模

拜斯比公园（Byxbee Park）位于加州旧金山湾区帕洛阿尔托市，占地 $12hm^2$（29 英亩）。

2. 项目类型

城市公园，垃圾填埋场棕地修复项目

3. 设计师 / 团队

该项目由风景园林师哈格里夫斯事务所（Hargreaves Associates）主持完成，雕塑艺术家彼得·理查兹（Peter Richards）和迈克尔·奥本海默（Michael Oppenheimer）参与设计。作为一个垃圾填埋场修复项目，该项目还咨询了环境工程师、建筑师、草业专家和野生生物保护专家，同时充分吸收了公众意见。

4. 实习时长

1 小时

5. 历史沿革

1990 年，哈格里夫斯事务所完成了整个 $607028m^2$（约 150 英亩）的滨水公园规划，并设计了一期的 $117358m^2$（约 29 英亩）公园方案。该公园 1991 年开放，1993 年获得美国 ASLA 荣誉奖。然而，由于疏于维护以及后续不断改造，目前该公园几乎丧失了最初设计的面貌。

6. 实习概要

这是一个由风景园林师介入垃圾填埋场修复改造的经典案例，同时也是一件打动人心的大地艺术作品。公园名称来自帕洛阿尔托市的一名工程师约翰·弗莱彻·拜斯比（John Fletcher Byxbee，1878—1947），是他最早倡议将湾区建设成为连续的滨水公园并向市民开放。该建议于 20 世纪 80 年代被采纳，促使许多废弃垃圾填埋场改造成公园。然而，不同于其他公园设有游乐场、野餐区亦或高尔夫球场等活动设施，这个项目更像一个户外雕塑公园。

设计灵感来源于独特的场地特征：垃圾堆体、湿地沼泽、风和天空。设计师与艺术家们通过塑造地形和回用场地原有的废弃设施创作了 11 件大地艺术雕塑，从而营造出极具感染力的场所氛围，并以一种隐喻的方式表达出该地区人类世代生存演进的历程。例如，若干泪珠形的土丘群代表了该地区最早生活的奥赫隆人（Ohlone）的巢穴，也暗指早期印第安人渔猎时随意填起的贝壳堆；路面采用的牡蛎壳材料便是对人类在此捕捞贝类历史的一种呼应；72 根阵列的电话线杆顺应起伏的地形成为公园的标志，也可作为飞鸟落脚休息与迎风眺望的地方；混凝土公路护栏排列形成的 V 形装置是附近机场跑道的延伸，从而与低空起落的飞机产生对话。该公园通过极简抽象的艺术手法表述着场地的特征和历史，其大地景观伴随着四季更替不断变化和丰富。

除了强烈的艺术感染力，该项目也被视作生态主义设计的代表作品之一。作为垃圾填埋场修复治理工程，该项目将垃圾封存和地形塑造相结合，并采用耐旱草本植物以避免乔木根系穿透覆盖黏土层。此外，设计师在公园和海湾交接处规划了天然湿地并设置观景平台。人们可以驻足欣赏青草丛生的山丘、蜿蜒流淌的马塔德罗溪流以及飞鸟成群的梅菲尔德湿地河口景观。

令人可惜的是，现在除了标志性的电话线杆和V形混凝土装置仍在原地，整个公园的山体地形几乎被全部平整并重建了道路系统。包括泪珠形土丘在内的许多大地艺术作品都不可避免地遭到破坏。

7. 实习备注

开放时间：每天 8:00–20:00

电话：+1 650-617-3156

（崔庆伟　编写）

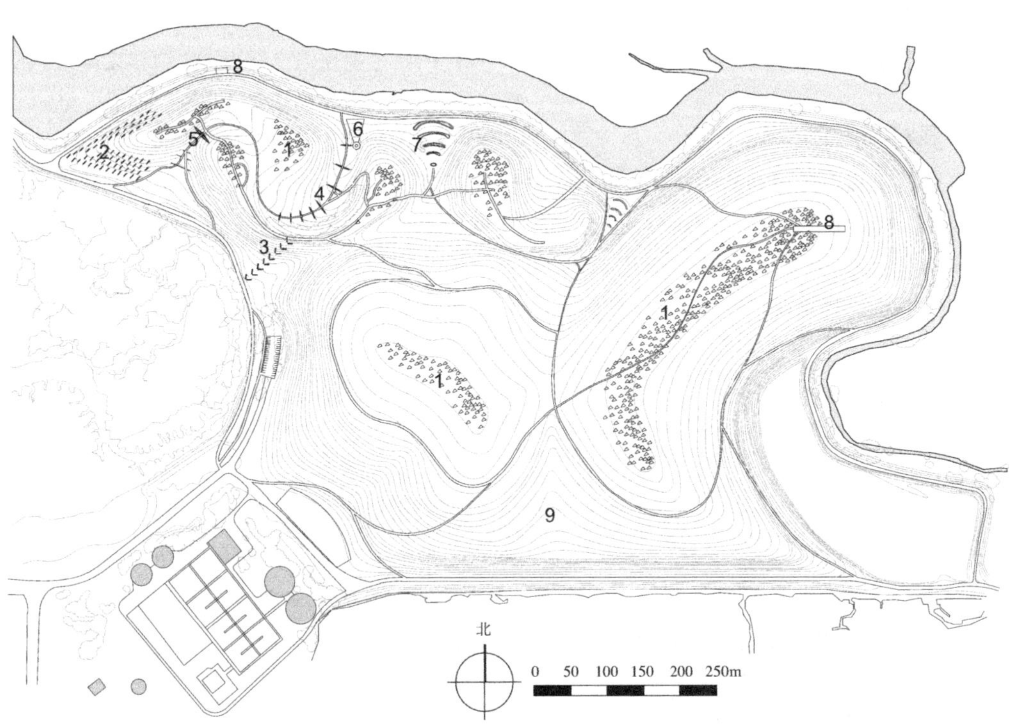

1. 土丘群艺术作品
2. 电话线杆阵艺术作品
3. V 形混凝土桩艺术作品
4. Weire 艺术作品
5. Land Gate “地门” 艺术作品
6. Flare and Key Hole Bed 艺术作品
7. Alluvial Berms with Wind Wave Piece 艺术作品
8. 观景平台
9. 牧草缓坡地形

拜斯比公园设计平面图

詹姆斯·H·克拉克中心
James H. Clark Center

1. 位置规模

詹姆斯·H·克拉克中心（James H. Clark Center）位于美国加利福尼亚州帕罗阿尔托市斯坦福大学，北侧与采石场路扩展相邻，东部和南部与校园路相接，地理坐标为：北纬37.43110°，西经122.17440°，克拉克中心建筑面积1.35hm^2。

2. 项目类型

研究中心

3. 设计师 / 团队

该建筑由福斯特建筑事务所（Foster and Partners）与MBT Architecture合作设计；景观设计由彼得沃克合伙人景观设计事务所（PWP）完成，总规划设计师彼得·沃克（Peter Walker）。

4. 实习时长

2-3小时

5. 历史沿革

克拉克中心的发展源于斯坦福大学教师中的草根运动，旨在促进生物工程、生物医学和生物科学领域的跨学科研究和教学。1998年9月，莱斯教务长和克鲁格副教务长成立了规划委员会，开发了Stanford Bio-X，由詹姆斯·H·克拉克的捐赠以及大西洋慈善基金会的捐赠，建设于2001年，2003年正式使用。

6. 实习概要

克拉克中心的标志性形式体现了的合作精神，与传统的实验室封闭式空间设计不同，克拉克中心具有开放性和灵活性的特点：首先，从总体布局上看，三栋实验室楼围合成了一个开放式的庭院，成为建筑的最大特点；其次，建筑空间设计上，户外阳台代替了室内走廊，而且可以随意地对实验室进行重新布局，满足迅速变化的研究需求；再次，在建筑设计上，漂浮的红色屋顶盖、石灰岩覆层和克拉克中心开窗的比例成为建筑设计中重要组成。整体带状开窗揭示了开放的实验室空间，它消除了实验室、人与想法之间的隔阂，研究人员通过这种方式融合了传统院系、学校和研究领域的联系流动；最后，建筑环境设计上，注重生态环境保护和使用者的体验感。例如狭道上种满了青草，以扩大草坪面积，旁边有教学建筑，还有庭院和刺槐树林，建筑西面是被红木林包围的台地等。

7. 实习备注

地址：美国加州帕罗奥多市斯坦福大学校园西路318号，邮编94305（Stanford Bio-X James H. Clark Center 318 Campus Drive West Stanford, CA 94305）。

电话：650-724-3333

网址：https://biox.stanford.edu/about/contact

（郭屹岩　编写）

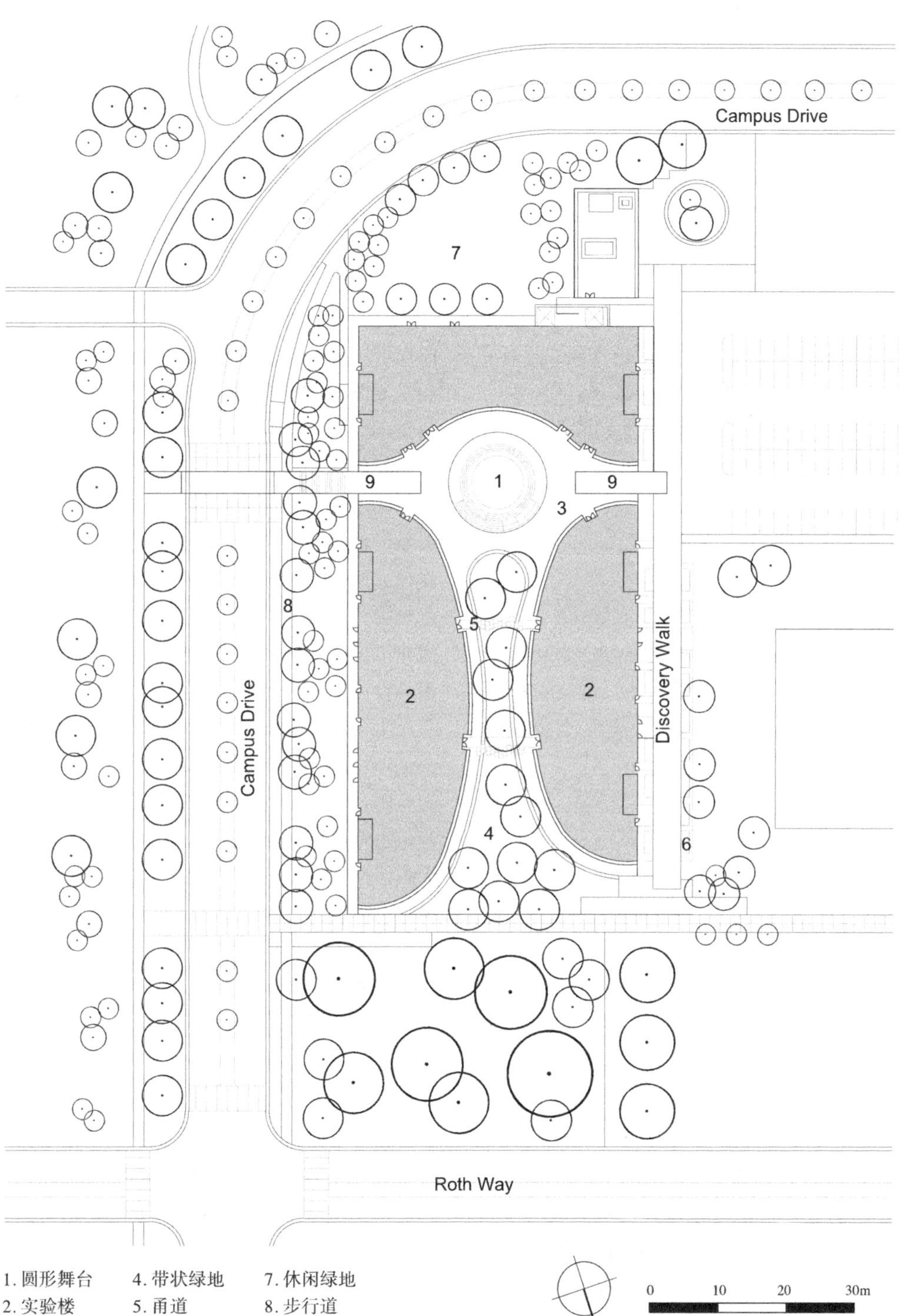

1. 圆形舞台　4. 带状绿地　7. 休闲绿地
2. 实验楼　5. 甬道　8. 步行道
3. 中心庭院　6. 停车空间　9. 出入口

克拉克中心规划图

(图片来源：根据克拉克中心规划方案摹绘)

惠普产业园

Hewlett Packard Courtyard/Hanover & Hewlett-Packard

1. 位置规模

惠普公司（Hewlett Packard Enterprise Company，简称HPE）总部产业园（Hewlett Packard Courtyard/Hanover & Hewlett-Packard）位于美国加利福尼亚州西部的帕洛阿尔托市（Palo Alto, California）汉诺威街3000号，处于硅谷西南，项目基址西北部与佩奇米尔路相接，东南和东北部和与汉诺威街连接，坐标：为西经122.148477°，北纬37.414561°。项目占地面积约32hm^2，建筑面积约12hm^2。

2. 项目类型

研究和办公

3. 设计师 / 团队

哈格里夫斯事务所（Hargreaves Associates）负责园区景观的整体规划设计，建筑和室内设计由Gensler & Associates建筑设计事务所完成。

4. 实习时长

5–6小时

5. 历史沿革

惠普（HP）是世界最大的信息科技（IT）公司之一，惠普公司成立于1939年1月1日，创始人是比尔·休利特和戴维·帕卡德。1938年戴维·帕卡德和比尔·休利特在位于美国加利福尼亚州帕洛阿尔托市，艾迪森大街367号的车库里开展工作。1940年，公司从车库迁址至帕洛阿尔托市位于佩奇米尔路和国王大道的一座租赁大楼内，1942年，建造惠普第一座自己的大楼（称为Redwood大厦），它集办公、实验室及工厂于一体积约929m^2，位于帕洛阿尔托市市佩奇米尔路395号。1957年惠普（HP）公司租用了位于加州帕洛阿尔托市汉诺威街3000号斯坦福大学的工业园区，建立了公司总部。1989-1990年，由哈格里夫斯协会对园区进行整体设计，并获得1992年ASLA竞赛专业奖。

6. 实习概要

美国精英企业办公区域设计的典范，充分体现了“以人为本”的办公设计理念，生态学和景观学相结合创造出人与自然相协调的办公空间：首先，建筑与周边环境的结合。低矮的办公大楼坐落在安静、宽阔的林荫大道一侧，帕洛阿尔托的佩奇米尔路路面上的图标，彰显了惠普企业的重要地位；其次，建筑空间设计。低矮的方形建筑围合形成中心庭院，通过走廊和门廊与外部的步道系统相互衔接，形成建筑内、外向空间的融合渗透，通过大玻璃窗的设计、带状室内空间、建筑中庭以及，容易产生日常交流和进行休闲；第三，绿色生态办公环境设计。包括场地保留大量的树木和绿地空间，通过微地形和生态地表覆盖材料，进行雨水管理，还通过屋顶设置太阳能板，收集太阳能作为重要能源等方式，打造绿色生态环境；第四，强大的停车空间和步行系统。

7. 实习备注

开放时间：惠普总部有围墙，如果观赏院内景观需要提前预约。工作时间为：8:00–17:00（太平洋时间），星期一－星期五。

总部地址：美国加州帕罗奥多市汉诺威大街3000号，邮编94304-1185（3000 Hanover St Palo Alto, California 94304-1185 United States）

总部电话：（650）-857 1501

咨询电话：1-650-687-5817

官方网站：http://www.hp.com/

（郭屹岩　编写）

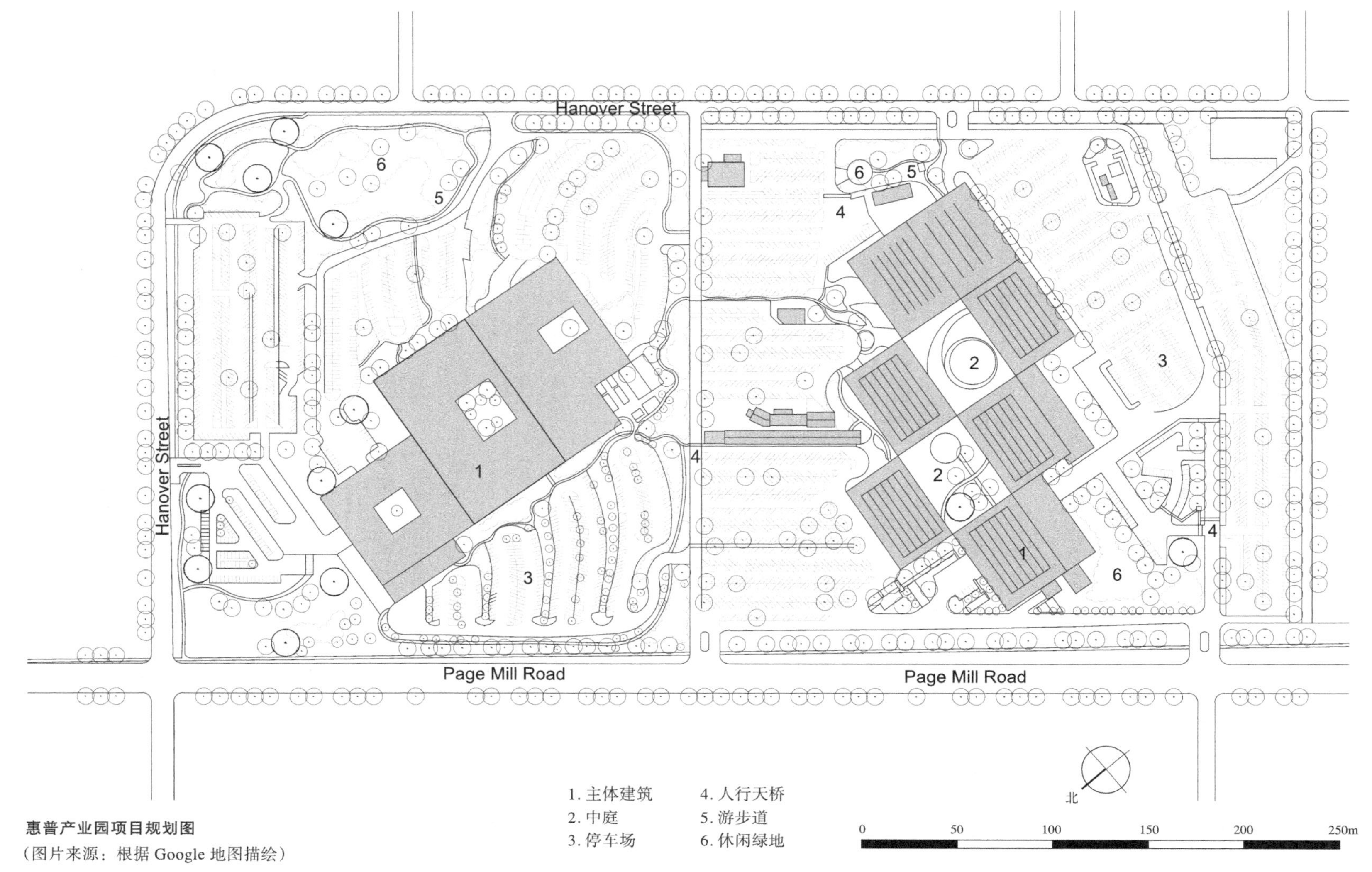

惠普产业园项目规划图
（图片来源：根据 Google 地图描绘）

斯坦福大学

Stanford University

1. 位置规模

斯坦福大学（Stanford University），全名小利兰·斯坦福大学（Leland Stanford Junior University），位于美国加州旧金山湾区南部的帕洛阿尔托市（Palo Alto）。校园占地约 $33km^2$。

2. 项目类型

校园景观

3. 实习时长

3 小时

4. 历史沿革

斯坦福大学校址最初是一片农场用地。1876 年，利兰·斯坦福（Amasa Leland Stanford）在加州购买了 $263hm^2$ 土地作为养马牧场，后不断扩大规模。1884 年，为纪念病逝的爱子，老斯坦福在已发展到 $3561hm^2$ 的土地上创建了斯坦福大学，美国风景园林师奥姆斯特德受其聘请为学校进行总体规划。1891 年 10 月 1 日，斯坦福大学正式成立。

1951 年，斯坦福大学在“技术专家社区”“让大学成为科研技术成果的转让基地”等思想指导下，创办了斯坦福工业园，出租闲置土地以吸引高新技术企业在此落户，同时还开放大学实验室，创造了产、学、研相结合的新型发展模式，并由此带动了整个“硅谷”的兴起与发展。至今，斯坦福工业园内已聚集了 2000 多家高科技公司与配套服务企业，形成了强有力的产业链，为其他高校科技园区建设、发展以及大学如何更好面向社会等方面树立了榜样。斯坦福大学也发展成为全球最著名的私立研究型大学之一。

5. 实习概要

（1）校园规划

1886 年奥姆斯特德和查尔斯·柯立芝（Charle A. Coolige）提交了第一次规划方案，校园的主体部分是分布在自然式道路两旁的许多小建筑，环抱着场地中的小山体。1887 年的第二次方案采用两条轴线控制校园，南北向轴线起始于棕榈林荫大道，穿过纪念拱门及一系列的场地空间，抵达中心区域的纪念教堂；东西轴为建筑围合的封闭方院。校园景观清晰而极具纪念性的轴线式特征，是美国大学校园景观“美院学派”的典型代表。

SWA 景观公司之后对校园进行了一系列的改进，遵循奥姆斯特德的校园景观规划，强调南北轴线贯穿校园，并将开放的空间布局、景观同周围的自然景色结合，将校园道路与城市的高速公路网相连接。

如今的校园规划延续了以方院为中心的空间肌理，以拱廊与方院相连，环绕而建，逐渐向外扩展。红色瓦顶的低层建筑、米黄墙身及圆拱柱廊，延续了典雅端庄的校园特色。为了与四周山林湖水的自然环境结合，建筑逐渐分散、放松。校园内拱廊相接，棕榈成行，校园空间在古典与现代的交织中充满了浓浓的文化和学术气息，其整体的美使人印象深刻。

（2）建筑特色

建校初始时的第一组建筑群“教学方院”，以纪念教堂为中心，采用理查森（Richardson）的罗曼式和西班牙建筑的混合形式：红瓦屋面、米黄色砂石砌筑、罗曼式的拱门和连廊，这一组严整、典雅、优美的建筑群奠定了整个校园建筑艺术的基调，至今仍是校园的中心，校园精神的象征和载体。此后，学校的规模不断扩大，新学科不断增加，各种教室、实验室、图书馆、住宅等相继兴建，建筑形式也随其建造的年代而有变化差异，但校园的建筑风格得以继承和发展。如1985年建成的集成电路中心，以及科学工程学院威廉·惠利特中心（Willian R.Hewlett Teaching Center）和詹姆斯·克拉克中心在色彩、材质、形体等方面既继承了斯坦福大学长久以来的建筑风格传统，又具有现代建筑的性格和特色。

（3）景观特色

校园入口处笔直、宽广且壮丽的“棕榈大道”，如今已成为了斯坦福大学的象征。大道长约2km，宽40m，行道树挺拔高大，一端是斯坦福大学的正大门，连接着校园与附近的帕罗阿尔托镇，另一端向北直通主楼，远景为纪念教堂和远处的山丘。

校园中心椭圆形的大草坪长轴300m、短轴200m，修剪整齐的草地犹如绿色地毯，为人们提供了晒太阳、漫步、行走或运动等多种需求。缓缓升起的草坡在集会时还可以充当座椅的功能。

校园的标志胡佛塔建于1914年，塔高90m，下面为四方形，顶层为六边形，尖端为圆形，人们在斯坦福大学校园的任何方位与角落，都可以看到胡佛塔，堪称斯坦福的地标性建筑。

校园中收藏了颇多著名艺术家罗丹的作品，博物馆旁的罗丹花园里有100个青铜塑造的罗丹作品，半身或全身的男女老少雕像俱齐，姿势多样，各显神韵。

斯坦福医院前的景观大道经过彼得·沃克改建后，带有非常显著的个人风格，简洁的牧场式高草景观与医院前面保留的加州风格的棕榈、喷泉相互融合。

（4）景观节点——沉思中心（Windhover）

项目占地约0.4hm^2，包括内部约370m^{2}用来展示内森·奥利韦拉（Nathan Oliveira）作品的艺术画廊和一系列静谧的户外空间。项目基址原为一个停车场，连接着校园内使用率很高的一条自行车道和一个大型宿舍。

沉思中心以艺术家内森·奥利韦拉的绘画命名，以其艺术作品为载体，为学生及教师员工提供了一个可以缓解压力并重新集中精神的场所。该中心的整体设计以毗邻的橡树林为独特背景，营造出了一系列可供体验的空间，让参观者能够从中感受到奥利韦拉的绘画与自然的共鸣。精心设计的入口序列构成了忙碌的校园和教堂般画廊之间具备多重体验的过渡空间，建筑内部也融入了很多室外元素，营造出静谧的沉思气氛。沉思中心代表了机构性场所设计的一种新风格，它为使用者提供了一个集艺术欣赏和培养个人幸福感于一体的绿色庇护所。

设计公司：Andrea Cochran Landscape Architecture

获奖情况：2017 ASLA通用设计荣誉奖

6. 实习备注

学校官网：https://www.stanford.edu

游客中心地址：295 Galvez Street, Stanford, CA 94305-6104

游客中心电话：650-723-2560

邮政编码：94305

游客中心开放时间：

周一 – 周五 8:30–17:00（太平洋标准时间）

周六、周日 10:00–17:00（太平洋标准时间）

（张媛　毛熠天　编写）

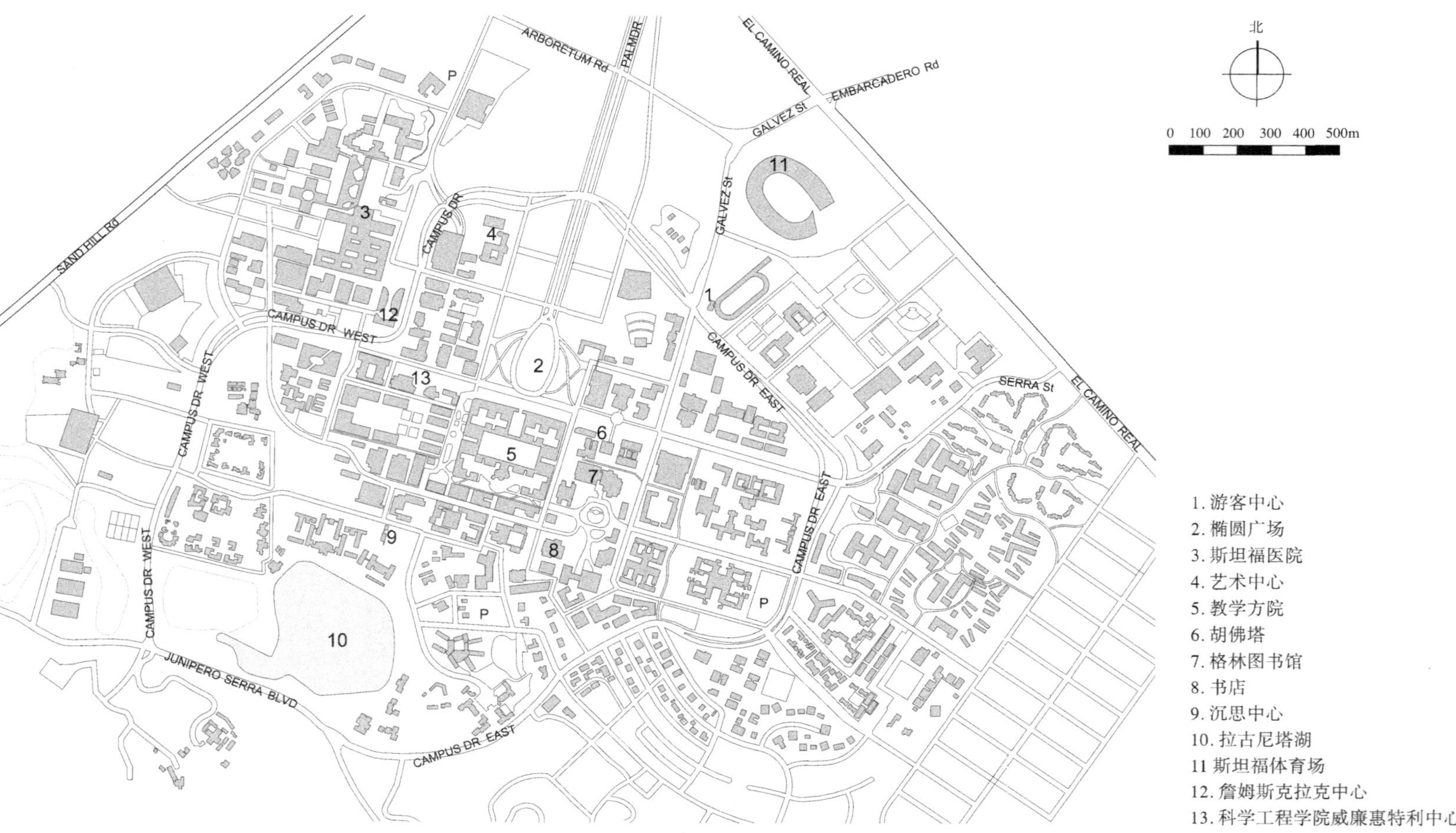
北
0 100 200 300 400 500m
1. 游客中心
2. 椭圆广场
3. 斯坦福医院
4. 艺术中心
5. 教学方院
6. 胡佛塔
7. 格林图书馆
8. 书店
9. 沉思中心
10. 拉古尼塔湖
11 斯坦福体育场
12. 詹姆斯克拉克中心
13. 科学工程学院威廉惠特利中心
EL CAMINO REAL
EMBARCADERO Rd
GALVEZ St
SERRA St
CAMPUS DR EAST
PALMDR
ARBORETUM Rd
CAMPUS DR
CAMPUS DR WEST
SAND HILL Rd
JUNIPERO SERRA BLVD
P

斯坦福大学平面图

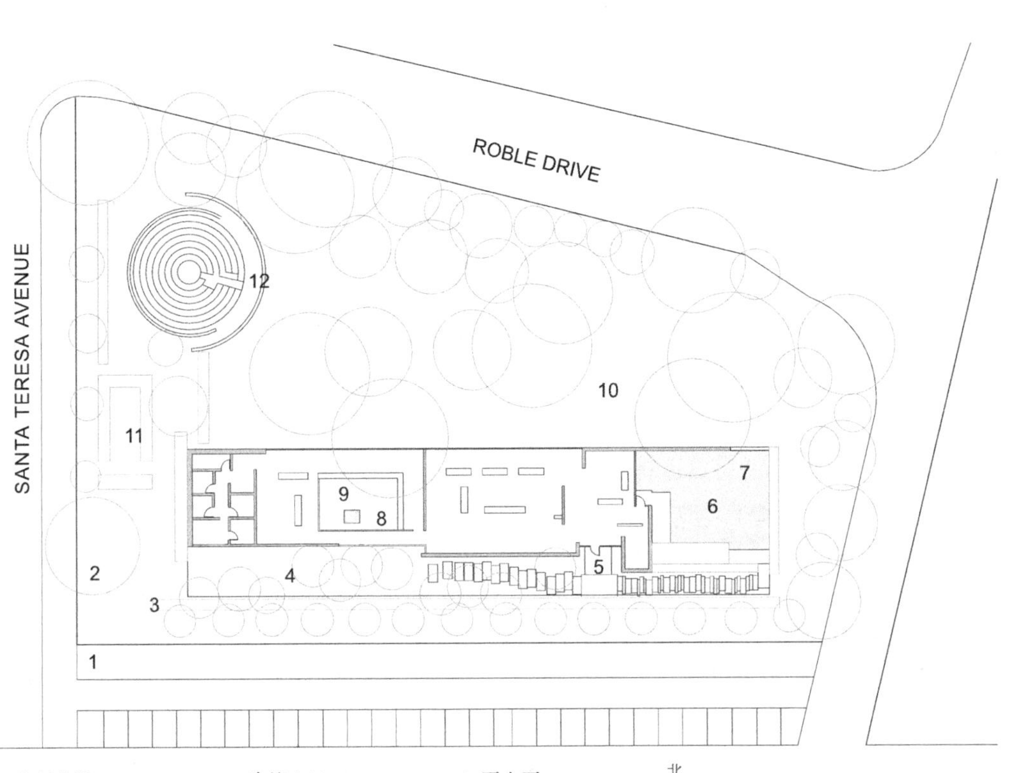

1. 自行车道
2. 入口标志
3. 竹篱
4. 银杏树林 / 入口步道
5. 建筑入口
6. 静水池
7. 再生石雕
8. 露天庭院
9. 再生石
10. 橡树林
11. 自行车停放点
12. 石迷宫

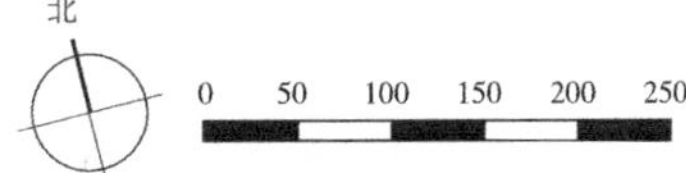

沉思中心平面图

雷耶斯角国家海岸公园

Point Reyes National Seashore

1. 位置规模

雷耶斯角国家海岸公园（Point Reyes National Seashore）位于美国加利福尼亚州旧金山以北不到 50km，是一片面向太平洋中心延伸 16km 的三角形高地，占地约 287.55km^2，海岸线长约 130km。

2. 项目类型

国家海滨公园

3. 实习时长

1 天

4. 历史沿革

雷耶斯角的文化历史可以追溯到 5000 年前，印第安人 Miwok 是半岛的第一个人类居民。公园内有 120 多个已知的村庄遗址。根据研究，弗朗西斯德雷克爵士于 1579 年登陆这里，他是第一个到达这里的欧洲探险家。为应对在危险的沿海水域中发生的沉船事故，美国政府在 19 世纪末和 20 世纪初建立了重要的灯塔和救生站。在 19 世纪早期，墨西哥人建立了牧场。随后是美国农业经营浪潮，一直持续到今天在海滨的牧区。到 1914 年，古列尔莫·马尔科尼（Guglielmo Marconi）选址并委托雷耶斯角地区建设无线电报站，该地区在 20 世纪后期在太平洋船舶的海上通信中发挥了重要作用。雷耶斯角半岛于 1962 年并入美国国家公园系统。

5. 实习概要

雷耶斯角国家海岸公园是生物的避难所、人类的避风港。公园拥有壮阔的风景和丰富的历史，拥有 258km^2 的沿海荒野，为各种动植物提供了栖息地，拥有超过 1500 种植物和动物，从大型海洋哺乳动物如蓝鲸到相对较小的濒临灭绝的蝴蝶都有涉及，具体包括麋鹿、土狼、山猫、黑尾鹿、海狮、太平洋灰鲸、海豹、海狮、各种鱼类和鸟类等。作为西海岸唯一受联邦保护的海岸，雷耶斯角国家海岸包括 128km 未开发的海岸线，历史悠久的牧场仍在运营，同时建立了超过 240km 的风景游径，游径将海滩、湿地、森林、草地和历史建筑等景观资源串接起来。

雷耶斯角国家海岸公园标志性景观包括：灯塔、马可尼 RCA 无线站（Reyes Lighthouse）、菲利普伯顿荒野、圣安德烈亚斯断层、摩根马牧场（Morgan Horse Ranch）、熊谷游客中心（Bear Valley Visitor Center）、熊之谷文化展览、海边牧场、阿拉米尔瀑布（Alamere Falls）、德雷克斯埃斯特罗（Drakes Estero）等。同时开展丰富的游赏体验活动，包括游泳、划船、露营、徒步、海滩探索等。公园的游径，能让所有年龄段的人们有机会探索和发现公园独特的景观，野生动物和风景，享受大自然。雷耶斯角国家海岸公园是最著名的观看海象和鲸的地方，7–8 月是到雷耶斯角最好的季节。

1964 年，雷耶斯角国家海岸协会（PRNSA）成立，旨在帮助国家公园管理局保护和增强海滨非凡的自然，文化和娱乐资源。自成立以来，PRNSA 已筹集数百万美元用于支持公园项目和环境教育计划，以增强游客体验，保护公园资源，改善野生动物栖息地，并对儿童和成人的生活产生深远影响。

雷耶斯角国家海岸拥有 4 个露营地，分别是海岸露营地（Coast Campground）、格伦营地（Glen Campground）、天空营地（Sky Campground）和野猫露营地（Wildcat Campground）。

雷耶斯角国家海岸拥有约 130km（80 英

里）的海岸线，其中许多公园游客可以安全游览。访客可以开车前往德雷克斯海滩（Drakes Beach），利曼图海滩（Limantour Beach）和雷耶斯角海滩（Point Reyes Beach）（在南北海滩停车场）。公园的其余海岸线只能通过步道或乘船进入。

（1）德雷克斯海滩

宽阔的海滩和引人注目的白色砂岩峭壁相映成趣，是一个非常受欢迎的地方。一家书店和游客中心增加了它的吸引力。德雷克斯湾悬崖上的沙子在1000万到1300万年前沉积在一个浅海中，经过压实，然后抬升。

（2）利曼图海滩

利曼图海滩是在德雷克斯湾和河口之间的一个狭长沙湾，是一个丰富的野生动物区。在秋季，许多水鸟在湿地和海滩上觅食。冬季，鸭子比比皆是。经常看到海豹在柔和的海浪中晃来晃去，或者在温暖的阳光下晒太阳。

（3）雷耶斯角海滩

雷耶斯角海滩（也被称为大海滩或十英里海滩）是一个令人难以置信的广阔地区，其未开发的海洋海滩超过17km（11英里），欢迎游客探索。如果您正在寻找重度冲浪的区域，那么这里就是您想要的地方。开车进入位于北滩或南滩的停车场。允许狗在该海滩使用1.8m（6英尺）的皮带。北滩入口以北不允许养狗，因为该地区是受威胁生物的保护栖息地。在冬季，当海象出现时，人和狗都不允许在南部海滩以南太远的地方进入。

（4）野猫海滩

野猫海滩是长4km（2.5英里）的海滩，位于国家海岸南部的菲利普·伯顿荒野内。进入野猫海滩的唯一安全地点是野猫露营地，距离最近的步道至少8.8km（5.5英里）。游客还可以沿着斯图尔特步道（Stewart Trail）从五溪（Five Brooks）骑自行车10.7km（6.7英里），到达野猫露营地。野猫营地以南1英里处是阿拉米尔瀑布（Alamere Falls）。

（5）心愿海滩（Heart's Desire Beach）

心愿海滩是托马莱斯湾州立公园（Tomales Bay State Park）的一部分。这是一个很好的托马莱斯湾庇护湾，非常适合家庭与小孩。在这个海滩上，海水趋向于温暖一些。

6. 实习备注

开放时间：全天

联系电话：(415)663-1200 x 303

邮件：membership@ptreyes.org

7. 图纸

图纸请参见链接：https://www.nps.gov/pore/index.htm

（杨柳　魏民　编写）

优胜美地国家公园
Yosemite National Park

1. 位置规模

优胜美地国家公园（Yosemite National Park），位于美国西部加利福尼亚州，横跨图奥勒米县、马里波萨县和马德拉县东部部分地区，跨越内华达山脉西麓。公园占地面积约3026.87km²。跨地中海与高原山地两个气候带，植被类型主要包括亚热带针叶林。

2. 项目类型

国家公园世界自然遗产

3. 实习时长

1–2 天

4. 历史沿革

1851 年，美国军队的一队骑兵追赶一群印第安战士，偶然间发现了壮丽的优胜美地谷。1864 年 6 月 30 日，美国总统林肯为保护公园的原貌，将马里波萨县优胜美地谷内的巨杉林划为保护区，并设为美国第一个州立公园。缪尔（Muir）为保护优胜美地谷的环境献出毕生精力，促成了 1890 年优胜美地国家公园的设立。1906 年，优胜美地国家公园把优胜美地补助区纳入其边界。1916 年，新创建成立的美国国家公园管理局（National Park Service）接管了美国骑兵（United States Cavalry）多年管理的 400 多个国家公园。1984 年，联合国教科文组织根据自然遗产评选标准 N(I)(III)，将优胜美地国家公园作为自然遗产，列入《世界遗产目录》，编号：712-013。

5. 实习概要

位于加利福尼亚州的优胜美地国家公园是美国景色最好的国家公园之一。在 3000 多 km² 范围内，分布着壮观的瀑布、幽深的峡谷、高耸的巨型红杉和令人难忘的花岗岩山峰等诸多景源，形成多个标志性地标。

优胜美地国家公园是内华达山脉最大而且最集中的栖息地之一。美国政府确认的 7 个生物区中，优胜美地国家公园内就有 5 个。从 648–3997m 的海拔变化，孕育了植物与动物的多样性。公园地跨 5 个主要植被区：沙巴拉群落 / 橡树林地，低山地森林，高山地森林，亚高山植物和高山植物。在加州 7000 种植物物种中，内华达山脉区域约占有总物种类型的 50%，而优胜美地公园内占有总物种类型的 20% 多。

（1）优胜美地谷

优胜美地谷长 12km，几百万年来受冰川的侵蚀，由最初的 V 形山谷变成了 U 形山谷。1864 年，美国总统林肯将优胜美地谷划为保护地，因而优胜美地谷也被视为现代自然保护运动的发祥地。峡谷内有默塞德河（Mercer River）流过，地势高度落差极大，有许多悬崖及瀑布，包括高达 739m 北美落差第一的优胜美地瀑布（Yosemite Waterfall）和由谷底垂直向上高达 1099m 的花岗岩壁——酋长峰（El Capitan）等。冰川界点（Glacier Point）是一面 2199m 高的花岗岩绝壁，高高矗立在优胜美地山谷之上，从这里远眺，可以看到公园内众多著名的景点，如半圆顶（Half Dome）、云住（Clouds Rest）、自由顶（Liberty Cap）、韦纳尔（Vernal Falls）和内华达瀑布（Nevada Falls）、四周的高脊山脉。

（2）“半圆顶”

Half Dome 直译为“半圆顶”，是一块半球形的巨大花岗岩山。它是优胜美地国家公园的象征，半圆顶海拔近 3000m，是优胜美地里最高的山峰，比周围山峰高出近 1000m，所以当夕阳落下地平线，大地陷入阴影里的时候，半圆顶光滑的山壁独自在夕阳下熠熠生辉，非常壮观。半圆顶的西北壁是长约600m，斜度达93%（北美第一）的垂直面，成为专业攀岩者的青睐之地。

（3）瀑布

优胜美地瀑布是北美洲地区最高的瀑布。瀑布高729m，要登顶实属不易，仅在瀑布底仰望也足够震撼；步行至布里达尔维尔瀑布（Bridalveil Falls），可以在观景点俯瞰瀑布滚滚飞流而下。通往韦纳尔瀑布和内华达瀑布的道路较为艰险，沿着花岗岩石阶向上爬才能抵达这两条壮观瀑布的边缘，得以观赏默塞德河顺着岩石崖壁倾泻而下。

（4）马里波萨林

优胜美地国家公园成立之初，意在保护此地的北美红杉树林。该片林地位于优胜美地国家公园的最南端。马里波萨谷巨杉是世界上最粗大的树，树龄可达数千年，有"世界爷树"之称。这种树平均可长到高50–85m，胸径约5–7m。现在国家公园里有巨杉500多棵，主要集中在南部马里波萨谷巨杉林。

（5）溪流

优胜美地国家公园的溪流是世界上最著名、最有趣的溪流，它们吸引着一批又一批慕名而来的旅游者，穿行在峡谷中。优胜美地的溪流源自吐勒姆河与莫赛德河的河水，它们几乎灌溉着整个优胜美地公园。溪水与河流在广阔的平地及峡谷中肆意穿行、泡沫飞溅，磅礴的瀑布在峭壁间轰鸣而下、奔放豪迈。优胜美地溪流是千姿百态的，任何一个季节，都能使你感受到它的诗情画意。

6. 实习备注

优胜美地国家公园全年开放，地图和旅游资料可以在优胜美地游客中心索取，公园内的活动资讯可以在入口处布告板上找到，在公园内也有张贴。

邮寄地址：PO Box 577 Yosemite National Park，CA 95389

电话：（209）372-0200

7. 图纸

图纸请参见链接：http://npmaps.com/yosemite/

（鞠鑫　魏民　编写）

旧金山植物园

San Francisco Botanical Garden

1. 位置规模

旧金山植物园（San Francisco Botanical Garden）位于旧金山的金门公园（Golden Gate Park）内，靠近第九大道和林肯路，占地22.3hm²。

2. 项目类型

植物园

3. 设计师 / 团队

威廉·哈蒙德·霍尔（William Hammond Hall）

约翰·麦克拉伦（John McLaren）

4. 实习时长

2 小时

5. 历史沿革

早在19世纪80年代，工程师威廉·哈蒙德·霍尔就为公园进行了详细的现场勘察和初步设计。公园的长久发展也离不开其主管约翰·麦克拉伦的精心计划与宏大远见。在海伦·斯特莱宾（Helene Strybing）及当地居民资助下，公园于1927年开始建设，于1937年开始种植植物，并在1945年5月正式开放。1959年，景观设计师罗伯特·特洛（Robert Tetlow）制定了一份总体规划，包括大草原、喷泉和现有花园的基本布局等。旧金山植物园由旧金山市政府管理，园内的教育项目、管理志愿者、策展人员等由旧金山植物园协会（San Francisco Botanical Garden Society）负责协调。

6. 设计概要

旧金山植物园以其丰富、独特、珍贵的植物收集而闻名于世。旧金山海湾地区全年温度适宜，冬天潮湿、夏天干燥，独特的地中海气候适宜来自世界各地的植物生长。旧金山植物园展示了来自世界各地的约9000种不同的植物，包括亚洲、澳大利亚、新西兰、北美、南非等地区的令人惊叹的珍稀植物，还有加利福尼亚本地的珍稀植物以及海边生长逾百年的原生红树林。旧金山植物园的21个专类园布局以植物地理分布、植物科属以及特色主题作为分区导向，从三个维度充分地向公众展示了植物的美好。

安第斯云雾森林（Andean Cloud Forest）：该园再现了热带高原地区的独特的植物景观。园内的标志性植物种类——安第斯蜡棕榈（*Ceroxylon Quindiuense*）是世界上最高的棕榈树之一。

澳大利亚园：岛国澳大利亚地域广袤，其70%的土地属于半干旱到干旱气候，亦分布有热带雨林区域和与加州地区类同的地中海气候区域。在这样的气候及地理条件下，澳大利亚的植物为了适应环境进化出了独特的风貌特征。该园便展示了来自澳大利亚湿润地区以及夏季干燥地区的植物景观风貌，其中大多数植物形态奇特，典型如矛形百合花（*Doryanthes palmeri*）。

木兰园：该木兰园是除中国以外最重要的木兰科植物收集区之一，如“大吉岭”滇藏木兰。木兰科植物花期大多集中在每年12月－次年3月底，如粉红色、白色和紫红色等，美丽而壮观。

山茶园：展示了来自中国、日本等国的优秀山茶品种。

古老植物园：该园主要展示了蕨类植物等被称为“活化石”孑遗植物及其植物景观。

多肉多浆植物园：该园展示的多肉多浆类植物拥有五彩缤纷的色彩和硕大的花朵，极富吸引力。

大草甸：主要树种为墨西哥松树、墨西哥柏树，蓝胶桉树（蓝桉）构成防风林以帮助稳定沙丘。

针叶树草坪：这里有超过 30 种针叶树，其中包括冷杉和云杉以巨杉。

加州乡土花园：包括 500 多个分类群（物种和品种）如池塘、林地、野花草甸等。这片草地比现代加州任何自然环境中的花朵都更密集。野花自由生长，4 月和 5 月是加州本土植物最佳观赏时间。

7. 实习备注

开放时间：每天 7:30 开放；冬季 16:00 停止进入

门票：$9 / 成人；$6 /12-17 岁的青少年；$2 /5-11 岁的儿童

地址：1199 9th Ave San Francisco, CA, 94122

邮箱：info@sfbg.org

电话：(415) 661-1316

8. 图纸

图纸请参见链接：https://www.sfbg.org/

（郝培尧　张丹丹　谢婉月　编写）

旧金山艺术宫
Palace of Fine Arts

1. 位置规模

旧金山艺术宫（Palace of Finc Arts）3301 Lyon St. San Francisco, California 37°48′10″N, 122°26′54″W，面积 6.9hm²（17 英亩）。

2. 项目类型

文化建筑与历史公园

3. 设计师 / 团队

建筑师：伯纳德·梅贝克（Bernard Maybeck，1862—1957 年）。

艺术家：布鲁诺·路易斯·齐姆（Bruno Louis Zimm，1876—1943 年），乌尔里希·埃勒胡森（Ulric Ellerhusen，1879—1957 年），罗伯特·里德（Robert Reid，1862—1929 年）。

4. 实习时长

1 小时

5. 历史沿革

旧金山艺术宫最初是为 1915 年“巴拿马 - 太平洋万国博览会”（PPIE）所建的一组具有古罗马废墟风格的展览建筑。在支持保存艺术宫的人士倡议和市民支持下，艺术宫成为博览会免于拆除的极少数建筑之一。之后其展览大厅曾被用作艺术展馆、网球场（1934—1942 年）、陆军机车仓库（1942—1947 年）、停车场、电话簿分装中心、国旗帐篷存储点甚至临时消防总部等多种功能。由于不断遭到改造和人为破坏，最初用临时材料建造的艺术宫展厅和户外柱廊到 20 世纪 60 年代已几乎完全损毁。旧金山市政府在 1964 年使用现浇钢筋混凝土等永久性材料对艺术宫进行了重建，并在 1969 年将其改造为探索博物馆（Exploratorium Interactive Museum）。2003—2010 年，市政府联合梅贝克基金会对艺术宫进行了再次修复，其中包括结构抗震加固以及东侧泻湖区域的景观改造。如今这里主要用于举办艺术展览，并承接各类节庆聚会活动。

6. 实习概要

旧金山艺术宫靠近金门大桥和海滩公园，是旧金山的标志性建筑和旅游目的地之一，同时也是当地著名的婚纱摄影取景地。整组建筑群采取中轴对称的空间布局——环绕东侧开挖的人工泻湖形成 340m 长的高大弧形柱廊；中心半岛上坐落着一座雄伟的古罗马风格拱券穹顶式圆形大厅；作为主体的艺术宫剧院建筑与柱廊方向保持一致，进一步强化了圆形大厅的核心地位。人工湖基于建筑形态同样形成中轴对称的结构布局，并通过在北侧布置岛屿以及蜿蜒曲折的湖岸和道路弱化规则机械的感觉，从而丰富了空间变化，增强了自然风景的趣味性。布景式的圆形大厅和柱廊倒影在平静的湖面上，形成如绘式的美丽画面。

中央圆形大厅顶部的檐板重复展示着著名艺术家布鲁诺·路易斯·齐姆绘制的三幅装饰画。画的主题是“为美丽斗争”，象征着古希腊文化传统。乌尔里希·埃勒胡森在柱廊顶上安置有“哭泣的女人”雕像，同时在圆形大厅柱顶中楣上安置有人形雕像，分别象征着“沉思”“惊奇”和“冥想”。最早的圆形大厅穹顶下面还有 8 幅罗伯特·里德的大型壁画：其中四幅描绘了艺术的理想和诞生，“它奉献给土地，并借由人类智慧而进步且被接受”；另外 4 幅则是以加利福尼亚的 4 个“黄金”（罂粟花、柑橘、黄金和小麦）为主题。

澳洲桉树等植物点缀在湖岸绿地当中，为人们提供了林荫和游憩场地。经过修复的人工泻湖不仅为艺术宫建筑提供了优美的自然风景，而且为许多野生动物提供了栖息场所。作为紧邻旧金山湾区的一处淡水湖体，泻湖中生活着乌龟、青蛙等两栖动物以及鹅、天鹅、野鸭等水禽，布满乔灌木植物的水中小岛也为黑冠夜苍鹭等鸣禽和候鸟提供庇护所。

7. 实习备注

柱廊建筑和湖区景观全天开放。

（崔庆伟　编写）

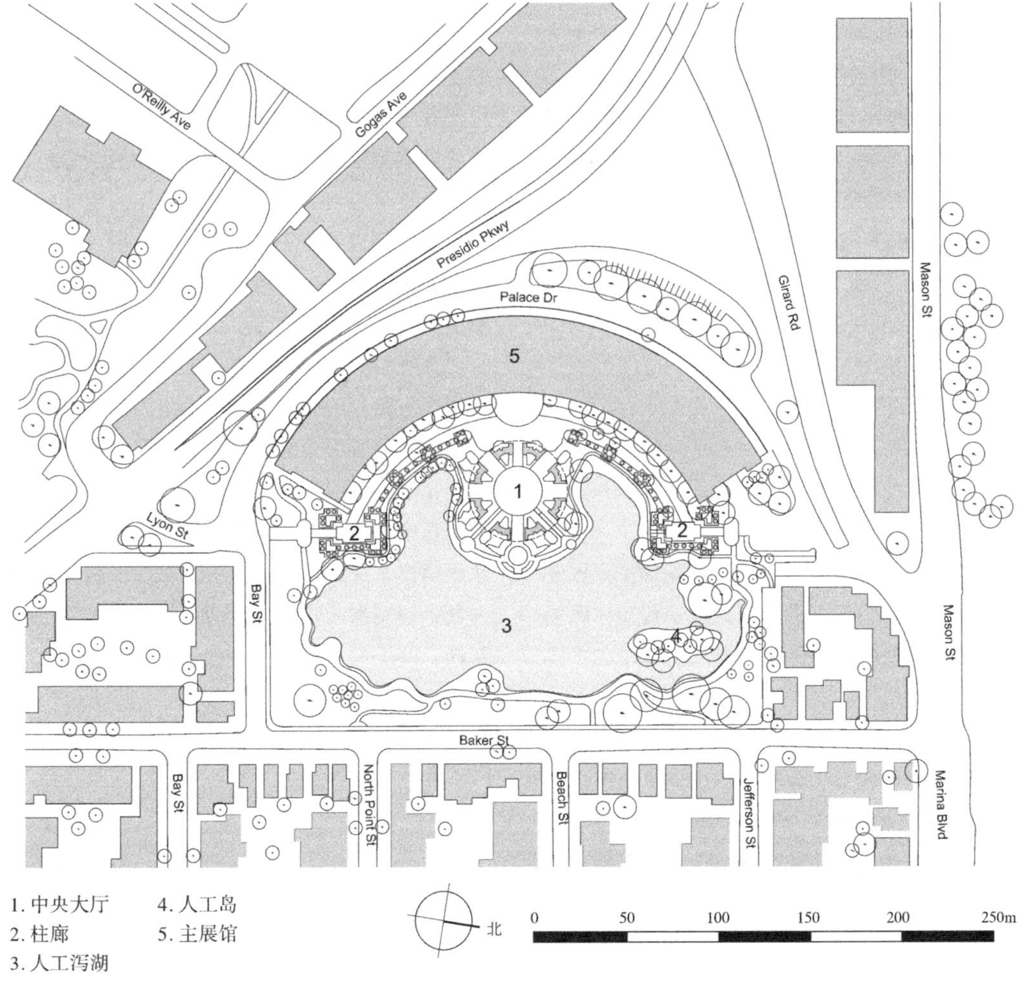

旧金山艺术宫平面图

李维斯广场
Levi's Plaza

1. 位置规模

李维斯广场（Levi's Plaza）位于美国旧金山电池街，李维斯总部大楼广场和花园总面积约 $2hm^2$。

2. 项目类型

喷泉广场、社区公园

3. 设计师 / 团队

劳伦斯·哈普林（Lawrence Halprin），美国著名风景园林设计师，曾获植物学学士和园艺硕士，1943 年进入哈佛大学学习，转向风景园林专业。1949 年，哈普林成立了自己的事务所，开始了创造自己独特风格的历程。1963—1965 年哈普林担任加州高速部门的设计顾问，1963—1966 年担任旧金山海湾捷运地区的都市顾问，之后又担任加州大学伯克利分校的讲师。

4. 实习时长

1 小时

5. 历史沿革

李维斯广场于 1982 年竣工，场地主要服务于李维斯总部员工，为员工提供午餐和休闲场所，同时也为内河码头社区提供一个开放空间。

6. 实习概要

哈普林的设计，包括一个由建筑包围的铺砌广场和广场东面一个带有蜿蜒溪流的小公园，其灵感来自内华达山脉，特别是优胜美地国家公园（Yosemite National Park），设计元素包括石块和巨石，以及溪流和瀑布。哈普林设计的这两个公园的风格完全不同，与总部相邻的广场，瀑布从一块大石头上倾泻而下，并被较小的瀑布和水池包围，这更为直观的呼应了西亚拉山区。这里是所谓的“硬公园”，通常是员工活动的场所，在瀑布和水池的混凝土边缘和周围都设有座位，是午餐、咖啡和休息的好去处。所谓的“软公园”，在内河码头路旁边，由草坪、溪流和瀑布组成。这里通常举办夏季音乐会，员工和公众可以在蜿蜒起伏的地面上漫步（从一点到另一点没有直线），也可以坐在电池街沿线的长椅、草坪或水泥墙上，哈普林希望他们可以用这种方式拥抱公园。尽管这里是交通繁忙的内河码头沿岸，但非常安静，在东部边界有一道树篱遮蔽，树丘上长满青草、树冠茂密、小径弯曲、给人一种隐逸的感觉。

李维斯广场充分发挥了水和身体之间的各种互动，矗立的巨岩顶端有水泉泻下，引起行人的注目停留，两旁树篱围起的开口进入之后柳暗花明，可以环绕着巨石水池行走，还有水上踏石串起的步道，角落升起的水梯顶端也有泉水涌出。这是哈普林的水泉设计中最独特的一处，利用水的收集和运动来邀请行人与环境互动，使人们从观众变成参与者。

7. 实习备注

开放时间：全天

（刘丹丹　冯尧　编写）

李维斯广场

（图片来源：根据 Google 地图描绘）

贾斯汀·赫尔曼广场

Justin Herman Plaza

1. 位置规模

贾斯汀·赫尔曼广场（Justin Herman Plaza）位于美国加利福尼亚州旧金山市的金融区，紧邻市场街和斯图亚特街交叉路口，面积 $0.5hm^2$。

2. 项目类型

城市广场

3. 设计师 / 团队

劳伦斯·哈普林（Lawrence Halprin），美国著名风景园林设计师；阿尔芒·瓦扬古（Armand Vaillancourt），加拿大雕塑家、画家和表演艺术家。

唐·卡特（Don Carter），美国建筑师；马里奥·约瑟夫·钱皮（Mario Joseph Ciampi），美国建筑师和城市规划师；约翰·萨维奇·博尔斯（John Savage Bolles）美国建筑师。

4. 实习时长

0.5 小时

5. 历史沿革

赫尔曼广场最初以 20 世纪 60 年代旧金山重建局负责人贾斯汀·赫尔曼（Justin Herman）的名字命名，于 1972 年开放使用。2018 年，广场改名为内河码头广场。赫尔曼广场的最初概念由劳伦斯·哈普林提出，1962 年他提出了沿市场街的五个不同区域的规划设想，即“面向行人的一系列相连的市民空间”。 由大块红色地砖铺成的广场，其设计理念也是希望让更多喜爱滚轴溜冰的民众有适宜的活动场地。广场旁边有很多休闲座椅，是附近上班族喜爱的午餐地点，这里也是欣赏海滨大道和渡轮大厦（Ferry Building）钟楼美景的最佳地点。

6. 实习概要

赫尔曼广场的瓦扬古喷泉（Vaillancourt Fountain）位于广场的东北端，由魁北克艺术家阿尔芒·瓦扬古于 1971 年设计。喷泉高约 12m，由预制混凝土方管制成，位于一个形状似不规则五边形的水池中。喷泉看起来就像还没有完工的样子，混凝土还没有完全混合，纵横交错的方管“就像一只巨大的几何章鱼的触角”。喷泉水池上设置了一系列允许公众进入的平台，还设有桥和步行道（带楼梯），人们站在管道之间可以俯瞰广场和城市。长期以来，由于鲜明的现代主义外观，瓦扬古喷泉一直饱受争议，但多年来的几项拆除喷泉的提议都没有成功。喷泉的设计本来旨在与曾经繁忙的高架桥干道相呼应，用来淹没内河码头高速公路的噪声，这条高速公路于 1959 年竣工，从 1972 年通车开始沿着广场的东面行驶，直到 1991 年高速公路被拆除，取而代之的是地面上的一条林荫道。

7. 实习备注

赫尔曼广场是许多大型活动的举办场地，夏季白天经常有免费演唱会，冬季则有一个溜冰场，每年 11 月和 12 月都会举办滚轴溜冰比赛，广场也经常用于政治集会。

网址：Sfrecpark.org

开放时间：全天

（刘丹丹　冯尧　编写）

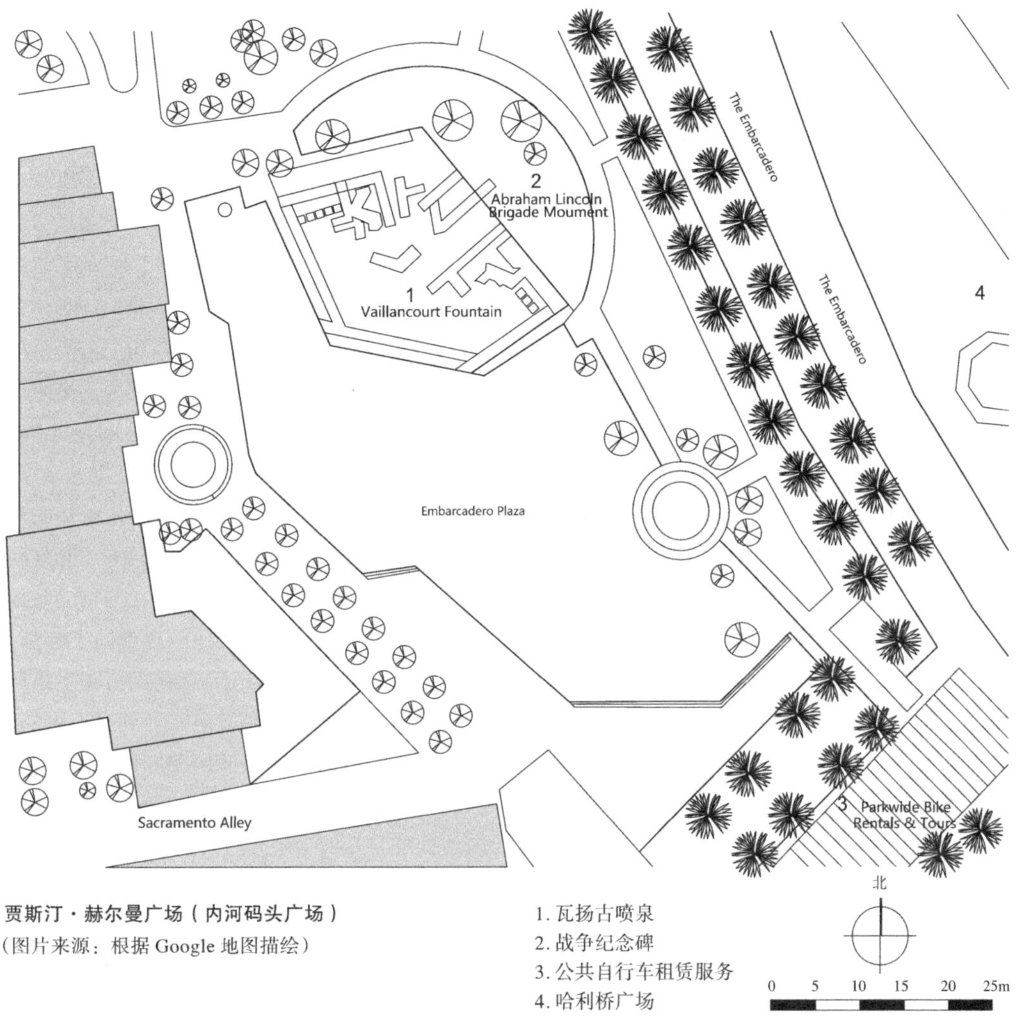

贾斯汀·赫尔曼广场（内河码头广场）
（图片来源：根据 Google 地图描绘）

1. 瓦扬古喷泉
2. 战争纪念碑
3. 公共自行车租赁服务
4. 哈利桥广场

里肯公园

Rincon Park

1. 位置规模

里肯公园（Rincon Park）位于旧金山内河码头，靠近福尔松街（Folsom）路口，面积约0.8hm²，项目区域从内河码头的人行道延伸到散步大道，还包括两个小型饭店以及用于就餐、聚会和举行音乐会的开放式广场。

2. 项目类型

滨海公园

3. 设计师 / 团队

奥林联合事务所（Olin Partnership）、谢丽尔巴顿事务所(The Office of Cheryl Barton)。

劳里·奥林（Laurie Olin），美国著名景观设计师，宾夕法尼亚大学景观系教授；克莱斯·奥登伯格（Claes Oldenburg）和库斯耶·凡·布鲁金（Coosje Van Bruggen）夫妇，美国艺术家。

4. 实习时长

1 小时

5. 历史沿革

2002 年丘比特弓之箭（Cupid's Span）屹立于旧金山湾（San Francisco Bay）里肯公园的北端，这是克莱斯·奥登伯格和库斯耶·凡·布鲁金夫妇合作的大型户外艺术雕塑，足有 18m 长。雕塑被放在一座小山上，倾斜的弓，插入植物和草皮下的箭，还有一根高高竖起的翎毛。

6. 实习概要

里肯公园将新建的内河码头大道和围绕着旧金山海湾的线形香草小径连接在了一起，起到了桥梁的作用。公园中涵盖了一些硬置景观，如混凝土隔离带和人行道，还有花岗岩小径。在那些可以用于人们小坐之用的隔离带下挖了拱形的排水沟，同时安装了地下保障系统，用来净化土壤，排除危害物质，这对整个公园的环境起到了保护和调节作用。公园草坪上巨大的户外雕塑丘比特弓之箭成为这里的地标。这一区域也是拍摄海湾大桥（Oakland Bay Bridge）美景的最好角度。

里肯公园的主要入口设置在福尔松街的末端，公园的边缘地带绵延于内河码头，充分利用地形特点以及餐厅的布局，形成独特的观赏平台，草坪边缘的香草径用隔离带围了起来。坐在隔离带上，可以与上面黏附的海洋生物近距离接触，这些生物是被海水冲到岸上来的，经过巧妙地处理后为公园的趣味性锦上添花。公园主要的地形是由两块向海湾延伸的凸起的草坪构成，它们略微倾斜，起伏有致，置身其中，可以欣赏到海岛以及伯克利和奥克兰市的地平线。这些特殊的地形还起到了很好的隔音效果，内河码头繁忙的声音在这里被削弱，营造出一片宁静的氛围。公园西面的围墙将绿色景观尽揽，而南面的围墙则将餐厅融入整个公园景致中。

7. 实习备注

开放时间：全天

（刘丹丹　冯尧　编写）

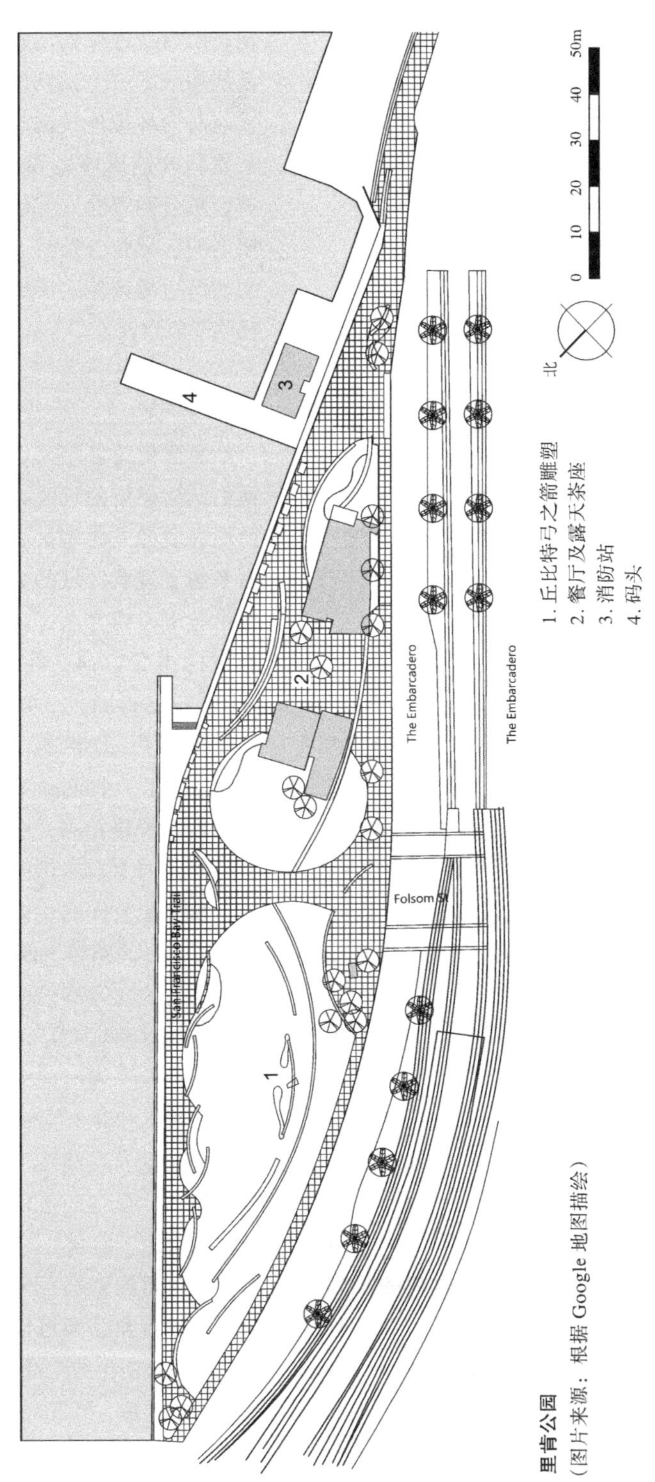

里肯公园
（图片来源：根据 Google 地图描绘）

烛台角国家娱乐区

Candlestick Point State Recreation Area

1. 位置规模

烛台角国家娱乐区（Candlestick Point State Recreation Area）位于美国加州旧金山东南部外围海湾，面积约 7.3hm²，这里是一个建筑垃圾填海形成的人工半岛。

2. 项目类型

州立公园、棕地修复、海滨区域综合重建

3. 设计师 / 团队

乔治·哈格里夫斯（George Hargreaves），美国著名风景园林设计师，1996–2003 年任哈佛大学设计研究生院风景园林系主任；合作者麦晋桁（Mack Architects）、道格拉斯·霍利斯（Douglas Hollis）。

4. 实习时长

2 小时

5. 历史沿革

烛台角诞生于“二战”期间，当时这一片区域是垃圾填埋场，与之毗邻的猎人角用作美国海军造船厂。战后，垃圾填埋场依然存在，附近的居民想把它变成一个有草、树、灌木和花的公园。1973 年，州议会拨出 1000 万美元购买土地。1977 年，加利福尼亚州立法机关投票决定将这片土地开发。1985 年，烛台角文化公园（Candlestick Point Cultural Park）开始建造。

2008 年起，旧金山湾的烛台角和猎人角区域 69hm² 的土地开启了综合重建的规划，这些年来，规划方案不断被修改、深化和分阶段实施。未来这一区域将成为一个新的城区，这里的公园、广场、线性林荫大道、屋顶花园以及连续的滨水公园小径和自行车道系统构成了一个活跃的网络，这些空间将社区与海湾环境连接起来，草地和自然海岸线被重新改造成环境和社会可持续性的景观。烛台角公园将会在几年后彻底消失，而最新规划的区域包含烛台角公园及其周围几英里的海湾边缘区域，形成丰富的海滨景观和多样的开放空间。

6. 实习概要

烛台角的名字来源于 19 世纪的当地人，他们认为燃烧附近废弃的帆船和海湾里燃烧的桅杆就像点燃的烛台。设计师哈格里夫斯在考虑了现状区域的主导风向后，设计了一些沿着海岸线弯曲延伸的土堤作为屏障，顺着风的主导方向，在最靠近烛台角体育馆（2014 年已拆除）一侧的山上开启一个大缺口，设计了一块沿着一定坡度伸向水面的草坪，形成了一个开敞的通风口，即“风之门”。通过地形慢慢抬高，引导风向上流动，以此引导人们向大自然敞开怀抱，并将这里作为烛台角文化公园的主入口，有两条笔直园路伸向海湾，园路尽头两个端点设置了观景台。同时还将迎接海潮的两条人工水湾延伸到公园的腹地，路堤与草地之间，是伸向内陆的浅坑，迎接涨潮时的海水。哈格里夫斯希望自生的灌木和乔木能够在避风的浅坑中生长，经过多年的自然演变，这些浅坑中萌发出刺槐等植物，最终随着植物的生长，坑地被淹没在植物的绿色之中。

烛台角国家娱乐区是加州第一个州立公园，从烛台角公园可以欣赏旧金山湾，东湾山，圣布鲁诺山的全景，公园也提供了包括风帆冲浪、钓鱼、野餐、观鸟和散步等活动的一个开阔空间和户外活动场所。从湿地到填埋场到景观公园的历程，烛台角展示了旧金山湾的主要土地利用变化，30多年的休养生息，使得今天的烛台角能够重新复兴。

7. 实习备注

开放时间：日出至日落

电话：(415)671-0145

（刘丹丹　冯尧　编写）

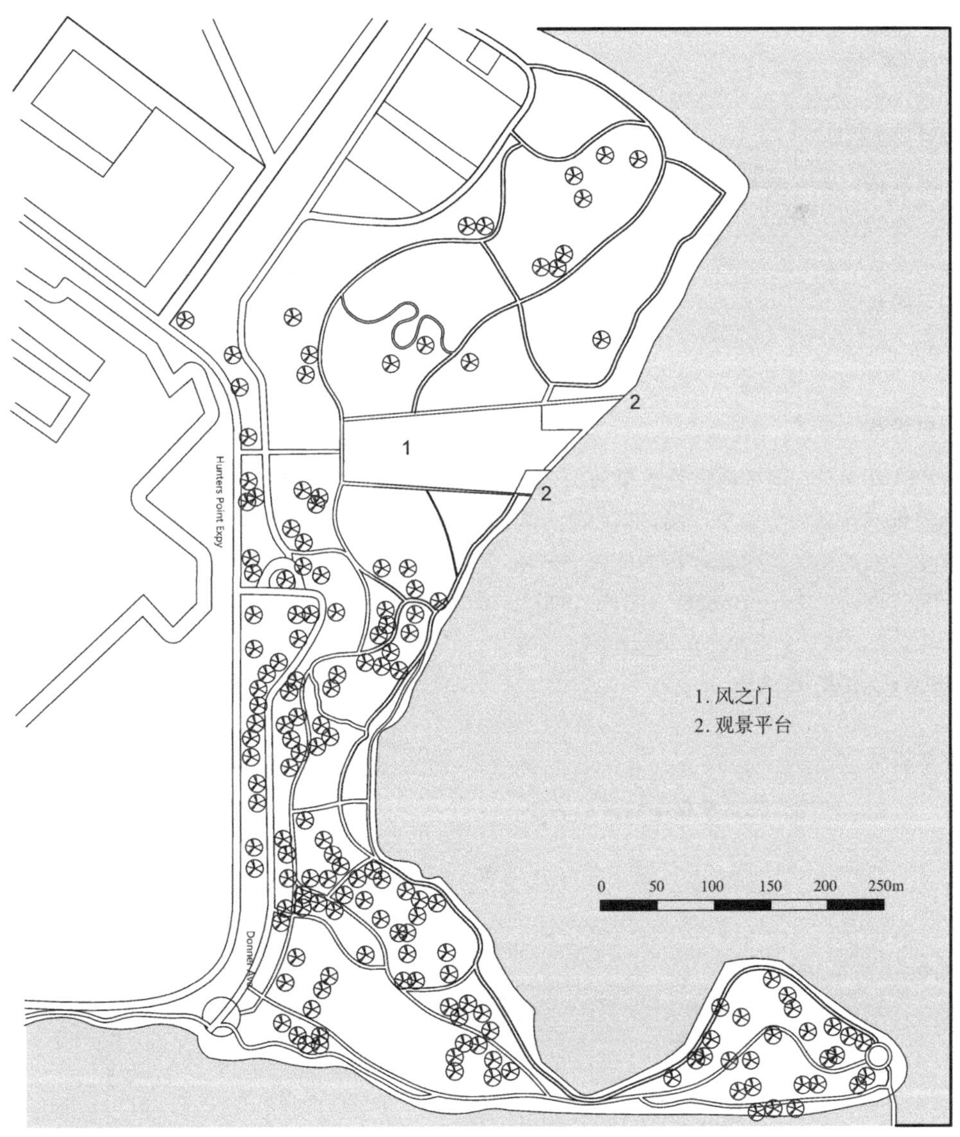

烛台角国家娱乐区

（图片来源：根据Google地图描绘）

哈利桥广场
Harry Bridges Plaza

1. 位置规模

哈利桥广场（Harry Bridges Plaza）位于旧金山内河码头渡轮大厦西侧，约 $8hm^2$，有轨电车从广场穿过，与内河码头广场（贾斯汀·赫尔曼广场）相邻。

2. 项目类型

城市广场

3. 设计师 / 团队

鲍里斯·德拉莫夫（Boris Dramov），建筑师。

4. 实习时长

0.5 小时

5. 历史沿革

2001 年 7 月，旧金山渡轮大厦前的公共广场被正式命名为哈利桥广场，以纪念一位对各地工人的生活产生深远影响的人——哈利·布里奇斯（Harry Bridges, 1901—1990），澳大利亚裔美国工会领袖，在国际仓码工人联会（ILWU）任职 40 多年。

6. 实习概要

广场是内河码头公路重建中的最后一块，作为渡船码头和金融区、市场区南部之间的一条通道，这一地区被大幅改造。从渡轮大厦出来，地面上的斑马线（黑色和灰色花岗石）通向一个新月形的广场，广场似乎是一个巨大的岛，两边各有三条车道。广场上有轨电车线路占据了部分空间，从空中俯瞰，周围铺设的花岗岩图案变成了活泼的正方形和破折号。广场中有一对近 20m 高的“千禧灯”，除了灯光和一排排的树外，渡轮大厦才是这里的地标建筑，广场的设计也给予这个地标性建筑应有的尊重。广场东边是两排棕榈树林立的走道和座椅，中间和后面都有一层薄薄的草，相比开阔的广场空间，这里是安静而舒适的区域。

每天，大量的通勤者通过哈利桥广场涌入渡轮码头，大批游客在这里乘坐历史悠久的有轨电车，街头小贩、轮滑者、游客和其他人也聚集在这里。这个开放空间除了作为渡轮大厦的外环境，也使市场街和海滨之间的联系更加紧密。

7. 实习备注

开放：全天

（刘丹丹　冯尧　编写）

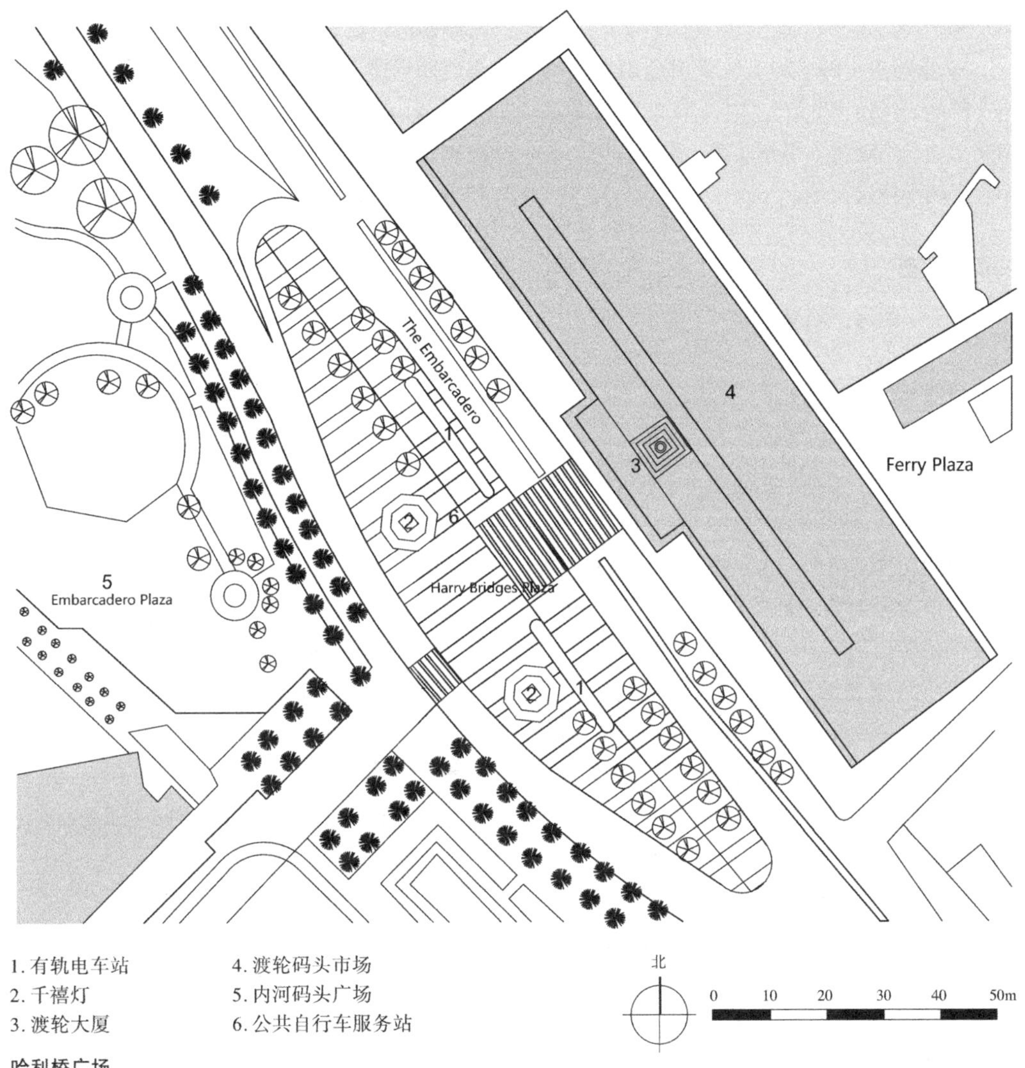

1. 有轨电车站
2. 千禧灯
3. 渡轮大厦
4. 渡轮码头市场
5. 内河码头广场
6. 公共自行车服务站

哈利桥广场

（图片来源：根据 Google 地图描绘）

39 号码头与海滨
Pier 39 and Waterfront

1. 位置规模

39 号码头（Pier 39）位于旧金山渔人码头（Fisherman's Wharf），内河码头路与海滨街交汇处，临近唐人街和北滩。附近有历史公园、广场和博物馆等。

2. 项目类型

码头、商街、滨海公园

3. 实习时长

1 小时

4. 历史沿革

20 世纪 70 年代，39 号码头（Pier 39）的开发用以重振旧金山的旅游业，码头于 1977 年破土动工，次年开放。最初，这里只有 50 家商店，23 家餐馆，一个游泳池和一些街头表演。1990 年加利福尼亚海狮开始成群结队地抵达 39 号码头，在当地和国际上引起轰动。之后渔人码头的焦点便不是那些逐渐破败的鱼艇，而是 39 号码头上的旋转木马、狂欢节式的景点、商店和餐馆，还有加利福尼亚海狮。这个码头每天吸引数以千计的游客，已经成为一个露天的购物中心。

5. 实习概要

在 39 号码头漫步的最大理由是观赏著名的海狮群，这些闲散的居民将这片梦幻迷人的海边地带据为己有，成了一道公众风景，也成为旧金山深受喜爱的吉祥物。这块难得的船泊码头，居住着大约 1700 头海狮，每年 1 月到 7 月间，它们就趴在码头上，慵懒的晒着太阳。在 39 号码头的海湾水族馆中拥有 20000 多种当地海洋生物，水族馆的海狮中心是一个免费的学习中心，专注于探讨加利福尼亚海狮。现在，39 号码头有 100 多家餐厅、商店和景点，还有特别的活动、现场音乐和娱乐，海湾水族馆旁的飞行影院，7D 视频体验可以身临其境的感受旧金山的风光。在 39 号码头与海滨，可以远眺天使岛、阿尔卡特拉斯岛、金门大桥和旧金山 - 奥克兰海湾大桥等。蓝金舰队海湾游船从 39 号码头出发，行驶在旧金山湾，这里已经成为旧金山游客量最多的观光地和旧金山最佳赏景地。

6. 实习备注

地　址：Beach Street & The Embarcadero San Francisco, CA 94133

电话：（415）705-5500

开放：全天

营业：10:00–22:00（不包括蓝金舰队游船和海湾水族馆）

（刘丹丹　冯尧　编写）

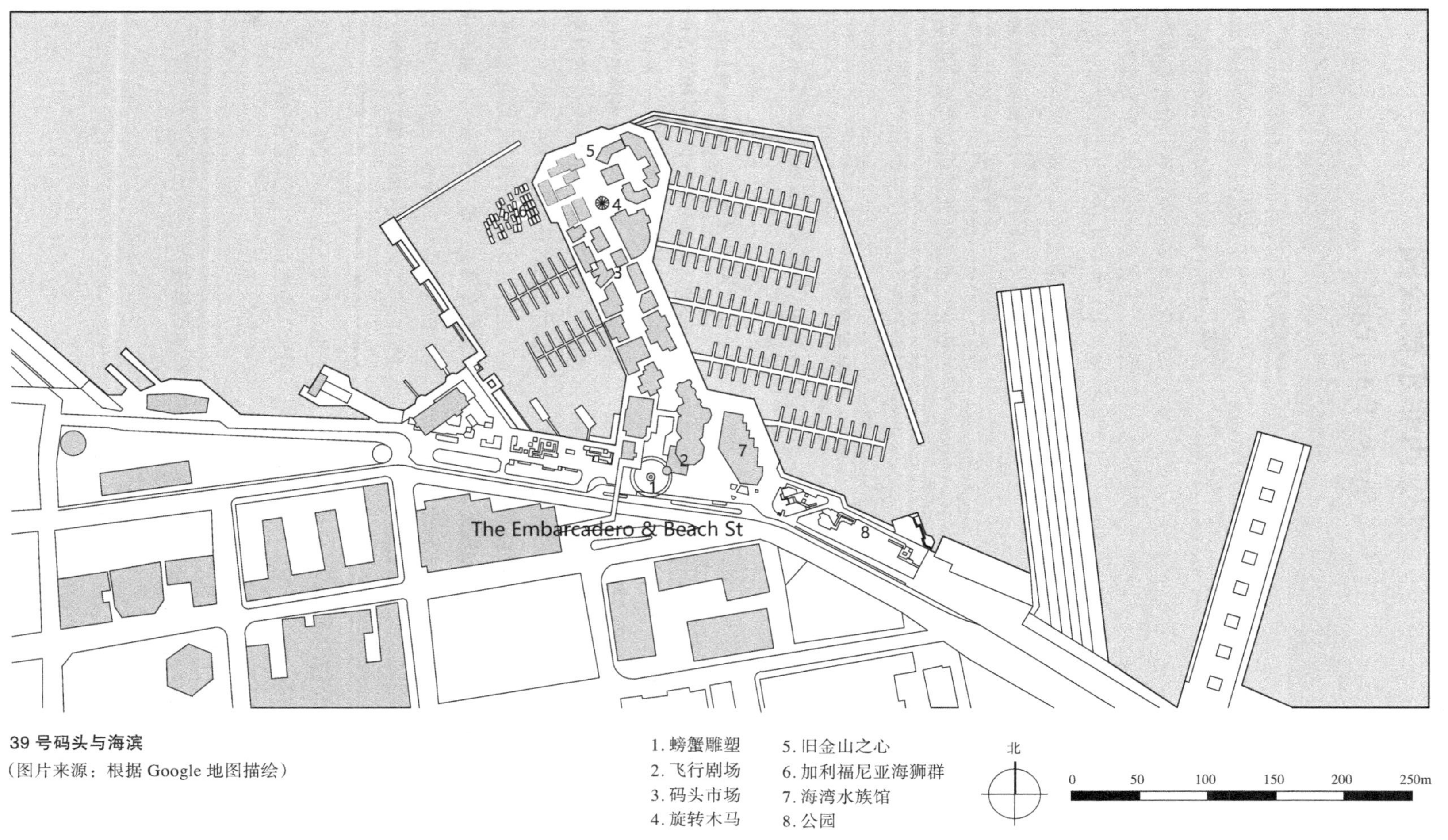

39 号码头与海滨
（图片来源：根据 Google 地图描绘）

克里西菲尔德公园

Crissy Field Park

1. 位置规模

克里西菲尔德公园（Crissy Field Park）位于旧金山要塞公园北部的海滨，面积约 $40hm^2$。

2. 项目类型

国家公园、湿地修复

3. 设计师 / 团队

哈格里夫斯事务所（Hargreaves Associates ）

4. 实习时长

2 小时

5. 历史沿革

克里西菲尔德公园是美国前陆军机场，现在是金门国家娱乐区，也曾是旧金山要塞公园的一部分。1974 年后这里关闭为机场，地区环境受到有害物质的影响。1994 年，国家公园管理局接管了这一地区，并与金门国家公园管理局（Golden Gate National Parks Conservation）一起致力于恢复该区域。哈格里夫斯事务所负责了克里西菲尔德公园的修复工作，现场条件主要是废弃的混凝土和沥青铺面的机场跑道，还有周围几英里长的生锈的铁丝网围栏。在项目的规划阶段，哈格里夫斯和同事们参加了公众会议和反馈会议，与当地社区进行互动。项目过程中专家们处理了诸如设计和施工过程、有害物质清除、河口和沼泽地的测试和监测等工作，并邀请社区大约 3000 名志愿者广泛参与，种植了 10 万株植物。公园的规划提出了“恢复具有文化意义的草地军事机场”的挑战，目标是恢复一个自然和可持续的潮汐湿地，作为动植物的栖息地。

2001 年，克里西菲尔德公园向公众开放，之前 8.7 万 t 垃圾材料从现场被移除，场地里大多数建筑被保留下来，有些被改造成了办公室、零售空间和住宅。公园里新建的人行道、木板路和小径将田地连接到北边的炮台、咖啡馆，南边连接到服务中心、环境教育中心和海港区。旧的临时木屋营房被拆除，草地机场恢复，这里成为一个城市国家公园的一部分，也是鸟儿的栖息之地，吸引着许多野鸟观察家。

6. 实习概要

克里西菲尔德公园从美国第六军军事机场变成了 $40hm^2$ 的国家公园，包括恢复和修复旧金山湾海岸湿地、沙地和海滩的自然景观。公园的设计重新引入并扩大了场地的自然和文化特征，同时在这座持久的历史地标上整合了多种娱乐用途。通过叠加许多历史空间，使地理空间并不是简单的恢复到特定的时期，而是对其过去的解释，为其未来建立了一个平台。

历史机场的适度再利用以及增加的公共参观和教育设施，增加了公园参与和使用的积极性，而这块活跃的场地又与海湾的环境和自然系统相连，公园里可以眺望金门美景，也为游客提供休憩之所。克里西菲尔德公园还拥有一条 4km 的慢跑跑道和几条 4.8km 的小径。公园所在的这片海湾更加适合风帆运动、垂钓活动及悠闲泛舟。

7. 实习备注

开放：全天

（刘丹丹　冯尧　编写）

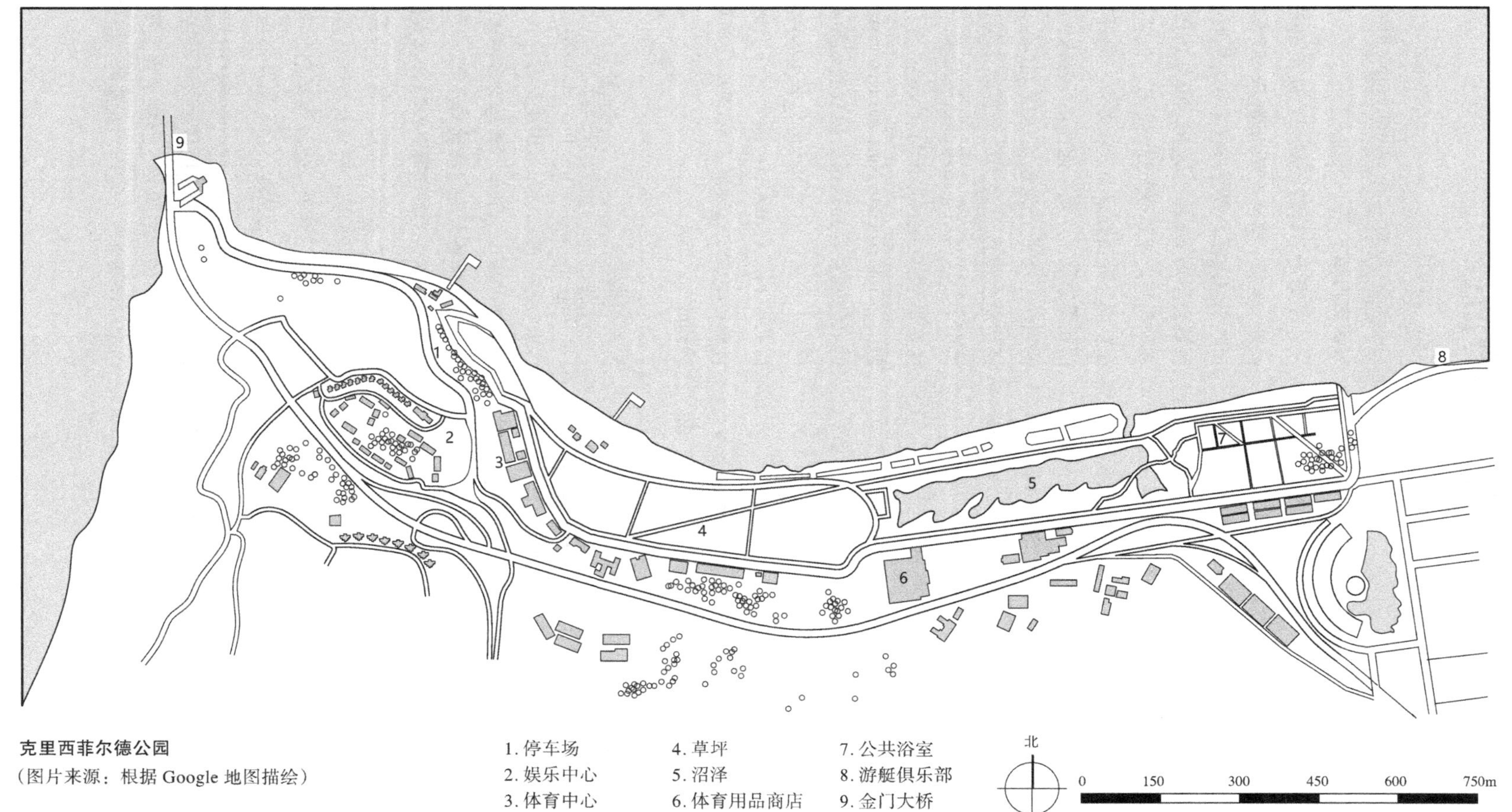

克里西菲尔德公园

（图片来源：根据 Google 地图描绘）

环湾区山脊游径
Bay Area Ridge Trail

1. 位置规模

环湾区山脊游径（Bay Area Ridge Trail）位于美国加利福尼亚州北部的旧金山湾区。游径沿山脊线设置，规划全长约890km，截至2019年2月，已有约600km对公众开放，全部建成后将连接75处公园和开放绿地。

游径起始金门大桥，顺时针穿过湾区9个郡县，最北至纳帕县卡利斯托加小镇和安格文小镇，最南至吉尔罗伊，期间串联马塞湖、史丹树林、双峰山、布埃纳维斯塔公园、金门公园和旧金山要塞等绿地。

2. 项目类型

多用途游径

3. 设计师 / 团队

环湾区山脊游径设计始于1989年5月，最初节点位于加利福尼亚州圣马特奥县，由半岛中部区域开放空间特别行政区和圣马特奥县公园局主导规划，环湾区山脊游径委员会（BARTC）与当地政府、土地信托及志愿者组织合作，负责环湾区山脊游径的规划设计、建设监测及其周边公园和其他开放空间区域的整体保护。

4. 实习时长

实习建议选取其中一段，如能俯瞰整个湾区的旧金山分水岭和天草游径，全长约15.3km；或是与瓜达卢佩河公园相连的狼溪游径，全长约15km。或是博斯纳帕谷州立公园段的游径，全长约5.5km；或是市中心卡奎内斯海峡区域的骑行游径，全长约39km。建议实习时长为半天。

5. 历史沿革

环湾区山脊游径规划启动于1987年，小威廉·佩恩·莫特（William Penn Mott Jr.）是当时美国国家公园管理局主任，同时也是东湾区域公园局（East Bay Regional Park District）和加利福尼亚州公园局的主任。他的办公室正在东湾一处山脊线上，从办公室向外望所呈现的壮美景色，点燃了他设立环绕湾区山脊游径的想法。小威廉设想用一条885km的山脊游径将整个湾区整合为一个连续的公园群，将城市中心区与内华达山脉连接起来。1987年，绿带联盟（Greenbelt Alliance）、金门国家游憩区（Golden Gate National Recreation Area）、国家公园管理局以及公民权益倡导人士共同成立了环湾区山脊游径委员会（BARTC）。随后几年内，在BARTC的带领下，环湾区山脊游径建设快速开展，至1995年时已建成约322km。

6. 实习概要

借助天然地理优势和丰富景观资源，环湾区山脊游径被规划为多用途类游径，为游人及市民提供徒步、单车、骑马等多种休闲游憩机会。为保证各类游憩活动的开展，项目规划了多级别多类型的游憩服务设施，且大部分设施均依托沿途各类绿地设置。服务设施主要包括休息设施、停车场、厕所及各种专类功能的小型组团设施，其中休息设施又细分为露营地、简易旅店、骑马营地、小木屋及帐篷等多种类型，以满足不同使用群体需求。由于美国人对野营活动情有独钟，项目对营地设施进行了进一步详细的分级规划，形成了大型露营场所、中型游径营地、小型组团营地的三级营地设施体系。

环湾区山脊游径的选线十分值得借鉴，其主体部分沿山脊线设置，随着海拔地不断变化，相继穿过密林、草甸、峡谷、河流等多种类型的自然景观区域，为游人提供多种户外体验空间。同时，环湾区山脊游径串联了多种绿地和开放空间，高效整合了区域绿地系统。此外，环湾区山脊游径的西区有一条约 129km 的延伸游径，从马林县（Malin）北部连接至 92 号公路（92th Wy），其东区也有一条 70km 的延伸游径，从埃尔索布兰特（El Sobrante）到尤宁城（Union City），长距离游径将多个城区有效连接，增加了市民休闲及日常通勤的趣味性和便利性。

环湾区山脊游径根据周边自然条件和社会环境以及使用功能的不同，被分为约三十多段特色各异的游径。比如博斯纳帕谷州立公园段的游径，依托占地约 769hm^2 的最远内陆州立公园，借助自然山体和大片的海岸红杉林，沿其山谷线布置游径。其多用途主游径全线沿山谷溪流一侧布局，并在中途穿越两次，增加游人穿梭丛林和溪流的丰富体验感。该区域依据周边自然环境的差异，同时还设置有里奇峡谷游径（Ritchey Canyon Trail）、红树林游径（Redwood Trail）及葡萄园游径（Vineyard Trail）等多条其他游径，环湾区山脊游径依次将这些游径串联，呈现出多类型、多体验的游径体系。

另外再如位于卡奎内斯海峡区域的游径，是一条沿海岸线设置且由东西两座桥梁串联而成的大环线游径，且只为自行车骑行设置。该段游径环形全长约 39km，高程变化约 457m，是一条难度较大的骑行游径。游径全程经过多处起伏变化较大的区域，借助海湾的自然地形和天然地貌优势，可欣赏到多角度的卡奎内兹海峡两岸全景。游径地处市中心，串联了多处历史工业遗迹、森林草地以及沼泽湿地，使游人的视觉体验更加丰富多样。与其他在自然生态区的游径不同，该游径同时串联了格伦湾海滨公园（Glen Cove Waterfront Park）、马修 · 特纳造船厂公园（Matthew Turner Shipyard Park）、第九大道公园（9th St. Park）多处城市公园以及其他开放空间，同时有意识地连接了市中心的多个咖啡馆、餐馆以及钓鱼、野餐等多种类型的城市休闲场所，高效连通了整个街区的城市道路，满足了市民日常通勤的和休闲社交的需求。

7. 实习备注

全天开放，无需预约，需自备地图定位系统。若过夜或长时间徒步，需自备齐全的野外必需品。

电话：415-561-2595

8. 图纸

图纸请参见链接：https://ridgetrail.org/

（张婧雅　编写）

当代犹太博物馆

Contemporary Jewish Museum Garden

1. 位置规模

当代犹太博物馆（Contemporary Jewish Museum Garden，简称 CJM）位于加利福尼亚州旧金山市米申街（Mission St）736 号，建筑占地约 5800m^2。建筑北侧紧邻四季酒店，南侧是圣帕特里克教堂、杰西广场和未来墨西哥博物馆。

2. 项目类型

文化建筑

3. 设计师 / 团队

丹尼尔·里伯斯金（Daniel Libeskind）生于 1946 年，是一位犹太波兰裔美国建筑师和艺术家。1989 年里伯斯金与他的妻子妮娜（Nina）一起创立了丹尼尔·里伯斯金事务所。主要建筑作品包括德国柏林的犹太博物馆（Jewish Museum）、都柏林的大运河剧院（Grand Canal Theatre）、英国大曼彻斯特的帝国战争博物馆（Imperial War Museum）、丹麦哥本哈根的丹麦犹太博物馆（Danish Jewish Museum）等。里伯斯金是第一位获得广岛艺术奖（Hiroshima Art Prize）的建筑师（2001 年），世界贸易中心总体规划获得 2018 年世界高层都市建筑学会（简称 CTBUH）城市人居奖（CTBUH Urban Habitat Award）。里伯斯金被美国国务院任命为第一位建筑文化大使（2004 年），英国伦敦皇家艺术学院荣誉会员（2004 年）等。

4. 实习时长

3 小时

5. 历史沿革

当代犹太博物馆的主体建筑前身是建于 1881 年的变电站，1974 年被列入美国国家史迹名录。1984 年成为旧金山犹太人博物馆。1989 年，博物馆启动改扩建规划，增加使用空间和各类设施，以满足周边社区对其日益增长的需求，着重增加用于教育的展览区域。新博物馆于 2008 年开放，定位是通过展览和教育计划使观众体验犹太民族的多样化。

6. 实习概要

旧金山是一个充满了“自由、好奇心和可能性”的城市，为了尊重这个城市的精神，里伯斯金选择了一个不同以往的视角来表达犹太文化和诉求。CJM 不再那么痛苦和敏感，不再追忆犹太民族所遭受的折磨和伤痛，而是采用包容、开放的态度，体现犹太文化在传统与革新间迸发的新的生命力。博物馆营造出一个生动的空间：不同年龄和生活背景的人们聚集于此，交流不同的世界观，欣赏艺术并参与一些公众活动。它开启了艺术家和观众们共同探索当代犹太文化、历史、艺术和思想的新篇章。

该建筑从外观上看充满了隐喻和矛盾色彩，其最早的概念是一个蓝色水晶结构从古典砖红色建筑中迸发出来，设计师用极其现代的结构形体表现非常传统的犹太文化和精神，建成后的博物馆保留了最初的力量感和简洁感。该建筑倾斜的深蓝色不锈钢立方体像利刃一般切入原来旧金山地区的发电站，使新旧建筑之间的关系明确可见。里伯斯金的设计保留了旧建筑的特色，包括砖外墙、桁架和天窗。博物馆的另一部分是一个倾斜的长方形，被称为“Chet”，它包括狭窄的大厅、教育中心和楼上画廊的一部分。

当代犹太博物馆一层是博物馆最主要的功能空间，建筑的中心是一个相对封闭的“盒子”，各类服务功能空间都组织在盒子内，而周围相对完整和明亮的空间则作为一个流动贯穿的、布局相当自由的多功能展厅。建筑二层的使用空间与建筑的外观形态配合自然，西侧的异形包钢结构的内部被用作一个“特殊主题”的展厅。东侧相对规整的空间与一层的常规展厅形成一体，在空间上相互呼应。

博物馆内部依然延续着强烈的暗示和隐喻。从主入口进入门厅的人们瞬间被带入奇妙体验的空间中，人工照明和自然光交织出模糊、感性而又带有一丝神秘感的氛围。当代犹太博物馆将文字融入了其设计中，墙面上用狭长的灯带和灯箱拼写出希伯来文的“pardes”（天堂）暗示着孕育新生命的伊甸园，三个展厅需要满足不同的需要，因此也保持着灵活机动的空间布局。蓝色水晶体二层的特殊主题展厅整个空间只有36个平行四边形的窗户，而“36”是犹太数理学中的重要数字。这个无法悬挂任何展品的展厅作为特殊的展览、表演和活动空间。

在貌似混乱和矛盾的表象下，里伯斯金的作品体现出犹太文化中特有的冷静和理性。从空间布局到形态的确定，都有明确的来源或理由，其根源于场地精神和民族传统，形体中隐藏的“生命”和“天堂”的寓意是对犹太文化生命力和未来的肯定与赞美，

7. 实习备注

地址：736 Mission Street San Francisco, CA 94103

电话：+1-415-6557800

官方网站：http://www.thecjm.org

开放时间：周一 – 周五，9:00–17:00

（赵迪　编写）

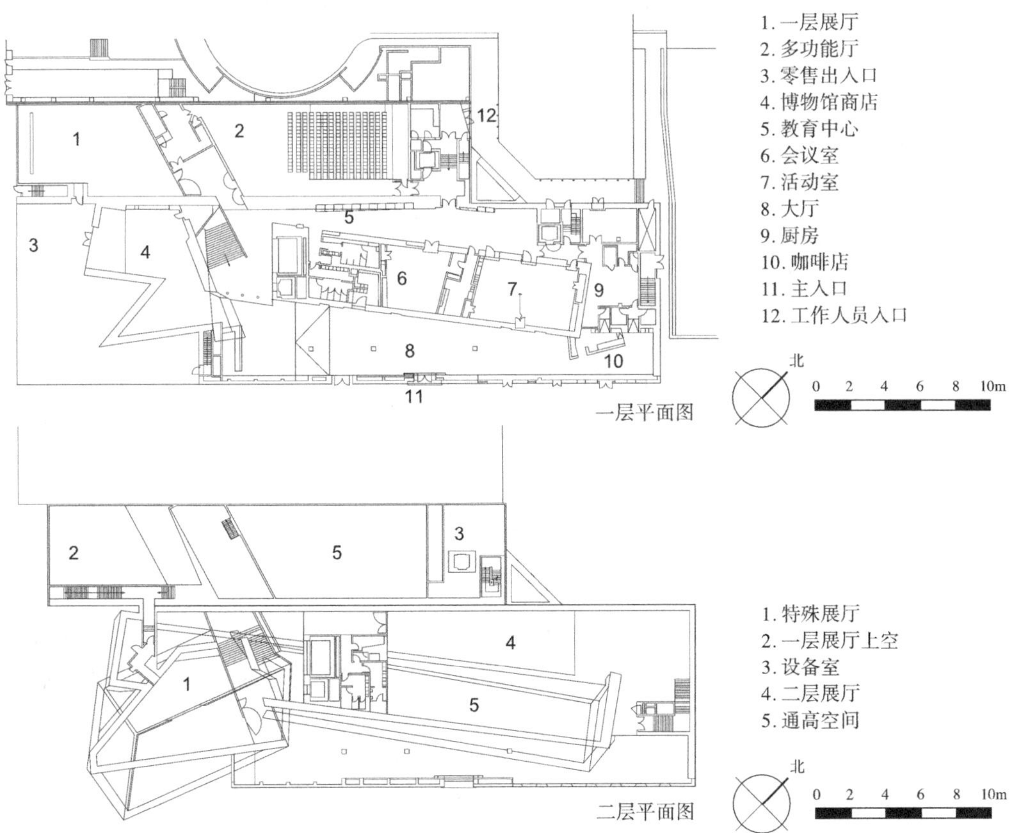

当代犹太博物馆

杰西广场
Jessie Square

1. 位置规模

杰西广场（Jessie Square）位于美国旧金山市米申街736号，坐落在历史悠久的圣帕特里克教堂和当代犹太博物馆之间，面积约$3250m^2$。

2. 项目类型

公共广场

3. 设计师 / 团队

Handle Architects事务所成立于1994年，致力于改善城市人居环境。事务所的业务范围涵盖城市基础设施建设、总体规划、高密度混合功能区的开发、各收入阶层的家庭项目、公司总部及非盈利组织和学术团体的建筑建设等。该公司由合伙人加里·汉德尔（Gary Handel）领导，其他合伙人为布莱克·米德尔顿（Blake Middleton），格伦·雷斯卡尔沃（Glenn Rescalvo），弗兰克·富萨罗（Frank Fusaro）和迈克尔·阿拉德（Michael Arad），在纽约市、波士顿、旧金山和香港设有办事处。事务所著名的项目包括康奈尔大学（Cornell University）的纽约市科技园区住宅大楼（New York City Tech Campus Residential Tower）、华盛顿特区的丽思卡尔顿酒店（Ritz-Carlton）以及曼哈顿下城的世界贸易中心纪念馆（World Trade Center Memorial）、“9·11”纪念碑（911 Monument）等。

4. 实习时长

0.5小时

5. 历史沿革

杰西广场和欧巴布也那街的开放空间提升改造项目完成于2008年，是欧巴布也那艺术区开放空间结构的重要组成部分。该广场在城市文化传统中心和金融商业区之间创造了直接联系的人行道，将欧巴布也那花园与当代犹太博物馆、圣帕特里克教堂和四季酒店连接起来，也是新墨西哥博物馆的前广场。杰西广场项目获得2009年美国AIACC城市设计优异奖。

6. 实习概要

杰西广场坐落在一座四层地下停车的楼上，被建筑和各种公共设施环绕，属于欧巴布也那花园中最新的活动空间，以便捷的方式联结了这一区域的不同功能。整个广场具有简洁、现代的平面构图，嵌入宁静的镜面水池、分层平台、植被和座椅等元素，营造出多样的空间以供公众聚会和休息。广场还是当代犹太博物馆入口之一，将米申街与当代犹太人博物馆之间2.4m的高差转化为没有台阶的、可供所有人使用的缓坡。广场内设有一座由嵌入式鹅卵石构成的低矮梯形喷泉、放置木凳的大草坪区域以及一排为户外用餐区提供遮阳的银杏树。长凳是广场中独特的视觉标志，限定并统领了景观中的水平元素，同时也顺应着场地的铺装走向，木凳让人们可以选择观看博物馆或看向欧巴布也那花园。广场所塑造的空间适合人们在此交往，可以享用阳光和午餐，或者欣赏旧金山壮观的历史和现代建筑。

广场覆盖着多层地下停车库，设计团队还解决土壤深度不足造成种植受限制的技术问题。设计团队采用了特殊的防水膜、排水管和各种细节设计与车库的结构系统精心协调，以确保车库上方的水不会渗透到车库内。

欧巴布也那开放空间历经几十年的发展，这个长期的公共项目取得了良好的效果。杰西广场属于这个公共空间网络的一部分，它将市中心与远处的联合广场连接起来，与欧巴布也那的许多公共目的地相连，是一处重要且精彩的景观节点。

7. 实习备注

地 址：736 Mission Street,San Francisco, California，CA 94103

网站：https://handelarchitects.com/project/jessie-square

（赵迪　编写）

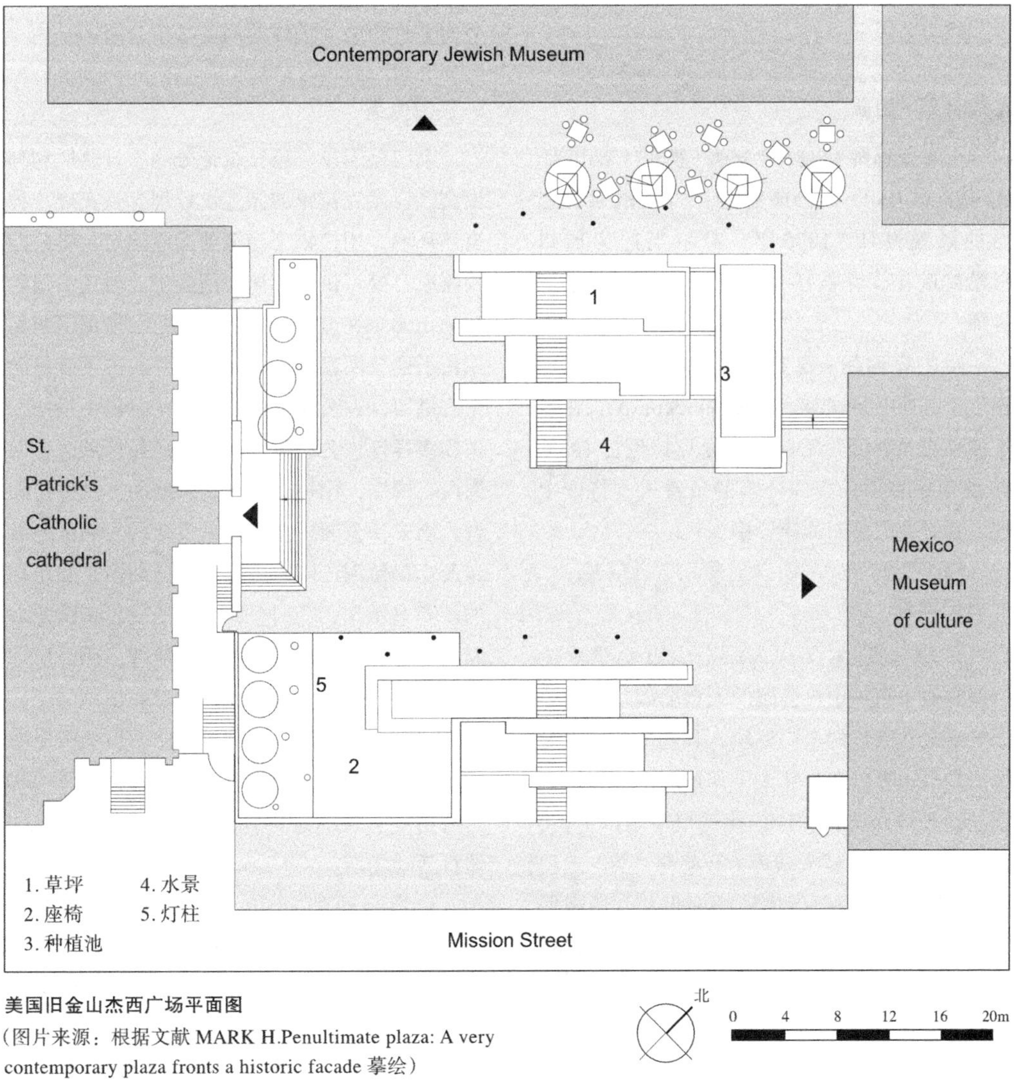

Contemporary Jewish Museum
1
3
4
St. Patrick's Catholic cathedral
Mexico Museum of culture
5
2
1. 草坪
2. 座椅
3. 种植池
4. 水景
5. 灯柱
Mission Street
北
0 4 8 12 16 20m

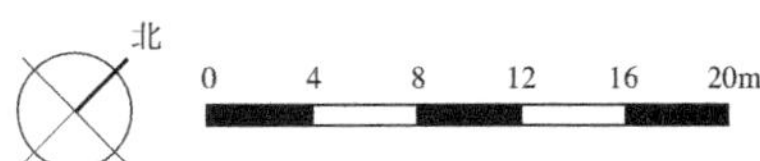

美国旧金山杰西广场平面图

（图片来源：根据文献 MARK H.Penultimate plaza: A very contemporary plaza fronts a historic facade 摹绘）

金门公园
Golden Gate Park

1. 位置规模

金门公园（Golden Gate Park）位于美国加利福尼亚州旧金山，始建1871年，是一座大型城市公园，占地412hm²。公园平面呈矩形，东西长4.8km，南北长约0.8km，横跨53条街，从斯塔尼安街向西延伸直到大洋海滩，是世界最大的人工公园。

2. 项目类型

综合公园

3. 设计师 / 团队

土木工程师威廉·哈蒙德·霍尔（William Hammond Hall）为公园制定了基本框架和初始的景观设计。1876年，霍尔当选为加州科学院院士，并被任命为加州第一位国家工程师。

园艺家约翰·麦克拉伦（John McLaren）出生于苏格兰班诺克本（Bannockburn），在爱丁堡皇家植物园学习园艺。麦克拉伦自1887-1940年一直担任金门公园的负责人，将毕生投入到对金门公园的建设中。

4. 历史沿革

在19世纪70年代，旧金山市希望建造一座类似于纽约中央公园的大型公园。金门公园名字来自附近的金门海峡，其选址位于当时的旧金山边界以西、邻太平洋地区，这里海风强劲，场地内裸露的沙丘使得植物难以生长，被称为野地。负责人威廉·哈蒙德·霍尔工程师于1870年完成公园遗址的调查并开始规划建设。之后的负责人约翰·麦克拉伦于1887年在公园内工作，经过不断地实验，终于将沙丘转变为长满绿草和树木的花园。麦克拉伦还在公园西边的太平洋海岸线上建设了一个开放的步行游线。

为促进城市的经济和旅游业发展，金门公园于1894年举办世界博览会。当年盛会留下的迪杨艺术博物馆（De Young Museum）、日本庭院（Japanese Tea Garden）和音乐广场，以及后来建设的加州科学院（California Academy of Sciences）、植物园（San Francisco Botanical Garden）等各种文体设施，成为重要的休闲、娱乐、教育的场所，与纽约市中央公园并称为全美最佳的两座城市公园。

5. 实习概要

金门公园以一条长绿带分隔着日落区和列治文区。麦克拉伦的园艺设计理念是实现一种自然环境，用植物来隐藏雕像或建筑，将公园描绘成一处可供城市居民摆脱工业时代喧嚣生活的田园。在金门公园的设计中，他保留了霍尔留下的公园景观的原始特征并改进了森林的生态健康，在公园的实验性维护材料中增加了植物多样性。公园遵循人性化的设计理念，四周没有围墙，用树木和花丛围绕的方式进行围合。周末，公园还会将汽车道让给人们休闲散步及运动使用；园内设有老人活动中心和免费的游园电瓶车。金门公园汇集了世界各国艺术元素，还拥有丰富的科普教育功能，称得上是一座知识宝库。主要活动景点有：植物园、日本庭园、温室花园、加州科学院、自然历史博物馆、世博会遗迹迪杨艺术纪念博物馆及一些具有历史意义的建筑物，还有众多提供娱乐、体育活动场所。

植物园面积28.3hm²，引种植物达7000多种。园中有以地域分区种植植物，也有按植物系统和生态类群对植物集中配置。园内设有精心规划的主题花园，例如石头花园、圣经花园、山茶花园、杜鹃园、木兰园、红杉林和对盲人很有吸引力的香味花园等。植物园每日均开放，园中植物设置说明牌，包括学名、英文名、分布地区、环境和用途等。

日本园由1894年世界国际博览会日本村演变而来，极具浓郁日式韵味，是美国历史最悠久的日本园林建筑。阳春三月，樱花与杜鹃花竞相开放，落英缤纷，使人流连忘返。日本茶园典雅婉约，设计师将庭园周边景观融入设计，并增建了日式亭台和茶馆，从日本引入了许多珍贵的花草、树木和金鱼，将日本村改造为一座传统的日式园林。

温室园模仿英国伦敦丘园里的皇家温室，建于1876—1883年，是金门公园内最古老的建筑之一。室内引种19世纪颇受欢迎的热带奇特植物，中央大厅种有高大的巨龙竹、大王椰子、槟榔、咖啡等，热带林里的树干长满苔藓和热带附生兰花、吊兰、龟背竹等，还设有热带水生及沼泽植物区、热带花卉区、中草药植物展览厅和种满植物的假山。室外种植高大的棕榈树，还有一座巨大的"生物时钟"。

加州科学院是世界上最大的自然博物馆之一，也是美国西部历史最悠久的科学院。馆内包括科学家中心、图书馆、实验室，科普展示包括天文馆、水族馆、热带雨林馆及自然历史博物馆，馆内收藏众多不同文化及不同时期的标本及资料。可了解太空宇宙、深层海底、极地、非洲大草原、热带雨林、生物进化、中草药等科学知识。加州科学院于2008年9月重新开馆，设计师为普利兹克奖得主伦佐·皮亚诺（Renzo Piano），该建筑荣获美国绿色建筑物委员会环保认证"LEED"白金级殊荣，是环保型博物馆建筑。

迪杨艺术博物馆是1894年冬季世博会留下的遗迹，可观看美国及世界史料，馆内珍藏美国西海岸的艺术作品，唤醒地震前旧金山的宏伟精神。馆内还展览了非洲、大洋洲和美洲最原始的一些物品。

6. 实习备注

地址：501 Stanyan St, San Francisco, CA 94117

开放时间：全年

官方网站：https://goldengatepark.com/

（赵迪　编写）

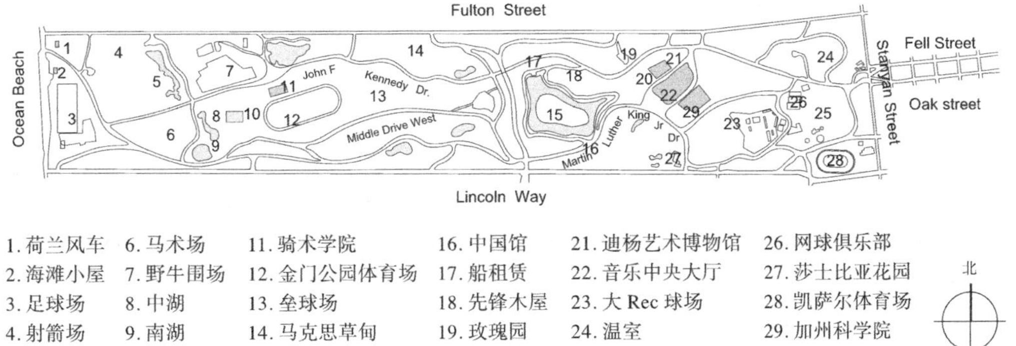

金门公园平面图

0　500　1000　1500　2000　2500m

联合广场
Union Square

1. 位置规模

联合广场（Union Square）位于美国旧金山市国家广场和国会大厦地面的交汇处，在邮政街、史塔克顿街、基立街和鲍尔街之间，占地面积 1.1hm²。

2. 项目类型

公共广场

3. 设计师 / 团队

罗伯特·艾特肯（Robert Aitken）执导设计纪念碑顶部的“胜利”雕像，他出生于加利福尼亚州的旧金山，曾在马克·霍普金斯艺术学院 Mark Hopkins Institute of Art（现为旧金山艺术学院，now the San Francisco Art Institute）学习。他的作品包括密苏里州议会大厦（Missouri State Capitol）的科学喷泉（Science Fountain）和大河雕像（Great Rivers Statues）、南卡罗来纳州帕里斯岛（Parris Island, South Carolina）的“铁迈克”（“Iron Mike”）雕像、西点军校的军事雕塑等。

4. 实习时长

1 小时

5. 历史沿革

联合广场原址是一个高大的沙丘，旧金山的第一位市长约翰·吉瑞于1850年将其建成为广场。美国南北战争时期，广场所在地曾在美国内战期间用于托马斯·斯塔尔国王（Thomas Starr King）集会并支持联邦军（Union Army）而得名，并获得加州历史地标的称号。矗立在广场中央圆柱顶端高 30m 的胜利女神雕像是为了纪念在美西战争中于马尼拉湾（Manila Bay）得胜的海军上将杜威（Dewey）而建（1903年）。1906年大地震后，联合广场逐渐成为旧金山重要的购物区。1939–1941年，广场下建造了世界上第一个地下停车库，它由蒂莫西·普夫吕格尔（Timothy Pflueger）设计。1998年起，城市规划者开始对广场进行改建。2002年7月，广场重新开放。

6. 实习概要

联合广场平面呈矩形，规则对称的设计和简洁的平面构图融入了丰富的功能，让这座广场成为受人欢迎的休闲娱乐之处。广场中心的纪念碑高大宏伟，是广场的标志性构筑物。纪念碑下开阔的下沉空间铺有双色条形铺装，摆放着整齐的座椅和遮阳伞。广场的四周结合高差处理设计了多种形式的台阶，可供通行和停留，台阶与植被的巧妙融合共同创造了联合广场的特色魅力。联合广场包含一个梯形的表演舞台和草坪座椅、4个简洁大气的入口、标志性的棕榈树、一座带户外座位的咖啡馆、游客信息和票务服务中心以及4个大型灯光雕塑等。整个广场充满了精心处理的高差，空间设计疏密有致，形成了丰富的空间体验。漫步在联合广场中可以深切地感受到这里甚至是这座城市的活力。

7. 实习备注

地址：333 Post St, San Francisco, CA 94108

电话：+1-415-7817880

官方网站：http://www.visitunionsquaresf.com/

开放时间：全天开放

（赵迪　编写）

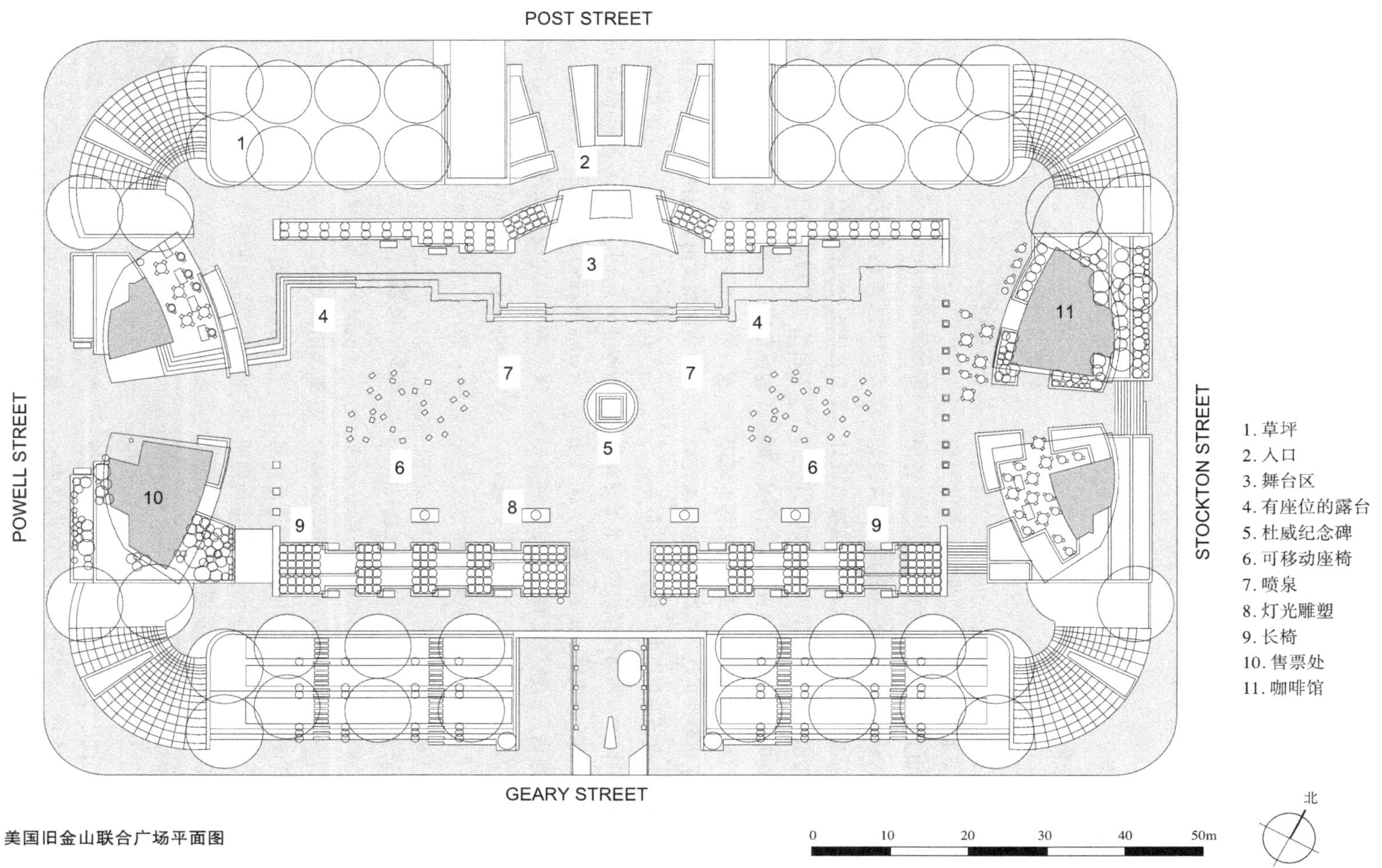

美国旧金山联合广场平面图

欧巴布也那儿童花园

Yerba Buena Children’s Garden

1. 位置规模

欧巴布也那儿童花园（Yerba Buena Children's Garden）位于美国加利福尼亚州旧金山市霍华德街750号，占地1.2hm²。

2. 项目类型

小型公园

3. 设计师 / 团队

游戏场地设计师为蒙·保罗·弗里德伯格（M. Paul Friedberg），1931年出生于美国纽约市，1954年毕业于康奈尔大学观赏园艺系，1958年成立自己的风景园林和城市设计工作室。弗理德伯格致力于城市新型公共空间的营造，成功地将公园中的自然式设计引入城市公共空间设计当中，为“二战”以后的城市建设作出了重要的贡献。他对于场地有着深刻的理解，注重场地与周边环境的有机联系，通过对场地的设计，为周边市民生活水平的提高及社会环境的改善提供了重要的条件，同时亦带动了场地周边的经济发展。弗理德伯格是ASLA（美国风景园林师协会）的主要成员之一，于2004年获得了ASLA的最高设计荣誉奖（ASLA Design Medal）。

儿童创意博物馆（Children's Creativity Museum）的设计者阿黛尔·桑托斯（Adele Santos）出生于南非，拥有伦敦建筑协会的建筑学位，哈佛大学设计研究生院的城市设计建筑硕士学位以及宾夕法尼亚大学的城市规划硕士学位。曾任教于美国麻省理工学院、加州大学伯克利分校、哈佛大学、莱斯大学等高校，担任旧金山Santos Prescott and Associates事务所的主创设计师，设计中注重满足人类精神需求的环境营造。作品包括佩里斯市民中心（Perris Civic Center）、洛杉矶富兰克林 / 里贝拉联合家庭保障住宅（Affordable Prototypical Multi-Family Housing for Franklin/LaBrea in Los Angeles）、宾州儿童中心（Penn Children’s Center）等，曾获AIA Topaz建筑教育成就奖，社会保障住房John M. Clancy奖，美国罗马学会奖等。

4. 实习时长

2小时

5. 历史沿革

欧巴布也那花园（Yerba Buena Gardens）是位于旧金山的城市重建项目中的一部分。该项目第一阶段开始于1953年，期间确立了重建区范围、会议中心及体育相关设施的设计主题。第二阶段：1976年举行公众听证会，并为中心街区制定出共识计划。产生了包含公共花园等在内的一系列概念。在第三阶段（1987—1999年）期间：1991年，欧巴布也那联盟（Yerba Buena Union）成立，规划了中心儿童区；1999年完成了坐落在该莫斯肯会议中心（Moscone Convention Centre）屋顶上的儿童花园，成为一个受欢迎的旅游和居民游憩地。

6. 实习概要

欧巴布也那儿童花园是旧金山市中心的一颗美丽的宝石，是一个吸引孩子们互动玩耍的理想场所。花园设计的重点是发现、自然和游戏。儿童花园的游戏区包括沙圈、游乐场、木琴和7.6m长的滑管，还有一个不断增长变化的树篱迷宫，模仿古代城堡中里的迷宫而设计的儿童版本。孩子们可以通过溪流、喷泉与水流的相互作用，来创建水坝或者灌溉花园。儿童在花园内通过丰富多彩的玩耍经历来感知周边环境，使儿童更接近体验大自然，如发声的滑管、听音的容器、视觉设施、水力游戏设施、植物科普园、体验花园、日晷等，花园内还增设有溜冰场、保龄球中心、剧院、旋转木马和日托设施等娱乐和服务设施。花园的焦点之一是儿童创意博物馆，这是一处专为孩子们设计的交互性的艺术与科技博物馆。还有一座建于 1906 年手工雕刻的旋转木马，欢迎人们就此进入花园。花园内的户外圆形剧场也用于青年表演和公共活动。

7. 实习备注

地址：750 Howard Street, San Francisco, California，CA 94103

官方网站：https://yerbabuenagardens.com/

电话：+1 415.651.3684

营业时间：周一 – 周日营业，6:00–22:00

（赵迪　编写）

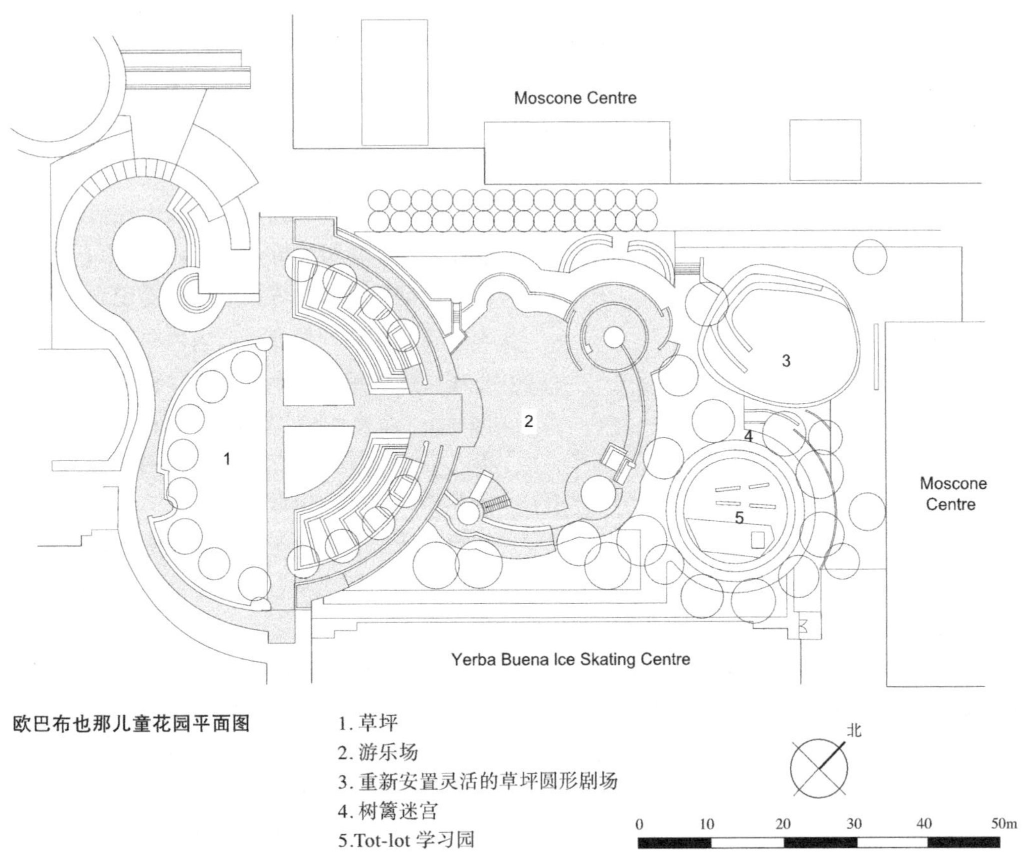

欧巴布也那儿童花园平面图

1. 草坪
2. 游乐场
3. 重新安置灵活的草坪圆形剧场
4. 树篱迷宫
5. Tot-lot 学习园

欧巴布也那花园音乐会
Concert at Yerba Buena Park

1. 位置规模

欧巴布也那花园音乐会（Concert at Yerba Buena Park）位于美国加利福尼亚州旧金山市中心的第3大街、第4大街、米申街和福尔瑟姆街之间。面积约1hm²。

2. 项目类型

街头绿地

3. 设计师 / 团队

CMG工作室致力于通过巧妙的设计来提高社会和生态健康，其理念是所有的工作都是改善社区的唯一总体项目，以实用和美学为驱动力，创造了探索公共空间民主和生态功能的城市景观。旧金山市场街南区欧巴布也那生活街区规划重点是街道和人行道等公共道路设施，通过调查、公共会议、社区参与、专家研讨会和长期需求的评估，景观设计师清晰阐释了街区改造原则策略，从中形成了36个不同的项目设计。

4. 实习时长

2小时

5. 历史沿革

欧巴布也那中心（简称YBG）是旧金山市市场街南区的一个大型城市更新项目的总称，其占地35hm²，跨12个街区。YBG的规划核心之一是集商业用地、会议中心和娱乐设施为一体，这一概念从第一轮规划开始就被提出并最终得以实施。而中心花园、儿童游乐场和文化设施等内容则是逐步被添加进去的，欧巴布也那中心花园于1993年建成。

欧巴布也那中心项目始于20世纪中叶，目前仍在建设和完善当中，众多著名建筑师和事务所都曾参与过它的设计。整个规划项目中，米申街和霍华德街接壤的第一个街区于1993年开放；霍华德街和福尔瑟姆街之间的第二个街区于1998年开放，以致敬马丁·路德·金。霍华德街上的一座人行天桥连接着两座街区，坐落在莫斯科尼中心会议中心之上。欧巴布也那中心由旧金山重建局拥有，并作为Yerba Buena Redevelopment Area的最后核心进行规划和建造，其中包括欧巴布也那艺术中心。纵观整个街区建设项目，由于当地的斗争使得推进十分坎坷。1999年，YBG获得鲁迪布鲁内金奖（Rudy Bruner Award for Urban Excellence），通过渐进式发展，YBG成为一个以文化设施和公共空间为主的新城市中心区，促进了城市旅游业的发展，为居民提供了大量的就业机会，最终成为旧金山南区的华彩乐章。

6. 实习概要

欧巴布也那花园位于旧金山现代艺术博物馆对面，花园包括一块椭圆形的中心绿地、一个小型舞台以及马丁·路德·金纪念碑和瀑布。花园东西两侧通过高大的乔木形成空间界定，南侧是水生植物园和隐藏在瀑布之下的马丁·路德·金纪念碑，北侧面向米申街敞开。中心花园与历史建筑圣·帕特里克教堂隔街相望，是旧金山居民周末和节假日聚会的重要场所。书市、花会和免费室外音乐会定期或不定期在此举行，一些重要的体育比赛也会露天转播。

欧巴布也那花园以个性化的方式充分体现了苏玛区这个美国西部最大的现代艺术中心的区域特质，设计师大量运用旧金山现代艺术博物馆所特有的设计符号“线”的组合，将这特有信息经过编码转化，成为便于游客识别的造型优美的符号形式，使游客充分融入现代艺术中心的氛围中。它所运用的符号在景观的各个局部得到了体现，如广场中的雕塑、水景、壁面的装饰、石材的肌理等。空间随着线的交错、传递和互动而产生流动感。在材质的选用上，运用了一些朴实无华的石材和钢材，使之充分巧妙地与建筑相融合。这种处理手法赋予了景观同建筑一样的活力，不仅衬托了建筑鲜明的个性、丰富了建筑的美感，同时又能独立地表达其特有的观念、思想倾向和情感。欧巴布也那花园充满水声、鲜花的香味和阳光的温暖，花园的每个独特的区域设计和种植都能反映旧金山和世界文化的多样性。开阔的天空、建筑物和桥梁的背景在市中心的喧嚣中间营造出一片宁静的绿洲。

蝴蝶花园（Cho-En Butterfly Garden）由艺术家后藤伶子（Reiko Goto）创造，其种植园为许多本地旧金山蝴蝶提供栖息地。市民在长凳上休息，在美丽的彩绘瓷砖中学习蝴蝶知识，或者观看蝴蝶群。花园里的植物是湾区的原生植物，可为蝴蝶提供良好的生境，保证其在整个生命周期中的成长。反思花园（Reflection Garden）由艺术家若·史密斯（Jaune Smith）和詹姆斯·吕南河（James Lunain）设计，是对本土印第安人的致敬，纪念馆采用半圆形木墙的形式，图案为篮子设计，背后是一个新月形的游泳池和一圈青苔覆盖的岩石。这是一个沉思的环境，坐落在红木林旁，附近还有一棵橡树。也可以作为唱诵诗歌、讲故事和其他活动的表演区。上露台花园（Upper Terrace Garden）由艺术家琳·特松（Lin Utzon）设计，露台上方是一个大型反射池，周围环绕着独特的花岗石铺砌图案，露台包括咖啡馆和休息区，种植了常绿树木和灌木。姐妹城市花园展示了旧金山的18个姐妹城市的花卉植物，突出全球各地不同的植物形态、色彩、气味和充满活力地融合。

7. 实习备注

地址：701 Mission St, San Francisco, CA 94103

官方网站：https://yerbabuenagardens.com/

电话：+1-415.978.2700

（赵迪　编写）

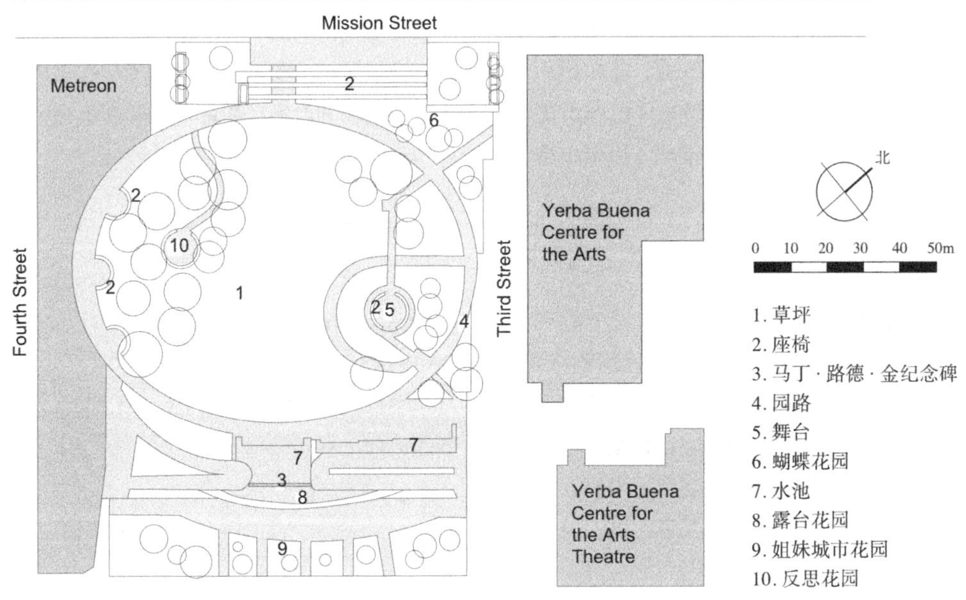

欧巴布也那花园音乐会平面图

加州大学旧金山使命湾校区
Mission Bay Campus

1. 位置规模

加州大学旧金山使命湾校区（Mission Bay Campus）位于美国加利福尼亚州旧金山使命湾地区，AT&T（美国电话电报公司）公园以南的旧金山湾沿岸，占地约 23hm^2，是加州大学旧金山分校的生物医药研究中心。

2. 项目类型

校园景观

3. 实习时长

1 小时

4. 历史沿革

使命湾地区曾经是一片盐沼地，在 20 世纪末逐渐荒废。1999 年，由政府和学校共同推动，加州大学旧金山使命湾校区在规模约为 17.4hm^2 获捐的土地上举行了奠基仪式，这里曾经是旧仓库和铁路场。第一阶段建设包括研究楼、社区中心、学生宿舍以及大量开放空间，2003 年新校区开放使用。2015 年，占地约 5.9hm^2 的 UCSF 医疗中心开业，将校园面积扩大至 23hm^2。今天的使命湾校区已经发展成为一个充满活力的校园，并带动了旧金山湾区生物技术产业的蓬勃发展。

5. 实习概要

使命湾校区是建筑、景观、文化教育和社会基础设施、产业发展共同协调作用的结果，融合了多方面的力量。该区域具有多样的功能和内涵，不仅是人才培养中心，也是尖端的生物医学科研中心，繁荣的生物技术中心，是旧金山湾区生物技术行业的重要催化剂。校区的分期建设规划推动了整个区域的可持续发展。

使命湾校区的景观设计由 PWP 事务所负责。PWP 事务所于 1983 年由彼得·沃克（Peter Walker）及合伙人建立，设计作品带有强烈的极简主义色彩，将历史元素与现代景观结合起来，通过简约的布置形式营造场地氛围。

项目将覆盖污泥的废弃工业用地改造成为整洁现代的校园景观。校园的环境设计，用简洁的图形语言在场地之中形成了一种内在的联系和逻辑，体现了尊重历史文化、尊重当地自然环境的特点。设计元素选取当地特色的材料，包括充满自然气息的石墙，适宜当地气候的自然生长的植物，开阔的草坪和地被，梧桐林荫道，这些元素和加州地区的自然气候共同构成了反映地区特色的景观。

校园内的公共空间分为城市尺度、街区尺度等不同的等级，既有开阔的校园广场、开敞绿地，也有精致的建筑花园庭院，针对不同性质公共空间的特点、需求等进行了弹性的控制和引导。设计充分考虑了校区的功能需求，对场地边缘地带利用树木和灌木进行强化，在校园内设置了植被茂盛的小丘，为学生提供非正式露天剧场和教室，阻隔外界噪声，在自然的环境中满足使用的功能。

6. 实习备注

学校地址：University of California, San Francisco, 16th Street, 7th Floor San Francisco, CA 94143

学校官网：https://www.ucsf.edu/about/locations/mission-bay

（张媛　朱德铭　编写）

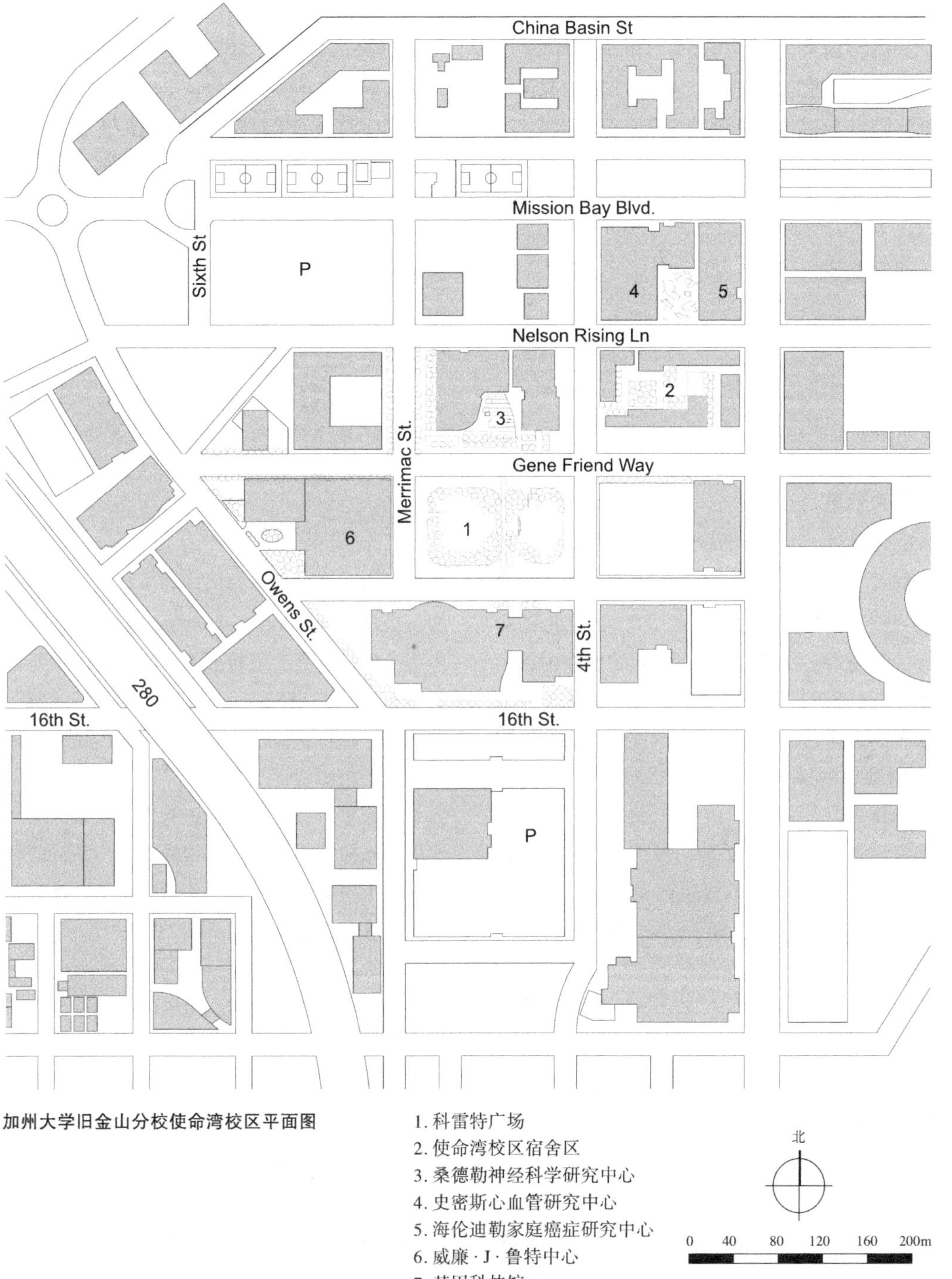

加州大学旧金山分校使命湾校区平面图

1. 科雷特广场
2. 使命湾校区宿舍区
3. 桑德勒神经科学研究中心
4. 史密斯心血管研究中心
5. 海伦迪勒家庭癌症研究中心
6. 威廉·J·鲁特中心
7. 基因科技馆

北

0 40 80 120 160 200m

拱门国家公园

Arches National Park

1. 位置规模

拱门国家公园（Arches National Park）位于犹他州东部，摩押以北 6km，毗邻科罗拉多河，面积 3.1 万 hm^2。其最高海拔为 1.7km，位于 Elephant Butte；最低海拔为 1.2km，平均年降水量不到 250mm。

2. 项目类型

国家公园

3. 实习时长

1–2 天

4. 历史沿革

自最后一个冰河时代以来，弗里蒙特人与古代普韦布洛人就住在该地区。大约 700 年前人们开始对该处进行探索。直至 19 世纪 80 年代牧场主、农民和探矿者逐步定居在附近的 Riverine 山谷，该处美丽的岩层才渐成为一个旅游的必到之处。随着地理学家的发现及人们保护意识的提升，最初于 1929 年 4 月 12 日成为国家历史遗迹，1971 年 11 月 12 日成为国家公园。拱门国家公园由美国国家公园管理局负责管理，2006 年游客数量达 833000 人。2016 年被旅行研究公司 Lychee, Inc 评为美西最有价值景点。

5. 实习概要

公园位于盐层上方，加上不同程度的侵蚀，而成为世界上最大的自然砂岩拱门集中地之一，形成超过 2000 座不同的天然岩石拱门，其中最小的只有 1m 宽，最大的景观拱门则长约 101m。所有的石头上更有着颜色对比非常强烈的纹理。其中包括世界知名的精致拱门、平衡石、双零拱门、景观拱门。园内最高处象峰海拔 1753m。拱门国家公园具有极高的地质研究价值和观赏价值。

（1）自然资源特征

数百万年来，从安肯帕格里隆起并侵蚀到东北的地质碎片覆盖在盐床上，在风蚀和沉降过程的作用下，卡特拉达砂岩层形成并逐渐暴露出来，拱门逐渐在卡特拉达地层内形成。后又随着沉降作用，卜部岩层液化并作用于盐丘，形成了更多不寻常的“盐背斜”及隆起的线性区域。部分地带的岩石中部分沉入了圆顶之间的断层区域，由于处于边缘，从游客中心就可以看到这样的 750m 位移的摩押断层。

由于这些自然过程，呈现出拱门、尖顶、平衡岩石、砂岩鳍和侵蚀巨石等特殊的地质现象。公园内有 2000 多个天然砂岩拱门，包括世界上密度最高、最精致的拱门，且根据所含矿石铁的状态不同，岩石又呈现不同的颜色，如红色、黑色、橙色等。此外，园内还有许多的濒危动植物物种。

公园里不只有拱门，还有为数众多的大小尖塔、基座和平衡石等奇特的地质特征；所有的石头上更有着颜色对比非常强烈的纹理。

（2）景观游憩

清晨或黄昏通常被认为是最好的观赏时间，因为太阳光的照射会使拱门呈深橙色，产生奇特的景观效果。

整个公园分为法院大楼、石窗景区、精致拱门和魔鬼花园 4 个观赏景区，内部只有一条道路，长约 30km。景观道路连结所有壮丽的风景及各主要的拱门，拱门以远观为主。

游客或漫步于魔鬼花园的高脚蹼间，观赏北美洲最长的景观拱门；或步行到沙丘拱门，穿过田野到断拱，过程中尽赏檐口拱和砂岩鳍；或到克朗代克布拉夫斯地区去观赏塔拱门；或驾车又可观赏到稍远的沃尔夫牧场的田园景象。

（3）公园管理

拱门国家公园是保护地质特征的标志性例子，具有地质学家、地理学家感兴趣的丰富的自然环境资源。所在的犹他州为公园统一管理保护确立相关法案及措施。如在前往峡谷地、拱门地带增加无障碍措施，在循环路径的部分线路上配置具有侵蚀控制结构、坚固稳定的高架堤道，改善通往户外休闲区域，即海滩以及野餐和露营设施的通道等。

6. 实习备注

国家公园服务系统（网站）：

https://www.nps.gov/arch/planyourvisit/hours.htm

开放时间：全年开放，圣诞节当天访客中心不开放

7. 图纸

图纸请参见链接：https://www.desertusa.com/arches/photos/arches-map.jpg

（刘伟　庄媛　王晓霖　编写）

加州大学伯克利分校
University of California, Berkeley

1. 位置规模

加州大学伯克利分校（University of California, Berkeley）位于美国加利福尼亚州伯克利市，地处旧金山湾区东北部，与旧金山市区、金门大桥隔湾相对。主校区占地面积约 72hm^2，总校区（包括伯克利山丘上的劳伦斯伯克利国家实验室、美国国家数学科学研究所等）占地面积约 499hm^2。

2. 项目类型

校园景观

3. 实习时长

2 小时

4. 历史沿革

建校土地在 1866 年由私立加利福尼亚学院（College of California）购得，1868 年加利福尼亚学院和州立的农业、矿业及机械工艺学院合并为加利福尼亚大学（University of California），该大学也是加利福尼亚州第一所全日程的公立大学。1873 年，学校正式迁入现校址，为纪念 18 世纪伟大的哲学家乔治·伯克利（George Berkeley），新学校及所在的城区被命名为“伯克利”。

5. 实习概要

伯克利的校园景观规划从其建校至今共经历了 3 个不同的时期，分别为：风景式、学院式和现代式。

19 世纪末，由美国著名风景园林师弗雷德里克·劳·奥姆斯特德（Frederick Law Olmsted）主持的伯克利大学校园规划，主张学校应当毗邻城市，环境要更加自然化、公园化。规划中首次提出增加“绿道”的设计思路，将校园自然环境串联，在陶冶和培养学生情操的同时也能增进学生之间交往活动。此外，他还主张不对称式的校园建筑布局，认为这样的布局方式更有利于与周围环境的结合，也有利于学校今后的发展和有机生长。奥姆斯特德在校园中设计了一个绿树葱茏、小径蜿蜒交错的休闲区，区域向西延伸以草莓溪为界作为校园发展空间，休闲区的东、西两侧为住宅用地。同时，沿现在的皮埃蒙特大道（Piedmont Avenue）向南通往住宅区设计了一条园林景观大道，建筑散布在周围，以一条蜿蜒的环路相连。这一设计思想开创了美国大学校园自由式布局的模式，成了美国乃至世界的校园景观的典范。

20 世纪初，美国建筑师约翰·盖伦·霍华德（John Galen Howard）参加了校园规划竞赛并获得了委托，确立了影响如今伯克利校园格局的“赫斯特规划”，规划加强了校园东西轴线，中心建筑群为几何规则式，主轴线平行于主楼的同时与自然水系相呼应，绿树掩映中的白色建筑群对称整齐的沿地形排列，古典主义白色石材、红色屋顶的设计风格确立了校园的整体风貌。校园的中央谷地建立了植物园，引进植物品种，形成教育林地。

20 世纪 60 年代出现的建设高潮导致学校的建筑风格呈现出多样性，也影响到了规划的整体性。20 世纪 70 年代，旧金山 ROMA 事务所进行了新的校园规划，现代式校园景观重新回归到风景式，入口及中央绿地利用自然式的园路进行联系。规划强调区域划定和保护历史、自然资源。校园空间布局注重与起伏的地形相呼应，绿地系统作为校园的基质，步行系统顺应自然地貌，通过弧线形主次干道将草坪缓坡、树丛、小径等要素编织在和谐的秩序之中。

校园的植物景观形式主要有三种：如画的田园式植物景观、缓坡草坪和线性植物景观。

21 世纪后进行的校园规划在校园融入城市环境、新旧建筑协调统一、建设绿色校园、构建安全便利的交通环境、创造交流互动空间等方面，提出了更高的要求。

萨泽塔（Sather Tower，1914 年）和萨泽门（Sather Gate，1910 年）是学校的标志性建筑。

哈斯商学院（Haas School of Business）的步行街，工程图书馆（Kresge Engineering Library）的屋顶花园，以及校园南部钱宁路学院大街交叉口西北侧、德怀特路（Dwight Way & College Ave.）交叉口西北侧的两处学生公寓内庭院，景观设计与使用功能相互融合，具有一定的参考价值。

6. 实习备注

学校地址：2000 Center St, Berkeley, CA 94704

学校官网：http://www.berkeley.edu

学校电话：(510) 642-6000

（张媛　毛熠天　编写）

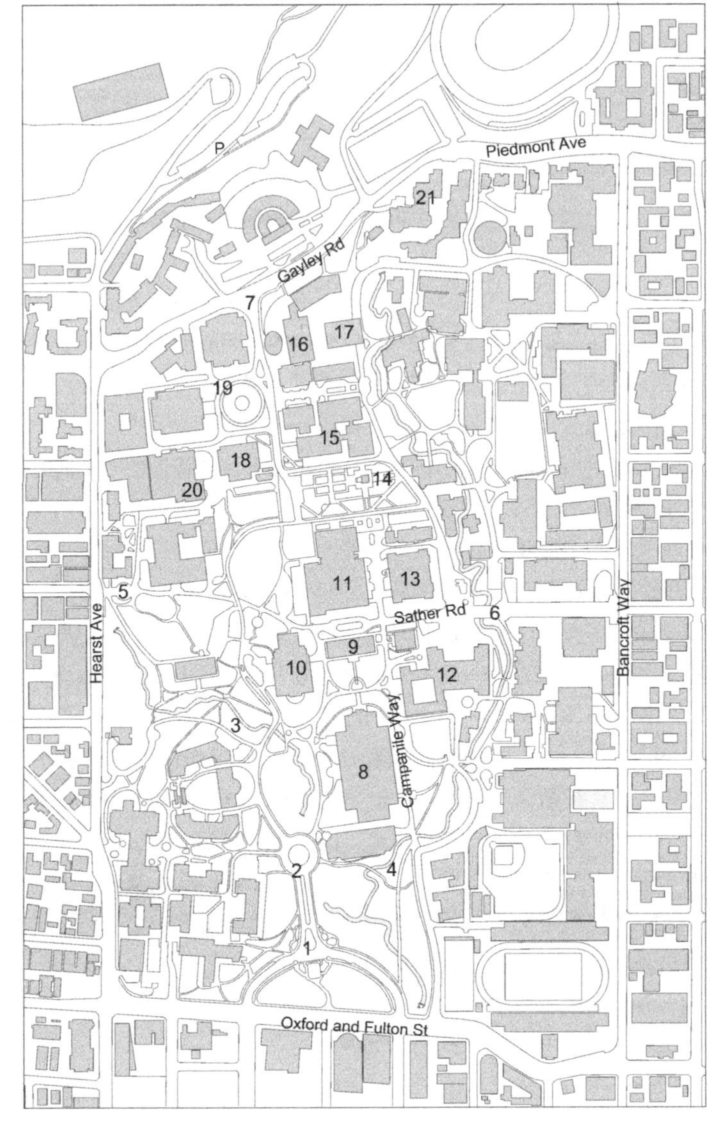

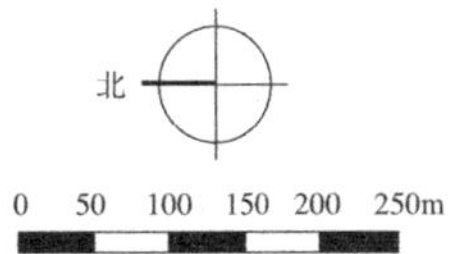

1. 西门
2. 西侧环路
3. 草莓溪北段
4. 草莓溪南段
5. 北门
6. 萨泽门
7. 东门
8. 生命科学楼
9. 加州礼堂
10. 墨菲特图书馆
11. 总图书馆
12. 语言学部
13. 惠勒礼堂
14. 萨泽塔
15. 诺贝尔物理学部
16. 化工学院
17. 希尔布兰德大厅
18. 伊万斯礼堂
19. 赫斯特采矿圈
20. 工程图书馆
21. 哈斯商学院

伯克利大学校园平面图

采石场植物园
Quarryhill Botanical Garden

1. 位置规模

采石场植物园（Quarryhill Botanical Garden）位于美国加利福尼亚州索诺玛县索诺玛山谷，格伦·艾伦（Glen Ellen）12 号公路旁，占地面积 10.12hm^2。

2. 项目类型

植物园

3. 设计师 / 团队

简·达文波特·詹森（Jane Davenport Jansen）

4. 实习时长

1.5 小时

5. 历史沿革

1964 年，一场大火席卷了索诺马县东部玛雅卡马斯山脉（Mayacamas Foothills）的山麓区域，将这一地区变成了不毛之地。1968 年，简·达文波特·詹森在玛雅卡马斯山麓附近的格伦·艾伦东北部购买了 16 多 hm^2 土地，并于 1970 年起在开阔的山谷地上开辟了面积 8hm^2 左右葡萄园。1987，她开始计划在葡萄园上方的陡峭山坡上建造花园。山坡上有几个废弃的采石场的遗迹散布其中。其中一些采石坑在冬天的雨季时水位较高，汇聚成小溪蜿蜒流过崎岖的地形，形成了瀑布和池塘等水景。这一切都成为花园景观特色基底，其被命名为采石场花园也是名副其实。于 1987 秋季年起，采石场植物园员工们便开始远赴东亚进行植物种子收集。此后人们连续 20 多年秋季都保持了这一传统，持续采集异域植物种子，还针对性地集中采集了原产中国、日本的稀有及濒危物种。花园每年春天和秋天都能够种下新的幼苗，园内越发充满生机，植物种类也越来越丰富。栎树、枫树、木兰花、山茱萸、百合花和玫瑰成了花园中代表性种类。时至今日，采石场植物园也已成为北美和欧洲科学文献记载中最大的亚洲野生植物收集区之一，这其中还包含了许多西方植物学家所发现的植物原种。采石场植物园业已成为世界知名的植物研究机构，与其他植物园、树木园多有交流，向研究人员、自然资源保护者、学生和来访公众展示了东亚温带植物群令人惊叹的自然之美。

6. 实习概要

采石场植物园是北美和欧洲拥有最多亚洲野生植物资源的植物园之一，其内植物种类超过 1500 种，约栽植了 25000 棵植物。

植物园内最具代表性的种类都是在西方花园中产生巨大影响，拥有悠久栽培、育种历史的植物，如玫瑰、茶花、百合、牡丹、木兰、杜鹃花、枫树、山茱萸等。

采石场植物园中最有特色的专类园是野生亚热带林地花园，坐落于玛雅卡玛斯山脉起起伏伏地山麓上。园中数英里长的砾石小径蜿蜒穿过林荫，两侧被开花丰茂的灌木簇拥。绵延起伏的山丘上种植着各种来自亚洲大陆的植物。这些树木冠大荫浓，成为宁静池塘以及瀑布宏大的绿色背景。园内养护管理简单，仅通过对植物简单的修剪以保持园内游览小径畅通，让游览者能充分的体会到亚洲荒野林地的典型风貌。园中四季美不胜收，从春季的次第花开，到夏天葱郁宁静的绿色基调，再到秋天的层林尽染，周年都能游人带来自然之美的极致享受。

7. 实习备注

开放时间：每天 9:00–16:00，节假日休息。

门票：$12 / 成人；$8 13-17 岁儿童 / 现役军人 / 学生

地址：PO Box 232；Glen Ellen, CA 95442

邮箱：info@quarryhillbg.org

电话：(707) 996-3166

（郝培尧　张丹丹　付甜甜　编写）

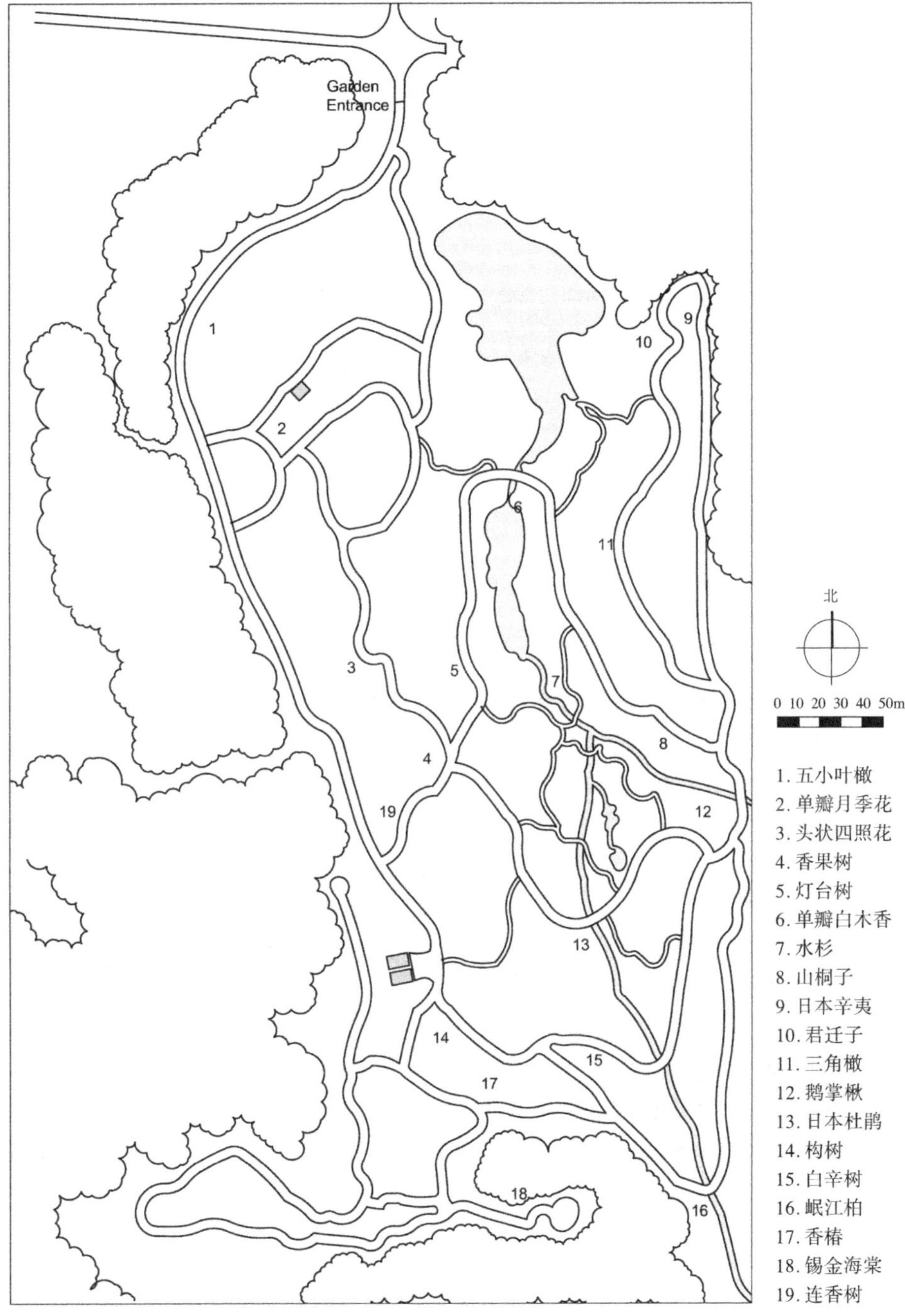

采石场植物园

（图片来源：摹绘自 http://plantgasm.com/archives/5846）

唐纳花园
Donnel Garden

1. 位置规模

唐纳花园（Donnel Garden）位于美国加利福尼亚州索诺马。

2. 项目类型

住宅环境

3. 设计师 / 团队

托马斯·丘奇（Thomas Church, 1902—1978）

4. 实习时长

2 小时

5. 历史沿革

建成于 1948 年，面积约 $1.0hm^2$。

6. 实习概要

唐纳花园是美国著名景观设计师托马斯·丘奇的设计作品，是为业主杜威和琼·唐纳夫妇（Dewey and Jean Donnell）设计的。场地位于美国加利福尼亚州索诺马南部靠近圣巴勃罗湾（San Pablo Bay）的地方，这里向南可以眺望到圣巴勃罗湾。

整个花园由入口、院子、游泳池、餐饮处和大面积的平台所组成。入口位于场地的北部，入口的西侧为住宅部分，住宅的坡屋顶十分平缓，向外有挑出部分，靠近建筑布置有几个小花园，使得建筑与环境十分协调。向东绕过一片树丛，就是东侧泳池和庭院部分。核心是一个小巧的、自由曲线形的游泳池，池中有一个白色抽象雕塑，仿佛飘荡在蓝色的水面上。游泳池周边是一个广场，用大尺度的方格混凝土板构成，与游泳池的自由曲线形态形成明显的对比。广场的北侧是一个小建筑，十分敞亮。广场东南侧是木地板铺装，保留的乔木从木地板中长出，十分生动。

唐纳花园的南侧有一条弧形曲线绿篱，将庭院与外部环境分割开来，但并不会影响视线。绿篱外部就是大自然的美景，绿篱以内是随着平缓地形起伏的草坪，上面还长着几株大树。

唐纳花园空间富于变化，有张有弛，景观既美观，也有实用性，人们可以在这里放松身心、娱乐、游泳、玩耍、做园艺活动、野餐等。

美国著名景观设计师劳伦斯·哈普林（Lawrence Halprin）也参加了唐纳花园的设计工作，建筑师乔治·洛克（George Rockrise）设计了建筑部分，雕塑家阿达林·肯特（Adaline Kent）设计制作了水池中的抽象雕塑。

唐纳花园的设计能看到了芬兰建筑师阿尔瓦·阿尔托（Alvar Aalto，1898—1976）设计的玛丽亚别墅（Villa Maria）的影子。唐纳花园也是现代主义园林的一个代表性作品。

7. 实习备注

私家花园，如实习参观，需提前预约。

（张红卫　编写）

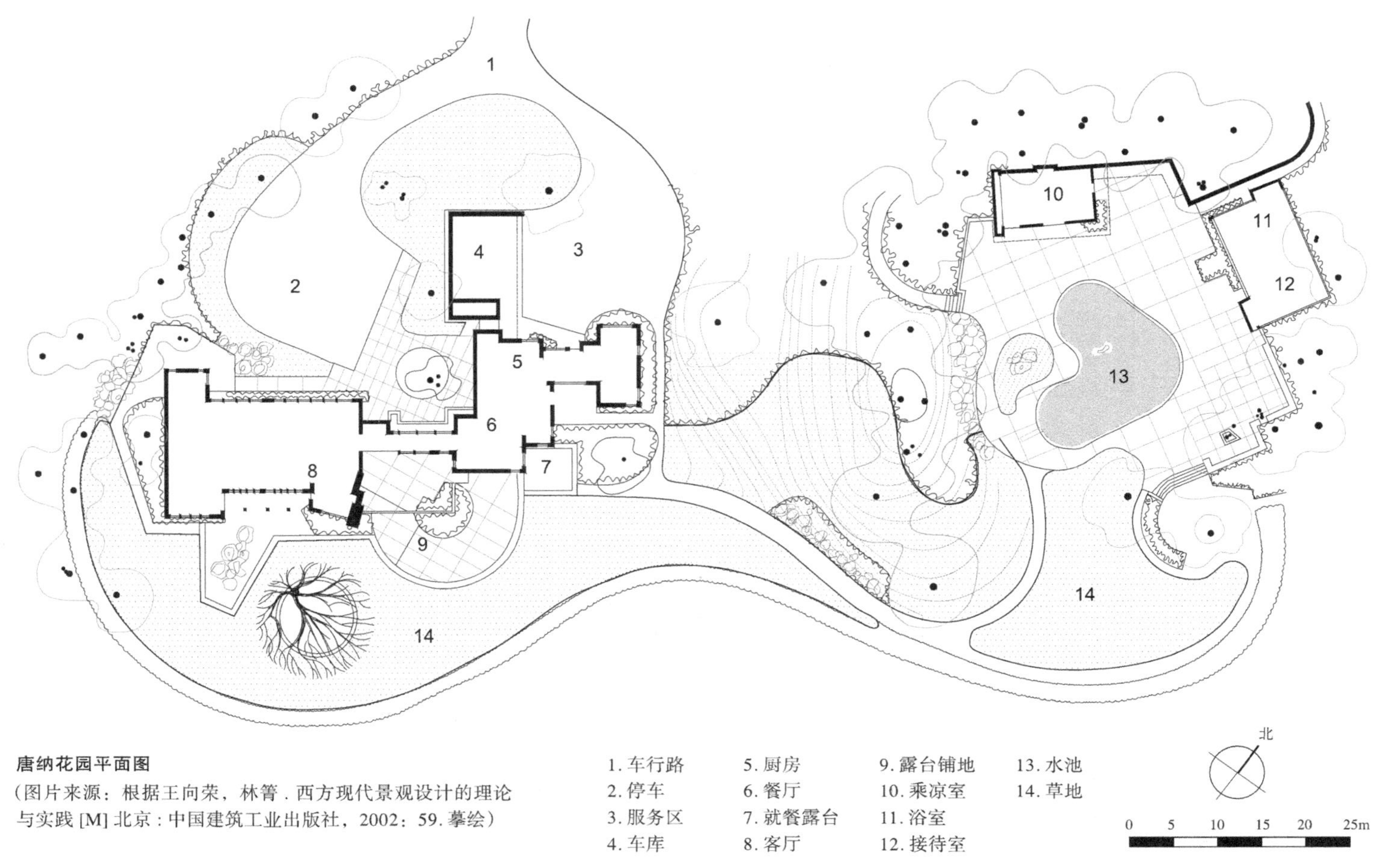

唐纳花园平面图

（图片来源：根据王向荣，林箐．西方现代景观设计的理论与实践[M]北京：中国建筑工业出版社，2002：59.摹绘）

匝普别墅环境
Villa Zapu

1. 位置规模

匝普别墅环境（Villa Zapu）位于美国加利福尼亚州纳帕（Napa, California）。

2. 项目类型

住宅环境

3. 设计师 / 团队

乔治·哈格里大斯（George Hargreaves）

4. 实习时长

2 小时

5. 历史沿革

建成于 1985—1986 年，面积约 1.2hm^2。

6. 实习概要

匝普别墅环境是私人住所环境，业主为托马斯和安妮·伦德斯特罗姆夫妇（Thomas and Anne Lundstrom），场地的建筑设计师为戴维·康纳（David Conner）。场地位于加州纳帕西北部山区的一个靠近洛克亚（Lokoya）的地方［扬特维尔镇（Yountville）西部］，附近葡萄园众多，景观用了耐旱品种的草组成一种波动的图案，呼应了环境和建筑。

匝普别墅旁边是橡树和冷杉等植物，哈格里夫斯用两种野生的条带状波动的乡土草种，在森林和别墅建筑之间营造了一种地面图案，使人们能够联想到葡萄林在山坡上随风摇曳。

长椭圆形的场地被位于中央的主体建筑一分为二。草坪从场地的建筑处呈条带状和螺旋形向外扩展，两个主要建筑——住宅和瞭望塔相互呼应，中间是一个用彩色混凝土装饰的长条形水池。

野生的花卉混植在条带的草皮之间。在一条矮的条带草皮里种植有响尾蛇草（*Briza Maxima*）和蓝亚麻（*Linium Lewsii*），它们增加了季相的变化。加州罂粟（*California Poppies*——*Eschcholzia californica*）种植在高的条带草坪中，这个条带里的草种主要是兰草（*Poa annua*）和羊毛草（*Festuca meglura*）。种植设计的意图在于存留这个区域宝贵的降水，另外形式的创作也在于为业主提供一个象征性符号，其拥有一个产品商标为 Zapu 的葡萄酒厂。

这个设计获得美国风景园林师协会 1991 年荣誉奖。

7. 实习备注

私家花园，如实习参观，请提前预约，并询问景观是否改变。

（张红卫　编写）

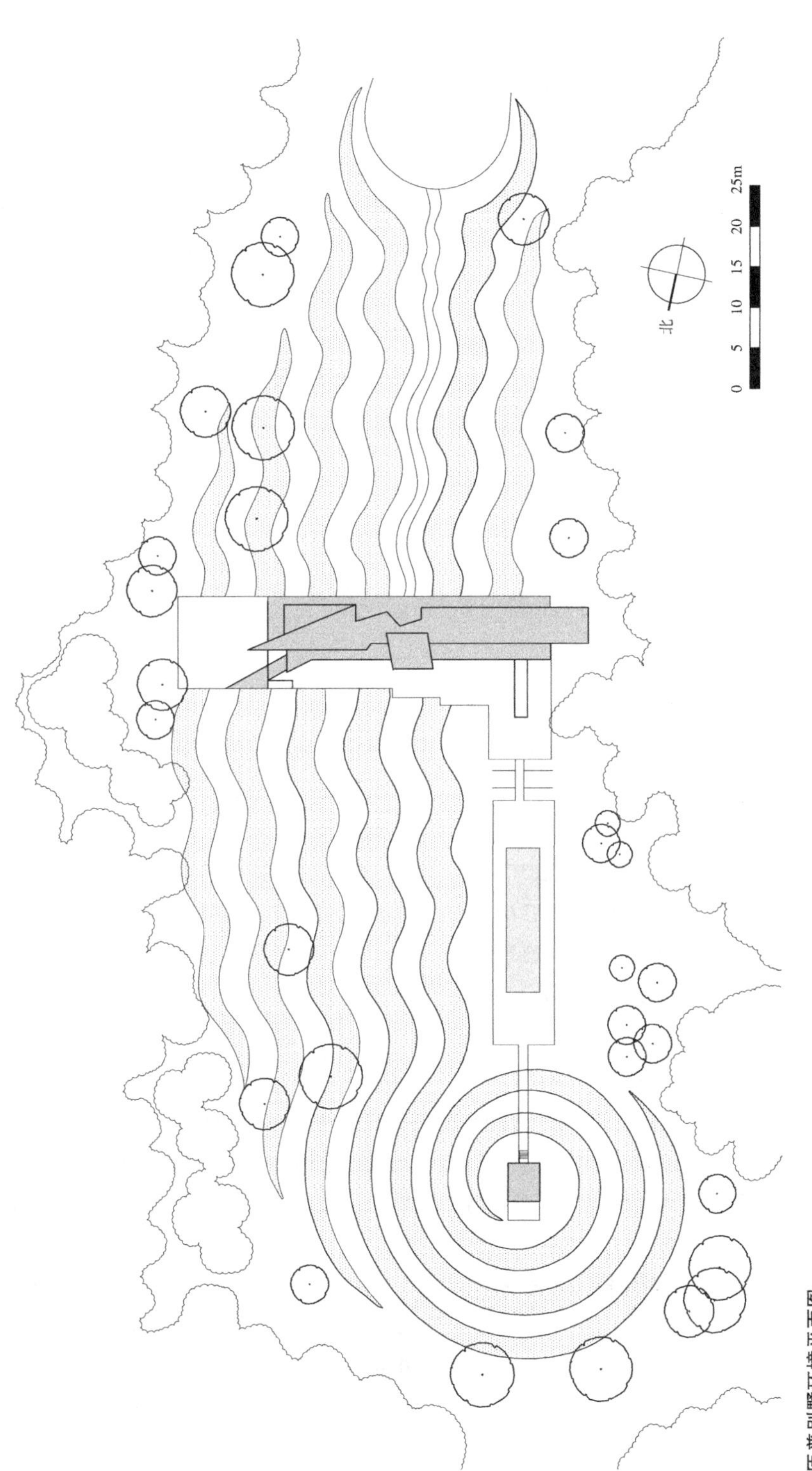

匝普别墅环境平面图

（图片来源：根据王向荣主编，张红卫编写．西方现代景观设计师丛书——哈格里夫斯[M]．南京：东南大学出版社，2004年．摹绘）

红杉国家公园
Redwood National and State Park

1. 位置规模

红杉国家公园（Redwood National and State Park）位于加利福尼亚州西北的太平洋沿岸，占地面积约为 560km^2。

2. 项目类型

国家公园

3. 设计师 / 团队

美国国家公园局丹佛设计中心（Denver National Park Design Center）

4. 实习时长

1 天

5. 历史沿革

红杉树在美国也经历了为攫取资源而乱砍滥伐的时代。随着美国人口扩张和经济发展，从 19 世纪中叶开始了对红杉的持续性砍伐。尤其进入 20 世纪后半叶之后，大型拖拉机和电锯的使用，导致红杉林被大面积砍伐。1850 年，加州有约 8000km^2 的红杉林；到 20 世纪 60 年代，经美国国家地理学会勘察发现，90% 的红杉都已砍伐殆尽。在环保组织的推动下，1968 年红杉国家公园正式设立，面积为 230 多平方千米，由美国国家公园局和加州联合管理，1978 年美国总统又下令将私人手中近 200km^2 的红杉林划归国家公园。1980 年，联合国教科文组织将红杉国家公园列入《世界自然遗产名录》；1983 年，公园作为加利福尼亚海岸山脉的一部分被列入《国际生物圈保护区》名录。

6. 实习概要

（1）景观资源

红杉国家公园形状狭长，南北绵延近 600km。沿着近 64km 的原始海岸线，既有相间的陡崖和沙滩，也有蜿蜒的临海山脉。公园里分布着世界上现存面积最大的红杉林，其中百年以上的老林区有 170 多 km^2。公园坐拥世界上最古老又高耸的大树，甚至保留着超过 1.6 亿年的树木群。成熟的红杉笔直高耸，可达 70–120m，树龄 800–3000 年，是世界上罕见壮丽的植物景观。此外，公园内还分布有草原、橡树林地和自然河道。

（2）游赏体验

2010-2018 年，红杉国家公园年均游客量约为 44 万人次，其中 2016 年高达 53.6 万人次，6–8 月最为忙碌。

最受欢迎的活动包括森林徒步、露营、野餐、风景道自驾、野生动物观赏、山地骑行、骑马、钓鱼（须申请许可）等，不过山地骑行和骑马仅限于部分路径。在海岸边和大大小小的河溪里玩皮划艇也颇为盛行，特别是沿着史密斯河（Smith River）——该河流是加州最长的无坝河流。

游客中心提供丰富的游客教育项目，部分露营地提供营火解说活动。公园还设有两个户外学校，提供日间及过夜的标准化课程。

（3）公园设施

1）交通设施：101 号公路自北向南穿过公园，成为最主要的交通轴线。与该公路相连接，公园有景观优美、多样的 8 条风景道（Howland Hill Road，Enderts Beach Road，Coastal Drive，Newton B. Drury Scenic Parkway 等），提供如画的自驾体验。

2）住宿设施：公园内没有酒店或旅馆，仅可露营，不过公园周边有丰富的住宿设施可供选择。公园设有 4 个设施较为完备的营地，包括拥有海滩景观的黄金布拉夫斯海滩营地、拥有河流景观的杰迪代亚 · 史密斯营地、拥有草原景观的埃尔克·普雷里营地，以及最大的米尔·克里克营地，共提供332个营位。此外还有8个边远营地，只能走路或骑马到达，提供总计约40个营位。大多数营地建成于20世纪40年代前，无法容纳现在的大型房车和拖车，所以公园对游憩车辆的大小有严格规定。

3）游赏设施：公园内有超过320km的自然步道，海拔从海平面升至约1000m，可以让游客体验草原、原始红杉林和海岸等不同的自然环境。步道基本没有硬质铺装，但铺有一层压实的砾石。夏季（6–9月）部分溪流上会架设季节性的步行桥。

4）解说设施：公园建有5个游客中心（Crescent City游客中心、Thomas H. Kuchel游客中心、Hiouchi游客中心、Jedediah Smith游客中心、Prairie Creek游客中心），并在全园设有全面、丰富的解说牌示系统。

（4）生态环境

从海岸到山地950m的高度差异，加上2500mm丰沛的年均降雨量与终年湿润的海洋性气候，使红杉国家公园呈现出丰富多样的自然生态风貌。已被记录的植被种类多达856种，其中699种是当地物种，红杉是其中最具优势的物种。在侏罗纪时代，红杉曾遍布北美、欧洲、亚洲等地，但随着气候变化，现在海岸红杉基本只生存在气候温和湿润的美国太平洋海岸一带，多雨的冬季和多雾的夏季给红杉提供了良好的水分生长条件。

公园内有75种哺乳动物、400多种鸟类。开阔的草原地区常见大群的马鹿、罗斯福麋鹿和黑尾鹿。海边不时可见到灰鲸和濒临灭绝的加利福尼亚栗色鹈鹕。在一个个荒岛和小海湾中，聚集着无数的海鸟、海豹和海狮。红杉溪地区还分布着黑熊、山猫、狐狸、郊狼、浣熊等。

7. 实习备注

（1）红杉国家公园气候温和，全年开放。由于气候潮湿，全年降雨量丰富，步道经常湿滑，游赏时最好自备雨披和防滑的徒步鞋。

（2）公园内禁止使用吊床，以防对树干造成伤害。

（3）行为规范：徒步时不离开步道；与野生动物保持足够的距离；禁止投喂野生动物。

8. 图纸

图纸请参见链接：https://www.nps.gov/redw.htm

（张茵　编写）

黄石国家公园
Yellowstone National Park

1. 位置规模

黄石国家公园（Yellowstone National Park）是美国第一个国家公园，主要位于怀俄明州，部分位于蒙大拿州和爱达荷州，占地面积约为 $8983km^2$。

2. 项目类型

国家公园

3. 设计师 / 团队

美国国家公园局丹佛设计中心（Denver National Park Design Center）

4. 实习时长

2–3 天

5. 历史沿革

美洲原住民在黄石地区的历史可以追溯到 11000 年以前，不过对该地区有组织的勘探活动直到 19 世纪 60 年代末才开始出现。1872 年，黄石国家公园建立并成为世界上第一个国家公园。1916 年，美国国家公园管理局成立并负责黄石公园的全面管理。1976 年黄石国家公园被指定为“国际生物圈保护区”，1978 被列入《世界自然遗产名录》。

1880 年代早期，北太平洋铁路的修建使得黄石公园的旅游业迅速发展。初期的国家公园建设集中于 1933—1942 年间，修建了早期的大部分游客中心、露营地以及现存的公园道路系统。

第二次世界大战使得游客骤减，但在战后的 20 世纪 50 年代又开始大幅上扬。为了容纳更多游客，提升游客体验并满足越来越多的自驾游需求，美国国家公园管理局实施“66 号任务”，扩建各国家公园内的服务设施并使之现代化，这一轮扩建完成于 1966 年，以纪念国家公园管理局成立 50 周年，其特点是将传统的小木屋与现代建筑风格相融合。不过到了 20 世纪 80 年代后期，黄石大部分建筑又恢复为较为传统的设计风格。1988 年黄石公园大火烧毁了 36% 的公园土地，之后重建的设施基本采用了较为传统的建筑式样，而峡谷村于 2006 年开放的游客中心沿用了更为传统的设计风格。

6. 实习概要

（1）景观资源

黄石国家公园以其丰富的地热资源和野生动物种类而闻名，其中间歇泉等是最负盛名的特殊自然景观类型。整个黄石拥有约 300 个间歇泉及总计至少 1 万个地热点，全世界 1/2 的地热点和 2/3 的间歇泉都集中于此。公园拥有丰富的历史文化，保存有上千个考古遗迹和 1106 座历史建筑。

（2）游赏体验

1937 年到访黄石的游客为 50 万人次左右，而现在年均游客量高达 375 万人次（2010-2018 年）。最受欢迎的游赏活动包括地热观光、徒步、摄影、露营、野餐、划船、钓鱼（须获得许可）、骑行、骑马等。海登河谷（Hayden Valley）（美洲野牛、黑熊、麋鹿、棕熊、狼）、拉马尔河谷（Lamar Valley）（美洲野牛、黑熊、叉角羚、大角羊、麋鹿、棕熊等）、钓鱼桥（Fishing Bridge）（棕熊）等都是野生动物观赏的热门地点。冬季提供滑雪、雪鞋健行、雪上摩托和冰原雪车等活动。

公园淡旺季明显，6–9 月为旺季，其中 7 月单月游客量可近 100 万人次。老忠实泉（Old Faithful）、黄石峡谷（Yellowstone Canyon）和猛犸温泉（Mammoth Hot Springs）

是最繁忙的景点。

游客中心提供丰富的游客教育项目，夏季多个露营地提供营火解说活动。

（3）公园设施

1）交通设施：公园中有约 500km 机动车路，连通 5 个不同的公园入口。“8” 字形公路形成最核心的交通轴线，方便游线组织。

2）住宿设施：公园内建有 9 家酒店和旅馆（包括 1904 年建成的老忠实酒店），一共可提供 2238 个酒间房间或小木屋。此外，公园设有 12 个露营地，提供超过 2000 个营位；边远营地只能在获到许可后徒步或骑马到达。

3）游赏设施：公园内有长达约 1800km 的自然步道。在地热景点周围，铺设有木栈道以保证游客安全，并且绝大多数景点都可供残障人士到访。黄石湖建有游船码头，极受欢迎。

4）解说设施：黄石国家公园拥有 10 个游客中心和博物馆，其中奥尔布赖特（Albright）游客中心、坎宁峡谷（Canyon）游客教育中心、老忠实（Old Faithful）游客中心、西黄石游客（West Yellow Stone）中心规模较大且提供较为完备的服务。全园设有全面、丰富的解说牌示系统。

（4）生态环境

黄石公园是大黄石生态系统的核心所在，保留有北温带地区现存最大且近乎完好的自然生态系统，以亚高山带森林和草原为主。公园内的哺乳动物、鸟类、鱼类和爬行动物有数百种之多，其中包括多种濒危或受威胁物种。黄石公园是美国最大、最有名的大型动物栖息地，包括棕熊、狼、美洲野牛、麋鹿等。

公园生态环境敏感脆弱，因此设施建设充分遵循生态优先原则，尽量降低对生态系统的人为干扰。

7. 实习备注

（1）行程安排：

D1：“8” 字形的上半部，主要包括：猛犸温泉台地；黄石堡 - 猛犸温泉历史遗迹区；Norris 间歇泉谷；黄石大峡谷；峡谷村；Lamar 河谷（观赏野牛等野生动物）。

D2：“8” 字形的下半部，主要包括：老忠实泉游客中心；黄石湖；西拇指地热景观区；老忠实泉间歇泉景观区；大棱镜等。

（2）黄石国家公园全年开放，但每年 11 月初至次年 4 月中旬，除了从蒙大拿州帕克县进入公园的公路外，其他公路都禁止汽车通行。

（3）由于公园面积广大，需要在公园内过夜，可以选择露营。露营地需通过黄石公园官网提前预约。

（4）行为规范：徒步时不离开步道；与野生动物保持足够的距离（野牛是游客致死的首位原因）—与熊或狼至少保持 90m 距离，与其他动物至少保持 25m 距离。

（5）公园南部道路直通大提顿国家公园，因此两个公园可组合实习。

8. 图纸

图纸请参见链接：https://www.nps.gov/yell/index.htm

（张茵　编写）

大提顿国家公园
Grand Teton National Park

1. 位置规模

大提顿国家公园（Grand Teton National Park）位于怀俄明州西北部，黄石国家公园以南 16km，占地面积约为 1300km^2。

2. 项目类型

国家公园。

3. 设计师 / 团队

美国国家公园局丹佛设计中心（Denver National Park Design Center）

4. 实习时长

1 天

5. 历史沿革

大提顿国家公园的人类历史可以追溯到 11000 年以前，最早进入该地区的是印第安人。由美国政府组织的探险考察始于 19 世纪中叶。1929 年，以提顿山脉为核心，大提顿国家公园正式建立，由美国国家公园局施行统一管理，不过当时面积仅有 390km^2。20 世纪 20 年代末，约翰 · D · 洛克菲勒到访了大提顿地区，此后开始陆续收购提顿山脉前杰克逊霍尔谷地（Valley of Jackson Hole）的私有土地，计划日后将其归并入大提顿公园。1943 年，利用洛克菲勒家族捐赠的土地，建立了杰克逊霍尔国家纪念地。第二次世界大战后，1950 年，大提顿国家公园和杰克逊霍尔国家纪念地合并。1972 年，黄石国家公园和大提顿国家公园之间的 97km^2 土地也被纳入国家公园管理局的管辖范围。2007 年，洛克菲勒家族又将公园西南部相邻的 JY 草原赠送给公园，建立了洛克菲勒保护区。自此，大提顿国家公园达到今日的规模。

6. 实习概要

（1）景观资源

大提顿以连绵的雪峰和清澈的冰川湖而闻名。提顿山脉是落基山脉中最年轻的一段，形成于 600–900 万年前。提顿山脉的主要山峰都集中在大提顿国家公园内，在其西部延绵约 64km。公园内海拔 3700m 以上的山峰有 10 座，其中最高峰为大提顿峰（Grand Teton），海拔 4198m。在峰峦高海拔处仍留存有冰川。长期的冰川作用，雕琢出群峰锯齿状的山尖。提顿山脉东部为杰克逊霍尔地堑谷地，其内分布着一系列冰川形成的湖泊，其中最大的是杰克森湖（Jackson Lake）。

（2）游赏体验

大提顿是美国游客最多的国家公园之一。2010–2018 年，年均有 296 万游客到访，6–9 月为旺季。其崎岖多变的景观尤其受探险型游客欢迎。

大提顿是登山者的乐园，每年约有 4000 名登山者前来攀登大提顿山，甚至设有专门的登山学校。大提顿还以大马哈鱼垂钓闻名（须获得许可）。其他受欢迎的游赏活动包括徒步、露营、野餐、风景摄影、划船、漂流、野生动物观赏等；冬季可以参加越野滑雪、雪鞋健行，甚至冰川攀登。

游客中心和博物馆提供丰富的游客教育项目，讲解野生动物、地质或生态学的相关知识；夏季多个地点提供篝火晚会节目和导游解说活动。

（3）公园设施

公园共有 27 家特许经营商，经营旅馆、餐厅、登山向导、观光牧场、钓鱼和划船等。

1）交通设施：洛克菲勒纪念公园路（John D. Rockefeller, Jr. Memorial Pwy）从大提顿国家公园（Grand Teton National Park）南部边界延伸

至黄石国家公园西拇指（West Thumb），南北纵贯大提顿，成为该公园最核心的交通轴线。

公园最南部的杰克逊牛仔城机场（Jackson Hole Airport）建立于该区域被并入大提顿国家公园前，是美国唯一坐落于国家公园内的机场，在噪声管控方面有严格要求。

2）住宿设施：

公园内建有8家酒店和旅馆，共可提供约700个酒间房间或小木屋。其中最著名的为杰克逊湖酒店（Jackson Lake Lodge）。该酒店共有385个房间，由洛克菲勒先生于1950年邀请建筑师吉尔伯特·斯坦利·安德伍德（Gilbert Stanley Underwood）设计，突出显示了20世纪50年代–20世纪60年代美国国家公园系统的服务设施由传统风格向现代风格的转变。Underwood创造性地将现代建筑材料与传统乡村风格相结合，并栽植本地树种以模拟自然环境，使建筑与环境完美融合。2003年，该酒店被列入美国国家历史标志建筑名录。科尔特湾度假村（Colter Bay Village）共有208座小木屋和一个休闲码头，亦始建于20世纪50年代，为国家公园局“66号任务”的一部分（参见黄石国家公园）。大提顿公园内还有主要服务于登山旅游者的小型旅社以及休闲牧场型旅社。

公园内共有6个露营地，提供总计1000余个营位。边远营地只能在获到许可后徒步或骑马到达。大部分营地从暮春时节开放到深秋。

3）游赏设施：大提顿公园内共有约320km不同难度的自然步道，包括多条登山线路。公园允许自行车利用机动车道骑行，并拓宽了部分公路，以使骑行更安全。2009年铺设了一条从杰克逊牛仔城（Jackson Hole）到珍尼湖（Jenny Lake）南端的非机动车道，游客可从小镇骑行至公园。此外，杰克逊湖（Jackson Lake）和珍尼湖（Jenny Lake）建有游船码头。

4）解说设施：大提顿国家公园建有6个游客中心和博物馆，并在全园设有全面、丰富的解说牌示系统。最大的游客中心为公园管理局附近的克雷格·托马斯（Graig Thomas）游客中心，展示内容包括公园的自然历史、登山和西部艺术等。其他还有科尔特湾（Colter Bay）游客中心和印第安艺术博物馆、劳伦斯·洛克费勒（Lallrence S.Rockefeller）保护中心、珍尼湖（Jenny Lake）游客中心等。

（4）生态环境

大提顿公园保存着近乎原始的生态系统，有超过1000种维管束植物，数十种哺乳动物和300余种鸟类，公园内有成群的美洲野牛、麋鹿和羚羊，是全球最大的麋鹿群栖息地。

黄石公园、大提顿公园和周边其他的国家森林一起，构成了约73000km^{2}的大黄石生态系统，是世界上最大的、保存完好的中纬度温带生态系统之一。

7. 实习备注

（1）大提顿国家公园全年开放，但每年11月初至次年4月中旬，其他公路都禁止汽车通行。

（2）行为规范：徒步时不离开步道；与野生动物保持足够的距离，禁止投喂野生动物。

（3）大提顿公园与黄石公园毗邻，因此两个公园可组合实习。

（4）闻名遐迩的杰克逊牛仔城就在大提顿南门外，具有浓郁的西部牧场风格，也是大量游客到访的目的地之一，游客接待设施集中，可组合实习。

8. 图纸

图纸请参见链接：https://www.nps.gov/grte/index.htm。

（张茵　编写）

太平洋山脊国家风景游径

Pacific Crest National Scenic Trail

1. 位置规模

太平洋山脊国家风景游径（Pacific Crest National Scenic Trail）属于长距离徒步登山和骑马游径，沿着美国西部喀斯喀特山脉和内华达山脉的最高山脊，北起美加边境大不列颠哥伦比亚省的曼宁公园（Manning Park），南至美墨边境加利福尼亚的，纵贯华盛顿、俄勒冈的火湖国家公园（Crater Lake National Park）和加利福尼亚州的红杉国家公司（Redwood National and State Park）与优胜美地国家公园（Yosemite National Park），全长4270km，沿途经过3个国家纪念物、7个加利福尼亚州级公园、7个国家公园、24个国家森林以及48个荒野保护区，其中包括华盛顿州的瑞尼尔山国家公园，俄勒冈州的火山口湖国家公园和加州的红杉国家公园与优胜美地国家公园等。徒步旅行通过全程需4–6个月的时间。

2. 项目类型

美国国家游径体系中的风景游径类型。

3. 设计师 / 团队

太平洋山脊国家风景游径的规划建设历经多年，其设计参与者包括早期的民间团体，后来的联邦政府、相关非政府组织以及公共土地信托机构。

4. 实习时长

建议选取靠近优胜美地国家公园的游径片段，与优胜美地国家公园整体实习。

5. 历史沿革

太平洋山脊国家风景游径是美国政府最早决定规划的两条国家风景游径之一。最初在1926年就有了建设PCT的构想，直到1935年，杉矶县山地联盟会长克拉克联合美国童军、基督教青年会以及艺术家安塞尔·亚当斯，组织成立了太平洋山脊游径会议，意在推动太平洋山脊游径规划和整个游径体系的保护发展。1935—1938年间，该团体探索并规划了长约3218.69km的游径（现游径与这部分基本一致）。

直到20世纪60年代，随着人们户外休闲活动需求地不断增长，《国家游径体系法案》（*National Trails System Act, NTSA*）于1966年正式出台，太平洋山脊游径的建设也终于在1968年被当时的约翰逊总统规划为首批国家风景游径。此后，联邦政府开始正式对太平洋山脊游径实施建设，美国也开始进入了全面的国家游径体系规划时代。直至1993年，太平洋山脊游径建设完成。

6. 实习概要

其一，项目规划充分尊重风景资源的完整性和原真性。游径规划的意义并不在于简单的串联各类资源，而是对区域内各类科学、生物及文化资源的保护和管理。因此，游径选线大部分连接的是国家森林和荒野保护区，避免穿越城镇建成区或发展区，也尽量避免穿越沼泽、贫瘠或不稳定土壤、小型湖泊、草地等脆弱区域，最大限度地保持自然环境的连续性。同时，营地、休憩点、水源及马桩等服务设施的设计简洁朴素，为游人提供最接近自然的荒野体验。

其二，游径选线充分考虑风景资源典型性、敏感资源的低影响、建设可行性和低维护等因素的平衡。比如，在某些特殊环境条件下，游径被规划为主次两条，主游径为避免危险地形或气温环境骤变等情况，选址并不一味追求高海拔所带来的绝佳观赏视角，而是在风景欣赏、游客体验及安全之间做出科学平衡；而次游径则选择高海拔或地形起伏较剧烈的区域，以满足少部分探险级别的人群需求。游径在穿越高速公路、铁路及河流时，形式均为桥梁或地下通道，并充分利用现有植被等自然条件，形成视线正当及噪声阻挡，保持游径体系的完整性。

其三，该项目对跨边界各类资源的统一保护具有重要作用。项目区涉及多个国家级保护地、州级绿地及大量私人土地，用地类型多样且复杂。游径以尽量降低私人土地对环境的干扰和顺应各类保护地条例规范为原则，将各类资源统筹保护管理，将涉及的所有利益相关者聚集起来，形成统一的风景保护管理目标。

其四，为保证安全性、趣味性、同行性等多项规划目标，游径在具体的路面设计、周边环境、建构筑物、服务设施及标识系统等方面有严格的指标体系。例如，一般的游径路宽约0.6m，悬崖或危险区域的游径路面宽1.2m以上，浅滩或平地的游径路宽1m以上，急转弯处宽度不少于2.5m。

7. 实习备注

全天开放，无需预约，需要自备地图定位系统。若要向北穿越美加边境，需申请加拿大入境许可证。

电话：916-285-1846

8. 图纸

图纸请参见链接：https://www.pcta.org/

（张婧雅　编写）

耐克世界总部北扩项目

Nike World Headquarters North Expansion

1. 位置规模

耐克全球总部（Nike World Headquarters）位于美国俄勒冈州比弗顿（Beaverton）附近的波特兰大都会区（Portland-Vancouver-Salem），地理坐标为西经 122.8252°，北纬 45.5069°，北侧与西南詹金斯路相接，东临西南莫里大街，南部与西南沃克路相接。总部项目原占地约 29.94hm^2，1995 年耐克公司进行的北部扩张计划，增加面积约 36.42hm^2。

2. 项目类型

商业和办公

3. 设计师 / 团队

TVA Architects 建筑设计团队；Mayer/Reed 景观设计工作室。

4. 实习时长

3-5 小时

5. 历史沿革

1990 年耐克公司迁入位于俄勒冈州比弗顿的总部大楼，1995 年，耐克公司进行了一项园区北部扩张计划，该工程于 1999 年春季完成，2001 年获得美国景观设计师协会颁发的国家优秀设计奖。

6. 实习概要

该项目是一个适应计划增长的模式，注重以人文精神与景观规划相结合，并以生态理论为指导打造人与自然融合的生态景观环境：首先，场地规划和设计中，既保证开发出广阔的园区，又不影响环境质量，以一种清晰、易懂的方式适应公司的增长；其次，保护和加强场地的自然资源，保护现有林地和雪松磨坊溪为场地的发展提供了框架，所有工地改善工程均旨在保护林地及改善湿地，当局还兴建了 4.45hm^2 的湿地及沉淀池，以净化雪松木溪及其他雨水径流进入工地的水质，停车场及运动场的雨水亦经人工湿地处理，通过保护和加强措施，园区仍然是华盛顿县重要的野生动物栖息地；第三，注重耐克的企业文化，体现核心的运动精神，重要的公司工作场所与许多不同的体育场馆和运动场地相连接，鼓励员工进行户外活动和体育活动。此外，还为员工和访客提供户外设施，例如许多地方都提供了舒适的户外用餐区和放松的场所等。

7. 实习备注

开放时间：全天

地址：美国俄勒冈州波特兰市比佛顿鲍尔曼大道 97005 号（One Bowerman Drive Beaverton, OR 97005）

电话：总部 1-503-671-6453（周一 – 周五 7:30–17:30，除节假日外）

官方网站：https://www.nike.com/

（郭屹岩　编写）

1. 中心水面　2. 停车场　3. 运动中心　4. 会议中心
5. 办公大楼　6. 足球场　7. 步行小径　8. 跑步道
9. 水系　10. 园区主环路　11. 人行天桥

耐克世界总部北扩项目规划图

（图片来源：根据 Google 地图描绘）

霍伊特植物园

Hoyt Arboretum

1. 位置规模

霍伊特植物园（Hoyt Arboretum）位于美国俄勒冈州波特兰市中心以西 3km 处，靠近俄勒冈动物园和国际玫瑰试验园，占地面积 76.5hm^2。

2. 项目类型

植物园

3. 设计师 / 团队

约翰 · W · 邓肯（John W. Duncan）

4. 实习时长

3.0 小时

5. 历史沿革

18–19 世纪，该地区遭受森林火灾，经历了从森林到农场的变迁。1922 年，土地产权划归政府，并于 1928 年建立霍伊特植物园。1929—1930 年间，约翰 · W · 邓肯为植物园进行了初步植物景观规划；20 世纪 40 年代—20 世纪 50 年代，植物园的规模又有所扩展。植物园现由霍伊特植物园之友（Hoyt Arboretum Friends）组织和波特兰市公园与游憩管理局（Portland Parks & Recreation）共同管理。

6. 设计概要

霍伊特植物园收集、展示了来自世界各地的植物种类逾 2300 余种，共计 6000 余株，其中包括 63 种稀有和濒危物种。植物园的植物收集主要集中在松柏科、槭树科、木兰科、金缕梅属、冬青属、梾木属植物和竹类等。

木兰科植物区：该区域是植物园内植物种类最丰富的园区之一，园内栽植的 50 余种木兰科植物多原产于美国、欧洲和亚洲的地区。园内树龄最长的植物是于 1934 年种植的广玉兰、二乔玉兰和渐尖木兰（*Magnolia acuminata* L.）。自 1955 年起，波特兰园艺协会（Horticultural of Portland）每年在此义务种植木兰科植物，也已形成惯例。

松柏科植物区：该区是世界最著名的松柏科植物收集展示区之一，现有松柏科植物 226 种及品种，仅黄杉（*Pseduotsuga menziesii*）就有近 10 个品种，500 多株，树龄最大的近百年。园内的北美红杉于 1931 年种植，还展示了其垂枝品种。此外，园内还收集了来自美国和中国的珍稀常绿植物，典型如贝氏柏（*Cupressus bakeri*）以及枝叶美丽的，极具开发潜力的福建柏（*Fokienia hodginsii*）。

竹林（Bamboo Forest）：位于菲舍尔巷（Fischer Lane）附近，建于 2014 年，占地约 1500m^2。其内展示了来自全球各地的 30 多种竹子，是太平洋西北部最大的竹类植物展示区。

7. 实习备注

地 址：4000 SW Fairview Blvd. Portland, OR 97221.

电话：(503) 865-8733

（郝培尧　张丹丹　编写）

波特兰西区轻轨换乘系统

West Side Light Rail Transit System

1. 位置规模

波特兰西区轻轨换乘系统（West Side Light Rail Transit System）位于美国俄勒冈波特兰。长度 84.33km。

2. 项目类型

交通系统

3. 设计师 / 团队

波特兰轻轨交通团队（MAX Light Rail）

4. 实习时长

1 小时

5. 历史沿革

波特兰有轨电车是连接区域主要节点，辅以智能化的公交系统，削弱城市居民对私人汽车的依赖。

波特兰市自 1973 年开始将自行车交通引入城市规划，建立起以自行车为主的慢行系统。20 世纪 50 年代，美国许多城市居民向郊区迁移，中心呈现衰败趋势，波特兰通过建设有轨电车使老城区重新繁华起来。此线路是区域性的循环公共交通系统，通过公共交通导向型（TOD）开发使居民对小汽车的依赖降低了 35%。

2012 年，波特兰中心环路建成通车，该线路是对 2001 年建成的第一条有轨电车线路的延伸和发展。线路长度约为 11km，单向长度为 5.3km，共设有 18 对车站，平均每站间距约为 500m。远期规划高峰小时发车频率为 10 分钟，非高峰小时 15 分钟。可依据客流量分别采取 2 节或 3 节车厢运营，客运能力为 2520 人 /h。

6. 实习概要

波特兰轻轨交通系统是根据波特兰众多丘陵的地貌特点和日常交通流量需求而规划设计的。

其车厢长 20m，宽 2.46m，自重 28800kg，最大运营时速达 70km/h，最大爬坡能力 9%，加速度 1.3m/s，减速度 1.3 m/s，最小曲线半径 18m，车厢座位有 30 个，可以搭乘站立的乘客为 127 人，其机械性能爬坡和急转弯，而且便于乘客上下车，运营平稳、舒适、安全可靠、绿色、环保。根据美国残疾人法规要求，其车门设计精巧，造价低廉，贴合人性化理念，而且门口踏板距离地面不超 0.33m，便于乘客尤其是老弱病残乘客安全平稳地上下车，充分体现人文关怀和人性化细节设计。车厢出入口设有全自动售票机，只有驾驶员，无需售票员，降低了经营管理成本。波特兰市政府根据广大社会公众的意愿，坚持城市轨道车最低成本的设计理念，用最少的资本将城市轻轨交通网络的效益和功能达到最大化，现在一直正常运营的波特兰轻轨交通系统可以有效发挥城市客运的分流功能，在客运高峰期间快速转运客流，发挥有利作用。

另外值得一提的是，波特兰有轨电车的轨道系统和动力系统与波特兰轻轨系统是兼容的，因此有轨电车的车辆可以通过网络中的联络线到达轻轨系统的维护保养车库，实现维修资源共享，大大降低了运营成本。

（刘红秀　编写）

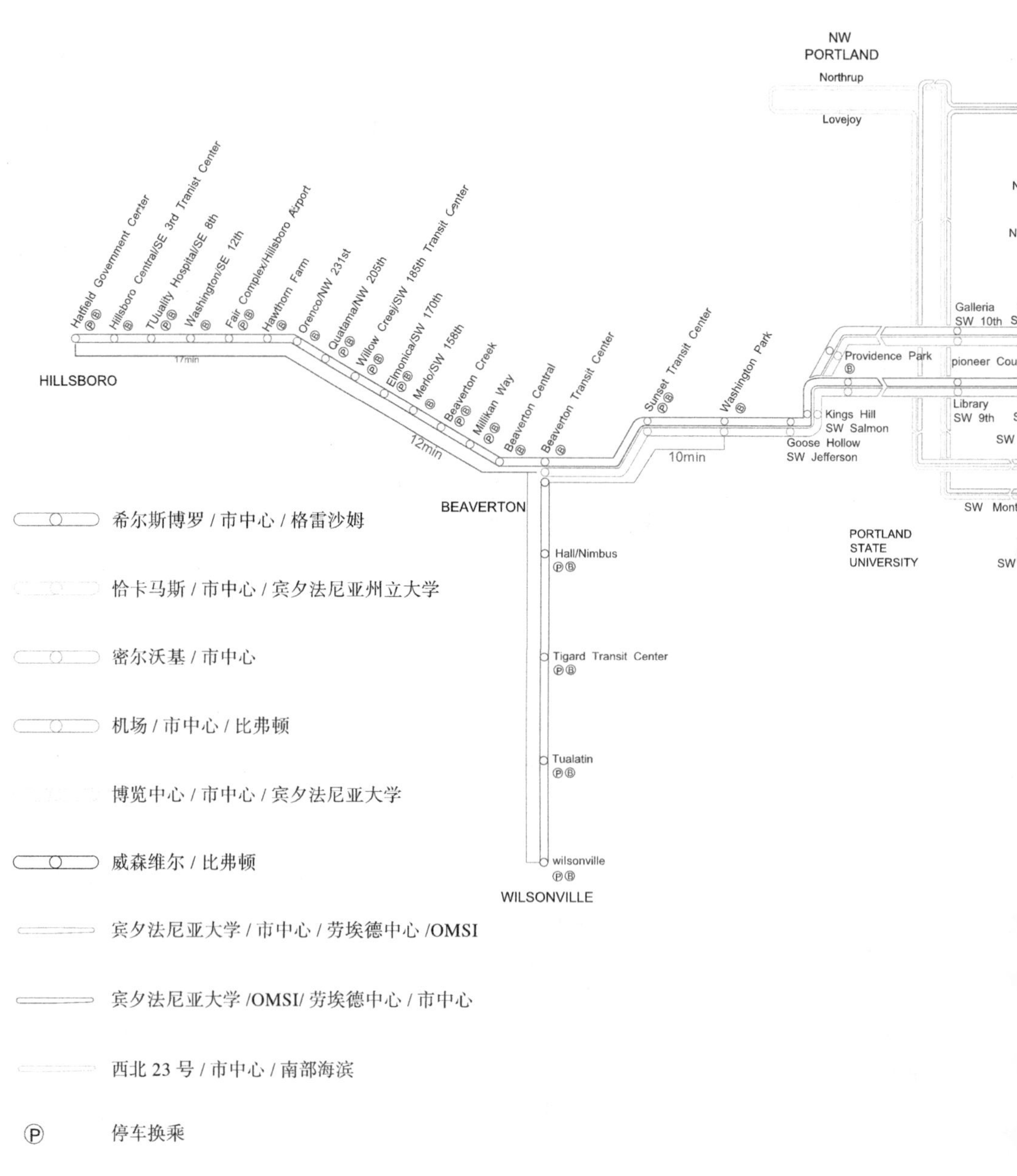
NW
PORTLAND
Northrup
Lovejoy
Hatfield Government Center
Hillsboro Central/SE 3rd Tranist Center
TUuality Hospital/SE 8th
Washington/SE 12th
Fair Complex/Hillsboro Airport
Hawthorn Farm
Orenco/NW 231st
Quatama/NW 205th
Willow Creel/SW 185th Transit Center
Elmonica/SW 170th
Merlo/SW 158th
Beaverton Creek
Millikan Way
Beaverton Central
Beaverton Transit Center
Sunset Transit Center
Washington Park
HILLSBORO
17min
12min
10min
BEAVERTON
Galleria
SW 10th
Providence Park
pioneer
Library
SW 9th
Kings Hill
SW Salmon
Goose Hollow
SW Jefferson
PORTLAND
STATE
UNIVERSITY
Hall/Nimbus
Tigard Transit Center
Tualatin
wilsonville
WILSONVILLE
希尔斯博罗 / 市中心 / 格雷沙姆
恰卡马斯 / 市中心 / 宾夕法尼亚州立大学
密尔沃基 / 市中心
机场 / 市中心 / 比弗顿
博览中心 / 市中心 / 宾夕法尼亚大学
威森维尔 / 比弗顿
宾夕法尼亚大学 / 市中心 / 劳埃德中心 /OMSI
宾夕法尼亚大学 /OMSI/ 劳埃德中心 / 市中心
西北 23 号 / 市中心 / 南部海滨
Ⓟ 停车换乘
Ⓑ 安全的自行车停车场

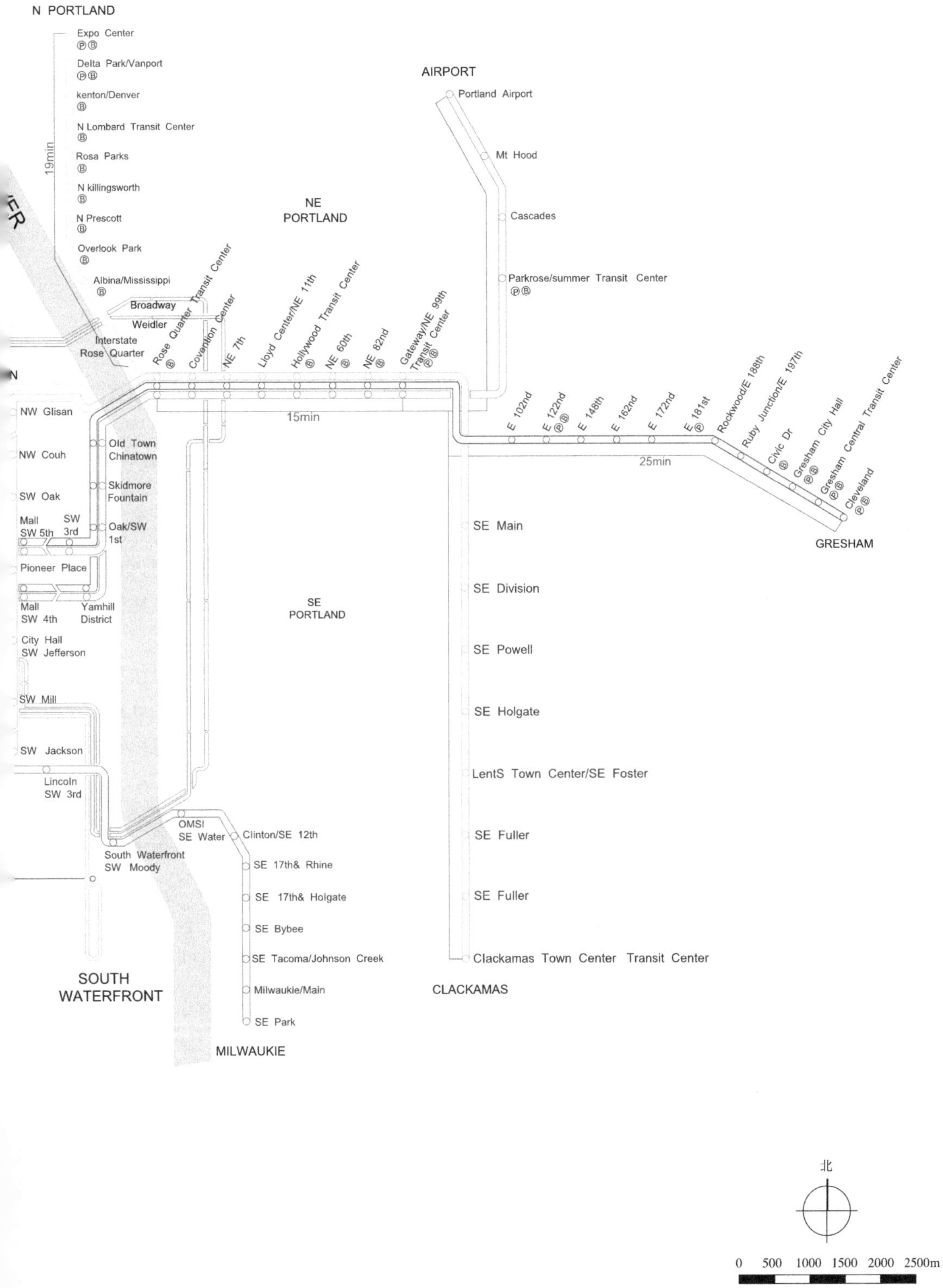

N PORTLAND
Expo Center
Delta Park/Vanport
kenton/Denver
N Lombard Transit Center
Rosa Parks
N killingsworth
N Prescott
Overlook Park
Albina/Mississippi
19min
Broadway
Weidler
Interstate
Rose Quarter
Rose Quarter Transit Center
Covention Center
NE 7th
Lloyd Center/NE 11th
Hollywood Transit Center
NE 60th
NE 82nd
Gateway/NE 99th Transit Center
15min
NE PORTLAND
AIRPORT
Portland Airport
Mt Hood
Cascades
Parkrose/summer Transit Center
E 102nd
E 122nd
E 148th
E 162nd
E 172nd
E 181st
Rockwood/E 188th
Ruby Junction/E 197th
Civic Dr
Gresham City Hall
Gresham Central Transit Center
Cleveland
25min
GRESHAM
NW Glisan
NW Couh
SW Oak
Old Town Chinatown
Skidmore Fountain
Oak/SW 1st
Mall SW 5th
SW 3rd
Pioneer Place
Mall SW 4th
Yamhill District
City Hall SW Jefferson
SW Mill
SW Jackson
Lincoln SW 3rd
South Waterfront SW Moody
SOUTH WATERFRONT
SE PORTLAND
OMSI SE Water
Clinton/SE 12th
SE 17th& Rhine
SE 17th& Holgate
SE Bybee
SE Tacoma/Johnson Creek
Milwaukie/Main
SE Park
MILWAUKIE
SE Main
SE Division
SE Powell
SE Holgate
LentS Town Center/SE Foster
SE Fuller
SE Fuller
Clackamas Town Center Transit Center
CLACKAMAS

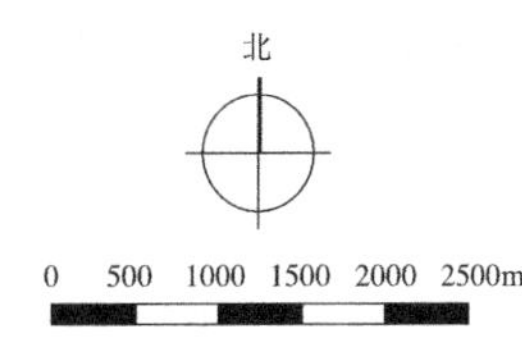

波特兰西区轻轨换乘系统

先锋法院广场
Pioneer Courthouse Square

1. 位置规模

俄勒冈州波特兰市的先锋法院广场（Pioneer Courthouse Square）是典型的公共空间设计范例，位于波特兰市中心的心脏地带，占地 3700m^2，周边是法院、诺德斯特龙商场。每天有两万多名游客来到这里观光购物，成为公交车和轻轨交通的交通中心。

2. 项目类型

城市公共空间，被亲切地称为城市的“客厅”，是世界最好的公共广场之一。

3. 设计师 / 团队

建筑师威尔·马丁（Will Martin）和景观设计师道格·梅西（Doug Macy）

4. 实习时长

1 小时

5. 历史沿革

法院先锋广场的前身是一个停车场、活动中心及重要的当地社团聚集的公共场所。广场在 1984 年开放的时候，设计还没有完成，进行当中的工程由一个管理信托去管理，保证广场达到目标，激发和丰富公园的环境来服务于波特兰的人民和游客。它的现代设计包括公共艺术、便利设施、鲜花树木、休闲阶梯等。广场空间内设有一些咖啡店，食品摊贩和 Tri-Met（当地的波特兰的交通机构），并且频繁举办比赛，这也正是广场成功的关键所在。

6. 实习概要

先锋广场作为主要的城市节点，为周边地块提供丰富的公共服务，成为波特兰典型的公共活动场所和重要的城市管理中心。

先锋法院广场形式灵活，功能多样。可以用来频繁地举办活动，为游客和当地人们提供娱乐、情趣。整体布局巧妙地利用现有地形来带动空间的使用，在广场中心保留大型的自由空间，高差较大的台阶形成多种视线引导，丰富空间的层次感，带来或远或近的视觉效果，将自然功能与人的需求有机融合。

该广场是旅游信息的交通办公室和旅游办公室的总部，便捷交通的衔接。旗舰星巴克店位于母城的一角，其他大部分商店都是移动的，体现服务的灵活性。

介于广场本身的功能属性，树木种植在广场的边缘以提供阴凉，对比凸显设计的红砖而言，树木盆栽带来了色彩和生机，以延续美学价值。

活动的安排包括：电影院、国际节日、音乐会、市场以及许多能够体现广场吸引力的活动，实现其最大的实用价值。

（刘红秀　编写）

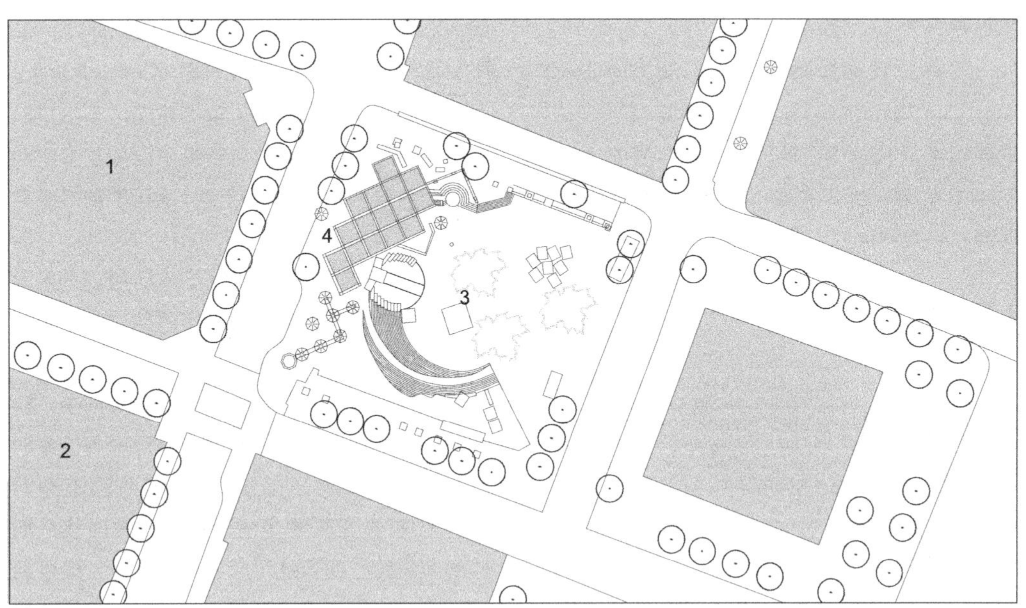

法院先锋广场

(图片来源：图纸摹绘自 Google 地图)

1. 政府大楼
2. 诺德斯特龙
3. 特利梅特售票处
4. 星巴克

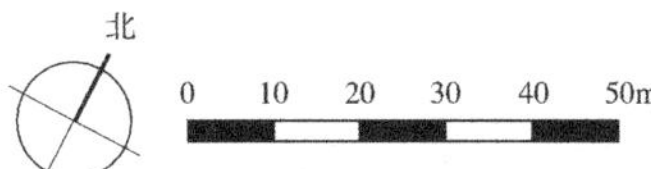

波特兰日裔美籍人历史广场

Japanese American Historical Plaza, Portland

1. 位置规模

波特兰日裔美籍人历史广场（Japanese American Historical Plaza, Portland）位于美国俄勒冈州波特兰市，威拉米特河（Willamette River）西侧，波恩赛德桥（Burnside Bridge）北侧，约 6600m^2。

2. 项目类型

纪念性景观

3. 设计师 / 团队

穆拉色（Robert Murase）

4. 实习时长

2 小时

5. 历史沿革

第二次世界大战期间，出于担心间谍活动以及各种破坏活动的考虑，1942 年，美国陆军建立了十座强制收容所，将居住在加利福尼亚等地的 12 万日裔美籍人和具有日本血统的人进行关押，剥夺自由。

1976 年 2 月 19 日，福特总统废除了当年的行政命令，美国政府陆续通过法案和决议，向日裔美籍人就关押事件进行正式道歉和赔偿。

日裔美籍人历史广场就是一个纪念这一事件的纪念性景观，1990 年 8 月 3 日建成。

6. 实习概要

日裔美籍人历史广场位于俄勒冈州波特兰市的威拉米特河西岸，是汤姆·麦考尔滨水公园（Tom McCall Waterfront Park）的一部分。

历史广场正对着库奇大街（Couch Street），有一个主入口，两侧是平缓的绿地。主入口向东，有一个东西向轴线，将整个广场分为两部分，并与广场东部的边界——威拉米特河垂直相交。

从主入口沿东西向轴线进入广场，首先看到的是两个分列在两侧的铜质圆柱，上面是一些有人像图案的浅浮雕。

穿过铜质圆柱，是个外方内圆的广场，圆形部分是用乱石纹铺装而成，靠近中心位置放置了 3 个大石块，一个大的立石表面上刻着 10 个强制收容所的名字，它周围的铺装是细碎和破裂的。穿过这个广场再往前行，即可到达与这个广场相交的汤姆·麦考尔滨水公园的滨水步道。南北两侧各有一个隆起的地形，地形靠近东侧的部分，种植了两排樱花树，一直向北排列，共有一百株。地形的西侧部分是弧形的步道，靠近弧形步道的地形用石块堆砌而成，形成一个平整的斜面，上面布置了一些高低不同的石块，上面刻着英文的诗文。

这些诗文描述着日本社团的历史，前 6 首描写的是到达美国并且逐渐适应的过程，接续的诗文描写的是战后回到家园、家园的重建。

广场的设计反映出浓郁的日本风格。运用景观手法来展示纪念性，也是设计成功的重要原因。

（张红卫　编写）

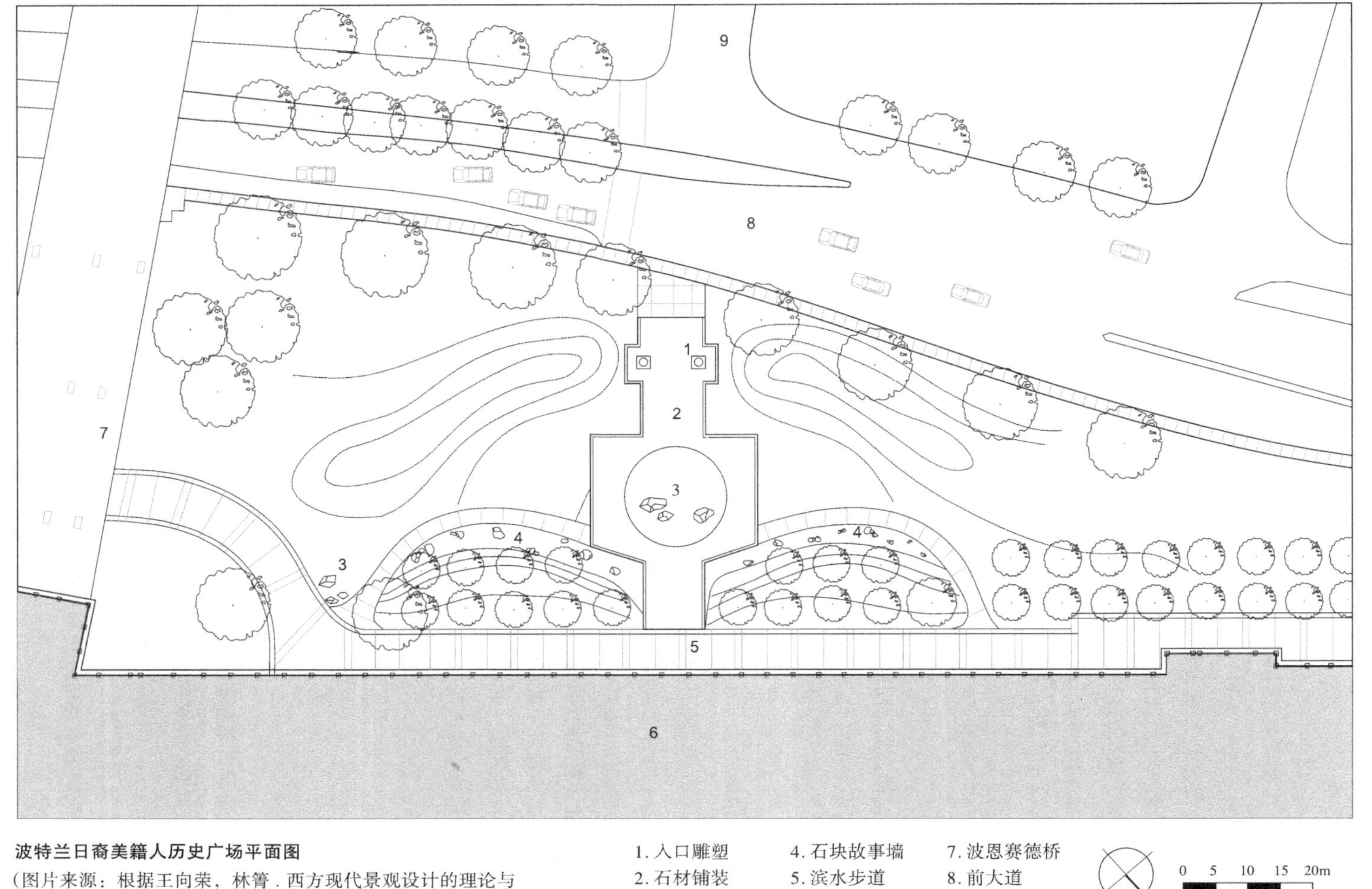

波特兰日裔美籍人历史广场平面图

（图片来源：根据王向荣，林箐．西方现代景观设计的理论与实践 [M] 北京：中国建筑工业出版社，2002：187. 摹绘）

波特兰东岸开放空间

Eastbank Esplannad, Portland

1. 位置规模

波特兰东岸开放空间（Eastbank Esplannad, Portland）位于美国俄勒冈州波特兰市中心威拉米特河东岸，是一处可以为游客和当地居民提供徒步及自行车运动的滨河休闲空间。项目位于霍桑大桥至北钢桥之间，总长度约2.5km，连接了城市的东区、西区和汤姆·麦考尔滨水公园（Tom McCall Waterfront Park）。项目东侧为高速公路，西侧为穿城而过的河道。

2. 项目类型

波特兰东岸开放空间属城市更新项目，满足市民及游客游船、徒步、骑行等多类游憩需求。

3. 设计师 / 团队

波特兰东岸开放空间由迈尔·里德设计公司（Mayer-Reed Landscape Architecture + Visual Communications）规划设计。Mayer-Reed 是一家位于俄勒冈州波特兰市的多学科设计工作室，多聚焦于城市设计、风景园林设计和平面设计等领域，追求对社会、文化、生态和历史背景等环境地深入探索与塑造。

4. 实习时长

2 小时

5. 历史沿革

波特兰东岸开放空间曾经是这片区域内最早的滨水公园，初期规划是为了促进周边社区更新和发展。随着城市地不断建设和发展，这片区域逐渐褪色消落，直到 1988 年项目被列入当时的中央城市规划战略。此后，市政府组织成立了波特兰东岸滨河项目咨询委员会（Eastbank Riverfront Project Advisory Committee , PAC），成员包括周边社区、中环东区工业议会、土地权属所有者、关心河流及环保的热心人士以及公园长期的使用者。1994 年 1 月规划完成，1998 年 10 月 – 2001 年 5 月竣工，耗资 6000 余万美元。波特兰东岸开放空间通过慢行系统的构建和新码头的建设，又重新使威拉米特河焕发活力，成为城市的重要交通连接点和活力带。

6. 实习概要

波特兰东岸开放空间是一处典型的城市更新项目，其规划特点主要体现在如下三方面。

其一，优化城市慢行系统。该空间是波特兰非机动交通体系和城市休闲游憩体系的重要节点，项目规划一方面意在连接波特兰 65km 的城市绿带，另一方面也致力于改善威拉米特河附近的交通状况。波特兰市大约有 17% 的居民依靠自行车出行，项目建成后，附近自行车使用量增加了 220%。项目不仅为居民出行提供了替代性的通勤路线，也增加了周边居民的户外游憩机会。其中一段长约 366m 的因季节水位变化而浮动的道路设计，为游客提供了季节性的水上慢行体验。

其二，为社区居民提供公共空间和艺术空间，增加城市活力。东岸游径系统设置了回音门、幽灵船、堆垛和冲积墙等 4 处公共艺术作品，它们均由当地艺术家里加创作。这些城市标记充分展示着城市的过去和现在的连接记忆，同时象征性地将河流与邻近工业区和居民区生动地联系起来。

其三，对城市生态环境的保护起到积极作用。项目在建设过程中清除了河东岸 1.25 英亩范围的入侵杂草，沿河两岸共种植树木 280 株、灌木 43695 株，为当地野生动物提供了多样的栖息环境，同时通过生物工程技术减轻了抛石侵蚀的影响。其次，项目考虑了雨水径流的收集和处理。停车场东侧高速公路下方设置有体积约 64m^3 的植物洼地，在停车场雨水径流在排入公共排水系统之前先引流至地下砂滤器中。同样，浮动道路和钢桥之间的道路沿线也有一处类似的雨水收集处理设施，位于总面积 69m^3 的鹅卵石植被洼地中。

此外，该项目还是城市河岸修复的示范项目。河水岸线被重新恢复为缓坡的驳岸形式，从而形成了可供鱼类及其他野生动物良好栖息的浅滩环境。麦迪逊街广场区段还设置有一系列由鱼类栖息地及槽形砂过滤器构建的雨水处理系统，且整个河岸修复的施工时间与鱼类洄游季节相协调。但该项目依然存在一些还未解决的问题。首先是近些年气候变化所产生的常年高水位，迫使浮动道路的部分区域不得不关闭；其次是某些道路路面过窄，无法满足各类人群的不同活动需求。

7. 实习备注

地址：1120 SW Fifth Ave, Portland, OR 97204

电话：503-823-7529

8. 图纸

图纸参见链接：http://www.asla.org/awards/2004/04winners/208-01.html

（张婧雅　叶雅慧　编写）

爱悦喷泉公园

Lovejoy Fountain Park

1. 位置规模

爱悦喷泉公园（Lovejoy Fountain Park）位于美国俄勒冈州波特兰市，靠近西南第2大道和西南哈里森街交口南侧，占地面积3000m^2，是波特兰开放空间序列的一部分。

2. 项目类型

城市广场

3. 设计师 / 团队

劳伦斯·哈普林（Lawrence Halprin）1916年7月1日出生于纽约市并在布鲁克林长大。他与妻子舞蹈家安娜·舒曼·哈尔普林（Anna Schuman Halprin）共同创立了称为“资源-谱记-评估-绩效环”（Resource-Scores-Valuation-Performance Cycles，RSVP Cycles）的景观规划设计工作框架，注重人的尺度、用户体验和设计的社会影响。他的一生获得了许多奖项，包括托马斯杰斐逊建筑奖章、美国总统颁发的国家艺术奖章等。哈普林认为：“在景观中我们追求的是诗意的感受，是激情，它将使在景观中走来走去的人们的生活更丰富多彩。”其设计理念也影响了一代又一代景观设计师。

4. 实习时长

0.5 小时

5. 历史沿革

20世纪60年代中期，波特兰开发委员会着手启动首个大规模的城市更新项目，其初衷是通过一系列城市广场与公园来提升城市品质，并推进更新进程。在此背景下，“波特兰开放空间序列”进行了方案招标，最初的设计范围仅仅包括爱悦喷泉公园和帕蒂格罗夫公园（Pettigrove Park）两处，哈普林事务所以及刚刚成立不久的SOM事务所等设计单位提交了设计方案。在当时的波特兰开发委员会主席伊拉·凯勒（Ira Keller）的大力支持下，哈普林事务所最终胜出。

6. 实习概要

（1）设计理念及获奖情况

波特兰开放空间序列最为突出的成功之处在于利用混凝土等现代材料将抽象提升后的自然隐喻注入城市中心区，这里的“自然”并非简单的形态模仿，而是从使用者角度出发，创造一种身处自然的感官体验，一种关于自然过程的抽象隐喻。城市广场空间需要通过人们积极参与和使用从而能够介入城市生活。哈普林夫妇酷爱舞蹈，他的设计理念中也隐含着广场空间是城市舞台的理念——爱悦广场的水景不光是用来欣赏的，也可以作为一些演出和表演的场所，水景前设计的小型平台以及周围的台阶成为天然的舞台和看台。

获得奖项：波特兰开放空间序列于2013年3月被列入国家史迹名录。

（2）总体布局

作为波特兰开放空间序列（Portland Open Space Sequence）的一部分，爱悦喷泉广场由不规则台地和喷泉叠水组成，板形混凝土平台的阶梯式梯田让人联想到贫瘠的高山山脉景观——不规则台地是水流切削自然山体、形成自然等高线的抽象表现，叠水的水流轨迹是哈普林反复研究加州席尔拉山（High Sierra）山涧溪流的结果。场所的主题是模拟上游地区，河流冲出高山、流入高山草甸的自然景观。

（3）设计细节

由旧金山建筑师查尔斯·穆尔（Charles Moore）和威廉·特恩布尔（William Turnbull Jr.）设计的木制格子亭为广场提供了庇护空间。广场上休息廊的屋脊是对山脊线意象的人工模仿，植被保留在公园的周边，广场中央四棵白杨中间的石台，则是为了人们体验在树林中仰望蓝天而设。源头广场位于林荫步道的南端，模拟泉水涌出地面的自然景观，而采用砖作为材料，是对泉水中的矿物质在泉眼周边自然凝结的设计隐喻。设计中强调了广场的使用性和参与性，探索用城市广场将城市中心的不同街区联系起来，以创造人车分流的具有人性特点的城市空间。

7. 实习备注

地　址：SW Harrison St & Southwest 3rd Ave, Portland, OR 97214

网　址：https://www.portlandoregon.gov/parks/finder/index.cfm?&propertyid=242&action=viewpark

电话：503-823-7529

运营管理：广场中的喷泉与瀑布由波特兰水务局管理，绿化与部分设施由公园娱乐管理局（Bureau of Park and Recreation）维护和管理，沿线路灯和部分园内灯光由交通运输局管理。

（王沛永　杨峥　编写）

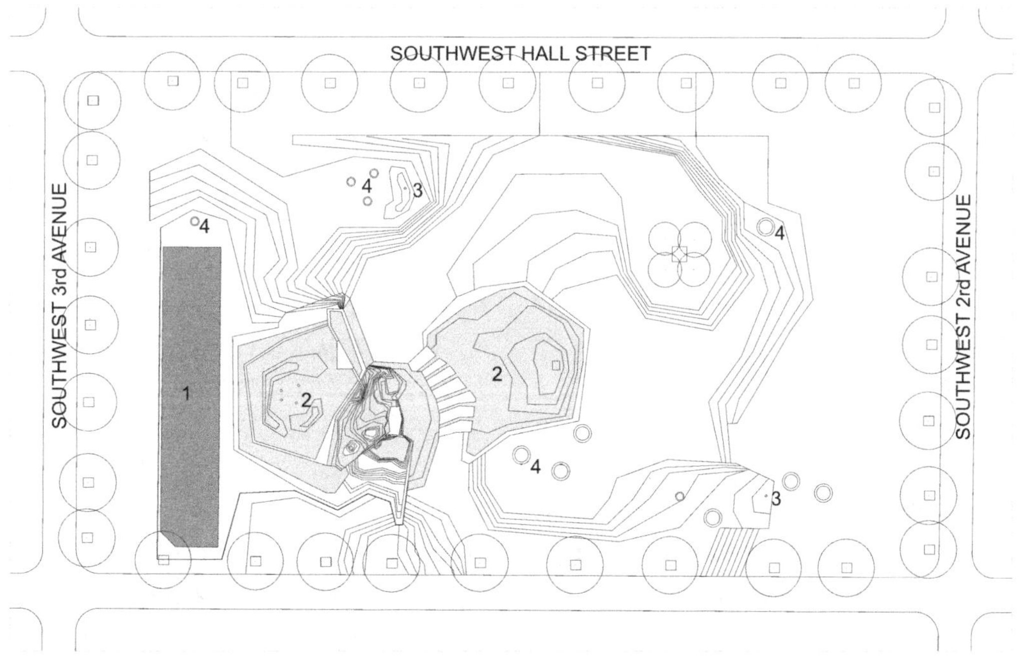

爱悦喷泉公园平面图
（图片来源：摹绘自互联网资料图和实景照片）

1. 凉亭
2. 涌泉跌水
3. 旗杆
4. 花钵

东北西斯基尤绿色街道
NE Siskiyou Green Street

1. 位置规模

东北西斯基尤绿色街道（NE Siskiyou Green Street）位于美国俄勒冈州波特兰市，该项目是波特兰市最好的绿色街道暴雨管理新样式之一，位于东北35号广场十字路口的东侧。

2. 项目类型

雨水花园

3. 设计师 / 团队

凯文·罗伯特·佩里（Kevin Robert Perry）于1996年在加州大学戴维斯分校获得风景园林学士学位，是美国风景园林师协会会员。他是成功将雨水管理与高品质城市设计相结合的全国公认领导者。他多年的工作经验帮助市政当局和政策制定者为美国各地的代理机构制定了设计策略和指南的"工具箱"。凯文负责设计、管理建筑，并为美国境内60多个绿色街道和雨水花园示范项目提供施工后监测，他的创新雨水项目融合了艺术、教育和生态功能的概念。

4. 实习时长

0.2小时

5. 历史沿革

东北西斯基尤绿色街道项目是波特兰的一道独特风景线。这个街道改造项目建于2003年秋季，向社区居民展示了如何设计新的和现有的街道，以提供直接的环境效益，并在美学上融入社区街景。这条安静的80年历史的住宅街道在改造后被赋予了可持续管理其雨水径流的新功能——它用美观的留置雨水的绿地取代了传统居民街道的停车区，是雨水管理新样式之一。

6. 实习概要

（1）设计理念及获奖情况

作为波特兰市致力于推广更自然的城市雨水管理方案的一部分，东北西斯基尤绿色街道项目将住宅街道的停车区的一部分划分为两个用于捕捉街道雨水径流的景观绿地。传统的路缘延伸通常用于保障交通顺畅和行人安全，该项目的路缘延伸的不同之处在于满足传统功能的同时还可以优雅地捕捉、缓慢地清洁和渗透街道雨水径流。

1）该项目获得奖项

2007年美国景观设计师协会总体设计类荣誉奖（ASLA General Design Honor Award，2007）。

2）评委会评语

"这个项目风格简约而让人惬意，它是住宅区雨水管理项目的范例。它在短距离内创造了很好的环境效益，为设计师、政策制定者和居民树立了典型。它带来很多效益，甚至有助于减缓交通堵塞。它跟原有景观看起来也很协调。"

（2）总体布局

方案设计将街道的雨水径流使用景观方法在现场进行管理，并与城市的雨水管道系统相连。雨水径流从这段930m^{2}的东北西斯基尤大道和邻近的车道沿着现有的路缘向下流动，直到进入到宽约2m，长约15m的路缘雨水花园中。长约0.5m的路缘切割出缺口区域，允许径流进入。径流一旦进入就会被一系列小水坝组成的格栅控制在约0.18m的深度。这些小水坝是用混合了土壤和鹅卵石的材料筑成的，用于减缓暴雨时的径流速度。现场景观系统以7cm/h的速度渗透雨水，根据降雨的强度，水将从一个"细胞"逐级汇入下一个"细胞"，直到植物和土壤吸收完径流雨水或达到其储存容量。如果暴风雨足够强烈，水将通过雨水花园末端的另一个路缘切口离开景观区域，流入现有的街道雨水篦子内。

（3）设计细节

植物和土壤是所有景观雨水设施的关键功能元素。这种自然系统方法通过生物滞留过程提高了城市径流的质量，有助于恢复城市化地区失去的水文功能。为此，该项目选择的植物主要是太平洋西北地区的乡土植物，如俄勒冈州葡萄（Oregon Grape），剑蕨（Sword Fern）和沟槽蔺草（Grooved Rush）。还种植了适应性观赏物种，如蓝色燕麦草（Blue Oat Grass），大叶黄杨（Box Leaf Euonymus）和新西兰莎草（New Zealand Sedge），这些植物非常适合所处的设计环境，而且具有较低的维护成本。所有选定的植物都是低维护品种，具有不同的颜色和质地，使得设计区域全年有景可赏。在每个雨水花园内种植的灯芯草（学名：*Juncus patens*）是雨水管理的主力——其直立的生长结构减缓了水流速度并捕获了水体中的污染物，而其深穿透根部则很好地吸收水分。

为了增强周边居民在景观中的参与性，项目现场放置了一个小的解释性标牌，以描述雨水设施的运作方式，以及如何找到有关可持续雨水管理实践的更多信息。

7. 实习备注

地址：NE Siskiyou Street between NE 35th Pl. and NE 36th Ave., Portland, Oregon

网址：https://www.portlandoregon.gov/bes/article/78299

（王沛永　杨峥　编写）

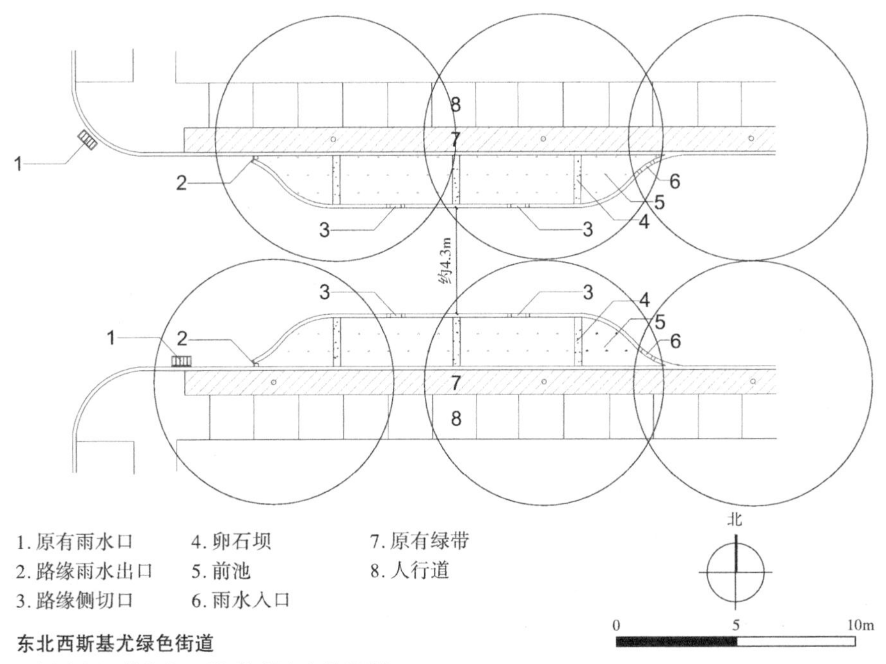

东北西斯基尤绿色街道

（图片来源：摹绘自互联网资料和实景照片）

丹拿温泉公园

Tanner Springs Park

1. 位置规模

丹拿温泉公园（Tanner Springs Park）位于美国俄勒冈州波特兰市市中心的西北部珍珠区。这个占地 0.92 英亩（0.37hm^2）的城市公园于 2010 年完成，是生态设计的典范。

2. 项目类型

城市公园

3. 设计师 / 团队

赫伯特·德赖赛特尔（Herbert Dreiseitl），1955 年生于德国乌尔姆，在那里他就读于乌尔姆华尔道夫学校，之后在英国、挪威和德国接受过艺术家培训并做过学徒训练。作为一位雕塑家、艺术家、景观设计师和跨学科城市规划师，他于 1980 年创立了戴水道（Atelier Dreiseitl）公司（现为：Ramboll Studio Dreiseitl），其目标是在对水的深刻理解的启发下实现宜居城市。赫伯特专长于将艺术、环境规划以及城市中的水处理设施结合，在城市水文学和雨水处理方面处于领先地位。

4. 实习时长

0.5 小时

5. 历史沿革

珍珠区曾经是一片湿地，溪流从波特兰南部的山丘流下来，这些树木繁茂的山坡为溪流提供了天然的过滤器，在通往威拉米特河的途中清洁了水体。随着波特兰在 19 世纪后期人口增长，丹拿溪被改为通过地下管道系统汇入河流。湖泊和周围的湿地被填平，演变为仓库和铁路码头，后来又成为商住用地和公共空间。1998 年，丹拿溪和水景指导委员会提出了新的公园和开放空间的概念性计划，并得到了市议会的批准。最终公园由德国著名设计公司戴水道和屡获殊荣的当地景观设计公司 GreenWorks PC 工作室共同完成设计。委员会审查后，2005 年 4 月将其改名为丹拿温泉公园。

6. 实习概要

（1）设计理念及获奖情况

设计团队在进行丹拿温泉公园设计时，注重对 1850 年之前，这片天然湿地区域的生态和栖息地进行修复。同时，在设计前期注重与周边居民沟通，满足了人们对安静自然的环境的期望。

获得奖项：

1）2006 年美国景观设计师协会俄勒冈州景观设计优胜奖

2）2011 年城市土地学会开放空间设计奖入围

（2）总体布局

被人们称为“美丽的小绿洲”的丹拿温泉公园场地自西向东倾斜，东部低于街道标高约 1.5m。在低处有个池塘，其上有浮桥步道穿过，南北侧面设有台阶允许游客进入。从公园街区收集的雨水都在场地内进行清洁和回收，雨水汇入由喷泉和自然净化系统组成的天然水景。水从池塘中再泵回到斜坡上，清洁的水在草原中作为“泉水”出现并产生新的溪流从上方流淌下来，沿着砾石路穿过原生草地，引发人们对曾经的湿地景观的联想。公园的东侧有艺术墙和木板路，连接着它和两个街区外的杰米森广场（Jamison Square）。

（3）设计细节

1）艺术墙

由铁路轨道组成的艺术墙沿着公园的东部边缘延伸，它由 368 条不同长度的铁轨组成，以不同角度倾斜犹如波浪起伏，唤起人们对于历史铁路的记忆。在铁轨缝隙之间安装有99块玻璃面板，镶嵌着由建筑师赫伯特·德赖赛特尔直接手工绘制在热熔玻璃上的两栖动物和昆虫的图像。

2）浮桥

为了营造自然绿洲的效果，丹拿温泉公园建造的木板路最终采用一种特殊的格栅材料——保证行人使用安全同时，能够提供25%的空隙，让光线直接照射到码头下面的自然栖息地，以尽量减少对生态的影响，并且几乎不需要维护。

7. 实习备注

地 址：1120 SW Fifth Ave., Portland, OR 97204

网址：https://www.portlandoregon.gov/parks/finder/index.cfm?action=ViewPark&PropertyID=1273&subareas=6

电话：503-823-7529

开放时间：5:00 至午夜

（王沛永　杨峥　编写）

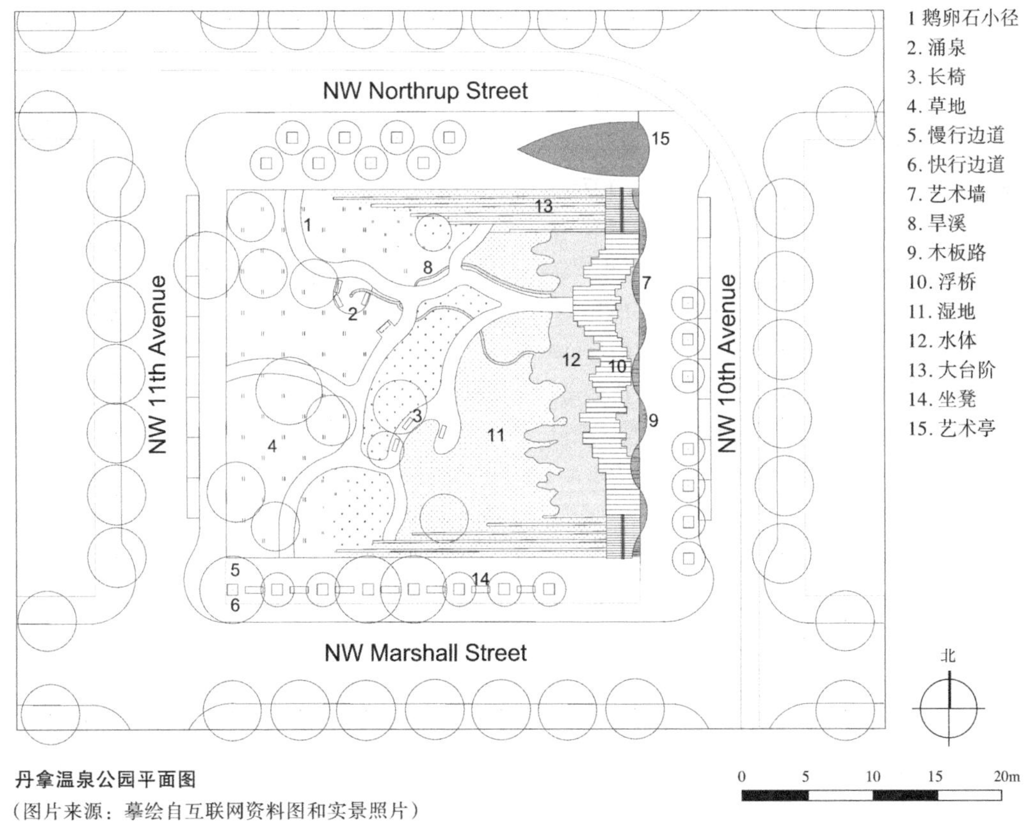

丹拿温泉公园平面图

（图片来源：摹绘自互联网资料图和实景照片）

杰米森广场
Jamison Square

1. 位置规模

杰米森广场（Jamison Square）位于美国俄勒冈州波特兰市市中心的西北部珍珠区。这个占地 0.94 英亩（0.38hm²）的城市公园于 2000 年完成，被俄勒冈人称为“波特兰最大的孩子磁铁”。

2. 项目类型

城市公园

3. 设计师 / 团队

彼得·沃克（Peter Wacker），1932 年生，当代国际知名景观设计师，“极简主义”设计代表人物，美国景观设计师协会（ASLA）理事，美国注册景观设计师协会（CLARB）认证景观设计师，美国城市设计学院成员，美国设计师学院荣誉奖获得者，美国景观设计师协会城市设计与规划奖获得者。他有着丰富的从业和教学经验，一直活跃在景观设计教育领域，1978—1981 年曾担任哈佛大学设计研究生院景观设计系主任。1983 年于加利福尼亚州伯克利市成立了彼得·沃克合伙人景观设计事务所（PWP）标志着其设计风格趋于成熟。人们在他的设计中可以看到简洁现代的形式、浓重的古典元素，神秘的氛围和原始的气息，他将艺术与景观设计完美地结合起来并赋予项目以全新的含义。

4. 实习时长

0.5 小时

5. 历史沿革

杰米森广场的设计源于一个竞赛，PWP 公司的方案包括了一系列的场地设计，这个小广场是其中一块。公园耗资 360 万美元，是在市长维拉·卡茨（Vera Katz）的 12 年任期内设计和建造的。该公园为了纪念已故的威廉·杰米森（William Jamison，1945–1995），以他的名字命名。威廉·杰米森是杰米森－托马斯画廊的联合创始人，是珍珠区的支持者，他的出现对珍珠区的发展至关重要。

6. 设计概要

（1）设计理念及获奖情况

正如沃克解释的那样：“贯穿我所有工作的主线是让公共空间令人难忘，让它成为城市的核心……你必须让人们意识到这个空间，以便它留在他们的记忆中，它对社区很重要。仅仅拥有开放空间是不够的。它必须具有个性和独特性。”作为周围密集的城市环境里的一处的绿洲，杰米森广场已不仅是一个社区公园，而更是一个活跃的区域。

该项目获得奖项：

1）2002 年美国景观设计师协会俄勒冈州景观设计优胜奖；

2）2004 年美国景观设计师协会北加州分会荣誉奖。

（2）总体布局

杰米森广场拥有复杂的阶梯式石墙。公园设计包括 3 个主要元素：喷泉，木板路和户外画廊。方形的场地被摞起来的石块形成的阶梯状石墙分开，西侧是硬质铺装广场，其中一侧是半圆形的旱喷区域，另一侧是半圆形的林荫草地；东侧是整齐排列的树阵，给场地提供了阴凉，其中的有一个以“水”为主题的由亚历山大·利伯曼（Alexander Liberman）设计的名为 Contact II 的橙色钢制雕塑。水景的引入最终将公园变成了“城市海滩”，将其用作浅水池，间歇性的自然环境使其成为“人造潮汐池”，也被称为“社区池塘”，吸引了周边居民，尤其是孩子们的活动。场地东侧的木板路作为连接3个公园的行人和自行车道，将其与两个街区外的丹拿温泉公园连接起来，最终延伸到威拉米特河。

（3）设计细节

1）石墙喷泉

石墙喷泉半圆的边界由线性的排水篦子构成。喷泉隐喻地表达了“含水层”的概念——水流从由上往下数第3层石块上部的缝隙中倾泻而出，填满了缓缓倾斜的半圆形的浅盘状下凹地面，直到水深约0.3m时，水流入中部的条状进水口中被回收利用，地面恢复干燥状态，通过节能泵连续地将循环处理过的水再次从石墙缝隙中倾泻出来。

当喷泉开启时，它是所有年龄段人们的游戏和娱乐的对象，而当喷泉关闭时，这个空间作为城市展厅存在，喷泉的阶梯式石墙可以作为小型或大型人群的座椅，或者作为舞台使用。

2）现代图腾柱

广场包括4个30英尺（约9m）的现代图腾柱，由艺术家肯尼·沙夫（Kenny Scharf）和佩奇·鲍威尔（Paige Powell）于2001年创建，名为Tikitotmoniki Totems。雕塑覆盖着有轨电车的悬索杆，图腾柱也是功能性的，从公园的两侧经过的波特兰有轨电车供电的架空电车线的钢制支撑杆隐藏在了图腾柱内。

7. 实习备注

地址：810 NW 11th Ave, Portland, OR 97209

网址：https://www.portlandoregon.gov/parks/finder/index.cfm?&action=ViewPark&propertyid=1140

电话：(503)823-7529

运营管理：波特兰公园娱乐管理部门（Portland Parks & Recreation）

开放时间：5:00至午夜

（王沛永　杨峥　编写）

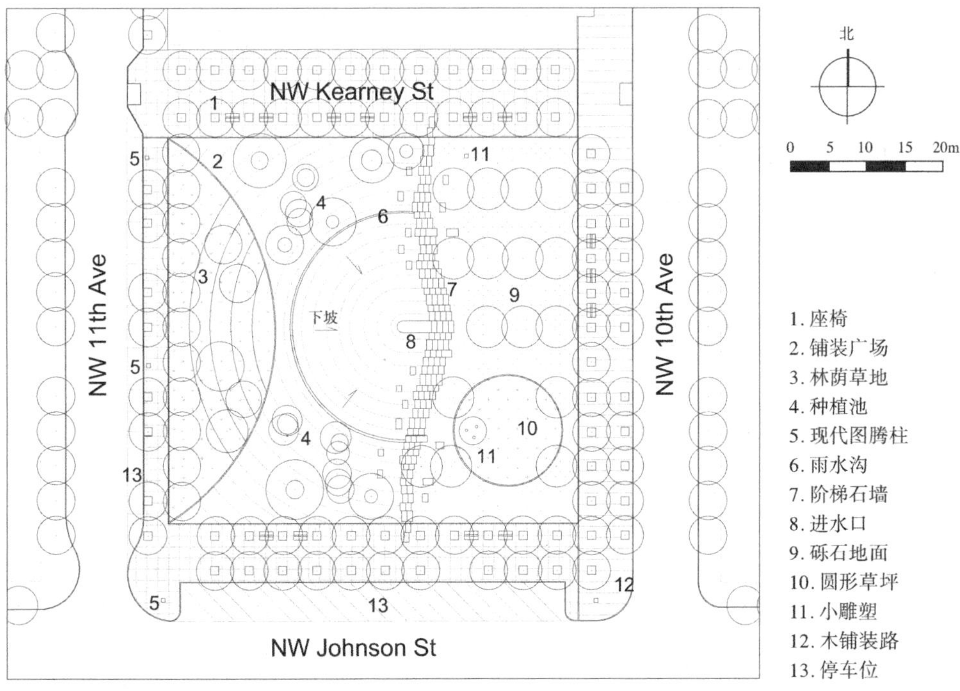

杰米森广场平面图

（图片来源：摹绘自互联网资料图和实景照片）

塔博尔山公园
Mount Tabor Park

1. 位置规模

塔博尔山公园（Mount Tabor Park）位于美国俄勒冈州波特兰市。

2. 项目类型

城市公园

3. 设计师 / 团队

约翰·查尔斯·奥姆斯特德（John Charles Olmsted，1852–1920）：景观设计师、规划师，美国风景园林师之父弗雷德里克·劳·奥姆斯特德（Fredrick Law Olmsted）的继子，奥姆斯特德兄弟公司的大老板。是美国风景园林师协会（ASLA）的创始人之一。他具有革新精神而又务实，热衷于风景园林艺术的发展，热衷于教育社区公众和客户认识到精心的综合规划所能带来的长期效益。他强调规划要着眼于未来，要尽可能多地获得土地，从而实现一种具有内聚性的设计，既保护了风景又满足了功能上的需求。小奥姆斯特德（Fredrick Law Olmsted JR.，1870—1957）是奥姆斯特德兄弟公司的全职合伙人，曾经协助创办了哈佛大学风景园林学科，参与设计了美国首都华盛顿特区许多标志性公共空间的，如白宫的场地、联邦三角地带、罗斯福岛、洛克河公园道以及联邦大教堂的庭院等。他就美国州立公园和国家公园以及自然保护区的保护与管理撰写了大量文章，一直是美国风景园林学和总体规划行业的杰出从业者和代言人，关注审美和实用性的平衡，效用与艺术的协调以自然与人造景观的并存。

4. 实习时长

2 小时

5. 历史沿革

波特兰东南部占地 79.3hm^2 的塔博尔山公园坐落在一个已经灭绝的火山山丘上。塔博尔山公园的历史可以追溯到 1894 年，当时该市在此建造了两个露天水库（另外两个露天水库建于 1911 年）。在 20 世纪之交后，波特兰不断增长的东部人口需要公园空间，在 1903 年景观设计师约翰·C·奥姆斯特德建议该城市在塔博尔山获得更多的土地。1909 年，公园委员会使用选民批准的债券以 366000 美元的价格在塔博尔山上购买大约 40 个地块。

波特兰公园总监伊曼纽尔·蒂尔曼·米什（Emanuel Tillman Mische）与奥姆斯特德兄弟（Olmsted Brothers）在马萨诸塞州的景观设计公司合作，为该公园开发了一种自然主义设计。该计划包括长阶梯，轻柔弯曲的公园大道，众多步行道和一个托儿所，公园中还展示了丰富的本土植物。1912 年，建筑工人在此发现了火山灰，后来用于铺设公园的道路。从那以后，公园部门增加了篮球和网球场，野餐区，游乐场，圆形剧场，并且在 20 世纪 50 年代，还建设了一个用于年度比赛的肥皂盒德赛车比赛。

6. 实习概要

塔博尔山是波特兰东部城区居民区开发建设中保留下来的一块自然开放空间和娱乐休闲地。山体是一座休眠火山，高约 160m，山下有三座蓄水水库。公园可以从周围居住区多个入口进入，盘旋而上的车行道直达山顶，许多步行道路和台阶从林中穿行，也可到达山顶平台。从这里可以看到东部俄勒冈州最高峰胡德山（Mt. Hood）的美丽景色，并可俯瞰波特兰市中心。沿途欣赏如游乐场，野餐区，雕像和一个小水库。在公园的山顶有早期俄勒冈人报纸的主编哈维·斯科特（Harvey W. Scott）的铜像，由雕刻家格曾·博格勒姆（Gutzon Borglum）来完成，他的著名作品是拉什莫尔山（Mount Rushmore）4 位美国总统纪念雕塑。

7. 实习备注

地址：SE 60th and Belmont St.，Portland, OR 97215

网址：https://www.portlandoregon.gov/parks/finder/index.cfm?action=ViewPark&PropertyID=275

电话：503-823-2525

开放时间：5:00–22:00

（王沛永　杨峥　编写）

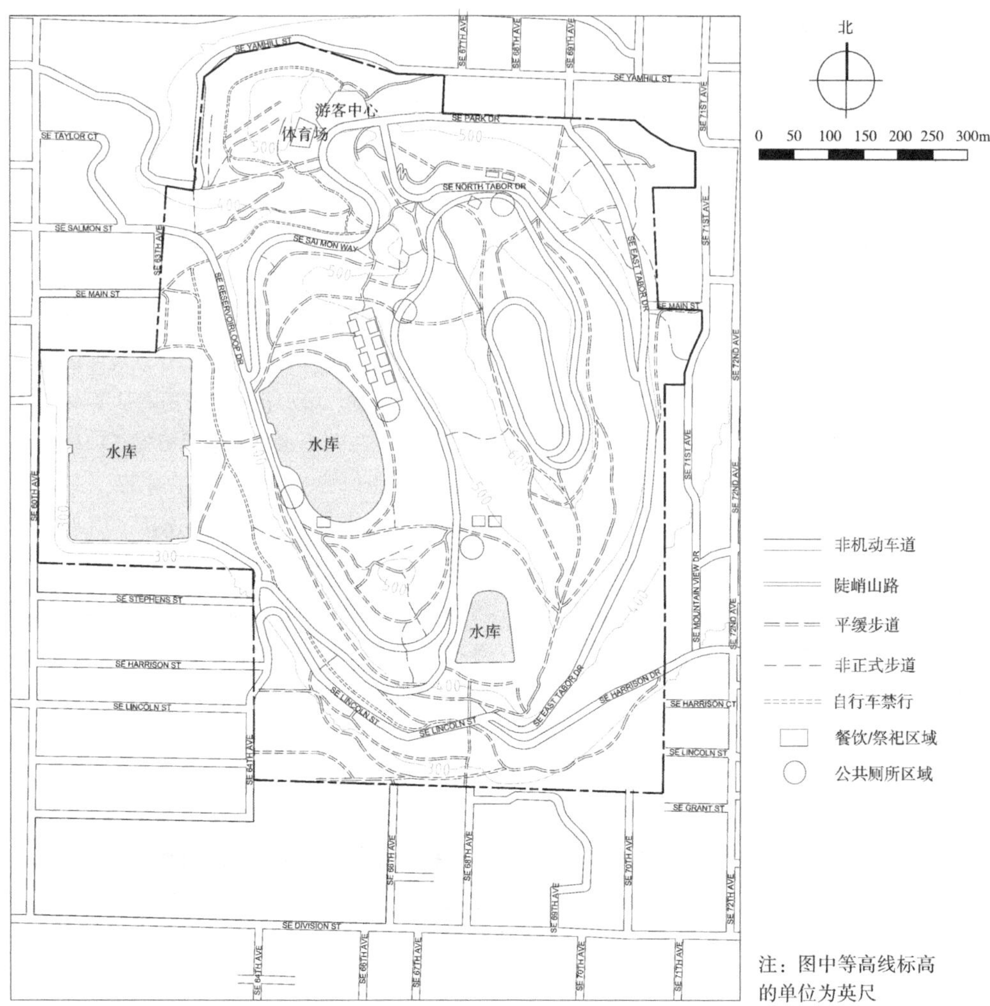

塔博尔山公园

塔博尔山中学雨水花园

Mount Tarbor Middle School Rain Garden

1. 位置规模

塔博尔山中学雨水花园（Mount Tarbor Middle School Rain Garden）位于美国俄勒冈州波特兰市塔博尔山中学内部。该项目是波特兰市最成功的可持续的雨水管理项目之一。

2. 项目类型

雨水花园

3. 设计师 / 团队

凯文·罗伯特·佩里（Kevin Robert Perry）于1996年在加州大学戴维斯分校获得风景园林学士学位，是美国风景园林师协会会员。他是成功将雨水管理与高品质城市设计相结合的全国公认领导者。他多年的工作经验帮助市政当局和政策制定者为美国各地的代理机构制定了设计策略和指南的“工具箱”，他的创新雨水项目融合了艺术、教育和生态功能的概念。

4. 实习时长

0.2小时

5. 历史沿革

塔博尔山中学雨水花园改建自一个停车天井，环绕塔博尔山中学的排水系统管道已有80多年历史，由于无法有效应对东北太平洋典型的降雨量，导致在这一地区常常发生地下室进水的现象。在雨水花园建成之前，停车场占据着南向的天井的大部，在邻近教室窗户的地方形成一个炎热、令人反感的环境。

6. 实习概要

（1）设计理念及获奖情况

作为波特兰市致力于推广更自然的城市雨水管理方案的一部分，塔博尔山中学雨水花园将“灰色空间”转变为一个“绿色空间”，同时也有助于解决当地邻里的下水道基础设施问题。

该项目获得2007年美国风景园林师协会通用设计类荣誉奖（ASLA General Design Honor Award）。

（2）总体布局

塔博尔山中学雨园项目将先前占地370m^{2}的未充分利用的沥青停车场与学校的庭院入口相连，形成了一个创新的雨水花园，旨在捕捉、减缓、清理并渗透来自周边的雨水径流。项目设计将学校雨水径流的一部分从邻近的雨水处理系统中断开，并使用景观方法在现场进行管理。大约2800m^{2}学校的沥青操场、停车场和屋顶产生的不透水区径流被优雅地捕获并通过一系列沟渠和漏斗传送到雨水花园。雨水花园中的水被砾石和植物降低了流速，这样能使它完全不进入排水系统或低速进入，径流将在雨水花园内上升，直至达到20cm的设计深度。一旦超过设计容量，水离开景观系统并进入下水道系统。雨水花园的渗透率从5–10cm/h不等，这意味着雨水花园中保留的任何径流都会在几个小时内完全消失。在东面，一条约0.5m宽的砾石通道在视觉上连接了雨水花园的两端，这个通道使游客们可以观赏水流经由落水管和排水沟渠倾泻而入雨水花园的景观。该项目的成功表现以及学校计划的其他雨水改善可以有效地为附近的下水道基础设施更换节省成本，并能为学校里邻近的教室降温，为对学生、员工及整个社区的环境教育提供样板。

（3）设计细节

植物和土壤是所有景观雨水设施的关键功能元素。这种自然系统方法通过生物滞留过程提高了城市径流的质量，有助于恢复区域内失去的水文功能。为此，雨水花园项目选择的植物主要是太平洋西北地区的乡土植物，如金带莎草（Gold Band Seage）、新西兰橙色莎草（New Zealand Orange Sedge）、肉桂莎草（Cinnamon Sedge）等，这些植物非常适合所处的设计环境，而且具有较低的维护成本。所有选定的植物具有不同的颜色和质地，使得设计区域兼具功能与景观。

7. 实习备注

地址：5800 SE Ash St., Portland, Oregon

（王沛永　杨峥　编写）

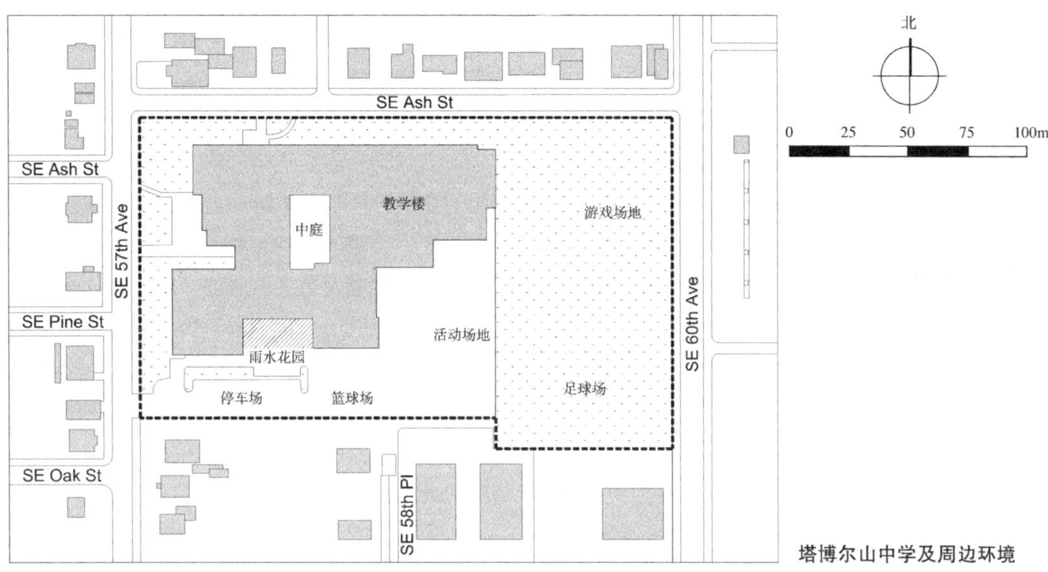

塔博尔山中学及周边环境

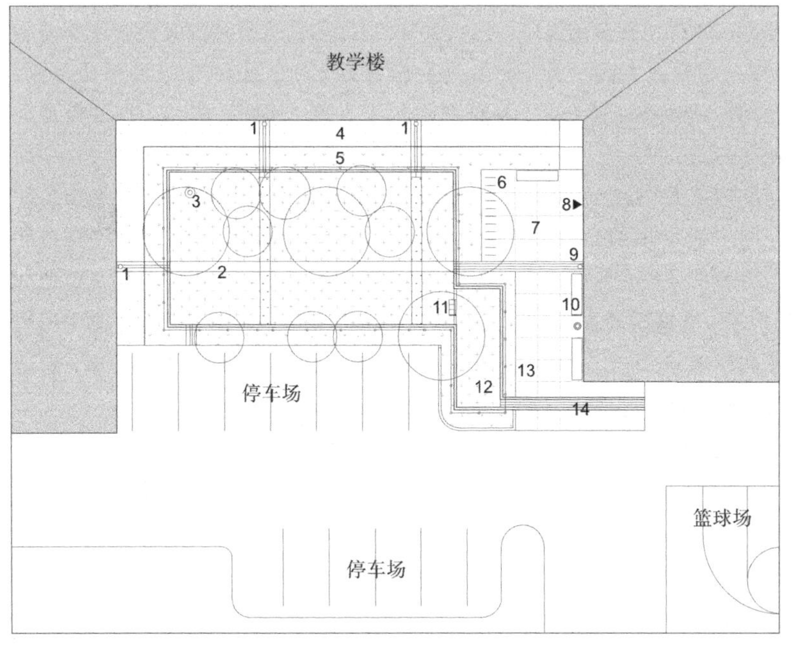

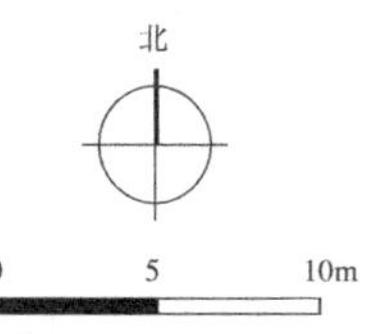

1. 屋顶落水管
2. 砾石通道
3. 溢流装置
4. 周边通道
5. 周边绿地
6. 自行车停车场
7. 建筑入口广场
8. 建筑入口
9. 屋顶落水管及雨水沟
10. 座椅
11. 前池堰（深约 0.15m）
12. 雨水花园前池
13. 周边围栏
14. 雨水沟

塔博尔山中学雨水花园

（图片来源：摹绘自互联网资料图及Google 地图）

火口湖国家公园
Crater Lake National Park

1. 位置规模

火口湖国家公园（Crater Lake National Park）位于俄勒冈州，占地面积约为 741.5km^2。

2. 项目类型

国家公园

3. 设计师 / 团队

美国国家公园局丹佛设计中心（Denver National Park Design Center）

4. 实习时长

1 天

5. 历史沿革

约 7700 年前，马扎马火山（Mount Mazama）喷发崩塌，熔岩冷却后封住了熔岩通道底部，形成一个巨大的碗状火山口。降雨及融化的雪水经年累月地注入，最终形成火口湖。

火口湖附近的 Klamath 印第安人目睹了马扎马火山的喷发，并将这一事件以部落传说的形式记录下来。1853 年，三个白人淘金者首次发现火口湖。记者威廉 · 格拉德斯通 · 斯蒂尔（William Gladstone Steel）到访火口湖后，开始倾力推动火口湖国家公园的建立，许多标志性景观至今沿用了他当年的命名。1886 年，斯蒂尔联合地质学家克拉伦斯 · 达顿（Clarence Dutton）组织了一支地质调查队，首次对火口湖地区进行了科学考察。

1902 年火口湖国家公园建立，它是美国第 5 个国家公园，也是俄勒冈州唯一的国家公园。1915 年建起了第一座旅馆，随后环湖车道（Rim Drive）于 1918 年竣工。为了促进旅游业的发展，后来又修建了高速公路。

6. 实习概要

（1）景观资源

火口湖是美国境内最为深邃的湖泊，平均水深 350m，2000 年通过声呐技术探定最深处为 594m。由于没有河水注入，它成为世界上最清澈的湖泊之一。一尘不染的靛蓝色湖水被卡斯卡特山脉（Cascade Mountains）的尖峰峻岭环抱着，如同仙境。

火口湖坐落在一座休眠火山之上，这座火山后来又再次喷发，新的火山锥出现在湖中心的位置，就是现在的巫师岛（Wizard Island）。公园内留存有大量火山遗迹，包括另一座名叫“幻影船”（Phantom Ship）的岩石岛，以及东南部的浮石漠、火山灰塔林。2722m 的最高峰斯科特山（Mount Scott）是一座陡峭的安山岩火山锥，其西北侧完好保留了火山喷发后残留的典型火山斗。

火口湖只占据公园不到 10% 的面积，周围的山峦覆盖着广袤的原始森林。

（2）游赏体验

2010-2018 年，火口湖国家公园年均游客量约为 57.6 万人次；2016 年以来增长迅速，均超过 70 万人次。淡旺季明显，7、8 月最为忙碌。

公园提供的游赏活动包括观光、摄影、徒步、骑行、露营、野餐等，火口湖部分岸段和湖中的巫师岛允许钓鱼和游泳。解说员带领的前往巫师岛的游船之旅非常受欢迎，湖中船只均由直升机运入。冬天提供滑雪、雪橇、雪地摩托、雪鞋健行等活动。

游客中心和多个景点提供丰富的游客教育项目，也可以参加观光车环湖解说之旅。

（3）公园设施

1）交通设施：全长 53km、环火口湖的“O”字形环湖公路是最受欢迎的观光公路。

环湖有30多处观景台，可以让游客饱览火口湖及四周的火山地质美景。

2）住宿设施：公园内建有2座旅馆包括1915年建成的火口湖旅馆（Crater Lake Lodge），可提供111个酒间房间或小木屋。火口湖地区的年降雪量可达13.5m且积雪时间长达8个月，因此旅馆设计必须能够承受超级雪量。此外，公园设有2个露营地（Mazama营地，Lost Creek营地），共提供230个营位。

3）游赏设施：公园内共有约145km的自然步道，部分路径可供残障人士使用，环湖的步道、可下到火口湖岸边的克莱伍德湾（Cleetwood Cove）步道、登高俯瞰火口湖全景的斯科特山步道等都属于最受欢迎的步道。

4）解说设施：除了全面、丰富的解说牌示系统，火口湖国家公园拥有2个游客中心（Steel游客中心，Rim游客中心），此外，火口湖旅馆大厅有关于历史建筑和火口湖公园旅游发展的展示。

（4）生态环境

火口湖周围的山地覆盖着728km^{2}原始森林、草地、湿地和浮石漠，以原始森林的面积最为广阔。公园里生长着700多种植物，针叶树为最主要的树种，这里有15种针叶树，包括黄松、白皮松、白衫、糖松等。森林里栖息着多种野生动物，如黑熊、山狮、麋鹿、斑点猫头鹰等。由于不与河溪连通，火口湖最初没有鱼，1888–1941年间，6种外来鱼类被引入，如今生存下来的只有虹鳟鱼和kokanee三文鱼。

公园95%的面积规划为荒野区，禁止任何开发利用。

7. 实习备注

（1）火口湖国家公园全年开放，但部分公路、步道和设施会由于下雪而季节性关闭。公园北门路和环湖路从11月1日起关闭（如果有大雪的话会更早关闭）。公园北门和环湖路西段通常在5月中旬 – 6月下旬间的某个时间开放，环湖路东段通常在6月中旬 – 7月下旬间的某个时间开放。

（2）到火口湖岸边只有一条较为陡峭的步道。

（3）行为规范：徒步时不离开步道；禁止投喂野生动物；与野生动物保持足够的距离。

（4）公园禁止放飞无人机。

8. 图纸

图纸请参见链接：https://www.nps.gov/olym/index.htm

（张茵　编写）

奥林匹克国家公园
Olympic National Park

1. 位置规模

奥林匹克国家公园（Olympic National Park）位于华盛顿州（Washington）西北部的奥林匹克半岛上，总面积为 3628.54km^2。

2. 项目类型

国家公园

3. 设计师 / 团队

美国国家公园局丹佛设计中心（Denver National Park Design Center）

4. 实习时长

2 天

5. 历史沿革

数千年来，美国的印第安土著一直居住在奥林匹克半岛。1774–1800 年间，众多英国、美国和西班牙探险者到访，对海岸进行了勘测。直到 1885 年，由约瑟夫·尼尔（Lt. Joseph P. O'Neil）所领导的探险队才首次深入半岛内部。1897 年这里被宣布为国家森林；1909 年成为国家自然保护区；1938 年奥林匹克国家公园成立，1946 年正式开放；1976 年列入国际生物保护圈；1981 年被列入《世界遗产目录》；1988 年公园将近 95% 的面积被列为荒野区，禁止任何形式的开发。

6. 实习概要

（1）景观资源

位于奥林匹克半岛上的奥林匹克国家公园三面环海。沿着濒临太平洋的 97km 长的海岸线，发育有海蚀穴、海蚀崖和海蚀拱桥等丰富的海岸景观。公园中部是巍峨耸立的奥林匹克山脉，山巅覆盖着约 60 条活动冰川。其中最高的奥林匹克山海拔达 2428m，暴风山脊（Hurricane Ridge）是眺望群山的最佳地点。山脉西坡雨量充沛，低处覆盖着世界罕见的温带雨林［如著名的霍雨林（Hoh Rainforest）、奎诺尔特湖雨林（Quinault Rainforest）］，具有不同于热带雨林的物种和繁茂丰盛的雨林景观。山脉东坡降雨明显减少，林木比较稀疏。公园内有长达 4828km 的河道和溪流。

海岸、山脉、雨林三种截然不同的生态环境的组合，使得公园具有极其丰富的景观多样性，成为美国众多国家公园中景色变化最为奇妙的一座。

此外，有该公园有超过 650 处考古遗址（最著名的为奥泽特 Ozette 遗址），4 处认证文化景观，以及 130 处历史建筑。

（2）游赏体验

2010–2018 年，奥林匹克国家公园年均游客量高达 313 万人次。最受欢迎的活动包括雨林和海岸徒步、海洋动物观赏、露营、野餐、皮划艇、划船、钓鱼（须获得许可）等。暴风山脊建有冬季运动俱乐部，提供滑雪等冬季运动项目。

公园淡旺季明显，6 月 – 8 月最为忙碌，其中 8 月单月游客可超过 80 万人次。

游客中心提供丰富的游客教育项目，夏季多个地点提供营火解说活动。

（3）公园设施

1）交通设施：为了维护其自然资源和原始之美，公路的设计并未直插公园核心地区，而是从周围渐进绕进。公路总长 238km。

2）住宿设施：公园内建有 4 家酒店和旅馆，包括建于 1915 年的历史建筑新月湖宾馆（Lake Crescent Lodge）。此外，公园设有 14 个露营地，提供约 820 个营位，其中 6 处为仅提供极简设施的原始营地。

3）游赏设施：公园内共有约983km的自然步道，可以尽情体验海岸、雨林、山岳之美。对于较为敏感的区域，公园管理局通过注册预约的方式来控制路径的游客使用强度（如Ozette Loop）。姚瓦河和霍河上可以划皮划艇，新月湖（Crescent Lake）、欧泽提湖（Ozette Lake）、奎诺尔特湖（Quinault Lake）建有游憩码头，可以划人力船。

4）解说设施：公园拥有3个游客中心（奥林匹克国家公园游客中心、暴风山脊游客中心、霍雨林游客中心）和8处游客服务站，并设有175处户外解说点。

（4）生态环境

奥林匹克半岛是美国除了阿拉斯加以外最大的原始区域。该区域由于冰川被隔绝了亿万年，逐渐发展了自己独特的生物区系，该区有8种植物、16种动物均为区域特有。

从太平洋上吹来的温暖湿润的西南风，遇到奥林匹克山脉的阻挡后在西坡洒下丰沛的雨水，年均降水量可达3800mm，造就了西坡山麓独特的温带雨林。该雨林以喜湿的杉、槭两科树种（如加利福尼亚铁杉、美国西川云杉和西部侧柏等）为主，植被垂直层次明显，苔藓、蕨类和地衣植物遍布地表和树身。这里的霍雨林是美国大陆上最潮湿的地方。据估计，公园里约有1480km^{2}的原始森林。

海岸边栖息着众多野生动物，海滩上常见海豹、黑熊和浣熊的踪迹，此外还栖息着5000多头罗斯福麋鹿。公园内有300种鸟类（包括游隼、本南特貂和斑纹猫头鹰、斑海雀等濒危物种）、37种本地鱼类；有56种哺乳动物，包括24种海洋哺乳动物。

公园生态环境敏感脆弱，因此设施建设充分遵循生态优先原则，尽量降低对生态系统的人为干扰。2011年，姚瓦河（Elwar River）上的大坝被拆除。

7. 实习备注

（1）行程安排：

D1：西雅图—安杰利斯码头—奥林匹克国家公园游客中心—暴风山脊—新月湖；

D2：霍温带雨林—里阿尔托沙滩（Rialto Beach）—拉普什（La Push，印第安人保留区村庄）—Kalaloch—奎诺尔特雨林。

（2）奥林匹克国家公园全年开放，但7–9月是到访公园的理想时节，因为会有比较长的干爽期，其他季节多雨。

（3）由于公园面积广大，需要在公园内过夜，可以选择露营。露营地需通过公园官网提前预约。

（4）如实习包含海岸线路徒步，须先在游客中心了解潮汐的具体时间，以免遭遇危险。

（5）行为规范：徒步时不离开步道；禁止投喂野生动物；与野生动物保持足够的距离。

8. 图纸

图纸请参见链接：https://www.nps.gov/olym/index.htm

（张茵　编写）

阿姆根·海利克斯项目

Amgen Helix Project

1. 位置规模

阿姆根·海利克斯项目（Amgen Helix Project）位于美国华盛顿州西北部城市—西雅图，项目地点位于西雅图城市北部，坐标为北纬47.62°，西经122.37°。项目基址西部和南部临埃利奥特湾，隔铁路线与埃利奥特西大街临近，与阿拉斯加西路相接。项目用地呈三角形，总占地面积约16.19hm²，拥有6.97hm²的实验室和办公空间。

2. 项目类型

研究和技术中心

3. 设计师／团队

Affiliated Engineers公司、弗拉德公司（Flad & Associates）、约翰逊（Johnson）建筑和规划许可公司、克特尔（Koetter）、基姆公司（Kim & Associates）、KPFF咨询工程师、穆拉斯公司（Murase Associates）、NBBJ和索尔多尼·斯孔斯卡（Sordoni Skanska）建筑公司。

4. 实习时长

3–5小时

5. 历史沿革

阿姆根·海利克斯项目是由安进公司（Amgen）在西雅图建造的主要研发设施。该项目最初在20世纪90年代初被提出，到1997年最终审批下来。1998年安进公司购买了位于西雅图普吉特海湾埃利奥特湾的原为88号航站楼的土地，2001年1月海利克斯项目正式动工，该中心的建设于2004年完成。2004年由约翰逊建筑规划公司（Johnson Architecture & Planning）和KPFF工程公司联合设计完成的一座约128m长象征双螺旋结构的人行天桥，获国家结构工程师协会桥梁与交通类“杰出项目奖”。

6. 实习概要

充满科技感和人性化的园区，创造出一个美丽、健康、鼓舞人心的工作场所，以景观生态学和行为心理学理论为指导：首先，在建筑设计中，明确的建筑空间格局，色彩的明暗处理，创造出一个具有清晰、开放、光线充足的，动态和反应迅速的空间环境，建筑外观设计采用了7种颜色的砖块，引导方向进入室内空间，并结合了穿孔窗和幕墙，实现与周围环境的巧妙结合，建筑室内提供了丰富舒适的自然光线，提高了人的工作环境质量；其次，独特的建筑空间布局，轻松、开放、灵活性的实验空间结合各种固定、可移动的和混合的实验室，促进科研工作者的互动和交流的同时，提供方便的邻接和集成的、多用途的“支持”有效地激发了交流和互动的产生，体现出空间设计为人类活动高效率工作提供的帮助；第三，充分考虑城市空间的延续性设计，疏通了场地与周边城市的交通连接，保护公园绿地和滨水区域的公共性和开放性，即满足安进员工交通的便利，也保护了居民和渔民进入公园和海滨的权利；第四，建筑与室外环境的结合，实验室建筑之间的庭院一直延伸到公共空间，提供亲密的庇护区域，同时结合建筑物的内部景观，每一个庭院都有一个独特的特点。

7. 实习备注

开放时间：全天

地址：One Amgen Center Drive Thousand Oaks, CA 91320-1799

电话：+1 805-447-1000（tel）

网址：www.amgen.com

（郭屹岩　编写）

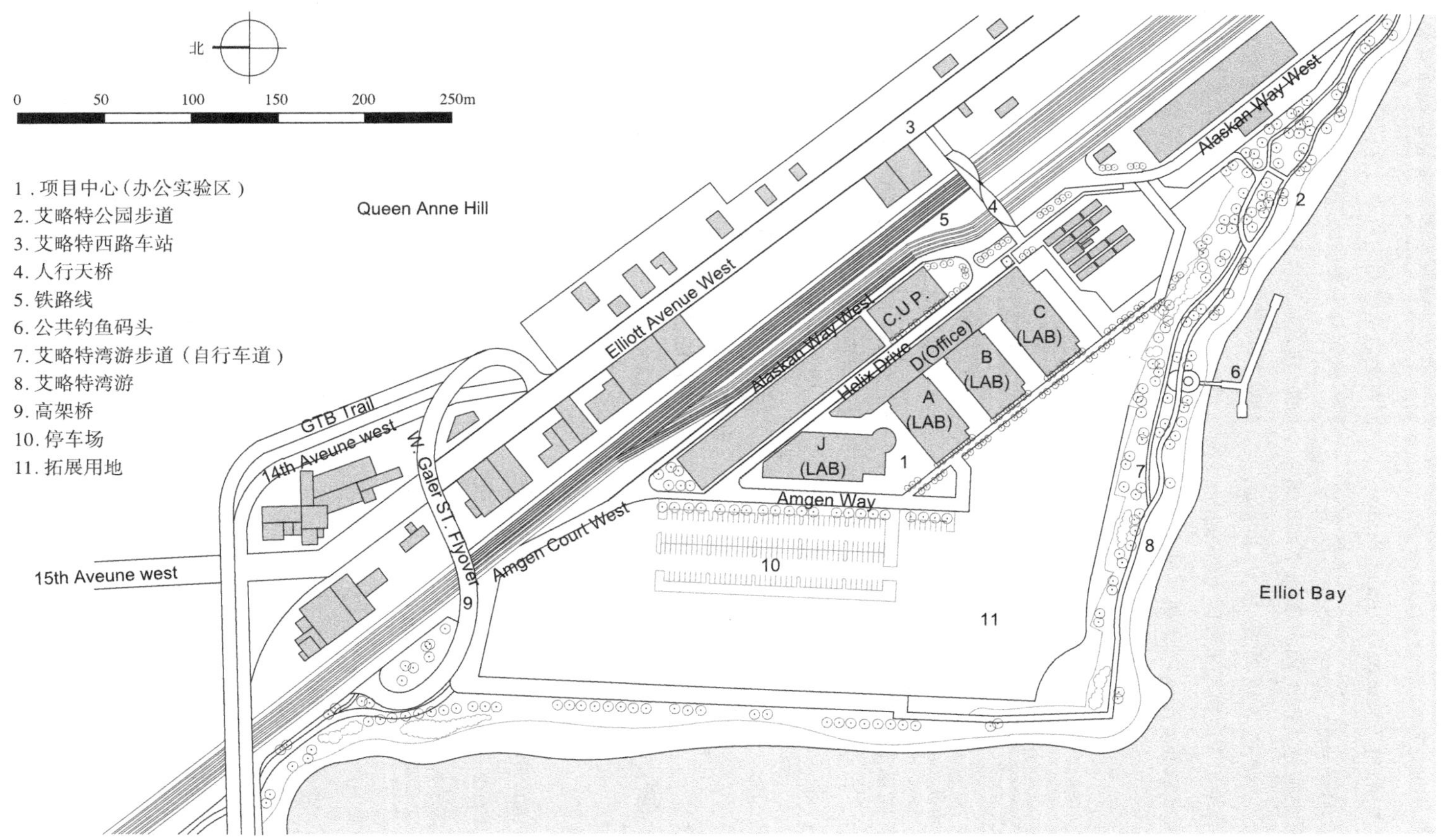

阿姆根·海利克斯项目规划图
（图片来源：根据 Google 地图描绘）

温哥华大陆桥

Vancouver Land Bridge

1. 位置规模

温哥华大陆桥（Vancouver Land Bridge）横跨美国华盛顿州的14号公路，紧邻温哥华堡国家历史遗迹（Fort Vancouver National Historic Site）、克利基塔特游径（Klickitat Trail）以及哥伦比亚河国家风景区（Columbia Gorge National Scenic Area），天桥仅供人行和自行车使用。

2. 项目类型

城市基础设施，覆土人行天桥

3. 设计师 / 团队

温哥华大陆桥由Jones & Jones建筑景观事务所（Jones & Jones Architecture and Landscape Architecture, Ltd）和当地艺术家合作设计建造。

4. 实习时长

建议实习时长约1–2小时

5. 历史沿革

1804—1806年的“刘易斯与克拉克远征（Lewis and Clark Expedition）”是美国首次横越大陆西抵太平洋沿岸的往返考察活动，这次活动拓展了美洲的西部地区，同时也打开了皮草商贸等行业的商机。在此背景下，当时最大贸易公司之一的哈德逊海湾公司便于1825年在哥伦比亚河边建立了温哥华贸易站，现存位于温哥华大陆桥旁的温哥华堡就是当时贸易战前哨基地的历史遗迹。

随着现代城市的迅速发展，华盛顿州14号公路的建设阻断了具有历史纪念意义的温哥华堡和毗邻的哥伦比亚河。温哥华堡的管理单位（国家公园管理局）想建造一个简单安全的钢筋水泥跨桥通道将两者在空间上连接起来，同时纪念当时的刘易斯与克拉克探险队在此遇到河流并与土著居民汇合的历史事件。Jones & Jones建筑景观事务所和当地的艺术家合作，于2007-2008年期间设计并建造了这座造型优雅的弧线跨桥，桥梁总造价约1225万美元。

6. 实习概要

Jones & Jones建筑和景观事务所这样评价该项目，“这座陆桥是连接克利基塔特游径、刘易斯和克拉克以及西北地区发展的真正纽带。它完成了一个被打破的循环”。

该项目主要价值在于重塑了景观的连接性、形成了温哥华的城市门户、连通了城市建成区与自然河滨区、串联了区域游径体系、隐喻了重要的历史景观。通过景观与基础设施的巧妙融合，将基本的交通需求与周边的自然环境及历史文脉有机结合，体现了尊重自然、尊重文化的整体性的设计原则。具体来看，其设计理念的要点主要体现在如下几个方面。

其一，温哥华大陆桥为梁桥结构，主体部分宽约12m，主跨度约58m。设计团队巧妙利用地形横穿铁路、公路，形成一个简洁、优雅的弧线形态。大桥主体部分在平面上呈圆形结构，其设计灵感来自象征生命周期的传统符号“圆圈”。桥上覆土种植大量乡土植物，游人步行蜿蜒穿过，营造一种远征时期穿越草原森林的意境，以体现现实意境与历史记忆的对话和碰撞。同时利用桥体的自然高差和植被的种植设计，形成天然的雨水收集系统，用于保证桥体植物的正常生长。

其二，温哥华大陆桥将温哥华堡与哥伦比亚河进行了连接，使整个区域内的自然资源和文化资源得到了有机融合，保持了高地大草原景观到哥伦比亚河流景观之间的完整连续性。此外，从背后的历史文化背景来看，温哥华大陆桥试图将刘易斯 - 克拉克探险队以及西北地区的发展连接在一起，圆了当时一个破碎的梦，产生了精妙的时空对话和积极的文化意义。同时，天桥上还设置了三组配有休憩长椅的纪念亭，使行人在休息的同时可以深刻回顾那段探险历史。

其三，天桥南侧是哥伦比亚河的支流克利基塔特河，是一条国家荒野风景河流（National Wild & Scenic River），沿河蜿蜒设置有铁路游径（Rail-Trail，基于废弃铁道而规划建设的游径）——克利基塔特游径，总长约50km。大桥与克利基塔特游径无缝对接，使公众可以徒步从哥伦比亚河滨往返温哥华堡垒，不仅为徒步者和骑行者欣赏壮美的河流峡谷创造了绝佳的机会，同时还对区域游径系统的整体性提升起到了重要作用。

温哥华大陆桥的主要节点有如下 3 处：

（1）欢迎门。艺术家莉莲·皮特设计的欢迎门迎接游客，它代表了奇努克人欢迎独木舟抵达的方式。两根雪松原木的顶部是交叉的独木舟桨，镶有一个奇努克妇女的铸玻璃表面。

（2）远眺点。桥上的三个远眺标志着河流、草原和村庄。莉莉安·皮特的“精神篮子”，灵感来自哥伦比亚河岩画。代表“河”“土地”和“人”的单词在不锈钢板上以 9 种当地语言出现。

（3）本土植物人行道。直到 17 世纪，这里的景观都是由草原、森林和湿地拼凑而成。这些独特的本地植物物种沿着陆桥走道展示，并配有一系列的解说标识。

7. 实习备注

地点：Highway 14, Vancouver, WA 98661

电话：+1（360）693-0123

大陆桥有两个入口。南入口在哥伦比亚路（Columbia Way Blvd.）的老苹果树公园（Old Apple Tree Park），从 I-5 号州际公路（I-5 Express）往东走 14 号高速公路，然后从 1 号出口往东南哥伦比亚方向前往温哥华国家历史保护区（Fort Vancouver National Historic Site），右转走哥伦比亚路，右转向西到老苹果树公园；北入口在温哥华堡西边，从 I-5 号公路往东走米尔平原大道（Mill Plain Blvd），在温哥华堡路右转。

8. 图纸

图纸请参见链接：

https://www.conflnenceproject.org/river-site/vancouver-land-bridge/

（张婧雅　编写）

惠好公司总部
Weyerhaeuser Corporate Headquarters

1. 位置规模

惠好公司总部（Weyerhaeuser Corporate Headquarters）位于美国华盛顿州联邦路惠普路南 33663 号，西侧与 336 号大街（336th St）和 5 号高速公路相连，东南与 18 号国家公路连接，东侧和南侧邻接惠好南路，地理坐标为：西经 122.2997°，北纬 47.2967°。惠好公司总部项目用地面积约 52.61hm^2，建筑面积超过约 7.43hm^2。

2. 项目类型

商业和办公

3. 设计师 / 团队

美国建筑和工程公司 Skidmore, Owings & Merrill LLP（SOM）负责建筑、室内设计、工程、城市规划；佐佐木建筑师事务所 Sasaki Associates 和 PWP 事务所彼得·沃克合伙人景观设计事务所联合进行园区景观设计。

4. 实习时长

5–6 小时

5. 历史沿革

1900 年弗雷德里克（Frederick Weyerhaeuser）创建的惠好公司（Weyerhaeuser）。1971 年惠好公司在华盛顿联邦路建设了新的总部大楼，作为美国第一批主要应用开放式办公室布局的企业大楼之一，成为图标式的建筑。获得了无数奖项，1972 年获得美国建筑师协会（AIA）颁发的国家荣誉奖，1972 年获得美国建筑师协会颁发的巴特利特残疾人通道奖等，1973 年获得欧文斯·科宁（Owens Corning）玻璃纤维公司颁发的节能环保奖，2001 年获得美国建筑师协会颁发的建筑学会 25 年国家奖。

6. 实习概要

公司总部是建筑环境与生态景观紧密结合的典范，体现出生态设计理念在建筑室内外设计中的运用：首先，建筑设计对自然环境的处理方式是开创性的，拥有开放式的办公室布局和精心设计的景观。由略微倾斜的梯田状绿化平台构成，在建筑的每一层和每一面，深嵌壁内的窗户连贯延续，被称为“世界上最大的一组无窗框窗户墙”；其次，在室内设计方面，SOM 公司在设计中采用了不确定边界的设计理念，办公楼没有高至天花板的内部隔断，让公司各个部门在视觉上显得浑然一体，加强了空间的流动性；再次，建筑围合的带状庭院空间，营建出半私密半开放的空间环境，促进员工相互交流和满足员工日常休闲活动的需要；最后，生态设计理念的运用还包括整体生态环境的保护，形成主体建筑周围环绕茂盛植物的景象，注重建筑的生态性。

7. 实习备注

开放时间：全天，周一－周五，9:00–17:00

通讯地址：美国华盛顿州西雅图市惠好公司欧美大道 220 号（Weyerhaeuser Company 220 Occidental Ave. S.Seattle, WA 98104）

邮编：98104

总部地址：美国华盛顿州西雅图市惠好公司南路 33663 号（Weyerhaeuser Way South Federal Way, WA 98063 USA）

邮编：98063

电话：总部电话：（253）924-2345

免费电话：1-800-525-5440

网站：http://www.weyerhaeuser.com

（郭屹岩　编写）

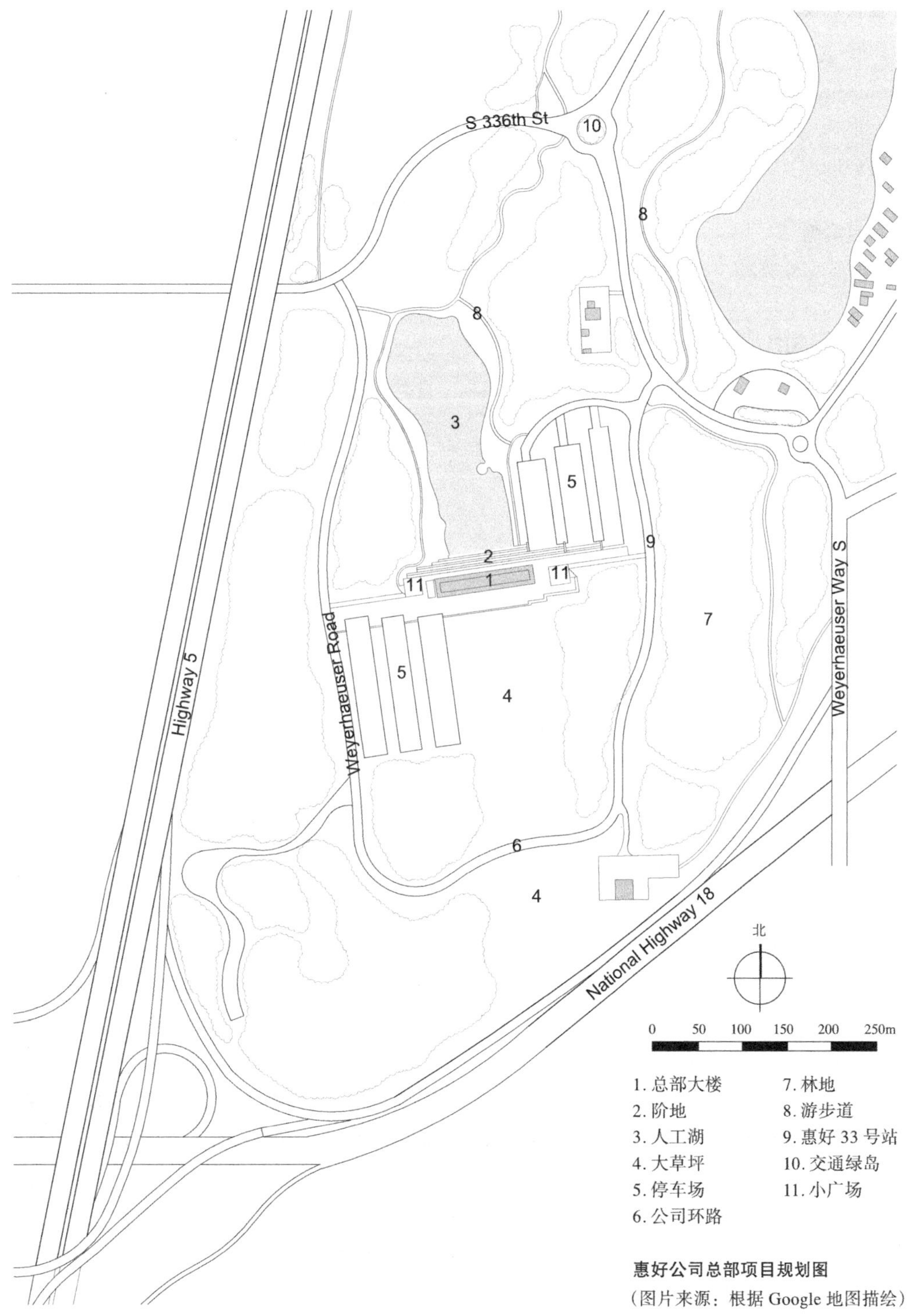

惠好公司总部项目规划图

（图片来源：根据 Google 地图描绘）

华盛顿大学植物园
University of Washington Botanic Garden

1. 位置规模

华盛顿大学植物园（University of Washington Botanic Garden）位于美国西雅图市东北部，离华盛顿大学校区约1.5km，占地面积93hm^2。

2. 项目类型

植物园

3. 设计师 / 团队

詹姆斯·道森（James Dawson）

4. 实习时长

3.5小时

5. 历史沿革

1924年，校方预留了这块土地用于建设植物园。1934年，植物园董事会与校方签订了建设和运营植物园的协议。1936年，任职于奥姆斯特德兄弟（Olmsted Brothers）景观事务所的詹姆斯·道森（James Dawson）为华盛顿大学植物园作了第一次总体规划，并于1978年和1994年进行了第二轮和第三轮规划。现该植物园由华盛顿大学和西雅图市政府（City of Seattle）联合管理。大学负责植物收集和科普教，政府承担建筑、水电、道路和园区设施的维护。

6. 实习概要

华盛顿大学植物园分为两部分，由联合湾南侧的华盛顿公园植物园（Washington Park Arboretum）及北侧城市园艺中心（Center for Urban Horticulture）组成，共收集了来自世界各地的4万多种植物。该植物园以北美花楸属和槭属植物收集为特色，此外冬青科、壳斗科、山茶科、杜鹃花科、木兰科、冷杉类、桦木科、金缕梅科和落叶松属等的植物种类的收集、展示也较为丰富。

华盛顿公园植物园的专类园也独具特色，包括太平洋共同体花园（Pacific Connections Garden）、约瑟夫·A·威特冬季花园（Joseph A. Witt Winter Garden）、林地花园（Woodland Garden）、杜鹃园（Rhododendron Garden）和日本园（Japanese Garden）等。城市园艺中心区内有示范园（Demonstration Gardens）和自然区域（Natural Areas），景观类型丰富。此外还坐落着伊丽莎白·C·米勒园艺图书馆（Elisabeth C. Miller Horticultural Library）、奥蒂斯·道格拉斯·海德植物标本馆（Otis Douglas Hyde Herbarium）和华盛顿稀有植物保护项目（Washington Rare Plant Care and Conservation Program）等功能性较强的功能区域，充分展示了城市园艺的功能和魅力。

（1）太平洋共同体花园：该园收集、展示了5种来自太平洋沿岸地区的标志性植物。不同的代表性植物被选择来代表每个区域，包括卡斯卡迪亚的西部红柏（*Thuja plicata*）；智利的猴爪杉（*Araucaria araucana*）；澳大利亚的桉树（*Eucalyptus pauciflora*）；中国的银杏（*Ginkgo biloba*）和新西兰的金边剑麻（*Phormium tenax*）。园中通过每一种标志性植物地应用，展示其在园林应用中的景观效果，并阐释了他们在原产地文化中的重要性。

（2）约瑟夫·A·威特冬季花园：冬季花园始建于1949年，深受植物园游客的喜爱。20世纪80年代末，冬季花园以植物园管理者约瑟夫·A·威特之名命名，也显示了其重要性。该花园中央草坪四周被高大的雪松和冷杉围合，各种各样的乔木、灌木和多年生草本植物形成了美丽的植物景观。每年的11月底到

3 月底是冬季花园的最佳观赏期。

（3）杜鹃园：杜鹃园是该植物园第一个展示大规模植物种类收集的区域，园内种植始于 20 世纪 30 年代末。早在 1938 年，塞西尔·坦尼（Cecil Tenny）博士向植物园捐赠了大量原产亚洲的杜鹃品种。随着收集目的地范围地不断扩大，各种品种的杜鹃都进行了严格的分类种植，以展现其在植物分类上的相互关系。除了杜鹃外，该专类园中还种植有许多伴生植物（Companion Plants），如木兰、冷杉、蕨类植物以及其他林木、灌木等，展示了杜鹃的生境，也让园内景观层次更为丰富。

（4）松树园：松树园始建于 1937 年 12 月，1972 年正式建造完工。园内主要栽植有松树（*Pinus massoniana*）、柏树（*Platycladus orientalis*）、扁柏（*Chamaecyparis Spach*）、云杉（*Picea asperata*）、冷杉（*Abies fabri*）等常绿针叶植物，展示了华盛顿地区乡土植物景观。

（5）林地花园：早在 1936 年的华盛顿植物园整体规划中，已明确提出林地花园与杜鹃园等共同构成植物园的重要观赏区。1938 年，林地花园开始正式建造；1939 年，西西雅图花园俱乐部（West Seattle Garden Club）为花园最初种植设计赞助了资金；1940 年，塔科马花园俱乐部（Tacoma Garden Club）为花园捐赠了 146 棵枫树；1941 年花园建造完成。但花园的大部分原始植物在 1955 年的冬季严寒中消亡。

7. 实习备注：

地 址：2300 Arboretum Dr. E Seattle, WA 98112

邮箱：uwbg@uw.edu

电话：206-543-8800

8. 图纸

图纸请参见链接：

http://botanicgardens.uw.edu

（郝培尧　张丹丹　付甜甜　编写）

加州安德森公园
Cal Anderson Park

1. 位置规模

加州安德森公园（Cal Anderson Park）位于西雅图市中心区的国会山 1135 大道 1635 号，是该社区的中心。占地面积约 2.98hm^2，海拔高度为 99m。

2. 项目类型

大型市政公园

3. 设计师 / 团队

凯·鲁德（Kay Rood）、伯杰合伙人公司（Berger Partnership）

4. 实习时长

45 分钟 – 1 小时

5. 历史沿革

公园最初由著名的奥尔姆斯特德兄弟设计，是他们在西雅图地区众多作品之一。它包含林肯运动场和林肯水库。林肯水库因 1889 年西雅图大火于同年开始修建，1908 年，它被开发成一个游乐场，1922 年，它的名字改为百老汇游乐场，以避免与西雅图新建的林肯公园同名。1980 年更名为"博比•莫里斯游乐场"。与此同时，水库周围的地区被称为林肯水库公园。这个公园曾在 1993 年恶化为被杂草，垃圾和涂鸦覆盖的地方。2003-2005 年，在社区组织地推动下，水库被覆顶并重建为一个美丽的公园，拥有地下水库、游乐场、社区建筑、水景、小径、花园和长凳。该公园以华盛顿首位公开同性恋立法者卡尔·安德森（Cal Anderson）的名字命名，经过精心翻修和扩建的公园，于 2005 年 9 月重新开放。2009 年，《福布斯》杂志将加州安德森公园列为美国 12 个最佳城市公园之一。

6. 实习概要

1999 年，这片占地约 4.45hm^2 的开阔地被指定为西雅图历史地标性建筑，为大西雅图地区以及国会山超过 30000 名居民提供服务。该公园是庇护所综合大楼的所在地，有社区活动大楼、洗手间和维修棚；充满活力的水景、穿过开阔草坪的慢跑路径、儿童游乐区、创意灯光运动场、WPA 涉水池、网球和篮球场以及 5 个室外超大的棋盘。

公园主要由博比·莫里斯运动场和林肯水库区两个部分组成。林肯水库区位于公园的北部，地下为自来水厂，地面上设有一个大型山形喷泉、纹理游泳池、反射池和一个涉水池。博比·莫里斯运动场以当地一位体育明星的名字命名，全年举办棒球和足球赛。运动场有几个篮球场、网球场、野餐区和庇护所，以及遛狗和训练的特殊区域。

安德森公园的重新构想遵循人本主义的设计原则，致力于为居民们提供服务，建立并维持公园的健康、安全和多样化用途。公园在设计时尊重基地原有条件，保留原有林肯水库，实现其历史、美学和实用价值。公园为居民们的交往制造可能，提供了优雅的通道、开阔的景观和步行门户、超大的棋盘、儿童游乐区和广阔的草坪。该公园一直是西雅图最密集社区日益活跃的社区生活的催化剂和焦点，以人为本的设计理念在设计的细节中被充分表现出来。

7. 实习备注

开放时间：4:00–23:30

预约途径：无需预约

电话：+1-206-6844075

行为规范：无

（张玉竹　编写）

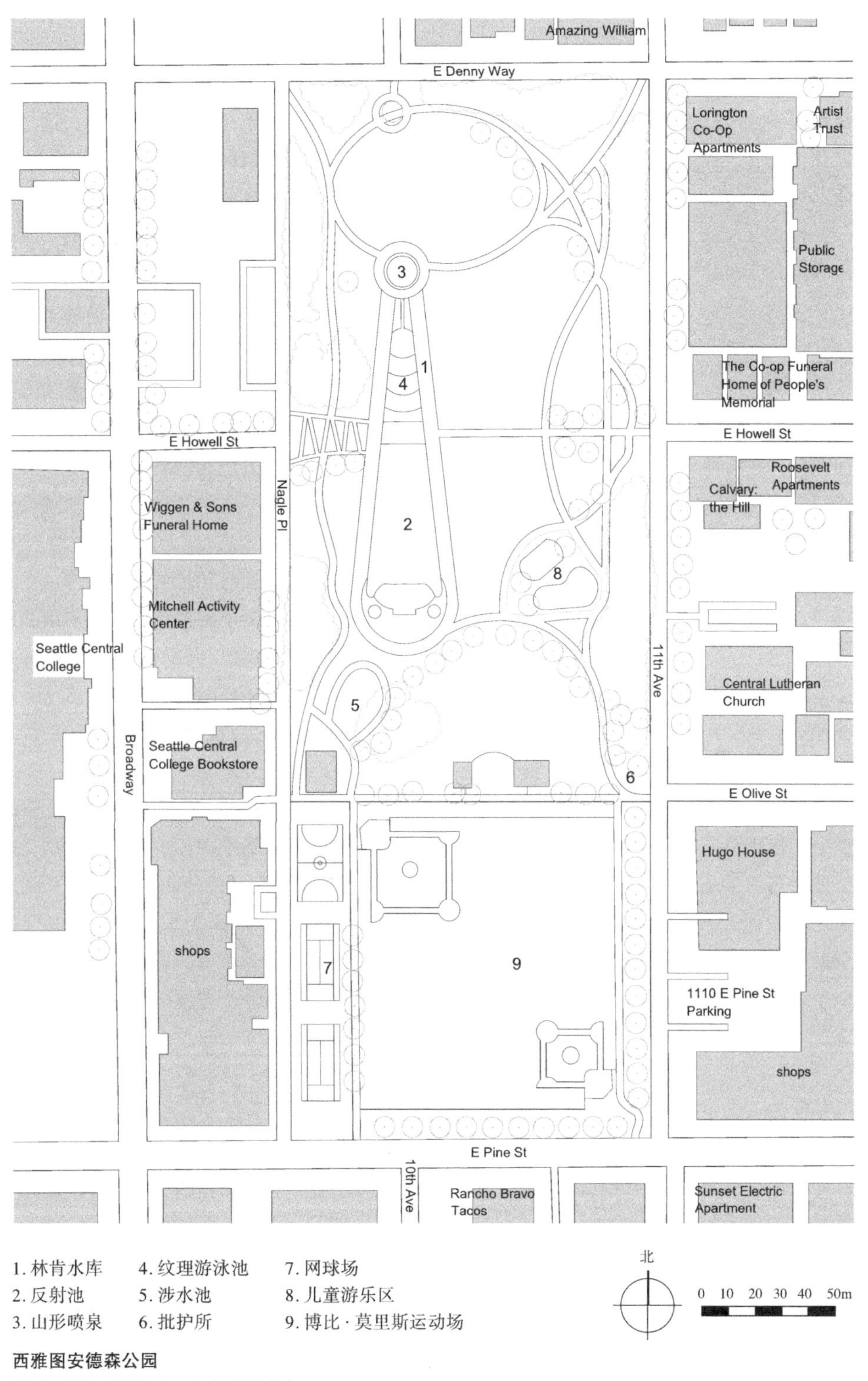

西雅图安德森公园

（图片来源：根据 Google 地图描绘）

艾拉贝利公园
Ella Bailey Park

1. 位置规模

艾拉贝利公园（Ella Bailey Park）位于华盛顿州西雅图市史密斯街，是一个面积约 1.54hm^2 的社区公园。

2. 项目类型

社区公园

3. 设计师 / 团队

西雅图公园和康乐局（Seattle Park and Recreation）

4. 实习时长

0.5 小时

5. 历史沿革

公园的前身是附近的木兰小学（Magnolia Elementary School）的游戏场。设计师与当地居民配合，对该空间进行创新，巧妙设计地形，把它变为一个有缓坡地形、游玩设施、野餐桌子、烧烤和人行道的美丽的社区公园。这个公园是可以观赏美国独立日和新年夜的烟火的热门景点，人们在这里可以看到雷尼尔山（Mt. Rainier）和西雅图市区的全景风貌，坐拥整个西雅图的天际线，是观光和摄影的好场地。

6. 实习概要

艾拉贝利公园的定位是小型的社区公园，它本身是由马格诺利亚的小学操场改造而成。该公园面向的主要使用人群是当地的居民，为当地人提供一个游乐休憩和野餐的公共场所。公园的设计精妙在于它的简洁，优秀地运用了有限的空间和优美的景观。此前留下的学校操场是附近社区的家庭和儿童的活动空间，作为一个景点它提供给了儿童很多乐趣，这是其他西雅图景点所没有的。在娱乐设施方面设计团队充分考虑不同年龄的人的需求，当成年人们在休憩、聊天、聚会或拍照时，儿童、青年人可以在一边玩耍，而后他们可以一起在野餐桌上一边欣赏美景一边享用野餐。操场上设置了秋千，也设置了青年人喜欢的篮球架。公园中央大片的草坪提供了足够大的空间来让人们在草坪上扔飞盘或踢球。环绕着大草坪还有一条人行道，可以让人们围绕着草坪散步，散步的人可以看草坪上的人的活动，形成使用人群间的互动。

该公园尊重原有场地的地形条件，在公园的制高点向南面看能够俯瞰到雷尼尔山和西雅图市区的全景风貌，向东北面看能够看到远处的喀斯喀特峰（Cascade）。除此之外，还能看到天际线上的西雅图摩天轮、码头和体育场等。

公园的设计较简约，主要场所是儿童游乐场和中央公园，场地内较少乔灌木，只在边缘适当种植乔灌木。由于场地空间十分开阔，所以很好地借用了周边美景，坐在其中野餐休憩，可以尽情享受城市的景观。另外，公园还有着很好的通达性，方便社区的居民很便利地到达公园。

7. 实习备注

开放时间：4:00–23:30

预约途径：无需预约

电话：+1-206-6844075

行为规范：无

（张玉竹　编写）

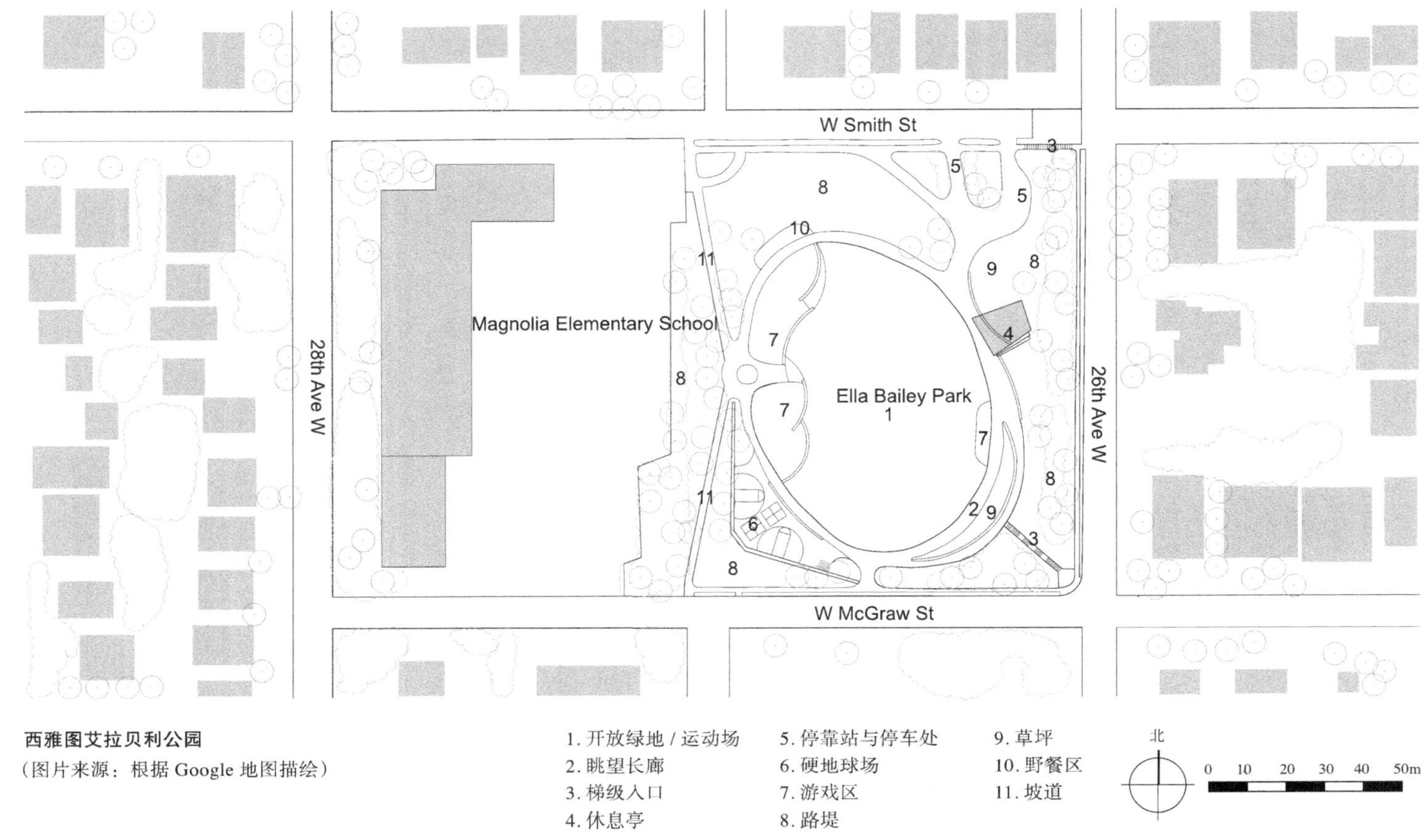

西雅图艾拉贝利公园
（图片来源：根据 Google 地图描绘）

1. 开放绿地 / 运动场
2. 眺望长廊
3. 梯级入口
4. 休息亭
5. 停靠站与停车处
6. 硬地球场
7. 游戏区
8. 路堤
9. 草坪
10. 野餐区
11. 坡道

奥林匹克雕塑公园

Olympic Sculpture Park

1. 位置规模

奥林匹克雕塑公园（Olympic Sculpture Park）是一个新型的城市雕塑公园，属于西雅图艺术博物馆的一部分，面积为 3.6hm^2。

2. 项目类型

工业棕地改造修复、开放型雕塑主题公园

3. 设计师 / 团队

纽约的建筑师韦斯·莫弗雷迪（Weiss Manfredi）建筑事务所负责奥林匹克雕塑公园的设计，景观设计则由查尔斯·安德森（Charles Anderson）负责。

4. 实习时长

1 小时

5. 历史沿革

西雅图奥林匹克雕塑公园地块位于埃利奥特海湾的海滨，基址因 1910 年建立石油调配厂使得土地被污染，在工业活动结束后被多年废置。基址被高速公路和铁路线切割成三块不同的区域，也切断了基址和埃利奥特海湾的联系，直至借助西雅图艺术馆的拓展建设，该公园项目才得以启动。2001 年，纽约的韦斯·莫弗雷迪建筑事务所从 52 家设计公司中脱颖而出，负责公园的设计。公园于 2007 年 1 月正式对外开放使用。

6. 实习概要

该公园作为艺术馆的室外延伸，以雕塑公园的形式出现，它解决交通的策略和手法是项目的杰出之处。人们能够在一种愉悦轻松的状态下，浑然不觉地跨越交通极为繁忙的城市快速道和城市铁路。

奥林匹克雕塑公园巧妙地利用了透视原理和视错觉，采用连续的 Z 形“绿色”平台，连接三块不同的场地，利用了从城市一侧到水滨之间 13 余米的落差，在穿越用地的高速公路和铁道之上，用机械压实的土层重建了原初的地形地貌，把城市核心地带和水滨重新联系起来，提供了一个新的步行空间，创造出了城市和海湾之间充满活力的连接，并成了西雅图天际线和埃利奥特湾的重要景观。而垂直方向上的对角线，成为公园的展厅、公路和铁道挡土墙的基本秩序。富于韵律感的混凝土挡土墙成了视觉的标尺，使得公园浮现于周边城市环境之中，将建筑、大地、景观和艺术连接成一个整体设计。西雅图雕塑公园通过模仿自然特性和借用自然元素来构建人工化的生态新秩序。借助乡土植物，设计者规划了代表 3 种植物群落的花园区域，很好地再现了美国太平洋西北地区特有的生态景观，反映当地生物系统的多样性和独特性。

7. 实习备注

开放时间：日出前 30min 开放，日落后 30min 关闭

预约途径：无需预约，电话：+1-206-6543100，+1-206-4414261

行为规范：公园严禁持有武器。请勿触摸或攀爬雕塑，不允许进行体育活动。整个公园禁止吸烟，禁止非法持有和 / 或饮用酒精饮料，禁止商业摄影和摄像。允许个人摄影，但不得在商业上使用。私人聚会和集体野餐必须事先安排并得到批准。

（张玉竹　编写）

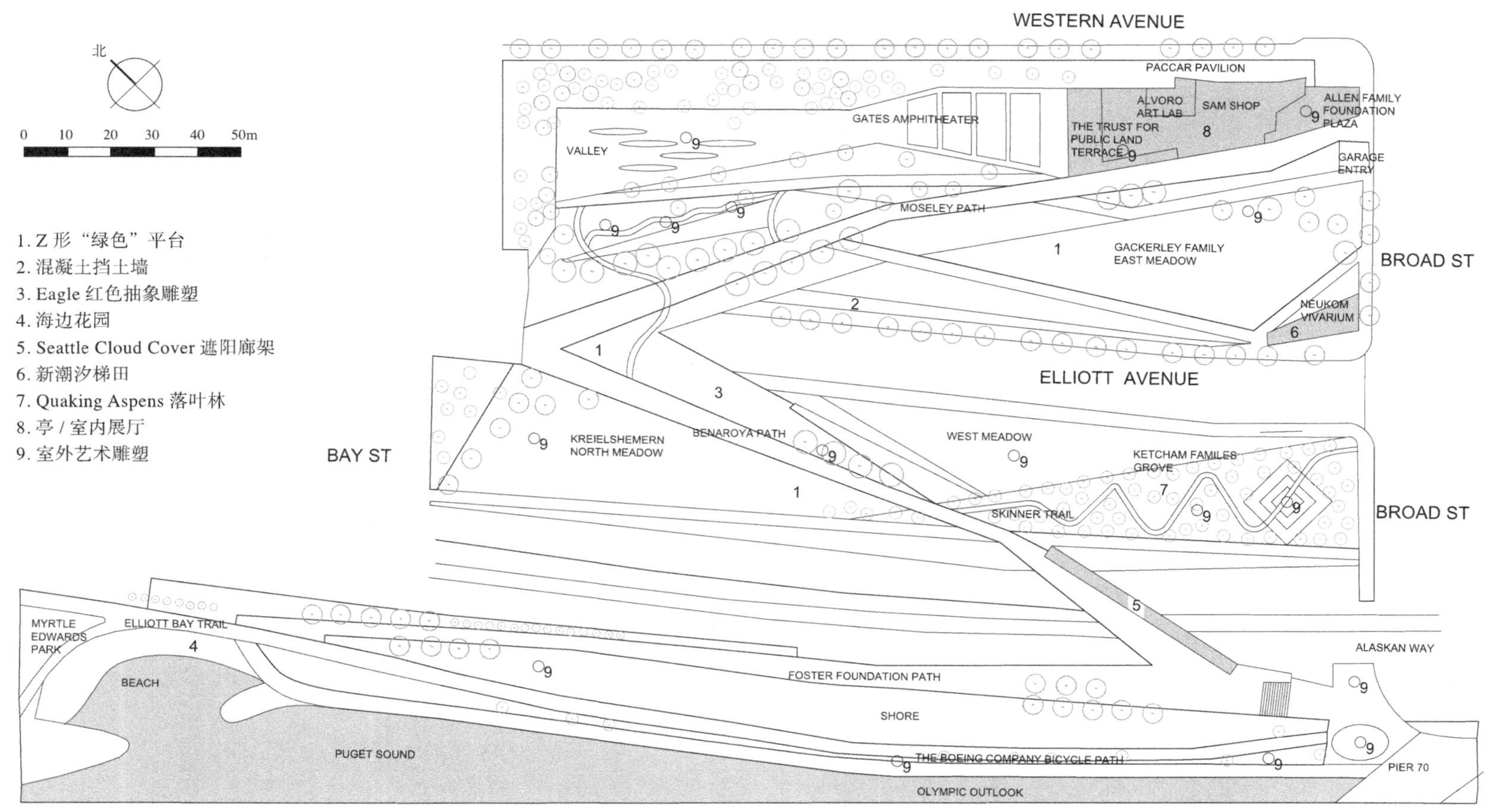

1. Z 形“绿色”平台
2. 混凝土挡土墙
3. Eagle 红色抽象雕塑
4. 海边花园
5. Seattle Cloud Cover 遮阳廊架
6. 新潮汐梯田
7. Quaking Aspens 落叶林
8. 亭 / 室内展厅
9. 室外艺术雕塑

西雅图奥林匹克雕塑公园
（图片来源：根据 Google 地图描绘）

高速公路公园

Freeway Park

1. 位置规模

高速公路公园（Freeway Park）紧邻美国西雅图会议中心（Seattle Convention Center），是市区最大的一片绿地，在市中心5号洲际公路产权用地上，占地面积2.2hm^2，用地长度达到400m，宽从18m到120m不等，最高点和最低点高差达30m。

2. 项目类型

市政公园

3. 设计师 / 团队

美国著名风景园林师劳伦斯·哈普林（Lawrence Halprin 1916–2009）团队

4. 实习时长

1–1.5小时

5. 历史沿革

1965年5号洲际公路的开通，在西雅图市中心形成了一道南北向的、巨大的沥青混凝土峡谷，造成了西雅图中心商业区和附近的住宅区，以及公共机构之间的隔离。1966年，随着哈普林的著作《高速公路》(*Freeways*)地出版，西雅图公园委员会对哈普林的规划理念产生了兴趣，并委托哈普林事务所在这条高速公路旁设计一个公园。高速公路公园项目于1976年完成并开放，为公园西侧商业区和公路东侧的居住地和公共机构带来了新的活力。经过近40年地发展，公园深受人们的喜爱，并赢得了美国景观设计协会专业设计竞赛公路规划优异奖等奖项。

6. 实习概要

高速公路公园是美国第一个在穿越城市的高速公路上空建立的城市公园，也是最引人注目的城市景观设计作品之一。公园富于变化的戏剧性空间、沿小径忽开忽收的自然景象、绿海深处的喷泉瀑布和水景雕塑、悬崖峭壁中的湍急水流，构成了一个无可匹敌的人造动态自然景观，非常清晰地阐明了高速公路、城市、人和自然整合为一的有机关系。

高速公路公园创建了一个便于居民通行的高速公路上空的空中连廊，连接了被州际公路一分为二的周边地区，建立了一个约2.02hm^{2}的城市“空中绿洲”，有效地减轻了洲际公路在噪声、景观、交通等方面对城市的严重威胁和破坏。设计者采用模拟自然景观的设计手法，注重保护地域自然生态的人文意象。一系列相互交织、连接、开敞和半开敞的花坛和景墙构成了东广场、中央广场和西广场三大主体空间序列；细部空间效果空间氛围时而平静安详，时而又动态喧嚣。其中，中央广场的细部景观利用高差用巨大的混凝土块组成落差极大的、翻滚的动态流水瀑布。瀑布造型来自对周边山谷岩石地提炼，瀑布流水的声音恰到好处地减轻和淹没了从高速公路通过的汽车噪声。公园的地形、地貌和植物特征与该地区的原始生态非常协调，植物搭配合理丰富，仿佛是对西北太平洋原始森林的拷贝。

7. 实习备注

开放时间：6:00–22:00
预约途径：无需预约
电话：+1-206-6844075
行为规范：无

（张玉竹　编写）

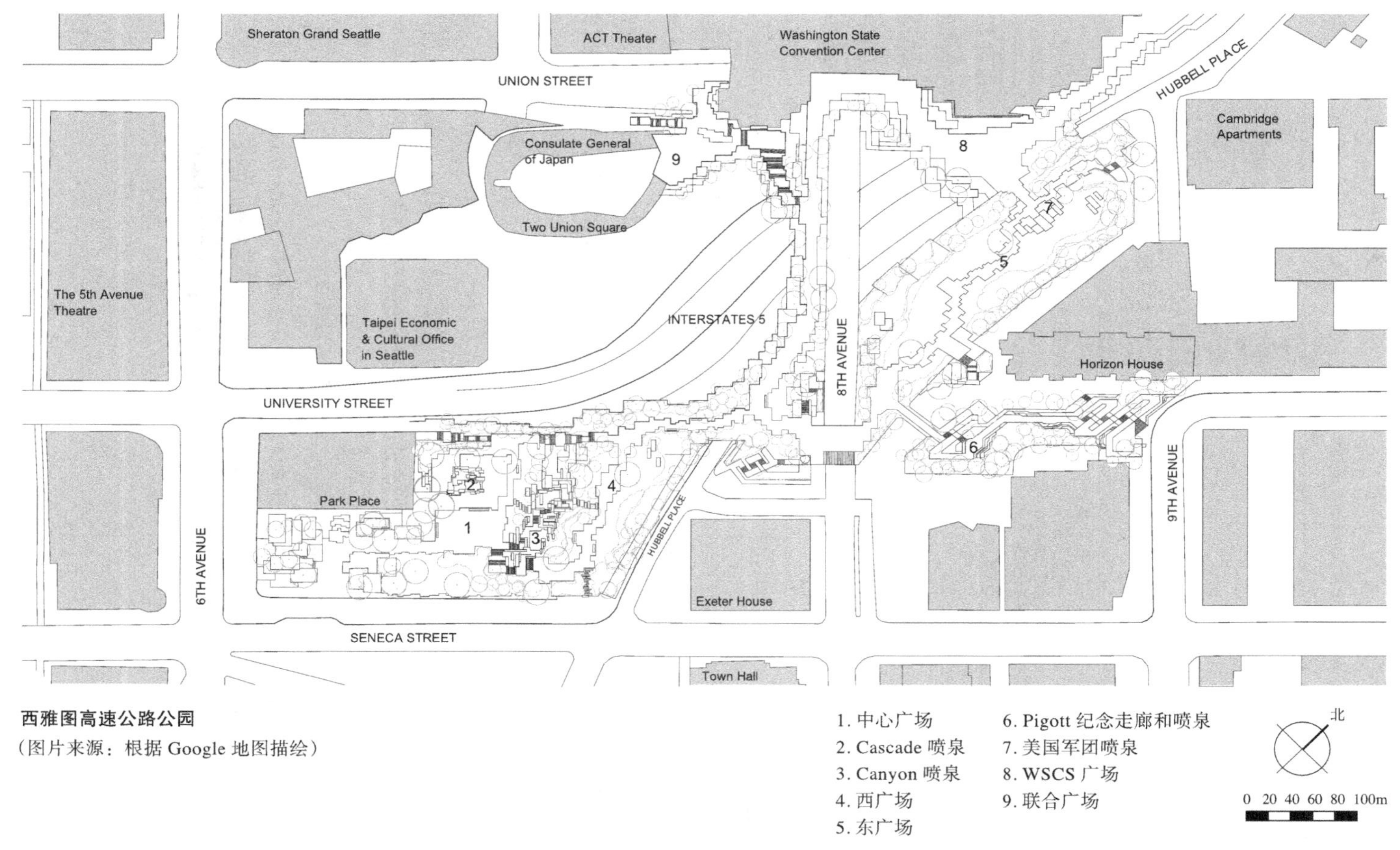

西雅图高速公路公园

(图片来源：根据 Google 地图描绘)

煤气厂公园
Gas Work Park

1. 位置规模

煤气厂公园（Gas Work Park）地处华盛顿州西雅图市联合湖（Lake Union）北面的一处岬角，是一个占地 8.3hm^2 的公共公园。

2. 项目类型

工业改造、棕地修复

3. 设计师 / 团队

该公园由理查德·哈格事务所（Richard Haag Associates）规划设计，赢得了美国景观设计师协会的最高设计奖。

4. 实习时长

1–2 小时

5. 历史沿革

联合湖岸的工业开发兴起始于 1850 年。1900 年，西雅图照明公司购买下湖北面的岬角，其煤制气厂于 1906 年正式运营，于 1920 年开始转为从石油中提炼汽油。几十年来，附近居民不得不忍受工厂排放的大量污染物对环境造成的巨大破坏。1956 年，这座庞大的工厂被废弃，但主要建筑物和工厂设施原封不动被保留下来。1962 年西雅图政府鉴于旧煤气厂所在地极差的生态环境，启动了公园的改造建设。1970 年，受到委托的理查德·哈格事务所对工厂废弃地进行场地研究和公园规划，设计师随即意识到工业时代的生产遗迹独有的历史、美学和实用价值。历经 19 年的改造建设后，公园于 1975 年正式对外开放，成为颇受欢迎的城市开放空间，并引起广泛关注。

6. 实习概要

西雅图煤气厂公园作为后工业景观的开山之作，在世界范围产生了广泛影响，其历史性的突破在于：（1）在工业与自然长期冲突的情境下，正视其历史保护价值，挑战并重塑了后工业时代工业废墟美学；（2）第一次利用生态技术手段，通过最小干预思想维护场地自然的生长净化过程；（3）设计方法上，以“诠释”场地而非“设计”场地的姿态，充分将其再生的过程与市民生活融为一体，重塑都市滨水景观空间使其成为人与自然共生的互动场所。

煤气厂公园的规划设计中探讨生态主义，重视场地历史、保留工业遗迹的设计理念，确定了该场地的主题基调。建设初期的煤气厂土壤毒性很高，深至 18m 污染仍然存在，植物无法正常生长，海格团队采用生物方法来降解土壤污染，原地实施土壤处理。经过有选择地删减后，剩下的工业设备被作为巨大的雕塑和工业遗迹重构了整个公园，成为公园的视觉焦点和城市工业历史的纪念碑。东部一些机器被刷上了红、黄、蓝、紫等鲜艳的颜色成为游戏室内的器械。将工业设施和厂房改成餐饮、休息、儿童游戏等设施保持其历史、美学和实用的价值，激发了后工业时代特有的都市生活体验。公园以“干预最小，自我恢复”为基本理念，尊重自然发展过程，场地中的物质和能量得到了最大程度地循环利用。

7. 实习备注

开放时间：6:00–22:00

预约途径：无需预约

电话：+1-206-6844075

行为规范：无

（张玉竹　编写）

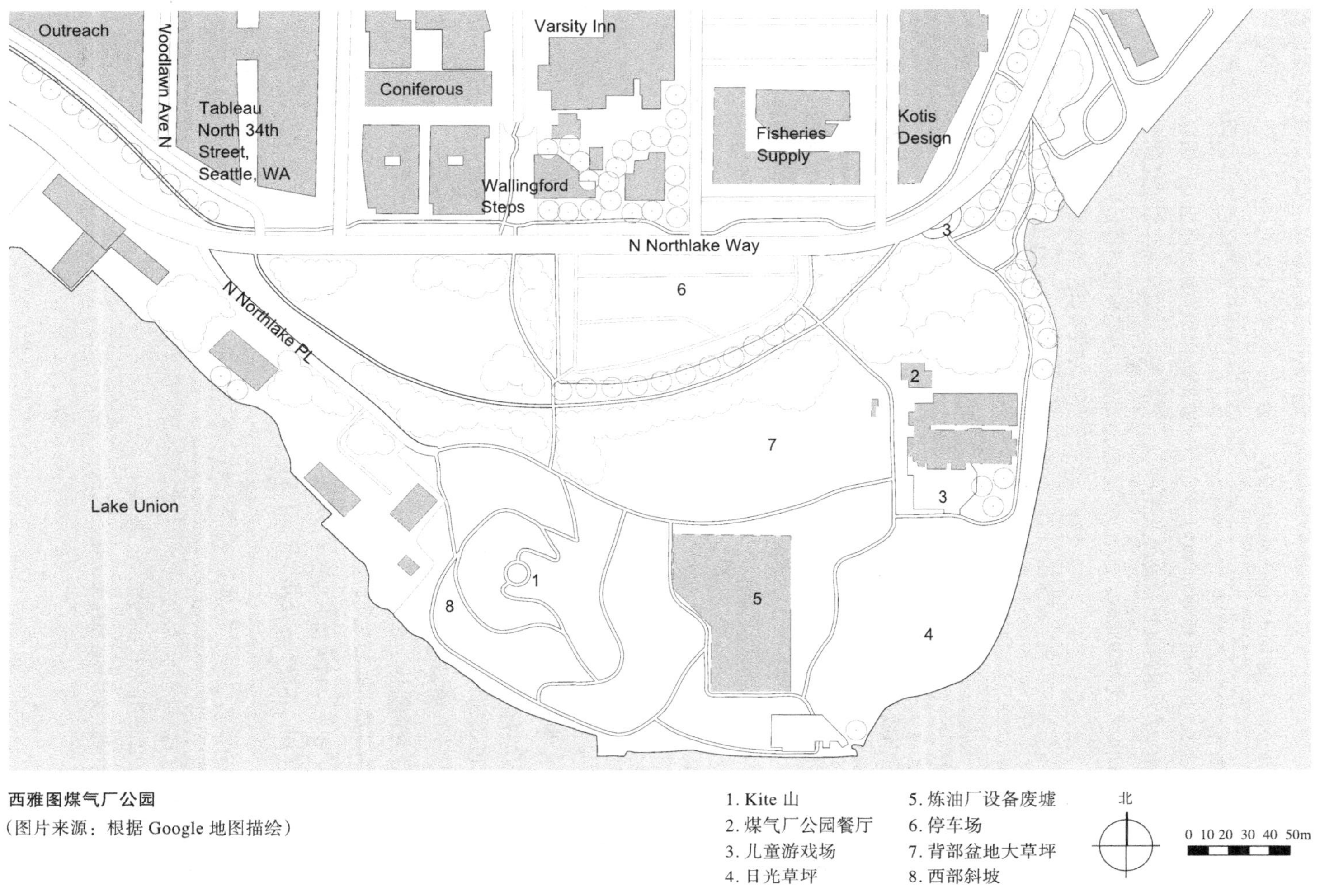

西雅图煤气厂公园

（图片来源：根据 Google 地图描绘）

1. Kite 山
2. 煤气厂公园餐厅
3. 儿童游戏场
4. 日光草坪
5. 炼油厂设备废墟
6. 停车场
7. 背部盆地大草坪
8. 西部斜坡

巴拉德大众公园
Ballard Commons Park

1. 位置规模

巴拉德大众公园（Ballard Commons Park）位于 5701 22nd Ave NW, Seattle, WA，它是一座位于巴拉德社区（Ballard Community）中心的城市公园，在 22 大道西北巴拉德公共图书馆斜对面，公园面积约 84.98hm^2。

2. 项目类型

公园

3. 设计师 / 团队

景观设计：斯威夫特公司（Swift Company）

4. 实习时长

2 小时

5. 历史沿革

1998 年巴拉德街区计划在社区中心建立一个公园，作为新的巴拉德市政中心的一部分，其周边还分布了巴拉德公共图书馆以及邻里服务中心。2003 年，斯威夫特公司被政府管理机构和巴拉德社区成员选定为设计顾问。2012 年，巴拉德大众公园获得了美国风景园林设计师协会华盛顿分会颁发的年度特别奖，以表彰其优秀的设计。这个公园之所以得到认可，是因为其成功的公共开放空间给评委们留下了深刻的印象，它是一个充满活力的空间，能够满足不同的年龄群体及其多样的功能需求。

6. 实习概要

巴拉德大众公园作为社区的中心，其设计受到包括巴拉德的自然环境和社会文化，巴拉德市政中心总体规划，巴拉德图书馆等因素的影响，体现了市民的理想和愿望。公园整体上是一个简洁开放的绿色城市空间，采用了辐射弧的平面形式和道路线型，用以界定公园的动静区域。开放草坪和水景是其突出特色，同时还有休闲放松的户外长椅和通达的步道。位于东南角的入口广场通往一个非正式的圆形剧场和聚集区，供人们日常休闲和社区活动使用。公园的中心区域是用来休闲游憩的，滑冰场是开放空间中非常吸引人的地方，这里还设置了用于儿童攀爬的石头元素。加入了海洋元素的喷泉抽象地表示了鲑鱼或船的流动线条，海贝雕塑使水景更具娱乐性。在未来 50-100 年内，巴拉德大众公园将是社区的中心，因此，公园中使用的材料是较为持久的，石头、混凝土、木材、水、植物等基本材料以简单优雅的方式在公园里使用。附近的图书馆和社区服务中心，由同一个景观设计师团队设计，设计中都包含了郁郁葱葱的植物和公共广场。宽阔的人行道环绕着公园，公园周围有大片的种植区和行道树，还配置了自行车架，景灯和长凳也为市民提供了便利。巴拉德公民中心公园旨在满足各年龄层的访客，让他们在任何季节都能进行一系列主动或被动的活动。人们在此休闲游憩，享受阳光、读书或滑冰，公园还经常举办大型社区活动，如巴拉德海鲜节或学校户外活动。

（赵润江　编写）

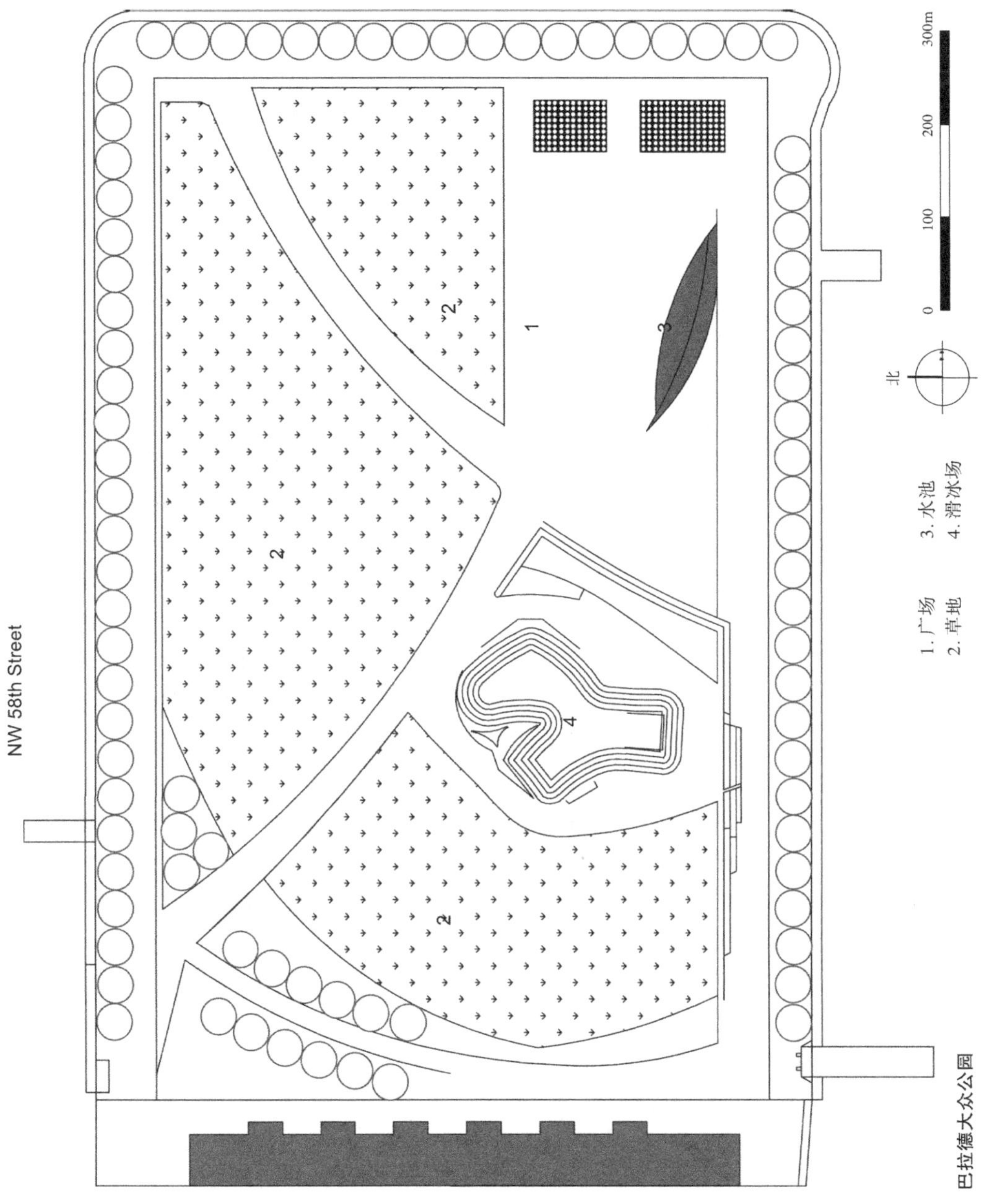

巴拉德大众公园

塞萨尔查维斯公园
Cesar Chavez Park

1. 位置规模

塞萨尔查维斯公园（Cesar Chavez Park）位于西雅图南部公园社区中心，第七大道与克洛弗代尔街之间，周边主要是拉美裔社区，它的面积很小，约为 0.1hm^2。

2. 项目类型

公园

3. 设计师 / 团队

景观设计：Jones & Jones

4. 实习时长

20 分钟

5. 历史沿革

公园的设计灵感来自捍卫农场工人权利的塞萨尔·埃斯特拉达·查维斯（Cesar Estrada Chavez）——人权和环境正义的倡导者。1997 年，位于南部公园的社区组织（Sea Mar）被金县（King County）授予公园物业的管理权，同时也开启了塞萨尔查维斯公园的改造。景观设计团队 Jones & Jones 开发了一个有利于人际交往和社区建设的场所，他们通过对废弃场地进行改造以提高社区的自豪感和认同感。著名的石雕艺术家莫罗尔斯（Jesus Bautista Moroles）捐赠了 3 个由玄武岩柱组成的名为“音乐碑”的雕塑。公园附近康科德学校的学生参加了关于现代艺术和塞萨尔查维斯的研讨会，并创作了一幅在公园张贴的画作。詹妮弗·马斯（Jennifer Maas）于 2003 年制作了一部名为“季节性土壤……唱歌石”的纪录片，讲述了塞萨尔查维斯公园和南方公园的故事。这部纪录片在西雅图频道播出，并作为莫罗尔斯在休斯敦艺术博物馆永久展览的一部分。

6. 实习概要

景观设计以玛雅文化、墨西哥的水、玉米和太阳文化为线索，抽象表现了梯田农业、水运动和犁沟。道路和座位墙壁环绕的公共空间为即兴表演和公众集会提供了场所。临近高速公路的绿带是用针叶树修成的梯田，以使公园免受道路噪声和尘土的影响。公路径流被分流、减速，并由一个植物覆盖的沼泽地净化。《风景园林》杂志这样评论塞萨尔查维斯公园：“这个公园的面积很小，不到四分之一英亩。但它对西雅图南部公园附近地区的心理影响是巨大的。”2010 年美国景观设计师协会的华盛顿分会授予塞萨尔查维斯公园特别提名奖。

（赵润江　编写）

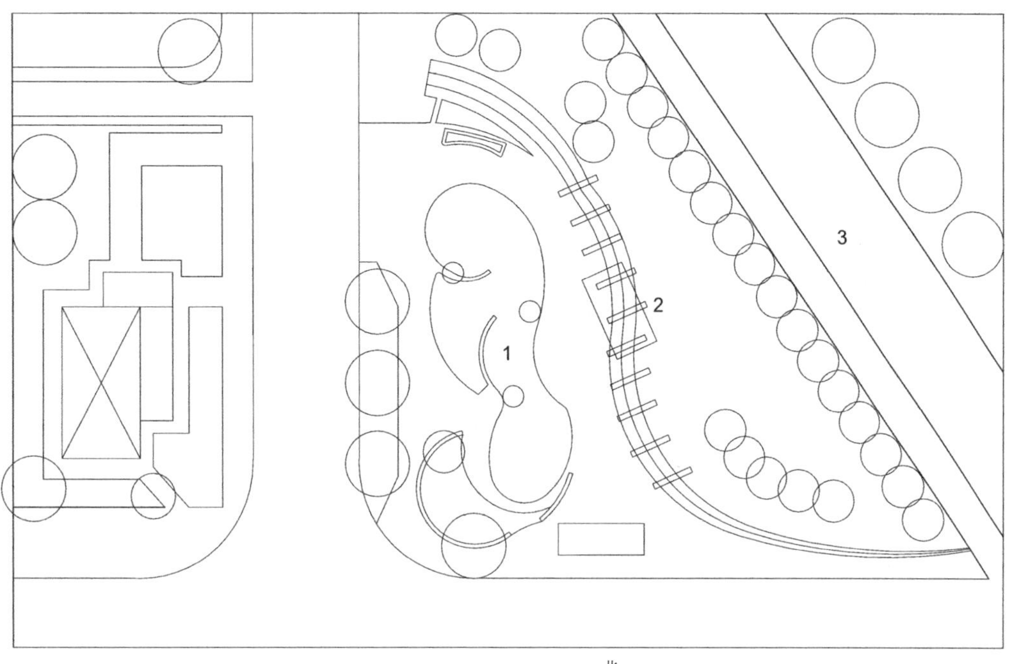

塞萨尔查维斯公园

1. 草坪
2. 廊架
3. 市政道路

北

0 10 20 30m

华盛顿大学
University of Washington

1. 位置规模

华盛顿大学（University of Washington）位于美国华盛顿州，由西雅图、塔科马、博塞尔 3 个校区组成。

西雅图校区是华盛顿大学的主校区，位于西雅图市东北角，靠近联合湾和波蒂奇湾海岸。校园总面积约 284hm^2。

塔科马分校位于西雅图以南约 50km 的塔科马市中心，地处 I-5 州际公路 133 号出口的山坡上，毗邻博物馆和联合车站。校园占地约 18.6hm^2。

博塞尔分校坐落于华盛顿州博塞尔市，距离西雅图市中心约 32km。校园占地约 23.5hm^2。

2. 项目类型

校园景观

3. 实习时长

西雅图校区 2 小时
塔科马校区 1 小时
博塞尔校区 40 分钟

4. 历史沿革

华盛顿大学西雅图校区始建于 1861 年，1895 年从西雅图市中心迁入现址。

1909 年，阿拉斯加育空地区博览会的组织者与华盛顿大学达成协议，将未开发的校园开辟为展览区，由著名景观建筑师约翰·查尔斯·奥姆斯特德（John Charles Olmsted）设计。此后，博览会园区被整合到华盛顿大学校园总体规划中，对校园整体布局产生了永久性的影响。

两次世界大战前后是华盛顿大学迅速发展的时期。著名的人文广场（Quad）于 1916 年开始修建，施工一直持续到 1939 年。校园核心建筑苏塞罗（Suzzallo）图书馆的第一个两翼分别在 1926 和 1939 年完工。在这个时期最重要的发展是 1946 年创建了华盛顿大学医学院和华盛顿大学医学中心。20 世纪 60–20 世纪 70 年代学校发展进入黄金时期。2012 年，西雅图校区扩建了住房、教学设施、公共交通等配套设施。

塔科马分校于 1990 年开设，1997 年被设立为永久性校区。

博塞尔分校于 1997 年开始建设，是西海岸最大的湿地恢复项目，促进了这一地区的生态恢复。

华盛顿大学发展至今已成为世界顶尖的研究型大学，也是美国太平洋沿岸历史最悠久的大学之一。

5. 实习概要

（1）西雅图主校区

建筑师卡尔·弗里林海森·古尔德（Carl Frelinghuysen Gould）与合作伙伴查尔斯·贝布（Charles H. Bebb）共同完成了华盛顿大学校园规划及苏塞罗图书馆等重要的校园建筑设计。

校园的南侧被联合湾与波蒂奇湾所环抱，隔岸与西雅图市区相望，构成了该校园的基本地域环境。校园位于两条峡谷之间，教学区地势起伏，由东向西倾斜，校园的总体规划考虑到这一地形特点，将各个建筑区位于不同的标高，使各个区域的建筑群高低错落，校园绿地也顺应地形沿坡而上，创造了富于变化的校园景观。

红场（Red Square）是华盛顿大学的中央广场，每年举办各种学生活动的主要场地，广场铺满红砖，“红场”由此得名。广场是在 1909 年博览会遗留的开敞场地基础上建设而成，校园以此为中心伸出四条放射形道路，校园建筑大多以这些放射线为轴线，左右对称布置。

苏塞罗图书馆始建于1926年，是典型的哥特式建筑，气势宏伟。图书馆外部装饰的众多拱门镶嵌着著名思想家和艺术家的雕塑，门柱与窗框上都雕有复杂的花纹，尤其是二楼的每一个房间都镶有彩绘玻璃窗，在夕阳余晖的映照下会发出淡蓝色的光芒，更为这栋凝重而肃穆的建筑增添了不少璀璨的色彩。

德拉姆海勒喷泉（Drumheller Fountain）位于红场南侧，也被称为Frosh Pond。由红场到喷泉广场的道路两边种满了樱花树。喷泉广场最初是1909年博览会景观规划的核心，1961年为大学的百年庆典增设了中心喷泉，喷泉周围环绕着玫瑰花园。从红场南望，德拉姆海勒喷泉以及远处的瑞尼尔山（Mt Rainier）连成一条线，在晴朗的天气里可以清楚地看到屹立在远处的瑞尼尔山上白雪皑皑，景色十分优美。

人文广场始建于1916年，是由拉伊特（Raitt）、萨弗里（Savery）、戈文（Gowen）、史密斯（Smith）和米勒（Miller）大厅围合而成的一个室外庭院。院内种植着30棵吉野樱花，花期在3月中旬到4月上旬，是学校的标志性景点，也是学生们平时聚会和活动的场所。

（2）塔科马校区

塔科马分校由当地政府与华盛顿大学联合开设，是一所服务于城市的大学，通过社区参与的方式来促进当地的经济发展，开展与当地社区和地区有直接联系的研究，被认为是市中心振兴的最重要因素之一。

校园设计尊重了北太平洋铁路的传统，翻新改造了塔科马最古老的铁路工业建筑，保留了拥有百年历史的红砖建筑风貌，与塔科马城市面貌和谐统一。

（3）博塞尔校区

校园规划原则是尊重和保护当地自然特征。校园建设被分成了南北两个部分，南部为图书馆、活动娱乐中心、书店等建筑区域，北部为湿地区域，是华盛顿州最复杂的洪泛区修复项目之一，旨在恢复城市化流域内可持续发展的洪泛区生态系统，在校园的场地设计和管理之中运用了生态系统和恢复生态学的基本理论，遵循了生态可持续的理念。

3个校区各有其鲜明特点，主校区体现了深厚的历史人文底蕴，塔科马校区将校园建设与激活城市发展、改造工业建筑相结合，博塞尔校区则将校园与湿地恢复紧密联系，体现出生态的特色。不同校区组合构成完整的华盛顿大学体系。

6. 实习备注

西雅图校区

地址：Schmitz Hall 1410 NE Campus Pwy, Seattle, WA 98195

官网：http://www.washington.edu

提供免费参观和讲解，建议至少提前四周在校园官网预约。

塔科马校区

地址：1953 C Street, Tacoma, Wash

官网：https://www.tacoma.uw.edu

团体访问需提前四周在校园官网预约。

博塞尔校区

地址：18115 Campus Way NE，Bothell，WA 98011

官网：https://www.uwb.edu

湿地限制参观人数和时间，需提前在校园官网预约。

（张媛　朱德铭　编写）

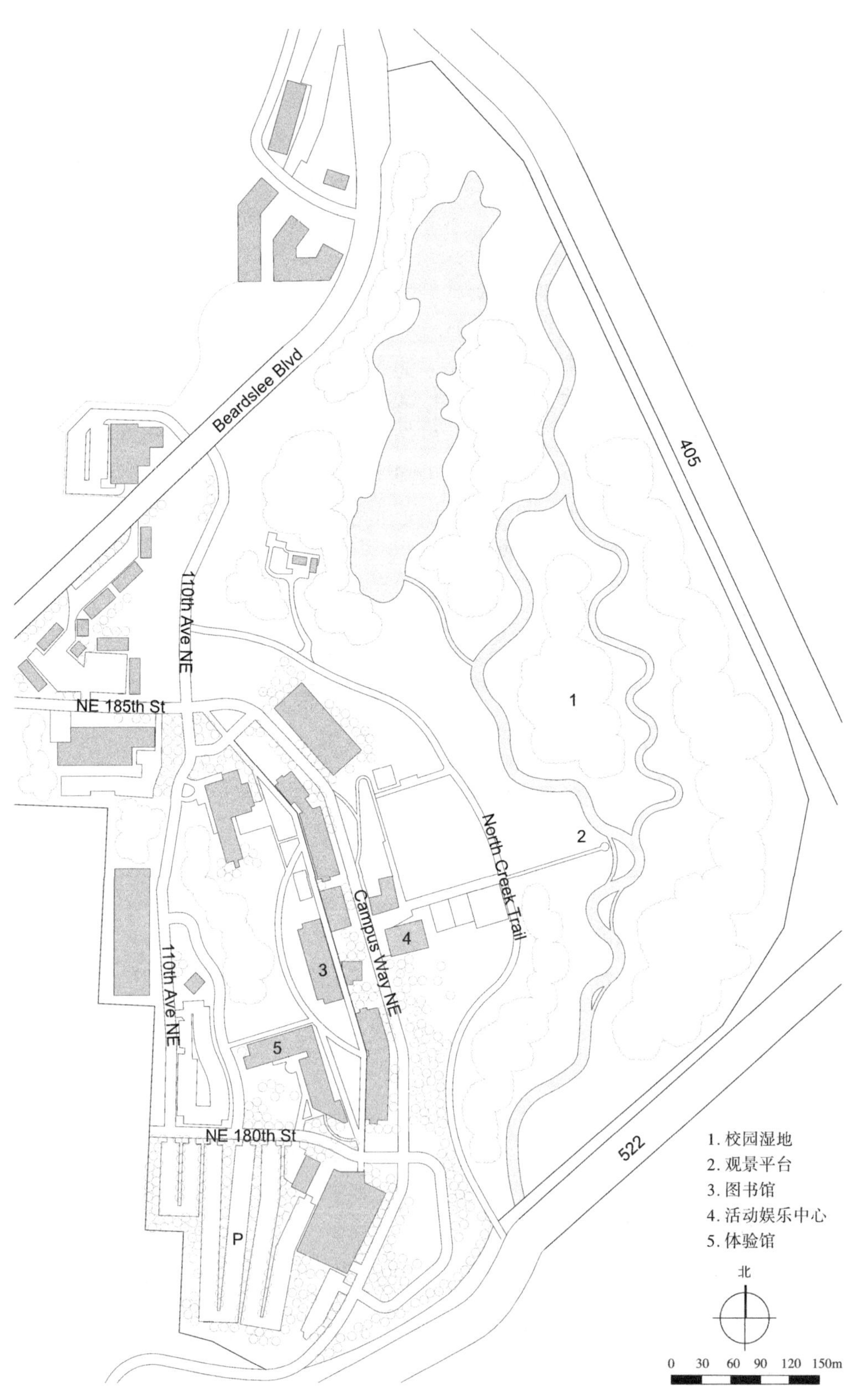

华盛顿大学博塞尔校区平面图

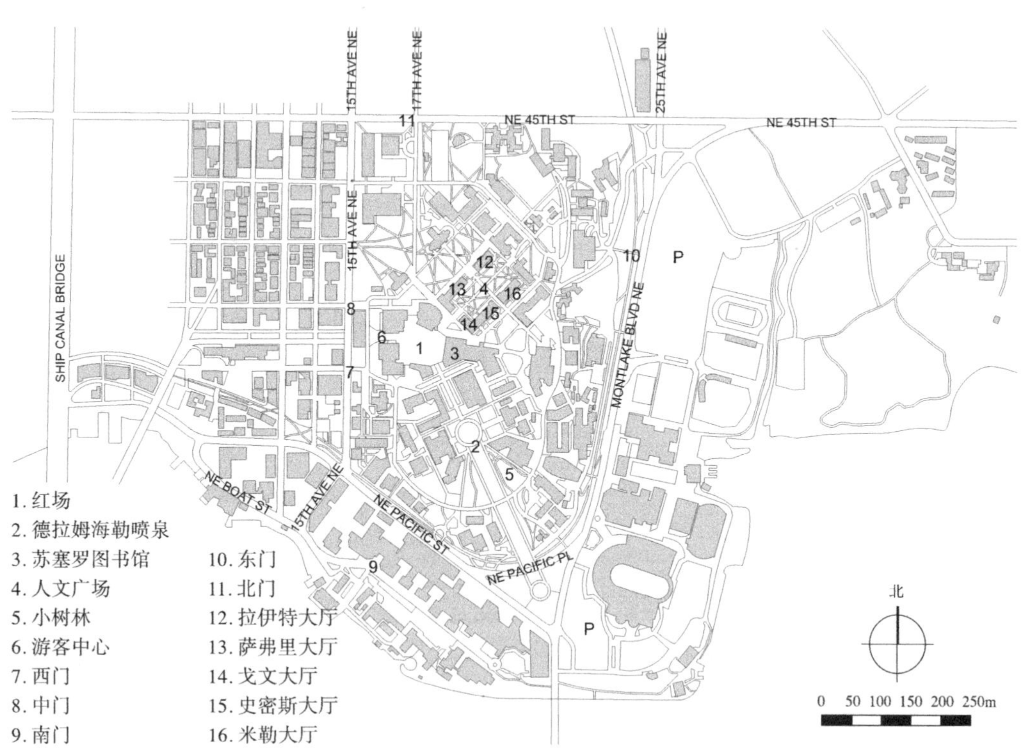

华盛顿大学西雅图校区平面图

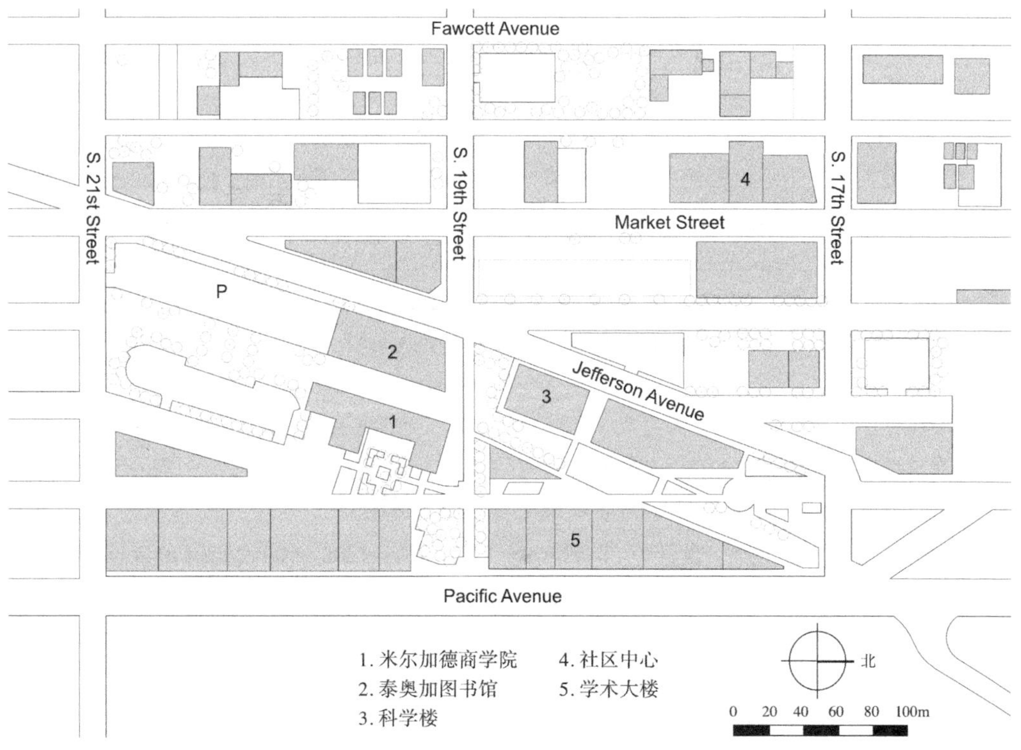

华盛顿大学塔科马校区平面图

贝尔维尤植物园
Bellevue Botanical Garden

1. 位置规模

贝尔维尤植物园（Bellevuc Botanical Garden）位于美国华盛顿州贝尔维尤市，是坐落在州际405号公路东面的威尔伯顿山公园（Wilburton Hili Park）的一部分，占地面积21.4hm^2。

2. 项目类型

植物园

3. 设计师

奥尔森·昆迪希建筑事务所（Olson Kundig Architects）

4. 实习时长

2.5 小时

5. 历史沿革

1947年，卡尔（Cal）和哈里特（Harriet）购买了这块约3.04hm^{2}土地用于建设郊野庄园。至1980年，他们把庄园赠送给当地政府以支持社区新兴的公园系统建设，政府遂进一步将其扩展为约14.57hm^{2}规模的绿地。植物园自1992年建成以来，由于政府支持、大量的社会捐助和协会帮助，得到了快速发展。

6. 设计概要

贝尔维尤植物园由人工花园、修复林地和天然湿地组成，展示了来自太平洋西北部区域的地域性植物。专类园包括岩石园、节水花园、日本园、倒挂金钟园、大丽花展示区、多年生植物花境以及乡土植物探索区等。

（1）岩石园：该极富景观特征的花园紧邻植物园入口，由北美岩石花园协会西北分会（Northwestern Chapter of the North American Rock Garden Society）负责维护。以裸露的岩石模拟适宜高山植物生长的地形，种植有高山花卉、高山铁杉等植物，景色优美。

（2）节水花园：该园曾被贝尔维尤市作为花园节水的示范点。设计者吉尔（Jil）和霍华德·斯特恩（Howard Stenn）选用当地耐旱的植物种类，充分展示了在园林绿地中如何践行环保节水的理念。园区结合导视系统生动地说明了如何建设和维护节能型花园，科普性极高。

（3）日本园：该园以贝尔维尤市的友好城市日本八尾市（Yao Japan）命名，由罗伯特·穆拉斯（Robert Muras）及其同事设计，种植有来自环太平洋地区的枫树、杜鹃和荚蒾等植物。

（4）倒挂金钟园：该园自1992年起由东区倒挂金钟协会（Eastside Fuchsia Society）负责栽培布置。这里展示了上百种适合在太平洋西海岸生长的倒挂金钟品种。每年夏天是该区域的最佳观赏期。

（5）多年生植物花境：其是全国最大的展示多年生植物的公共花园，由鲍勃·莉莉（Bob Lilly）、嘉莉·贝克（Carrie Becker）、查尔斯·普莱斯（Charles Price）和格伦·维斯（Glen Withey）设计；种植和维护则由美国西北多年生植物联盟（Northwest Perennial Alliance）的志愿者义务承担。该区植物种类丰富，植物景观效果突出，使该区域得到很多园艺专业杂志地认可，亦深受公众欢迎。

7. 实习备注

地址：12001 Main Street Bellevue WA 98005

邮箱：bbgsoffice@bellevuebotanical.org

电话：(425) 452-2750

（郝培尧　张丹丹　付甜甜　编写）

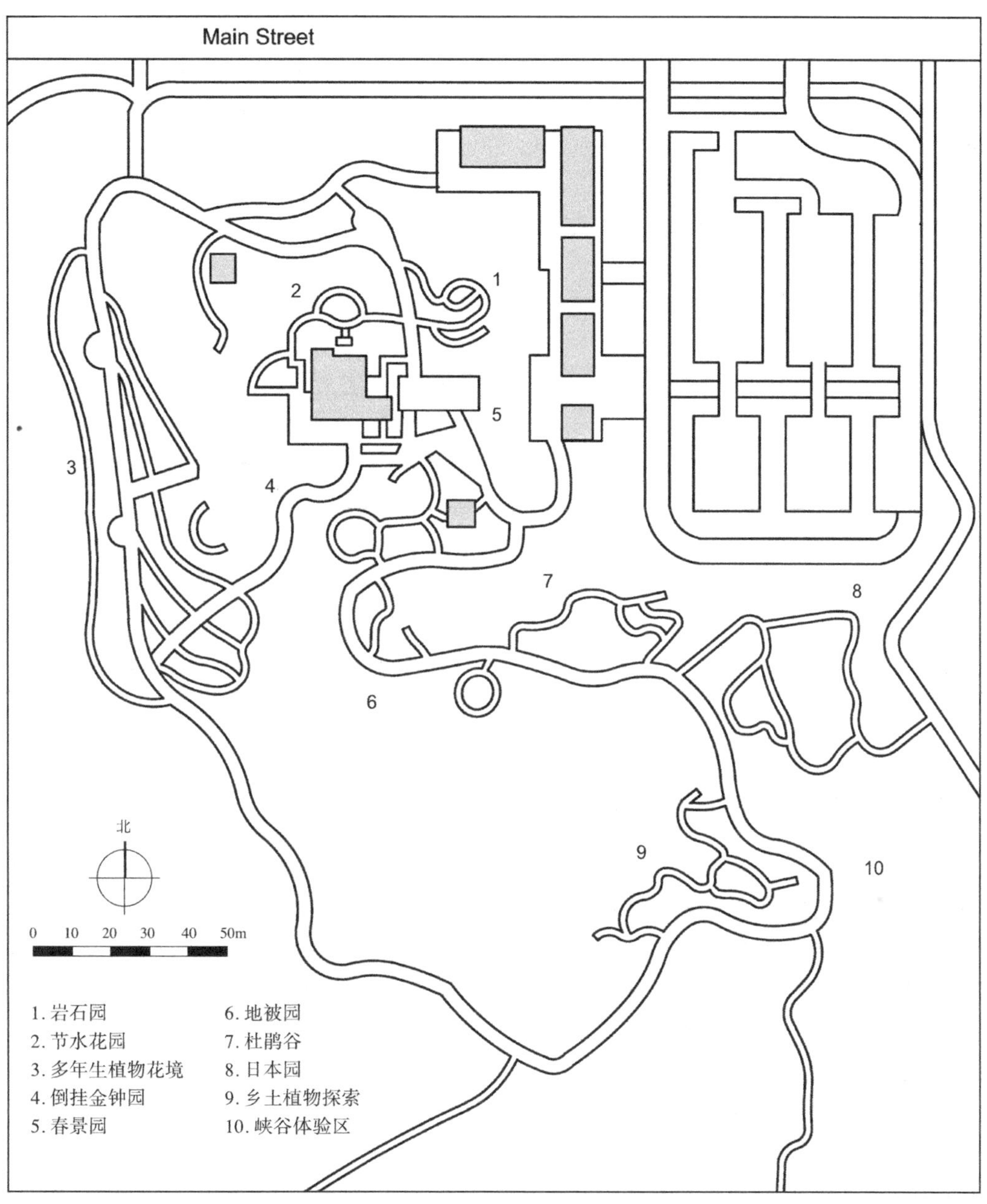

贝尔维尤植物园

（图片来源：摹绘自 https://bellevuebotanical.org/）

贝尔维尤换乘中心

Bellevue Transit Center

1. 位置规模

贝尔维尤换乘中心（Bellevue Transit Center）位于10850 NE 6th St, Bellevue, WA 98004，在东北第六街的一个街区，贝尔维尤市中心东北108街和东北110街之间。它是贝尔维尤的一个公共汽车站和未来的轻轨站。

2. 项目类型

公共建筑

3. 实习时长

15分钟

4. 历史沿革

贝尔维尤换乘中心最早于1985年开通，由东北第六街区的6个巴士站组成，耗资500万美元。在此之前，皮吉特电力大楼附近有一个临时交通枢纽，于1982年成立，后被取消。

2002年，该基地新建了一个耗资2100万美元的中转中心，增加了额外的巴士站，并作为捷运快线计划的一部分，对设施进行了现代化设计。第二年，作为项目第二阶段的一部分，在贝尔维尤换乘中心增加了额外的设施，如客户服务亭、自行车设施、公共厕所和警察局。2004年，贝尔维尤换乘中心还开通了通往405号州际公路的公共汽车和拼车直达坡道。之后，贝尔维尤交通中心被选为轻轨站的一部分，作为东环线延伸的一部分，由2008年的区域投票资助，计划于2017年开工建设，2023年开放。

5. 实习概要

贝尔维尤换乘中心是一个位于美国华盛顿州，贝尔维尤的巴士站和未来轻轨站。它地处于贝尔维尤市中心，是国王县东区的主要交通枢纽，为国王县地铁和捷运快线的20条线路提供服务。此外，贝尔维尤换乘中心也是捷运B线的西部终点站，它向东可达雷德蒙德，并在站内设有自行车储物架和残疾人通道。截至2016年3月，贝尔维尤换乘中心拥有12条国王县地铁路线和8条捷运快线，线路连接皮吉特湾声区，交通遍布当地和各县域，包括西雅图、柯克兰、雷德蒙德、林伍德、埃弗雷特、诺斯盖特和伊萨夸等地。此外，该中心还为乘客提供自行车储物架服务、乘车咨询服务、交通卡自动售卖服务和乘客乘车换乘服务。现在贝尔维尤换乘中心作为城市东环线延伸的一部分被选为未来城市轻轨站，此项目由2008年的区域投票资助，于2017年开工建设，计划2023年建设完成。该轻轨站将位于当前交通中心的东面，贝尔维尤市政厅的北侧，贝尔维尤市中心隧道的东端，和穿过405号州际公路通往威尔伯顿车站的一座高架桥的西端，沿着东北第六街区之间的110和112大道。该轻轨站将有两个入口，分别在东北第六街区的110和112大道上，并包括两个侧平台。

（赵润江　编写）

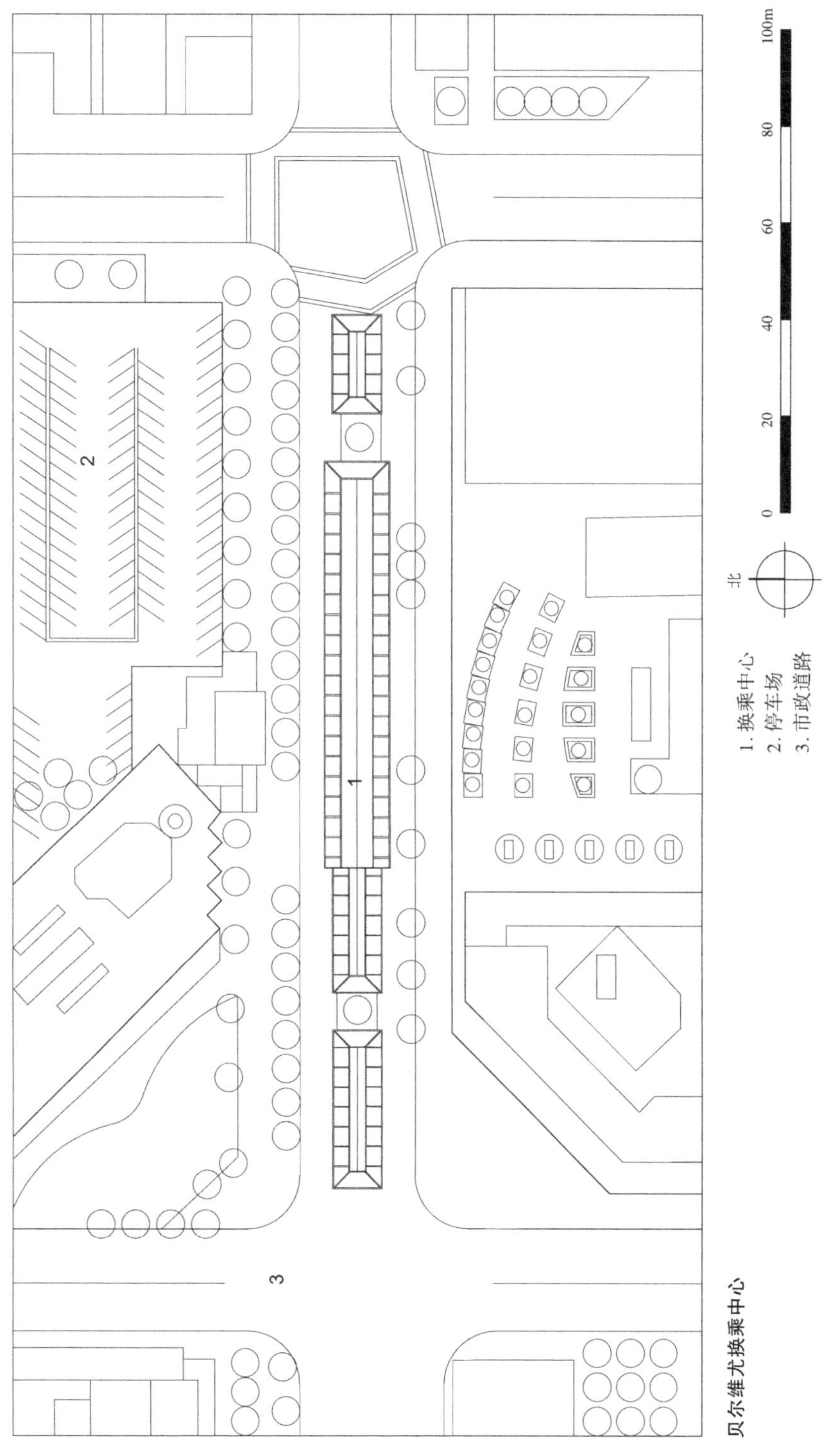

贝尔维尤换乘中心

贝尔维尤会议中心

Bellevue Conference Center

1. 位置规模

贝尔维尤会议中心（Bellevue Conference Center）位于贝尔维尤东北部第六街区，建于1989–1993年。总建筑面积约2.6hm^2。

2. 项目类型

公共建筑

3. 设计师 / 团队

设计师：霍华德·尼德尔斯·塔门（Howard Needles Tammen）和伯根多夫（Bergendoff），建筑师（公司）；科恩·佩德森·福克斯 [Kohn Pedersen Fox（KPF）]，建筑师（公司）；鲁宾·伯根多夫（Ruben Bergendoff）（建筑师）；谢尔登·福克斯（Sheldon Fox）（建筑师）；欧内斯特·伊罗纽尔·霍华德（Ernest Emmanuel Howard）（建筑师）；A·尤金·科恩（A. Eugene Kohn）（建筑师）；特里米勒（工程师）；伊诺克·尼德尔斯（Enoch Needles）（建筑师）；威廉·佩德森（William Pedersen）（建筑师）；亨利·塔门（Henry C. Tammen）（建筑师）。

4. 实习时长

1小时

5. 历史沿革

贝尔维尤会议中心也叫梅登鲍尔中心（Meydenbauer Center），位于贝尔维尤东北部第六街区，毗邻贝尔维尤市政厅和405号州际公路。该中心于1993年开业，是西雅图地区第二大会议设施。它包括54000平方英尺（约5016.76m^2）的活动空间，包括36000平方英尺（约3344.51m^2）的中心大厅，9个会议室，总面积12000平方英尺（约1114.84m^2），2500平方英尺（约232.25m^2）的行政会议套房，410个座位的表演艺术剧院和434个停车位。梅登鲍尔中心是一个自我维持的设施，由公共开发机构贝尔维尤会议中心管理局（BCCA）拥有和运营。直接向设施用户收费，餐饮，会议服务和贝尔维尤酒店 / 汽车旅馆税产生的收入为其运营费用提供资金。在2009年，该中心又增加了一个约232.26m^{2}的行政中心，包括3个会议室。梅登鲍尔中心每年会举办超过300场活动，包括会议、活动和贸易展览，每年有近20万名客人参加。这里为各种会议、大会、宴会、筹款活动和私人活动提供活动场所，便利的交通和灵活的空间能为6-3500人提供足够的活动空间。

6. 实习概要

2015年，梅登鲍尔中心聘请LMN建筑事务所（LMN Architects）对其进行室内改造，将展厅改造成一个多用途的特殊活动室。以便展厅的设施能更好地满足中心宴会和宴会厅客户的活动需求，同时也能继续适应贸易展览的灵活性。为了改变房间的特征，LMN通过将悬挂在天花板上的面板换为镜面铜色金属网作为新的天花板的设计来解决原来展厅天花板的平面问题。通过新的白炽灯系统提供适合舞厅活动的灯光，并照亮悬浮的网状面板，为下方空间提供温暖的铜光。在入口门正对面的重点墙壁上垂直悬挂相同的材料在切面铝制的墙板前，照明时，铜网和铝墙的组合为展厅提供了独特的重点墙，并将墙壁与天花板的温暖光线直观地连接起来。建筑由外观清晰地反映了内部空间及其体块构成，总体形态轻盈简洁，充满现代感。

（赵润江　编写）

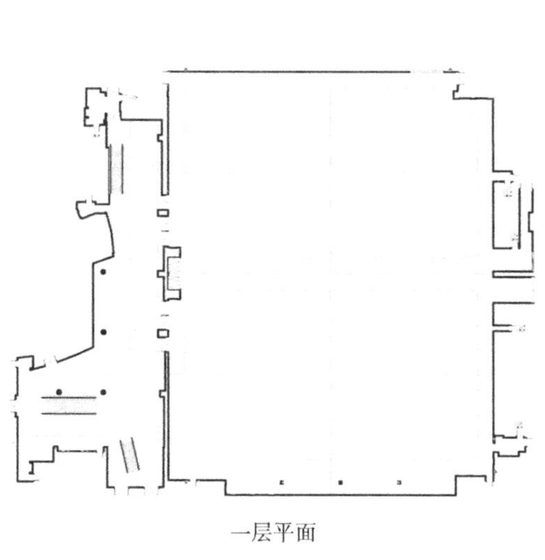

一层平面

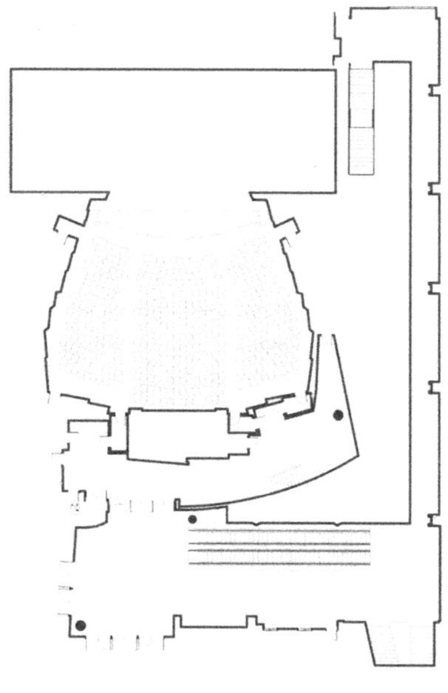

二层平面

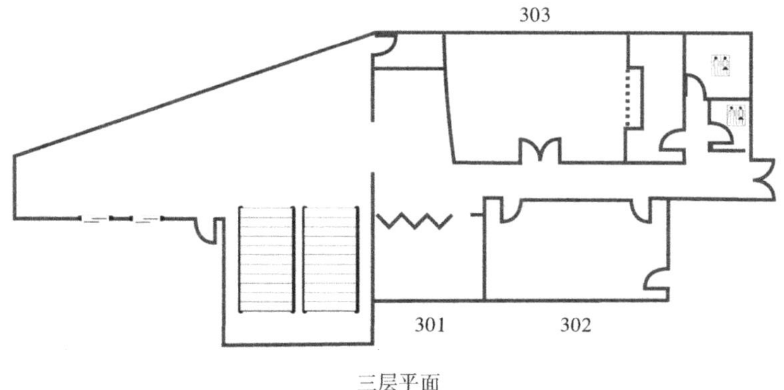

三层平面

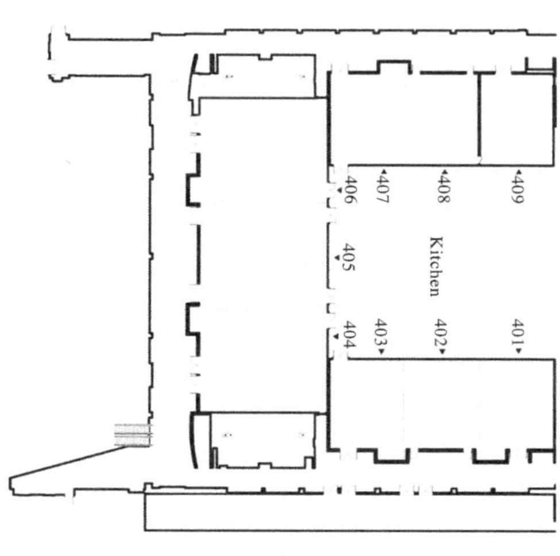

贝尔维尤会议中心各层平面图

四层平面

贝尔维尤区域图书馆
Bellevue Regional Library

1. 位置规模

贝尔维尤区域图书馆（Bellevue Rcgional Library）位于1111 110th Ave NE, Bellevue, WA 98004，贝尔维尤区域图书馆是最大的KCLS库，占地80000平方英尺（约为7432.24m^2）。

2. 项目类型

公共建筑

3. 设计师 / 团队

建筑设计：ZGF建筑事务所（Zimmer Gunsul Frasca Partnership）

4. 实习时长

1.5小时

5. 历史沿革

贝尔维尤图书馆早年于1965年奠基建造，位于主街11501号的贝尔维尤市政厅旁，由赖德诺尔（Ridenour）和科克伦（Cochran）建筑师设计。1991年扩建了1400平方英尺（约130.06m^2）。现今占地8万平方英尺（约7432.24m^2）的贝尔维尤图书馆于1993年7月1日开业。1995年获得美国建筑师协会（ALA/AIA）国家图书馆卓越建筑奖。从最初由志愿者在咖啡馆后面的几百个捐赠书籍的集合开始，成为今天的KCLS贝尔维尤图书馆，在一个大型通风的公共建筑中藏有超过60万本书籍、参考资料、电影、音乐和其他媒体，它还提供了最新的高科技和令人印象深刻的艺术收藏品。贝尔维尤图书馆的发展从一个侧面反映了它所在的区域，从小型农村社区到城市十字路口，金融和商业中心以及高科技中心的演变。

6. 实习概要

ZGF的设计意在将图书馆的传统形象演变为以社区为中心的多功能场地。该设计强调灵活性和开放性，通过一系列天窗构件，创造性地溶解了建筑物的较大体量，同时也突出了建筑的入口。室外露台花园位于一层结构的每个角落，如果需要可以作为第二层建筑的基底。贝尔维尤图书馆不仅是一个研究和阅读的地方，还为其访客提供了大量的公共艺术。甚至其附属的车库也设有许多美学设施，包括上层的格子和植物的外部“绿墙”。该图书馆的停车扩建项目也获得了美国建筑师协会华盛顿理事会颁发的2014年公民设计奖，主车库入口展示了西北艺术家巴斯特·辛普森（Baster Simpson）的装置艺术。图书馆室外的服务设施和舒适的休息区为人们提供了休息和放松的场所。许多参观图书馆的人还可以享受毗邻的阿什伍德广场（Ashwood Plaza），该公园与图书馆一起开发，这个临近的开放绿地承载了部分从图书馆出来的访客，受到了广泛喜爱。

（赵润江　编写）

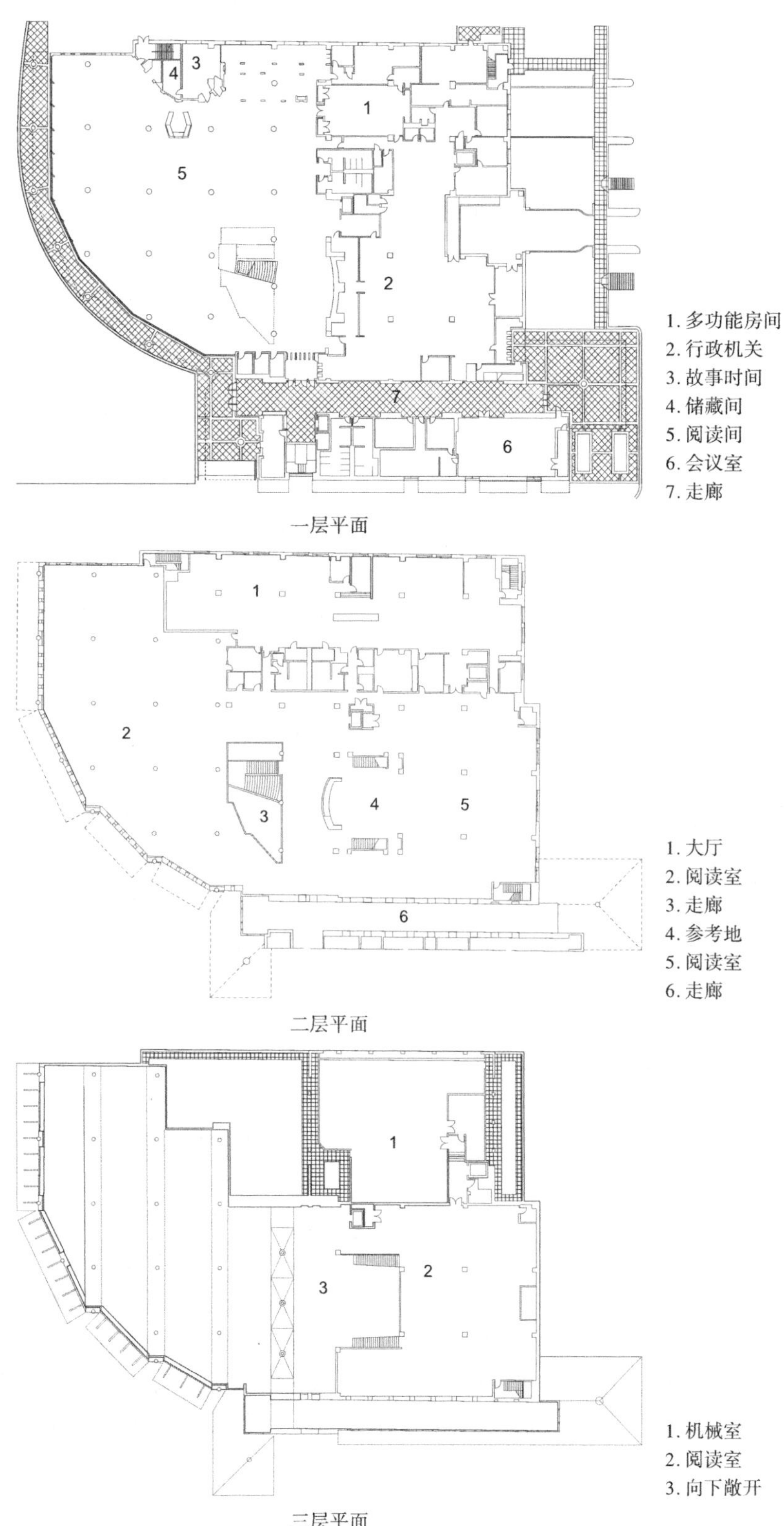

贝尔维尤区域图书馆各层平面图

贝尔维尤艺术博物馆
Bellevue Art Museum

1. 位置规模

贝尔维尤艺术博物馆（Bellevue Art Museum）位于 510 Bellevue Way NE, Bellevue, WA 98004。

2. 项目类型

公共建筑

3. 设计师 / 团队

建筑设计：史蒂文 · 霍尔（Steven Holl）

4. 实习时长

1.5 小时

5. 历史沿革

贝尔维尤艺术博物馆的历史要追溯到 1947 年的街头艺术展。经过几个临时地点，1983 年，它搬到华盛顿第三区的贝尔维尤广场，一个在贝尔维尤市中心的大型购物中心。2001 年，博物馆终于搬进了自己的大楼。这座独特的新建筑位于贝尔维尤广场的街对面，由著名建筑师史蒂文 · 霍尔设计。贝尔维尤的许多居民认为，这座建筑在把市中心从一系列商业区改造为一个拥有各种文化景点的老城的过程中扮演着重要角色。与传统艺术博物馆相比，贝尔维尤艺术博物馆没有永久收藏品。相反，它通过广泛的课程和研讨会强调教育和实践参与。

6. 实习概要

贝尔维尤艺术博物馆在方正的外观下隐藏着灵动的空间。霍尔往往不使用特定的语言进行建筑设计，他认为建筑应该是依据场地特有的内涵而设计。贝尔维尤艺术博物馆的空间特色主要从 3 个主要的顶层展厅体现，每个空间轻微地弯曲并在墙的末端结构处收紧。外部的墙体为一种特殊的喷制式混凝土构造，支撑里面轻量的钢结构框架。在整个建筑中，自然光和室内光有机融合，利用不同类型的光来对应不同的空间需求，该设计还关注光线如何散发出来以在夜间创建交互式灯光。三间开放式展厅内截然不同的 3 种灯光效果，反映出 3 种不同的时间与照明条件。“线形持续时间”在北边展厅光的平均分布下得到了充分的表达，“循环时间”与南照展厅的弧线穹顶中有其相似性，它的平面几何相当于太阳在北纬 48° 时的弧度。“碎片式或诺斯替时间”的概念则反映在工作室展厅的东西向天窗。

受到博物馆起源于街头集市的启发，地面上的大窗户加强了博物馆对社区的开放性。贝尔维尤艺术博物馆的玻璃和铝制入口通道为两层，游客可以通过接待大厅进入博物馆论坛。中庭空间：一条通往展厅的上行步行坡，在途中暂停的平地空间同时也用作为舞台。继续向上前行进入另一楼层的时候访客将抵达探索馆，这个展厅有两倍高的天窗空间，它与驻场艺术家的工作室相邻。当经过可观看中庭的平台时，步行斜坡引领到达建筑最顶层的主要展馆和光之阁。沿着南墙的 5 英尺（1.524m）宽的楼梯可以将游客带到二楼参观一个 4000 平方英尺（约 371.61m^2）的画廊空间。 沿着北墙顶部的悬浮楼梯将游客带到三楼，那里另外还有 8000 平方英尺（约 743.22m^2）的画廊空间。建筑户外平台延伸了博物馆顶层的功能。伴有阳光与风景地映衬，这些露台可作为室外课堂、展览以及仲夏夜活动使用，从此处观赏暮色下的天空尤其引人入胜。

（赵润江　编写）

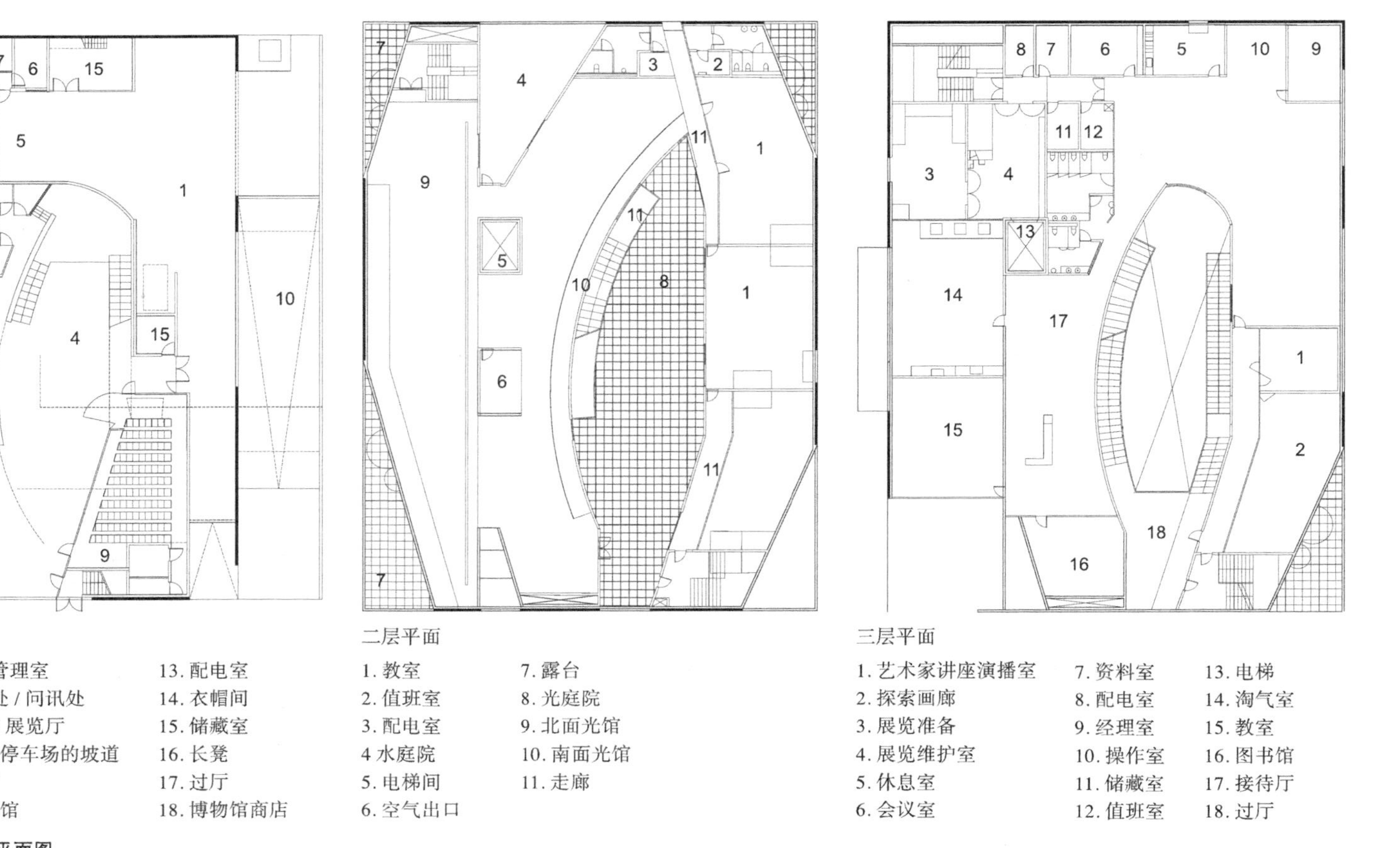

一层平面

1. 艺术品车库
2. 维修室
3. 电梯
4. 论坛厅
5. 装载室
6. 保安室
7. 建筑管理室
8. 售票处 / 问讯处
9. 礼堂 / 展览厅
10. 通往停车场的坡道
11. 餐厅
12. 咖啡馆
13. 配电室
14. 衣帽间
15. 储藏室
16. 长凳
17. 过厅
18. 博物馆商店

二层平面

1. 教室
2. 值班室
3. 配电室
4 水庭院
5. 电梯间
6. 空气出口
7. 露台
8. 光庭院
9. 北面光馆
10. 南面光馆
11. 走廊

三层平面

1. 艺术家讲座演播室
2. 探索画廊
3. 展览准备
4. 展览维护室
5. 休息室
6. 会议室
7. 资料室
8. 配电室
9. 经理室
10. 操作室
11. 储藏室
12. 值班室
13. 电梯
14. 淘气室
15. 教室
16. 图书馆
17. 接待厅
18. 过厅

贝尔维尤艺术博物馆各层平面图

贝尔维尤中心公园

Bellevue Downtown Park

1. 位置规模

贝尔维尤中心公园（Bellevue Downtown Park）位于 10201 NE 4th St, Bellevue, WA 98004，占地 105600 平方英尺（约 9810.56m^2）。

2. 项目类型

公园

3. 设计师 / 团队

景观设计：贝克利·迈尔斯（Beckley-Myers）

4. 实习时长

1 小时

5. 历史沿革

1984 年，贝尔维尤市为其中心公园的设计举办了一场国际设计竞赛。作为制定竞赛计划的第一步，向 55000 家企业和家庭分发了一项调查表，询问他们在市中心公园设想的内容。5000 名受访者中的大多数表示偏好以行人为导向的绿地。最终，贝克利·迈尔斯获得了中心公园的总体规划任务，并为其开发建设制定了几个阶段。公园的建设于 1987 年正式开幕。包括在公园西边界建造一个停车场；在公园西南角建造一个厕所和儿童游乐区；公园东南角的额外停车和重新定线；从公园的西北角移走一个建筑物。1997 年，面对市中心公园的各种利益竞争，该市被迫进行公共程序，以确定总体规划是否仍满足城市的需求。虽然一些规划设计细节被修改，但 1997 年的总体规划图和报告保留并重申了市中心公园的建设目的。2017 年，公园完成了一个大型扩建工程，包括完成环形长廊、改进停车设施、加强公园入口，以及一个新的“灵感游乐场”。

6. 实习概要

贝尔维尤中心公园有一条散步的圆形长廊；与长廊接壤的两排遮荫树，一条阶梯式运河及一个反射池塘；中央开放的绿地空间是一个占地十英亩（约 4.05hm^2），可以在贝尔维尤的城市天际线和雷尼尔山（Rainier Mt）的背景中野餐的草坪区。坐落在公园中心的树木用于纪念“一战”中阵亡的贝尔维尤老兵。

沿着公园边缘种植的遮荫树，引导人们进入公园的入口。在街道和长廊之间设计一些用于活动的小型公园场地，包括户外表演空间，野餐区和儿童游乐区（这些都在市民调查中名列前茅）。设计以能够为公园用户提供安全感和观赏性的方式组织景观，并且将贝尔维尤灵感游乐场和野餐区进行整合。虽然贝尔维尤中心公园已成为一个非常受欢迎的公园，但圆形长廊和入口仍未完工。 圆圈的未完成部分目前用作车辆入口和停车区域。

（赵润江　编写）

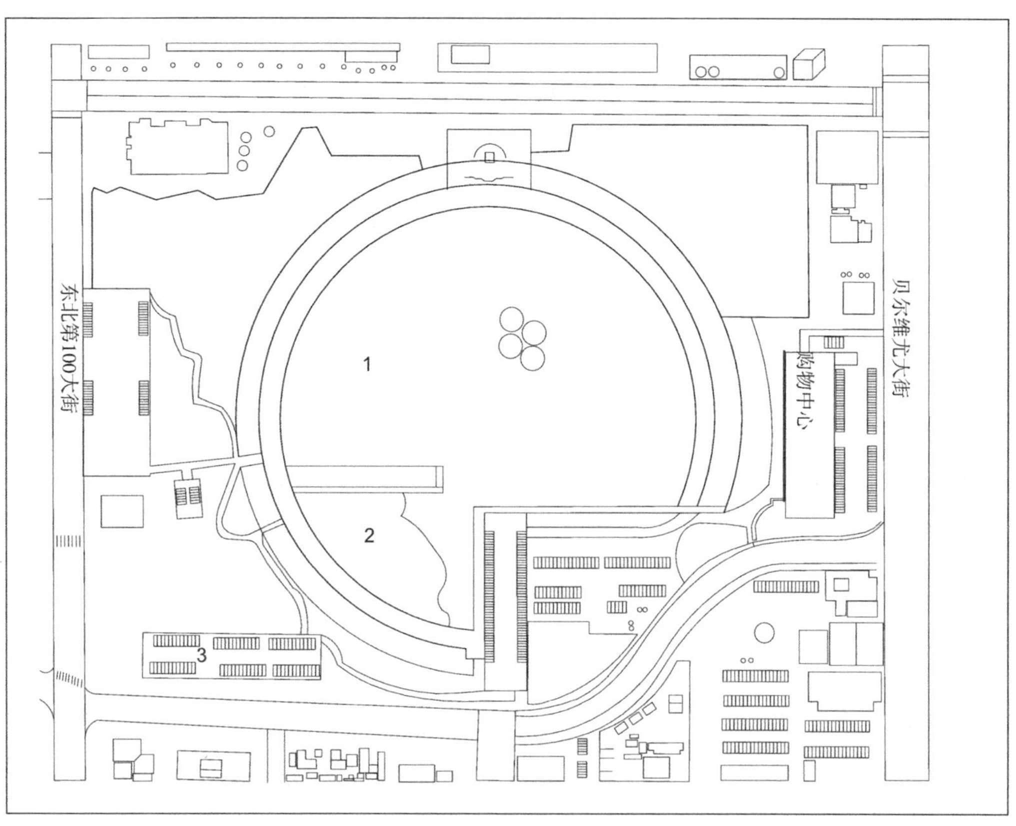

贝尔维尤中心公园平面图

1. 绿地
2. 湖
3. 停车场

北

0 100 200 300m

西雅图中央图书馆
Seattle Central Library

1. 位置规模

西雅图中央图书馆（Seattle Central Library）位于 1000 4th Ave, Seattle, WA 98104，中央图书馆是一座位于华盛顿州西雅图市中心的 11 层（约 56m 高）钢结构建筑。

2. 项目类型

公共建筑

3. 设计师 / 团队

建筑设计：大都会建筑事务所（OMA/LMN）主要建筑师：雷姆·库洛斯（Rem Koolhaas）

4. 实习时长

2 小时

5. 历史沿革

西雅图中央图书馆的许多设施都是著名的建筑作品。它们反映了几个不同时期的美学。早在 1891 年，西雅图市中心已经设有图书馆，但没有自己的设施，并且经常要搬迁。西雅图卡内基图书馆（Seattle Carnegie Library）于 1906 年开放，由彼得·韦伯（Peter J. Weber）担任美术设计。它坐落于第四大道和麦迪逊大街，是第一个设在自己专用大厦上的固定图书馆。第二个图书馆于 1960 年建设，共 5 层，占地 20000m^2，建在旧卡内基图书馆的遗址上。在 1972 年曾经改建，加设第 4 层。西雅图中央图书馆于 2004 年开放，是美国西雅图公共图书馆系统的旗舰馆，也是著名的解构主义建筑。它位于西雅图市中心，是一幢由 11 层（约 56m 高）的玻璃和钢铁组成的建筑。该建筑曾获得《时代》杂志（*Time*）2004 年最佳建筑奖。此后又相继获得 2005 年美国建筑师学会杰出建筑设计奖（AIA Honor Awards），美国图书馆协会杰出图书馆建筑奖（AIA/A LALibrary Buileling Areck）等。

6. 实习概要

西雅图中央图书馆作为西雅图 27 个城市图书馆之首，包含了办公总部、阅览室、展架、会议层、公共大厅、儿童区域、礼堂，以及 4600m^2 的停车场。建筑形体随着平台面积和位置的变化形成新奇的多角结构，若干分置的“浮动平台”就像置身在一个巨大的蜘蛛网中，建筑外观独特而突出。

西雅图中央图书馆在设计上重新定义了图书馆，不仅专注于图书的储藏，同时也利于各种信息的储藏和交流。在信息化时代，信息能够在任何地方被访问，通过各种媒体手段，更重要的是，它们被管理的需求，使得图书馆的地位更加突出。当代图书馆的灵活性，就好像是一块能够容纳任何活动形式的地板。内容不是分离的，房间或个人空间都不是面向任何确定的个体。为了回应这种灵活性，图书馆需要对活动进行组合，同时也与其他信息资源进行区分。库哈斯确立了“五个平台模式”，各自服务于自己专门的组群。这 5 个平台分别是：办公、书籍及相关资料、互动交流区、商业区、公园地带。它们从上到下一次排布，最终形成一个综合体。平台之间的空间就像交易区，不同平台的交互界面被组织起来，这些空间或用于工作，或用于交流，或用于阅读，有一种特别的空间交融的感觉。

（赵润江　编写）

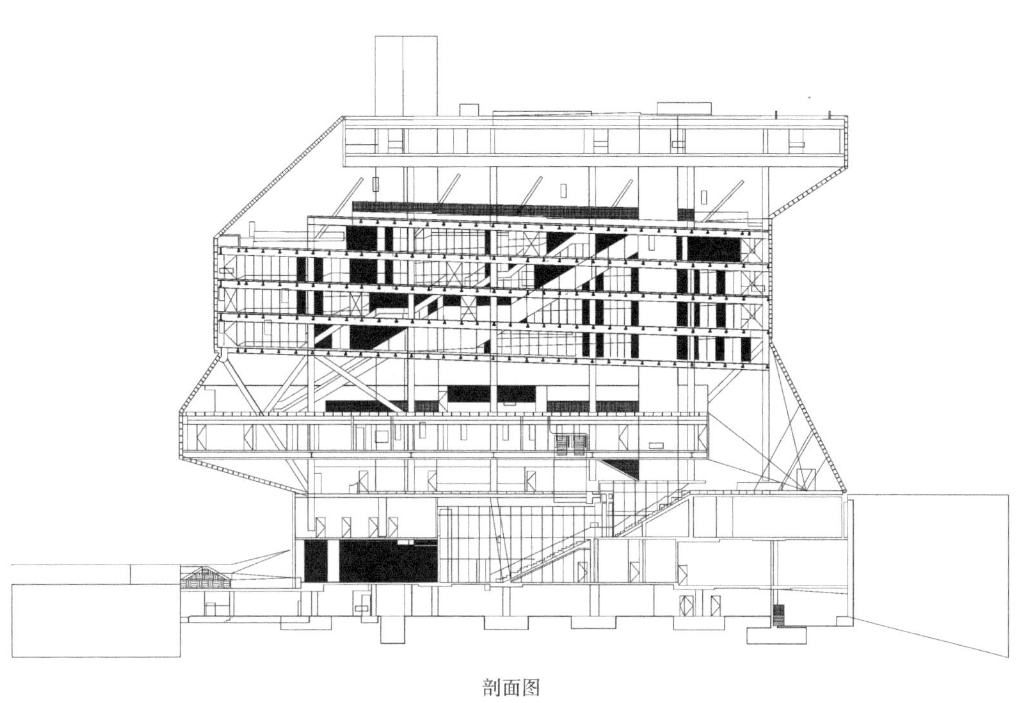

剖面图

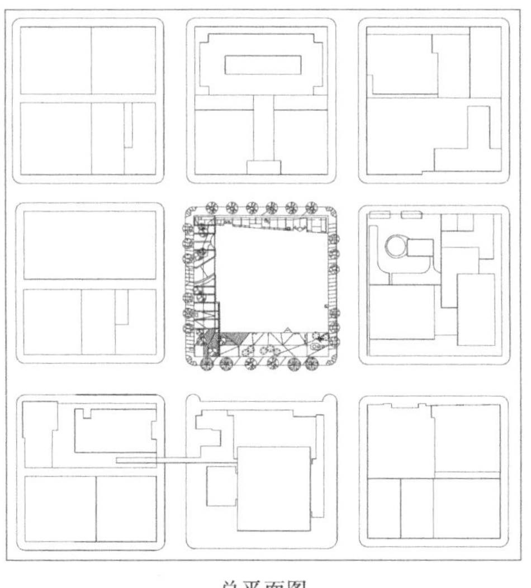

总平面图

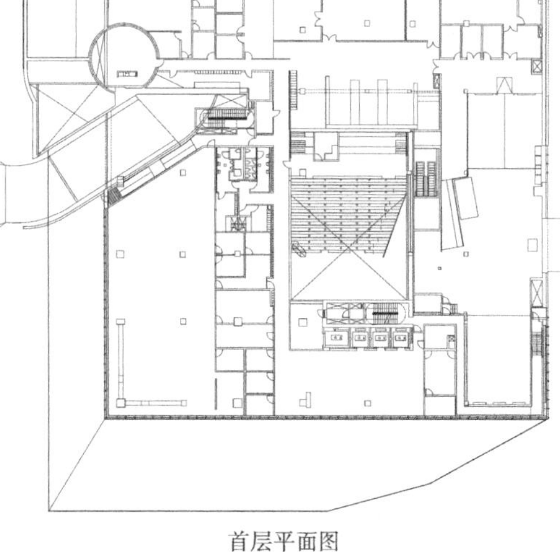

首层平面图

西雅图中央图书馆各层平面图

加拿大

温哥华会议中心扩建项目

Vancouver Convention Centre Expansion Project

1. 位置规模

温哥华会议中心（Vancouver Convention Centre）位于温哥华市中心心脏区的煤港（Coal Harbour）之滨，是加拿大最大的会议中心之一。中心分为东西两翼，共有 43340m^2 的会议展览空间，其中西翼占 30980m^2，建成于 2008 年，为此案例介绍的扩建项目。它完善了将斯坦利公园、煤港水滨和原有会议中心（东翼）相串接的公共开放空间链。西翼大楼的绿色屋顶达 2.4hm^2，时至开放之日为加拿大之冠、北美最大的非工业性质的生态屋顶。扩建项目还包括了 5800m^2 的广场和海堤漫步道。

2. 项目类型

市政设施与公共空间综合体

3. 设计师 / 团队

扩建的西翼建筑由来自美国西雅图的 LMN 建筑师事务所设计，他们的项目类别多样，包括校园、城市、社区和私人领地。作为会议中心设计专项的先锋，其 80 多个会议中心作品遍布世界各地。会议中心的景观部分由温哥华的 PWL 景观师联盟公司（PWL, Partnership Landscape Architects Inc）完成。它成立于 1976 年，具 40 年公共和私人领域的景观设计经验，作品遍及加拿大、美国乃至世界范围。

4. 实习时长

1.5 小时

5. 历史沿革

温哥华会议中心，后称为会议中心东翼，坐落于加拿大广场（Canada Place）内，于 1987 年初始开放。它地处的市中心滨水地带是加拿大最忙碌的港口，曾为最早的开拓者服务，饱含丰富的历史和繁荣的活动，并不断蓬勃发展。会议中心后扩建的西翼部分位于加拿大广场略偏西，项目于 2004 年动工、2008 年完工、2009 年 4 月开放，它的绿色屋顶式建筑的建成为城市中心带回了已消失 150 年之久的生态栖息地。2010 年，温哥华会议中心西翼作为第 21 届冬季奥运 / 残奥会国际转播和媒体中心，成为全球上百万观众的聚焦点。此处的广场为纪念已故的温哥华奥组委主席杰克·普尔（Jack Poole）被命名为杰克·普尔广场，而户外冬奥会圣火亦设于此。会议中心西翼本是依据 LEED（能源与环境设计先锋 -Leadership in Energy and Environmental Design, 由美国绿色建筑协会 -USGBC, United States Green Building Council 创立的建筑设计评估系统）金标准设计，结果获得了由加拿大绿色建筑协会（CaGBC, Canada Green Building Council）颁发的 LEED 白金认证，是全球首次获此最高认证的会议中心，成为大型市政建筑可持续发展建设的典范。2010 年度，此项目在建筑设计领域获由健康城市绿色屋顶（Green Roof for Health Cities）颁发的绿色屋顶优秀奖（Green Roof Award of Excellence）等众多奖项，在景观领域获加拿大景观师协会（CSLA）国家荣誉奖。

6. 实习概要（扩建项目景观部分）

温哥华会议中心西翼扩建的公共开放空间包括一个壮观的城市广场、系列公共聚集场所，绿色屋顶以及通往煤港海滨和市中心的海堤漫步道，在设计处理上天衣无缝地将温哥华标志性的海堤景观进行了延展和完善。景观师在整个项目中面临两大设计上的挑战，一是如何将新旧两部分造型迥异的会议中心建筑有机结合，并解决西端12m的高差问题，二是寻找创新的种植方案以解决整体结构构筑在甲板上带来的种植难题。针对第一项，在设计手法上主要通过硬质景观材料的运用来达到统一效果，其中铺装材料和图案成为道路识别系统的有效机制，而座凳和扶手等细节则给项目庞大的户外空间带来视觉上的一体感。在12m的高差处，景观师与建筑师配合，营造了一个带坡道的大台阶，以连接现有的港湾绿色公园和其上方的广场。第二项难题中，基于整个构筑物都是构建在甲板之上（约使用了1000个左右的桩子），其中40%还是浮于水上，采用传统的种植方式是不可能的。至于广场的做法，目标是可容纳8000人，却并没有提供栽植树木所需的足够深度及结构上的支撑。景观设计通过以种植池来划分界定出较小尺度的沿广场外围边缘带系列空间来缓和广场规模的庞大感，创造出更为亲切、舒适和具使用弹性的场地。景观师还与结构工程师合作调整高架桁架结构以方便种植。调整后的桁架可容纳足够的栽培介质，为项目南侧沿边界地段提供了连续的行道树栽植沟槽。设计采用具地域特色、可持续的材料语汇，包括取材于本地的生长介质、植物品种、栏杆、混凝土、玄武岩铺地及透水铺砖。雨水渠穿越广场，并在街道的端头清晰地表达出区域的标识，凸显这一西海岸特色。从建筑收集的废水经处理后为绿色屋顶和广场种植提供灌溉。绿色屋顶这个独特的生态系统是建筑在30cm厚的生长介质之上，有26种来自海湾群岛的本土植物品种，为鸟类、昆虫和小型哺乳动物提供了自然生态栖息地。它同时起到隔热体的作用，在夏季可以隔绝95%的热量吸纳，冬季则减少热能损失达26%。PWL完成的温哥华会议中心西翼扩建项目涵纳了北美最大的非工业绿色屋顶以及目前温哥华最大的广场和公众聚会、节庆场所，其简洁的景观设计与复杂的建筑、工程系统形成了令人称奇的对比。

7. 实习备注

地址：1055 Canada Place, Vancouver, BC V6C 0C3

电话：001(604)689-8232

（陈彤春　路斌　编写）

罗布森广场
Robson Square

1. 位置规模

罗布森广场（Robson Square）位于温哥华市中心，总空间面积 120774m²，融合了省法院、不列颠哥伦比亚大学市中心卫星校区、政府办公区和连接温哥华美术馆的公共空间，形成横跨三个街区的建筑、广场和花园综合体，被描述为“横卧的摩天楼”，是市中心的地标。

2. 项目类型

城市综合体

3. 设计师 / 团队

20 世纪 70 年代末，加拿大杰出建筑师、城市规划师阿瑟·埃里克森（Arthur Erickson）和第一景观设计师科妮莉亚·奥伯兰德（Cornelia Oberlander）共同设计了罗布森广场。

埃里克森（1924 年 6 月 14 日 -2009 年 5 月 20 日），先后就读于不列颠哥伦比亚大学和麦基尔大学，代表作有西蒙·弗雷泽大学本拿比校区、UBC 人类学博物馆、温哥华省法院和罗布森广场、圣地亚哥会议中心、洛杉矶加利福尼亚广场、华盛顿州塔科马玻璃博物馆。他的卓著成就和创新设计为他赢得了美国建筑研究院（AIA）最高荣誉的金奖（1986 年）和其他多种荣誉奖项。作品突出特色是通常采用现代混凝土结构，设计上回应气候等自然条件及场地环境。

奥伯兰德（生于 1921 年 6 月 20 日）毕业于哈佛大学，因她的景观设计与整体建筑项目完美地融为一体，又往往加入其独特的新视角而著名，她与国际知名建筑大师合作的作品遍及加拿大和美国，包括与伦佐·皮亚诺（Renzo Piano）合作的纽约时报大厦，与摩西·萨夫迪合作的加拿大美术馆，以及与阿瑟·埃里克森合作的罗布森广场和 UBC 人类学博物馆。2011 年获世界景观师协会（IFLA）最高荣誉奖杰弗里·杰利科爵士奖，2012 年获美国景观师协会（ASLA）最高荣誉勋章。

4. 实习时长

1.5–2 小时

5. 历史沿革

场地原本规划的不列颠哥伦比亚中心是一座 208m 高预计全市最高的摩天楼。1972 年社会信用党败北，即将启动的工程随之作废。新任新民主党政府考虑到摩天楼巨大阴影带来的负面效果，委托建筑师埃里克森重新规划设计。埃里克森说“让我们将它躺倒，使人们从上面走过。”然后他这般规划主建筑体：一端是法院，代表法律，另一端是博物馆，代表艺术，两者是社会的根基，其下方政府办公区默默地支撑着它的人民。

6. 实习概要

温哥华市议会希望将罗布森广场变成一个有自然、有人文、有休闲娱乐的综合类广场。既能提供日常的休憩，又能举办中型甚至大型的文娱活动，让这里成为温哥华第一步行街。

西起（Hornby）街、东到（Howe）街，接近于正方形，左上方是大家都熟悉的温哥华美术馆。整个罗布森广场采用水泥结构，会强化排水系统、设置现代风格的“家具”、配置很多木制长椅、玻璃装饰、灯光系统以及艺术作品。

在风格上，也会和温哥华市中心的建筑风格相吻合，总体偏现代感、简约感。

温哥华市中心因为寸土寸金，除了西区之外，绿地资源都不多，尤其是缺少树木。但此次罗布森广场改造计划却特别强调了这一点：

树，是不能吝啬的！于是，新罗布森广场的左侧、右侧、左下、右下和中间，都有树木覆盖，绿化率超过四分之一。不仅能成市中心的娱乐休闲中心，甚至还能成为钢筋混凝土高楼间的“绿色心脏”。

罗布森广场左右的斑马线，变成了“斑马网”，人行道面积特别大，在绿灯的时候不仅可以到马路正对面，还能斜穿马路到斜对面。得益于人行道够宽，每一次过去的行人数量也能很多，这样的人行道设计，能让该区域的道路通行更加有效率。

罗布森广场轮廓低调而呈现出带状城市台地公园风貌，场地南端现代风格台地式的新法院建筑和北端新古典风格的由老法院改建的温哥华美术馆分别锚定平衡了整个综合体。跨越隐蔽在下方的政府办公区，连接的是一条屋顶步行广场空间主脊，全长 85m 的水池分三级跌落，成为自然空气调节器，并遮掩了周边的城市噪声。规则式的沉降广场突出了公共空间特色，出人意料的如田园牧歌般的私密区域交织贯穿其中，隐蔽与开放的结合使得空间感受产生对比变化的节奏，并能相应提供各种公共设施和活动功能。一些绿色围合环境适于安静休憩，另一些开放场地用作溜冰场和露天剧院，靠近罗布森街的沉降广场是温哥华市唯一的户外公共溜冰场。设计的每个细节都考虑到鼓舞城市公共生活，譬如广场落差处采用对角线坡道结合条带状阶梯的布局，形成独特创新的之字形无障碍设计。设计师个性化地运用现浇混凝土，并大量采用本土植物，将自然引入城市，以绿色和灰色的基调影射出温哥华的自然环境，创造了一个大胆标新的现代城市作品。

罗布森广场于 1979 年荣获美国景观设计师协会总统勋章奖，被评为景观与建筑在一致性和连贯性上卓越结合的典范。加拿大皇家建筑研究院（RAIC）于 1982 年授予其总督金质勋章奖，2011 年又授予 20 世纪大奖，并评价这个巨大的城市地标通过它辉煌的水平向延展、错综的景观台地和水池瀑布系统向人们展示了西海岸独特的空间关系感觉。它以桥接法律与艺术的方式，将致高的文明期望缩影于这个城市纪念碑中。

7. 实习备注

地址：Robson Square Artisan Market, 800 Robson St, Vancouver, BC V6Z 3B7

电话：001 (604) 822-3333

（陈彤春　路斌　石金荣　编写）

斯坦利公园
Stanley Park

1. 位置规模

斯坦利公园（Stanley Park）位于不列颠哥伦比亚省温哥华市的市中心海滨，几乎完全被温哥华港和英吉利湾的水域环抱，只在南端与市中心接壤。公园总占地405hm^2，是北美第三大规模的城市公园，每年游客量约800万人。

2. 项目类型

大型城市公园

3. 设计师 / 团队

不同于其他大型城市公园，斯坦利公园并非是某个景观设计师的杰作，它的形成是森林与城市空间经过多年演变的结果，它被认为极具历史价值，正是因为体现了自然环境和人文因素长期发展中的相互关系，它也可以被说成是市民们通过文化休闲活动自己去创建经营的一处城市绿洲。

4. 实习时长

4–6 小时

5. 实习概要

（1）温哥华海堤和步行道系统

海堤适宜步行、慢跑、骑行、溜旱冰甚至垂钓活动，它是双道结构，一条给溜旱冰和骑行者，另一条给行人专用，前者是反时针方向的单行线环路。沿环绕整个公园的步行道走一圈大约需要2-3小时，骑行一圈约1小时。公园内部还有超过27km长的森林小径。

（2）小火车

有季节主题、可乘坐游玩的小火车是一项温哥华传统节目，尤其对于有小孩子的家庭。

（3）海狸湖（Beaver Lake）

海狸湖是一处树木环抱的休憩地，湖面几乎整个被睡莲覆盖，这里是海狸、鱼和水鸟的乐园。海狸溪，温哥华仅存的少数活水溪流之一，将海狸湖与太平洋的水域相连通。海狸溪也是在温哥华地区三文鱼每年依旧洄游产卵的两条溪流之一。

（4）罗斯特泻湖（Lost Lagoon）

罗斯特泻湖位于公园南端与市中心接壤处，临近乔治亚街入口，拥有16hm^2纯净的水面，是天鹅、加拿大鹅和鸭子等多种水鸟的栖息地。

（5）温哥华水族馆（Vancouver Aquarium）

水族馆目前拥有来自世界各地的700多个动物品种，类型包括鲸鱼、海獭等海洋哺乳类、树懒等陆地哺乳类，及大量海洋和淡水鱼类、水生和陆生无脊椎类、两栖爬行类和鸟类。水族馆建筑物的自然色调和结构限高使其掩形于斯坦利公园茂林的环抱中。馆内还有一座4D影院。

（6）人工地标和纪念性构筑物

公园内最古老的人工地标是一座1816年的海军军炮，位于罗布克顿陆尖（Brockton Point）附近。公园内还有大量的纪念性构筑物，包括雕像、纪念碑和纪念花园。其中有日裔加拿大人战争纪念碑——一座耸立的石灰石衣冠冢和两列日本樱花树，有诗人罗伯特·伯恩斯（Robert Burns）、奥运会田径赛跑运动员哈里·杰罗姆（Harry Jerome）和“着潜水装的少女”雕像。

（7）其他设施

斯坦利公园内娱乐设施十分丰富，有沙滩、海滨游泳池、喷水公园、花园、游戏场、网球场、一个18洞的推杆高尔夫球场及一处用于跑道运动、橄榄球和板球运动的布罗克顿大椭圆。一座露天剧场，仿好莱坞大碗（Hollywood Bowl）的玛尔金大碗（Malkin Bowl）露天剧场，是“星光剧院”（Theatre Under the Stars）举办夏季音乐会的场所。

6. 实习备注

地址：Vancouver, BC V6G 1Z4

电话：001（604）681-6728

（陈彤春　路斌　编写）

温哥华斯坦利公园平面图

西蒙·弗雷泽大学本拿比校区

Simon Fraser University at Burnaby

1. 位置规模

西蒙·弗雷泽大学（Simon Fraser University，简称 SFU）主校区位于加拿大不列颠哥伦比亚省毗邻温哥华地区的本拿比市，距温哥华市中心 20km。校园坐落于 370m 高的本拿比山山巅（Burnaby Mountain），占地 $1.7km^2$，可容纳 3 万多名学生和 950 名左右的教职人员。

2. 项目类型

大学校园

3. 设计师 / 团队

SFU 本拿比校区的规划设计是加拿大最杰出的建筑师、城市规划师阿瑟·埃里克森（Arthur Erickson）的成名之作，为他赢得了世界声誉，从此开启了他辉煌而漫长的职业生涯。关于这位建筑师的详细介绍请参看温哥华市罗布森广场项目的设计师一栏。

4. 实习时长

1.5 小时

5. 历史沿革

1963 年，新建的西蒙·弗雷泽大学首任校长戈登·施勒姆博士（Dr. Gordon Shrum）组织举办了一场本拿比校区规划设计竞赛，竞赛目的是选出 5 名优胜者，其中一名将被授予 SFU 总体设计一等奖，担任校园建造的总督导，其余 4 名则将获邀分别参与建设的一个部分。设计要求指南思想源自施勒姆校长对于一所新建大学所必需具备的功能的理解。其中的建议有学生能够方便地从校园一处移动到另一处而不需走出校园，大讲堂要相对集中而不是分散在整个校园，最重要的一条，SFU 在 1965 年建成后所将呈现出的面貌应与 30 年后大体是一致的，换言之，就是它应当看去既是个既成品，又包含发展扩大的潜质。同年 9 月竞赛结果揭晓，第一名胜出者便是来自不列颠哥伦比亚大学（UBC）年轻的建筑学教授阿瑟·埃里克森及他的合作伙伴杰弗里·马西（Geoffrey Massey）。他们的设计极具创新，且符合所有设计要求，成为评委们的一致选择。此后的两年是工期紧迫的实施阶段，校园于 1965 年 9 月按时竣工开放，继而在全世界被广泛视为一项成功的建筑规划范例。如今，经历了大幅度扩展的校园依然保持着初建成时的风貌。校园多年来荣获了众多建筑设计类的奖项，其中包括 2007 年度加拿大皇家建筑设计研究院颁发的 20 世纪奖（Prix du XXe siècle, Royal Architectural Institute of Canada）。

6. 实习概要

（1）理念

SFU 本拿比校区的设计在几个主要方面被视为具创新性。首先，校园的山顶位置启发设计师放弃采用较为张扬的多层建筑的形式，转而从雅典卫城和意大利山区小镇中汲取灵感，将山体纳入设计自身中。这一理念在设计的很多方面都有显著体现，比如建筑物呈阶梯台地状并与周围景观轮廓保持和谐，建筑自身强调水平方向而非垂直方向的扩展。另一个创新之处是设计师摒弃传统的院系分隔、各成独立的建筑群落的形式，强调大学应表达出知识的普及性而非专业化，相信智慧的思想产生于交流的过程而非隔绝的状态，他希望促进跨学科的工作，在教研人员和学生间建立更为密切的关系。为此，设计的建筑组群将容纳几个院系及其教室空间，通过减少转换教室所耗费的路途时间来方便师生，并培养一种亲密的学习氛围，实现“新大学应成为一个学习的社区”

的理念。作为大学，SFU 存在的一个重要问题就是远离城市，显得与世隔绝，为了克服这一鲜有的自身缺陷，总体规划把入住 5000 至 1 万学生的可能性作为一项必要的建设步骤，校园被有意识地设计成类似一个城市综合体，在那里，师生们日常浸泡于整个大学社区，高度的社区融入感成为校园文化的基调。

（2）手法

设计师将一条沿着山脊线横贯东西的轴线作为校园的主脊，沿此主轴线由东向西依次布置了学院区、文化区、校园入口区、娱乐区和居住区。以中部入口区为交通枢纽，东端的学院区和西端的居住区锚定两头，全部重要设施都集中于主脊上，主脊以一个全天候步行系统贯通。设计的具体入手点是东端学院区中心的学院四方庭（Academic Quadrangle)，源自牛津剑桥等名校的传统：一条名为“哲人之路”的步行道围绕中心一片静静的绿色空间。四方庭南侧是科学教区，北侧是人文教区，两者通过地下一个由讲座厅围合的中央大厅相连通。占据四方庭上层一圈的是小型会议室及更亲切的教学区。教授们的办公室均匀分布其间，使得他们容易贴近学生。为营造一种沉静的氛围，四方庭必须是一个 4 个立面没有变化的完美的正方形，极尽单调以至于只有头顶的天空、下部的眺望台和内围的花园才会引发人注目。廊柱结构托起上部的两层楼，立面上重复使用的遮阳百叶板与附近集散庭和图书馆的垂直向线条元素相呼应，使整个中央校区呈现出近乎古典的感觉。由四方庭沿主轴线向西，是第二个重要组成空间 – 文化区中心的集散庭，相当于大学的社交交叉口，周边成组围绕布置了所有的公共设施，有图书馆、剧院、艺术廊、交流中心、书店、餐饮厅、休息厅和学生管理办公室。在温哥华，这样一个社交空间需要一顶玻璃巨伞，使阳光照入而将雨水遮蔽。继续沿主轴线往西、第三个重要组成空间是以体育馆和学生联合会为中心的娱乐区，形式上相对更加不规则。最后，校园的西端是安静、尺度宜人的居住区。主轴线上的这一系列空间各有特性，同时又被有覆顶的庭廊步道连为一体，这一全天候步行网结构联通了所有的建筑，有逻辑地承载了一切所需服务。由于校园位于山顶，为解决以最小的攀爬努力最快到达目的地的问题，步道系统尽量避免上下坡，被设计为抬升于地表之上。于是这个全长大约 300m 的庭廊步道 – 校园的中央脊梁，被演绎成一座高架人行桥，又或是一座空中花园，将一个山头上的学院四方庭与另一个山头上的居住区连接起来。

（3）后续

将整个校园设计为一个建筑综合体这一理念的采用避免了未来的建设在核心主脊上大动干戈，确保扩新只发生在外围。几十年来，校区的发展始终秉承原有的设计理念，主要的扩增部分是位于东端的大学城社区，这个新建的居住社区曾荣获多个可持续发展方面的奖项。在校园边缘建设一个新的城市中心和居住社区这一模式实际上也是埃里克森最早提出过的，在当时被否决了，于 30 年后的 1996 年新社区规划方案最终被批准并付诸实施。

7. 实习备注

地 址：8888 University Dr, Burnaby, BC V5A 1S6

电话：001（778）782-3111

（陈彤春　路斌　编写）

加拿大皇家植物园
Canada's Royal Botanical Gardens

1. 位置规模

加拿大皇家植物园（Canada's Royal Botanical Gardens）位于加拿大安大略省伯灵顿市和哈密尔顿市交界处，是加拿大最大的植物园，同时也是世界上最大的植物园之一，占地面积 1093hm^2。

2. 项目类型

植物园

3. 设计师 / 团队

托马斯·贝克·麦克奎斯坦（Thomas Baker McQuesten）。

4. 实习时长

2.0 小时

5. 历史沿革

植物园始建于1930年，由早期自然保护主义者托马斯·贝克·麦克奎斯坦创建。到1932年，皇家植物园逐渐成型，包括树木园、岩石园和亨德里园。其后植物园规模不断扩大，直至19世纪40年代末期，植物园占地面积已达800hm^2，成为现在加拿大皇家植物园的雏形。

6. 实习概要

加拿大皇家植物园分为5个园区，包含4个自然保护区。5个园区分别是中央区、亨德里园、湖滨园、岩石园以及树木园。4个自然保护区共计占地396.6hm^2，用以保护卡罗莱纳森林、尼亚加拉断崖和重要生态湿地等自然资源；其同时还是加拿大重要的鸟类研究基地以及两栖类和爬行类动物的重要栖息地。

（1）中央区：中心区包括地中海植物园（Mediterranean Garden）、探索园（Natural Playground）、四季庭院（Spicer Court）等。地中海植物园占地面积约1100m^2，栽培了许多来自地中海地区的植物种类；探索园占地面积约650m^2，是儿童和家庭动手参与园艺实践、感知植物之美的自然课堂；四季庭院内栽植对物候及气候变化敏感的指示植物，人们可通过其变化来确定病虫害防治的最佳时间，极富科学性和趣味性。

（2）亨德里园：亨德里园是北美最大的月季品种收集、展示区之一。其中的药草园以东方草药以及当地药用植物为特色景观；时间园内设有精致的花坛，以代表地球、水体、月亮和太阳，其内种植有丰富多样的一年生和多年生花卉。

（3）湖滨园：湖滨园是多年生植物展示区。通往园区的道路两侧是牡丹花带；安大略省南部后维多利亚式的花坛也是园内最具特色的区域。低洼区域以鸢尾展示为主题，其也是北美最大的鸢尾展示地之一。鸢尾是加拿大皇家植物园最早收集的重要草本植物之一，自1947年开始种植于湖园。园中有数百种鸢尾，包括栽培品种和野生品种，如高型髯鸢尾花（Tall Bearded Iris）等。

（4）岩石园：岩石园占地面积2.43hm^2，由废弃风化岩石砌成，建于1930–1931年间，是加拿大皇家植物园内的历史最为悠久的专类园。

（5）树木园：树木园是世界上最大的丁香种类及品种收展示区。除收集的100多种丁香属植物外，园中还收集了安大略省常见的70个乔木种类及品种，包括玉兰、紫荆、山茱萸、杜鹃、海棠、连翘等。

在5个园区的范围内分布有101.17hm^{2}的花园，用于保存、研究、展示皇家植物园收集的珍贵植物，包括丁香、鸢尾、樱花、木兰、玫瑰等。

凯蒂·奥斯本·丁香花园（Katie Osborne Lilac Garden）位于树木园中，是世界上最大、最多样的丁香园之一，其中收藏的丁香为游客提供持续数周令人愉悦的色彩和香气。每年5月下旬会在此举办丁香节庆祝活动。

樱花种植于树木园和岩石园中，早春绽放的樱花树仿佛粉色和白色的云朵，是春季最受游人喜欢的景观之一。皇家植物园每年记录樱花的开花时间，进行物候学研究，以探究追踪气候变化的方法。

木兰植物同样种植于树木园和岩石园中，在每年4–5月达到盛花期，木兰植物花色丰富，从白色、奶油色到浅色至深粉红色、紫色、玫瑰色和较不常见的柔和黄色。很多品种具有香气，如散发不寻常的甘草型香气的柳叶木兰（*Magnolia salicifolia*）。

玫瑰园（Rose Garden）位于亨德里园内，是一个健康的生态系统花园，采用滴灌系统进行灌溉，有利于植物形成更深的根系，更多地依靠雨水而不是定期浇水，同时在设计时考虑了土壤的化学特性，创造了一个具有弹性和可持续性的花园，各要素共同工作以吸引有益的昆虫并抵御入侵性害虫的威胁，真正地建立了健康的生态系统。

7. 实习备注

地址：Royal Botanical Gardens, 680 Plains Rd W, Burlington, ON Canada

电话：905-527-1158; 1-800-694-4769

传真：905-577-0375

8. 图纸

图纸请参见链接：

https://www.rbg.ca

（郝培尧　胡宗辉　张若彤　编写）

常青砖构社区中心
Evergreen Brick Works

1. 位置规模

常青砖构社区中心（Evergreen Brick Works Toronto）位于多伦多的唐谷，占地 4.9hm^2，由一个 20 年前关闭的百年老砖厂改造而成，是加拿大第一个大规模的社区环境中心。

2. 项目类型

社区环境中心

3. 设计师 / 团队

致力于探索城市与自然相结合的非营利组织“常青”与多伦多市政府、多伦多及地区保护局结成合作伙伴，为此项目共同选择了一个大型多学科的设计团队，其中包括建筑师、景观设计师、工程师、生物学家和艺术家。参与景观设计的有三家公司，分别是安大略省多伦多的 DTAH、魁北克省蒙特利尔的克劳德·科米尔景观师事务所（Claude Cormier Architectes Paysagistes），这两家景观公司在滨水多伦多的项目中有所介绍；第三家是位于安大略省圭尔夫的杜根联盟（Dougan & Associates），一个生态咨询设计公司，其业务项目包含有市政绿色基础设施。

4. 实习时长

1 小时

5. 历史沿革

1889—1984 年唐谷砖构（Don Vally Brick works）一直是加拿大最杰出的砖厂之一，每年生产超过 43 万块砖，而后被废弃。用地内有 16 座被指定的工业遗产建筑物，包括 19 世纪 80 年代至 20 世纪 60 年代间建造的砖石、钢材和木结构构筑。随着岁月的推移，砖厂被改造、扩建、拆除和重建，以满足不断发展的制砖技术地需求，由此也遗留下来一个建筑类型的特色集锦。“常青”的使命是采用高度可持续发展的设计将这片日益颓败、受过污染的棕地改造为以自然、文化和社区为主题的环境教育中心。本项目获 2013 年美国盐湖城发布的新城市主义宪章奖（New Urbanism Charter Award，CNU）宪章奖被视为城市设计行业领域卓越的全球性大奖，2013 年加拿大景观师协会（CSLA）国家荣誉奖，2013 年多伦多市城市设计杰出奖等众多奖项。

6. 实习概要

常青砖构地处唐河（Don River）的漫滩上，受季节性洪水影响。16 座工业遗产建筑物被更新再利用并以充满活力的新公共空间相连接，唯一的新筑物是在老构架上建起的 5 层的中心，处于场地心脏部位，服务于“绿色城市”，其中有总部办公室、迎客中心、会议室等。建筑设计的策略是延续场地原有的特质，结合谨慎的介入，包括利用老构架搭建抬升的新构架，加入附属的新空间，在旧外壳中插入新衬里，以及建立一个联系建筑间的桥路网以便景观渗入场地的同时确保原有的完整性。场地北侧毗邻 16hm^2 的韦斯顿家族采石场花园，是从前砖厂采石场的遗留物，包括湿地、野花草坪和 4km 长的步道。维护和修复周边生态环境成为景观设计的指导原则，如何通过建立景观和水路系统将采石场与南侧的唐河连接起来影响了全盘设计。具体处理上回应了漫滩固有的肥沃性，通过重新引入本土植被将场地融化于它周边峡谷的大环境中。一个雨水管理系统负责收集屋顶雨水和地表径流，将其导入一个承载场地特有水流的葱郁的绿径中，从山沟顶部和采石场一直通到唐河岸边。应策于土壤的污染问题，采取工程开挖最小化，土壤中使用滤布和其他可渗透工程织物将下部的污染物质和上部的净土、雨水隔离开，修建抬升的种植床，为新栽植物提供干净的土壤。

7. 实习备注

地址：550 Bayview Ave #300, Toronto, ON M4W 3X8

电话：001（416）596-7670

（陈彤春　路斌　编写）

多伦多常青砖构社区中心

HtO 公园

HtO Park

1. 位置规模

HtO 公园（HtO Park）位于多伦多市中心安大略湖中央滨水带上、“临港中心”之西、斯巴丹那街港池东侧，与音乐花园隔水相望。总面积 2.23hm^2，被彼得街港池分为东西两个部分。

2. 项目类型

城市沙滩公园

3. 设计师 / 团队

HtO 公园由两所景观设计公司和一所建筑设计公司共同设计，分别是安大略省多伦多的珍妮特·罗森堡设计联盟（JRA - Janet Rosenberg + Associates）、魁北克省蒙特利尔的克劳德·科米尔景观师事务所（Claude Cormier Architectes Paysagistes）和多伦多的哈里里·彭塔里尼建筑师事务所（Hariri Pontarini Acrhitects）。

4. 实习时长

40 分钟

5. 历史沿革

HtO 之名来自水 H_2O 的异化，“TO”常用于指称多伦多，此处又是一个滨水公园，因此而得名。公园是在原工业码头废弃地上改建而成，被港池分开的两部分均为 20 世纪初人工填造的混凝土码头。园址所处的多伦多中央滨水带被一条高架高速路和城市的其他部分割裂开，公园的修建是为了振兴那片被遗忘的灰色地带，消除市中心与安大略湖之间的这一阻隔，吸引人们来到水边休闲活动，将城市与美丽的大湖重建联系。HtO 公园于 2007 年 6 月建成开放，它的设计出自一个国际竞赛的获选方案，为滨水公共开放空间设立了高端的设计标准和格调，成为多伦多城市未来滨水发展的催化剂。2009 年获美国景观设计师协会（ASLA）荣誉奖。

6. 实习概要

HtO 公园是多伦多第一个城市沙滩，以湖畔伸展的沙滩和栈道为特色，其间点缀着鲜明的黄色金属沙滩伞和户外休闲木椅。设计灵感来自乔治·修拉（Georges Seurat）的名画“大碗岛上的星期天下午”，公园以它亮丽的色彩、趣味的光影和宁静祥和的氛围重新激活了那件艺术品。

（1）景观构成和要素

构成公园的平面铺底是一系列东西向的横穿公园的线性图样，以抽象形式唤起对繁荣一度、滋养过这片土地的铁路的记忆。其上叠加着有机形状的绿岛组群，倾斜草坪提供了缓坡聚集休憩地。整个地形改造处理成入园后先上坡穿越那些隆起的绿色圆丘护堤，再下到湖畔沙滩上，倾斜的两侧表达一种认知：一侧是城、一侧是水，并由此营造出喧闹的市区和高架高速路被远抛身后的感觉。与住宅楼衔接的绿岛以园艺植物协调公共与私人空间的关系；港池内的绿岛可缓解雨水溢流。园内有一系列相连的水元素，包括色彩多样的动控喷泉、雾和蒸汽以及彩色的冰块，展现水的内在品质，突出水回归来源的主题。种植设计有 3 个基本方式：倾斜的草坪、园艺岛和生态修复岛。树木种植从北向南以渐变的形式展开——从一个多干分枝的岑树丛到水边拂风的柳树。园艺岛的种植考虑四季的趣味，成为分隔园内相对私密空间以及分隔住宅和公园之间的屏障。生态岛选用冬季浆果植物有助于使公园成为鸟类和野生动物的栖息地。照明设计营造季节性的活力、增强识别感、嬉戏感和安全性。高耸的桅杆灯充当“区域月亮”并根据季节更换。水岸被一条柔和的光带照亮。灯光效果还带来一种戏剧性，感觉行进在连接城市和水的文化走廊之旅中。

（2）环境、生态和可持续性

设计必须面对解决历史遗留的一系列环境问题，比如被工业污染的土壤和其他工业残留物。这里污染土没有被运送到他处，而是保持原状留在原地、被一层厚实的干净土壤盖封在下面。为恢复湖中的一些原生态，采用现场可回收利用的混凝土和乱石沿公园边缘港池内修建了鱼类栖息地。公园还采用了节能和可持续性的景观管理体系，比如用湖水而不是饮用水来灌溉园区；园内游步道以多孔透水的铺面铺设，使雨水可渗入土中，避免了下水道泛滥问题。

7. 实习备注

地址：339 Queens Quay W, Toronto, ON M5V 1A2

电话：001（416）-392-1111

（陈彤春　路斌　编写）

多伦多 HtO 公园

多伦多音乐花园
Toronto Music Garden

1. 位置规模

多伦多音乐花园（Toronto Music Garden）位于安大略湖畔、多伦多市中心滨水带上，总面积 12140m^2。

2. 项目类型

城市花园

3. 设计师 / 团队

与多伦多公园和娱乐部门的景观设计师合作，世界著名大提琴家马友友（Yo Yo Ma）和景观设计师朱莉·莫尔·梅瑟薇（Julie Moir Messervy）共同设计了音乐花园。两位加拿大艺术家参与创作园中特色景观小品：建筑铁艺家汤姆·塔弗逊（Tom Tollefson）制作了音乐亭；菲尔·米勒设计公司（Feir Mill Design Inc.）的安妮·罗伯茨（Anne Roberts）设计了五朔节花柱。朱莉·莫尔·梅瑟薇是美国景观设计师，朱莉·莫尔·梅瑟薇设计工作室（Julie Moir Messervy Design Studio）的创建领导者。她以多部书籍和许多知名讲座成为景观设计的先锋人物。2005 年获美国园艺协会杰出园林师奖，2006 年获专业园林设计师协会特别奖。

4. 实习时长

1.5–2 小时

5. 历史沿革

大提琴家马友友受约翰·塞巴斯蒂安·巴赫（Johann Sebastian Bach）无伴奏大提琴组曲中绘画性元素的启发，与几位不同领域的艺术家一起制作了一部由 6 个部分组成的系列影片。1997 和 1998 年，郎姆布斯传媒公司（Rhombus Media Incorporated）完成制片并播放。在系列片的第一部“音乐花园”里，马友友和景观设计师朱莉·莫尔·梅瑟薇尝试在自然中阐释巴赫第一组曲的音乐。影片项目促使马友友、朱莉·莫尔·梅瑟薇和郎姆布斯传媒公司与马萨诸塞州的波士顿城接触，意图创建出一个真实存在的“音乐花园”。当波士顿场地告吹时，多伦多热情地接纳了这个项目。花园场地选在多伦多市中心女王码头西街，这一带原为工业港湾用地，后被转化成为文化住宅区，周边原有的工业区也由私人发展商改建为一系列俯瞰安大略湖的特色住宅楼。融合了画廊、艺术表演场地、船只停泊的良好人文自然环境为音乐花园提供了高品质的大背景。

6. 实习概要

花园由横向展开的 6 个部分空间系列组成，分别演绎了巴赫大提琴组曲的 6 个乐章中所表达的传统舞曲，尝试将音乐带来的不同情绪、感觉和形式展现在花园中。

（1）序曲（Prelude）– 曲线与波浪的河流之景

给人漫步体验第一乐章河水般的流动感，花岗岩磐石代表了溪床，配有柔和边缘的低矮种植。乡土朴树阵列笔直的树干和规律的间距代表了音乐的节律。

（2）阿勒芒德（Allemande）– 丛林和蜿蜒小径

桦树林中的小径将人们涡旋般引入内部不同的小坐静思空间，小径沿坡越升越高，终止于一处岩石地，这里透过一圈环植的水杉树可俯瞰港口。

（3）库朗特（Courante）– 穿越野花草地的涡卷之路

来自意大利和法国舞的形式，激昂的舞曲在此演化成一个穿越茂盛的观赏茅草和吸引鸟类、蝴蝶的亮丽的多年生花卉的巨大的、螺旋上升的漩涡。在顶部，一个五朔节花柱矗立风中。

（4）萨拉班德（Sarabande）– 弧形的针叶林

这个乐章基于一种古老的西班牙舞蹈形式，其沉想的品质在此被演绎为一个由高大常绿针叶树围合的内向弧圈。设想为诗人的一隅，它的核心是一座充当读书台的巨石。石上有一个小水窝，一掬清水影射着天空。

（5）小步舞曲（Menuett）– 规则式的花床

这是巴赫时代的法国舞，它的形式和优雅体现在这一乐章园景对称和几何式的设计中。一个圆形的以装饰钢手工艺制作的凉亭为小型音乐聚会或集体舞提供庇护场所。

（6）吉格（Gigue）– 大型草坪阶梯引人舞向外部世界

吉格是一种英国舞，其轻松欢快的音乐在这里被演绎为一系列大型的草坪阶梯，提供观赏港湾景色的视野。以垂柳下一个石砌舞台为中心，那些阶梯塑造出一个弧曲线的户外剧场，可用于非正式的演出活动。两侧灌木和多年生花卉像巨大的手臂环抱、框定了园外的港口景色。

2005 年，音乐花园项目荣获莱昂纳多·达·芬奇创新和创意奖（Leonardo Da Vinci Award）。

7. 实习备注

地址：475 Queens Quay West Toronto, Ontario M5V 3G3

电话：001（416）-973-4000

（陈彤春　路斌　编写）

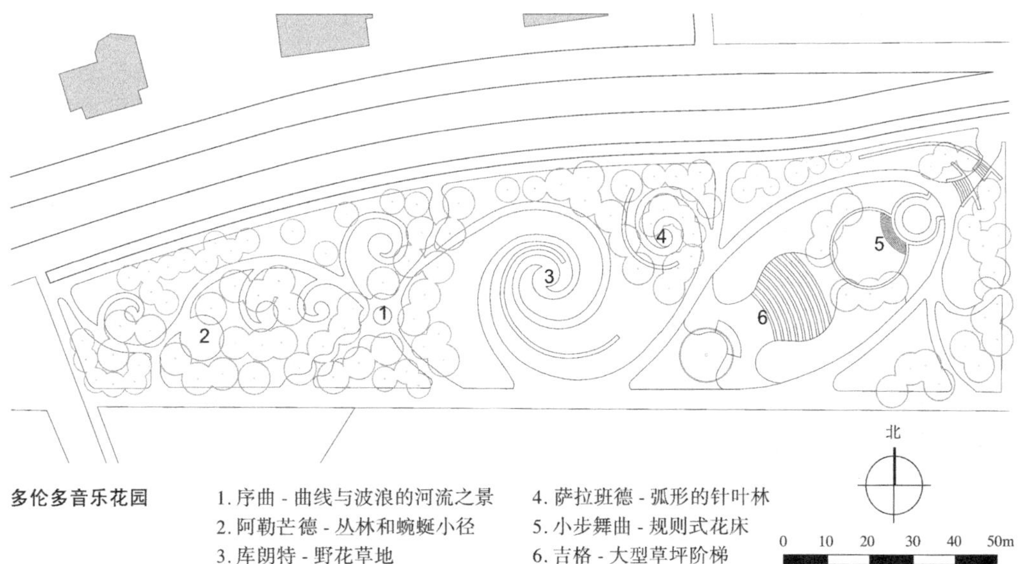

多伦多音乐花园

1. 序曲 - 曲线与波浪的河流之景
2. 阿勒芒德 - 丛林和蜿蜒小径
3. 库朗特 - 野花草地
4. 萨拉班德 - 弧形的针叶林
5. 小步舞曲 - 规则式花床
6. 吉格 - 大型草坪阶梯

加拿大糖滩

Canada's Sugar Beach

1. 位置规模

加拿大糖滩（Canada's Sugar Beach）位于多伦多市中心东端、安大略湖畔的东部湾滨水带，贾维斯低街和女王码头东大道交汇处的贾维斯港池（Jarvis Slip，现更名为克鲁斯码头 Corus Quay）处，隔港池与雷德帕斯炼糖厂（Redpath Sugar's Refinery）毗邻。公园总面积 $8500m^2$，由城市沙滩、广场空间和一条对角穿越公园的林荫漫步道 3 个部分组成。

2. 项目类型

城市沙滩公园

3. 设计师 / 团队

糖滩由 HtO 公园的设计者之一、魁北克省蒙特利尔的克劳德·科米尔设计联盟（Claude Cormier + Associés Inc.）设计。

4. 实习时长

30 分钟

5. 历史沿革

糖滩的名称来自旁边的炼糖厂，场地原为衰退的工业区里的一处停车场。公园于 2010 年 8 月建成开放，是多伦多市中心湖岸线上的第二个城市沙滩。公园目前与克鲁斯娱乐媒体公司（Corus Entertainment）的新址分享同一场地。这一大型建筑与沙滩之间是硬质铺装地、树荫和座凳，建筑巨大的伸拉门使它可以用于举办糖滩上的音乐会和公众活动。通常多伦多的公园是为慢跑和遛狗服务的场所，而糖滩迎合了精神娱乐的新生需求，以亲密然而公共化的尺度成为身心都可得到享受的城市度假地。此项目获得由加拿大建筑 / 加拿大皇家建筑研究院（Architecture Canada/Royal Architectural Institute of Canada）、加拿大规划师研究院（Canadian Institute of Planners）和加拿大景观设计师协会（CSLA）颁发的 2012 年国家级城市设计奖，阿泽尔杂志（Azure）举办的 AZ 读者眼中 2012 最佳景观奖，以及 2012 年度美国景观设计师协会（ASLA）荣誉奖。

6. 实习概要

糖滩的创意源自修拉的另一幅作品“阿涅尔的浴者”，和画作同样展现出工业背景中的水畔休闲场所。设计着眼于区域的工业遗产及公园与雷德帕斯糖厂的关系，将糖厂纳入公园的背景中：起重机从停泊在港池的巨型油轮上卸载堆积如山的沙质原糖料，空气中飘浮着糖的甜香，带给人视觉和味觉的双重体验。糖的主题理念贯穿公园，为一系列景观元素建立了设计语言，最显著的体现是公园内两块巨大的花岗岩突起石床上红白相间的模拟糖块的彩条。

（1）沙滩

沙滩上散布着柔和如糖果般的粉红色遮阳伞，配有 150 张再生塑料的阿迪朗达克现代户外休闲椅，人们可随意搬挪以选择或湖景或城市天际线或港池油轮的不同观看角度。

（2）广场

广场部分紧邻克鲁斯媒体公司建筑体，包括硬质铺地、其上突起的一座花岗岩石床和三座大小不一的草坪圆丘，为公众活动提供了活力空间。通常糖滩上举办的音乐会舞台设在建筑里，广场便成为一个大型户外剧场，圆丘间分隔出的小空间还适于各种小型活动。

（3）漫步道

沙滩和广场之间是一条斜穿公园的漫步道，为多伦多滨水带改造总体规划中 19m 宽连绵全程的滨水漫步道的一部分。延续总规的创意，漫步道上装饰着枫叶造型的花岗岩小方石拼图铺装，沿路枫树排列成荫，并设有座凳和木质灯杆。一块与沙滩交接处的枫叶造型铺地转化设计成一处旱喷泉场地，还有一些枫叶铺装散布到广场部分，这些处理使得斜插进来的漫步道和公园其他两部分很好地融合为一个整体。

7. 实习备注

地址：25 Dockside Dr, Toronto, ON M5A 0B5

电话：001（416）-214-1344

（陈彤春　路斌　编写）

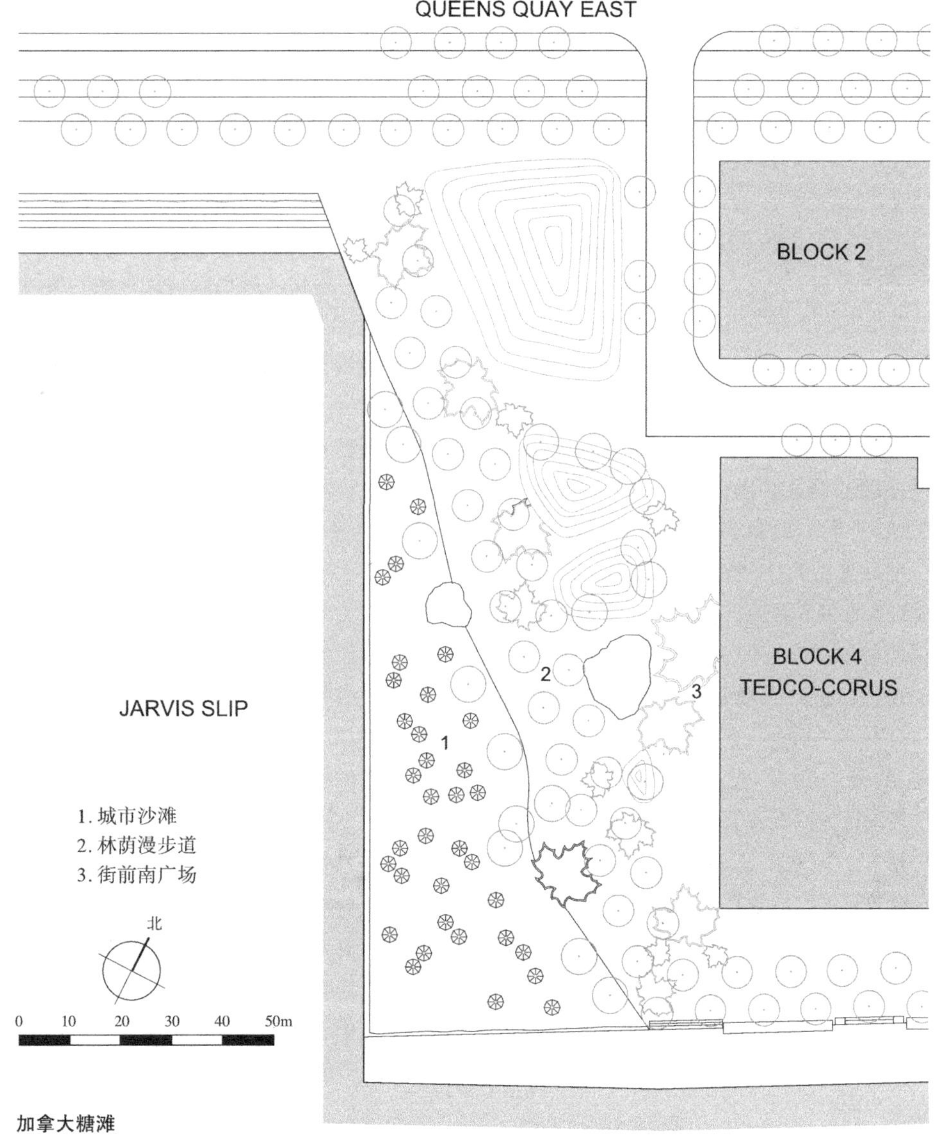

加拿大糖滩

斯巴丹那、里斯和锡母科波上木平台
Spadina, Rees and Simcoe Wavedecks

1. 位置规模

斯巴丹那波上木平台（Spadina Wavedecks）位于女王码头大道南侧、斯巴丹那街尽端，连接了西侧的音乐花园和东侧的HtO公园。全长58.9m，宽10.7m，总面积630m^2，由3564块平台板组成。

沿湖岸再往东、HtO公园东侧是里斯波上木平台（Rees Wavedcks），位于里斯街尽端的西面。长45m，宽10.7m，总面积480m^2，由2730块平台板组成。继续往东下一个港池处是锡母科波上木平台（Simcoe Wavedecks），长60m，宽10.7m，总面积650m^2，由3670块平台板组成。

2. 项目类型

城市小型公共开放空间

3. 设计师/团队

这三个波上木平台是由鹿特丹的West 8与多伦多的DTAH共同设计完成。前者成立于1987年，是城市和景观设计的国际化公司，分别在鹿特丹、纽约和比利时设有办公处，项目遍及世界各地，在欧洲、北美和亚洲均有建成的知名项目，包括大尺度的城市规划、景观设计、滨水项目、公园、广场和花园，其中很多都是国际竞赛的获选设计；后者始建于20世纪70年代，从事城市规划、建筑和景观设计，信奉好的环境设计需要这3个领域相结合，而城市景观－街道、广场、公园和花园便是它们的黏合剂，使城市能够正常运转。不论从公司的组成到项目的实施，总是以这3者结合的视角为依据。

4. 实习时长

共30分钟

5. 历史沿革

2006年“滨水多伦多”举办中央滨水带改造创新设计竞赛，在West 8+DTAH所做的获选方案中有7个波上木平台，从巴塞斯特（Bathurst）至议会山（Parliament）沿着重新设计的女王码头大道展开，拓展出一片公共共享空间领地。除波上木平台外，改造方案中还包括一个连续的水岸漫步道和木栈道，以及一系列连接滨水主要景点的人行桥。波上木平台修建在各个港池的端头，斯巴丹那木平台第一个建成，施工维时10个月，于2008年夏季开放，2009年获多项地区、国家和国际设计重大奖项，包括美国景观设计师协会（ASLA）荣誉奖、加拿大景观设计师协会（CSLA）国家功勋奖、多伦多城市设计优秀奖、英国保险设计奖提名。2009年夏，锡母科和里斯波上木平台相继建成开放，两者同获2009年安大略建设奖中的优秀奖及2010年康德·纳斯特旅行者创新和设计奖提名。

6. 实习概要

波上木平台系列针对中央滨水带女王码头大道和安大略湖之间的高差变化，探索以不同的形式将两者做简洁的衔接，回应了街景与水岸交汇处的处理这一当前设计领域的热点。在意向上趣味地模拟加拿大地遁海岸线的轮廓，体现在几何构形上采用不断变化的造型曲线创造出适于坐息的突起的木脊边缘面和通往水边的新路径，使得人们可以在不同的有利位置点最大程度地同时体验大湖港湾与城市。这些木平台除了有自由式的户外剧场阶梯座之外，还有临水的绵延全长的无靠背座凳，同时具有水畔安全防护和休闲聚会的功能。夜晚，从平台底部打出彩色的LED灯光，使湖面和平台蒙上一层美丽的光晕。斯巴丹那波上木平台第一个建成而成为滨水复兴的重要象征。此后，锡母科波上木平台的设计更为大胆标新，高达2.6m的波拱造型震撼人心，在两个大波浪拱板上设有精美纤细的不锈钢栏杆，一是为了识别平台的波拱部分，二是协助使用者上下坡。此外还有其他几项安全方面的设计措施，包括在每个阶梯边缘处有防滑部件，阶梯边缘有明显的白色镶边带以对比提示台阶起始的高差变化，在波拱斜坡上采用名为金刚砂插条的研磨材料以加强防滑摩擦力，以及在最陡的斜坡上每条平台板被安装成之间相对有一定倾角斜度以增大牵引力。锡母科波上木平台的艺术性和功能性已使其成为多伦多不可忽略的一处景点。

生态环境考虑：类似滨水的桥、木栈道、木平台这类构架会产生阴影遮挡下方的水生栖息地，为补偿这种潜在的负面影响，港池内修建了新的水生栖息地。在深水中采用巨石、小碎石、植物球根和大原木修筑的墙体环境为鱼类提供了许多可藏匿处，水生植物也能在此扎根生长，为鱼类提供食物和庇护。夜晚，灯光同时将波上木平台和水面之下的生物世界照亮。多伦多水生栖息地组织负责生态修复这方面的工作。

7. 实习备注

地 址：401 Queens Quay W, Toronto, ON M5V（斯巴丹那波上木平台）

Queens Quay W & Lower Simcoe St, Toronto, ON（锡母科波上木平台）

电话：001（416）-214-1344

（陈彤春　路斌　编写）

约克维尔公园
Village of Yorkville Park

1. 位置规模

约克维尔公园（Village of Yorkville Park）位于多伦多市约克维尔区的中心地段，坎伯兰街之南、埃文纽路和贝莱尔街之间，总面积4470m^2，虽然规模很小，只有半个街区，却成为本地区的地标。

2. 项目类型

城市公园

3. 设计师 / 团队

约克维尔公园由旧金山的施瓦兹-史密斯-迈耶景观师公司（Schwartz Smith Meyer Landscape Architects, Inc.）和多伦多的奥尔森-沃兰（Oleson Worland Architects）建筑师事务所联合设计。前者的三位合伙人分别是玛莎·施瓦兹（Martha Schwartz）、肯·史密斯（Ken Smith）和大卫·迈耶（David Meyer）；后者是由建筑师大卫·奥尔森（David Oleson）和威尔弗里德·沃兰（Wilfrid Worland）成立并领导。玛莎·施瓦兹（生于1950年）是美国著名景观设计师，具视觉艺术和景观设计双重背景，作品成功地将大地艺术和公共使用空间的营造相结合，开辟了城市景观设计的一片新天地，其中引人注目、色彩绚丽的景观代表作如爱尔兰都柏林的大运河广场（Grand Canal Square）、硬质景观代表作如英格兰曼彻斯特的交易广场（Exchange Square），还有一类更像是建筑安装，如2011年中国西安国际园艺博览会中的“城市与自然”（City and Nature）花园。而玛莎的一些更具自然特性的项目相对少为人知，比如此案例多伦多的约克维尔公园。玛莎的获奖项目和个人荣誉无数，被列入当代景观设计观师字典（Dictionary of Today's Landscape Designers）。肯·史密斯是国际知名的美国景观师，致力于倡导维护现代景观作品，以其作品纽约现代艺术馆屋顶花园著称（Roof Garden, Museum of Modern Art）。大卫·迈耶是美国著名景观设计师，兼任加州大学伯克利分校景观和环境规划教授，他所主持的富有盛誉的获奖项目遍布世界各地，代表作有英格兰韦斯顿波特树木园内的“聚光灯”（Limelight, Westonbirt Arboretum）、旧金山的“准宝石”（Semi-Precious Stones）。三位景观设计师于1990—1993年间在旧金山湾区组成联盟公司，在此期间共同设计了约克维尔公园。目前，他们有各自的景观设计师联盟公司。

4. 实习时长

40分钟

5. 历史沿革

约克维尔区属于多伦多市的上流社区，以高端的购物餐饮著称，历史魅力加之现代诱惑使其成为旅游目的地之一。修建约克维尔公园的意向可追溯到20世纪50年代，当时沿坎伯兰街上有一个街区的维多利亚式排屋被拆除以便修建布鲁尔-丹福斯地铁线。公园场址正坐落于两个社区之交：一边是小尺度的老约克维尔社区19世纪和20世纪早期排屋，另一边是地铁线开通后沿着布鲁尔街走廊形成的高端商业核心。多年来这个视觉焦点一直是一个停车场，邻里们促动在此建立一个联系社区的公共场所，最终在1991年，多伦多启动了一个国际设计竞赛。现在的约克维尔公园正是大赛的获奖作品，功能上它完成地方街道的相互连通和形成街区半腰的通道系统，形态上它融入周边地域的本土生态，并以集锦方式展现维多利亚的风格。自1994年竣工以来，公园在复兴社区方面发挥了重要作用，近年历经过修复工程，而原创设计中地域生态和社区枢纽融为一体的强烈特色始终未曾改变。约克维尔公园荣获1996年美国景观设计师协会（ASLA）总统勋章奖，1997年国际市中心协会（IDA, International Downtown's Association）优秀奖，1997年多伦多市城市设计杰出奖。15年后，于2012年再获美国景观设计师协会地标奖。

6. 实习概要

约克维尔公园的设计理念来自约克维尔的历史和加拿大多样的景观地貌，以集锦形式在沿线性划分的5个系列花园中展开。系列花园共包含了11个景观片段，每个片断的宽度与早先存在于此的维多利亚排屋的屋基线吻合，分别展示了安大略的不同地貌和植物群落，各具特色，相邻片段之间还有内在联系，从东向西依次排列：

（1）高地针叶园

松林：铺装广场上预制混凝土座椅圈环绕树木形成的一片苏格兰松林，其间散布着可喷射出轻雾的灯柱，模拟清晨针叶林的氛围。

（2）高地落叶园

1）草原野花花园：马斯科卡花岗岩石径两侧青草和野花混植地，其中许多代表了安大略、曼尼托巴和萨斯科彻温几省的乡土品种。

2）桦树林：一片乡土河桦散植林地。

3）香草岩石园：依据安大略早期定居者用于分隔田地的马斯科卡花岗岩石墙形式而修建的抬升花床园，混植了多年生草本和具香气的高山花卉。

4）野苹果园：一小丛野苹果林，在春天带来香郁的花冠，追怀150年前存在于约克维尔村的果园。

（3）低地园

1）节庆步道：植有铁线莲、金银花和夏雪葛的花架，春夏秋三季有花，下方步道的铺装纹样模拟伸展的胶片图案，呼应了约克维尔在多伦多国际电影节中的角色。

2）湿地园：木栈道邀人穿越约克维尔沼泽地，这里混植着湿地草坪植物，展示春夏秋三季的色彩和质感。

3）桤木林：早春里伸展的桤木花絮带来色彩和视觉情趣。

（4）空地

加拿大地遁和水幕 – 此处是公园的景观亮点、人们聚集的场所，中央一座700t重、大约100万年的巨型马斯科卡花岗岩石床从地面凸现，它采自加拿大地遁 – 加拿大东部和中部地区源自前寒武纪时代的一个巨大的地质结构。石床锚定了整个公园，并鼓舞人们触摸攀爬。其东侧是一个寓意细雨的水幕景观。

（5）林荫园

1）草本花境：一个尺度宜人的花灌木和多年生花卉园。

2）加拿大棠棣林：位于公园最西端也是最浓荫处、植于蕨床地被上的加拿大棠棣林。

7. 实习备注

地址：115 Cumberland St, Toronto, ON

电话：001（604）822-3333

（陈彤春　路斌　编写）

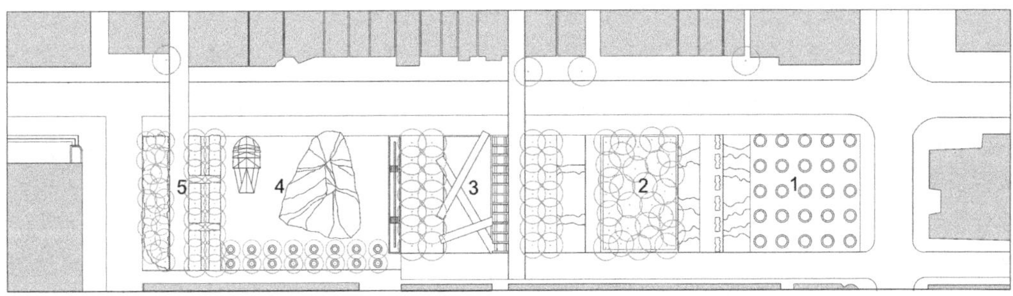

约克维尔公园

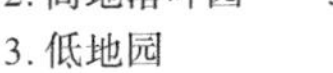

1. 高地针叶园　　4. 空地
2. 高地落叶园　　5. 林荫园
3. 低地园

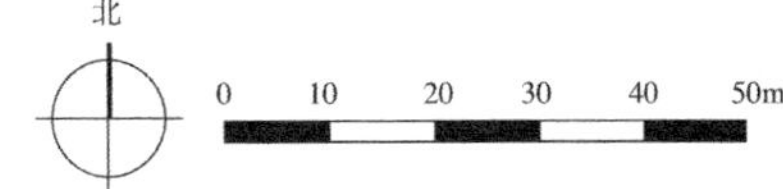

多伦多植物园

Toronto Botanical Gardens

1. 位置规模

多伦多植物园（Toronto Botanical Gardens）位于加拿大安大略省多伦多市，坐落在爱德华兹花园（Edwards Garden）东北角落，占地面积近 $1.6hm^2$。

2. 项目类型

植物园

3. 设计师 / 团队

马丁·韦德（Martin Wade）、皮特·奥多夫（Piet Oudolf）等。

4. 实习时长

1.5 小时

5. 历史沿革

1827 年米尔恩（Milne）家族是这片土地的拥有者。1944 年该地块被爱德华兹（R. E. Edwards）买下，用以修建自己的乡村别墅。1955 年，该庄园被多伦多市政局买下，由多伦多花园俱乐部改造为多伦多市民花园中心。2003 年正式以多伦多植物园的形象对公众开放。

6. 实习概要

多伦多植物园又被誉为“有大创意的小花园”，其内共有 17 个主题专类园，包括入口花园步道（Entry Garden Walk）、到达庭院（Arrival Courtyard）、贝丽尔·艾维结节园（Beryl Ivey Knot Garden）、教育花园（Teaching Garden）、森林漫步道（Woodland Walk）和绿色屋顶（Green Roof）等。

（1）入口花园步道由荷兰著名景观设计师皮特·奥多夫设计，使用自播植物（Self-seeding）呈现出令人印象深刻的植物景观。

植物园游赏序列上的第一个花园是以树篱为主题的到达庭院，由景观设计师马丁·韦德和皮特·奥多夫共同设计；贝丽尔·艾维结节园则以 16 世纪英国、法国和意大利古典花园为灵感来源，展示不同结节园的典型特征，该区域人工气息强烈、修剪惊喜、游人可以爬上螺旋土丘，观赏结节园美丽的全景。

（2）教育花园位于爱德华兹花园西侧，为孩子们提供了一个与周边环境互动学习的独特空间。从 1998 开始，园内开设了相关教学项目，旨在通过亲身体验激发孩子们对自然和园艺的好奇心。

（3）森林漫步道风貌自然朴野，游人身处鸟类栖息地（Bird Habitat）中，体验北美东部卡罗莱纳地区典型森林风貌。该区域吸引许多不同的鸟类物种在此繁衍栖息，其也是观鸟爱好者最为喜爱的区域。

（4）登布罗斯基园艺中心（Dembroski Centre for Horticulture）超过 $200m^2$ 的绿色屋顶有助于减少供热和制冷成本并管理雨水径流，展示了多伦多植物园对环境和可持续发展理念的践行。

（5）厨房花园与草药园是一个多元化的空间，展示了以可持续、有机且美观的方式种植蔬菜、水果、花卉和草药的各种方法。这里采用有机园艺技术，农作物轮作和伴生种植，以实现植物健康和最大程度的粮食生产。还特别介绍了专门的水果修剪技术和陶器园艺。

（6）展示庭院这个多功能花园是一个互动式户外教室，设有成人和儿童课程和讲习班的示范区。园中选择了能够展示例如繁殖、修剪、附生种植等园艺技术的植物。多伦多植物园致力于环境保护，园中的园艺师使用并推广在示范庭院中展示和教授的有机园艺方法。

（7）格林斯沃德（Greensward）平缓的草坡位于威尔凯特溪峡谷（Wilket Creek Ravine）北端，这个草坡为游客提供了在阳光下漫步或在柳荫下放松的场所。

（8）西露台（Westview Terrace）通过落地窗将花园连接到建筑物的内部，从而模糊了室内与室外之间的界限。这里种植的灌木多有芬芳的气味，也有很多秋色叶植物在秋季增添色彩，在夏末和秋冬季，观赏草会为这里带来不同的色彩、质地和声音。

（9）台地园（Terraced Garden）这个雕塑花园在停车场和花园之间形成缓冲区。它的底层结构是由原始建筑工地的废料建造的，包括瓶和砖之类的可回收材料。这里种植了各种可以用来防止水土流失的地被，多为多年生植物，也可打造较长的观赏花期。

7. 实习备注

地址：TORONTO BOTANICAL GARDEN, 777 Lawrence Ave E Toronto, ON M3C 1P2

电话：416-397-1341

8. 图纸

图纸请参见链接：

https://torontobotanicalgarden.ca

（郝培尧　胡宗辉　张若彤　编写）

加拿大胭脂河国家城市公园
Canada's Rouge National Urban Park

1. 位置规模

胭脂河国家城市公园（Rouge National Urban Park）大部分区域位于多伦多郊区斯卡伯勒区，其他区域位于马克姆和皮克林等边境城市。公园现 62.9km^2，远期目标 79.1km^2（将从南部的安大略湖一直延伸至北部的橡树岭）。

2. 项目类型

该公园类型较为特殊，属于国家公园体系，但由于其紧邻城市建成区，便设立为国家城市公园，是加拿大唯一一个国家城市公园。

3. 实习时长

公园距多伦多市中心 1 小时车程，实习时长半天。

4. 历史沿革

加拿大政府于 2011 年计划出资 1.437 亿美元在胭脂山谷建立国家城市公园，并为公园运营提供每年 760 万美元的财政拨款。2013 年安大略省和加拿大运输部分别将 21.5km^2 和 19.1km^2 的土地提供出来，2014 年胭脂河国家城市公园管理计划（Rouge National Urban Park Management Plan）公布，2015 年胭脂河国家城市公园法（Rouge National Urban Park Act）通过加拿大议会，胭脂河国家城市公园正式成立。2016 年法案修正，将生态系统完整性作为公园管理的首要任务。

5. 实习概要

胭脂河国家城市公园的首要管理目标是维护区域生态环境，确保野生生物、生态系统、文化景观、化石遗迹及历史文物等各类资源得到整体性保护，该目标主要通过三方面措施实现。

一是恢复本土生态系统。公园有 75% 以上的生态环境曾受到过人为干扰，因此公园致力于恢复该地区的森林、沼泽及草地等本土生态系统。组织地方政府、环保组织、当地农民多方利益相关者组成联合工作组，针对不同的生态系统和资源类型有针对性的设计具体的恢复项目，包括重新引入濒临灭绝的海龟、设计以野生动物为主体的道路（使野生动物更容易穿越）、增强农业湿地的健康程度等，并建立了一套完整的科研监测、评估、报告体系使整个公园的生态系统得以统一整体恢复。通过对地形、微气候、土壤和土地利用等多方面的调节，公园内逐渐恢复形成了包括森林、灌木丛、草地、湿地、河流及农田等各种类型的栖息地，保护了约 1700 类物种，包括 1000 余种植物 247 种鸟类、73 种鱼类、44 种哺乳动物、27 种爬行类和两栖类动物，也包括 27 种濒危物种和当地特有种。

胭脂河国家城市公园的重要生态修复项目是一处水源保育修复项目（Petticoat Creek Headwaters Project），该项目位于衬裙溪（Petticoat Creek）上游的马克姆地区，主要目的是管理季节性洪水、恢复整体河流健康和湿地栖息地。项目通过移除鱼类通道的自然障碍、使用自然设计等手法恢复岸线，以增加水体的连通度，进而于解决水流变化，稳定被侵蚀的河流河岸，改善河流内水生生物栖息地。同时恢复面积约为 2.2hm^2 的洪泛湿地，以减缓水体流速并过滤农业废水。

此外公园还针对重点的动植物物种进行针对性恢复。比如通过湿地河岸植被恢复、旱地森林播撒种植等多类型种植方式，在整个公园种植超过 113000 棵本地树木、多年生植物、灌木和水生植物，恢复超过 26hm^2 的森林栖息地。同时为有效保护鸟类，公园在园路两侧设置了不同类型鸟巢。比如早期为东方蓝知更鸟、树燕子、鸫鹩和麻雀等建造的单层鸟舍；为麻雀和东方蓝知更鸟共存的双层鸟舍；以及为紫燕这种几乎完全依赖人类建造栖息地的鸟类建设的筑巢空间，即在一根长约 3m 的杆子上设置多个隔间，为整个鸟群提供足够的栖息区域，同时由于紫燕喜欢远离水体的开放区域，且它们不害怕人类，因此其巢舍被有意识地设置在公园入口区旁。

二是保护和发展公园内的农业系统。城市化已经占用了多伦多地区周围的大部分农田，许多曾经是农场的地区现在都被细分了。但胭脂河国家城市公园将园区内已有村路及农业生产区域进行保留，成为该国最稀有、最丰富和最肥沃的农田。一方面，作为农业文化景观带给游客特殊的游憩体验。 比如公园设立前土著居民建造的许多仓房至今仍完好保存，一些最古老的谷仓可以追溯到 19 世纪中期。公园中最著名的谷仓类型之一是安大略中部谷仓（Central Ontario Barn）或银行谷仓（Bank Bar），两层结构，下层用作马厩，上层用作作物储存或工作空间。第二种最常见的谷仓是英式谷仓（English Barn）或三隔间谷仓（Three-Bay Barn）。这种谷仓比银行谷仓要小一些，且为单层结构，内部分为三个隔间，通常用作仓库、打谷场和马厩。另一方面，公园生产的小麦、大豆、玉米、牛奶及绿色蔬菜等作物和农产品供应当地市场、支持当地经济，为市民提供绿色的生活方式。为保障公园内农业系统的长期稳定和健康，加拿大政府颁布了特定措施，将公园内农田和农居等私人土地的租约从 1 年更换为 30 年，从而为园区内农民的生产生活提供更大的确定性。尽管农业并不是加拿大国家公园的传统组成部分，但胭脂国家城市公园为自然和农业的共同繁荣提供了独特的机会。

三是重视科学研究和民间组织在公园保护方面的作用。鼓励社会各界的专业人士及大众对公园生态资源调查评估、生态保护专项规划及措施制定等方面提出意见建议。通过构建多样的社会参与渠道，将公园的生态恢复和生态监测与公众的环境教育连接起来，促进公园生态环境保护的可持续长远发展。

6. 图纸

图纸请参见链接：https://www.pc.gc.ca/en/pn-np/on/rouge

7. 实习备注

地址：Waterfront Trail, Pickering, ON L1W 2A7

电话：416-264-2020

开放时间：全年开放，免费进入

（张婧雅　编写）

千岛国家公园
Thousand Islands National Park

1. 位置规模

千岛国家公园（Thousand Islands National Park）位于加拿大和美国交界处的圣劳伦斯河（Saint Lawrence River）千岛区域，总面积 24.4km^2，由 21 座大岛屿、多个小岛屿及 2 块陆地区域组成。

2. 项目类型

国家公园

3. 实习时长

公园距离渥太华约 2 小时车程，建议实习时间半天。

4. 历史沿革

千岛国家公园的某些河岸悬崖上可以看到一些残破的象形文字，因此部分学者认为该区域的历史可以追溯到一万年前。但可考大约在 17 世纪，易洛魁族人（Iroquois People）在该区域的河岸附近建立了夏季营地，从事渔猎活动，从而带动了大量的法国探险者、皮毛商人、传教士进入该区。18 世纪末美国独立战争之后，来自欧洲的移民开始在此定居，直到 19 世纪 60 年代因为鱼类资源枯竭，渔猎活动也逐渐停止。1812 年美国第二次独立战争期间，英国和美国战舰都曾造访此处，一艘英国炮舰还在附近沉没，1967 年这艘沉没战舰被打捞出来并放置于公园内。千岛国家公园在 1904 年设立，是加拿大在落基山脉以东的第一个国家公园。在一开始，它被称为圣劳伦斯群岛国家公园（St. Lawrence Islands National Park），直到 2013 年更名为千岛国家公园。

5. 实习概要

千岛国家公园位于生物多样性丰富地区，是大量濒危物种的家园。公园致力于在土地和野生动植物保护的基础上，促进休闲的可持续发展，使该地区成为受欢迎的休闲旅游目的地。

丰富的湿地、独特的地质和气候特征以及多样的栖息地环境，使得该公园的价值目标被设定为“保护其丰富而重要的自然遗产，同时促进公众的理解、欣赏和享受”。在此基础上，公园生态系统的管理目标是维持或恢复生态链的完整性，保持或恢复自然状态（支持自然状态下有限制的火灾），维护和恢复公园的本土植被群落及动物种群，恢复受损严重的自然区域和受人类活动破坏的社区。

其中一个非常重要的保育项目被命名为“爬行动物和两栖动物的恢复和教育”，简称 RARE（Reptile and Amphibian Recovery and Education，R.A.R.E）。千岛国家公园是爬行动物和两栖动物的家园，其中有 10 种濒临灭绝。为了确保这些神奇的物种能世代繁衍下去，公园发起了 R.A.R.E. 项目，该项目涉及两个关键部分：物种恢复和公众教育。其中物种恢复项目主要措施是龟卵孵化、人造海龟巢穴以及渔业捕捞研究三方面。由于国家公园内的龟卵很容易受到巢穴捕食和路上被杀的动物的伤害从而影响种群数量，因此公园通过收集龟卵进行当地孵化，再将孵化后的小海龟放回野外，以确保新一代的海龟生存；然后通过建造一定数量的人造海龟巢穴，为海龟提供一个安全的地方产卵，远离道路或其他危险；同时与当地科研院所高校以及当地捕鱼业进行多方合作，研究在千岛水域保护海龟种群健康的最佳科学路径。此外，公园还规划了一系列的公众教育活动，以建立公众保护海龟等爬行和两栖动物的意识。具体包括如下内容：比如龟窝计划，通过租赁土地的形式以将龟巢寄养在游客自己认领的土地上，定期养护；为游客提供趣味性和教育性的濒危物种展位；以及位于游客中心内的多种濒危物种展览、小乌龟及老鼠蛇等动物的观察学习以及现场观察船夫和其他游客如何帮助海龟等多种活动项目。

千岛群岛国家公园及周围有许多稀有脆弱的动物和植物物种。基于加拿大濒危野生动物地位委员会（COSEWIC）公布的联邦风险物种，公园首先筛查确定了公园中的 30 多个风险物种，并对这些物种按类别进行风险评估，然后依照风险程度制定具体的针对性保护措施。其中一项重要的保护措施就是生态监测系统，通过监测发现，千岛群岛国家公园生态系统完整性的主要威胁主要来自以下几方面。首先是游客的压力，公园位于主要交通走廊和加拿大 - 美国边境，每年接待游客量约 81000 人次，其中三分之二是乘船来的。如果没有足够的制衡，这些游客可能会对公园的生态系统造成不利的环境影响。其次是生境的碎片化和退化甚至丧失，该区域特别是沿海岸线的自然环境变化的历史进程，造成了自然生境的片断化、丧失和退化，也导致生境和物种隔离。物理的隔离进而又导致遗传的隔离，长远则可能导致物种生存能力的下降。此外还有污水、船只排放的废物、石化产品、农药、重金属、酸性沉淀和固体废物等毒素和污染物的侵蚀，以及多种外来物种的入侵。针对这些生态威胁，公园制定了如下规划和管理计划，主要包括维持或恢复生态连通性，以允许种群间的基因流动；维持或恢复自然的物理和生物过程，如自然发生的火灾；维持或恢复公园原有的植被群落；维护或恢复公园的本土动物；恢复被人类活动破坏的自然状态地区和社区；减少对游人及公园日常运作的影响等。

千岛群岛国家公园在管理方面的一项重要措施志愿者服务工作。公园提供个人、家庭、团体等方式多种方式参加志愿活动，包括种植红橡树、保护飞禽和昆虫、与公园管理人员学习交流等。

6. 实习备注

地址：1121 Thousand Islands Pwy, Mallorytown ON K0E 1R0

电话：613-923-5261

开放时间：每年开放时间不定，具体可提前查阅官网通知（https://www.pc.gc.ca/en/pn-np/on/1000/visit/heures-hours）

17 周岁以下免费进入，其余年龄段需缴纳门票进入。

7. 图纸

图纸请参见链接：https://www.pc.gc.ca/en/pn-np/on/1000

（张婧雅　编写）

NCC 绿道系统里多运河段

NCC Parthway – Rideau Canal Pathway Section

1. 位置规模

国家首都委员会（National Capital Commission，简称 NCC）绿道系统全长 236km，包括里多运河绿道段（Rideau Canal Pathway Section）、渥太华河绿道段（Ottana R. Pathway Section）、里多河绿道段（Rideau River Pathway Section）及其他 6 条支干绿道段，其中里多运河绿道段最为知名。此段绿道位于渥太华市中心，北起里多运河入渥太华河的汇水口，南至运河与里多河的交汇处，是备受欢迎的观光、骑行、散步、慢跑的场所，冬季这段运河则转变为吉尼斯纪录上世界最长的溜冰场，可滑冰面达 7.8km^2，从市中心一直延伸到道斯湖（Dows Lake），蔚为壮观。

2. 项目类型

城市多功能绿道

3. 设计师 / 团队

首都绿道系统是国家首都委员会（NCC）为改善首都地区所做的一个项目。NCC 的建立源自 1959 年的一次议会法案，属于加拿大皇家公司（Canadian Crown Corporations），负责在首都地区管理联邦拥有的土地和建筑物。NCC 有三个重要角色：联邦土地的长期规划者、国家重大公共场地的管理者、发展与保护项目的合作伙伴。NCC 是首都绿道系统的持续建设者和维护管理者。

4. 实习时长

1–2 小时

5. 历史沿革

20 世纪 70 年代初，首都绿道系统项目开始启动，建成的第一段是渥太华河绿道段。这个多功能娱乐性绿道系统将首都地区渥太华市（Ottawa）和加帝诺市（Gatineau）众多的公园、水道和名胜地串接起来，其中穿越渥太华市区的里多运河绿道段是亮点。里多运河，又称里多水道（Rideau Waterway），开放于 1832 年，兴建初始目的是为防范与美国之间发生战争，此后很长一段时间作为商业性水道。运河至今主结构保存完善，现主要服务于娱乐性船只，它是北美最古老的持续在运作的运河系统，2007 年注册为联合国教科文组织（UNESCO）世界文化遗产名胜地。里多运河绿道的建设使得运河这一历史文化遗产真正融入现代城市生活，成为渥太华的一张名片。NCC 在绿道系统项目的长远目标是规划一座自行车亲善的首都，以发展环保交通来支持绿色城市的建设，它与首都市政密切合作，并向世界级的自行车城市借鉴学习。自行车骑行项目将被列为加拿大首都（2017–2067 年）50 年大计划的重要组成部分。

6. 实习概要

里多运河绿道段在运河两岸各有一条分开的路径，平行于城市干道，中间有宽窄不一的缓坡绿色隔离带。绿道沿途有多个景观节点，在北端起头处，两岸的国会山（Parliament）、费尔蒙城堡（Fairmont Château）夹着一带秀丽的绿水，是城市中心观赏渥太华特色景观的绝佳地段。南端的陶氏湖，湖畔有 5 月郁金香节的重要场点之一康密辛公园（Commissioners Park）。东岸路径紧临运河，一直延伸到猪脊公园（Hog's Back Park）；西岸路径在景色最佳、约占西径总长三分之一的北部地段实行人、自行车分道，紧贴运河是专供人行的漫步道，与自行车道间有较宽的绿带相隔。西径南端环绕陶氏湖，在其终点哈特韦尔闸门

（Hartwell's Lockstation）处有桥与东径连通。每年春季，NCC 绿道都会接受清洁和维修以备使用，而冬季维护则唯有里多运河绿道段才有。近年运河绿道的发展注重人行、自行车行与亲水活动的方便性、安全性和舒适性，同时，沿岸景观节点的新建设也体现出与运河和绿道的高度融合。可参观的代表项目有：

科克镇人行天桥（Corktown Footbridge），设计师为多伦多的 DTAH，项目获 2008 年度加拿大景观设计师协会（CSLA）区域优秀奖。

里多运河溜冰道庇护屋（Rideau Canal Skateway Shelter）：7 座建筑别具风格、设施高端的庇护所（4 座冰鞋更换屋和 3 座卫生间屋）于 2012 年冬季首次安装在冰冻的运河上以取代旧的庇护所，此后每逢运河化冻便拆卸储存。设计师为渥太华的 CSV 建筑师事务所，项目获 2015 年度国际奥委会（IOC）铜奖和设计类众多奖项。

第五街 - 克莱格街人行天桥，设计师为多伦多的 DTAH，项目计划 2017 年 9 月开工，2019 年 12 月竣工。

东径北段“里多运河漫步道 - 渥太华会议中心前庭”（Rideau Canal Esplanade-Ottawa Convention Centre Forecourt），设计师为渥太华的 CSW 景观设计联盟，项目获 2012 年度加拿大景观师协会区域提名奖。

西径中段兰斯特公园（Lansdowne Park）改建，此公园为公众聚会、展览、体育与音乐活动场地，改建规划选用了国际设计竞赛胜出方案，设计师为温哥华的丛联景观（PFS studio），项目获 2016 年度加拿大景观设计师协会国家奖和评审团优秀奖。

7. 实习备注

地址：Rideau Canal, Ottawa, K1M 1M4

电话：001（613）239-5234

（陈彤春　路斌　编写）

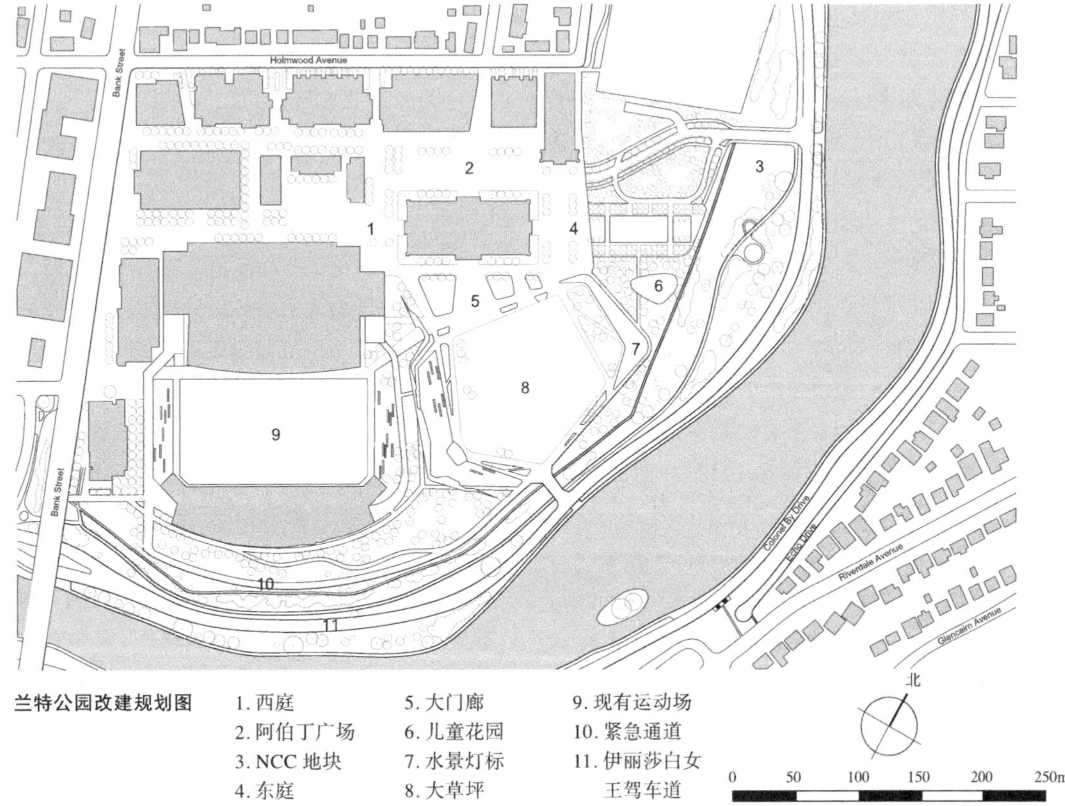

兰特公园改建规划图

1. 西庭
2. 阿伯丁广场
3. NCC 地块
4. 东庭
5. 大门廊
6. 儿童花园
7. 水景灯标
8. 大草坪
9. 现有运动场
10. 紧急通道
11. 伊丽莎白女王驾车道

皇家山公园
Mount Royal Park

1. 位置规模

皇家山（Mount Royal）位于加拿大魁北克省蒙特利尔市，是一座低矮的火山岩小山，它从地理位置到象征意义上都是蒙特利尔的中心，代表城市的自然地标，城市的命名也来自它。山有三座主峰，皇家山公园占据了山体的一部分，包括主峰之一、城市的制高点（233m），面积大约 $200hm^2$，公园东南麓与圣劳伦斯河之间便是市中心区，西部毗邻蒙特利尔市最大最古老的公墓区：雪地圣母公墓（Cimetiere Notre-Dame-des-Neiges）和皇家山公墓（Mount Royal Cemetery）。

2. 项目类型

城市公园

3. 设计师 / 团队

皇家山公园的初始设计者弗雷德里克·劳·奥姆斯特德（Frederick Law Olmsted，1822–1903），代表项目有纽约中央公园、芝加哥郊外滨水社区和亚特兰大的德鲁伊山（Druid Hills）社区、加州斯坦福大学校园规划、美国国会大厦基地等。可以说奥姆斯特德在北美定义了景观设计这一行业，对后世的实践影响至深。

在奥姆斯特德之后多个规划师参与了公园的后续设计，其中最著名的是弗雷德里克·托德（Frederick Todd，1876-1948），他是居住在加拿大的第一位、也是杰出的具有历史影响力的景观设计师和城市规划师。代表项目有魁北克城的亚伯拉罕战场公园（Plains of Abraham），蒙特利尔的圣艾伦岛（St. Helene Island）、皇家山公园海狸湖（Beaver Lake）、大蒙特利尔皇家山市花园城市规划，纽芬兰省圣约翰市的宝灵公园（Bowring Park）。

4. 实习时长

2 小时

5. 历史沿革

在皇家山修建公园的议题起源于当时在欧洲和北美城市中心兴起的重审美、经济、健康和理想主义的城市发展潮流，在这之后历经了几十年发展过程。最初的方案图纸产生于1874—1877 年间，虽然未被全部实施，后续的更新建设也并未始终遵循奥姆斯特德的本意，然而他力图实现的保持公园自然环境的构想精髓依然延续至今，从初建至今，公园的多处都进行过新的规划设计，这些发展与变化反射出蒙特利尔的社会、政治和经济生活，尤为突出的是在“一战”后 30 年代的经济大萧条时期，魁省和联邦政府制定的支持就业计划促使了许多失业者参与进美化城市的工作中，皇家山公园内多个重要元素都是在那个时期建成的。

6. 实习概要

（1）山水和道路构架

奥姆斯特德强调皇家山场地的山林特色，追求以公园所处的自然环境为主基调，同时又创造提供高于自然的多样化景观体验和远景视野。他规划了一个贯通的环路系统，顺着地形线走向，防止突兀的陡坡，方便马车、步行甚至轮椅的通达。那条中央环路至今依然是公园的主骨架，被称作奥姆斯特德之路（Olmsted Road）。奥姆斯特德根据地形特点将公园划分为 8 个特色生态区，以中央环路串接。每个区都按其特点分别处理，譬如山顶和山脚的种植有显著不同以强化突出其区域特色。场地范围内原本没有水体，只是在其西北方向上有一大片低洼的泥淖地，直到 1936 年，景观设计师弗雷德里克·托德承担公园人工湖的建造项目，他的选址贴近奥姆斯特德最初方案中的水体位置，设计为有机曲线造型，位于雪滑梯山坡脚下，即为今天的海狸湖。海狸湖位处公园的一个入口，连接绵延起伏的山坡草地，属于当年奥姆斯特德划分的林间空地区，如今一湖清水倒映着漫坡碧草，成为日光浴、跑步健身、散布、阅读的理想场所。

（2）公园其他重要组成及设施

①山顶大木屋（Chalet of Mount Royal）及眺望台：这里并非山体制高点，属于奥姆斯特德划分的山顶区，他的原旨上是在此开辟一个山顶眺望台。现今宽阔的大眺台建于1906年，面朝圣劳伦斯河、俯瞰市中心，是观赏城市全景的最佳地点。眺台旁的大木屋建于1932年，面宽49.5m，内容量大，是游客和滑雪者停留休息的庇护所。

②主峰十字架：皇家山主峰上的第一个十字架立于1642年，为感谢上帝保佑了城市最终渡过一场洪水之灾。1924年圣让-巴蒂斯特教会组织在原址上安置了一个大型的钢制灯光十字架，成为蒙特利尔夜景中的一个标志物。通常十字架呈现白光，近年更新的LED灯光系统可转换出各种光色。

③史密斯屋（Smith House）：建于1858年，是那个时代留存下来的最后一个乡村富华建筑的范例。这座文物建筑位于公园的一处主要入口，用于教育展示和游客接待功能，设有餐厅露台。

④乔治-艾蒂安·卡地亚纪念碑（Georges-Étienne Cartier Monument）：位于公园东麓，属于奥姆斯特德划分的山脚缓坡区，此区演变为今天的珍妮-曼斯公园（Jeanne-Mance Park），其中心的乔治-艾蒂安·卡地亚纪念碑建于1919年，高30m。如今围绕纪念碑是市民每周末举行圆圈手鼓打击乐聚会的场所。

⑤卡密立安-伍德驾车道（Camillien-Houde Drive）：是一条沿公园外围的风景驾车道，穿越皇家山将城市的东、西部贯通起来，沿途一处眺望台可远望奥林匹克公园。

7. 实习备注

地　址：1260 Chemin Remembrance, Montréal, QC H3H 1A2

电话：001（514）872-3911

（陈彤春　路斌　编写）

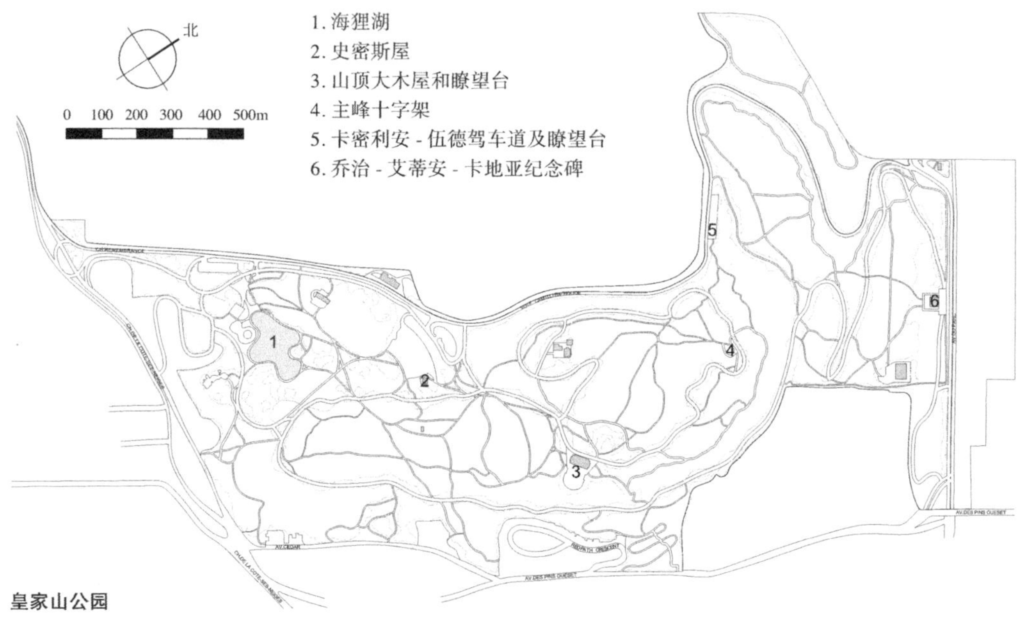

皇家山公园

蒙特利尔老城
Old Montreal

1. 位置规模

蒙特利尔老城（Old Montreal）位于加拿大魁北克省蒙特利尔市，坐拥老港口，西至麦吉尔街，东至圣安德鲁街，北起圣安东尼街，南抵圣劳伦斯河，东西向长约2km，南北向较短，地势向河水方向坡降，长约0.4km，总面积0.71km^2。1964年蒙特利尔老城被魁北克省文化部定为历史街区，是北美最古老的城市区之一。

2. 项目类型

城市历史街区

3. 设计师 / 团队

蒙特利尔的建城人是新法兰西殖民地的早期开拓者，代表人物是出身于显赫领主之家的法国军官保罗-德·舍米蒂-德·麦森诺夫（Paul de Chomedey de Maisonneuve，1612–1676）。他在军队任职时，适逢一群法国慈善家和耶稣会教士希望在新法兰（加拿大）建立一个传教小城，以教化改变北美的原住民，麦森诺夫成为以此目标而新建的圣母协会的领导者，在现在的蒙特利尔老城建立了最早的总部和定居点。为纪念这位先驱，今天蒙特利尔老城圣母院教堂（Notre-Dame Basilica）前的兵器广场（Place d'Arme）上依然矗立着建于1895年的麦森诺夫雕像。

4. 实习时长

3小时

5. 历史沿革

蒙特利尔最早的定居点玛丽城（Ville-Marie）建于1642年，位置大约在现今老城西部临近圣劳伦斯河地势较低的皇家广场（Place Royale）一带。法国人弗朗索瓦-道耶-德·卡松（François Dollier de Casson）在现有的小径上建立了最初的街道网格，包括圣母街（Rue Notre-Dame）、圣保罗街（Rue Saint-Paul）和圣雅克街（Rue Saint-Jaques）。耶稣会教士于1673年在高城圣母街中央兴建了圣母院教堂。自18世纪，随着高城人口和经济地发展，教堂前的兵器广场日益重要，取代了原来皇家广场的城市中心地位。广场作为“区域心脏”这一规划理念一直传承至19世纪更大的城市扩张中，蒙特利尔获得“嵌满公共广场之城”的称号。老城的早期就拥有民建的堡垒等城防系统，1716年法国国王路易十四授命兴建了一座石头防御工事作为护城墙，确保了当时城市的安全和经济发展，此石砌城墙于19世纪初在城市发展新法案的指导下被逐渐拆除，城市由此打开，发展模式迅速改变。20世纪80年代老地基被发现，修复为一处遗址公园，即位于今天老城北边界的“战神之野”（战神广场）（Champs-De-Mars）公园，当年法军的练兵场。追溯老城的起源，法国耶稣会参与赋予了它天主教的特色，而1763年之后的英国殖民统治则根本改变了城市面孔，19世纪末维多利亚风格的风靡很大程度上取代了昔日法国殖民时代石砌建筑的特征，使城市拥有了两种文化遗产交混的多样性风貌。

蒙特利尔老城如今成为一个独特的旅游目的地，近二、三十年市政府在修护与复兴老城经济、历史性建筑、公共空间方面有很多作为，使老城面貌有了很大改观，譬如鼓励临街商业、便利行人可达性、灯光规划、解说牌规划等。近年公共空间的修复更新工程案例有德维尔广场更新设计（Place D'Youville，获2000年加拿大景观设计师协会（CSLA）国家功勋奖和区域荣誉奖），蒙特利尔防御城墙古遗址（战神之野）修复更新（获2012年加拿大景观设计师协会国家提名奖），兵器广场更新设计（获2013年加拿大景观设计师协会国家荣誉奖）等。

6. 实习概要

蒙特利尔老城由东西向的圣雅克街、圣母街、圣保罗街这三条最古老的街道及中央南北向的圣劳伦斯街（Rue Saint-Laurent）挑起街道网格的中心骨架，其间石块铺砌的小巷星罗棋布，点缀着众多历史建筑。

南端沿圣劳伦斯河的公社街（Rue de la Commune）以南为老港区，公社街以北的老城部分以圣劳伦斯街为界可分为东西两个区块：西部区块以最古老的建筑圣稣尔比斯老神学院（Vieux Séminaire de Saint-Sulpice）、圣母院教堂、兵器广场为中心，分布着历史建筑的老金融机构，西南角的皇家广场、德维尔广场一带是最早的定居点，如今分布有历史、考古博物馆；东部区块有一道南北向以公共空间串接、直通老港区的重要轴线，由北向南依次是战神广场（Champ-De-Mars）-沃克兰广场（Place Vauquelin）-贾卡提耶广场（Place Jacques-Cartier）。战神广场是位于蒙特利尔市政厅和玛丽城高速公路之间的大型公共空间，享有蒙特利尔市中心和蒙特利尔唐人街的景致。它由于位置和考古遗迹而引人注目。那里两行平行的石头，是当今蒙特利尔仍然可以看到殖民时代武装定居点的物证的为数不多的地点之一。东部区块还分布着老市政厅（Hôtel de Ville）、新老法院等行政司法机构，其东临河有历史建筑彭斯库尔市场（Marché Bonsecours）和彭斯库尔圣母教堂（Chapelle Notre-Dame-de-Bon-Secours），是河畔优美天际线的重要构成部分。

沿河的老港区东西贯通，依然具有铁路货运和旅游航运的功能，公共空地已发展成为滨河带状漫步道公园，昔日的码头被改造为休闲娱乐设施，有科技中心、老港冰场（Parc du Bassin-Bonsecours，彭斯库尔池公园，夏季可划船、冬季成为著名的溜冰场）、钟塔公园（Tour de l'Horloge）、近年的SOS迷宫和码头旁大型海盗船探险攀爬项目。

7. 实习备注

地址：地铁站（Metro Station由西向东Square Victoria, Place d'Armes, Champs-De-Mars）

电话：1-514-496-7678（老港口Vieux-Port）

8. 图纸

图纸请参见链接：http://www.vieux.montreal.qc.ca/eng/localia.htm

（陈彤春　路斌　编写）

蒙特利尔植物园

Montreal Botanical Gardens

1. 位置规模

蒙特利尔植物园（Montreal Botanical Gardens）是北美第二大植物园，位于加拿大魁北克省、蒙特利尔奥林匹克体育馆西北，占地面积 $75hm^2$。

2. 项目类型

植物园

3. 设计师 / 团队

亨利·泰索尔（Henry Teuscher）

4. 实习时长

4.0 小时

5. 历史沿革

植物园在加拿大植物学家马里·维克罗林（Marie Victorin）倡导下兴建，由植物学家和园艺家亨利·泰索尔设计完成。1931 年，马里·维克罗林为建造植物园起草了第一份计划；1936 年他被正式命名为植物园的负责人并参与了部分展览温室的设计建造工作。

6. 实习概要

由 10 个展览温室和 30 多个室外园区组成的蒙特利尔植物园，共展示植物种类达 2.6 万余种，藏有植物标本 90 多万份。

（1）展览温室

莫森接待温室（Molson Hospitality Greenhouse）：莫森接待大厅是展览温室的入口。这不仅是一个迎宾大厅，也是介绍展览主题的科普教育中心。

热带雨林植物温室（Tropical Rainforest Greenhouse）：该热带雨林温室以展示空中花园以及热带植物丰富的群落层次关系为重点。

热带经济植物温室（Tropical Food Plants Greenhouse）：该温室里共展出了 125 种（含品种）热带经济作物。

兰花和天南星科植物温室（Orchids and Aroids Greenhouse）：该温室展示了卡特兰、香荚兰、石斛、兜兰和万带兰等来自世界各地的兰花种类及品种。

蕨类植物温室（Ferns Greenhouse）：该温室展示了蕨类和其他原始植物。

秋海棠和苦苣苔科植物温室（Begonias and Gesneriads Greenhouse）：该温室展示的 100 多个秋海棠属及苦苣苔科植物种类及优良品种，包括了非洲紫罗兰、大岩桐和口红花等广受欢迎的园林植物种类。

干旱地区温室（Arid Regions Greenhouse）：该温室主要展示来自非洲的多肉类植物以及来自美洲的仙人掌科、龙舌兰科植物等。

庄园温室（Hacienda）：该温室布置有原产拉丁美洲的仙人掌及多肉多浆类植物。

盆景温室（Garden of Weedlessness）：该温室主要收集展示由香港吴逸荪先生捐赠的盆景藏品，为亚洲地区之外最大的盆景展区。

主展厅温室（Main Exhibition Greenhouse）：高 13m，占地 $700m^2$ 的季节展示温室于 1986 年建成，在此全年都会举办不同的主题展览。

（2）室外展区

室外专类园类型丰富，包括高山花园区、耐阴植物区、树木园、水生园、民族园、中国园、日本园等。

树木园：占地 $40hm^2$，近 7000 种乔木和灌木按其科、属特征在此分类种植。

中国园：占地 $2.5hm^2$，1991 年由建筑师乐卫忠先生设计。其是上海市和蒙特利尔市合作建设项目，中国园又名“梦湖”谐音「蒙沪」，成为中加之间友谊的象征。

日本园：占地 2.5hm^2，由日本景观设计师中岛健（Ken Nakajima）先生设计，他充分尊重场地的基本特征，真实地反映了日本造园传统和理念。

高山花园（Alpine Garden）展示了从落基山脉（Rocky Mountains）到喜马拉雅山脉（Himalayas）、从阿尔卑斯山到北极苔原的植物世界。探索在山区和北部地区生长的植物惊人的多样性及其适应周围环境的方式。针叶树系列为花园营造了一个私密的屏障，其中包含一些珍贵的标本，如黄松树。

水生花园拥有各种水生和湿地植物，该花园包含近 200 个品种，很多植物在野外非常少见，其中许多来自魁北克。园中的水池位于地面上方，与参观者的眼睛齐平，其独特的建筑结构使参观者可以近距离观察植物。

美食园中种植了世界各地具有经济效益的植物，如蓝莓、薰衣草、亚麻等，它们为人类和牲畜提供食品、香料、衣物、染料、润滑剂等。在世界各地种植的许多有用植物中，只选出了近 50 个科和 200 个属，但是其中一些，包括大米、玉米和小麦，生长在地球表面的广阔土地上，足以养活超过 60 亿的人类人口。

药用植物园拥有一百种不同的物种，是对民间医学乃至制药业广泛使用的药用植物领域不断发展的介绍。展示了毛地黄、龙胆等植物的治疗特性。

宿根花卉园种植可以生存数年的草本或木本植物，从春季到秋天的霜冻都绽放着绚丽的花朵。这是多年生花园的美丽之一：新植物总是随着其他植物的衰落而开花。多年生植物园是精心安排的近 1700 个品种和栽培品种的集合地，其中大多数是多年生草本植物。

蒙特利尔植物园的玫瑰园（Rose Garden）是北美最大的玫瑰园之一，它占地超过 6hm^2，具有近 10000 株玫瑰花丛，拥有 900 多个品种和栽培品种，园中展示了古老的花园玫瑰和一些现代品种。

7. 实习备注

地址：4101, rue Sherbrooke Est, Montréal Quebec H1X 2B2, Canada

电话：514 868-3000

8. 图纸

图纸请参见链接：

https://www.mtl.org/

（郝培尧　胡宗辉　张若彤　编写）

亚伯拉罕平原国家战场公园

Plains of Abraham–National Battlefields Park

1. 位置规模

亚伯拉罕平原国家战场公园（Plains of Abraham–National Battlefields Park）位于加拿大魁北克省首府魁北克城的东部边缘高地上，向东南俯瞰圣劳伦斯河，从老城的南城墙外堡垒处起始，向西南绵延约2.4km，宽约0.8km，总面积98hm^2，为覆盖着花木和大片草地的平原和山谷地。它每年接待大约四百万游客和本地居民，其重要地位相当于中央公园之于纽约。它与相隔不远的占地5hm^{2}的勇士公园（Des Braves Park）合为国家战场公园。

2. 项目类型

城市公园

3. 设计师 / 团队

弗雷德里克·托德（Frederick Todd，1876—1948）是第一位居住在加拿大的景观师。在蒙特利尔代表作品有圣艾伦岛（St. Helene Island）、皇家山公园海狸湖（Beaver Lake）、大蒙特利尔皇家山市花园城市规划、圣约瑟夫教堂十字架之路花园。其他地区的代表项目有魁北克城的亚伯拉罕战场公园、渥太华改进委员会报告（Ottawa Impor Dvement Commission Report）、多伦多大学三一学院（Trinity College Toronto）部分规划设计。

4. 实习时长

1小时

5. 历史沿革

公园所处的亚伯拉罕平原是历史上著名的英法之间7年北美征服战1759年决战战场，此战役英军获胜，决定了新法兰西的归属，并直接影响了加拿大的建立，英军统帅沃尔夫（Wolfe）和法军统帅蒙卡尔姆（Montcalm）双双战死。几个月后的1760年两军在附近的圣福瓦（Saint-Foy）再度交战，法军获胜，交战地点现为国家战场公园的另一部分“勇士公园”。此后亚伯拉罕平原一带曾一度沦为死犯行刑处和卖淫等非法活动场所。1908年国家战场公园委员会成立，欲以此项目作为魁北克建城300周年（1608—1908年）大庆的献礼。1909年委员会将公园的规划设计任务委托给景观师弗雷德里克·托德，然而征地过程缓慢而艰难，加之两次世界大战的影响，托德的方案实施历经了50年才最终告成。亚伯拉罕战场公园是世界上最具标志性的城市绿地之一，这片曾与死亡相关的地方如今成为市民休闲聚集、举行娱乐活动的场所，如每年的冬季狂欢节和夏季音乐节。

6. 实习概要

托德提出新建的国家公园要确保对这处历史遗迹永久性的修复和保护，同时强化它原有的壮美景色，他面临的挑战是将空间与时间、历史与场地和谐相融。整块高地与它东南侧的圣劳伦斯河低地相交处为陡崖，托德依据自然属性和历史性将场地分为5大区域：

第一区覆盖了近乎公园一半的面积，从东北的堡垒处一直延伸到中部今天的博物馆建筑。托德建议最大可能保持这片地段在当年发生战役时的自然景观状态，尽量避免植树。他设计了一条沿城墙堡垒通往“钻石岬角”（Cap Diamant）顶部的路，提供了俯瞰整个公园和圣劳伦斯河的绝佳视线。

第二区是博物馆前的大片场地，原为古骑马场。方案保留了它空阔平坦的特色，继续提供可进行阅兵、操演的场所。托德在南坡上设了一个眺望台，即为今天的“格雷眺望台”（Grey Terrace），现有一座格雷本人的雕像。

第三区是场地南侧连接岬角和福隆湾（Anse-au-Foulon）的狭长地段，地貌景观独具魅力，从微微起伏绵延的地形延伸到河边的陡崖和松、榆树林。此处同时极具历史趣味性，就是从这里，当年英军统帅带领他的前锋在地形的掩蔽下攀上陡崖，取下法军设在河湾至亚伯拉罕高地通路的路口岗营、整个高地的防御至关点。

第四区是安大略路地段（钻石岬角和格雷眺望台之间）的南坡陡崖，托德意欲保持它的原生状态，只设少量小径，在具危险性的陡崖处设护栏。

第五区是位于亚伯拉罕平原西北方向的圣福瓦“勇士公园”，托德建议修一条街道将勇士公园和亚伯拉罕平原连接起来，即为今天的勇士街（Des Braves Avenue）。

公园中的花园 - 贞德花园

位于第一区北边界处的贞德花园由景观师路易·佩隆（Louis Perron）设计，建于1938年，花园风格独特，外形为长条状八边形，法国古典式平面布局与英国式繁茂而富于节奏、变化的种植床结合，中心安置骑马的圣女贞德雕塑。为魁北克城最美的花园。

7. 实习备注

地址：835, Avenue Wilfrid-Laurier, Niveau 0, Québec, QC G1R 2L3

电话：001（418）648-3506

（陈彤春　路斌　编写）

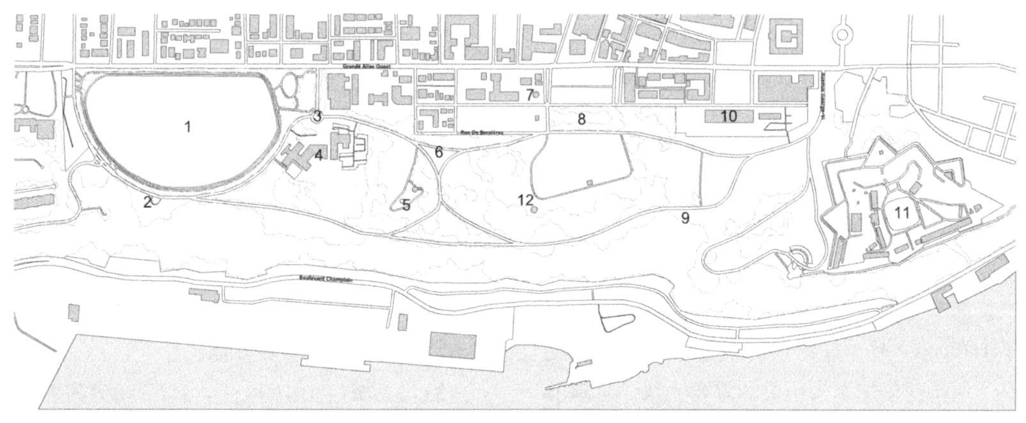

1. 亚伯拉罕平原
2. 格雷眺望台
3. 沃尔夫纪念碑
4. 魁北克国家美术馆
5. 纪念喷泉
6. 加诺半身像
7. 1号马尔泰洛塔
8. 圣女贞德纪念碑
9. 第十二届世界林业大会纪念园
10. 第一次世界大战纪念点
11. 魁北克城堡
12. 2号马尔泰洛塔

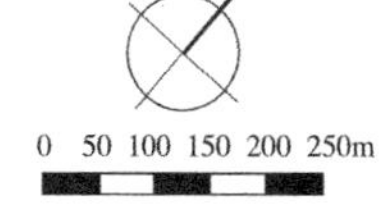

魁北克城亚伯拉罕平原国家战场公园

魁北克老城

Old Quebec

1. 位置规模

魁北克老城（Old Quebec）位于加拿大魁北克省首府魁北克市，面积约 1.35km^2。原是北美印第安人部落的村聚。魁北克老城的城中心位于一块高地上，并保留着北美地区唯一留存至今的古城墙，全长 4.6km。其东南毗邻圣劳伦斯河，包括上城和下城，总面积 1.4km^2，范围内拥有 1400 座建筑物。历史上的许多文化名城都是依河而建，北美大陆的城市魁北克就是其中之一。魁北克是加拿大东部的重要城市和港口，位于圣劳伦斯河与圣查尔斯河的汇合处。在这里，河面收缩到不足 1000m 宽，魁北克城犹如一头雄狮，扼守着这条水路的咽喉要道。魁北克因此而得名。“Kebec”一词在本地土著语阿尔贡金语（Algonquin）里意为“河流变窄的地方”。

2. 项目类型

城市历史街区

3. 设计师 / 团队

魁北克城的建立人是法国殖民者塞缪尔 - 德·尚普兰（Samuel de Champlain，1567-1635），他亦是航海家、制图师、士兵、探险家、地理学家、民族学家、外交官和编年史家。尚普兰穿越大西洋进行了 20 余次旅行，于 1608 年 7 月 3 日建立了新法兰西和魁北克市。他是开创加拿大历史的重要人物，绘制出第一张准确的海岸地图，并建立了多处殖民地定居点，被誉为“新法兰西之父”和“阿卡迪亚之父”，北美东北部许多地名、街道和建筑物都以他的名字命名，最著名的是尚普兰湖。

4. 实习时长

5 小时

5. 历史沿革

1608 年，塞缪尔 - 德·尚普兰落驻于圣劳伦斯河畔钻石岬角（Cap Diamant）下的魁北克角，即现今魁北克老城下城区皇家广场的位置，是新法兰西第一个永久定居点。而后城市发展向钻石角高处迁移，那里拥有更好的视野和防御性，同时城市也向河水方向延伸，形成今天的老港区。中心迁至上城后，上城逐渐成为城市乃至日后整个新法兰西宗教和行政权力的核心，下城则作为港口和商贸中心持续着繁荣发展，曾毁于战火而后又被英殖民者重建，迅速恢复了其作为整个国家经济和商务中心的角色。至 1760 年魁北克城一直是新法兰西的首府，7 年英法之战后成为英国新殖民政权的中心，直到 1867 年加拿大成为一个独立的国家。

19 世纪末下城陷入了经济混乱和颓败，沦为贫民窟，状况持续到 20 世纪 60 年代。继 1945–1965 年的公众辩论后，关乎保护老城、修复皇家广场的历史街区成立，数百万元的费用用以下城改头换面，重塑 18 世纪初高尚美好的形象。曾经破旧不堪的房屋和仓库转换为高档的精品旅舍、格调店铺、时尚画廊和兴隆的餐馆酒吧。1985 年魁北克老城被联合国教科文组织（UNESCO）定为世界文化遗产，城内石铺的巷道广场，成片混合叠加着英法风格的殖民地老建筑，使其成为最具欧洲情调的北美城市和旅游名胜地。

魁北克城建于 1608 年，1867 年成为魁北克省首府。从 19 世纪末开始，魁北克逐渐发展成一座集大学城、文化中心、旅游胜地、宗教中心，以及区域商业与服务业中心为一体的城市。现有 24 所高等教育机构，4 个重要的研究基地。支柱产业有电子、医药、尖端软件、通信设备、塑料制造等。

6. 实习概要

魁北克老城倚山崖而建，以崖为界分上城和下城两部分。上城占大部分面积，可俯瞰圣劳伦斯河和远眺数英里的乡村景色。上城至今还留存有一圈3英里（4.83km）长的古城墙，魁北克老城也由此被称为一座被城墙包围的城市。西城墙上有三道城门：圣让门（Porte Saint-Jean）、肯特门（Porte Kent）和圣路易门（Porte Saint-Louis），分别对着圣让街和圣路易街这两条城市主干道，位于圣让门前的德维尔广场（Place d'Youville）是城市枢纽地和最受欢迎的广场，昔日的集市如今成为夏季举办音乐节庆活动的场地，冬季则转变为公共溜冰场，上城中心临崖不远的位置坐落着地标性建筑、也是整个魁北克城形象标签的芳缇娜城堡酒店（Château Frontenac），建于19、20世纪之交，自此统领着城市的天际线。相对老城里众多可追溯至17世纪初的构筑物来说，它算是年轻的后来者。上城西南终端有一片星形的城堡（Citadelle），建于1775–1976年间英属魁北克城遭受美国人进攻之后。堡垒紧邻亚伯拉罕战场公园，形成老城城墙系统的一部分，现为加拿大国家历史名胜地。堡垒之下依附悬崖峭壁建有总督步行栈道（Promenade des Gouverneurs），是方特纳克城堡前杜夫林眺台（Terrasse Dufferin）的延伸，两者命名均源自纪念1872—1878年间的加拿大总督罗德·杜夫林（Lord Dufferin），它们为游客提供了漫步于上城边缘峭壁景观、俯瞰圣劳伦斯河壮丽全景的独特经历。上城著名的历史建筑还有魁北克圣母院大教堂（Basilique-cathédrale Notre-Dame de Québec，1647，后两度重建）、魁北克神学院（Séminaire de Québec，1665）、圣三一大教堂（Cathédrale Holy Trinity，1804，英国圣公会所建不列颠群岛外第一座大教堂）、魁北克城市政厅（Hôtel de ville de Québec，1896）。石砌的城墙、经氧化变为绿色的铜质屋顶、政府建筑物沉重的木门及高耸陡峭的教堂尖顶，城市景观处处映射出魁北克老城作为政治、宗教、文化教育中心的过往历史。

下城包括山崖脚下最早的城市街区和河畔老港口。建于尚普兰1608年住宅旧址上的胜利圣母院（Notre-Dame-des-Victoires，1687）和教堂前的皇家广场，是下城历史街区的中心，它的西南方向有一片北美最早的商贸区，精美繁华而魅力独具，被称为“小尚普兰区”（Quartier du Petit Champlain），主街是小尚普兰街（Rue du Petit-Champlain），其北端长长的石阶“断颈阶梯”（Escalier Casse-Cou）以陡峭而得名，是连通上城和下城间的捷径。下城另一条著名的街道是与之平行的圣皮埃尔街（Rue Saint-Pierre），分布着最早的金融机构，其建筑经典庄严的外在形式着意体现出一种财富与持久的性格特质。下城东部临河是老港区，为加拿大最古老的港口。老港区内有路易斯港池（Bassin Louise）及近旁的老港集市（Marché du Vieux-Port）、火车站（Gare du Palais）等景点。

7. 实习备注

地址：12 Rue Sainte-Anne, Québec, QC G1R 3X2（魁北克老城游客中心）

电话：001（418）641-6290

8. 图纸

图纸请参见链接：

https://www.lonelyplanet.com/amp/canada/quebec-city/travel-tips-and-articles/a-walking-tour-of-quebec-city/40625c8c-8a11-5710-a052-1479d276214a

（陈彤春　路斌　编写）

萨缪尔 - 德 · 尚普兰漫步道一期

Promenade Samuel-De Champlain Phase 1

1. 位置规模

萨缪尔 - 德 · 尚普兰漫步道一期（Promenade Samuel-De Champlain Phase 1）位于魁北克城圣劳伦斯河岸西勒里角（Côte Sillery）和罗斯角（Côte Ross）之间，漫步道的命名来自魁北克城的建立者萨缪尔 · 德 · 尚普兰（Samuel-De Champlain）。一期漫步道全长 2.5km，是一座城市中心沿河伸展的带状公园、通往历史老城且具现代感的绿色走廊。滨河驾车道尚普兰大道（Boulevard Champlain）平行公园并从其间穿过，公园同时结合了自行车道和人行散步道系统、体育场地及休憩空间，2008 年 6 月建成开放。二期被命名"河岸之路"（Sentier des Grèves），位于一期西侧，全长 3.1km，2016 年 9 月建成开放；三期名为"福隆站区"（Station du Foulon），长 2.5km，从一期东端向东延伸，目前正在建设中。整个漫步道工程将圣劳伦斯河畔的城市重要绿色空间串接起来。

2. 项目类型

城市公园

3. 设计师 / 团队

萨缪尔 - 德 · 尚普兰漫步道一期由来自加拿大魁北克省蒙特利尔市的达乌斯特 - 勒斯达智（Daoust-Lestage）建筑与城市设计事务所和威廉 · 阿斯兰 · 阿卡威（William Asselin Ackaoui, WAA）景观设计事务所联合设计。前者成立于 1988 年，遵循人为的设计参与是建立在对场地历史及现有特色的理解之上，如此才能使项目的内在品质融合于它的周围大环境中的设计理念。后者成立于 1986 年，奉行的理念旨在将社会、人文和经济价值融入所营造的具现代气息的环境中。

4. 实习时长

1.5 小时

5. 历史沿革

萨缪尔 - 德 · 尚普兰漫步道项目起始可追溯到 1998 年尚普兰大道的改建工程。尚普兰大道始建于 20 世纪 60–20 世纪 70 年代，是应战后圣劳伦斯河畔交通流量增长的需求所建，修建大道导致了大片河滨地段被回填用以造出一个人工河岸，而大道本身切割阻断了居民与河水的联系，使河岸变得荒凉。1998 年的改建计划中这条国道将被做成一条伴随滨河公园的城市道路。2002 年，魁北克首府委员会（Commission de la capitale nationale du Québec）正式宣布建设萨缪尔 - 德 · 尚普兰漫步道项目，计划修建带状绿地的同时修复河岸侵蚀最显著的地段之一，还居民一个重新亲近河水的新滨河空间，此项目的另一个重大意义是作为魁北克城建立 400 周年（1608—2008 年）大庆的献礼。项目最终于 2005 年被确立，2006 年开始启动，2008 年夏一期地段建成，于 6 月 24 日魁北克国庆日正式开放。漫步道一期建成后成为备受市民欢迎的日常休闲娱乐场所，荣获了众多奖项，包括芝加哥雅典娜（Chicago Athenaeum，建筑和设计博物馆）颁发的国际建筑奖、2009 年加拿大景观设计师协会（CSLA）设计类国家荣誉奖等。从环境意义上，漫步道一期工程对圣劳伦斯河退化最为严重的一段河岸进行了修复和滨河生态系统的保护，体现出 21 世纪的价值观。

6. 实习概要

萨缪尔 - 德 · 尚普兰漫步道一期由西向东分为 4 个特色景区：筏子客站区（Station des Cageux）、泰克农达林区（Boisé de

Tequenonday)、体育站区（Station des Sports）和码头站区（Station des Quais）。19 世纪的圣劳伦斯河岸是木材和造船业兴荣发展的大舞台，项目简洁有力的表现形式灵感来自场地自身的形态、场地与河流的互动关系以及随时代变迁人类在这片土地上的活动方式。

（1）筏子客站区

此区的中心是一个再利用的工业码头，名称来自勇敢无畏的木筏驾驶者、19 世纪在河上操作木材运输的人。景区的组成构筑物包括木平台、低矮平展的访客中心建筑和 25m 高的观景塔。木材是其重点表达语汇，观景塔的形态映现了历史上的码头塔和代表港口特色的木材堆，同时具有视觉引导效果和灯塔功能。此区拥有一个 280m 长的湿地，再现了河岸线的原生生态系统。

（2）泰克农达林区

这个 $2hm^2$ 的独特古老林地位于筏子客站区北侧，坐落于一座岩石脊背上，是圣劳伦斯河北岸曾经繁茂的森林最后遗存的痕迹之一，内部小径纵横交错，拥有具 5000 多年历史的考古遗迹，一个小瞭望台提供了观赏壮阔河景的视线，林地里有众多百年老树。

（3）体育站区

是专用于体育活动的地段，包括两个足球场和中心一个多用途草坪运动场，有一个同筏子客站区形式类似的服务性建筑。

（4）码头站区

此景区是整个漫步道的文化聚焦点所在，设计师从河流的性情中汲取灵感营造出四个具现代气息的主题花园，自西向东依次是：雾码头（Quai-des-Brumes）、河浪码头（Quai-des-Flots）、人迹码头（Quai-des-Hommes）和风码头（Quai-des-Vents）。

1）雾码头：以花岗岩巨石块和定时喷发的水雾来表现冰川留下的岩石河岸和河面上浮起的迷雾。

2）河浪码头：体现了河水的四季变幻。从地面冒出的喷泉柱组成 5 排水墙，其交替的涌动象征着冲岸的河浪；一条模拟大裂缝的混凝土带贯穿花园并将其分为两层，象征冬日河面上漂流的破冰。

3）人迹码头：突出表达了圣劳伦斯河木材贸易时代人与河流的紧密联系。花园主构架是一条长长的伸向河水的木栈道，尽端水畔一座同样材质的丰碑矗立于空中，仿佛这片广阔空间里的一座里程碑。运用光影效果，一座镂雕的墙体框出了属于 19 世纪的两道风景。沿木栈道长列排布的铸铝棒展现了当年在河中猎捕鳗鱼的活动。

4）风码头：以河畔永不停歇的风为主题。大量的观赏草在风中摇曳，竖向高低错落的花岗岩矮墙造型来自场地的地质构造，园中处处耸立的桅杆雕塑象征着雪雁迁徙地飞行，铺装设计中结合的沙质铺面唤起人们对 20 世纪 60 年代夏日河畔盛行的日光浴的联想。

7. 实习备注

地址：Boulevard Champlain, Sillery, QC

电话：001（418）528-0773

8. 图纸

图纸请参见链接：

https://www.capitale.gouv.qc.ca/nos-parcs/parcs/promenade-samuel-de-champlain/information-pratique

（陈彤春　路斌　编写）

莫里斯国家公园

La Mauricie National Park

1. 位置规模

莫里斯国家公园（La Mauricie National Park）位于加拿大东部魁北克省莫里斯区。公园以其东侧的莫里斯河命名，面积 53km^2。公园被大面积的森林覆盖，有驼鹿、黑熊、海狸、水獭等野生动物，园内有 150 个湖泊和丰富的水系。

2. 项目类型

国家公园

3. 实习时长

实习时长建议半天，公园距离蒙特利尔 2 个半小时。

4. 历史沿革

通过公园考古遗址的发掘，莫里斯国家公园内的人类活动据说可以追溯到公元前 3000 年，当时的原住民在这片区域进行捕捞、打猎、采集等活动。19 世纪初欧洲移民进入此地伐木，并利用木材进行造纸等经济活动，但大量的伐木活动使森林遭到了破坏，至今还能在公园找到伐木留下的木桩痕迹。同时因为这里的野生动物和水系资源非常丰富，很多富裕的加拿大和美国人开始来此进行打猎和钓鱼等休闲活动，一些私人俱乐部还在这里建设餐厅、营地、菜园等，这一系列的人为活动进一步对该区域的生态环境造成了破坏。直到 1970 年，加拿大联邦将该区域划为国家公园进行保护，禁止私人俱乐部在公园内的经营及活动。

5. 实习概要

作为历史上的森林采伐区，莫里斯国家公园区域的生态环境曾经遭受了严重破坏。因此，水生生态系统和森林生态系统的保护和恢复成为公园的首要目标，即通过将生态系统恢复到自然状态来重塑生态系统的自我修复能力。

莫里斯国家公园的水生态恢复工程被规划为三个阶段。首先是对河道、湖床上残留的原木进行清理，在 15 年的时间里，从 20 个较大湖泊中移除了超过 10 万个原木，这些恢复工作不仅有助于改善水生生态系统的健康，也使湖泊边上的沙滩可以再次被游客使用。其次是拆除水坝等用来运送原木的设施，公园首先对这些设施的结构及其对水系的影响进行了详细的调查和评估，在此基础上制定了科学可行的拆除工程方案，将园内的湖泊岸线恢复为自然状态，重建各个湖泊之间的水系通道，从而有效恢复了野生鱼类栖息地和边坡野生植物生境。在此基础上进入第三阶段，即培育本地的溪流鳟鱼种群，首先研究和检测湖泊中鱼类种群状况，当发现小溪鳟鱼数量受到威胁时，将其捕获并进行人工喂养，从而保护种群的遗传完整性，然后利用可以自然降解的生物制剂清除非本地鱼类，再将人工饲养鱼苗投入湖泊中。在 15 年的时间里公园养殖并投放了 52600 个鱼苗，共 14 个湖泊恢复了本地鳟鱼栖息地。

莫里斯国家公园的森林生态系统保护也经历了长期的探索过程。1830–1969 年间，公园几乎所有的森林都被砍伐了。加之这一个多世纪时间中，野火始终被认为是森林的天敌，莫里斯森林不仅受到长期伐木的人为干扰，还始终防患于野火的自然干扰，导致在没有定期火灾的情况下，植被长势逐渐变弱并趋于老化，其中尤以白松和红橡树最为明显。为了改善森林健康状况，公园开始利用森林生态系统平衡的自然要素——火。周期性的野火把植被组合成了不同年龄和类型的斑块，这为许多昆虫、哺乳动物和鸟类提供了丰富多样的栖息地，即生物多样性。目前公园中最常见的森林树种有香脂冷杉、白桦、黄桦、颤杨和黑云杉等。

6. 实习备注

地址：（1）Saint Jean des Piles 入口：55 号公路的 226 出口出，跟 Chemin du Parc National Road 路标走；（2）Saint-Mathieu 入口：55 号公路的 217 出口出，跟 Saint Mathieu du Parc 路标走。

电话：819-538-3232，1-888-773-8888

开放时间：每年冬夏两季时间开放时间不同，具体可提前查阅官网通知（https://www.pc.gc.ca/en/pn-np/qc/mauricie/visit/heures-hiver-hours-winter）。

17 周岁以下免费进入，其余年龄段需缴纳门票进入。

7. 图纸

图纸请参见链接：https://www.pc.gc.ca/en/pn-np/qc/mauricie/

（张婧雅　孙昕悦　编写）

参考文献

[1] MORIN N R, BROUILLET L, LEVIN G A. Flora of North America North of Mexico [J]. Rodriguésia, 2015, 66(73-81).

[2] 唐学山 . 论美国园林特点 [J]. 北京林业大学学报，1989，01: 61-68.

[3] [EB/OL].https: //www.sfmcanada.org/en/canada-s-forests.

[4] Smith W.B., Vissage, J.S., Darr, D.R., Sheffield, R.M., 2000, Forest Resources of the United States, 1997: St. Paul, MN, U.S. Department of Agriculture Forest Service.

[5] Lewis S., Maslin M. Defining the Anthropocene. Nature, 2015(519): 171-180.

[6] [EB/OL].https: //www.gardenvisit.com/history_theory/library_online_ebooks/ml_gothein_history_garden_art_design.

[7] 罗恩 · 威廉，文森特 · 爱斯林，吴新壮 . 20 世纪加拿大风景园林 [J]. 风景园林，2007(03): 42-55.

[8] 陈立娅 . 加拿大现代园林产生与发展 [J]. 艺术科技，2013，26(05): 253.

[9] 西西利亚 · 潘妮，吉姆 · 泰勒，冯婀慧 . 加拿大风景园林的起源与发展 [J]. 中国园林，2004(01): 56-60

[10] 苏博 . 二十世纪初期美国现代主义园林形式语言研究 [D]. 北京：北京林业大学，2011.

[11] 敖惠修，张进平 . 美国加州园林漫游散记 [J]. 广东园林，2006(06): 49-54.

[12] 陈榕生 . 对美国几个城市园林植物应用的印象 [J]. 中国花卉盆景，2005(04): 72-73.

[13] 陈有民 . 美国佛罗里达州中部的园林植物资源 [J]. 中国园林，1993(02): 58-59.

[14] 金经元 . 奥姆斯特德和波士顿公园系统 (中)[J]. 上海城市管理职业技术学院学报，2002(03): 10-12.

[15] 许浩 . 美国城市公园系统的形成与特点 [J]. 华中建筑，2008，26(11): 167-171.

[16] 曹康，林雨庄，焦自美 . 奥姆斯特德的规划理念——对公园设计和风景园林规划的超越 [J]. 中国园林，2005(08): 37-42.

[17] 翡翠项链——波士顿公园绿道系统 [EB/OL]. 中国园林网，2014.

[18] 让公园绿地在城市中流淌延伸——从波士顿“翡翠项链”看广东省城市公园规划建设 [J]. 珠海环保，2017.11.28.

[19] Beyond The Big Dig[EB/OL].[2015-05-05].Boston.com.

[20] 王玮 . 都市新景观——波士顿罗斯 · 肯尼迪绿道 [J]. 南京艺术学院学报 (美术与设计版)，2014(03): 175-179.

[21] 美国长岛市猎人角南滨公园 [J]. 风景园林，2014，(2): 44-51.

[22] 姚朋 . 纽约滨水工业地带更新中的开放空间实践与启示——以哈德逊河公园为例 [J]. 中国园林，2014，30(02): 95-99.

[23] 严鹤 . 纽约哈德逊河岸公园 [J]. 园林，2014(07): 54-57.

[24] 薛赛君 . 纽约罗伯特 · F · 瓦格纳公园，纽约州，美国 [J]. 世界建筑，2003(03): 46-48.

[25] 黄剑 . 纽约布赖恩特公园，美国纽约州 [J]. 世界建筑，2003(03): 63-65.

[26] 王琳 . 美国纽约布莱恩特公园 [J]. 城市环境设计，2007(02): 70-75.

[27] 周建猷 . 浅析美国袖珍公园的产生与发展 [D]. 北京：北京林业大学，2010.

[28] 张文英 . 口袋公园——躲避城市喧嚣的绿洲 [J]. 中国园林，2007(04): 47-5.

[29] 赖秋红 . 浅析美国袖珍公园典型代表——佩雷公园 [J]. 广东园林，2011(3): 40-43.

[30] 运宏 . 纽约时代广场改造 [J]. 城市环境设计，2018(03): 98-109.

[31] 赵丽娜 . 纽约时代广场的变迁 [J]. 社会，1998(10): 42-43.

[32] 吴焕加 . 纽约联合国总部大厦 [J]. 建筑工人，1997(02): 60.

[33] 张晋石 . 费城开放空间系统的形成与发展 [J]. 风景园林，2014(03): 116-119.
[34] 沈黎明 . 费城 : 满目青翠一城花香 [J]. 国土绿化，2013(07): 47.
[35] David B. Brownlee. Building the City Beautiful: The Benjamin Franklin Parkway and the Philadelphia Museum of Art[M].University of Pennsylvania Press，1989.
[36] 贾里德 · 埃德加 · 麦克奈特，惠子 · 鹤田 · 克雷默，陈雨茜 .SteelStacks 艺术文化园区的骨架 : 胡弗梅森栈桥 [J]. 风景园林，2018，25(07): 55-64.
[37] 礼士街码头 宾夕法尼亚州费城 [J]. 世界建筑导报，2016，31(05): 100-101.
[38] Charles Beveridge. Frederick Law Olmsted's theory of landscape design [J]. Nineteenth Century, 1977 (3): 41-42.
[39] 陈文佳 . 过去的缅怀与未来的祈盼——记美国国家二战纪念碑广场 [J]. 公共艺术，2014(06): 78-82.
[40] 周耀宗，马祎玮 . 城市公共艺术的价值判断——以越战纪念碑设计为例 [J]. 美与时代 (城市版), 2018(05): 58-59.
[41] 李钊 . 美国国家公园的国家责任与大众享用机会——美国仙纳度 (Shenandoah) 国家公园考察 [J]. 农业科技与信息 (现代园林)，2011(2): 11-15.
[42] 黄卫昌，张雪 . 世界著名植物园之旅——芝加哥植物园 [J]. 园林，2005(04): 4-5.
[43] 周悦玥，汪葆珂 . 美国芝加哥植物园学习考察记 [J]. 中国花卉盆景，2010(04): 2-7.
[44] 崔庆伟 . 美国斯特恩矿坑公园的景观改造再利用研究 [J]. 中国园林，2014，30(03): 74-79.
[45] 李雯 . 芝加哥滨河步道扩建 [J]. 风景园林，2017(01): 91-104.
[46] 绿色轴线湖滨东畔公园 [J]. 城市环境设计，2009(03): 63-66.
[47] 坦恩 · 艾克景观设计工作室 . 亚利桑那州立大学生物设计研究所 [N]. 中华建筑学报，2013-09-13(012).
[48] 薛岩，王浩 . "信息导向" 在导识系统设计中的应用——以美国大峡谷国家公园导识系统设计为例 [J]. 艺术评论，2016(02): 162-165.
[49] 橙色 · 拱门国家公园——砂岩拱门集中地 [J]. 新经济，2013(07): 18-19.
[50] 黎先跃，张秋英 . 美国大峡谷国家公园 [J]. 国土绿化，1994(01): 42.
[51] 王献溥 . 美国大峡谷国家公园的自然特点及其管理模式 [J]. 广西植物，1990(01): 81-86.
[52] 中国勘察设计协会园林设计分会 . 风景园林设计资料集 [M]. 北京：中国建筑工业出版社，2006.
[53] 张天洁，李程远，朱瀚森 . 生物友好与自然教育美国圣地亚哥动物园规划设计研究 [J]. 风景园林，2016(9): 23-33.
[54] 高祥生 . 白色派建筑的魅力——美国洛杉矶盖蒂中心掠影 [J]. 建筑与化，2017(12).
[55] 赵霞 . 盖蒂中心建筑大师理查德 · 迈耶的杰出作品 [J]. 建筑知识，2004(02).
[56] 姜玉艳，周官武 . 盖蒂中心 [J]. 室内设计，2006(02).
[57] 钱锋，汪晓茜 . 建筑语言的延续和扩展——R · 迈耶的 "世纪之作"：保罗 · 盖蒂中心评价 [J]. 华中建筑，1998(02).
[58] 薛恩伦 . 格蒂中心与迈耶 [J]. 世界建筑，1999(02).
[59] 赵抗卫 . 美国主题公园的创意和它的产业形成 [J]. 戏剧艺术，2008(1): 81-87.
[60] 刘南薇 . 基于情境序列串联体验的主题公园空间布局——以上海迪士尼乐园为例 [J]. 规划师，2016，32(8).
[61] 周聪惠，郑振婷，束芸 . 美国境外迪士尼乐园规划特征比较分析 [J]. 规划师，2016，32(8).
[62] 王向荣，林菁 . 西方现代景观设计的理论与实践 [M]. 北京 : 中国建筑工业出版社，2002.07.
[63] 任亚春 . 洛杉矶珀欣广场设计分析与解读 [J]. 科技资讯，2013.
[64] 埃伦 · 兰波特 · 格莱奥克斯，王文琰 . 诺基亚剧院——洛杉矶的专业音乐会场馆 [J]. 演艺设备与科技，2008(5).
[65] SWA 集团 : 全球设计业先驱 [J]. 城市建筑，2010(02).
[66] 马军山 . 因地制宜面向生活——美国景观设计师 E · 埃克博的设计思想及作品研究 [J]. 华中建筑，2003(6).

[67] 黎彬 . 洛杉矶联合银行广场，美国 [J]. 世界建筑，1995(3).
[68] 黄靖松，江滨 . 弗兰克 · 盖里：建筑界的毕加索 [J]. 中国勘察设计，2015(3).
[69] 顾同曾 . 洛杉矶文化音乐中心掠影：兼论盖里的创作思想 [J]. 建筑创作，2005(11).
[70] 刘铭，陈一墨 . 弗兰克 · 盖里与解构主义 [J]. 艺海，2013(4).
[71] 吕帅，燕翔 . 迪士尼音乐厅的建筑与声学 [J]. 电声技术，2014，38(2).
[72] 世界建筑导报杂志编辑部 . 硅图公司环形剧场科技中心 / 查尔斯顿公园——加利福尼亚州，山景市 [N]. 世界建筑导报，1998（01）.
[73] 李晓彬 . 办公区外部景观设计研究 [D]. 成都：西南交通大学，2007.
[74] 常俊丽 . 中西方大学校园景观研究 [D]. 南京：南京林业大学，2013.
[75] 凤凰空间 · 上海 . 景观设计师手册公园篇上 [M]. 南京：江苏人民出版社，2012.
[76] 艾莉森 · 宾，约翰 · A · 弗拉希德，萨拉 · 本森 . 旧金山 [M]. 吕国斌译 . 北京：中国地图出版社，2016.
[77] 谢明洋 . 为了忘却和理解的纪念—丹尼尔 · 里伯斯金和他的当代犹太博物馆 [J]. 建筑知识，2009，29(01): 20-29.
[78] 敖惠修，黄韶玲 . 美国金门公园漫游 [J]. 广东园林，2010，32(04): 5-6&74-77.
[79] 易骞，彭琼莉 . 叶巴 · 贝那中心与渐进式城市更新 [J]. 世界建筑，2003(11): 70-75.
[80] 苏抒垚 . 加州大学旧金山分校使命湾医学中心美国医院设计的代表 [J]. 建筑知识，2017，37(01): 87-88.
[81] 中国勘察设计协会园林设计分会 . 风景园林设计资料集 [M]. 北京：中国建筑工业出版社，2006.
[82] 屈张 . 美国大学校园规划设计漫谈：以加州大学伯克利分校和哈佛大学为例 [J]. 住区，2017(04): 126-131.
[83] 王向荣，林箐 . 西方现代景观设计的理论与实践 [M] 北京：中国建筑工业出版社，2002.
[84] Angela S. Ildos，等 . 国家公园 [M]. 北京：中国大百科全书出版社 .2009.
[85] Robin Wander.Stanford's Clark Center celebrates first decade[OL].Stanford Report，October 3，2013，10，3.
[86] Michele Chandler. Hewlett Packard's True Blue[OL].The Registry's Print Publication.2013，6，12.
[87] MARK H.Penultimate plaza: A very contemporary plaza fronts a historic facade[J].Landscape Architecture，2009(4): 102-109.
[88] Villa Zapa[J].Landscape Architecture，1991（11）：56.
[89] [OL].Kaley Overstreet. Nike，Inc. Unveils Plans for World Headquarters Expansion.
[90] [OL].Gallery. NIKE，Inc. Reveals Design for World Headquarters Expansion.
[91] 匡纬 . 情感的体验、直觉的探索——日裔美籍设计师穆拉色 (Murase) 的景观世界 [J]. 华中建筑，2007 年第 10 期：20-24.
[92] 王向荣，林箐 . 西方现代景观设计的理论与实践 [M] 北京：中国建筑工业出版社，2002.
[93] 张红卫 . 纪念性景观——基于文化视野的审视 [M] 北京：中国建筑工业出版社，2018.
[94]（美）查尔斯 · A · 伯恩鲍姆，罗宾 · 卡尔森 . 美国景观设计的先驱 [M]. 孟雅凡，俞孔坚译 . 北京：中国建筑工业出版社 2003.2.
[95] Ángel González. Weyerhaeuser campus draws global admirers[N].The Seattle Times，2014，9，1.
[96] Spencer Peterson.Green-Roof Pioneering ‘Groundscraper’ to Seek a New Steward[OL].Curbed Seattle，2014，8，29.
[97] Alexandra Lange. Recycle That Headquarters[N]. The New Yorker，2014，9，26.
[98] Andrew Khouri. Home builders TRI Pointe，Weyerhaeuser Real Estate to merge[O/L].
[99] 李晓彬 . 办公室外部景观设计研究 [D]. 成都：西南交通大学，2010.
[100] WEISS MANFREDI. 西雅图奥林匹克雕塑公园 [N]. 建筑学报，2009: 62.
[101] 翟俊 . 景观都市主义案例：美国西雅图奥林匹克雕塑公园 [J]. 城市规划，2012: 36.
[102] 钟雪飞，钟元满 . 西雅图高速公路公园的设计理念 [A]. 城市问题，2010，5: 90-93.

[103] 毕奕，夏倩 . 工业废弃地的生态景观规划——以西雅图煤气厂公园生态规划为例 [J]. 中华建设，2011(09): 88-89.
[104] [EB/OL].https://www.boston.gov/parks/boston-common.
[105] [EB/OL].https://www.boston-discovery-guide.com/boston-common.html.
[106] [EB/OL].https://www.boston.gov/parks/public-garden.
[107] [EB/OL].http://www.celebrateboston.com/attractions/public-garden.htm.
[108] [EB/OL].https://pdfhost.focus.nps.gov/docs/NHLS/Text/87000761.pdf.
[109] [EB/OL].https://npgallery.nps.gov/pdfhost/docs/NHLS/Text/87000761.pdf.
[110] [EB/OL].http://www.bahistory.org/HoraceGray.html.
[111] [EB/OL].https://zh.wikipedia.org/wiki/%E6%B3%A2%E5%A3%AB%E9%A1%BF%E5%85%AC%E5%85%B1%E8%8A%B1%E5%9B%AD.
[112] [EB/OL].https://zh.wikipedia.org/wiki/%E8%81%94%E9%82%A6%E5%A4%A7%E9%81%93_(%E6%B3%A2%E5%A3%AB%E9%A1%BF).
[113] [EB/OL].https://web.archive.org/web/20060716171640/http://www.nabbonline.com/statues.htm.
[114] [EB/OL].https://www.meipian.cn/l5wfka3.
[115] [EB/OL].https://de.wikipedia.org/wiki/Back_Bay_Fens.
[116] [EB/OL].https://www.emeraldnecklace.org/park-overview/the-riverway/.
[117] [EB/OL].https://www.boston.gov/parks/riverway.
[118] [EB/OL].https://www.asla.org/guide/site.aspx?id=40864.
[119] [EB/OL].https://www.boston.gov/parks/olmsted-park.
[120] [EB/OL].https://www.emeraldnecklace.org/park-overview/emerald-necklace-map/.
[121] [EB/OL].http://www.muddyrivermmoc.org/restoraton-overview/.
[122] [EB/OL].https://en.wikipedia.org/wiki/Olmsted_Park.
[123] [EB/OL].https://en.wikipedia.org/wiki/Jamaica_Pond.
[124] [EB/OL].http://www.yayabay.com/blog/space.php?uid=171494&do=blog&id=26695.
[125] [EB/OL].https://www.emeraldnecklace.org/park-overview/jamaica-pond/.
[126] [EB/OL].https://www.boston.gov/parks/jamaica-pond.
[127] [EB/OL].https://www.asla.org/guide/site.aspx?id=40995.
[128] [EB/OL].https://en.wikipedia.org/wiki/Arnold_Arboretum.
[129] [EB/OL].http://wbla-hk.com/content/view?id=357.
[130] [EB/OL].http://www.baike.com/wiki/%E5%93%88%E4%BD%9B%E5%A4%A7%E5%AD%.A6%E9%98%BF%E8%AF%BA%E5%BE%B7%E6%A4%8D%E7%89%A9%E5%9B%AD.
[131] [EB/OL].http://blog.sina.com.cn/s/blog_7454d2f00102voxr.html.
[132] [EB/OL].https://baike.baidu.com/item/%E9%98%BF%E8%AF%BA%E5%BE%B7%E6%A4%8D%E7%89%A9%E5%9B%AD.
[133] [EB/OL].https://en.wikipedia.org/wiki/Franklin_Park_(Boston).
[134] [EB/OL].https://www.jamaicaplainnews.com/2015/05/08/franklin-park-could-finally-get-safety-boosting-sign-system.
[135] [EB/OL].http://inla.cn/xinshang/a/060445453201445453.html.
[136] [EB/OL].https://en.wikipedia.org/wiki/Peter_Walker_(landscape_architect).
[137] [EB/OL].https://baike.baidu.com/item/%E5%94%90%E7%BA%B3%E5%96%B7%E6%B3%89#2_1.
[138] [EB/OL].https://tclf.org/landscapes/harvard-yard.
[139] [EB/OL].https://zh.wikipedia.org/wiki/%E5%93%88%E4%BD%9B%E5%9B%AD.
[140] [EB/OL].https://esplanade.org/.
[141] [EB/OL].https://www.asla.org/.
[142] [EB/OL].https://www.christianscience.com/.

[143] [EB/OL].https://www.asla.org/.
[144] [EB/OL].https://www.prospectpark.org/media/filer_public/fc/df/fcdf91e9-eb0b-4663-a163-541f79c51c88/prospect_park_map.pdf.
[145] [EB/OL].https://www.bbg.org/collections/gardens.
[146] [EB/OL].http://www.hargreaves.com/.
[147] [EB/OL].https://www.archdaily.com/.
[148] [EB/OL].https://www.gooood.cn.
[149] [EB/OL].https://www.youthla.org.
[150] [EB/OL].http://wbla-hk.com.
[151] [EB/OL].https://www.asla.org/2009awards/050.html.
[152] [EB/OL].http://wbla-hk.com/content/view?id=341.
[153] [EB/OL].https://www.chla.com.cn/htm/2014/0512/208691.html.
[154] [EB/OL].https://www.nycgovparks.org/parks/schmul-park/.
[155] [EB/OL].http://ny.uschinapress.com/spotlight/2017/08-17/126485.html.
[156] [EB/OL].https://en.wikipedia.org/wiki/Freshkills_Park.
[157] [EB/OL].https://www.fieldoperations.net/project-details/project/freshkills-park.html.
[158] [EB/OL].http://www.chla.com.cn/htm/2015/1022/240776.html.
[159] [EB/OL].https://www.fieldoperations.net/home.html.
[160] [EB/OL].https://en.wikipedia.org/wiki/Columbia_University.
[161] [EB/OL].https://www.columbia.edu.
[162] [EB/OL].https://en.wikipedia.org/wiki/IndependenceNationalHistoricalPark.
[163] [EB/OL].http://www.mvvainc.com/project.php?id=63&c=campuses.
[164] [EB/OL].https://www.facilities.upenn.edu/maps/locations/penn-park.
[165] [EB/OL].https://www.asla.org/2014awards/601.html.
[166] [EB/OL].http://www.landezine.com/index.php/2013/03/shoemaker-green-by-andropogon-associates/.
[167] [EB/OL].https://en.wikipedia.org/wiki/Benjamin_Franklin_Parkway.
[168] [EB/OL].http://www.parkwaymuseumsdistrictphiladelphia.org/.
[169] [EB/OL].https://www.asla.org/2017awards/320207.html.
[170] [EB/OL].http://www.wrtdesign.com/work/steelstacks-arts-and-cultural-campus75.
[171] [EB/OL].https://www.gooood.cn/race-street-pier-philadelphia-james-corner-field-operations.htm.
[172] [EB/OL].https://www.visitphilly.com/things-to-do/attractions/race-street-pier/.
https://www.fieldoperations.net/home.html.
[173] [EB/OL].http://www.phillywatersheds.org/place-bmping-thomas-jefferson-university-plaza.
[174] [EB/OL].https://www.landscapeperformance.org/case-study-briefs/thomas-jefferson-university-lubert-plaza#/sustainable-features.
[175] [EB/OL].https://www.andropogon.com/work/academic/thomas-jefferson-university-lubert-plaza/.
[176] [EB/OL].http://archive.phillywatersheds.org/sites/default/files/October_25_2011_Wissahickon_Partnership_Meeting_Temple_BMP_Inventory_Presentation.pdf.
[177] [EB/OL].https://mvvainc.com/.
[178] [EB/OL].http://ideaboom.com/.
[179] [EB/OL].https://en.wikipedia.org/wiki/Pennsylvania_Avenue.
[180] [EB/OL].https://www.uwishunu.com/.
[181] [EB/OL].http://www.philamuseum.org/.
[182] [EB/OL].https://navyyard.org/.
[183] [EB/OL].https://whyy.org/programs/planphilly/.
[184] [EB/OL].https://www.archdaily.com/.

[185] [EB/OL].https://www.dezeen.com/.
[186] [EB/OL].https://www.djc.com/.
[187] [EB/OL].https://www.theolinstudio.com/.
[188] [EB/OL].https://en.wikipedia.org/wiki/Rodin_Museum.
[189] [EB/OL].http://www.rodinmuseum.org/.
[190] [EB/OL].https://en.wikipedia.org/wiki/Logan_Circle_(Philadelphia).
[191] [EB/OL].http://www.lsnaphilly.org/.
[192] [EB/OL].https://west8.com/.
[193] [EB/OL].https://en.wikipedia.org/wiki/Longwood_Gardens.
[194] [EB/OL].https://www.asla.org/.
[195] [EB/OL].https://longwoodgardens.org/.
[196] [EB/OL].https://en.wikipedia.org/wiki/Rock_Creek_Park.
[197] [EB/OL].https://www.npca.org/.
[198] [EB/OL].https://www.gooood.cn/.
[199] [EB/OL].http://dirtstudio.com/.
[200] [EB/OL].https://en.wikipedia.org/wiki/Tidal_Basin.
https://en.wikipedia.org/wiki/Potomac_River.
[201] [EB/OL].https://www.washingtonpost.com/local/new-lincoln-reflecting-pool-nearly-ready-after-34-million-reconstruction/2012/08/06/74f2f998-dcb9-11e1-9974-5c975ae4810f_story.html.
[202] [EB/OL].http://www.hscl.cr.nps.gov/insidenps/report.asp?STATE=DC&PARK=NAMA&SORT=&RECORDNO=153.
[203] [EB/OL].https://en.wikipedia.org/wiki/Potomac_River.
[204] [EB/OL].https://en.wikipedia.org/wiki/Great_Falls_Park.
[205] [EB/OL].https://en.wikipedia.org/wiki/Pierre_Charles_L%27Enfant.
[206] [EB/OL].https://www.nps.gov/nr/travel/wash/lenfant.htm.
[207] [EB/OL].https://www.aoc.gov/explore-capitol-campus/capitol-hill-facts.
[208] [EB/OL].http://bbs.zhulong.com/101020_group_201878/detail10124928.
[209] [EB/OL].https://www.c-span.org/search/.
[210] [EB/OL].https://en.wikipedia.org/wiki/United_States_Capitol_Visitor_Center.
[211] [EB/OL].https://www.archdaily.com.
[212] [EB/OL].https://en.wikipedia.org/wiki/National_Gallery_of_Art.
[213] [EB/OL].https://en.wikipedia.org/wiki/Hirshhorn_Museum_and_Sculpture_Garden.
[214] [EB/OL].https://www.doaks.org/resources/cultural-philanthropy/hirshhorn-museum-and-sculpture-garden.
[215] [EB/OL].https://www.nytimes.com/1988/05/24/arts/bunshaft-and-niemeyer-share-architecture-prize.html.
[216] [EB/OL].https://www.archdaily.com/794203/smithsonian-national-museum-of-african-american-history-and-culture-adjaye-associates.
[217] [EB/OL].https://www.smithgroup.com/zh-hans/%E9%A1%B9%E7%9B%AE/feiyimeiguorenlishihewenhuaguojiabowuguan.
[218] [EB/OL].https://share.america.gov/zh-hans/african-american-history-museum-holds-story-us/.
[219] [EB/OL].http://wemedia.ifeng.com/11743142/wemedia.shtml.
[220] [EB/OL].https://www.archdaily.com/794203/smithsonian-national-museum-of-african-american-history-and-culture-adjaye-associates.
[221] [EB/OL].https://www.smithgroup.com/zh-hans/%E9%A1%B9%E7%9B%AE/feiyimeiguorenlishihewenhuaguojiabowuguan.

[222] [EB/OL].https://share.america.gov/zh-hans/african-american-history-museum-holds-story-us/.
[223] [EB/OL].http://wemedia.ifeng.com/11743142/wemedia.shtml.
[224] [EB/OL].https://zh.wikipedia.org/wiki/%E8%8F%AF%E7%9B%9B%E9%A0%93%E7%B4%80%E5%BF%B5%E7%A2%91.
[225] [EB/OL].http://bbs.zhulong.com/101020_group_201884/detail10023480/.
[226] [EB/OL].http://www.baike.com/wiki/%E7%BE%8E%E5%9B%BD%E5%9B%BD%E5%AE%B6%E4%BA%8C%E6%88%98%E7%BA%AA%E5%BF%B5%E7%A2%91.
[227] [EB/OL].https://en.wikipedia.org/wiki/National_World_War_II_Memorial.
[228] [EB/OL].http://www.baike.com/wiki/%E8%B6%8A%E6%88%98%E7%BA%AA%E5%BF%B5%E7%A2%91&prd=button_doc_entry.Wikipedia. Vietnam Veterans Memorial.
[229] [EB/OL].https://en.wikipedia.org/wiki/Vietnam_Veterans_Memorial.
[230] [EB/OL].https://en.wikipedia.org/wiki/Lincoln_Memorial.
[231] [EB/OL].https://www.nps.gov/shen/planyourvisit/downloadable-guides.htm.
[232] [EB/OL].https://www.nps.gov/shen/index.htm.
[233] [EB/OL].https://www.asla.org/2017awards/326889.html.
[234] [EB/OL].https://www.asla.org/2016awards/172705.html.
[235] [EB/OL].http://www.petersen-studio.com/parkview.
[236] [EB/OL].https://tclf.org/landscapes/milton-lee-olive-park.
[237] [EB/OL].https://tclf.org/sites/default/files/microsites/kiley-legacy/MiltonLeeOlivePark.html.
[238] [EB/OL].https://baike.baidu.com/item/%E8%8A%9D%E5%8A%A0%E5%93%A5%E6%B5%B7%E5%86%9B%E7%A0%81%E5%A4%B4.
[239] [EB/OL].https://www.chicagoparkdistrict.com/parks-facilities/grant-ulysses-park#Description.
[240] [EB/OL].https://www.chicago.gov/city/en/depts/dca/supp_info/millennium_park_history.html.
[241] [EB/OL].https://www.asla.org/awards/2008/08winners/441.html.
[242] [EB/OL].https://maggiedaleypark.com/about/design/.
[243] [EB/OL].https://en.wikipedia.org/wiki/BP_Pedestrian_Bridge.
[244] [EB/OL].https://www.asla.org/2015awards/95761.html.
[245] [EB/OL].http://www.saic.edu/about/history-and-quick-facts/building-history.
[246] [EB/OL].https://chicago-outdoor-sculptures.blogspot.com/2010/01/north-garden-art-institute-of-chicago.html.
[247] [EB/OL].https://en.wikipedia.org/wiki/Lincoln_Park,_Chicago.
[248] [EB/OL].https://www.asla.org/2013awards/374.html.
[249] [EB/OL].https://en.wikipedia.org/wiki/Lurie_Children%27s_Hospital.
[250] [EB/OL].https://www.codaworx.com/project/crown-sky-garden-lurie-chicago-children-s-hospital.
[251] [EB/OL].https://www.asla.org/2010awards/377.html.
[252] [EB/OL].https://urbanecologycmu.wordpress.com/2016/09/27/rooftop-haven-for-urban-agriculture/.
[253] [EB/OL].https://en.wikipedia.org/wiki/Jackson_Park_(Chicago).
[254] [EB/OL].https://www.designboom.com/architecture/obama-presidential-center-south-side-chicago-tod-williams-billie-tsien-architects-05-03-2017/.
[255] [EB/OL].https://en.wikipedia.org/wiki/Washington_Park_(Chicago_park).
[256] [EB/OL].https://www.chicagoparkdistrict.com/parks-facilities/Midway-Plaisance-Park/.
[257] [EB/OL].https://en.wikipedia.org/wiki/Midway_Plaisance.
[258] [EB/OL].https://www.sosiden4hope.org/news/potential-improvements-and-protection-of-the-east-midway-plaisance-discussed-at-mpac-jpac-meetings.
[259] [EB/OL].https://commons.wikimedia.org/wiki/File:1885_Humboldt_Park_Map_personal_photograph,_by_myself,_of_my_map.jpg.

[260] [EB/OL].https://case.edu/ech/articles/g/garfield-park-reservation.
[261] [EB/OL].https://www.chicagoparkdistrict.com/parks-facilities/garfield-james-park.
[262] [EB/OL].https://en.wikipedia.org/wiki/Garfield_Park_(Chicago).
[263] [EB/OL].https://www.flickr.com/photos/leoklein/3036522243.
[264] [EB/OL].https://www.chicagoparkdistrict.com/parks-facilities/douglas-stephen-park.
[265] [EB/OL].https://en.wikipedia.org/wiki/Douglas_Park_(Chicago).
[266] [EB/OL].http://www.jensjensen.org/drupal/?q=catalog.
[267] [EB/OL].https://www.chicagoparkdistrict.com/parks-facilities/columbus-christopher-park.
[268] [EB/OL].https://www.nps.gov/nr/twhp/wwwlps/lessons/81columbus/81locate2.htm.
[269] [EB/OL].https://en.wikipedia.org/wiki/Burnham_Park_(Chicago)#/map/0.
[270] [EB/OL].https://en.wikipedia.org/wiki/Museum_Campus.
[271] [EB/OL].http://www.lohananderson.com/projects/planning/72-museum-campus/lsd.
[272] [EB/OL].https://worldlandscapearchitect.com/civic-space-park-phoenix-usa-aecom/#.XG6VTnZn2fc.
[273] [EB/OL].https://www.phoenix.gov/parks/parks/alphabetical/c-parks/civic-space.
[274] [EB/OL].https://worldlandscapearchitect.com/civic-space-park-phoenix-usa-aecom/#.XG6VTnZn2fc.
[275] [EB/OL].https://www.archdaily.cn/cn/906947/ya-li-sang-na-zhou-li-da-xue-sheng-wu-she-ji-yan-jiu-suo-zgf-architects.
[276] [EB/OL].https://www.nationalparks.org/explore-parks/grand-canyon-national-park.
[277] [EB/OL].https://en.wikipedia.org/wiki/Grand_Canyon_National_Park.
[278] [EB/OL].https://whc.unesco.org/en/list/75.
[279] [EB/OL].https://dhmdesign.com/library/grand-canyon-national-park/.
[280] [EB/OL].http://npmaps.com/wp-content/uploads/grand-canyon-classic-map.pdf.
[281] [EB/OL].https://en.wikipedia.org/wiki/Papago_Park.
[282] [EB/OL].http://www.jodypinto.com/JodyPinto/Projects/Pages/Papago_Park.html.
[283] [EB/OL].https://www.papagoinnscottsdale.com/en-us/about-scottsdale/top-ten-things-to-see-at-papago-park.
[284] [EB/OL].https://www.tempetourism.com/discover-tempe/papago-park/.
[285] [EB/OL].https://www.visitphoenix.com/things-to-do/outdoors/biking-hiking/papago-park/.
[286] [EB/OL].https://www.phoenix.gov/parkssite/Documents/PKS_NRD/papagodetailed.pdf.
[287] [EB/OL].https://www.phoenix.gov/parks/trails/locations/papago-park.
[288] [EB/OL].https://www.asla.org/awards/2008/08winners/117.html.
[289] [EB/OL].https://www.sandiego.com/seaworld-san-diego.
[290] [EB/OL].https://seaworld.com/san-diego.
[291] [EB/OL].https://en.wikipedia.org/wiki/San_Diego_Zoo_Safari_Park.
[292] [EB/OL].https://www.sdzsafaripark.org.
[293] [EB/OL].http://www.sandiego.com.cn/attractions/ysthe_zoo.html.
[294] [EB/OL].https://www.legoland.com/en/California.
[295] [EB/OL].https://www.openstreetmap.org.
[296] [EB/OL].http://www.getty.edu/visit/center.
[297] [EB/OL].https://www.richardmeier.com/?projects=the-getty-center.
[298] [EB/OL].https://en.wikipedia.org/wiki/Getty_Center.
[299] [EB/OL].https://tclf.org/landscapes/j-paul-getty-center.
[300] [EB/OL].https://baike.baidu.com/item/ 盖蒂中心 /6432440.
[301] [EB/OL].https://www.gooood.cn/2017-asla-the-landmark-award-the-j-paul-getty-center-los-angeles-

by-olin.htm.
[302] [EB/OL].http://www.ush.cn.
[303] [EB/OL].http://www.universalstudioshollywood.com/.
[304] [EB/OL].http://www.teaconnect.org/Members/Member-Directory/index.cfm?membercode=1134&membersection=about&redirect=y.
[305] [EB/OL].https://en.wikipedia.org/wiki/Disneyland_Resort.
[306] [EB/OL].https://disneyimaginations.com/about-imaginations/about-imagineering/.
[307] [EB/OL].https://www.designingdisney.com/content.
[308] [EB/OL].https://en.wikipedia.org/wiki/Disneyland_Resort.
[309] [EB/OL].https://www.laparks.org/pershingsquare.
[310] [EB/OL].https://www.laconservancy.org/locations/pershing-square.
[311] [EB/OL].https://tclf.org/landscapes/pershing-square.
[312] [EB/OL].https://en.wikipedia.org/wiki/Microsoft_Theater.
[313] [EB/OL].https://www.lalive.com/concierge/detail/microsoft-square.
[314] [EB/OL].https://elsarch.com/project/nokia-theatre-at-la-live.
[315] [EB/OL].https://www.rios.com/projects/microsoft-square.
[316] [EB/OL].http://blog.greenbuildexpo.com/ts10-la-sports-and-entertainment-district-master-plan-walking-tour.
[317] [EB/OL].https://architizer.com/projects/microsoft-square-formerly-nokia-plaza-at-la-live.
[318] [EB/OL].http://www.landscape.cn/news/37904.html.
[319] [EB/OL].http://andrewsreese.wix.com/asr6/urbandesign#!__urbandesign/400-south-hope-st.
[320] [EB/OL].http://www.swagroup.com.
[321] [EB/OL].https://tclf.org/landscapes/union-bank-square.
[322] [EB/OL].https://www.laconservancy.org/locations/union-bank-square.
[323] [EB/OL].https://en.wikipedia.org/wiki/Greystone_Mansion.
[324] [EB/OL].http://www.swagroup.com/projects/greystone-mansion-park/.
[325] [EB/OL].http://www.beverlyhills.org/departments/communityservices/cityparks/greystonemansiongardens.
[326] [EB/OL].https://en.wikipedia.org/wiki/Walt_Disney_Concert_Hall.
[327] [EB/OL].https://www.laphil.com/about/our-venues/about-the-walt-disney-concert-hall.
[328] [EB/OL].https://www.archdaily.com/441358/ad-classics-walt-disney-concert-hall-frank-gehry.
[329] [EB/OL].http://studio-mla.com/design/caltech-keck-institute-for-space-studies/.
[330] [EB/OL].https://www.carmelcalifornia.com.
[331] [EB/OL].https://baike.baidu.com/item/ 卡梅尔小镇 /10749506?fr=Aladdin.
[332] [EB/OL].https://en.wikipedia.org/wiki/17-Mile_Drive.
[333] [EB/OL].https://en.wikipedia.org/wiki/Pebble_Beach,_California.
[334] [EB/OL].https://www.pebblebeach.com/17-mile-drive.
[335] [EB/OL].https://www.visitcalifornia.com/attraction/17-mile-drive.
[336] [EB/OL].https://www.stayatmonterey.com/things-to-do/17-mile-drive.
[337] [EB/OL].https://www.nps.gov/pore/index.htm, 2019-2-24.
[338] [EB/OL].https://baijiahao.baidu.com/s?id=1618624646602404366&wfr=spider&for=pc.
[339] [EB/OL].https://www.grpg.org/.
[340] [EB/OL].http://blog. sina.com. cn/s/blog_598e6e2f0100pcie. html.
[341] [EB/OL].http://www.swagroup.com/projects/charleston-park/.
[342] [EB/OL].www.swagroup.com.
[343] [EB/OL].http://www.swagroup.com/projects/,2018.

[344] [EB/OL].https://www.archdaily.com/603947/see-big-and-heatherwick-s-design-for-google-s-california-headquarters.
[345] [EB/OL].https://baike.baidu.com/item/Google/86964.
[346] [EB/OL].https://en.wikipedia.org/wiki/Google.
[347] [EB/OL].http://www.pwpla.com/projects/.
[348] [EB/OL].https://en.wikipedia.org/wiki/James H.Foster + Partners.Clark Center.
[349] [EB/OL].https://biox.stanford.edu/about/ clark-center.
[350] [EB/OL].https://biox.stanford.edu/about/biox-history.
[351] [EB/OL].https://en.wikipedia.org/wiki/Hewlett_Packard_ Enterprise.
[352] [EB/OL].http://www.docin.com/ p-1895021542. html.
[353] [EB/OL].https://www.sdxcentral.com/products/hpe-edgeline/.
[354] [EB/OL].https://www.hpe.com/us/en/contact-hpe.html.
[355] [EB/OL].https://www.britannica.com/topic/Hewlett- Packard- Company.
[356] [EB/OL].https://www.asla.org/.
[357] [EB/OL].https://www.gooood.cn/2017-asla-general-design-award-of-honor-windhover-contemplative-center-by-andrea-cochran-landscape-architecture.htm.
[358] [EB/OL].http://www.ptreyes.org/about.
[359] [EB/OL].https://www.nps.gov/pore/index.htm, 2019-2-24.
[360] [EB/OL].http://www.71.cn/2014/0324/760957.shtml.
[361] [EB/OL].https://www.travelyosemite.com/.
[362] [EB/OL].http://npmaps.com/yosemite/.
[363] [EB/OL].https://en.wikipedia.org/wiki/Levi%27s_Plaza.
[364] [EB/OL].http://landscapevoice.com/levis-plaza-park.
[365] [EB/OL].https://en.wikipedia.org/wiki/Justin_Herman_Plaza.
[366] [EB/OL].https://en.wikipedia.org/wiki/Vaillancourt_Fountain.
[367] [EB/OL].https://en.wikipedia.org/wiki/Cupid%27s_Span.
[368] [EB/OL].http://www.oldenburgvanbruggen.com/largescaleprojects/cupidsspan.htm.
[369] [EB/OL].https://en.wikipedia.org/wiki/Candlestick_Point_State_Recreation_Area.
[370] [EB/OL].https://en.wikipedia.org/wiki/Bayview%E2%80%93Hunters_Point,_San_Francisco.
[371] [EB/OL].https://www.sfgate.com/entertainment/article/PAVING-THE-WAY-Harry-Bridges-Plaza-will-provide-3240117.php#item-85307-tbla-4.
[372] [EB/OL].https://en.wikipedia.org/wiki/Harry_Bridges.
[373] [EB/OL].https://www.pier39.com/.
[374] [EB/OL].https://en.wikipedia.org/wiki/Crissy_Field.
[375] [EB/OL].http://bbs.zhulong.com/.
[376] [EB/OL].http://www.hargreaves.com/.
[377] [EB/OL].https://ridgetrail.org/.
[378] [EB/OL].https://handelarchitects.com/project/jessie-square.
[379] [EB/OL].http://www.clascape.com/jessie-square-plaza/.
[380] [EB/OL].https://en.wikipedia.org/wiki/John_McLaren_(horticulturist).
[381] [EB/OL].https://unionsquareshop.com.
[382] [EB/OL].https://mjmmg.com/yerba-buena-childrens-garden-case-study.
[383] [EB/OL].https://yerbabuenagardens.com.
[384] [EB/OL].https://yerbabuenagardens.com/.
[385] [EB/OL].https://www.cmgsite.com.
[386] [EB/OL].https://www.nps.gov/arch/planyourvisit/hours.htm.

[387] [EB/OL].https://en.wikipedia.org/wiki/Arches_National_Park.

[388] [EB/OL].https://www.nationalparks.org/our-work/programs/impact-grant/increasing-accessibility-and-reducing-erosion.

[389] [EB/OL].http://www.berkeley.edu.

[390] [EB/OL].https://www.nps.gov/redw.htm.

[391] [EB/OL].https://irma.nps.gov/Stats/Reports/Park/CRLA.

[392] [EB/OL].https://en.wikipedia.org/wiki/Redwood_National_and_State_Parks.

[393] [EB/OL].https://www.nps.gov/yell/index.htm.

[394] [EB/OL].https://en.wikipedia.org/wiki/Yellowstone_National_Park.

[395] [EB/OL].https://irma.nps.gov/Stats/Reports/Park/CRLA.

[396] [EB/OL].https://www.nps.gov/grte/index.htm. 2019.

[397] [EB/OL].https://en.wikipedia.org/wiki/Grand_Teton_National_Park. 2019.

[398] [EB/OL].https://irma.nps.gov/Stats/Reports/Park/CRLA. 2019.

[399] [EB/OL].https://www.archdaily.com/781060/nike-inc-unveils-plans-for-world-headquarters-expansion.2016,1,31.

[400] [EB/OL].https://news.nike.com/news/nike-inc-reveals-design-for-world-headquarters-expansion.2016,4,1.

[401] [EB/OL].https://en.wikipedia.org/wiki/Nike,_Inc.

[402] [EB/OL].http://www.winshang.com.2016,2,18.

[403] [EB/OL].https://www.nps.gov/olym/index.htm.2019.

[404] [EB/OL].https://en.wikipedia.org/wiki/Crater_Lake_National_Park.2019.

[405] [EB/OL].https://irma.nps.gov/Stats/Reports/Park/CRLA.2019.

[406] [EB/OL].https://www.pharmaceutical-technology.com/projects/helix/, 2018.

[407] [EB/OL].https://www.nps.gov/olym/index.htm.2019.

[408] [EB/OL].https://en.wikipedia.org/wiki/Olympic_National_Park.2019.

[409] [EB/OL].https://irma.nps.gov/Stats/Reports/Park/OLYM.2019.

[410] [EB/OL].http://www.gkdmediamesh.com/projects/amgen_helix_.

[411] [EB/OL].https://www.flad.com/work/amgen-helix-campus.php.

[412] [EB/OL].https://www.amgen.com/.

[413] [EB/OL].http://www.jonesandjones.com/work/natural.html.

[414] [EB/OL].http://www.som.com/projects/weyerhaeuser_ corporate_headquarters.

[415] [EB/OL].https://www.weyerhaeuser.com/.

[416] [EB/OL].https://www.latimes.com/business/la-fi-tripointe-homes-20131105-story.html,2013,11,4.

[417] [EB/OL].http://www.calandersonpark.org.

[418] [EB/OL].http://www.bergerpartnership.com/work/cal-anderson-park.

[419] [EB/OL].https://www.seattle.gov/Documents/Departments/ParksAndRecreation/Projects/CalAnderson/CalAndersonCPTED-Assessment.pdf.

[420] [EB/OL].https://www.siteworkshop.net/ella-bailey-park.

[421] [EB/OL].https://parkpreview.wordpress.com/2016/07/29/seattle-ella-bailey-park/.

[422] [EB/OL].http://blog.sina.com.cn/s/blog_659b3be901012ct6.html.

[423] [EB/OL].https://uwpressblog.com/2015/04/15/gas-works-park-a-brief-history-of-a-seattle-landmark/.